全国高等医药院校药学类专业第五轮规划教材

化工原理

第4版

（供药物制剂、生物工程、制药工程、
生物制药、中药制药专业使用）

主　编　何志成
副主编　汪铁林　郭永学　王立红
编　者（以姓氏笔画为序）
王立红（贵州中医药大学）
邓黎丹（武汉工程大学）
礼　彤（沈阳药科大学）
何志成（沈阳药科大学）
汪铁林（武汉工程大学）
郭　坤（西南民族大学）
郭永学（沈阳药科大学）
董登祥（贵州中医药大学）
程岳山（山东第一医科大学）

中国健康传媒集团
中国医药科技出版社

内容提要

本教材为“全国高等医药院校药学类专业第五轮规划教材”之一。全书共有九章内容，介绍了流体力学基础、流体输送机械、非均相物系的分离、传热、蒸发与结晶、气体吸收、蒸馏、萃取、固体干燥。本教材为书网融合教材，即纸质教材有机融合电子教材、教学配套资源（PPT、微课、视频、图片等）、题库系统、数字化教学服务（在线教学、在线作业、在线考试），使教学资源更加多样化、立体化。

本教材主要可供全国高等院校药物制剂、生物工程、制药工程、生物制药、中药制药专业学生使用，也可供广大医药专业科研人员使用。

图书在版编目（CIP）数据

化工原理 / 何志成主编. —4版. —北京：中国医药科技出版社，2019.12（2025.1重印）
全国高等医药院校药学类专业第五轮规划教材
ISBN 978-7-5214-1465-3

Ⅰ.①化…　Ⅱ.①何…　Ⅲ.①化工原理-医学院校-教材　Ⅳ.①TQ02

中国版本图书馆CIP数据核字（2019）第293949号

美术编辑　陈君杞
版式设计　友全图文

出版　**中国健康传媒集团**｜中国医药科技出版社
地址　北京市海淀区文慧园北路甲22号
邮编　100082
电话　发行：010-62227427　邮购：010-62236938
网址　www.cmstp.com
规格　889×1194mm　1/16
印张　27¾
字数　450千字
初版　2007年7月第1版
版次　2019年12月第4版
印次　2025年1月第4次印刷
印刷　大厂回族自治县彩虹印刷有限公司
经销　全国各地新华书店
书号　ISBN 978-7-5214-1465-3
定价　78.00元

数字化教材编委会

主　编　何志成

副主编　汪铁林　郭永学　王立红

编　者　（以姓氏笔画为序）

王立红（贵州中医药大学）
邓黎丹（武汉工程大学）
礼　彤（沈阳药科大学）
何志成（沈阳药科大学）
汪铁林（武汉工程大学）
郭　坤（西南民族大学）
郭永学（沈阳药科大学）
董登祥（贵州中医药大学）
程岳山（山东第一医科大学）

常务编委会

出版说明

“全国高等医药院校药学类规划教材”，于20世纪90年代启动建设，是在教育部、国家药品监督管理局的领导和指导下，由中国医药科技出版社组织中国药科大学、沈阳药科大学、北京大学药学院、复旦大学药学院、四川大学华西药学院、广东药科大学等20余所院校和医疗单位的领导和权威专家成立教材常务委员会共同规划而成。

本套教材坚持“紧密结合药学类专业培养目标以及行业对人才的需求，借鉴国内外药学教育、教学的经验和成果”的编写思路，近30年来历经四轮编写修订，逐渐完善，形成了一套行业特色鲜明、课程门类齐全、学科系统优化、内容衔接合理的高质量精品教材，深受广大师生的欢迎，其中多数教材入选普通高等教育“十一五”“十二五”国家级规划教材，为药学本科教育和药学人才培养做出了积极贡献。

为进一步提升教材质量，紧跟学科发展，建设符合教育部相关教学标准和要求，以及可更好地服务于院校教学的教材，我们在广泛调研和充分论证的基础上，于2019年5月对第三轮和第四轮规划教材的品种进行整合修订，启动“全国高等医药院校药学类专业第五轮规划教材”的编写工作，本套教材共56门，主要供全国高等院校药学类、中药学类专业教学使用。

全国高等医药院校药学类专业第五轮规划教材，是在深入贯彻落实教育部高等教育教学改革精神，依据高等药学教育培养目标及满足新时期医药行业高素质技术型、复合型、创新型人才需求，紧密结合《中国药典》《药品生产质量管理规范》(GMP)、《药品经营质量管理规范》(GSP)等新版国家药品标准、法律法规和《国家执业药师资格考试大纲》进行编写，体现医药行业最新要求，更好地服务于各院校药学教学与人才培养的需要。

本套教材定位清晰、特色鲜明，主要体现在以下方面。

1.契合人才需求，体现行业要求 契合新时期药学人才需求的变化，以培养创新型、应用型人才并重为目标，适应医药行业要求，及时体现新版《中国药典》及新版GMP、新版GSP等国家标准、法规和规范以及新版《国家执业药师资格考试大纲》等行业最新要求。

2.充实完善内容，打造教材精品 专家们在上一轮教材基础上进一步优化、精炼和充实内容，坚持“三基、五性、三特定”，注重整套教材的系统科学性、学科的衔接性，精炼教材内容，突出重点，强调理论与实际需求相结合，进一步提升教材质量。

3.创新编写形式，便于学生学习 本轮教材设有“学习目标”“知识拓展”“重点小结”“复习题”等模块，以增强教材的可读性及学生学习的主动性，提升学习效率。

4.配套增值服务，丰富教学资源 本套教材为书网融合教材，即纸质教材有机融合数字教材，配套教学资源、题库系统、数字化教学服务，使教学资源更加多样化、立体化，满足信息化教学的需求。通过“一书一码”的强关联，为读者提供免费增值服务。按教材封底的提示激活教材后，读者可通过PC、手机阅读电子教材和配套课程资源（PPT、微课、视频、图片等），并可在线进行同步练习，实时反馈答案和解析。同时，读者也可以直接扫描书中二维码，阅读与教材内容关联的课程资源（“扫码学一学”，轻松学习PPT课件；“扫码看一看”，即可浏览微课、视频等教学资源；“扫码练一练”，随时做题检测学习效果），从而丰富学习体验，使学习更便捷。

编写出版本套高质量的全国本科药学类专业规划教材，得到了药学专家的精心指导，以及全国各有关院校领导和编者的大力支持，在此一并表示衷心感谢。希望本套教材的出版，能受到广大师生的欢迎，为促进我国药学类专业教育教学改革和人才培养做出积极贡献。希望广大师生在教学中积极使用本套教材，并提出宝贵意见，以便修订完善，共同打造精品教材。

中国医药科技出版社

2019年9月

前言

本教材针对药学类专业工程类基础课课时数较少的教学特点而编写，在努力强化“三基、五性”、确保课程理论系统性和完整性的同时，尽量精炼语言、结合专业、突出重点。

为培养学生从工程的观点提出、分析和解决问题的能力，全书无论从理论阐述，还是在例题、习题的选取上，贯穿、强调理论联系实际；为方便自学，各章之后均附有适量习题及答案。

参编作者均为从教多年并有一定工程实践经验的教师，编写过程中参考了国内外的相关教材和专著，收集了大量的工程常用数据、图表和典型应用实例。本教材除用于教学外，对从事科研、设计的一线工程技术人员也具有参考价值。

作为修订教材，本教材传承了前版的精华，在兼顾现行教学大纲要求的同时，适度引入了时下化工、制药生产中的最新技术，提升了教材的实用性和新颖性，并在各章节新增了“学习目标”“习题”及“重点小结”，有助于学生学习得法、提高效率。

参加本书编写工作的有：沈阳药科大学何志成（绪论、第一章）、山东第一医科大学程岳山（第二章、第三章）、武汉工程大学汪铁林和邓黎丹（第四章）、贵州中医药大学董登祥（第五章）、沈阳药科大学郭永学（第六章）、贵州中医药大学王立红（第七章）、沈阳药科大学礼彤（第八章）、西南民族大学郭坤（第九章）。

本教材为书网融合教材，即纸质教材有机融合电子教材、教学配套资源（PPT、微课、视频、图片等）、题库系统、数字化教学服务（在线教学、在线作业、在线考试），使教学资源更加多样化、立体化。网络增值服务内容由本书编者提供。

本教材在编写过程中，得到了沈阳药科大学及各编委所属院校领导全方位的支持，得到了原教材编写成员的鼎力帮助，为此次编写工作提供了极大的便利，在此深表感谢。

受编者学识所限，书中疏漏之处在所难免，诚盼读者赐教，以利教材不断完善。

编　者

2019 年 11 月

目 录

绪　论

一、本课程的内容、性质和任务

化工原理是一门研究化工单元操作科学规律、指导化工生产实践的工程学科。

所谓单元操作是指化工生产过程中除化学反应外的基本物理过程（诸如流体输送、传热、蒸发、吸收、蒸馏、萃取、干燥等），是组成生产工艺的基本单位。

单元操作在化工、制药生产实际中占有重要地位。不同工艺中的相同单元操作、基本原理和典型设备都是一样的。例如，制碱工业中苛性钠溶液的浓缩与制药工业中葡萄糖溶液的浓缩，都是通过蒸发单元操作来实现的，它们共同遵循热交换原理并且都采用蒸发器。

化工单元操作所遵循的规律可归纳成以下几个基本过程。

1. 动量传递过程　流动的基本规律以及相关的单元操作，如流体的输送与压缩、沉降、过滤等。

2. 热量传递过程　研究传热过程的基本规律及相关的单元操作，如传热、蒸发、结晶等。热量传递过程又被称为传热过程。

3. 质量传递过程　研究物质通过相界面迁移过程的基本规律及受这些规律支配的一些单元操作，如吸收、蒸馏、萃取、干燥等。质量传递过程又被称为传质过程。

4. 热力学过程　研究热力学的基本规律及遵循这些规律的单元操作，如冷冻及深度冷冻等（由于篇幅所限，本书不介绍冷冻单元操作）。

对制药工艺类院校的学生来说，化工原理是一门基于高等数学、物理及物理化学等基础课程而开设的工程类专业基础课。

课程开设目的为：使学生掌握常见化工单元操作的基本原理、熟悉典型设备的构造及工艺参数确定（或选型）；培养学生从工程观点提出、分析和解决各种问题能力，帮助学生缩短日后步入制药生产一线必须经历的思维磨合期，早日成为被社会认可的人才。

二、本课程的学习方法

“理论推导加经验数据”是工程类课程从过程到结果的一般研习规律，本课程也是如此。在研究各种单元操作时，通常把物料衡算及能量衡算作为研究手段，并依此确定实际生产过程中各物料之间的数量及组成关系、吸收或释放的能量、实现过程所需的设备选型等，最终从工程的观点判断该过程的技术可行性和经济合理性。

本课程所涉及的基本原理如下。

1. 质量守恒　质量守恒是宇宙间一切物质发生变化时恪守的必然规律。在化工及制药生产中，尽管物质状态随着过程的进行不断变化，但对某个指定系统或设备而言，始终符合公式（0-1）。

$$\sum G_{入} = \sum G_{出} + \sum G_{损} \tag{0-1}$$

式中，$\sum G_{入}$ 为所有输入物料量；$\sum G_{出}$ 为所有输出物料量；$\sum G_{损}$ 为所有物料损失量。

按照这一规律对物质量进行的计算，称为物料衡算。

书中许多计算公式都是以这种方式导出的。掌握质量守恒原理对于本课程的学习十分重要。

2. 能量守恒 能量守恒也是宇宙间的各种能量发生转换时遵守的根本规律。在化工、制药生产过程中，无论是流体的运送、还是物料的加热冷却，都伴随着能量的转换。但对某个指定的系统来说，始终符合公式（0-2）。

$$\sum Q_{入} = \sum Q_{出} + \sum Q_{损} \tag{0-2}$$

式中，$\sum Q_{入}$ 为全部输入的能量；$\sum Q_{出}$ 为全部输出的能量；$\sum Q_{损}$ 为全部能量损失。

按照这一规律对能量进行的计算，称为能量衡算。能量衡算可以在实际生产中帮助我们评估能量的消耗程度，确定能量综合利用的途径，以及制定合理的能耗方案等，有助于我们选出最佳的生产条件。

3. 平衡关系 化工、制药生产过程中的任何过程，都是由不平衡到平衡的变化过程（或者相反）。而平衡状态则是过程变化的极限。

在一定温度的溶剂中投入食盐，并使其溶解，直至溶液达到饱和。从整体上看，溶解过程已经终止。但如果我们分别从溶解和结晶的角度看，过程并没有停止，只是因食盐溶解的速率等于其结晶速率，正处于动态的平衡状态。传热过程也有类似的情况，当冷热流体因发生传热而最终达到温度相等时，之间的传热过程也就不再进行。

可见，一个过程能否进行以及能进行到什么程度（过程的方向和极限），其条件及规律只有通过对平衡关系的研究来确定。

4. 过程速率 通常把某种过程进行中的单位时间变化量称为过程的速率，用以表述过程进行的快慢。在实际生产中，过程的速率越高，设备生产能力也就越大（或在同样产能下，设备的尺寸越小）。过程的速率可用式（0-3）表示。

$$u = \Delta / R \tag{0-3}$$

式中，u 为过程的速率；Δ 为过程的推动力；R 为过程的阻力。

从式（0-3）可以看出，提高过程速率的途径在于加大过程的推动力和减少过程的阻力，在学习本课程时，务必重视这一概念。

三、单位制和单位换算

1. 基本量和导出量 影响化工过程的因素基本可概括为两个方面：一是物料的物理性质，如密度、黏度、比热、导热系数等；二是过程的参变量，如温度、压强、速度等。人们把这些物理性质和参变量统称为物理量。几乎在所有的化工、制药生产过程中均需对它们实施严格的计量和控制。

物理量的种类很多，其中的一些可以用独立的单位表示，称为基本量。基本量所用的单位称为基本单位，例如长度单位为“米”；质量单位为“千克”；时间单位为“秒”等。另一些则可用这些基本量来导出，由基本量导出的量被称为导出量，而由基本单位导出的单位称为导出单位。如速度为路程与时间之比，由长度和时间导出，单位为“米/秒”。

2. 单位制 因为前人曾用不同的单位来表示过相同的基本量，所以产生了不同的单位制度。目前常用的单位制有以下三种。

（1）绝对单位制 以长度（单位为厘米，符号为 cm）、质量（单位为克，符号为 g）、时间（单位为秒，符号为 s）为基本量，亦称 CGS 制。实际使用中，厘米和克的量有时太小，故改以米（m）、千克（kg）、秒（s）为基本单位，并将此称为绝对单位制或 MKS 制。

绝对单位制在早期的自然科学领域，尤其是一些物化手册中广泛采用，因而又被称之为物理单位制。

（2）工程单位制　以长度（单位为米）、力［单位为千克（力）］、时间（单位为秒）为基本量，工程单位制把力作为基本量，质量作为导出量。根据力=质量×重力加速度，导出其单位为［千克（力）·秒^2·米$^{-1}$］。为简化起见，通常用千克（质）来表示工程单位制中的质量。

（3）国际单位制　于1948年提出，1960年第11届国际计量大会正式通过的新单位制。代号为SI，是现行应用最为广泛的单位制。

本教材中的物理量亦采用SI。

SI是由MKS制发展起来的，以7个基本量的单位为基本单位，其名称、符号见表0-1。

表0-1　国际单位制的7个基本量

基本量	单位名称	单位符号	
		中文	国际
长度	米	米	m
质量	千克	千克	kg
时间	秒	秒	s
电流	安培	安	A
热力学温度	开尔文	开	K*
物质的量	摩尔	摩	mol
光强度	坎德拉	坎	cd

注：*也可使用摄氏温度，符号℃，用t表示，$t=T-273.15$K，其中T为热力学温度。

一些化工、制药工业常用物理量的SI单位列于表0-2。

表0-2　工程常用物理量的SI单位

物理量	国际单位制（SI）			
	单位名称	单位符号		用基本单位表示的关系式
		中文	国际	
力	牛顿	牛	N	$m\cdot kg\cdot s^{-2}$
压力（压强）	帕斯卡	帕	Pa	$m^{-1}\cdot kg\cdot s^{-2}$
能、功	焦耳	焦	J	$m^2\cdot kg\cdot s^{-2}$
热量	焦耳	焦	J	$m^2\cdot kg\cdot s^{-2}$
功率	瓦特	瓦	W	$m^2\cdot kg\cdot s^{-3}$
密度	千克每立方米	千克/米^3	$kg\cdot m^{-3}$	$kg\cdot m^{-3}$
黏度	帕斯卡秒	帕·秒	$Pa\cdot s$	$m^{-1}\cdot kg\cdot s^{-1}$
力矩	牛顿米	牛·米	$N\cdot m$	$m^2\cdot kg\cdot s^{-2}$
表面张力	牛顿每米	牛/米	$N\cdot m^{-1}$	$kg\cdot s^{-2}$
热熔、焓	焦耳每开尔文	焦/开	$J\cdot K^{-1}$	$m^2\cdot kg\cdot s^{-2}\cdot K^{-1}$
比热容、比熵	焦耳每千克开尔文	焦/(千克·开)	$J\cdot kg^{-1}\cdot K^{-1}$	$m^2\cdot s^{-2}\cdot K^{-1}$
扩散系数	平方米每秒	米^2/秒	$m^2\cdot s^{-1}$	$m^2\cdot s^{-1}$
导热系数	瓦特每米开尔文	瓦/(米·开)	$W\cdot m^{-1}\cdot K^{-1}$	$m\cdot kg\cdot s^{-3}\cdot K^{-1}$
传热系数	瓦特每平方米开尔文	瓦/(米^2·开)	$W\cdot m^{-2}\cdot K^{-1}$	$kg\cdot s^{-3}\cdot K^{-1}$

为使用方便，SI还规定了一套词冠来表示单位的倍数和分数，详见表0-3。

表 0-3　国际单位制主要词冠

因数	词冠	符号		因数	词冠	符号		因数	词冠	符号	
		中文	国际			中文	国际			中文	国际
10^9	吉咖	吉	G	10^1	十	十	Da	10^{-3}	毫	毫	m
10^6	兆	兆	M	10^{-1}	分	分	D	10^{-6}	微	微	μ
10^3	千	千	k	10^{-2}	厘	厘	C	10^{-9}	纳诺	纳	n
10^2	百	百	h								

有些方便、实用的单位虽不属于国际单位，但被允许与国际单位并用，见表 0-4。此外，暂时与国际单位制并用的还有标准大气压与巴。

表 0-4　与国际单位并用的单位

名称	符号		相当于国际单位的值	名称	符号		相当于国际单位的值
	中文	国际			中文	国际	
分	分	min	1 分=60 秒	分	分	′	1′=(1/60)°=(π/10800)弧度
小时	时	h	1 时=60 分=3600 秒	秒	秒	″	1″=(1/60)′=(π/648000)弧度
日	日	d	1 日=24 时=86400 秒	升	升	L	1 升=1 分米^3=10^{-3}米^3
度	度	°	1°=（π/180）弧度	吨	吨	t	1 吨=1×10^3 千克

1 标准大气压，1atm=101325 帕（Pa）；

1 巴，1bar=0.1 兆帕=1×10^5帕（Pa）。

SI 之所以被国际上作为一种通用的单位制度，主要基于其具有以下优点：一是科技领域所用的所有计量单位都可以由这 7 个基本单位导出，即可采用同一套单位；二是由基本单位导出任何导出单位时，无须引入比例常数，或者说比例常数均为 1。

例如能量、热、功三者的单位都采用焦尔（J），1J=1N×1m=1N·m。而工程单位制中则用"卡（cal）"或"千卡（kcal）"作为热的单位，采用焦尔或"千克（力）·米"作为功或能量的单位，从热的单位转换为功的单位要通过所谓"热功当量"这个比例常数，即 1 千卡=4.187kJ=427 千克（力）·米。可见，国际单位制使运算简便，且不易发生错误。

3. 单位换算　国际单位制正式颁布后，已先后被发达国家采用。包括英、美、俄、法、德在内的绝大多数国家，都已采用 SI 或正在向其过渡。国外出版的科技书籍和期刊，已经全部采用国际单位制。

我国曾于 1984 年 2 月 27 日发布了"在全国实行以 SI 单位为基础的法定计量单位"的要求，而全面向法定计量单位的过渡工作已经在 1990 年底完成。

鉴于多年来一直采用多单位制并用的情况，仍有部分科技手册、资料中的数据延用了非 SI 单位，因而有必要对各单位制之间的换算加以介绍。

物理量由一种单位换算成另一种单位时，需用换算因数，其数值也随着改变。所谓换算因数就是两种单位大小的比值。遇到复杂的单位换算因数时，先把复杂的单位分解成若干简单的单位然后逐个换算，通过以下几个例题可以说明换算的方法。

例题 0-1　一个发动机作功 36000 千克（力）·米，问它相当于多少焦尔？

解：
$$1\text{ 千克(力)}\cdot\text{米}=9.81\text{J}$$

则 $$36000\ 千克(力)\cdot 米 = 36000\times 9.81 = 353.16\times 10^3\,\mathrm{J}$$

例题0-2 某房间的暖气片每小时向空气中传出840kJ的热量，试将其换算成以工程制单位表示的热量。

解： $$1\,\mathrm{kcal} = 4.187\,\mathrm{kJ}$$

则 $$840\,\mathrm{kJ} = 840/4.187 = 200.6\,\mathrm{kcal}$$

例题0-3 试将通用气体常数 $R = 0.082$ 大气压·米^3/(公斤分子·℃)换算成以 $\mathrm{kJ\cdot kmol^{-1}\cdot K^{-1}}$ 表示的量。

解： $$1\ 公斤分子 = 1\,\mathrm{kmol}$$

$$1℃ = 1\,\mathrm{K}$$

$$1\ 大气压 = 1.033\ 千克(力)/厘米^2 = 1.033\times 10^4\ 千克(力)/米^2$$

而 $$1\ 千克(力)\cdot 米 = 9.81\,\mathrm{J}$$

则 $$R = 0.082\times 1.033\times 10^4\ 千克(力)\cdot 米/(公斤分子\cdot ℃)$$

所以 $$R = 0.082\times 1.033\times 10^4\times 9.81/10^3 = 8.31\,\mathrm{kJ\cdot kmol^{-1}\cdot K^{-1}}$$

4. 单位的正确运用 计算中所用公式的种类不同，使用物理量的单位也会不同。

一类公式是根据物理规律建立的，称为理论公式，如牛顿第二定律“$F = ma$”等。其中的符号除比例系数外，各代表一个物理量，因此又称为物理量方程。

物理量是数目与单位的乘积，把物理量的数据代入这类公式时，须把数值和单位一起代入，依此解出的结果也应属于同一单位制。

使用理论公式进行计算时，首先选定单位制，且中途不能改变，直至贯彻到底。若所求的结果不能保持单位一致或得出不合理的单位，则表明计算中一定是混进了其他制的单位，或者是使用了不正确的计算公式。

另一类是根据实验结果整理出来的计算公式，即所谓经验公式。这类公式中的每一个符号都要用指定单位的数值代入，所得结果属于什么单位制也是一定的。严格地说，这种公式中的符号并不代表完整的物理量，而只代表物理量中的数字部分，所以又称其为数字公式。经验公式在使用上是有局限性的，计算前要逐一核实带入数据的单位是否合乎规定，然后将数字部分代入计算，最后还须将计算结果附上规定的单位。

第一章　流体力学基础

扫码"看一看"

扫码"学一学"

学习目标

1. **掌握**　流体静力学基本方程及其在实际生产中的应用；流体稳定流动时的连续性方程、伯努利方程及其应用；管路系统的直管阻力、局部阻力的计算方法；流体输送管路设计与计算。
2. **熟悉**　流体静压强分析计算及其表示方法；牛顿黏性定律及其应用；流体在管路中的流动形态及其应用。
3. **了解**　流体的基本性质和流体流动的基本概念；常见的非牛顿型流体的类型与特征；制药工业中常见的管路及管阀件；流体流量测量原理及常见测量仪表。

流体是气体和液体的统称。

在给定时间内将一定体积（或质量）的流体从一处送到另一处或从一个岗位送往另一个岗位，是制药工业生产中经常需要处理的实际问题。

解决这类问题的方法就是管路设计。除了要根据实际情况选择管路的材质、确定管路的长度和壁厚外，还必须设计管道直径、计算管路完成输送任务所必需的能量，并对与之配套的管阀件、流体计量装置及输送设备进行选型。

本章讨论与流体输送有关的基本原理，而与流体输送设备相关的问题将在第二章讨论。

第一节　流体静力学基本方程

流体静力学是用以研究流体在静止状态下各种受力之间平衡关系的，而这种关系通常与流体的物理性质有关。所以，先对相关概念说明如下。

一、密度、比容和相对密度

（一）密度

物质单位体积的质量被称为该物质的密度，用符号 ρ 表示。在 SI 中，密度的单位是 $kg \cdot m^{-3}$。表达式为

$$\rho=\frac{m}{V} \tag{1-1}$$

式中，m 为物质的质量，kg；V 为物质的体积，m^3。

1. 气体的密度　密度随压力变化的流体被称为可压缩流体。气体的密度随温度和压力的变化而改变，属可压缩流体。

（1）非高压、非低温的气体　其密度可由理想气体状态方程近似计算，结果为

$$\rho=\frac{pM}{RT} \tag{1-2}$$

式中，p 为气体的压力，$kN\cdot m^{-2}$；M 为气体的千摩尔质量，$kg\cdot kmol^{-1}$；T 为气体的绝对温度，K；R 为气体常数，$8.314kJ\cdot kmol^{-1}\cdot K^{-1}$。

（2）气体混合物　式（1-2）中的 ρ 可用 ρ_m、M 可用 M_m 代替，即

$$\rho_m=\frac{pM_m}{RT} \tag{1-3}$$

式中，ρ_m 为混合气体的平均密度，$kg\cdot m^{-3}$；M_m 为混合气体的平均千摩尔质量，$kg\cdot kmol^{-1}$。

其中的 M_m 为

$$M_m=M_1y_1+M_2y_2+\cdots+M_ny_n$$

式中，M_1、M_2、…、M_n 分别为混合气体中各组分的千摩尔质量，$kg\cdot kmol^{-1}$；y_1、y_2、…、y_n 分别为混合气体中各组分的千摩尔分数或体积分数。

2. 液体的密度　密度不随压力变化的流体被称为不可压缩流体。液体的密度通常只随温度的变化而改变，属不可压缩流体。

对于纯组分液体，其密度表达式如式（1-1）；而对液体混合物，假如混合前后的体积不发生变化，则其平均密度可由式（1-4）计算。

$$\frac{1}{\rho'_m}=\frac{x_1}{\rho'_1}+\frac{x_2}{\rho'_2}+\cdots+\frac{x_n}{\rho'_n} \tag{1-4}$$

式中，ρ'_m 为混合液体的平均密度，$kg\cdot m^{-3}$；ρ'_1、$\rho'_2\cdots\rho'_n$ 分别为混合液体中各液体的密度，$kg\cdot m^{-3}$；x_1、$x_2\cdots x_n$ 分别为混合液体中各液体的质量分率。

（二）比容

单位质量物质的体积被称为该物质比容，其单位为 $m^3\cdot kg^{-1}$，用符号 v 表示。其表达式为

$$v=\frac{V}{m} \tag{1-5}$$

显然，比容即密度的倒数。

（三）相对密度

物质的密度与4℃时纯水的密度之比为该物质的相对密度。相对密度是一个比值，没有单位。因为4℃时纯水的密度为 $1000kg\cdot m^{-3}$，所以物质的相对密度在数值上等于其密度除以1000。

例如：浓硫酸的密度为 $1840kg\cdot m^{-3}$，则其相对密度为1.84。

二、流体的压强

（一）压强的定义和单位

流体在物体单位面积上的垂直作用力被称为压强（流体的压力强度），工程上习惯将其称作压力，用符号 p 表示。

在 SI 中，压力的单位是 Pa（帕），即 $N\cdot m^{-2}$。

在以往使用过的单位制中，压力单位的表示方法是不同的。如在工程制中，压力的单位是 at（工程大气压），$kgf\cdot cm^{-2}$。其他的表示方法还有：标准大气压（atm）、米水柱（mH_2O）、毫米汞柱（mmHg）、毫米水柱（mmH_2O，常用于低压流体）等。

各种压力单位的换算关系如下。

$$1atm = 1.033at = 760mmHg = 10.33mH_2O = 1.0133 \times 10^5 Pa = 1.0133bar$$

$$1at = 735.6mmHg = 10mH_2O = 9.81 \times 10^4 Pa \approx 0.1MPa$$

其中：1bar(巴) = 1×10^5Pa；1MPa(兆帕) = 1×10^6Pa。

实际生产中也有以液柱高来表示流体压力的，其原理如下。

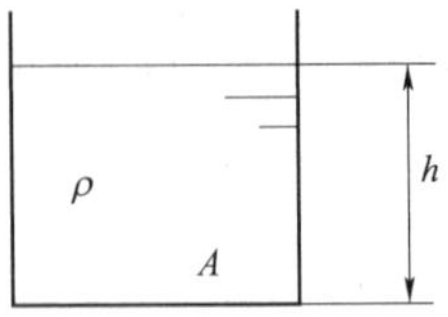

图 1-1　用液柱高表示压力

如图 1-1 所示，某贮槽中装有液体，其底部所受的压力可用被盛装液体的高度（液体柱）来表示。

设：A 为贮槽底部的面积，m^2；h 为液体高度，m；ρ 为液体密度，$kg \cdot m^{-3}$；g 为重力加速度，$m \cdot s^{-2}$。

按压强的定义有

$$p = \frac{\text{液柱对槽底部的重力}}{\text{槽底部的面积}} = \frac{Ah\rho g}{A} \quad (N \cdot m^{-2})$$

整理得

$$h = \frac{p}{\rho g} \quad m\ (\text{液体柱})$$

（二）压力的表达方式

压力在实际应用中可有三种表达方式：表压、绝压和真空度。

当被测系统的压力大于大气压时，工程上采用压力表来测量流体的压力，压力表的读数被称为表压。表压不是被测系统的真实压力，而是真实压力与大气压的差值。

真实压力又被称为绝对压力，简称绝压。在上述条件下，三者关系为

$$\text{表压} = \text{绝压} - \text{大气压} \tag{1-6}$$

例如，某被测系统的表压为 2 大气压时，该系统的真实压力（绝压）为 3 大气压。即

$$\text{绝压} = \text{表压} + \text{大气压} = 2\ \text{大气压} + 1\ \text{大气压} = 3\ \text{大气压}$$

当被测系统压力小于大气压时，工程上采用真空表来测量流体的压力，真空表的读数被称为真空度。同样，真空度也不是被测系统的真实压力，而是大气压与真实压力的差值。在这种条件下，三者关系为

$$\text{真空度} = \text{大气压} - \text{绝压} \tag{1-7}$$

例如，某被测系统的真空度为 1×10^5Pa 时，则该系统的真实压力（绝压）为 0.0133×10^5Pa。即

$$\begin{aligned} \text{绝压} &= \text{大气压} - \text{真空度} \\ &= 1.0133 \times 10^5 Pa - 1 \times 10^5 Pa \\ &= 0.0133 \times 10^5 Pa \end{aligned}$$

显然，表压越高，系统的绝对压力就越高。而真空度越高，系统的绝对压力就越低。当真空度等于大气压时，系统的绝对压力为零。

表压、绝压、真空度与大气压的关系可由图 1-2 来说明。从式（1-6）（1-7）可以看出，真空度即为负表压。

为避免混淆，压力数值在用表压或真空度表示时，必须加以注明。对没有注明的压力值，均视为绝对压力。

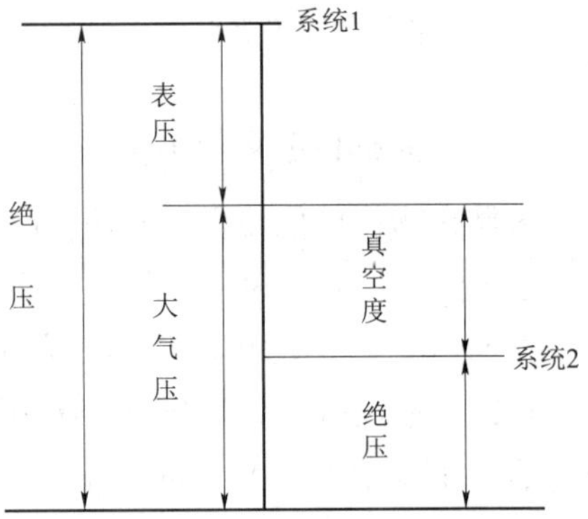

图 1-2　表压、绝压、真空度与大气压的关系

如：$p=0.5\times10^5$Pa（表压）、$p=0.05\times10^5$Pa（真空度）或$p=1\times10^5$Pa 等。

由于压力既可以用不同的单位制计量，又可以用不同的表达方式表达。所以在作与其有关的计算时，不仅要求压力单位制的统一，而且还要求压力表达方式的统一。

大气压作为计算基数，其本身会随地域或环境的不同而有所变化。可现场实测，或以当地气象部门提供的数据为准。

记录真空度时，应注明相应的大气压。如无注明，则大气压按 1.0133×10^5Pa 计。

思考

1. 绝压、表压和真空度之间有什么关系？理论上最大的真空度是多少？

三、流体静力学基本方程

流体在重力和压力的作用下处于相对静止状态时，其内部的压力变化存在一定规律。用以表述这个规律的公式就是流体静力学基本方程。此方程的导出方法如下。

设容器中盛有密度为ρ 的静止液体，如图 1-3 所示。在其中任取一截面积为 A 的液体柱，液柱上下底面距容器底部（基准面）的距离分别为 Z_1 和 Z_2、所受的压力分别为 p_1 和 p_2，液体表面的压力为 p_0。

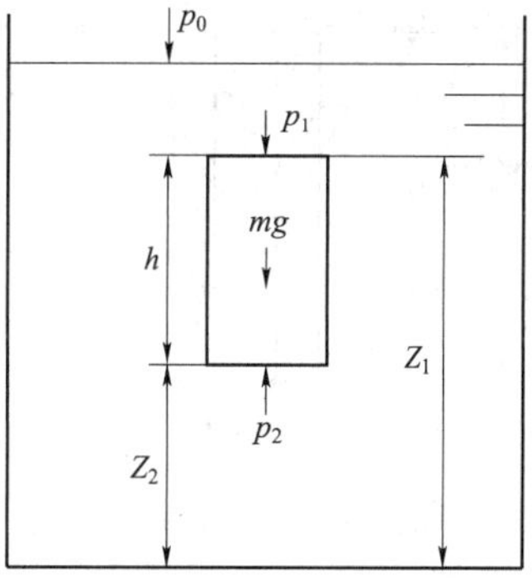

图 1-3　静止流体内部力的平衡

由于液柱处于静止状态，所以液柱在重力方向所受的合力为零，即

液柱顶部所受的压力+液柱自身的重力+液柱底部所受的压力(托举力)= 0

其中，

液柱顶部所受压力为 p_1A，方向向下；

液柱自身的重力 mg 为 $A(Z_1-Z_2)\rho g$，方向向下；

液柱底部所受的压力为$-p_2A$，方向向上。

代入后得

$$p_1A+A(Z_1-Z_2)\rho g-p_2A=0$$

整理上式得

$$p_2=p_1+\rho gh \tag{1-8}$$

式中，$h=(Z_1-Z_2)$为液柱的高度。

如将液柱上底面定位于液体表面，则 p_1 为液体表面的压力 p_0，再将 p_2 定义为液体内部距液体表面 h 深度层面的压力 p，则式（1-8）为

$$p=p_0+\rho gh \tag{1-9}$$

式（1-9）也叫巴斯噶定律。据此式可得如下结论。

流体内部任一层面的压力 p 是其距表面深度 h 的函数，距表面越深，压力就越大。相同流体在同一层面上的任意两点压力相同。当流体表面压力改变时，其内部层面的压力也会发生相同数值的变化。

思考

2. 流体静压力有什么特性？

3. 应用流体静力学方程分析问题时如何确定等压面？

四、流体静力学方程在实际生产中的应用

流体静力学方程在制药生产实践中应用广泛。通常用于测量流体的压力、压差或液体的液位高度等。

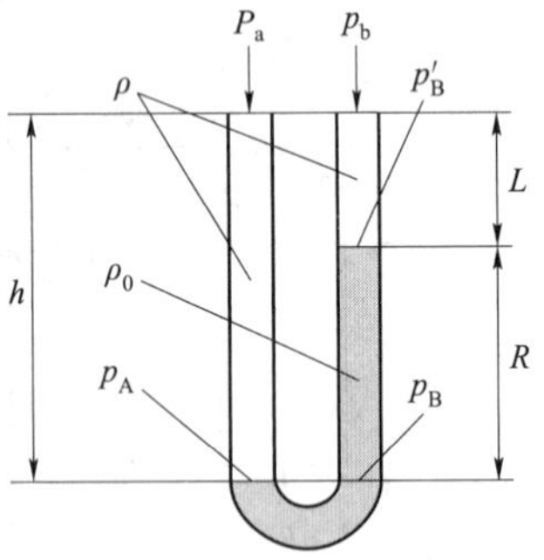

图 1-4　*U* 形压差计

(一) 测量流体的压力或压差

1. U 形压差计　U 形压差计是根据流体静力学原理设计的，其结构如图 1-4 所示。

假定被测流体的密度为 ρ。在 U 形玻璃管中装入与被测流体互不相溶的指示液，其密度为 ρ_0（一般 $\rho_0>\rho$），再将 U 形管的两端与被测流体的两点连通。如果作用于管端的压力 p_a 不等于 p_b（图中 $p_a>p_b$），指示液在 U 形管的两侧臂管会出现液位差 R。读出 R 的数值，便可计算出流体被测两点间的压差。

其原理如下。

根据式（1-8）

$$p_2=p_1+\rho gh$$

对 U 形管左侧，将 $p_2=p_A$、$p_1=p_a$、$\rho=\rho$ 及 $h=L+R$ 代入得

$$p_A=p_a+\rho g(L+R)$$

对 U 形管右侧下半段，将 $p_2=p_B$、$p_1=p'_B$、$\rho=\rho_0$ 及 $h=R$ 代入得

$$p_B=p'_B+\rho_0 gR$$

式中，$p'_B=p_b+\rho gL$。

由于相同流体在同一层面上的任意两点压力相同，即：$p_A=p_B$。

代入得

$$p_a+\rho g(L+R)=p_b+\rho gL+\rho_0 gR$$

整理得

$$p_a-p_b=(\rho_0-\rho)gR \tag{1-10}$$

由式（1-10）可知，压差（p_a-p_b）只与指示液的位差读数 R 及指示液同被测流体的密度差（$\rho_0-\rho$）有关，而与其他因素无关。

如被测流体为气体时，$\rho\approx0$，式（1-10）变成

$$p_a-p_b=\rho_0 gR \tag{1-11}$$

根据被测流体及压力的不同，指示液可采用汞、四氯化碳或水等。

2. 微压计　当被测压力相差很小时，用普通 U 形压差计测量时得到的液位差 R 会很小，读值难以准确。这种情况下多采用微压计，常见的微压计有微压压差计和倾斜液柱压差计两种。

图 1-5 所示的是微压压差计，它是在 U 形压差计的两侧臂管上方安装两个扩张室。压差计中装有 A、B 两种密度不同且不互溶的指示液。由于扩张室的截面积远比臂管的大，所以即使 U 形压差计中的指示液产生较大位差时，在两个扩张室内的另一种指示液所出现的液位差也可忽略。其工作原理也可由流体静力学方程导出（推导过程略）。设：p_a、p_b 分别为被测流体的两点的压力；ρ、ρ_0 分别为两种指示液的密度；R 为指示液 A 的位差。

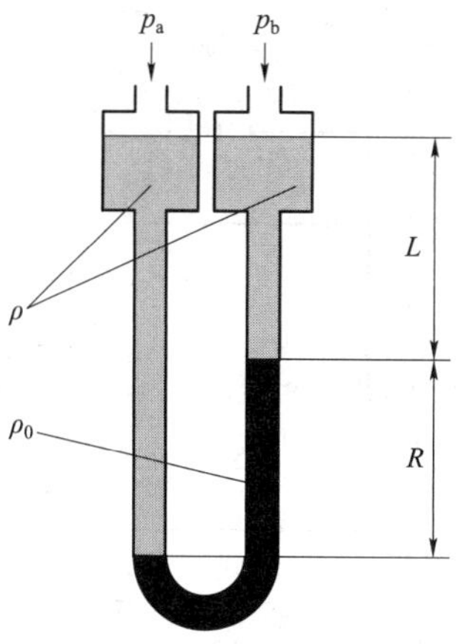

图 1-5　微压压差计

则有

$$p_a - p_b = (\rho_0 - \rho) gR \qquad (1-12)$$

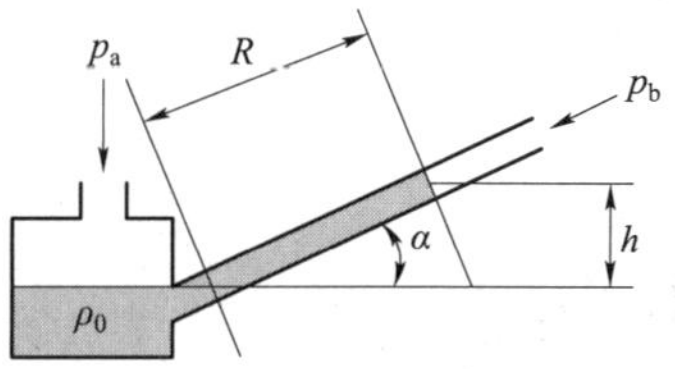

图 1-6　倾斜液柱压差计

只要适当选用 A、B 两种指示液，其读数 R 可比普通 U 形管压差计大若干倍。常用的指示液有：液体石蜡、乙醇和苄醇等。

图 1-6 所示的是倾斜液柱压差计。它是 U 形管压差计的变形，左侧的杯和右侧的斜管相当于 U 形管的两臂。杯内盛有密度为 ρ_0 的指示液。

在 p_a、p_b 形成的压差作用下，两侧的指示液面出现液位差 h，而在斜管上便得到放大的读数 R。

由于杯的横截面积远大于斜管截面积，所以可以认为杯中的液面维持不变。压力差可由式（1-13）计算。

$$p_a - p_b = \rho_0 gR\sin\alpha \qquad (1-13)$$

由式（1-11）、式（1-13）可知，与 U 形管压差计相比，倾斜液柱压差计将读数放大了 $1/\sin\alpha$ 倍。改变倾斜角的角度，便可改变放大的倍数。α 越小，放大倍数越大。但 α 不宜小于 15°，否则会给读数造成困难。

（二）测量液位

在制药工业生产中，经常需要掌握和控制各类容器中的贮液量和液位高度。利用液位计对容器中的液位进行测量，是实际生产中常见的工作。

普通的液位计如图 1-7 所示，即在容器的底部和被盛装液体的液面上方的容器壁面上各开一个小孔，并用玻璃管将二者连通。玻璃管所显示的液面高度 h，即为容器内液体的液位。

这种液位计构造简单、测量直观、安装方便、价格便宜，缺点是易于破损，且不便于远处观察。使用于中、小型容器的液位计量。

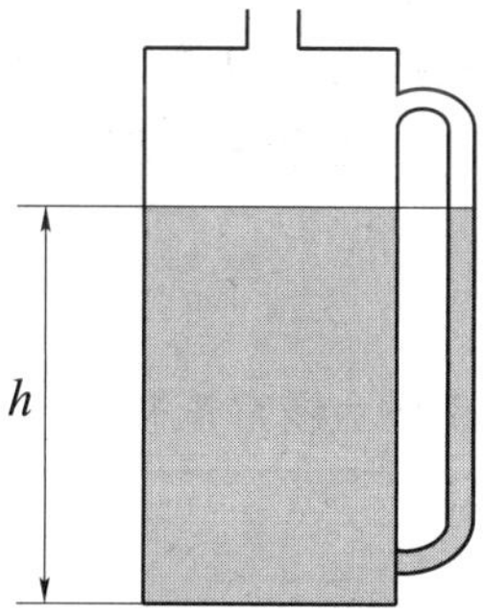

图 1-7　液位计

图 1-8 所示的是另一种利用液柱高度测量液位的仪器，被称为液面指示仪。与液位计相比，它更适用于大型贮液罐的液位计量。

液面指示仪实际上是一个连通器，左边大型敞口容器内装有密度为 ρ 的液体，右边的密闭容器在图 1-8 中 1-1 液面下装有密度为 ρ_0（$\rho_0>\rho$）的指示液，该指示液由一根玻璃管与大气相通。大罐内液体相对 1-1 截面的液位高度 h 与指示液相对 1-1 截面的液位读数 R

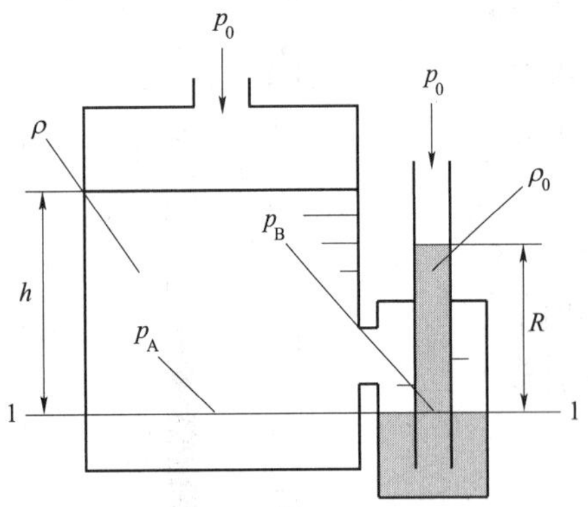

图 1-8　液面指示仪

的关系，可根据流体静力学方程推导。

设敞口容器与玻璃管均通大气，大气压为 P_0。

根据

$$p_2 = p_1 + \rho g h$$

对左边容器有

$$p_A = p_0 + \rho g h$$

对右边的玻璃管有

$$p_B = p_0 + \rho_0 g R$$

上两式中 p_A、p_B 相等，联立并整理得

$$h = R\frac{\rho_0}{\rho} \tag{1-14}$$

第二节　流体动力学基本方程

流体在被输送的过程中，其流速、位置及压力等均会发生变化。这说明流体的能量在形式和数值上都发生了改变。本节将研究流体在流动过程中能量变化的规律，并学习应用这一规律去解决流体输送中的相关实际问题。

一、流量与流速

流体单位时间流过管路任一截面的体积，被称为流体的体积流量。工程上常称流量，用符号 V_s 表示，单位是 $m^3 \cdot s^{-1}$。流量有时也用 V_h 表示，其单位为 $m^3 \cdot h^{-1}$。

流体单位时间流过管路任一截面的质量，被称为流体的质量流量。用符号 W_s 表示，单位为 $kg \cdot s^{-1}$。

如流体的密度为 ρ，则质量流量与体积流量的关系为

$$W_s = V_s \rho \tag{1-15}$$

流体质点单位时间流经管路的距离，被称为流体的流速。用符号 u 表示，单位为 $m \cdot s^{-1}$。如管路的截面积为 A，则流速与体积流量的关系为

$$u = \frac{V_s}{A} \tag{1-16}$$

工程上经常依据式（1-16）来设计圆形管道的尺寸，此时式中的 $A = \pi d^2/4$。代入并整理后得

$$d = \sqrt{\frac{4V_s}{\pi u}}$$

式中，d 为圆形管道的计算内径，m；V_s 为流体的体积流量，$m^3 \cdot s^{-1}$；u 为流体的流速，$m \cdot s^{-1}$。

需要说明的是：式中的 V_s 在实际生产中由工艺确定；u 取决于经济核算，常用的范围可参照表 1-1；d 只是选择管路的依据，不是实际管路的内径。应用时，先对 d 进行圆整，然后再依照国家有关管道规格的标准（本书附录三）进行选材，才能真正得到管路的实际尺寸。

关于管道规格的标注方法，以下举例说明。

如某管道外径 d_0 为 108mm；管壁厚度 δ 为 4.5mm。则该管道的规格标注为：ϕ108mm×4.5mm。管道的内径 d_i 可由下式计算

$$d_i = d_0 - 2\delta$$

代入数据得

$$108 - 2 \times 4.5 = 99\text{mm} = 0.099\text{m}$$

表 1-1　流体在管路中流动的常用流速范围

流　体	流速 u/m·s^{-1}	流　体	流速 u/m·s^{-1}
自来水（0.3MP 左右）	1~1.5	一般气体（常压）	10~20
水及低黏度液体（0.1~1MP）	1.5~3.0	风机吸入管	10~15
高黏度液体（盐类溶液等）	0.5~1.0	风机排出管	15~20
饱和蒸汽（0.8MP）	40~60	离心泵吸入管（水类液体）	1.5~2.0
饱和蒸汽（0.3MP）	20~40	离心泵排出管（水类液体）	2.5~3.0
过热水蒸气	30~50	往复泵吸入管（水类液体）	0.75~1.0
易燃易爆低压气体	<8	往复泵排出管（水类液体）	1.0~2.0
低压气体	8~15	液体自流速度（冷凝水等）	0.5
压力较高的气体	15~25	真空下的气体流速	<10

二、稳定流动与不稳定流动

在流体流动过程中，管路任一截面上流体与流动有关的物理量（如流速、压力、密度等）均不随时间改变，这种流动被称为稳定流动。如这些物理量中的任意一个随时间改变，则流动被称为不稳定流动。

如图 1-9 所示，利用底部的排水管将容器内的水排出，其间有足量的水从容器顶部不断加入，多余的水则由开在容器侧上部的溢流管溢出，容器内的水位维持不变。尽管排水管各截面上水的平均流速不同，但在任一截面上（如图 1-9 中的截面1-1）水的平均流速却是恒定的，且不随时间改变。这种流动就属于稳定流动。

如图 1-10 所示的系统中，容器顶部没有水补入，容器内的水位随排水时间的延长而下降。尽管排水管各处截面相同，但在任一截面上（如图 1-10 中的截面 2-2）水的平均流速却随时间的增加而降低。这种流动就属于不稳定流动。

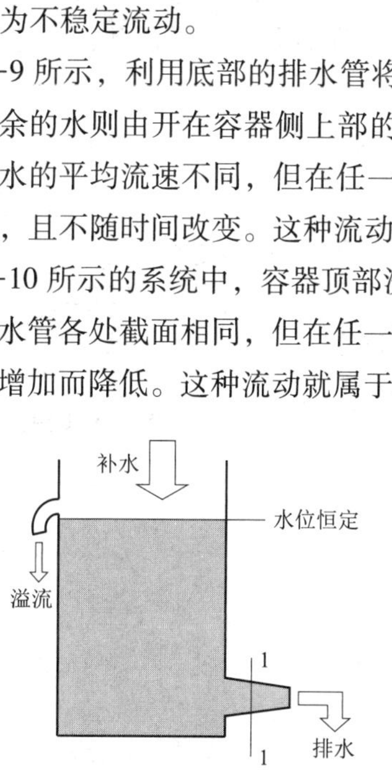

图 1-9　稳定流动

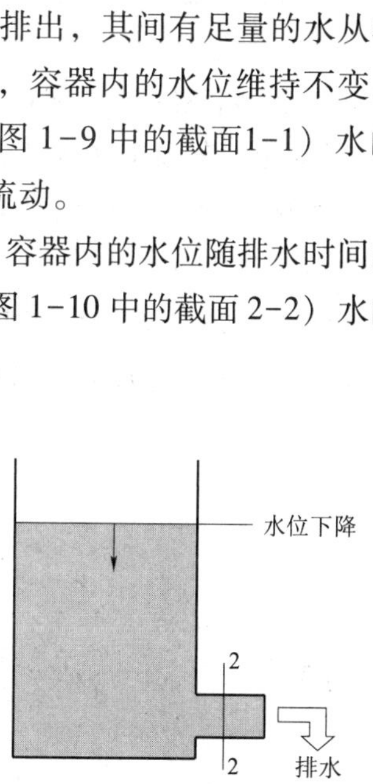

图 1-10　不稳定流动

在化工、制药生产中，流体输送操作多属于稳定流动。有些不稳定流动，在实际生产中也可简化成稳定流动。因此，本章只讨论稳定流动。

三、流体稳定流动时的物料衡算——连续性方程

如图 1-11 所示，流体流经截面不同的管路，从截面 1-1 流入、截面 2-2 流出。

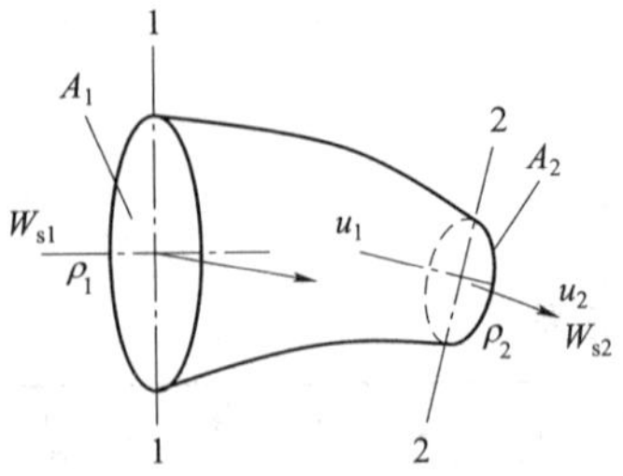

图 1-11　物料衡算

作为稳定流动，在流动的过程中管路各截面上流体的流速、压力、密度等物理量均不随时间改变。

设：W_{s1}、W_{s2}分别为从截面 1-1 流入、截面 2-2 流出流体的质量流量；u_1、ρ_1、A_1 和 u_2、ρ_2、A_2，分别为截面 1-1 和 2-2 处流体的流速、密度和管路的截面积。

根据质量守恒定律，流入、流出截面流体的质量流量应该相同。即

$$W_{s1}=W_{s2}$$

或

$$u_1\rho_1A_1=u_2\rho_2A_2$$

对处于圆形管路中的不可压流体，可将 $A=\pi d^2/4$、$\rho_1=\rho_2=\rho$ 代入上式有

$$u_1\rho\frac{\pi}{4}d_1^2=u_2\rho\frac{\pi}{4}d_2^2$$

整理得

$$u_1d_1^2=u_2d_2^2 \qquad (1-17)$$

或

$$\frac{u_1}{u_2}=\left(\frac{d_2}{d_1}\right)^2 \qquad (1-18)$$

式（1-17）或式（1-18）为流体在稳定流动条件下的连续性方程。它表明：在质量连续的稳定流动系统中，流体的流速与所对应截面的管路直径平方成反比。管路越细，流速就越大。

例题 1-1　某管路系统如例题 1-1 附图所示，水以 $0.003\text{m}^3\cdot\text{s}^{-1}$的流量从截面 1-1 流入系统。对应于截面 1-1、2-2、3-3 及 3′-3′处的管内径分别为 $d_1=0.06\text{m}$、$d_2=0.1\text{m}$、$d_3=d_3'=0.05\text{m}$。

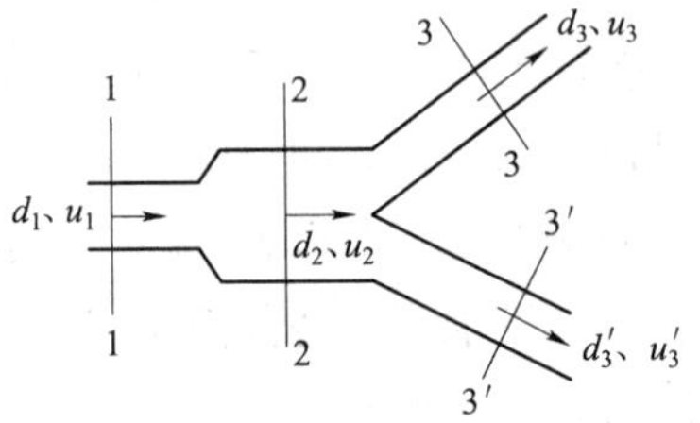

例题 1-1 附图

设：从截面 3-3 及 3′-3′处流出水的体积流量相同。分别求出水在各截面处的流速 u_1、u_2、u_3 和 u_3'。

解：（1）求 u_1

根据

$$u=\frac{V_s}{A}$$

式中，$V_s=0.003\text{m}^3\cdot\text{s}^{-1}$，$A=\frac{\pi}{4}d_1^2=\frac{\pi}{4}\times0.06^2\approx0.003\text{m}^2$

代入得

$$u_1=\frac{0.003}{0.003}=1\text{m}\cdot\text{s}^{-1}$$

（2）求 u_2

根据式（1-17）

$$u_1d_1^2=u_2d_2^2$$

式中，$u_1=1\text{m/s}$，$d_1=0.06\text{m}$，$d_2=0.1\text{m}$

代入得
$$u_2=\frac{u_1d_1^2}{d_2^2}=\frac{1\times0.06^2}{0.1^2}=0.36\text{m}\cdot\text{s}^{-1}$$

（3）求 u_3

设 V_{s3}、V'_{s3} 分别为从截面 3-3 及 3′-3′ 处流出水的体积流量，按题意有 $V_{s3}=V'_{s3}$。对进入和流出的水依照不可压流体的物料衡算得

$$V_s=V_{s3}+V'_{s3}=2V_{s3}\quad\text{或}\quad V_{s3}=\frac{V_s}{2}$$

又由

$$u_3=\frac{V_{s3}}{A_3}\quad\text{或}\quad u_3=\frac{V_s}{2}\frac{1}{(\pi/4)d_3^2}$$

式中，$V_s=0.003\text{m}^3\cdot\text{s}^{-1}$，$d_3=0.05\text{m}$

代入得
$$u_3=\frac{4\times0.003}{2\times3.14\times0.05^2}=0.76\text{m}\cdot\text{s}^{-1}$$

同理可得
$$u'_3=u_3=0.76\text{m}\cdot\text{s}^{-1}$$

利用连续性方程还能为工程上将某些不稳定流动系统简化为稳定流动系统提供依据。

如图 1-12 所示系统中，水从高位槽经安装在槽底的管道流出。如前所述，这属非稳定流动系统。但由于高位槽的直径 d_1 远大于管道直径 d_2，根据式（1-18）

$$\frac{u_1}{u_2}=\left(\frac{d_2}{d_1}\right)^2\quad\text{或}\quad u_1=u_2\left(\frac{d_2}{d_1}\right)^2$$

因为 $d_1\gg d_2$，而对液体 u_2，一般不大于 $3\text{m}\cdot\text{s}^{-1}$。所以

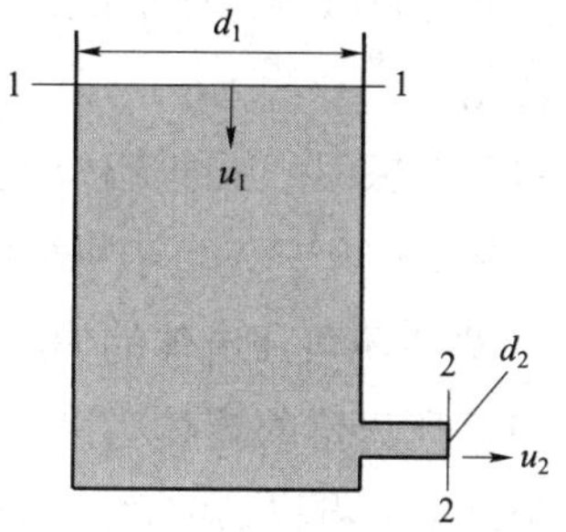

图 1-12 非稳定流动系统的简化

$$u_1=u_2\left(\frac{d_2}{d_1}\right)^2\approx3\times0^2=0$$

即高位槽内水面不动。系统依此被简化成了稳定流动系统，后来的计算亦得到相应简化。

四、流体稳定流动时的机械能衡算——伯努利方程

（一）理想流体与非理想流体

我们把无黏度、流动时不产生摩擦阻力的流体定义为理想流体。而把有黏度、流动时产生摩擦阻力的流体称作非理想流体或实际流体。

为研究方便，在讨论流体流动的相关问题时，通常先从理想流体入手。

（二）伯努利方程

在管路中流动的流体具有机械能和内能两种能量。

在无外功输入的系统中，流体的机械能有三种。如图 1-13 所示，当 m 质量的流体进入压力为 p_1、距基准面高度为 Z_1 的管路截面 1-1 时，所具有的机械能如下。

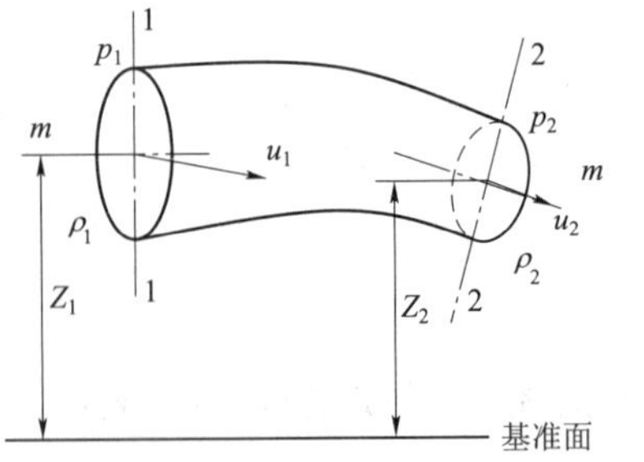

图 1-13 流体的机械能

（1）位能 m 质量的流体因距基准面 Z_1 高度而具有的能量，其数值为 mgZ_1，单位为 J。即把 m 质量的流体举起 Z_1 高度所需要的能量。

（2）动能 m 质量的流体因具有流速 u_1 而具有的能量，其数值为 $mu_1^2/2$，单位为 J。即把 m 质量流速为零的流体加速到 u_1 所需要的能量。

（3）静压能 体积为 $V_1(V_1=m/\rho_1)$ 的流体因带有压力 p_1 而具有的能量，数值为 p_1V_1，单位为 J。即把 V_1 体积的流体送入压力为 p_1 的系统所需要的能量。

流体机械能之间是可以相互转化的。高位低速的水向下流动而变成低位高速的水，就是位能转化成动能后的结果。

所谓内能，是指流体内部分子运动所具有的内动能与分子间引力相互作用所形成的内位能之和。流体的内能是随其温度和比容而变化的。

内能与机械能之间，在一定的条件下可以相互转化。

一定量的气体在外力作用下被压缩，由于具有黏性，在比容减小的同时，气体在流动中相互摩擦、碰撞，温度亦会上升。外力作用于气体的机械能此时已部分地转化为气体的热能。而对膨胀的气体来说，在其比容增大的同时，也对外界作了功，实现了内能向机械能的转化。

对于理想不可压缩流体而言，既没有黏度，比容随环境变化亦不大，可忽略内能的影响，能量的转化只发生于机械能之间。

1. 理想不可压流体的伯努利方程 在推导伯努利方程之前，先作如下假设。

（1）所讨论的流体为理想不可压流体 流体没有黏度，密度（或比容）不随环境变化，流动中只有机械能之间的转换，而无机械能与内能之间的转换。

（2）流体作稳定流动 即在系统管路的任一截面上，流体的流速、压力和密度均不随时间改变。

以图 1-13 所示系统为例：设 m 质量的理想不可压缩流体流入管路截面 1-1 时所具有的机械能总和为 E_1；流出管路截面 2-2 时所具有的机械能总和为 E_2。则有

$$E_1=mgZ_1+\frac{mu_1^2}{2}+\frac{mp_1}{\rho_1}$$

$$E_2=mgZ_2+\frac{mu_2^2}{2}+\frac{mp_2}{\rho_2}$$

式中各项的单位为 J。再根据机械能守恒定律：$E_1=E_2$；对不可压缩流体：$\rho_1=\rho_2$。联立得

$$mgZ_1+\frac{mu_1^2}{2}+\frac{mp_1}{\rho}=mgZ_2+\frac{mu_2^2}{2}+\frac{mp_2}{\rho}$$

两边同除以 m 得

$$gZ_1+\frac{u_1^2}{2}+\frac{p_1}{\rho}=gZ_2+\frac{u_2^2}{2}+\frac{p_2}{\rho} \tag{1-19}$$

式中各项的单位为 $J\cdot kg^{-1}$，表示单位质量流体在所处位置上的对应能量。

两边同除以 g 得

$$Z_1+\frac{u_1^2}{2g}+\frac{p_1}{\rho g}=Z_2+\frac{u_2^2}{2g}+\frac{p_2}{\rho g} \tag{1-20}$$

式中各项的单位为 $J \cdot N^{-1}$，表示单位重量流体在所处位置上的对应能量。

式（1-19）、式（1-20）均为理想不可压缩流体稳定流动时的能量衡算式——伯努利方程。

由于 $J \cdot N^{-1}$的单位是 m（米流体柱），所以式（1-20）中对应的 Z、$u^2/2g$ 和 $p/\rho g$ 的物理意义可表述为：流体所具有的位能、动能和静压能，分别可将自身从基准面升举的高度。

如 Z_1 即表示流体在截面 1-1 处所具有的位能可将其自身从基准面升举 Z_1 m 高。

工程上习惯把式（1-20）中的 Z、$u^2/2g$ 和 $p/\rho g$ 分别称作流体的位压头（或位头）、动压头（或速度头）和静压头（或压头），所以式（1-20）又被称为以压头为单位的伯努利方程。

该方程所表述的物理意义为：理想不可压流体在管路中作稳定流动时，任一截面上流体的总压头为一常数；各能量之间可以相互转化，某一压头的数值发生变化时，其他压头的数值亦将发生相应的变化。

当图 1-13 截面 1-1、2-2 处于同一压力时，有 $p_1=p_2$，方程变为位、动压头转换式

$$Z_1+\frac{u_1^2}{2g}=Z_2+\frac{u_2^2}{2g}$$

或

$$Z_1-Z_2=\frac{u_2^2-u_1^2}{2g} \tag{1-20a}$$

当图 1-13 截面 1-1、2-2 的直径相同时，有 $d_1=d_2$，按式（1-17）有 $u_1=u_2$，方程变为位、静压头转换式

$$Z_1+\frac{p_1}{\rho g}=Z_2+\frac{p_2}{\rho g}$$

或

$$Z_1-Z_2=\frac{p_2-p_1}{\rho g} \tag{1-20b}$$

当图 1-13 截面 1-1、2-2 处于同一水平面时，有 $Z_1=Z_2$，方程变为动、静压头转换式

$$\frac{u_1^2}{2g}+\frac{p_1}{\rho g}=\frac{u_2^2}{2g}+\frac{p_2}{\rho g}$$

或

$$\frac{u_1^2-u_2^2}{2g}=\frac{p_2-p_1}{\rho g} \tag{1-20c}$$

计算中，可按实际给出的条件灵活应用。

2. 实际不可压缩流体的伯努利方程　由于实际流体有黏性，在管路内流动中会产生阻力。所以在实际输送流体的系统中，经常需要使用外加设备（泵）来供应能量。在这种情况下，式（1-20）就不能直接使用。须按机械能守恒原理在该方程中附加如下两项。

（1）在方程左边，加入外加设备对单位重量流体提供的能量 H_e，也称外加有效压头。

（2）在方程右边，加入单位重量流体流经截面 1-1、2-2 之间的管路所消耗的能量 H_f，也称压头损失。

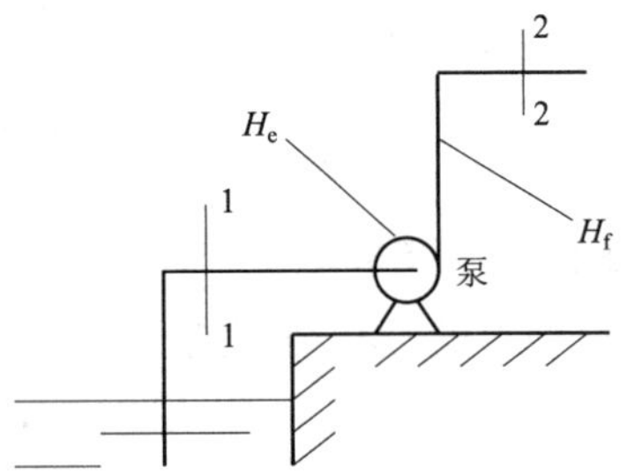

图 1-14　实际流体流动时的能量计算

两者的单位均为 m（米流体柱）。

对如图 1-14 所示的系统，机械能衡算式为

$$H_e+Z_1+\frac{u_1^2}{2g}+\frac{p_1}{\rho g}=Z_2+\frac{u_2^2}{2g}+\frac{p_2}{\rho g}+H_f \qquad (1-21)$$

式（1-21）为实际不可压流体在稳定流动条件下以压头表示的伯努利方程。该方程在实际生产中应用广泛，并可用于进出口压力变化小于 20% 的气体，但式中的 ρ 须以平均值代入。

思考

4. 实际流体和理想流体有何区别？如何体现在伯努利方程上？

（三）伯努利方程的应用举例

在实际生产中，可应用伯努利方程来解决诸如流速、流量以及输送流体所需要的有效压头和功率方面的计算问题。在方程的应用过程中，一般要遵循下列要点。

首先，按题意绘出流动系统的示意图。

其次，按流体的流向选取两个计算截面，先经过的为上游截面 1-1，后经过的为下游截面 2-2。截面要与流速相垂直，截面的中心为计算点。两截面间的流体要求质量连续，截面处应尽可能多地包含已知量（可直接注明）及待求的未知量。

再者，要正确选取计算基准面。由于方程两边位头的需要，计算基准面必须与水平面平行。为计算方便，选取的基准面一般都要通过两个计算截面中心的一个。

最后，统一方程两边各物理量的单位，代入公式计算。值得注意的是：压力的表达方式也须一致（同时为绝压或表压），以确保结果正确。

具体的计算方法，将通过以下应用实例加以阐述。

1. 压头转换

例题 1-2　系统如例题 1-2 附图所示，容器中的水经虹吸管流出。试求水在管内的流速以及图中管内 A、B、C 各点的压力。

设：各处的管径相同；流动阻力略去不计；水的密度取 $1000\text{kg}\cdot\text{m}^{-3}$；大气压为 $1.013\times10^5\text{Pa}$。

解：(1) 求水在管内的流速 u

分析并绘图如例题 1-2 附图 a，取计算截面 1-1、2-2 如图，基准面与 2-2 截面重合。由于流动阻力略去不计，可视为理想液体。又因两计算截面均通大气，所以问题可归结为位、动压头转换。根据式（1-20a）

$$Z_1-Z_2=\frac{u_2^2-u_1^2}{2g}$$

式中，$Z_1=0.7\text{m}$；$Z_2=0$；$u_1\approx0$（容器直径远大于管径）

代入得

$$u_2=\sqrt{2gZ_1}=\sqrt{2\times9.81\times0.7}=3.71\text{m}\cdot\text{s}^{-1}$$

由于系统中各处管径相同，所以水在管内的流速即为 $3.71\text{m}\cdot\text{s}^{-1}$。

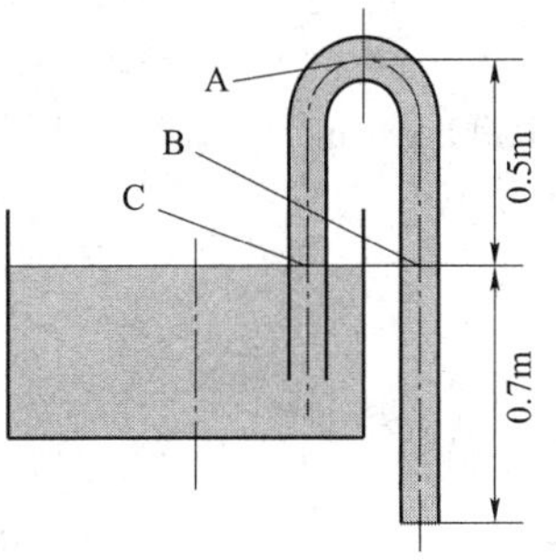

例题 1-2 附图

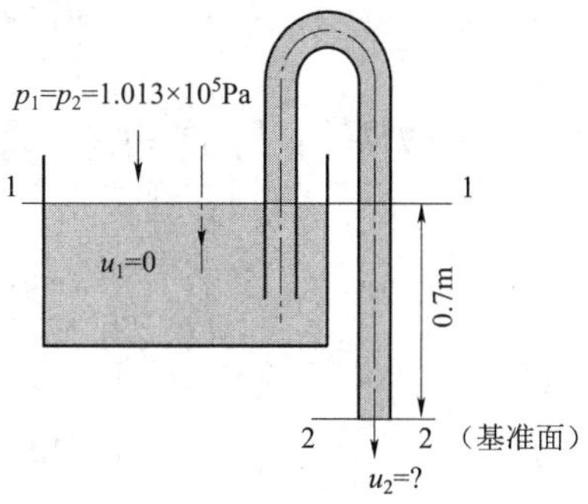

例题 1-2 附图 a

（2）求系统在 A 点的压力 p_A

分析并绘图如例题 1-2 附图 b，由于系统中各处管径相同，所以水在管内的各截面上流速相同。问题可归结为位、静压头转换。根据式（1-20b）

$$Z_1-Z_2=\frac{p_2-p_1}{\rho g}$$

式中，$Z_1=0.5+0.7=1.2\text{m}$；$Z_2=0$；$p_2=1.013\times10^5\text{Pa}$；$\rho=1000\text{kg}\cdot\text{m}^{-3}$

代入得

$$\begin{aligned}p_A&=p_2-Z_1\rho g\\&=1.013\times10^5-1.2\times1000\times9.81\\&\approx8.95\times10^4\text{Pa}\ （绝压）\end{aligned}$$

（3）求系统在 B 点的压力 p_B

分析并绘图如例题 1-2 附图 c，解题方式与求 p_A 相同（略）。计算结果为

$$\begin{aligned}p_B&=p_2-Z_1\rho g\\&=1.013\times10^5-0.7\times1000\times9.81\\&\approx9.44\times10^4\text{Pa}\ （绝压）\end{aligned}$$

（4）求系统在 C 点的压力 p_C

分析并绘图如例题 1-2 附图 d。取计算截面1-1、2-2 如图，值得注意的是截面 2-2 取在管路内与 1-1 截面重合的水平面上，而基准面又与两截面重合。（图中管径已放大）如此选取截面和基准面的结果是有意使三个面相重合，即有 $Z_1=Z_2=0$。问题可归结为动、静压头转换。根据式（1-20c）

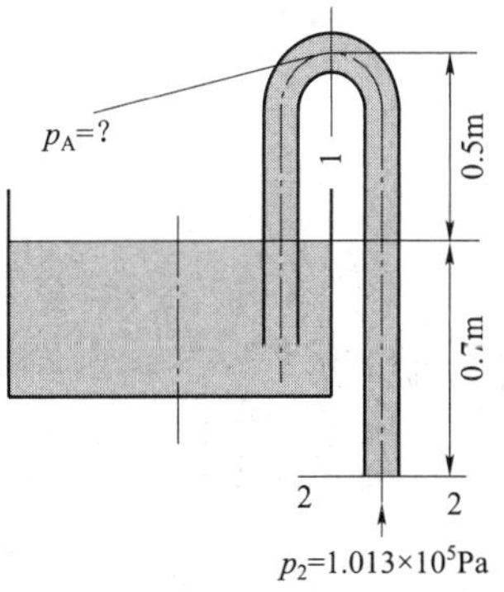

例题 1-2 附图 b

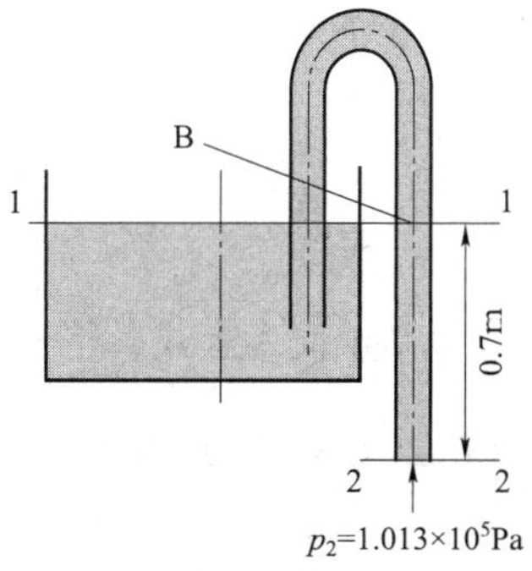

例题 1-2 附图 c

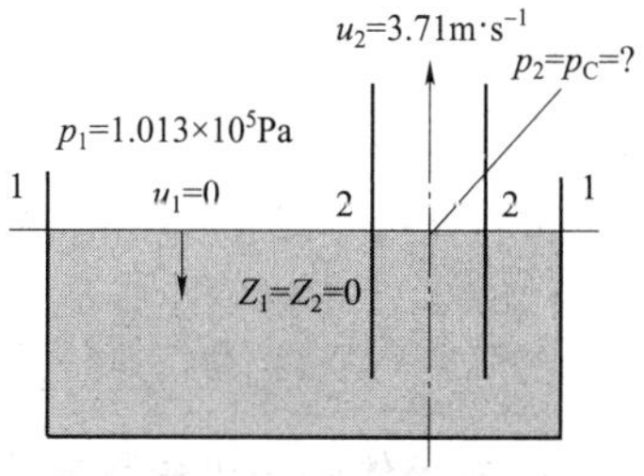

例题 1-2 附图 d

$$\frac{u_1^2-u_2^2}{2g}=\frac{p_2-p_1}{\rho g}$$

式中，$u_1=0$；$u_2=3.71\text{m}\cdot\text{s}^{-1}$；$p_1=1.013\times10^5\text{Pa}$；$\rho=1000\text{kg}\cdot\text{m}^{-3}$

代入得

$$p_C=p_1-\frac{u_2^2\rho}{2}$$

$$=1.013\times10^5-\frac{3.71^2\times1000}{2}$$

$$\approx9.44\times10^4\text{Pa}$$（绝压）

2. 估算流量

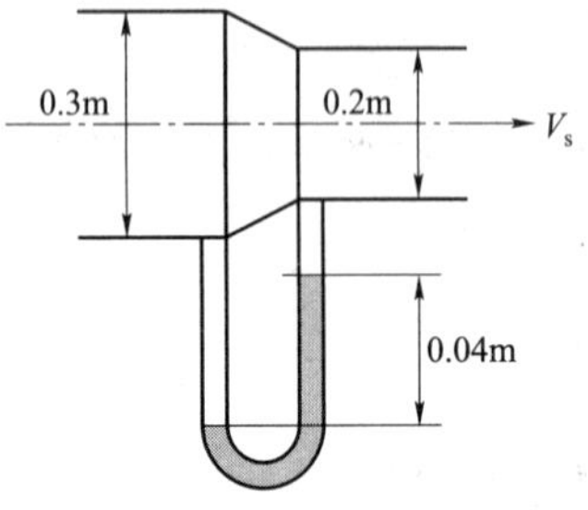

例题 1-3 附图

例题 1-3 某段水平通风管路如例题 1-3 附图所示：其直径从 0.3m 缩减至 0.2m。为估算管内的气体流量，将一 U 形压差计安在锥形接头两端，并测得指示液的读数为 0.04m。试求空气的流量 $\text{m}^3\cdot\text{s}^{-1}$。

设：指示液与空气的密度分别为 $1000\text{kg}\cdot\text{m}^{-3}$ 和 $1.2\text{kg}\cdot\text{m}^{-3}$；空气流动中的阻力及其密度变化可以忽略。

解：根据式（1-20）：

$$Z_1+\frac{u_1^2}{2g}+\frac{p_1}{\rho g}=Z_2+\frac{u_2^2}{2g}+\frac{p_2}{\rho g}$$

式中，$Z_1=Z_2$，方程为

$$\frac{u_2^2-u_1^2}{2g}=\frac{p_1-p_2}{\rho g}$$

即

$$u_2^2-u_1^2=\frac{2(p_1-p_2)}{\rho}$$

将式（1-17）$u_1d_1^2=u_2d_2^2$和式（1-10）$p_1-p_2=(\rho_0-\rho)gR$ 代入上式并整理得

$$u_2^2\left(1-\frac{d_2^4}{d_1^4}\right)=\frac{2(\rho_0-\rho)gR}{\rho}$$

式中，$d_1=0.3\text{m}$；$d_2=0.2\text{m}$；$\rho_0=1000\text{kg}\cdot\text{m}^{-3}$；$\rho=1.2\text{kg}\cdot\text{m}^{-3}$；$R=0.04\text{m}$，代入数据得

$$u_2=\sqrt{\frac{2\times(1000-1.2)\times9.81\times0.04}{1.2\times\left(1-\frac{0.2^4}{0.3^4}\right)}}=\sqrt{\frac{784}{0.963}}=28.7\text{m}\cdot\text{s}^{-1}$$

又根据式（1-16）$V_s=Au$，对圆形管有

$$V_s=\frac{\pi}{4}d^2u$$

再将 $u=u_2=28.7\text{m}\cdot\text{s}^{-1}$ 及 $d=d_2=0.2\text{m}$ 代入上式，得管内空气流量为

$$V_s=\frac{\pi}{4}\times0.2^2\times28.7=0.90\text{m}^3\cdot\text{s}^{-1}$$

3. 求流体输送机械所需功率

例题 1-4 如例题 1-4 附图所示，用离心泵将密度为 $1100\text{kg}\cdot\text{m}^{-3}$ 的液体输送至压力为 $0.3\times10^4\text{Pa}$（表压）的高位容器中。离心泵入口端管径 $\phi108\text{mm}\times4.5\text{mm}$、出口端管径

ϕ76mm×2.5mm。液体在入口管道中的流速为 1.5m · s^{-1}，在盛装液体的贮槽中，液位高度为 1.5m。

如液体出口处距地面高度为 20m；输送系统的压头损失为 3m 流体柱；离心泵的总效率为 60%。试求该离心泵所需的功率（kW）。

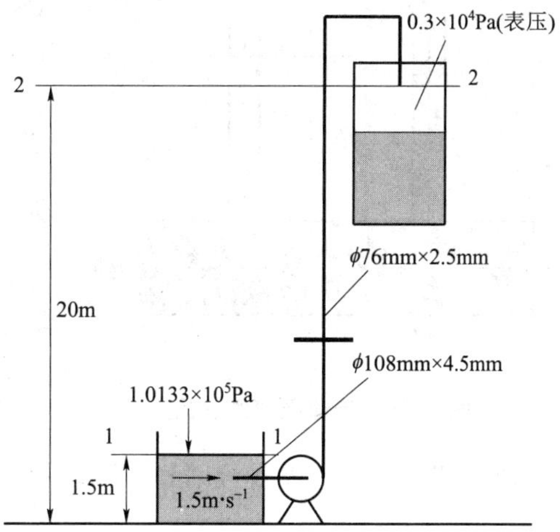

例题 1-4 附图

解：根据式（1-21）

$$H_e+Z_1+\frac{u_1^2}{2g}+\frac{p_1}{\rho g}=Z_2+\frac{u_2^2}{2g}+\frac{p_2}{\rho g}+H_f$$

式中，Z_1 = 1.5m；Z_2 = 20m；u_1 = 0，u = 1.5m · s^{-1}；p_1 = 0（表压）；p_2 = 0.3×10^{4}Pa（表压）；H_f = 3m 流体柱；ρ = 1100kg · m^{-3}

而

$$u_2=u\frac{d^2}{d_2^2}=1.5\times\frac{(108-2\times45)^2}{(76-2\times2.5)^2}=2.92\text{m}\cdot\text{s}^{-1}$$

代入得

$$H_e+1.5+0+0=20+\frac{2.92^2}{2\times9.81}+\frac{0.3\times10^4}{1100\times9.81}+3$$

整理得

$$H_e=23-1.5+0.43+0.28+3=25.21\text{m}$$

输送液体所需的有效功率 N_e，可根据下式求得

$$N_e=H_e\rho gV_s$$

式中，$V_s=u\dfrac{\pi}{4}d^2=1.5\times\dfrac{3.14}{4}\times(108-2\times4.5)^2\times10^{-6}=0.012\text{m}^3\cdot\text{s}^{-1}$

代入得

$$N_e=25.21\times1100\times9.81\times0.012\approx3264W\approx3.3\text{kW}$$

因为离心泵的总效率 η 为 60%，所以离心泵所需的功率为

$$N_{泵}=\frac{N_e}{\eta}=\frac{3.3}{0.6}=5.5\text{kW}$$

第三节　流体在管内的流动阻力

一、流体阻力的表现形式——压降

如前所述，流体在流动时伴有阻力存在，并会引起能量消耗或压头损失。下面用一个实验对此加以说明。如图 1-15 所示的是一根水平设置的等径管道，在截面 1-1、2-2 的位置上安有两根直立的玻璃管，用作观测当水流经管道时两截面的静压力。

水以流速 u 流动时，两直立玻璃管内的液柱将出现图 1-15 所示的现象，根据式（1-21）

$$H_e+Z_1+\frac{u_1^2}{2g}+\frac{p_1}{\rho g}=Z_2+\frac{u_2^2}{2g}+\frac{p_2}{\rho g}+H_f$$

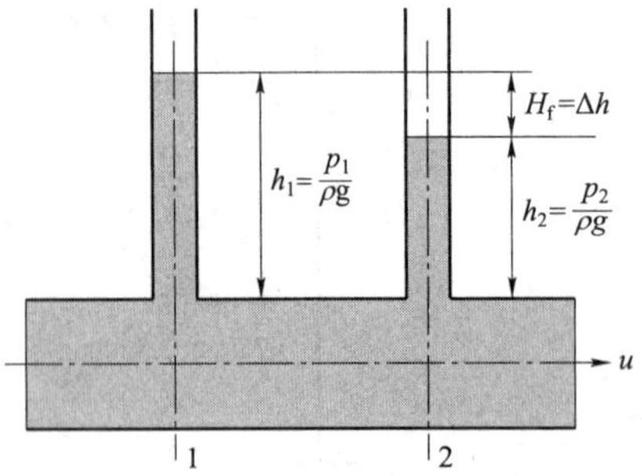

图 1-15　流体阻力的观测

式中，$H_e=0$；$Z_1=Z_2$；$u_1=u_2$

代入得

$$H_f=\frac{p_1}{\rho g}-\frac{p_2}{\rho g}=\frac{p_1-p_2}{\rho g}$$

或

$$H_f=h_1-h_2=\Delta h$$

由此可见，流体流过图 1-15 所示系统时的静压头（或静压）下降 h_1-h_2，就是流动阻力 H_f 的直接表现。

应该说明的是，对直径不均或非水平设置的管路，流体流动阻力不能直接用静压降表示。

思考

5. 如何测量水平等直径直管的机械能损失？测量什么量？如何计算？

二、流体的黏度

（一）牛顿黏性定律

理想流体没有黏性，在流动中内部质点发生相对位移时没有摩擦阻力。而存在于现实中的流体被称为实际流体，都有黏性，在其流动中会产生内部摩擦力。

实际流体在圆形管路中的流动情况如图 1-16 所示。由于静止管壁的拖滞作用，附着其上的流体层流速为零。而在管路中央，流体的流速达到最大。可将此时的流体视为由无数极薄的圆筒（流体层）组成，筒径从小到大，层层相套。每一层上的流体质点流速相同，而各层之间的流速却不同。越靠中心流速越大，越靠外围则流速越小。前者对后者起带动作用，而后者对前者起拖滞作用。流体的内摩擦力就形成于这种流体层之间的相互作用之中，它也是实际流体流动时产生能量损失的主要原因。

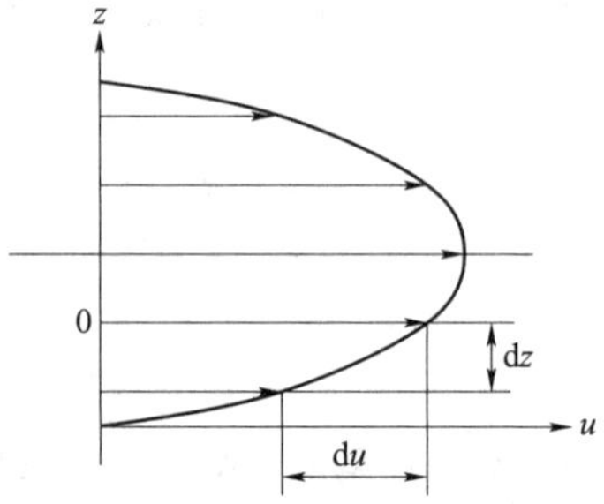

图 1-16　圆形管内的流速分布

流体的内摩擦力通常用剪应力（单位面积上的剪力）来表示，符号为 τ，单位为 $N \cdot m^{-2}$ 或 Pa。

实验证明，对于一定的流体有

$$\tau=\mu\frac{du}{dz} \tag{1-22}$$

式中，τ 为摩擦剪应力，$N \cdot m^{-2}$；du/dz 为流速沿其垂直方向的变化率或称速度梯度，$m \cdot s^{-1} \cdot m^{-1}$；$\mu$ 为比例系数，称为流体的动力黏度，简称黏度。

式（1-22）被称为牛顿黏性定律，说明了由流体黏性产生的剪应力与速度梯度成正比。在一定的流速下，黏度越大的流体所产生的摩擦剪应力越大，流动阻力也就越大。研究流体的黏度对研究流体流动、传热及传质过程等，有着重要的意义。

（二）流体的黏度

黏度是衡量流体黏性大小的物理量。由式（1-22）可得

$$\mu=\frac{\tau}{\left(\frac{\mathrm{d}u}{\mathrm{d}z}\right)} \tag{1-23}$$

依照式（1-23），黏度的物理意义可表述为：当流体的速度梯度为1时，单位面积所受的剪切力。

在SI中，黏度的单位也可通过式（1-23）定出

$$黏度单位=\frac{\mathrm{N}\cdot\mathrm{m}^{-2}}{\mathrm{m}\cdot\mathrm{s}^{-1}\cdot\mathrm{m}^{-1}}=\frac{\mathrm{N}\cdot\mathrm{s}}{\mathrm{m}^{2}}=\mathrm{Pa}\cdot\mathrm{s}$$

黏度是流体在流动时才显现的物性常数（物理性质常数），一般可从有关手册中查得。而手册中的黏度不少是以P（泊）或cP（厘泊）为单位，二者均为物理单位制中黏度的单位，与国际单位制中黏度单位的换算关系如下。

$$1\mathrm{Pa}\cdot\mathrm{s}=10\mathrm{P}=1000\mathrm{cP}$$

流体的黏度随温度而变化。液体的黏度随温度的升高而减小，气体则相反。液体的黏度不随压力而变，气体的黏度一般视为不随压力而变，只有在高压下（如4×10^{6}Pa以上）才会显出略微增大。所以在查取某一流体的黏度数据时，一般只需考虑其温度条件。

需要提出的是，混合物的黏度没有加和性，只能凭实测或利用经验公式估算。

思考

6. 温度上升，气体、液体黏度各会发生何种变化？

7. 黏性流体在静止时有无剪应力？理想流体在运动时有无剪应力？若流体在静止时无剪应力，是否意味着它们没有黏性？

（三）牛顿型和非牛顿型流体

符合牛顿黏性定律的流体被称为牛顿型流体。所有的气体、低分子量物质（非聚合物）的液体或溶液均属于牛顿型流体。

不符合牛顿黏性定律的流体被称为非牛顿型流体，如化工、制药工业中的某些高分子溶液、胶体溶液以及微生物制药生产中的发酵液。

非牛顿型流体可分为三类。

1. 塑性流体　包括浆糊、泥浆、污水及含有固体悬浮物的流体等。其摩擦剪应力与速度梯度的关系为

$$\tau=\tau_0+\mu\frac{\mathrm{d}u}{\mathrm{d}z}$$

与牛顿型流体相比，这类流体在开始流动时需要一个大于τ_0的力。如图1-17中的1线所示。

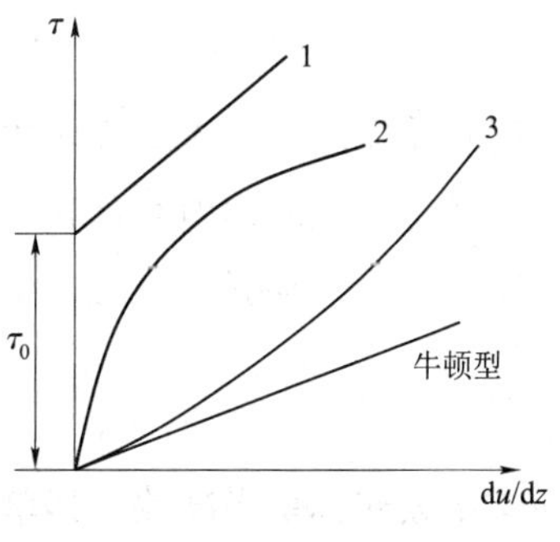

图1-17　牛顿型与非牛顿型流体

2. 假塑性流体　包括高分子溶液、橡胶类及醋酸纤维溶液等。其摩擦剪应力与速度梯度的关系为

$$\tau = k\left(\frac{\mathrm{d}u}{\mathrm{d}z}\right)^n$$

式中的 k、n 是与流体性质、温度及流动状态有关的特定常数，由试验测定，其中 $n<1$。如图 1-17 中的 2 线所示。

如式中 $n=1$ 则 $k=\mu$，流体即为牛顿型流体。

3. 涨塑性流体 如淀粉、硅酸钾及阿拉伯树胶的溶液等。

对比假塑性流体，其方程式中的指数 $n>1$。如图 1-17 中的 3 线所示。

三、流体的流动型态

在流速较小时，流体内部将会产生分层流动的现象，但在流速增大或其他条件改变时则会产生完全不同的另外一种流动型态。雷诺（Reynolds）在 1883 年通过实验直观考察了流体流动时的这一现象及其影响因素，该实验被称为雷诺实验。

（一）雷诺实验

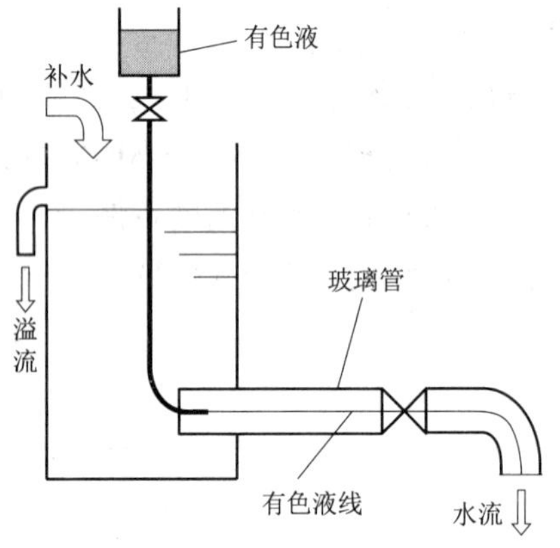

图 1-18 雷诺实验装置

雷诺实验装置如图 1-18 所示。水槽内装有一根玻璃管，在管的出口处装有一个阀门，用以调节管内水的流速（流量）。水槽上方置有一个装着有色液体的小瓶，小瓶底部由一较细的导管与玻璃管的轴线连通。当水流过玻璃管时，有色液体亦相伴流过。从有色液体的流动状况便可观察到不同流速下管内水质点的运动情况。

当水流流速不大时，有色液体呈细直线状平稳地流过整个玻璃管，且与管中的水不相混合。由此说明，管内水的质点分别沿着玻璃管的轴线方向做相互平行的直线运动，这种流动状态被称为层流或滞流。

当水流的流速渐增到一定程度时，有色液体细线开始波动，并呈不规则曲线状，这种流动状态被称为过渡流。流速进一步增大后，该曲线完全消失，有色液体流出细导管后立即向水流中分散，整个玻璃管内的液流变成一色，这种流动状态被称为湍流或紊流。后两种现象表明，管内水的质点不仅在做轴向运动，同时也在沿半径方向做着无规则的径向运动。

（二）雷诺数

若在直径不同的管内用不同的流体进行实验，可以发现，除了流速外，管径以及流体的密度和黏度，对流体的流动状态也有影响。流体的流动型态由这四个因素同时决定。

雷诺将上述影响因素合成数群，称为雷诺数，以符号 Re 表示，计算式如式（1-24）所示。实际应用中根据其值的大小来判断流体的流动型态。

$$Re = \frac{du\rho}{\mu} \tag{1-24}$$

雷诺数亦称雷诺准数。其单位为

$$\text{雷诺准数} = \frac{\mathrm{m}\cdot\mathrm{m}\cdot\mathrm{s}^{-1}\cdot\mathrm{kg}\cdot\mathrm{m}^{-3}}{\mathrm{kg}\cdot\mathrm{m}\cdot\mathrm{s}^{-2}\cdot\mathrm{m}^{-2}\cdot\mathrm{s}} = \mathrm{kg}^0\cdot\mathrm{m}^0\cdot\mathrm{s}^0$$

以上结果表明：雷诺数是一个无因次的纯数，故其值不会因计算中单位制选用的不同而变化。研究中通常将有类似特征的无因次数群称作准数。

应当注意的是，计算雷诺准数时，各物理量的单位制必须一致。

实验证明：当 $Re<2000$ 时，流体的流动型态属于层流（或滞流）；当 $Re>4000$ 时，流体的流动型态属于湍流（或紊流）。

当 Re 处于 2000 和 4000 之间时，流体的流动型态是不稳定的，即可能是层流，也可能是湍流，通常称其为过渡流。该状态下的流体在受外界条件影响后（如管路直径或方向的改变、受外力后的轻微振动等），极易促成湍流的发生。所以在管路阻力计算中，一般将过渡流按湍流状态处理。

思考

---

8. 一定质量流量的水在一定内径的圆管中稳定流动，当水温升高时，Re 将如何变化？

例题 1-5　水以 $2\text{m}\cdot\text{s}^{-1}$ 的流速在内径为 50mm 的管内流动。如水温为 25℃，分别用国际单位制和物理单位制求出雷诺准数。

解：根据式（1-24）有

$$Re=\frac{du\rho}{\mu}$$

式中，$d=50\text{mm}=0.05\text{m}=5\text{cm}$；$u=2\text{m}\cdot\text{s}^{-1}=200\text{cm}\cdot\text{s}^{-1}$

对 25℃的水，$\rho=996\text{kg}\cdot\text{m}^{-3}=0.996\ \text{g}\cdot\text{cm}^{-3}$；$\mu=0.894\times10^{-3}\text{Pa}\cdot\text{s}=0.894\times10^{-2}\ \text{g}\cdot\text{cm}^{-1}\cdot\text{s}^{-1}$

按国际单位制代入得

$$Re=\frac{0.05\times2\times996}{0.894\times10^{-3}}\approx111000$$

按物理单位制代入得

$$Re=\frac{5\times200\times0.996}{0.894\times10^{-2}}\approx111000$$

可见两者完全相同。

需要说明的是：对非圆形管路的雷诺准数计算，式中的直径 d 须以 d_e 替代。即

$$Re=\frac{d_e u\rho}{\mu} \tag{1-24a}$$

式（1-24a）中的 d_e 被称为当量直径，其定义为

$$d_e-4\times\frac{\text{流体流的流道截面}}{\text{流体的浸润周边}}$$

对于直径为 d 的圆形管路，其当量直径

$$d_e=4\times\frac{\frac{\pi}{4}d^2}{\pi d}=d$$

对于套管环隙，如外管的内径为 D，内管的外径为 d，则环隙的当量直径

$$d_e = 4\times\frac{\frac{\pi}{4}(D^2-d^2)}{\pi(D+d)} = D-d$$

例题 1-6 水以 $8\mathrm{m^3\cdot h^{-1}}$ 的流量在套管间的环隙内流过。外管的规格为 $\phi75.5\mathrm{mm}\times3.75\mathrm{mm}$，内管的规格为 $\phi48\mathrm{mm}\times3.5\mathrm{mm}$。如水的密度取 $1000\mathrm{kg\cdot m^{-3}}$，黏度取 1.005cP。求雷诺准数，并判断流体的流动型态。

解：根据式（1-24a）

$$Re = \frac{d_e u\rho}{\mu}$$

式中，$d_e = D-d = (75.5-2\times3.75)-48 = 20\mathrm{mm} = 0.02\mathrm{m}$

$$u = \frac{V_s}{A} = \frac{\left(\frac{8}{3600}\right)}{\frac{\pi}{4}[(75.5-2\times3.75)^2-48^2]\times10^{-6}} \approx 1.22\mathrm{m\cdot s^{-1}}$$

$$\rho = 1000\mathrm{kg\cdot m^{-3}};\ \mu = 1.005\mathrm{cP} = 0.01005\mathrm{Pa\cdot s}$$

代入得

$$Re = \frac{0.02\times1.22\times1000}{0.01005} \approx 2428$$

即：水的流动型态为过渡流。

（三）牛顿型流体在圆型管路中的速度分布

速度分布表示流体在管路截面上各点间流速的相互关系。对圆形管路，根据对称性原理，只需求出流速沿半径方向上的变化，就可说明整个截面上的速度分布情况。

不论是层流还是湍流，流体在管壁处的流速均为零。

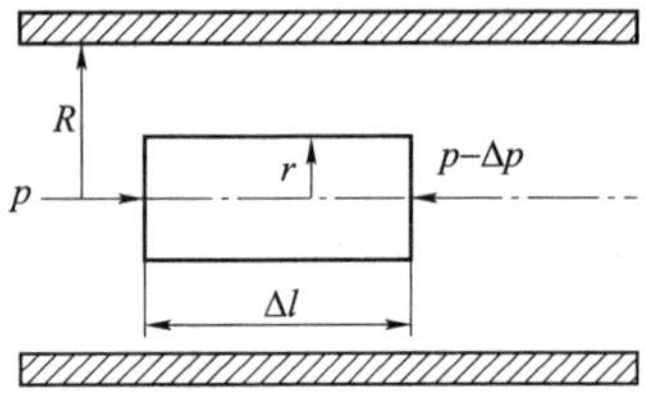

图 1-19　层流时管心流体柱受力分析

1. 层流时的速度分布　如图 1-19 所示，在一半径为 R 的水平管道中，沿轴线方向取一长度为 Δl、半径为 r 的圆形流体柱。流动时，在流体柱的侧面受到了相邻流体的摩擦剪力；而在两个端面受到的则是两个方向相反的推力。在稳定流动条件下，三者在轴线方向上合力为零。

其中，

$$左端面受力 = p\pi r^2$$

$$摩擦力 = -2\pi r\Delta l\mu\frac{\mathrm{d}u_r}{\mathrm{d}r}$$

式中，u_r 为半径 r 处的流速。

$$右端面受力 = -(p-\Delta p)\pi r^2$$

代入得

$$p\pi r^2 - 2\pi r\Delta l\mu\frac{\mathrm{d}u_r}{\mathrm{d}r} - (p-\Delta p)\pi r^2 = 0$$

整理得

$$r\Delta p - 2\Delta l\mu\frac{\mathrm{d}u_r}{\mathrm{d}r} = 0 \quad 或 \quad \mathrm{d}u_r = r\mathrm{d}r\frac{\Delta p}{2\mu\Delta l}$$

积分

$$\int \mathrm{d}u_r = \frac{\Delta p}{2\mu\Delta l}\int r\mathrm{d}r \quad 或 \quad u_r = r^2\frac{\Delta p}{4\mu\Delta l} + C$$

代入边界条件 $r=R$ 时 $u_r=0$，得

$$C=-R^2\frac{\Delta p}{4\mu\Delta l}$$

代入并整理得

$$u_r=\frac{\Delta p}{4\mu\Delta l}(r^2-R^2) \tag{1-25}$$

求出最大流速，当 $r=0$ 时，$u_r=u_{\max}$，有

$$u_{\max}=u_r=-R^2\frac{\Delta p}{4\mu\Delta l} \tag{1-26}$$

由式（1-25）、式（1-26）得

$$\frac{u_r}{u_{\max}}=1-\frac{r^2}{R^2} \tag{1-27}$$

求出体积流量如下。

如图 1-20 所示，在管路中的流体里取半径由 r 至 $r+\mathrm{d}r$ 的环隙，其间流体的流速可视为恒定。则通过此环隙流体的体积流量为

$$\mathrm{d}V_\mathrm{s}=u_r 2\pi r\mathrm{d}r=u_{\max}\left(1-\frac{r^2}{R^2}\right)2\pi r\mathrm{d}r$$

积分可得流体通过管路的平均流量

$$\int_0^{V_\mathrm{s}}\mathrm{d}V_\mathrm{s}=-\pi R^2u_{\max}\int_0^R\left(1-\frac{r^2}{R^2}\right)\mathrm{d}\left(1-\frac{r^2}{R^2}\right)$$

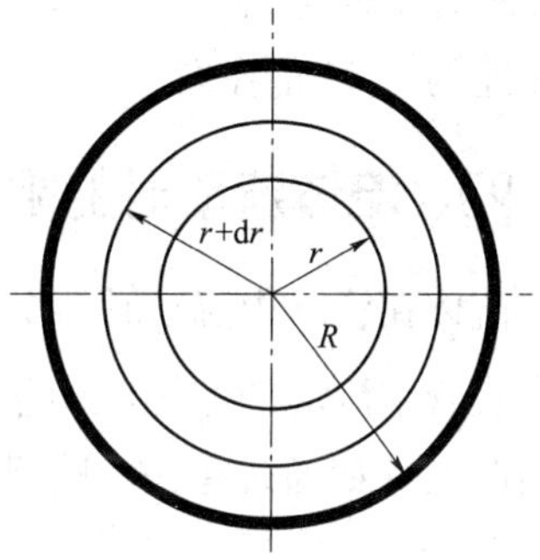

图 1-20　流体环隙

整理得

$$V_\mathrm{s}=u_{\max}\frac{\pi R^2}{2}$$

求平均流速如下。

$$u=\frac{V_\mathrm{s}}{A}=\frac{u_{\max}}{2}\frac{\pi R^2}{\pi R^2}=\frac{u_{\max}}{2} \tag{1-28}$$

式（1-28）表明，平均流速为最大流速的一半。

结合式（1-26）整理得

$$u=-\frac{R^2}{8\mu}\frac{\Delta p}{\Delta l} \quad 或 \quad u=-\frac{R^2}{8\mu}\frac{\mathrm{d}p}{\mathrm{d}l} \tag{1-29}$$

式（1-29）为泊肃叶（Poiseuille）公式。

联立式（1-27）、式（1-28）得

$$\frac{u_r}{u}=2\left(1-\frac{r^2}{R^2}\right) \tag{1-30}$$

式（1-30）表明了流体在管路中呈层流状态时距管路轴线 r 处的流速与平均流速的关系。该关系亦可由图 1-21 表示。

点（$u_r/u=1$，$r/R=1/\sqrt{2}$）为平均流速处；点（$u_r/u=2$，$r/R=0$）则为最大流速处。

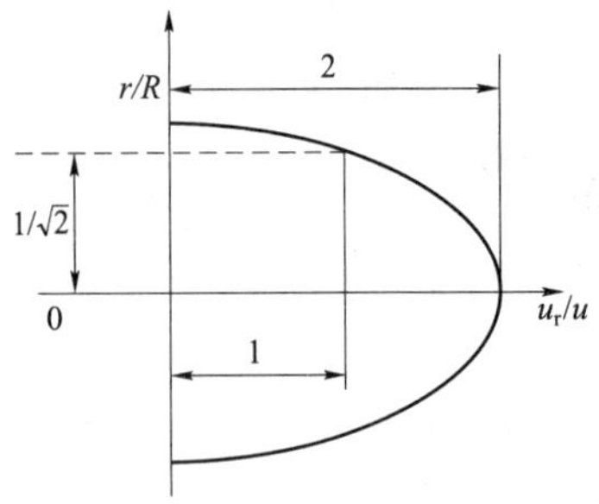

图 1-21　层流时的速度分布

2. 湍流时的速度分布　流体呈湍流状态时，质点发生强烈湍动。除靠管壁处外，流体的速度分布比较均匀。

由于受到管壁的影响，靠近管壁处的流体以层流流动，叫作层流内层。其厚度虽然很小，但对流体传热、传质等方面影响很大。层流内层的厚度与流体的流动状态有关，雷诺数越大，其厚度就越小。而在流体的层流和湍流区之间，有一过渡流层存在。

影响湍流的因素很多，目前对其仍缺乏精确的数学分析。在特定情况下，管路截面上距轴线 r 距离的任意点处的流速 u_r 与管心最大流速 u_{max} 之比，同该点至管壁的距离（$R-r$）呈如下关系。

$$\frac{u_r}{u_{max}}=\left(\frac{R-r}{R}\right)^{\frac{1}{7}} \tag{1-31}$$

图 1-22 说明了流体湍流时的速度分布情况，速度分布曲线的弧顶较为平坦。由于层流层的存在，曲线在靠近管壁处呈直线状。管心处流体的最大流速是平均流速的 1.22 倍左右。

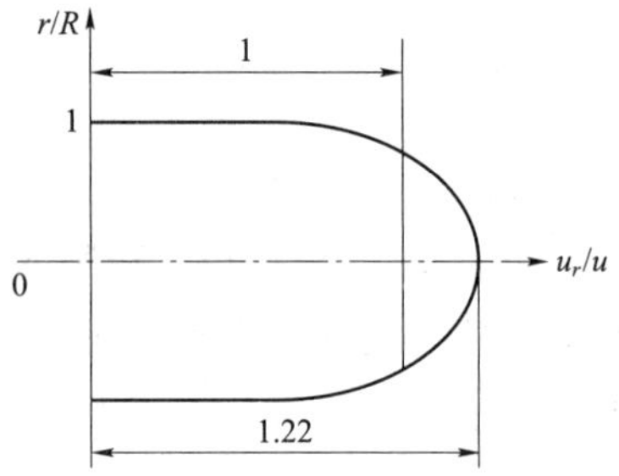

图 1-22　湍流时的速度分布

四、流体流动时的阻力计算

流体在管路中流动时的全部阻力 H_f 由流体在管路所有直管中流动的摩擦阻力 $\sum h_f$ 和流体因流速大小及方向改变（如通过弯头、阀门等）而产生的所有局部阻力 $\sum h_f'$ 两部分组成。即

$$H_f=\sum h_f+\sum h_f' \tag{1-32}$$

实际生产中，只要依据管路及流体流动的具体情况分别求出 $\sum h_f$ 和 $\sum h_f'$，则管路总阻力 H_f 可由式（1-32）解出。

（一）流体在圆形直管中流动时的阻力计算

流体一旦流动，就会有阻力产生。流体流动产生的压头损失（阻力），必然与流速或速度头 $u^2/2g$ 有着直接的联系。实验证明，对在圆直管内流动的流体，除上述原因外，阻力还与管路的直径和长度有关。

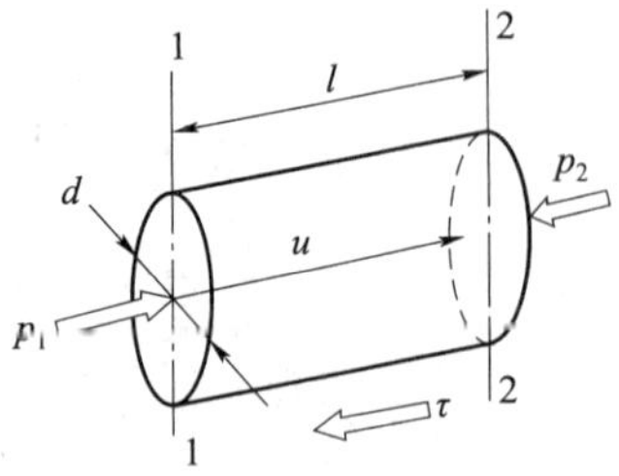

图 1-23　流体在圆直管内稳定流动时的受力分析

1. 范宁（Fanning）公式　如图 1-23 所示，某不可压缩流体在一段水平圆直管路中以流速 u 做稳定流动时，其本身受到两个相互平衡的作用力：一个是推动流体前进的推力；另一个则是阻碍流体前进的阻力（包括反向推力和摩擦阻力）。两者的关系可表示为

$$推力-阻力=0$$

其中

$$推力=p_1\frac{\pi d^2}{4}$$

$$阻力=p_2\frac{\pi d^2}{4}+\tau\pi dl$$

联立得

$$p_1-p_2=4\tau\frac{l}{d} \tag{1-33}$$

对该段管路，再根据伯努利方程

$$H_e+Z_1+\frac{u_1^2}{2g}+\frac{p_1}{\rho g}=Z_2+\frac{u_2^2}{2g}+\frac{p_2}{\rho g}+h_f$$

式中，$H_e=0$（无外加功输入）；$Z_1=Z_2=0$（水平管）；$u_1=u_2=u$（两端等径）；h_f 为流体在该段圆直管路中的流动阻力，m（米流体柱）。
代入方程得

$$p_1-p_2=h_f\rho g \tag{1-34}$$

联立式（1-33）、式（1-34）得

$$h_f=\frac{4\tau}{\rho g}\frac{l}{d}$$

将上式等号右侧乘以 u^2/u^2 得

$$h_f=\frac{4\tau}{\rho g}\frac{l}{d}\frac{u^2}{u^2}\quad 或\quad h_f=\frac{8\tau}{\rho u^2}\frac{l}{d}\frac{u^2}{2g}$$

令 $8\tau/\rho u^2=\lambda$，有

$$h_f=\lambda\frac{l}{d}\frac{u^2}{2g} \tag{1-35}$$

式（1-35）即为范宁公式，亦是计算流体在圆直管路中流动时摩擦阻力的通式。式中的 λ 被称为摩擦系数或摩擦因数，无因次。如实际管路系统中各段管径不同，则应分别计算。管路中直管部分总阻力 $\sum h_f$ 应为各段直管阻力之和。

$$\sum h_f=\sum\lambda\frac{l}{d}\frac{u^2}{2g} \tag{1-36}$$

式中的 λ、l、d 及 u 要与所计算的管路情况一一对应。

2. λ 的计算

（1）管壁的绝对粗糙度与相对粗糙度　化工、制药工业生产中所使用的管路，一般可分为粗糙管和光滑管。通常将钢管、铸铁管等作为粗糙管处理，而将玻璃、塑料及黄铜管等作为光滑管处理。

实际生产中，常用绝对粗糙度或相对粗糙度来表述管壁的粗糙程度。所谓绝对粗糙度是指管壁凸出部分的平均高度，以符号 ε 表示。常见管路的绝对粗糙度见表 1-2。

表 1-2　常见管路的绝对粗糙度

金属类	ε/mm	非金属类	ε/mm
无缝铅、铜及黄铜管	0.01～0.05	洁净玻璃管	0.0015～0.01
新无缝钢管或镀锌管	0.10～0.20	橡胶软管	0.01～0.03
半新钢管	0.20～0.30	木制管	0.25～1.25
旧钢管	0.5～0.8	陶土排水管	0.45～6.00
新铸铁管	0.6	光壁水泥管	0.33
旧铸铁管	>0.85	石棉水泥管	0.03～0.80

由于管路中运动的流体质点与管壁凸出物之间发生的碰撞增大了流体的流动阻力或压头损失，所以管壁绝对粗糙度对该流体的流动阻力必然会产生影响。

因为绝对粗糙度相同但管径不同的直管对流体流动阻力产生的影响各不相同，所以工程上常用管路的绝对粗糙度同其直径的比值 ε/d 作为考察流体流动阻力的另一个参数，这个参数被称为管路的相对粗糙度。

（2）层流时的 λ　流体在管路中流动时，在管壁上附有一层厚度为 δ 的滞流层。当流体处于层流状态时，$\delta>\varepsilon$，管壁上凸凹不平之处完全被流体层所覆盖，缓慢移动的流体质点与壁面凸出部分没有碰撞的机会，所以管路的绝对粗糙度对摩擦系数 λ 也不会产生影响。也就是说，层流时的摩擦阻力来自流体的内摩擦力。其 λ 可以用力学的方法直接计算出来。

根据泊肃叶公式，式（1-29）

$$u=-\frac{D^2}{32\mu}\frac{\mathrm{d}p}{\mathrm{d}l}$$

仍如图 1-23 所示，设流体在直径为 d、长度为 l 的圆直管路中以流速 u 流动，压降为 Δp。代入并运算有

$$\int_{p_1}^{p_2}\mathrm{d}p=-\frac{32\mu u}{d^2}\int_0^l\mathrm{d}l$$

整理结果得

$$p_1-p_2=\frac{32\mu ul}{d^2}\quad \mathrm{N\cdot m^{-2}}$$

再由式（1-34）

$$p_1-p_2=h_{\mathrm{f}}\rho g$$

联立得

$$h_{\mathrm{f}}=\frac{32\mu ul}{d^2\rho g}\quad 或\quad h_{\mathrm{f}}=\frac{64}{\left(\dfrac{du\rho}{\mu}\right)}\frac{l}{d}\frac{u^2}{2g}$$

整理得

$$h_{\mathrm{f}}=\frac{64}{Re}\frac{l}{d}\frac{u^2}{2g}\quad \text{m(半流体柱)}$$

对比式（1-35），可得层流时的摩擦系数

$$\lambda=\frac{64}{Re}\tag{1-37}$$

由式（1-37）可知，流体处于层流状时的摩擦系数 λ 是雷诺准数 Re 的单值函数。

（3）湍流时的 λ　当流体处于湍流状态时，管壁上滞流层的厚度 δ 随着流速的提高而减小。当 $\delta<\varepsilon$ 时，壁面的凸出部分探入湍流区，并被流体质点所撞击，加剧了流体的湍动。流体的流速越大，δ 就越薄，这种影响也就越大。所以，流体处于湍流状态时，流体的 Re 及管路的 ε 均会对摩擦系数 λ 产生影响，式（1-35）中的 λ 则必须通过实验求得。

实验中分别测得相对粗糙度为 ε/d 的管路在不同雷诺准数 Re 下的阻力，然后利用式（1-35）逐一计算，即可得该管路的 $\lambda\sim Re$ 关系曲线。

对不同的管路重复上述实验，就会得到摩擦系数与雷诺准数、相对粗糙度的函数图，亦称莫迪（Moody）摩擦系数图，如图 1-24 所示。

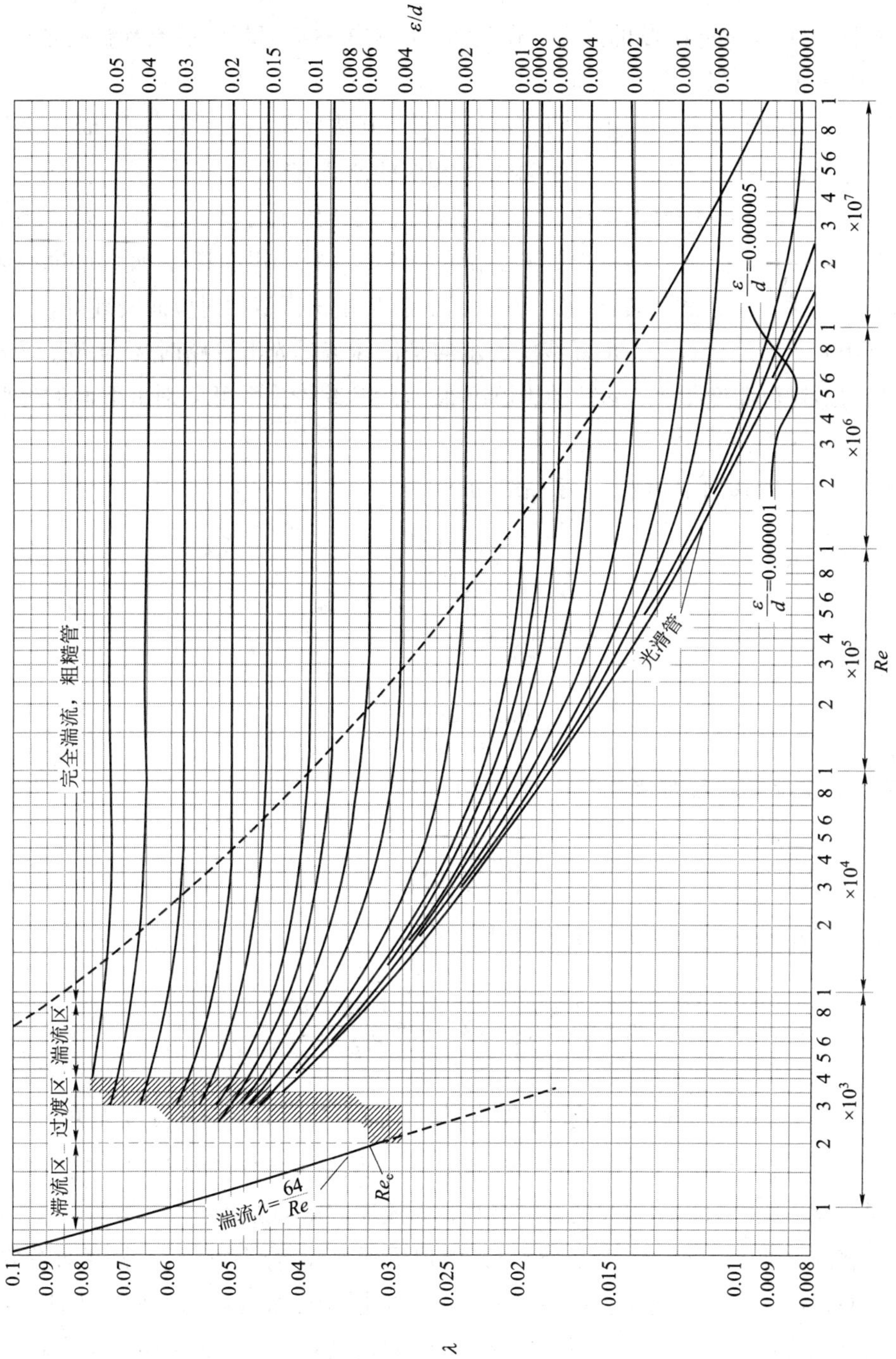

图 1-24　摩擦阻力系数 l 与雷诺准数 *Re*、管路相对粗糙度 /*d* 的关系曲线

（4）摩擦系数图上的四个区域　综上所述，管路的 λ 与 Re、ε/d 的关系可表述为 $\lambda=f(Re、\varepsilon/d)$。

可以看出，图 1-24 包括了四个不同的区域，以下就对各区域内三者的关系作一阐述。

① 滞流区　$Re<2000$ 的区域。在该区域里摩擦阻力系数与管壁粗糙度无关，关系式可表述为 $\lambda=f(Re)$，λ 值由式（1-37）计算。

② 过渡区　$2000<Re<4000$ 的区域。在此间内影响 λ 的因素界于层流及湍流之间，为安全起见，应用中 λ 值一般由湍流区曲线查得。

③ 湍流区　$Re>4000$ 及图中虚线以下区域。该区域内摩擦阻力系数 λ 与 Re、ε/d 有关，关系式可表述为 $\lambda=f(Re,\ \varepsilon/d)$，$\lambda$ 值由湍流区相应的曲线查得。

④ 完全湍流区　$Re>4000$ 及图中虚线以上区域。对于给定管路（已知 ε/d），当流体流速达到一定值后，管壁凸出部分完全暴露在湍流主体中（完全粗糙管）。此时的摩擦阻力系数 λ 只与 ε/d 有关，关系式可表述为 $\lambda=f(\varepsilon/d)$，其值由该区域的对应曲线查得。

（5）光滑管　湍流区最下方的曲线所表示的是流体流过光滑管路时 λ 与 Re、ε/d 的关系。光滑管的绝对粗糙度很小，ε/d 的影响亦很小，三者的关系可分别由下面的经验公式表示。

在 $3\times10^3<Re<1\times10^5$ 的区域，关系曲线为

$$\lambda=\frac{0.3164}{Re^{0.25}} \tag{1-38}$$

在 $1\times10^5<Re<1\times10^8$ 的区域，关系曲线为

$$\lambda=0.0032+\frac{0.221}{Re^{0.237}} \tag{1-39}$$

3. Re、ε/d 对 λ 及 h_f 的影响　根据式（1-35）

$$h_f=\lambda\frac{l}{d}\frac{u^2}{2g}$$

对层流区（$Re<2000$），将式（1-37）代入得

$$h_f=\frac{64}{Re}\frac{l}{d}\frac{u^2}{2g}\quad 或\quad h_f=\frac{64\mu}{du\rho}\frac{l}{d}\frac{u^2}{2g}$$

可见，当管长、管径和密度一定时，$h_f\propto\mu^1u^1$，而与管壁的绝对粗糙度无关。

当流速增大到接近湍流区范围（$Re>3000$），流体从层流向湍流区过渡，并最终进入湍流区。此时，流体黏度对流动阻力的影响减小，而流速的影响加大。

例如，将式（1-38）代入式（1-35）并整理后可得 $h_f\propto\mu^{0.25}u^{1.75}$，黏度的指数降低，而流速的指数提高，说明了此时黏性力对流体阻力的影响已大为降低，而由流体漩涡所产生的惯性力已成为影响阻力的重要因素，管路绝对粗糙度对阻力的影响亦越来越大。

在完全湍流区内，惯性力已成为影响阻力的决定因素。流动阻力只与流速的平方成正比，而与流体的黏度无关。所以完全湍流区也被称为速度平方区。

如对 $\varepsilon/d=0.002$ 的管路，当 $Re>6\times10^5$ 时，$\lambda=0.024$。

综上所述，影响阻力因素共计出现两次变化：首先是从层流区的一个因素（Re）增加到向湍流区过渡的两个因素（Re、ε/d）；最后又转变到完全湍流区的一个另外因素（ε/d）。

在管路设计中，必须要考虑流体的流动阻力。在给定流量、管线长度的条件下，所选的流速越大，管路的截面就越小，管路耗材也就越低。但流速大、管径小，将会增大流体的流动阻力，也会加大日后输送流体的动力损耗。实际生产中要同时考虑上述矛盾，从综合经济效益的观点出发，合理解决这类问题。

思考

9. 摩擦系数 λ 与雷诺数 Re 及相对粗糙度 ε/d 的关联图分为 4 个区域。每个区域中，λ 与哪些因素有关？哪个区域的流体摩擦阻力与流速的一次方成正比？哪个区域的流体摩擦阻力与流速的二次方成正比？

例题 1-7　水以 $1\text{m}\cdot\text{s}^{-1}$ 的流速在 $\phi 60\text{mm}\times 3.5\text{mm}$ 的钢管里流动，试求水通过 20m 长管路的阻力降（m 水柱）。设：水的黏度为 $1\times10^{-3}\text{Pa}\cdot\text{s}$，密度为 $1000\text{kg}\cdot\text{m}^{-3}$，钢管的绝对粗糙度为 0.2mm。

解：根据

$$h_f=\lambda\frac{l}{d}\frac{u^2}{2g}$$

式中，$l=20\text{m}$；$d=0.06-2\times0.0035=0.053\text{m}$；$u=1\text{m}\cdot\text{s}^{-1}$；而 $\lambda=f(Re,\varepsilon/d)$

再由

$$Re=\frac{du\rho}{\mu}=\frac{0.053\times1\times1000}{1\times10^{-3}}=5.3\times10^4 \quad 以及 \quad \frac{\varepsilon}{d}=\frac{0.0002}{0.053}=0.004$$

查图 1-24 得

$$\lambda=0.03$$

代入得

$$h_f=0.03\times\frac{20}{0.053}\times\frac{1^2}{2\times9.81}=0.577\text{m}\ 水柱$$

即：水通过管路的阻力降为 0.577m 水柱。

（二）流体流动时的局部阻力计算

流体在管路中流动时，由于管道截面的突然扩大或缩小，或因管路中的阀件使流体流动方向突变等，都会产生漩涡。所造成流体质点间的相互碰撞而引起的压头损失，被称为局部阻力。计算局部阻力通常采用下面两种方法。

1. 当量长度法　此法将流体通过管阀件所损失的压头折算成流体通过直径相同、管长为 l_e 的直管时所损失的压头。l_e 被称为当量管长，由实验得。利用此法，可将直管阻力与局部阻力合并计算。常见管阀件的当量长度见图 1-25。

如管径为 d 的管路某处局部阻力为

$$h_f'=\lambda\frac{l_e}{d}\frac{u^2}{2g}$$

则管路全部局部阻力为

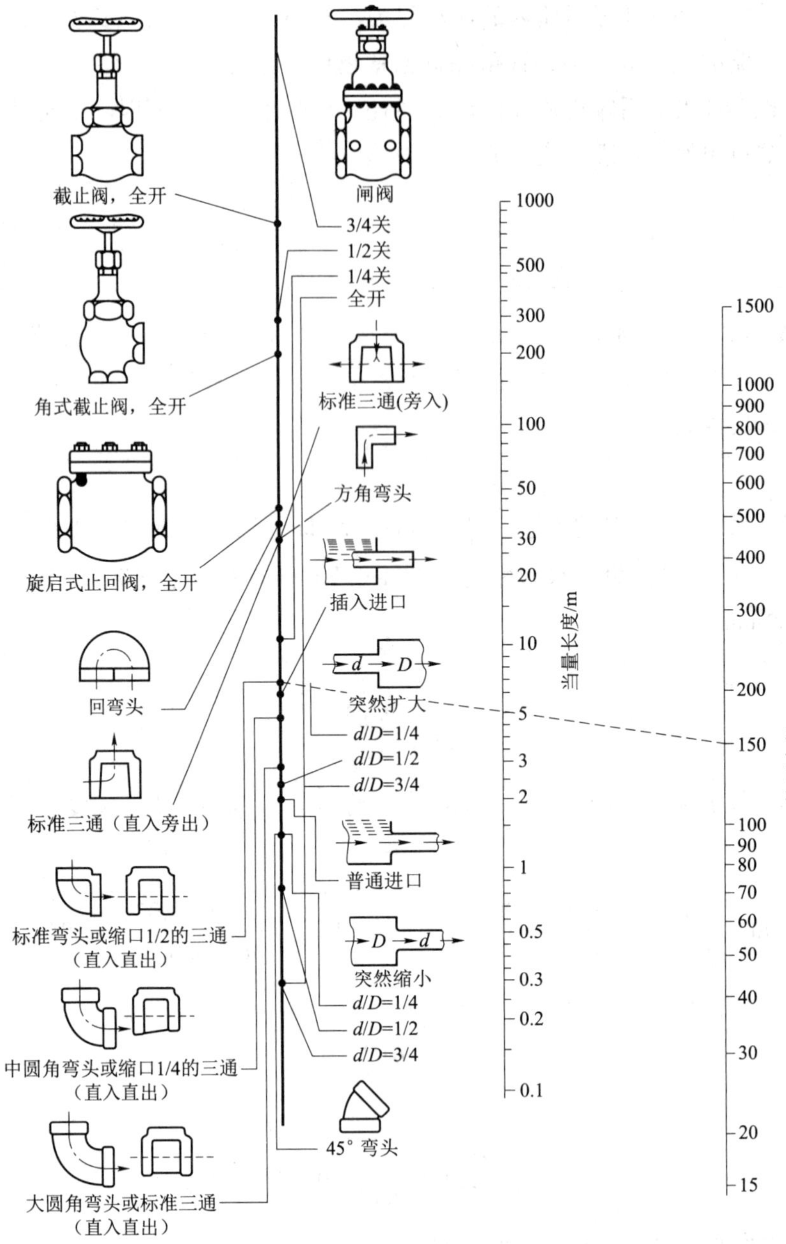

图 1-25　常见管阀件的当量长度共线图

$$\sum h'_f = \lambda \frac{\sum l_e}{d} \frac{u^2}{2g} \tag{1-40}$$

式中，$\sum l_e$ 是管路各处局部阻力折算的当量管长之代数和。

联立式（1-35）、式（1-40），得该管路总阻力为

$$H_f = h_f + \sum h'_f = \lambda \frac{(l + \sum l_e)}{d} \frac{u^2}{2g} \tag{1-41}$$

同直管部分一样，局部阻力也与管路直径有关。所以实际应用中常把管阀件的 l_e/d（当量长径比）作为计算参数，见表 1-3。式（1-41）可改写为

$$H_f = \lambda \left(\frac{l}{d} + \sum \frac{l_e}{d} \right) \frac{u^2}{2g} \tag{1-42}$$

式中，$\sum l_e/d$ 是管路各处管阀件的当量长径比之代数和。

表 1-3　常见管阀件在湍流时的局部阻力系数及当量长径比

管阀件的名称及其直径	局部阻力系数（ζ）	当量长径比（l_e/d）
45°弯头		15
90°弯头	1.13～1.26	
d=8～68mm（1/4～2.5 英寸）		30
d=80～156mm（3～6 英寸）		40
d=156～259mm（6～10 英寸）		50
180°回弯头	1.5	50～75
三通 25～106mm（2～4 英寸）		
流向 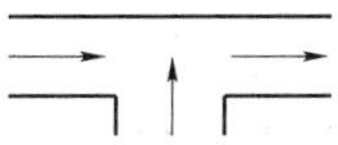		40
流向 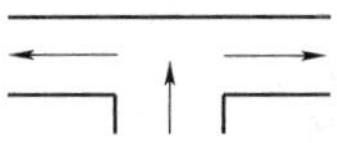		60
流向 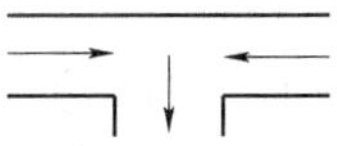		90
截止阀（标准式、全开）	6～9	100～120
闸阀（标准式）		
全开	0.17	7
开 3/4		40
开 1/2		200
开 1/4		800
单向阀（摇板式、全开）	2	75
吸入阀和盘形阀	2	70
由容器进入管路	0.5	15～20
由管路进入容器	1	30～40
转子流量计		200～300
文氏管流量计		12
盘式流量计		400
底阀（全开）		
管径 d=156～40mm（6～1.5 英寸）	6～12	

例如，一个直径为 60mm 的 90°弯头，查表 1-3 可知其 $l_e/d=30$。这表示流体流过该弯头时所产生的局部阻力在数值上等于流体流过一段直径为 60mm、长度为 1.8m（或 1.8m×0.06m）的直管所产生的摩擦阻力。或者说，该弯头的当量长度为 1.8m。

2. 阻力系数法　该法将流体流过管阀件时所损失的压头折算为速度头的倍数，即

$$h_f'=\zeta\frac{u^2}{2g} \tag{1-43}$$

式中，ζ 为管阀件的局部阻力系数，由实验测得。常见的 ζ 值见表 1-4。

实际生产中还经常碰到下面两种情况下的阻力计算。

（1）流道突然扩大，如图 1-26 所示。此时有

$$h_f'=\zeta\frac{u_1^2}{2g}$$

式中，ζ 与扩大前后的流道截面积之比 A_1/A_2 有关，其值可从表 1-4 中查得。式中的 u_1 表示 A_1 截面上的流速。

（2）流道突然缩小，如图 1-27 所示。此时有

$$h_f'=\zeta\frac{u_2^2}{2g}$$

式中，ζ 也与扩大前后的流道截面积之比 A_1/A_2 有关，其值可据此从表 1-4 中查得。式中的 u_2 表示 A_2 截面上的流速。

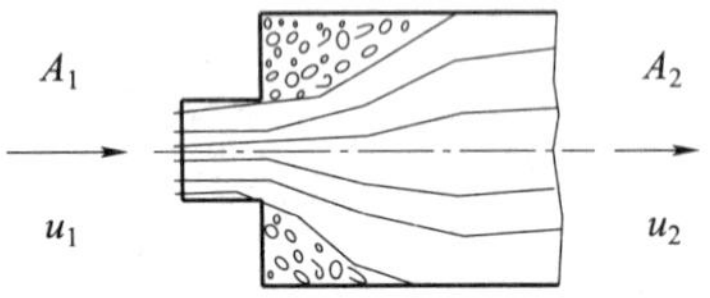

图 1-26　流道突然扩大

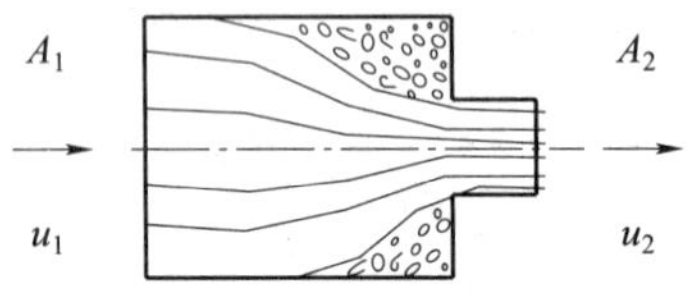

图 1-27　流道突然缩小

从表 1-4 中可以发现，当 $A_1 \ll A_2$ 时 $\zeta=1$，$h_f'=u^2/2g$。也就是说，流体从管路流入较大容器时的阻力损失即为其动压头。

表 1-4　管道突然扩大、缩小时的阻力系数

突然扩大	A_1/A_2	0	0. 1	0. 2	0. 3	0. 4	0. 5	0. 6	0. 7	0. 8	0. 9	1. 0
	ζ	1	0. 81	0. 64	0. 49	0. 36	0. 25	0. 16	0. 09	0. 04	0. 01	0
突然缩小	A_2/A_1	0. 01	0. 1	0. 2	0. 3	0. 4	0. 5	0. 6	0. 7	0. 8	0. 9	1. 0
	ζ	0. 5	0. 47	0. 45	0. 38	0. 34	0. 3	0. 25	0. 2	0. 15	0. 09	0

例题 1-8　空气以 $2000m\cdot h^{-3}$的流量从 ϕ210mm×5mm 的管路流入 ϕ315mm×7. 5mm 的管路。试求突然扩大处的压头损失（m 流体柱）。

解：根据

$$h_f'=\zeta\frac{u_1^2}{2g}$$

式中，

$$u_1=\frac{V_S}{\frac{\pi}{4}d_1^2}=\frac{2000\times4}{3600\pi\times(210-2\times5)^2\times10^{-6}}=17.7m\cdot s^{-1}$$

而 ζ 须从表 1-4 中查出。由 $A_1/A_2=(d_1/d_2)^2$ 得

$$\frac{A_1}{A_2}=\frac{(210-2\times5)^2}{(315-2\times7.5)^2}=\frac{4}{9}=0.444$$

由此查表 1-4 得，$\zeta\approx0.3$。

代入得

$$h_f'=0.3\times\frac{17.7^2}{2\times9.81}=4.8m\ \text{空气柱}$$

即：压头损失为 4. 8m 空气柱。

（三）管路及管阀件

制药工业中，流体物料大都通过装有管件和阀门的管路来输送。管件和阀门通常统称

为管阀件。管路及管阀件亦是化工、制药工业设备中不可或缺的一部分。以下就常见的管路、管阀件及其结构和用途等加以介绍。

1. 管路的种类　管路即用以输送流体的管道。管路常被分为金属与非金属两大类。在制药工业中，管路设计需要考虑的因素包括：被输送介质的温度、压力、腐蚀性、对管路材质的要求以及实际操作对管路的要求等。

（1）金属类

① 铸铁管　铸铁管具有耐蚀性强、价格低等优点。但由于其抗拉强度低、脆性大的缺点，所以不能用来输送蒸汽和较高压力下的易燃、易爆及有毒害性的气体。

② 钢管　钢管可分为无缝钢管和焊接管（有缝钢管）两种。

无缝钢管可用碳钢、优质碳钢、不锈钢和耐热铬钢等材料制造，材质均匀，抗拉强度高，因而应用范围较广。按用途还分为普通钢管、锅炉钢管及不锈钢耐酸管等。缺点是价格相对较高。

焊接管是由低碳钢焊接而成的有缝钢管。抗拉强度较高，价格也相对便宜。可作为输送低压蒸汽和压缩空气、水及无腐蚀性流体的管路，也可作为一般真空用管道。缺点是耐酸性较差。

③ 铜管　铜管分为黄铜和紫铜管两种。铜具有较好的韧性和导热性，铜管适于用来制造换热设备以及用于传送带压液体（如液压油等）。缺点是价格较贵。

④ 铝管　铝的耐蚀性很好，韧性也不错。铝管常用于输送浓硝酸、醋酸等液体，或用来制造换热设备。缺点是耐碱性较差，价格也较贵。

⑤ 铅管　铅有较好的耐蚀性，铅管常用于输送硫酸和10%以下的稀盐酸，但不能用来输送浓盐酸、硝酸和醋酸。缺点是抗拉强度低、比重大、耐热性差（不能超过140℃），价格也较贵。

（2）非金属类

① 水泥管　多为钢筋水泥浇筑捣制而成的大型管路，广泛应用于大规模的给排水工程。但在制药工业的物料输送中极少使用。

② 陶瓷管　陶瓷管路具有很好的耐蚀和耐热性。但由于其性脆易碎，故多限于在常压条件下使用。

③ 塑料管　一般说来，塑料管路具有良好的耐蚀性，而且质轻价廉、易于安装。但其耐热性差，对强氧化剂和有机溶媒更要有选择地使用。

此外，橡胶、玻璃以及玻璃钢管道等也常被利用于不同条件下的制药生产中。

为了标明工艺管路的作用，实际生产中须将某些管路涂色。制药工业常见管路及其标示如表1-5所示。

表1-5　制药工业常见管路及标示说明

管路	物料	水	水蒸气	冷冻	真空	压缩空气	排气
颜色	粉红	绿	红	不锈钢管（不涂色）	白	蓝	乳白塑料（不涂色）

2. 管阀件

（1）管件　管件即附属于管路的管道连接件。常见的管件按功能大致可分成如下几种。

① 法兰　如图1-28a所示。作为两段管路之间、管路与阀门之间的连接件，法兰被广

泛应用于化工、制药工业。其优点是装卸方便、密闭可靠，适用的压力及温度范围大。法兰之间采用垫片密封，垫片的材料可按流体的性质选择，诸如石棉、橡胶乃至金属等。

② 活接（活接头） 如图 1-28b 所示。活接多用于管径≤50mm、以丝扣方式连接的管路，所起的作用与法兰相同。

③ 管箍 两端加工有内螺纹的短管，如图 1-28c 所示。用于端口加工有外螺纹管口的管道连接。利用管箍两端管径的变化，可将不同管径的管道连在一起，实现变径连接。

④ 管节（亦称对丝、短头） 如图 1-28d 所示。与管箍相反，管节两端加工有外螺纹，用于端口有内螺纹管口的阀门、管箍或管道连接。

⑤ 弯头 如图 1-28e 所示。改变管路方向的连接件，按角度分为 45°、90°等。

⑥ 三通、四通 如图 1-28f、图 1-28g 所示。用于管路分、合流流体的连接。

与管箍相同，管节、弯头、三通及四通等也可实现变径连接。

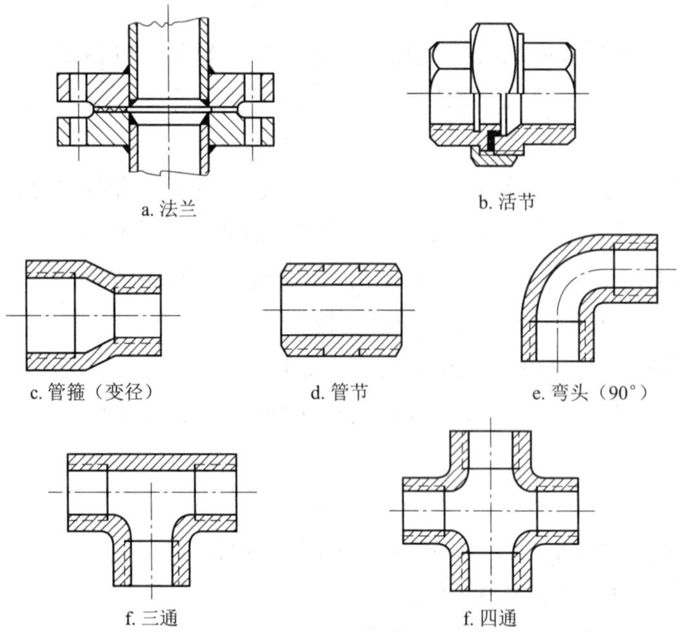

图 1-28 部分管件

（2）阀门 阀门是用以调节管路内流体流量的管件。常用的阀门有如下几种。

① 球阀 利用一个中间开孔的球体作阀芯，靠旋转球体来调节阀门沿管路轴向开孔的大小，从而控制流体的流量，如图 1-29a 所示。球阀结构简单、开闭迅速、体积小、流动阻力小，可用于含有悬浮液的物料管路中。但球阀的控制精度低，不适于流量控制要求高的场合。由于密封结构和材料的原因，球阀亦不适于高温的条件下使用。

② 旋塞 利用一个中间开孔的锥形柱体作阀芯，特点与球阀相似，如图 1-29b 所示。但在高温的条件下也可使用。

③ 截止阀（球心阀） 利用调节装在阀杆下面的阀盘与阀体凸缘部分缝隙的大小来控制流量，如图 1-29c 所示。该阀门调节精度较高、操作可靠、制造维修方便，但流动阻力较大。对悬浮液及黏度较大的物料不大适用。

④ 闸阀 利用控制与流道轴线相垂直的闸板升降高度来调节流量，如图 1-29d 所示。该阀门阻力小、密封性能较好，可用于较高精度的流量调节。但对含有固体悬浮液的物料不大适用。

此外，碟阀、止回阀（单向阀）等在实际生产中也应用较广。

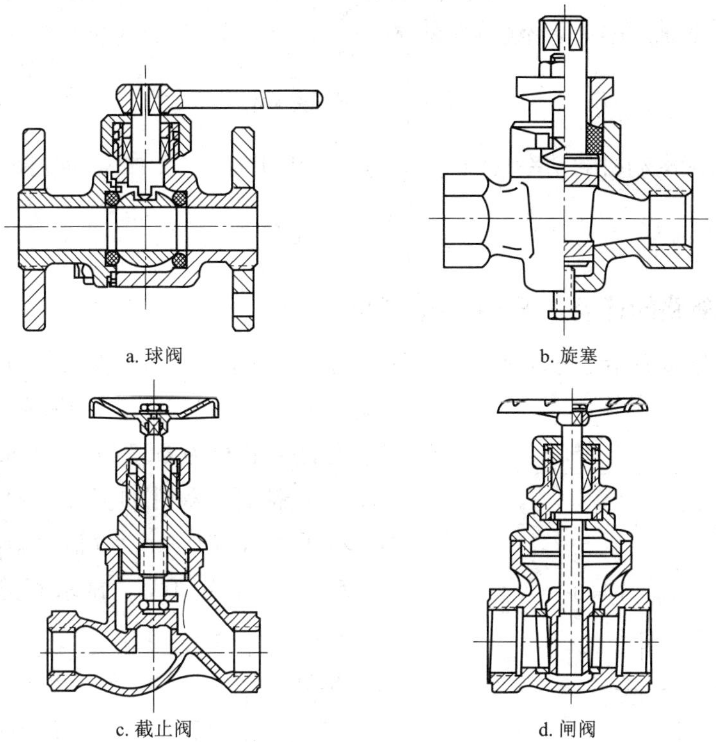

a. 球阀　b. 旋塞　c. 截止阀　d. 闸阀

图 1-29　部分阀门

五、管路计算

利用连续性方程、伯努利方程及流动阻力计算式，可以分析、解决化工、制药工业生产中在稳定流动条件下输送流体时的各种管路计算问题。这些问题可归类如下。

（一）已知流量、管径，求管路的压头损失或管路所需的外加压头

该情况最为常见，通过计算可进一步确定流体输送设备应提供的功率等。计算步骤如下。

（1）确定流速

$$u=\frac{V_s}{A}\quad 或\quad u=\frac{4V_s}{\pi d^2}\quad \mathrm{m\cdot s^{-1}}$$

若已知流量 V_s 及管径 d，可求得流速 u；也可以由 V_s 和常用流速 u（如表 1-1 给出）来确定管径 d，并反过来校核流速 u。

（2）计算流动阻力

$$H_f=\lambda\frac{\left(l+\sum l_e\right)}{d}\frac{u^2}{2g}\quad \text{m 流体柱}$$

对给定的系统 $\left(l+\sum l_e\right)$ 已知，而 λ 可由管路的 ε/d 及计算出的 Re 查图 1-24 求得。

（3）计算管路所需能量

$$H_e=(Z_2-Z_1)+\frac{(u_2^2-u_1^2)}{2g}+\frac{(p_2-p_1)}{\rho g}+H_f\quad \text{m 流体柱}$$

（4）管路输送流体所需有效功率

$$N_e = \rho g H_e V_s \quad \text{W 或 kW}$$

（5）泵所需的轴功率（设 $\eta_{泵}$ 为泵效率）

$$N_{泵} = \frac{N_e}{\eta_{泵}} \quad \text{W 或 kW}$$

（6）计算所配电动机的功率（设 $\eta_{电}$ 为电动机效率）

$$N_{电} = \frac{N_{泵}}{\eta_{电}} \quad \text{W 或 kW}$$

（二）已知管路的管径、压头损失，求流量

此类情况用于核算给定管路所能达到的流量值。以下举例说明其计算方法。

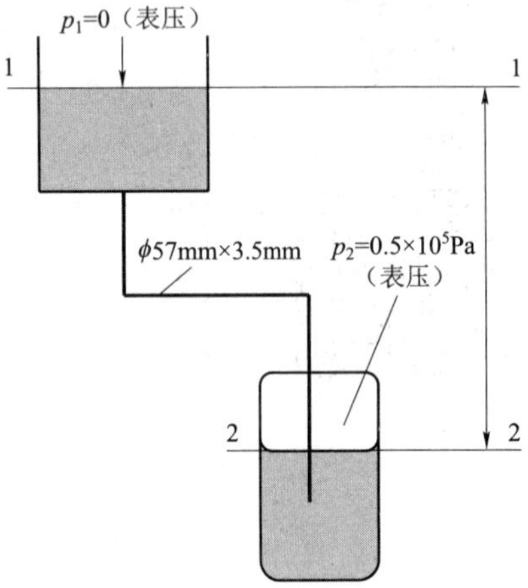

例题 1-9 附图

例题 1-9 如例题 1-9 附图所示，管路从高位水塔接至低位罐。管材为 ϕ57mm×3.5mm 镀锌钢管，总长 83.2m（包括管、阀件的当量长度）。低位罐操作压力 0.5×10^{5}Pa（表压），水塔水面与低位罐内水面高度差 15m，水温为 20℃。试求管路的最大输水量（$m^3 \cdot h^{-1}$）。

解：根据

$$H_e + Z_1 + \frac{u_1^2}{2g} + \frac{p_1}{\rho g} = Z_2 + \frac{u_2^2}{2g} + \frac{p_2}{\rho g} + H_f$$

式中，$H_e = 0$；$Z_1 = 15$m，$Z_2 = 0$；$u_1 \approx 0$，$u_2 \approx 0$（u_1、$u_2 \ll$ 管内流速 u）；$p_1 = 0$（表压），$p_2 = 0.5 \times 10^5$Pa（表压）。

当温度为 20°时，$\rho = 998.2 \text{kg} \cdot \text{m}^{-3}$

代入得

$$H_f = (15-0) - \frac{0.5 \times 10^5}{998.2 \times 9.81} = 9.89\text{m 水柱}$$

又根据

$$H_f = \lambda \frac{\left(l + \sum l_e\right)}{d} \frac{u^2}{2g}$$

整理得

$$u = \sqrt{\frac{2gH_f d}{\left(l + \sum l_e\right)\lambda}}$$

式中，$\left(l + \sum l_e\right) = 83.2$m，$H_f = 9.89$m，$d = 57 - 2 \times 3.5 = 50\text{mm} = 0.05$m

代入得

$$u = \sqrt{\frac{2 \times 9.81 \times 9.89 \times 0.05}{83.2\lambda}}$$

整理得

$$u = \sqrt{\frac{1}{8.58\lambda}} \tag{1-44}$$

式（1-44）所表示的函数关系为 $u = F(\lambda)$ 或 $\lambda = \varphi(u)$

根据

$$\lambda = f(Re, \varepsilon/d)$$

而上式中的 $Re=du\rho/\mu$，$\lambda=\varphi(u)$。即：等式两侧均包含了 u，且 u 有唯一解。

值得注意的是，上式所表示的函数关系无法用解析的方法求出，故须用试差法。

试差法是在求解条件中包含欲求物理量时的一种计算方法，实际生产中经常使用。下面将通过计算实例加以介绍。

就本题而言，首先假设一个 u 值，求出 Re 后再由图 1-24 查得 λ，然后将其代入式(1-44)求得 u。如求出的 u 值与假设值相符，则假设正确。如求出的 u 值与假设值不符，则假设不正确，须重新设置，直至假设与计算结果相符为止。

在表 1-1 的范围内选取水的流速为 $2\text{m}\cdot\text{s}^{-1}$，20°时 $\rho_{水}=998.2\text{kg}\cdot\text{m}^{-3}$，$\mu_{水}=1\times10^{-3}\text{Pa}\cdot\text{s}$。代入得

$$Re=\frac{du\rho}{\mu}=\frac{0.05\times2\times998.2}{1\times10^{-3}}\approx1\times10^{5}$$

对镀锌管查表 1-2，取 $\varepsilon=0.20\text{mm}$，则 $\varepsilon/d=0.02/50=0.004$。查图 1-24 得 $\lambda=0.029$。

代入得

$$u=\sqrt{\frac{1}{8.58\lambda}}=\sqrt{\frac{1}{8.58\times0.029}}\approx2\text{m}\cdot\text{s}^{-1}$$

计算结果与假设相符。可用其计算输水量

$$V_{\text{h}}=3600V_{\text{s}}=3600\times\frac{\pi}{4}d^{2}u=3600\times\frac{3.14}{4}\times0.05^{2}\times2=14.13\text{m}^{3}\cdot\text{h}^{-1}$$

（三）已知管路的流量、压头损失，求管径

此类情况用于解决管路尺寸的设计问题。以下举例说明其计算方法。

例题 1-10　某自来水供水管路工作压力为 $4.5\times10^{5}\text{Pa}$，用水管路工作压力为 $3.5\times10^{5}\text{Pa}$，均为表压，连接管为新无缝钢管，管长 1000m（包括管件当量长度）。

如果被输送水的密度为 $1000\text{kg}\cdot\text{m}^{-3}$，黏度为 $1\times10^{-3}\text{Pa}\cdot\text{s}$，输送量为 $50\text{m}^{3}\cdot\text{h}^{-1}$，试选用合适的有缝钢管。

解：根据式（1-21）有

$$H_{\text{e}}+Z_{1}+\frac{u_{1}^{2}}{2g}+\frac{p_{1}}{\rho g}=Z_{2}+\frac{u_{2}^{2}}{2g}+\frac{p_{2}}{\rho g}+H_{\text{f}}$$

式中，$H_{\text{e}}=0$，$Z_{1}=Z_{2}=0$，$u_{1}=u_{2}$，$p_{1}=4.5\times10^{5}\text{Pa}$（表压），$p_{2}=3.5\times10^{5}\text{Pa}$（表压），$\rho=1000\text{kg}\cdot\text{m}^{-3}$

代入得

$$H_{\text{f}}=\frac{1\times10^{5}}{1000\times9.81}=10.19\text{m 水柱}$$

又根据

$$H_{\text{f}}=\lambda\frac{\left(l+\sum l_{\text{e}}\right)}{d}\frac{u^{2}}{2g}$$

式中，$\left(l+\sum l_{\text{e}}\right)=1000\text{m}$，$u=\frac{4V_{\text{s}}}{\pi d^{2}}$，$V_{\text{s}}=\frac{50}{3600}=0.0139\text{m}^{3}\cdot\text{s}^{-1}$

代入得

$$10.19=\lambda\frac{1000}{d}\frac{(4\times0.0139)^2}{2\times9.81\times\pi^2d^4}$$

$$d=\sqrt[5]{\lambda\frac{1000\times(4\times0.0139)^2}{2\times9.81\times3.14^2\times10.19}}=0.275\times\sqrt[5]{\lambda}$$

同理上式所表示的函数关系为 $d=F(\lambda)$ 或 $\lambda=\varphi(d)$

根据

$$\lambda=f(Re,\varepsilon/d)$$

而上式右边的 $f(Re,\varepsilon/d)$ 及左边的 $\lambda=\varphi(d)$ 均包含了 d，且 d 有唯一解。同理，本题也须采用试差法求解，所不同的是试差参数为 d，以下举例说明。

对新无缝钢管查表 1-2，取 $\varepsilon=0.15$mm，选管径为 130mm

则

$$\frac{\varepsilon}{d}=\frac{0.15}{130}\approx0.0012 \text{ 以及 } u=\frac{4\times0.0139}{3.14\times0.130^2}\approx1.05\text{m}^3\cdot\text{s}^{-1}$$

再由

$$Re=\frac{du\rho}{\mu}=\frac{0.130\times1.05\times1000}{1\times10^{-3}}\approx1.37\times10^5$$

查图 1-24 得 $\lambda=0.022$，代入前面的公式计算得

$$d=0.275\times\sqrt[5]{\lambda}=0.275\times\sqrt[5]{0.022}\approx128\text{mm}$$

结果与所设管径相近，计算成立。实际生产中须先对此数据进行圆整，然后查阅有关手册选定实际管路。

第四节　流速与流量的测量

测量流量与流速是控制生产操作的常用手段。相关的装置有多种，以下介绍几种利用能量转换原理设计的流量、流速计量装置。

一、测速管（毕托管）

测速管的构造如图 1-30a，其原理同 U 形压差计如图 1-30b，管内盛有指示液（ρ_0），两端插入有流体流动的管道（ρ）。U 形管的 B 端平行于流体的流动方向，管口内侧流体只受到管道内流体静压头的作用；U 形管的 A 端正对着流体的流动方向，管口内侧流体不仅受到管道内流体静压头的作用，而且还受到了管道内流体动压头的作用。即在 B 端可测得的压力为管道内流体的静压力 p，而在 A 端可测得的压力则为管道内流体的静压力 p 与动压力 $\rho u^2/2$ 之和。根据式（1-10）

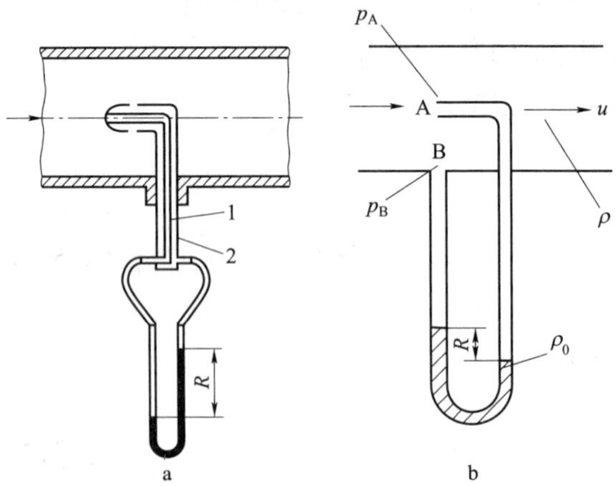

图 1-30　测速管工作原理

1. 内管；2. 外管

$$p_1-p_2=(\rho_0-\rho)gR$$

式中，$p_1=p_A=p+\rho u^2/2$，$p_2=p_B=p$，其他符号意义相同。

代入并整理得

$$u=\sqrt{2gR\frac{(\rho_0-\rho)}{\rho}} \tag{1-45}$$

事实上，测速管只能测出流体在管道截面上某处的流速，当 A 点处于管道轴线时，所测得的 $u=u_{max}$。而该管道截面的平均流速可利用如图 1-31 所示的 u/u_{max} 与 Re、Re_{max} 关系曲线求得。其中 $Re_{max}=du_{max}\rho/\mu$。

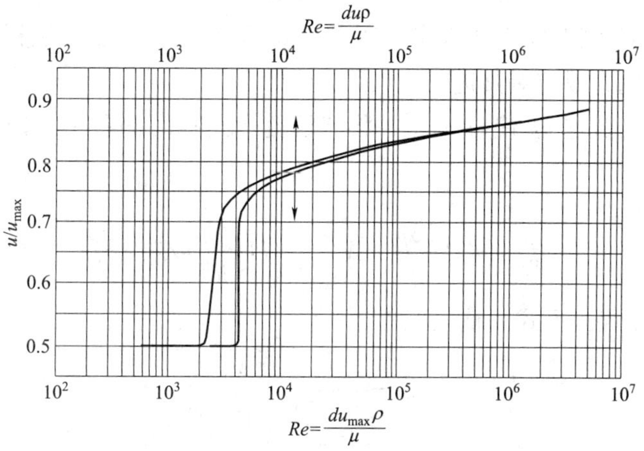

图 1-31 被测速管道 u/u_{max} 与 Re、Re_{max} 的关系曲线

测速管构造简单，压头损失小，生产实际中常将其用于大直径管路中的气体流速测量。由于测速管装置中测压管的孔径较小，所以不宜用于含有固体颗粒流体的流速测量，以免堵塞。

二、孔板流量计

孔板流量计的构造如图 1-32 所示。利用法兰将孔板（孔径为 d_0、孔截面积为 A_0）固定在管道上，再将装有指示液的 U 形压差计跨接于孔板两侧的管道，由此根据压差计的读数即可计算出管道内流体的流量。其原理如下。

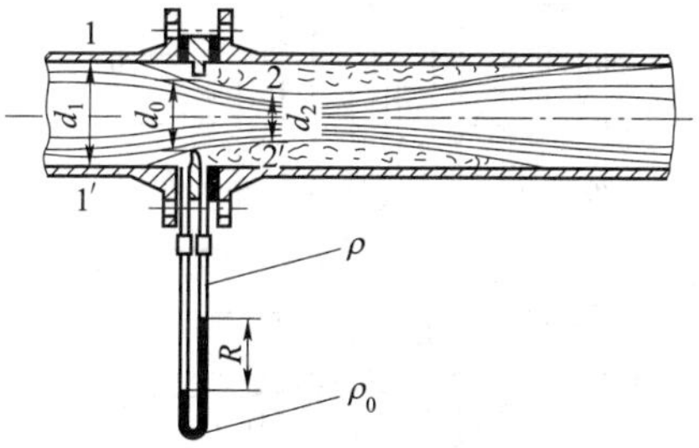

图 1-32 孔板流量计

有流体流过管路时，由于孔板处的流道截面突然缩小，流速急剧增加，流体的动压头上升、静压头下降，在孔板的两侧形成了静压差。因流动惯性的作用，流速最大处并非位于孔板中心，而是在下游方向的某个位置（如图中直径为 d_2 的截面处），这种现象被称为“缩脉”。此处流道的截面积最小，且随 Re 和 d_0/d_1 而变化。

设：孔板上游截面 1-1 处的流道截面积为 A_1、流速为 u_1、静压力为 p_1；截面 2-2 处的流道截面积为 A_2、流速为 u_2、静压力为 p_2，略去流动阻力损失。两截面间系统的伯努利方程为

$$Z_1+\frac{u_1^2}{2g}+\frac{p_1}{\rho g}=Z_2+\frac{u_2^2}{2g}+\frac{p_2}{\rho g}$$

对水平管有 $Z_1=Z_2$，方程为

$$\frac{u_1^2}{2g}+\frac{p_1}{\rho g}=\frac{u_2^2}{2g}+\frac{p_2}{\rho g}$$

或

$$\frac{u_2^2-u_1^2}{2g}=\frac{p_1-p_2}{\rho g}=\frac{\Delta p}{\rho g}$$

整理得

$$u_2^2-u_1^2=\frac{2\Delta p}{\rho}$$

因为缩脉处的截面积 A_2 无法求出，所以该处的流速 u_2 也就无法得到。加之上式中没有考虑到阻力的影响，故应对其进行修正。方法如下。

以流体在孔处的流速 u_0 代替 u_2，并将流体流过孔板时的各种变因归结到一校正系数 C，则上式可变为

$$u_0^2-u_1^2=C\frac{2\Delta p}{\rho} \quad 或 \quad u_0\sqrt{1-\frac{u_1^2}{u_0^2}}=C\sqrt{\frac{2\Delta p}{\rho}}$$

将 $u_1=u_0A_0/A_1$ 代入上式并整理得

$$u_0=\frac{C}{\sqrt{1-\frac{A_0^2}{A_1^2}}}\sqrt{\frac{2\Delta p}{\rho}}$$

由 U 形压差计原理可知

$$\Delta p=p_1-p_2=(\rho_0-\rho)gR$$

再令 $C_0=\frac{C}{\sqrt{1-\frac{A_0^2}{A_1^2}}}$，则有

$$u_0=C_0\sqrt{\frac{2gR(\rho_0-\rho)}{\rho}} \qquad (1-46)$$

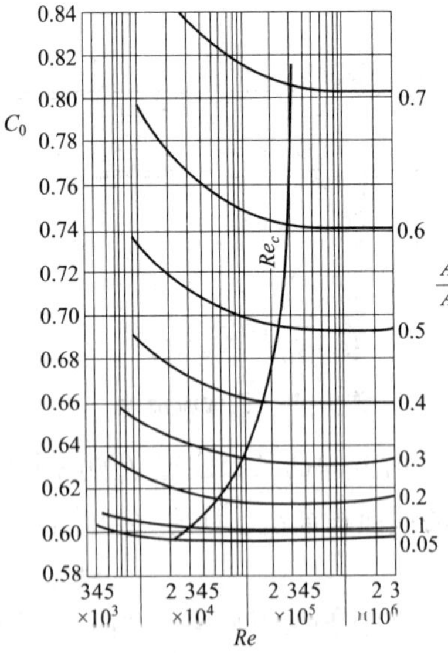

图 1-33　孔板流量计 C_0 与 Re、A_0/A_1 关系曲线

式（1-46）即为孔板流量计孔口流速计算式。流体流过管路的流量可由下式求得。

$$V_s=\frac{\pi}{4}d_0^2C_0\sqrt{\frac{2gR(\rho_0-\rho)}{\rho}} \qquad (1-47)$$

式（1-46）、式（1-47）中的 C_0 由试验得，被称为流量系数，无因次。应用时可由图 1-33 所示的试验曲线查得。

可以看出，对给定的 A_0/A_1（面积比），当 Re 大到一定程度时（图中 Re_c 线右侧），C_0 可视为不变。

据此，实际中总能在一个指定的 A_0/A_1 下找到一个相应不变的 C_0，并依此对有关流体的计量问题进行计算。

孔板流量计是常用的流量计之一，制药工业中常用来测量流体的流速和流量。实际应用中，孔板流量计附有换算图表，可直接根据压差计的读数求得被测流体的流量。

孔板流量计的孔径一般为管路直径的 1/3～1/2。为确保流速分布正常，孔板上游 50d、下游 10d 的范围内不得安装任何管阀件。

该流量计结构简单、安装简便，但阻力损失较大。当 $d_0/d_1=1/2\sim1/5$ 时，压头损失达 75%～90%。为减少能量损失，也可采用文氏流量计。

文氏流量计亦称文丘里（Venturi）管，结构如图 1-34 所示。上游测压口距管路径缩起点的距离为 1/2 管径，下游测压口设在最小管径（喉管）处。由于有均匀的逐渐收缩和扩大段，所以流体在文丘里管内的流速改变也是逐渐的，涡流很少。前段管径渐缩引起的动能增加在后段的管径渐扩中大多转变为静压能，因此大大减少了阻力损失。

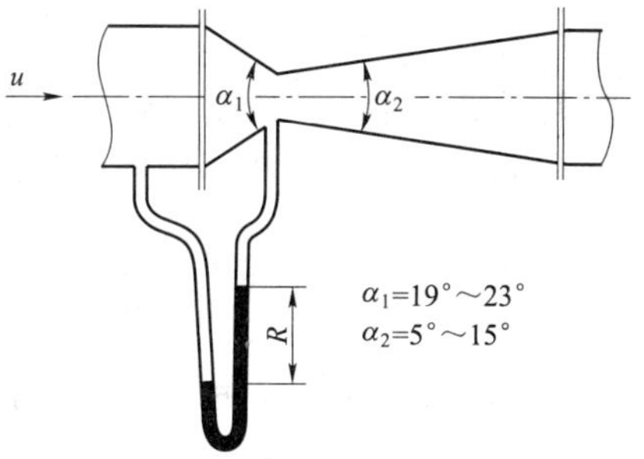

图 1-34　文氏流量计

文丘里管各部分的尺寸要求严格，加工精度要求也高，故价格也相对较贵。

三、转子流量计

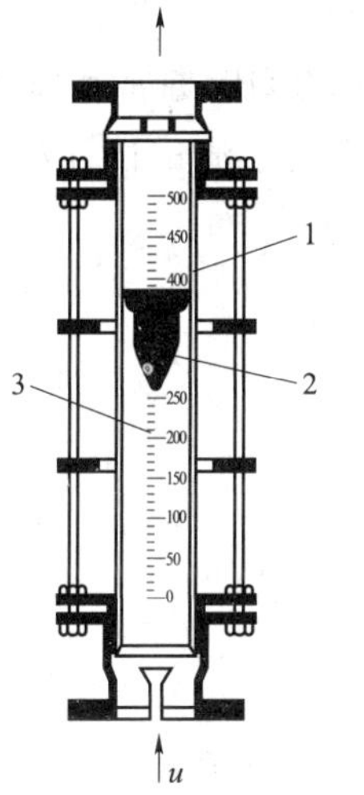

图 1-35　转子流量计

1. 锥形玻璃管；2. 转子；3. 流量刻度

转子流量计的构造如图 1-35 所示。在一根稍有锥度（上粗下细）且带有流量刻度 3 的玻璃管 1 内，配有一个转子 2。转子亦称浮子，一般由不锈钢、铝、聚四氟乙烯和胶木等材料制成。转子的横截面积顶部最大、中部其次、底部最小。

当流体以某一流量自下而上流经玻璃管与转子之间的环隙时，由于在转子顶部处的流道截面积小，所以此处流体的流速就大、静压力就小；而在转子底部处的流道截面积大，所以此处流体的流速就小、静压力就大，两者形成的压差将对转子产生向上的托举力。

与此同时，转子在其轴向上还受到另外两个力的作用，即转子自身向下的重力和转子所受流体的向上浮力。当上述的托举力、重力和浮力三者之间达到平衡时，转子会在玻璃管内的某一高度处停留下来。

流量增大时，环隙中的流速也增大，由此产生托举力的增加将打破原有的力平衡关系，引起转子升高。但在转子升高的同时，环隙的面积也在增大，流体在其间的流速也随之下降，结果又导致了托举力的降低。当轴向合力达到新的平衡时，转子将会在新的高度处停留下来。

流体的流量越大，转子的停留位置也越高，反之就越低。如在玻璃管上标出相应的刻度，就能根据转子（顶端）停留位置的高低读出此刻流体的流量值。

设转子的体积为 V_f、转子顶端的横截面积为 A_f、制作转子材料的密度为 ρ_f、流体的密度为 ρ、转子上下两端的压差为 Δp。

如前所述，当转子处于平衡状态时有：

由流体压差形成对转子的托举力=转子自身的重力-流体对转子的浮力

即

$$\Delta pA_f=V_f\rho_f g-V_f\rho g$$

整理得

$$\Delta p=\frac{V_{\mathrm{f}}g(\rho_{\mathrm{f}}-\rho)}{A_{\mathrm{f}}} \tag{1-48}$$

当转子处于某一位置时，转子与玻璃管间的环隙面积是一定的。流体流过此处时，流速同静压的关系与流过孔板的情况类似。所以，可照仿孔板流量计写出流量的计算公式

$$V_{\mathrm{s}}=A_{\mathrm{R}}C_{\mathrm{R}}\sqrt{\frac{2\Delta p}{\rho}} \tag{1-49}$$

式中，V_{s} 为流体的流量，$\mathrm{m^3\cdot s^{-1}}$；A_{R} 为环隙的截面积，$\mathrm{m^2}$；C_{R} 为转子流量计的流量系数（与 Re 有关），由实验测定。

因为对给定的转子流量计来说，V_{f}、A_{f} 及 ρ_{f} 都是定值，由式（1-48）可知 Δp 亦为定值。所以如 C_{R} 变化不大的话，流量 V_{s} 只随 A_{R} 而变化。

联立式（1-48）、式（1-49）得

$$V_{\mathrm{s}}=C_{\mathrm{R}}A_{\mathrm{R}}\sqrt{\frac{2gV_{\mathrm{f}}(\rho_{\mathrm{f}}-\rho)}{A_{\mathrm{f}}\rho}} \tag{1-50}$$

应当注意的是：用于液体、气体计量的转子流量计，其玻璃管上的刻度通常是以 20℃ 的水及 20℃、1atm（绝压）的空气的作为标定依据的。所以，在利用转子流量计计量其他情况下的液、气体流量时，应通过实验或依照相关的资料进行刻度校正。

重点小结

- 流体力学基础
  - 流体静力学基本方程
    - 基本定义（密度、比容、相对密度、压强）
    - 流体静力学基本方程
    - 流体静力学方程实际应用
  - 流体动力学的基本方程
    - 基本定义（流量、流速、稳定与不稳定流动）
    - 连续性方程
    - 柏努利方程（理想流体、实际流体）
  - 流体在管内的流动阻力
    - 流体阻力表现形式（压降）
    - 流体的黏度（牛顿黏性定律）
    - 流体的流动型态
      - 层流
      - 过渡流
      - 湍流
    - 流体的阻力计算（直管、局部）
  - 流速与流量测量装置
    - 测速管
    - 孔板流量计
    - 转子流量计

管路计算（连续性方程、柏努利方程、流体阻力表现形式至流体的阻力计算）

主要符号表

符　号	意　义	法定计量单位
A	截面积	m^2
C	校正系数	无因次
C_0，C_R	流量系数	无因次
d，D	管路直径	m
d_e	当量直径	m
E	机械能	J
F	摩擦剪力	N
g	重力加速度	$m \cdot s^{-2}$
h_f	直管阻力	m 流体柱
h_f'	局部阻力	m 流体柱
h	高度	m
H_e	有效压头	米流体柱
H_f	压头损失	米流体柱
l	管路长度	m
l_e	当量折算管长	m
m	物质的质量	kg
M	千摩尔分子量	$kg \cdot kmol^{-1}$
N	功率	W、kW
p	压力	Pa
r、R	半径	m
R	压差计读数	m
Re	雷诺准数	无因次
T	绝对温度	K
u	流速	$m \cdot s^{-1}$
v	比容	$m^3 \cdot kg^{-1}$
V	体积	m^3
V_s	流量	$m^3 \cdot s^{-1}$
V_h	流量	$m^3 \cdot h^{-1}$
W_s	质量流量	$kg \cdot s^{-1}$
x	液相摩尔分率	无因次
y	气相摩尔分率	无因次
z	高度	m
Z	静压头	米流体柱
α	角度	°
δ	壁厚	m
ε	绝对粗糙度	mm
λ	摩擦阻力系数	无因次
ζ	局部阻力系数	无因次
η	效率	无因次
ρ	密度	$kg \cdot m^{-3}$
μ	黏度	$Pa \cdot s$
τ	摩擦剪应力	$N \cdot m^{-2}$
τ	时间	s

文字题解

习题解

习 题

1. 计算

（1）取 $\rho_{水}=1000\mathrm{kg\cdot m^{-3}}$，求水深 1500m 处的压力（绝压）（Pa）；

（2）1500mm 汞柱（绝压）所产生的压力（绝压）（Pa）。

（答：148.163×10^5 Pa；1.99934×10^5 Pa）

2. 在兰州操作的苯乙烯真空精馏塔塔顶的真空表读数为 80×10^3 Pa，但在天津操作时，若要求塔内维持相同的绝对压强，求其真空表的读数应为多少？已知兰州地区的平均大气压强为 85.3×10^3 Pa，天津地区的平均大气压强为 1.0133×10^5 Pa。

（答：96030Pa）

3. 如第 3 题附图所示，开口容器内盛有油和水，油层高度 $h_1=0.8$m，密度 $\rho_1=800\mathrm{kg\cdot m^{-3}}$，水层高度 $h_2=0.6$m，密度 $\rho_2=1000\mathrm{kg\cdot m^{-3}}$。

（1）判断下列关系是否成立：$P_A=P'_A$，$P_B=P'_B$；（2）计算水在玻璃管内的高度 h。A 与 A'，B 与 B' 分别处于同一水平面。

（答：$p_A=p'_A$，$p_B\neq p'_B$；1.24m）

4. 一串联汞-水液柱压差计与某容器相连，如第 4 题附图所示。图示中的 $h_1=2.3$m，$h_2=1.2$m，$h_3=2.5$m，$h_4=1.4$m，$h_5=3.0$m；当地大气压为 1.0133×10^5 Pa，试求该容器内的绝压 P_0（Pa）。

（答：366366Pa）

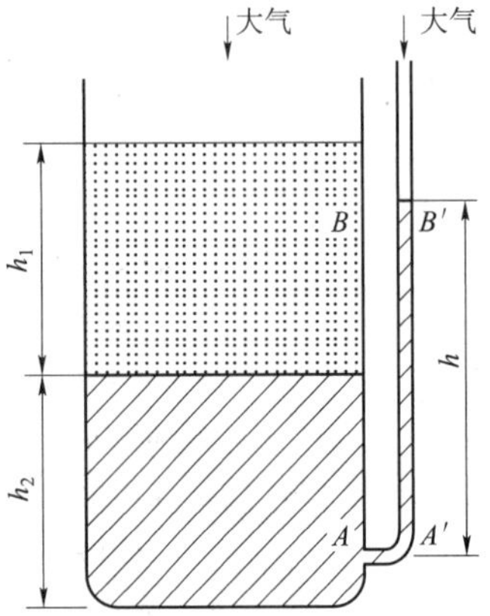

第 3 题附图

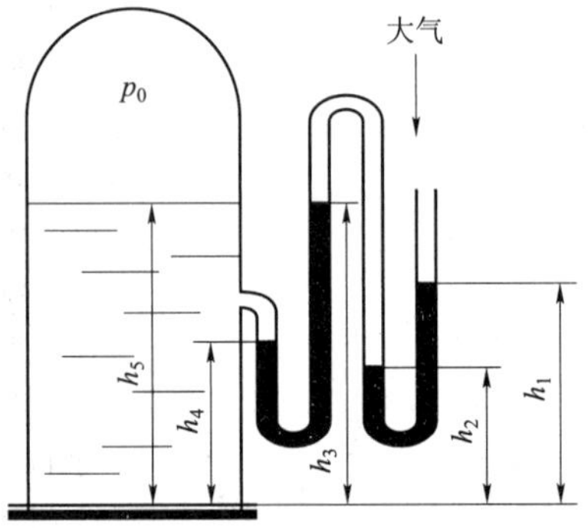

第 4 题附图

5. 如第 5 题附图所示，采用普通 U 形管压差计测量某气体管路上两点的压强差，指示液为水，读数 $R=10$mm。为了提高测量精确度，改用微差压差计（如第 5 题附图），指示液 B 是含 40% 乙醇的水溶液，密度 ρ_B 为 $910\mathrm{kg\cdot m^{-3}}$，指示液 A 为煤油，密度 ρ_A 为 $820\mathrm{kg\cdot m^{-3}}$。

试求微差压差计的读数 R，mm？已知水的密度为 $1000\mathrm{kg\cdot m^{-3}}$。

（答：111mm）

6. 某输水管路的主管内径为 2m，输水量 $360\mathrm{m^3\cdot h^{-1}}$，现要求水在进入支管后的流速比主管大 50%，且两支管的输水量相等。

试求：（1）水在主管中的流速（$\mathrm{m\cdot s^{-1}}$）；（2）两支管的内径（mm）。

（答：$0.032\mathrm{m\cdot s^{-1}}$；1152mm）

7. 系统如第 7 题附图所示，在截面 1—1 处：$u_1=0.5\mathrm{m}\cdot\mathrm{s}^{-1}$，$d_1=0.2\mathrm{m}$，管内水压产生的液柱高 h_1 为 1m；截面 2—2 处：$d_2=0.1\mathrm{m}$；ρ 取 $1000\mathrm{kg}\cdot\mathrm{m}^{-3}$，忽略阻力损失。

试求截面 2—2 处液柱高 h_2（m）。

（答：0.809m）

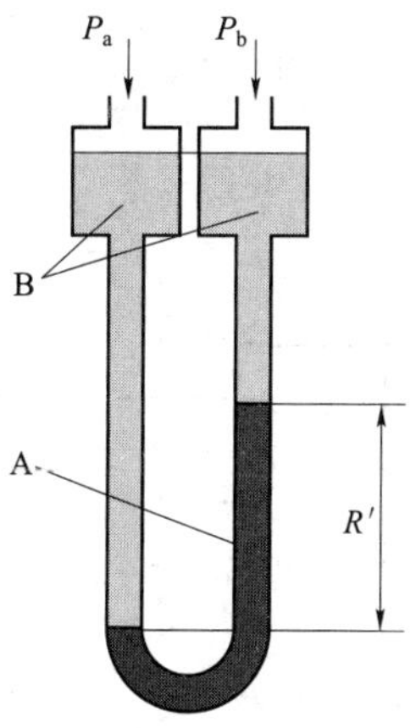

第 5 题附图

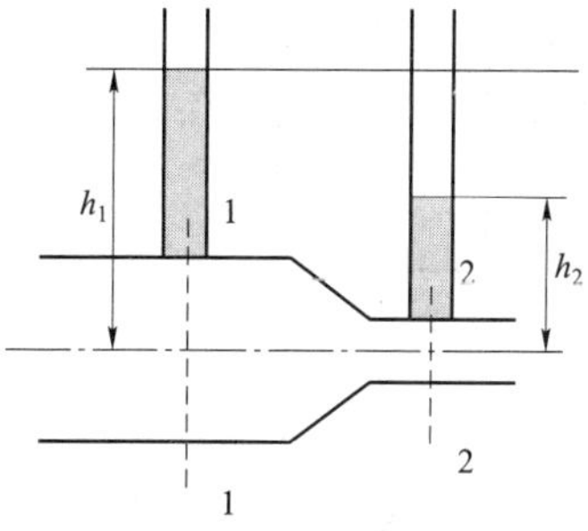

第 7 题附图

8. 如第 8 题附图所示，为测量某水平通风管道内空气的流量，在该管道的某一截面处安装一个锥形接头，使管道直径自 200mm 渐缩到 150mm，并在锥形接头的两端各引出一个测压口连接 U 形管压差计，用水作指示液测得读数 $R=40\mathrm{mm}$。已知空气的平均密度为 $1.2\mathrm{kg}\cdot\mathrm{m}^{-3}$，设空气流过锥形接头的能量损失可忽略，试求空气的体积流量（$\mathrm{m}^3\cdot\mathrm{s}^{-1}$）。

（答：$0.55\mathrm{m}^3\cdot\mathrm{s}^{-1}$）

9. 如第 9 题附图所示，将 20℃的水从水池送到高位槽，槽内与池内水平面的高度差 h 为 10m，管路阻力损失 2m 水柱。如工艺要求的输送量为 $36\mathrm{m}^3\cdot\mathrm{h}^{-1}$，试求系统所需的外加理论功率（kW）。

（答：1.175kW）

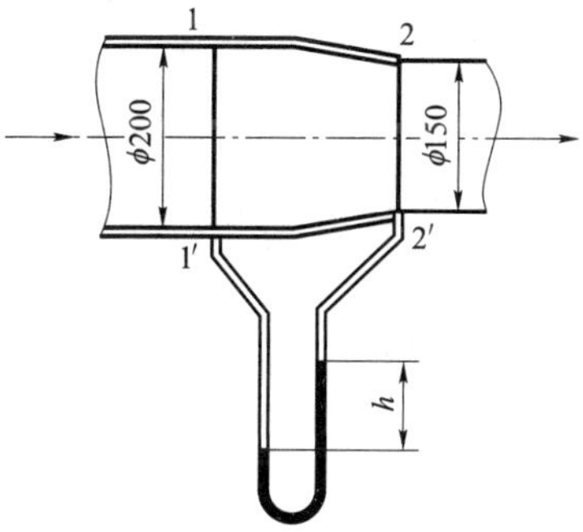

第 8 题附图

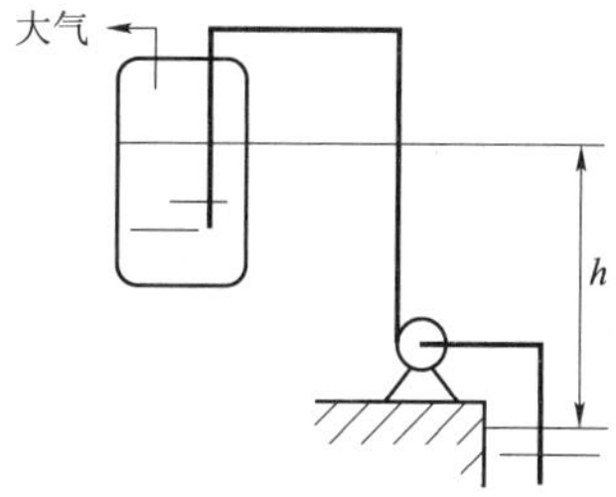

第 9 题附图

10. 有一内径为 25mm 的水管，如管中流速为 $1.0\mathrm{m}\cdot\mathrm{s}^{-1}$，水温为 20℃。求：（1）管路中水的流动类型；（2）管路内水保持层流状态的最大流速。

（答：湍流；$0.08\mathrm{m}\cdot\mathrm{s}^{-1}$）

11. 如第 11 题附图所示，有一垂直管路系统，管内径为 100mm，管长为 16m，其中有两个截止阀，一个全开，一个半开，直管摩擦系数为 $\lambda=0.025$，若只拆除一个全开的截止阀，其他保持不变。试问此管路系统的流体体积流量 Q_v 将增加几倍？

（答：1.18 倍）

12. 如第 12 题附图所示，用泵将 20℃的苯以 $5\mathrm{kg}\cdot\mathrm{s}^{-1}$的流量从地下贮槽送到高位槽，两液面均通大气，高度差为 10m，管路总长 65m。全部由 ϕ57mm×3.5mm 的钢管组成（ε=0.2mm）。管路中有一个全开闸阀，一个底阀和四个 90°弯头，已知泵效率为 70%，试求泵的轴功率（W）。

（答：2266W）

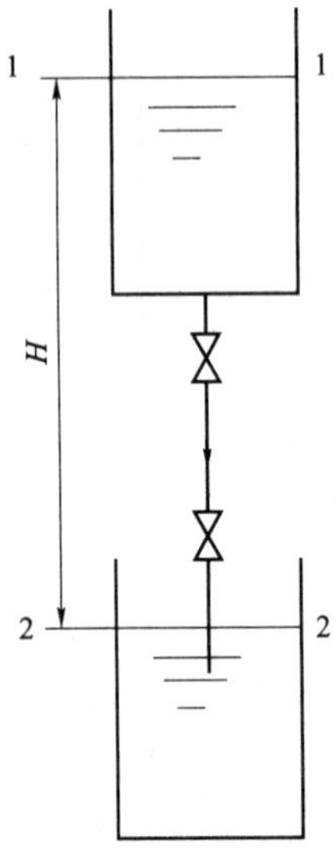

第 11 题附图

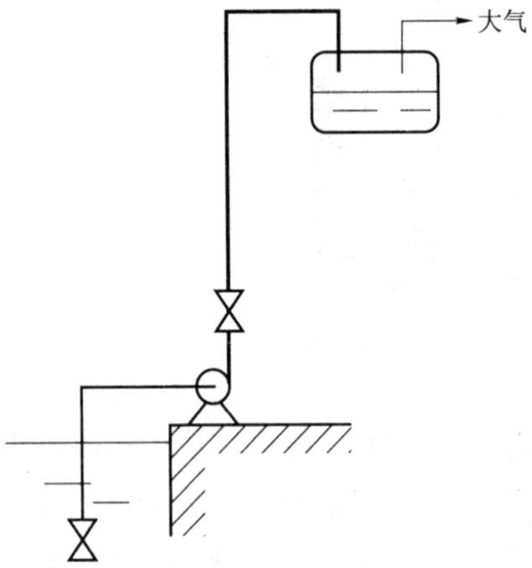

第 12 题附图

第二章　流体输送机械

扫码“学一学”

学习目标

1. 掌握　离心泵的主要性能参数、特性曲线、工作点以及流量调节方法；离心泵安装高度的确定原则。
2. 熟悉　离心泵的结构和作用原理；离心泵的分类和安装以及运转过程中的注意事项。
3. 了解　往复泵等其他类型的液体输送机械；各种类型的气体输送机械。

当流体输送管路设计完成后，流体输送设备的选择、安装与使用问题就成为单元操作能否实施的关键。本章针对化工、制药生产实际，对常见的流体输送机械的性能特点、使用范围、安装及使用方法进行相关研讨。为学生在日后的工作中解决此类问题，提供能力上的保证。

第一节　概　述

把电动机、蒸汽机等动力设备的机械能提供给流体的设备称为流体输送机械。下列场合需要使用流体输送机械。

（1）将流体从低处送往高处。

（2）将流体从低压处送往高压处。

（3）将流体从甲地送到乙地（如管道输送石油、天然气等）。

（4）将气体从系统抽出（如使反应设备维持一定的真空度）。

在流体输送机械中，输送液体的机械通常称为泵，输送气体的机械通常称为风机或压缩机。离心泵结构简单，操作容易，流量易于调节，且能适用于多种特殊性质物料，因此在实际生产中被普遍采用。本章将重点讨论离心泵的作用原理、基本构造、性能特点和选用原则，对其他输送机械将作简单介绍。

第二节　离心泵

一、离心泵的结构和作用原理

扫码“看一看”

离心泵的类型很多，但作用原理相同，结构亦大同小异。如图 2-1 所示，主要工作部件是旋转的叶轮 4 及固定的泵壳 5，能量是通过泵轴 6 传入的。

叶轮是离心泵的主要功能部件，其上一般有 6~12 片后弯的叶片（即叶片弯曲方向与叶轮旋转方向相反）。叶轮分闭式、半开式和开式 3 种，如图 2-2 所示。

离心泵在启动前，首先向泵壳内灌满所输送的液体。启动后，叶轮由泵轴带动作高速旋转（1000~3000r·min^{-1}，其中 2900r·min^{-1}最为常见），迫使叶片间的液体在离心力的作用下，由叶轮中心被抛向边缘。液体在此运动过程中获得动能和静压能，并以较高速度离开叶轮进入泵壳，泵壳通常制成蜗牛形状，故又称蜗壳。液体在泵壳中随流道逐渐扩大而减速，将部分动能转变为静压能，最后沿切向流入压出管道而排出泵体，此流动过程如图 2-3 所示。在液体由叶轮中心推向外缘的同时，在叶轮中心形成低压，如此在吸液处与叶轮中心之间产生了静压差，依靠此压差使液体源源不断地吸入叶轮，维持泵的连续、正常运转。

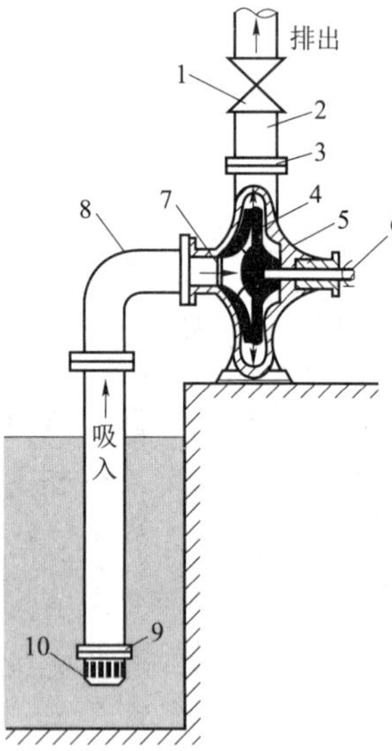

图 2-1　离心泵装置示意图

1. 调节阀；2. 排出管；3. 排出口；4. 叶轮；5. 泵壳；6. 泵轴；7. 吸入口；8. 吸入管；9. 底阀；10. 滤网

如果在启动时，泵体内存有空气，而被输送的是液体，会因空气密度太小，离心产生的压差或泵吸入口的真空度过低而不能将液体吸入泵内，此种现象称为“气缚”。因此，为防止气缚现象发生，离心泵在启动时须先向泵内灌满被输送液体。

此外，离心泵在工作时，泵轴旋转而泵壳固定不动，其间的环隙如果不加以密封或密封不好，则外界的空气会渗入叶轮中心的低压区，使泵的流量、效率大幅下降。严重时流量为零，形成“气缚”现象。通常，在工业生产中可以采用机械密封或填料密封来实现泵轴与泵壳之间的密封。其中，机械密封因结构紧凑，性能优良，使用寿命长，被广泛采用。

图 2-2　叶轮的类型

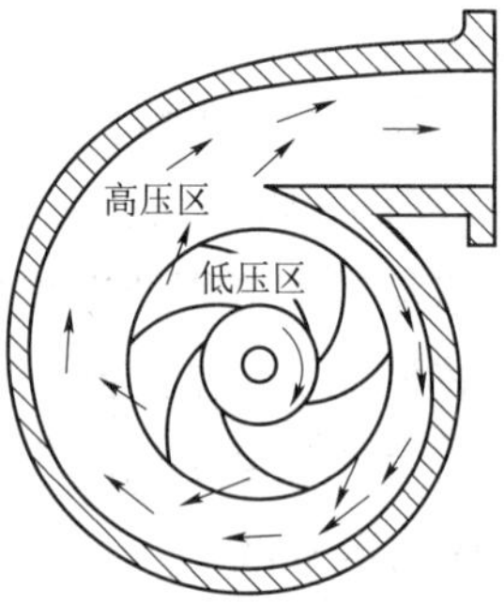

图 2-3　液体在泵内的流动情况

思考

1. 离心泵的蜗牛形外壳有何作用？

二、离心泵的主要性能

要正确选择和使用离心泵，就必须了解离心泵的性能。离心泵的主要性能有：流量、扬程、效率和轴功率等。

（一）流量

离心泵的流量表示泵的输液能力，是指单位时间内排出液体的体积量，一般用 Q 表示，常用单位为 $m^3 \cdot s^{-1}$ 或 $m^3 \cdot h^{-1}$。其大小取决于泵的结构、尺寸（主要是叶轮的直径和宽度）及转速等。

（二）扬程（压头）

泵赋予单位重量流体的有效能量，称为离心泵的扬程或压头，一般用 H 表示，单位为m。扬程的大小，取决于泵的结构、转速和流量。在一定的流量下，泵的扬程可用实验方法测出，具体方法见例题 2-1。

（三）效率和轴功率

液体经泵所得到的实际功率，称为有效功率，以 N_e 表示，单位为 W 或 kW。

泵的有效功率可用下式计算

$$N_e = QH\rho g \tag{2-1}$$

式中，Q 为泵的流量，$m^3 \cdot s^{-1}$；H 为泵的扬程，m；ρ 为液体密度，$kg \cdot m^{-3}$；g 为重力加速度，$m \cdot s^{-2}$。

离心泵在运转中，由于泵内的液体泄漏所造成的损失，称为容积损失；而液体流经叶轮和泵壳时，流动方向和速度的变化以及流体间的相互撞击等也会消耗一部分能量，称为水力损失；此外，泵轴与轴承和轴封之间的机械摩擦、叶轮盖板外表面与液体之间的摩擦等还消耗一部分能量，称为机械损失。由于上述三个方面的原因，电动机传给泵的功率（称为离心泵的轴功率 N），总是大于泵的有效功率 N_e。有效功率与轴功率之比，称为泵的总效率，以 η 表示，则

$$\eta = \frac{N_e}{N} \times 100\% \tag{2-2}$$

离心泵的效率与泵的大小、类型（结构）、制造的精密度及液体的性质有关。一般小型泵的效率为 50%～70%，大型泵的效率可达 90%。

三、离心泵的特性曲线

生产厂把 H-Q、N-Q 和 η-Q 的变化关系画在同一张坐标纸上，得出一组曲线，称为离心泵的特性曲线，如图 2-4 所示。此曲线附在泵的样本和说明书中，供用户选用和操作时参考。

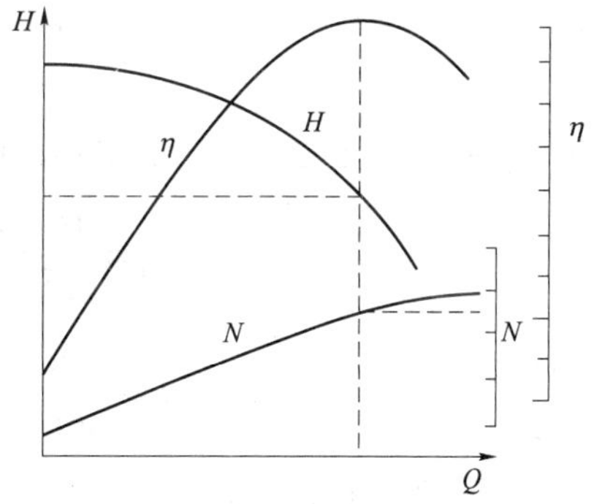

图 2-4 离心泵的特性曲线

尽管不同型号的泵有不同的特性曲线，但它们都具有以下特点。

（一）*H*-*Q* 线

表示离心泵的扬程与流量的关系。表明离心泵的扬程随流量的增大而下降，这是离心泵的一个重要特性（在流量极小时可能有例外）。

（二）*N*-*Q* 线

表示离心泵的轴功率与流量的关系。表明离心泵的轴功率随着流量的增大而上升，流量为零时轴功率最小。因此，离心泵启动时，应将出口阀关闭，待启动后再将其逐渐打开，避免因启动电流过大而烧坏电机。

（三）*η*-*Q* 线

表示离心泵的效率与流量的关系。开始时，随着流量的增大，效率上升，并达到最大

值；然后，随着流量的增大，效率下降。这说明在一定转速下离心泵有一最高效率点，称为泵的设计点。与最高效率点相对应的流量、扬程及轴功率值称为最佳工况参数。根据工艺条件的要求，离心泵不可能恰好在最佳工况状态下运转，一般只能规定一个工作范围，称为泵的高效率区，通常此区的最低效率为最高效率的92%左右。选用离心泵时，应尽可能使其在此范围内工作。

思考

2. 离心泵的设计点及最佳工况参数与离心泵的选择有何关系？

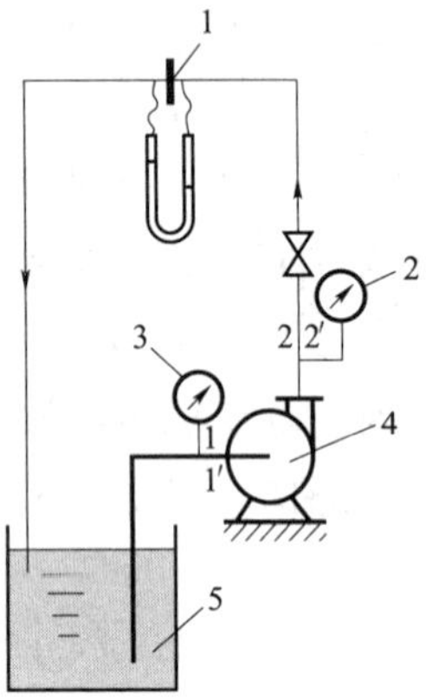

例题 2-1 附图

1. 流量计；2. 压强计；3. 真空计；4. 离心泵；5. 贮槽

例题 2-1 附图为测定离心泵特性曲线的实验装置，实验中已测出如下一组数据：泵进口处真空表读数 $p_1=2.67\times10^4\text{Pa}$（真空度），泵出口处压强表读数 $p_2=2.55\times10^5\text{Pa}$（表压），泵的流量 $Q=12.5\times10^{-3}\text{m}^3\cdot\text{s}^{-1}$，功率表测得电动机所消耗功率为 6.2kW，吸入管直径 $d_1=80\text{mm}$，压出管直径 $d_2=60\text{mm}$，两测压点间垂直距离 $Z_1-Z_2=0.5\text{m}$，泵由电动机直接带动，传动效率可视为 1，电动机的效率为 0.93，实验介质为 20℃的清水，泵的转速为 $2900\text{r}\cdot\text{min}^{-1}$。试计算在此流量下泵的压头 H、轴功率 N 和效率 η。

解：（1）泵的压头　在真空表及压强表所在截面 1-1′ 与 2-2′间列伯努利方程，即

$$Z_1+\frac{p_1}{\rho g}+\frac{u_1^2}{2g}+H=Z_2+\frac{p_2}{\rho g}+\frac{u_2^2}{2g}+H_{f,1-2}$$

式中，$Z_1-Z_2=0.5\text{m}$，$p_1=-2.67\times10^4\text{Pa}$（表压），$p_2=2.55\times10^5\text{Pa}$（表压）

而

$$u_1=\frac{4Q}{\pi d_1^2}=\frac{4\times12.5\times10^{-3}}{\pi\times0.08^2}=2.49\text{m}\cdot\text{s}^{-1}$$

$$u_2=\frac{4Q}{\pi d_2^2}=\frac{4\times12.5\times10^{-3}}{\pi\times0.06^2}=4.42\text{m}\cdot\text{s}^{-1}$$

两侧压口间的管路很短，其间阻力损失可忽略不计，故

$$H=0.5+\frac{2.55\times10^5+2.67\times10^4}{1000\times9.81}+\frac{4.42^2-2.49^2}{2\times9.81}=29.88\text{mH}_2\text{O}$$

（2）泵的轴功率　功率表测得功率为电动机的输入功率，电动机本身消耗一部分功率，其效率为 0.93，于是电动机的输出功率（等于泵的轴功率）为

$$N=6.2\times0.93=5.77\text{kW}$$

（3）泵的效率　由式（2-2）得

$$\eta=\frac{N_e}{N}=\frac{QH\rho g}{N}=\frac{12.5\times10^{-3}\times29.88\times1000\times9.81}{5.77\times1000}=0.63$$

必须指出，不要把泵的扬程与液体的升扬高度混同起来。从以上计算不难看出，扬程应包括液体位置的提升（升扬高度）、液体静压头的提高及输送液体过程中所克服的管路阻

力三项之和。在实验中，如果改变出口阀门的开度，测出不同流量下的有关数据，计算出相应的 H、N 和 η 值，并将这些数据绘于坐标纸上，即得该泵在固定转速下的特性曲线。

思考

3. 离心泵的扬程和升扬高度有何区别？

四、离心泵的安装高度

离心泵的安装高度是指被输送的液体所在贮槽的液面到离心泵入口处的垂直距离。

如图 2-5 所示，设液面压强为 p_0，泵入口压强为 p_1，液体的密度为 ρ，吸入管路中液体的流速为 u_1，阻力损失为 $H_{f,0-1}$，则液面至泵入口截面间的伯努利方程式为

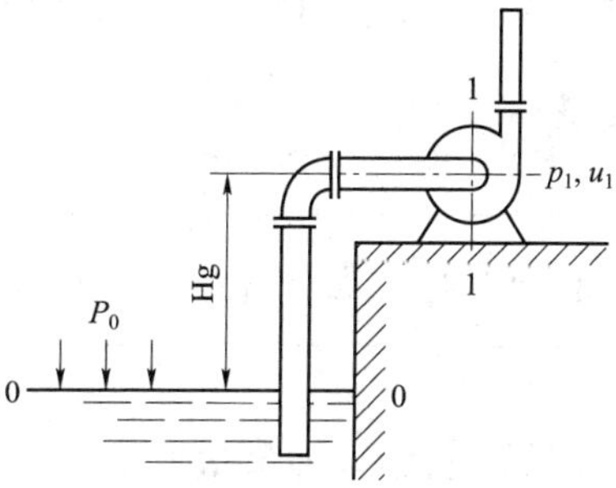

图 2-5　离心泵的安装高度

$$\frac{p_0}{\rho g}=\frac{p_1}{\rho g}+\frac{u_1^2}{2g}+H_g+H_{f,0-1}$$

即

$$H_g=\frac{p_0-p_1}{\rho g}-\frac{u_1^2}{2g}-H_{f,0-1} \tag{2-3}$$

式中，H_g 为泵的安装高度，m。

（一）最大吸上真空高度

式（2-3）右侧第一项$(p_0-p_1)/\rho g$ 为以输送液体的液柱高度表示的泵入口截面 1-1 处的真空度（图 2-5），常称为吸上真空高度，以 H_s 表示。p_1 越低，H_s 越大，但当 p_1 降低到与液体温度相应的饱和蒸气压 p_v 时，泵入口处的液体就要气化而出现气泡。大量气泡随液体进入高压区后，便被周围液体压碎，形成局部真空，周围液体质点就会以极大的速度冲向气泡中心，产生很高的局部压力，不断冲击着叶轮或泵壳的表面，长时间操作下去，会使叶轮或泵壳被损坏，这种现象称为“气蚀”。

气蚀现象发生时，泵体震动并发出噪声，泵的流量、扬程也明显下降，严重时，泵无法正常工作。为了防止气蚀现象发生，必须使泵入口处的压强 p_1 大于液体在该温度下的饱和蒸气压 p_v，即将吸上真空高度限定为一允许值，此称允许吸上真空高度，以 $H_{s,允}$表示。显然，对应于气蚀现象发生时的最大吸上真空高度 $H_{s,max}$应为

$$H_{s,max}=\frac{p_0-p_v}{\rho g} \tag{2-4}$$

为了保证运转时不发生气蚀现象，我国生产的离心泵规定留有 0.3m 的安全量，即

$$H_{s,允}=H_{s,max}-0.3 \tag{2-5}$$

以此 $H_{s,允}$值代替式（2-3）中的$(p_0-p_1)/\rho g$，即可求得泵的允许安装高度 $H_{g,允}$为

$$H_{g,允}=H_{s,允}-\frac{u_1^2}{2g}-H_{f,0-1} \tag{2-6}$$

显然，泵的实际安装高度 H_g 应当不超过泵的允许安装高度 $H_{g,允}$。

允许吸上真空高度的数值不仅反映了泵的特性（如泵内的阻力），且与吸入贮槽液面上方的压力 p_0、液体的性质（p_v，ρ）有关，而泵制造厂提供的 $H_{s,允}$ 值是在 $p_0=101.33\text{kPa}$（1atm）时用清水在20℃条件下的实验结果。若输送其他液体且离心泵的工作条件与上述条件不同，则应进行如下校正

$$H'_{s,允}=\left(H_{s,允}+\frac{p'_0-p_0}{\rho g}-\frac{p'_v-p_v}{\rho g}\right)\frac{1000}{\rho} \tag{2-7}$$

式中，$H'_{s,允}$ 为校正后的允许吸上真空高度，m 液柱；p'_0 为使用地点的大气压，Pa；p'_v 为被输送液体的饱和蒸气压，Pa；ρ 为被输送液体的密度，$\text{kg}\cdot\text{m}^{-3}$。

思考

4. “气蚀”和“气缚”有何区别?

（二）最小气蚀余量

实验发现，当泵入口处的压强 p_1 还没有低到与液体的饱和蒸气压 p_v 相等时，气蚀现象也会发生，这是因为泵入口处并不是泵内压强最低的地方，当液体从泵入口进入叶轮中心时，由于流速大小和方向的改变，压强还会进一步降低。为了防止气蚀现象发生，必须使泵入口处液体的动压头 $u_1^2/2g$ 与静压头 $p_1/\rho g$ 之和大于饱和液体的静压头 $p_v/\rho g$，其差值以 Δh 表示，称为气蚀余量。发生气蚀时的气蚀余量，称最小气蚀余量，以 Δh_{min} 表示，此值由实验测得，使用时加0.3m的安全量，称为允许气蚀余量 $\Delta h_{允}$，即

$$\Delta h_{允}=\Delta h_{min}+0.3 \tag{2-8}$$

$\Delta h_{允}$ 是决定泵安装高度所采用的最低数值，由 $\Delta h_{允}$ 所算得的安装高度即为允许安装高度 $H_{g,允}$，现推导如下

$$\Delta h_{允}=\left(\frac{p_1}{\rho g}+\frac{u_1^2}{2g}\right)-\frac{p_v}{\rho g} \tag{2-9}$$

移项，得

$$\frac{p_1}{\rho g}=\Delta h_{允}+\frac{p_v}{\rho g}-\frac{u_1^2}{2g} \tag{2-10}$$

将此式代入式（2-3），则得泵的允许安装高度 $H_{g,允}$ 为

$$H_{g,允}=\frac{p_0-p_v}{\rho g}-\Delta h_{允}-H_{f,0-1} \tag{2-11}$$

比较式（2-6）与式（2-11），且 $u_1^2/2g$ 值一般很小可以忽略，得

$$\Delta h_{允}=\frac{p_0-p_v}{\rho g}-H_{s,允} \tag{2-12}$$

将清水在20℃时的数值 $(p_0-p_V)/\rho g=10\text{m}$ 代入上式，得

$$\Delta h_{允}=10-H_{s,允} \tag{2-13}$$

思考

5. 为什么调节流量的阀门一般均不装在泵的吸入管路上?

例题 2-2　用离心泵将敞口水槽中 65℃ 热水送往某处，槽内液面恒定，输水量为 $55m^3 \cdot h^{-1}$，吸入管径为 100mm，进口管路能量损失为 2m，泵安装地区大气压为 0.1MPa，已知泵的允许吸上真空高度 $H_{s,允}=5m$，求泵的安装高度。

解：查附录一可知：20℃ 水的饱和蒸气压 $p_v=2.338kPa$；65℃ 水的饱和蒸气压 $p'_v=24.998kPa$，$\rho=980.5kg \cdot m^{-3}$。

已知 $p'_0=0.1MPa$，$H_{s,允}=5m$，代入式（2-7）得

$$H'_{s,允}=\left(5+\frac{0.1\times10^6-98.1\times10^3}{980.5\times9.81}-\frac{24.998\times10^3-2.338\times10^3}{980.5\times9.81}\right)\frac{1000}{980.5}=2.90m$$

将 $u=\frac{4Q}{\pi d^2}=\frac{4\times55}{3600\times\pi\times0.1^2}=1.95m \cdot s^{-1}$ 代入式（2-6）得

$$H_{g,允}=2.90-\frac{1.95^2}{2\times9.81}-2=0.71m$$

为安全起见，泵的实际安装高度应小于 0.71m。

五、离心泵的流量调节及组合操作

（一）管路特性曲线和泵的工作点

应该明确，安装在管路中的离心泵，其输液量即为管路中液体流量，该流量下泵所能提供的扬程恰等于管路中流体所需要的压头。因此，离心泵的实际工作情况由泵的特性和管路的特性共同决定。

如图 2-6 所示，泵的特性曲线方程可表示为 $H=f_1(Q)$。

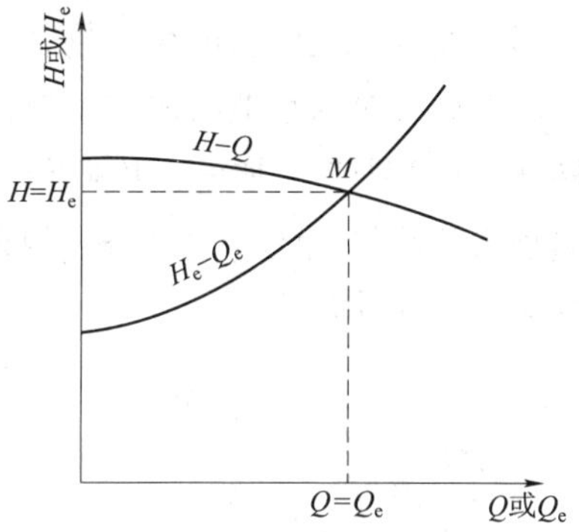

图 2-6　离心泵的工作点

同样，对于一个特定的管路，流量与所需压头之间的关系即为这段管路的特性关系。流体流过管路两点间所需的压头为

$$H_e=(Z_2-Z_1)+\left(\frac{p_2-p_1}{\rho g}\right)+\left(\frac{u_2^2-u_1^2}{2g}\right)+\lambda\left(\frac{l+\sum l_e}{d}\right)\left(\frac{u^2}{2g}\right) \tag{2-14}$$

由于 $(u_2^2-u_1^2)/2g$ 数值很小，可以忽略不计。流速 $u=Q_e/A$，则式（2-14）还可以表示为

$$H_e=(Z_2-Z_1)+\left(\frac{p_2-p_1}{\rho g}\right)+\lambda\left(\frac{l+\sum l_e}{d}\right)\left(\frac{4Q_e^2}{\pi d^2}\right)^2\left(\frac{1}{2g}\right) \tag{2-15}$$

对于一个特定的管路，上式中除 λ 和 Q_e 之外，都是定值。λ 是 Re 的函数，若所输送的液体是已确定的，则 Re 所包括的各量除 u 外，也都是定值。于是 λ 也仅是 Q_e 的函数，从而上式中的最后一项 H_f 可以表示成 Q_e 的函数式，即 $H_f=f_2(Q_e)$。则式（2-15）还可以表示为

$$H_e=\Delta Z+\frac{\Delta p}{\rho g}+f_2(Q_e) \tag{2-16}$$

对于一个特定的管路，式（2-16）中的 ΔZ 和 $\Delta p/\rho g$ 两项固定不变，于是式（2-16）便成为输送所需压头 H_e 随流量 Q_e 而变化的关系式，称为管路特性方程。按此关系式标绘出的曲线称管路特性曲线，如图 2-6 中的曲线 H_e-Q_e。

图 2-6 两条曲线的交点 M 所代表的流量和压头，就是一台特定的泵安装在一条特定的管路上时，它实际上输送的流量和所提供的压头，M 点称为离心泵的工作点。

思考

6. 泵的“工作点”和“设计点”有何区别？

（二）流量调节

在实际工作中，由于生产任务的变化或操作条件的波动，往往需要调节泵的工作点来增大或减小流量，以适应生产的要求。由于泵的工作点是由泵的特性曲线和管路特性曲线所决定。因此，改变二者之一都能达到调节泵的工作点的目的。

改变管路特性曲线的最简单办法，是调节泵出口管路上阀门的开度，如图 2-7 所示，阀门关小，特性曲线变陡，工作点由 M 移至 M_1 点，流量由 Q_M 降至 Q_{M1}；反之流量加大。此种方法不仅增加了管路阻力损失（当阀门关小时），且使泵在低效率点下工作，在经济上并不合理。但阀门调节迅速方便，并可在最大流量与零流量之间自由变动，适于调节幅度不大但需经常改变流量的生产场合，所以被广泛采用。

改变离心泵特性曲线的方法有两种，即改变叶轮的直径（车削叶轮或用小直径的叶轮）或转速 n，如图 2-8 所示。用此种方法调节流量可保持泵在高效率区工作，且没有额外的能量损失，能量利用较为经济。但调节不方便，一般只能在调节幅度大、操作周期长的季节性调节中才使用。

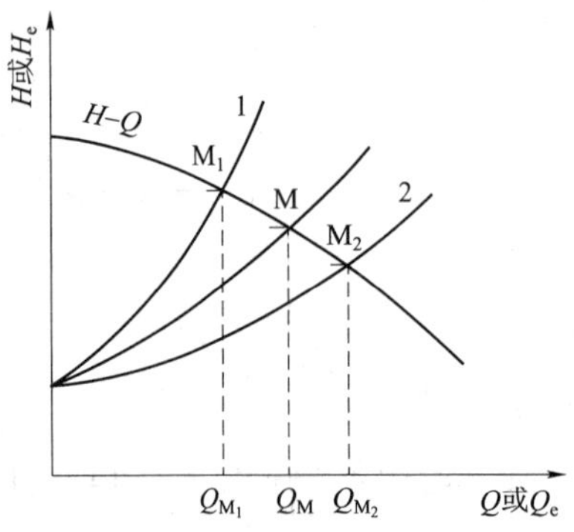

图 2-7　改变阀门开度时流量变化情况

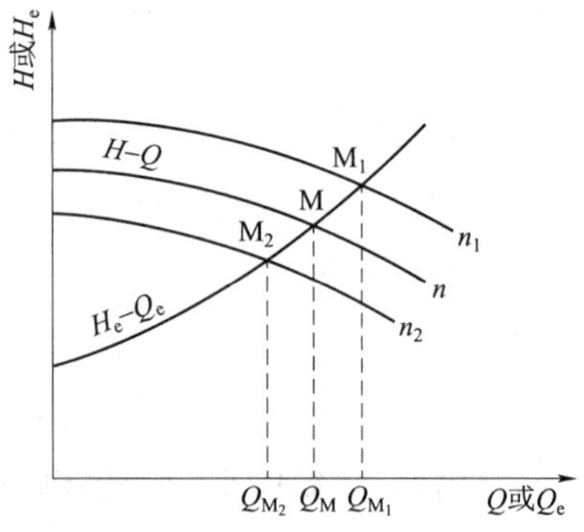

图 2-8　改变泵的转速时流量变化情况

若转速变化不大，可认为对泵效率影响不大，则 Q、H、N 随 η 而改变的关系，如下列各式所示，可用来做粗略估算

$$\frac{Q}{Q'}=\frac{n}{n'} \qquad \frac{H}{H'}=\left(\frac{n}{n'}\right)^2 \qquad \frac{N}{N'}=\left(\frac{n}{n'}\right)^3 \tag{2-17}$$

若叶轮直径的变化不超过 10%（宽度不变）时，则 Q、H、N 随叶轮直径（D）而改变的关系，如下列各式所示

$$\frac{Q}{Q'}=\frac{D}{D'} \qquad \frac{H}{H'}=\left(\frac{D}{D'}\right)^2 \qquad \frac{N}{N'}=\left(\frac{D}{D'}\right)^3 \tag{2-18}$$

（三）离心泵的组合操作

在生产中，如单台离心泵不能满足输送任务的要求，有时可将几台泵进行组合。离心

泵的组合方式有两种：串联和并联。下面以两台特性相同的泵进行讨论。

1. 串联操作 如图2-9所示，两台相同的离心泵串联时，每台泵的流量和压头亦是相同的。因此，在同样的流量下，串联泵的压头为单台泵的两倍。据此，可由单台泵的特性曲线Ⅰ加合成串联泵的特性曲线Ⅱ。则串联泵的流量和压头是由工作点B决定的。由图可知，压头的增加不会是成倍的，因为串联后流量有所增加。

2. 并联操作 如图2-10所示，若两台型号相同的离心泵并联操作，且各自的吸入管路相同，则两台泵的流量和压头必相同，因此，在同样的压头下，并联系统的流量应为单台泵的两倍，据此可由单台泵的特性曲线Ⅰ加合成并联泵的特性曲线Ⅱ。并联泵的流量和压头由合成曲线与管路特性曲线的交点C所决定。由图可知，两台泵并联时的输送量不会是单台泵的两倍，除非管路系统没有阻力。

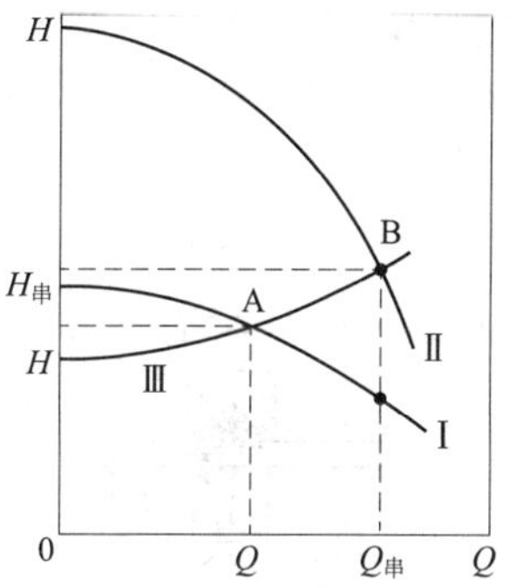

图2-9 离心泵的串联

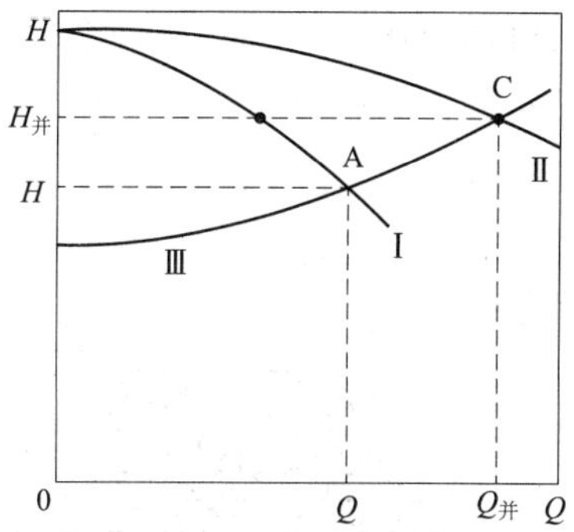

图2-10 离心泵的并联

一般来说，泵的串联是为了提高扬程，并联则是增大流量。但是，使用时必须与管路特性曲线结合起来考虑，进行具体分析从而采取较为合理的组合操作。

六、离心泵的安装和运转

各种泵出厂时都附有说明书，对泵的性能、安装、使用、维护等加以介绍。这里仅从理论上，就安装和操作，提一些应当注意的事项。

为了确保不发生气蚀现象或吸不上液体，泵的安装高度必须小于或等于允许安装高度$H_{g,允}$，同时应尽量降低吸入管路的阻力。为了减少吸入管路的阻力损失，管路应尽可能短而直，管子直径不得小于吸入口的直径。

泵启动时应将出口阀完全关阀，待电机运转正常后，再逐渐打开出口阀，并调节到所需要的流量。为了保护设备，停车前应首先关闭出口阀，再停电机。否则，压出管线的高压液体会冲入泵内，造成叶轮高速反转，以致损坏。若停泵时间长，应将泵和管路内的液体放尽，以免锈蚀和冬季冻结。

运转时还应注意泵有无噪声，观察压力表是否正常，并定期检查是否泄漏及轴承是否过热等情况。

七、离心泵的类型

离心泵的种类很多，按所输送介质的性质不同，可分为清水泵、耐腐蚀泵、油泵、杂质泵、屏蔽泵、磁力泵等；按叶轮的吸液方式不同，可分为单吸泵和双吸泵；按叶轮的数目不同，可分为单级和多级泵。现介绍几种常用的泵型。

（一）清水泵

清水泵是药厂中应用最广的离心泵。常用来输送清水及物理化学性质类似清水的其他液体。最常用的是单级单吸清水泵，如图 2-11 所示。其中 IS 系列扬程范围为 8～98m，流量范围为 4.5～360m^3·h^{-1}，转速 2900r·min^{-1}和 1450r·min^{-1}，液体最高温度不得超过 80℃。如果要求的压头较高，则可采用多级泵，如图 2-12 所示，其系列代号为“D”。如果要求的流量很大，则可用双吸泵，如图 2-13 所示，其系列代号为“Sh”。

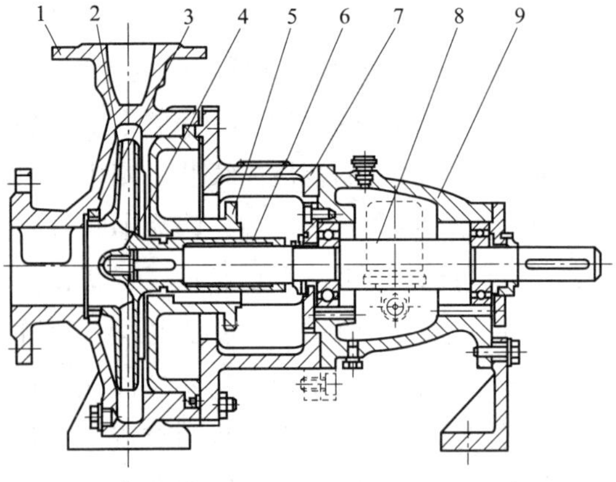

图 2-11　清水泵结构示意图

1. 泵壳；2. 叶轮；3. 密封环；4. 叶轮螺母；5. 泵盖；6. 密封部件；7. 中间支撑；8. 轴；9. 悬架部件

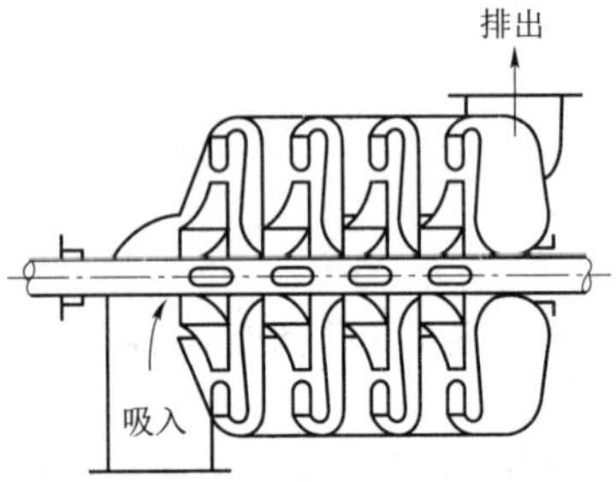

图 2-12　多级泵

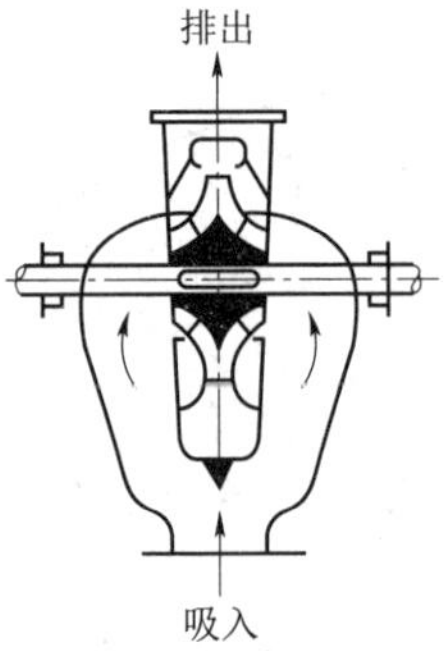

图 2-13　双吸泵

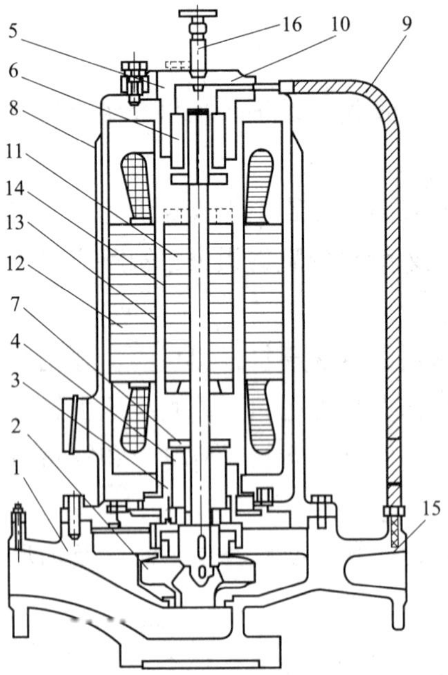

图 2-14　屏蔽泵

1. 泵体；2. 叶轮；3. 平衡端盖；4. 下轴承座；5. 石墨轴承；6. 轴套；7. 推力盘；8. 机座；9. 循环管；10. 上轴承座；11. 转子组件；12. 定子组件；13. 定子屏蔽套；14. 转子屏蔽套；15. 过滤网；16. 排出水阀

例如：IS80-65-160

其中，IS——单级单吸离心水泵；

80——泵的吸入口直径，mm；

65——泵的排出口直径，mm；

160——泵的叶轮直径，mm。

（二）油泵

用于输送具有易燃易爆的石油产品，泵需要密封良好，当油温>200℃时，轴承、轴封还应装有冷却水夹套。系列代号：单吸为 Y，双吸为 YS。

例如：100Y-120×2

其中，100——泵的吸入口直径，mm；

Y——单吸离心油泵；

120——泵的单级扬程，m；

2——泵的叶轮级数。

（三）屏蔽泵

图 2-14 所示的屏蔽泵是一种无密封泵，叶

轮和驱动电机联为一个整体并被密封在同一个泵壳内，无传统离心泵的轴封装置，具有完全无泄漏的特点。可用来输送对人体及环境有害的，不安全的液体和贵重液体等，如强腐蚀性，剧毒性，挥发性，放射性等介质。

（四）磁力泵

图 2-15 所示的磁力泵的泵体全封闭，泵与电机的联结采用磁钢互吸驱动。是一种新型完全无泄漏耐腐蚀泵，是输送易燃、易爆、挥发、有毒、稀有贵重液体和各种腐蚀性液体的理想设备。新型磁力泵适用于输送不含硬颗粒和纤维的液体。

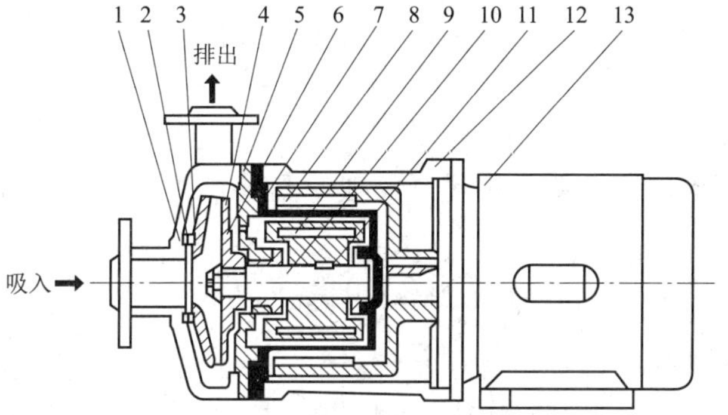

图 2-15　磁力泵

1. 泵壳；2. 静环；3. 动环；4. 叶轮；5. 密封圈；6. 隔板；7. 隔离套；8. 外磁钢总成；9. 内磁钢总成；10. 泵轴；11. 轴套；12. 联接架；13. 电机

第三节　其他类型泵

一、正位移泵

（一）往复泵

1. 作用原理　图 2-16 为往复泵的结构简图。它主要由泵缸、活塞、活塞杆、吸入阀和排出阀五部分构成。活塞杆借曲柄连杆机构与电动机相连，使活塞作往复运动。当活塞由左侧向右侧移动时，泵体内由于体积扩大，压强减小，排出阀受压而关闭，吸入阀则因受压而打开，液体被吸入泵内。当活塞向左移动时，泵内液体由于受到活塞的挤压而压强增高，吸入阀受压而关闭，排出阀则被顶开，液体被排出泵外。如此，由于活塞不断地往复运动，液体便间断地吸入和排出。可见，往复泵是通过活塞将外功以静压能的形式直接传给液体，这和离心泵的工作原理完全不同。往复泵内的低压是靠工作室的扩张来造成的，所以在泵启动前无需先向泵内灌满液体，即往复泵有自吸作用。按照作用的方式可将往复泵分为单动、双动和三动往复泵。上述即为单动往复泵，其活塞往复运动一次，只吸液一次和排液一次；而双动往复泵（图 2-17），活塞两侧都在工

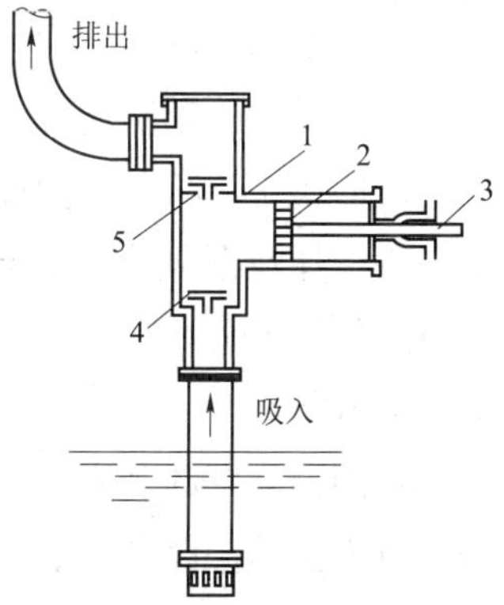

图 2-16　往复泵结构

1. 泵缸；2. 活塞；3. 活塞杆；4. 吸入阀；5. 排出阀

作，往复运动一次，吸液二次、排液二次。

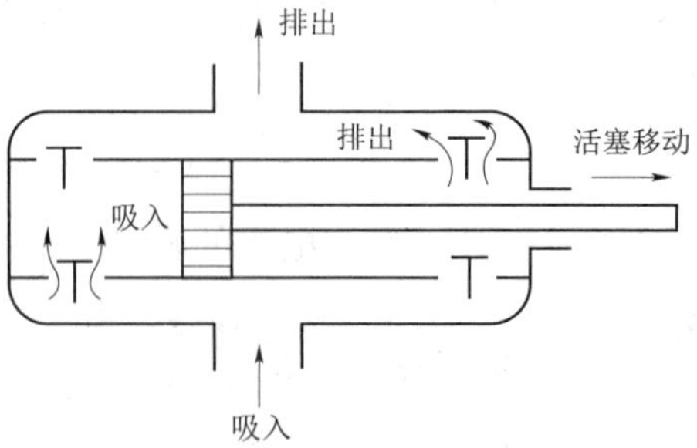

图 2-17　双动泵示意图

2. 往复泵的性能

（1）流量及其不均匀性　单动往复泵的理论流量 Q 等于单位时间内活塞所扫过的体积，即

$$Q=60\times A\times l\times n \quad \mathrm{m^3\cdot h^{-1}} \tag{2-19}$$

对于双动往复泵则为

$$Q=60(2A-A_f)\times l\times n \quad \mathrm{m^3\cdot h^{-1}} \tag{2-20}$$

式中，A 为活塞的截面积，$\mathrm{m^2}$；A_f 为活塞杆的截面积，$\mathrm{m^2}$；l 为冲程（活塞运动的距离），m；n 为活塞的往复次数，次/分。

实际上，由于填料函、活塞、活门等处密封不严，吸入活门和排出活门启闭不及时等，往复泵的实际流量总是小于理论值，约为理论值的 85%～90%。输送黏稠性液体时，其值还要小 5%～10%。

在往复泵中，液体的输送完全是靠活塞的往复运动来完成的。因此，其流量的均匀程度仅取决于活塞的运动，它的瞬时流量应等于活塞面积与活塞瞬时速度之乘积。而活塞在每个行程中都作变速运动，由始点至中点作加速运动，速度由零增至最大；由中点至终点为减速运动，速度由最大减至零。流量不均匀是往复泵的严重缺点，使往复泵不仅不能用于某些流量均匀性要求高的场合，而且还会使整个管路内的液体处于变速运动状态，增加了能量损失。

（2）扬程及其正位移特性　往复泵是靠活塞将静压能给予液体的，其扬程与流量无关，只要泵的机械强度和原动机功率足够，外界要求多高的压头，往复泵就能提供多大的压头。由上述可知往复泵的输液能力只决定于活塞的位移，与管路情况无关，是一个常数；而其提供的压头则只决定于管路情况。这种特性称为正位移特性，具有这种特性的泵称为正位移泵，往复泵即属正位移泵。因此，往复泵的特性曲线是一垂直线，如图 2-18 所示。实际上，由于压头增加泄漏量增大，流量略有降低，使得实际特性曲线比理论的略向左偏斜，如图 2-18 中的虚线所示。

（3）旁路调节流量　由于往复泵具有正位移特性，如果用控制出口阀的开启程度来调节流量，有可能因为阀的开启过小或完全关闭，泵内压强急剧增大而造成事故。因此，经常使用的调节方法是旁路调节，如图 2-19 所示，让一部分排出液从旁路流回到吸入管路内。这种方法操作简单，但会造成额外的能量损失，使效率下降，适用于变化幅度小、经常性的调节。

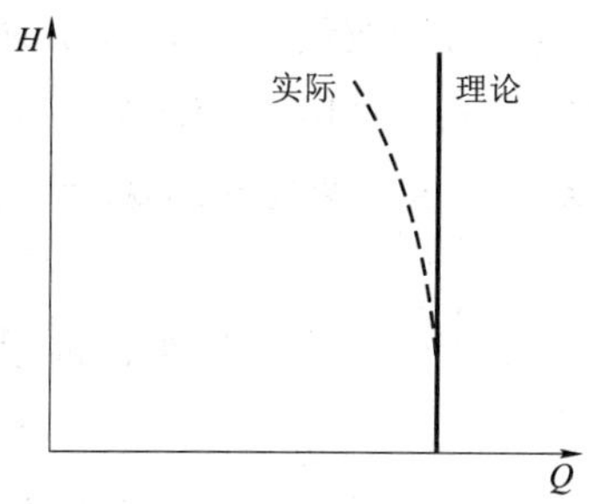

图 2-18　往复泵流量与扬程的关系

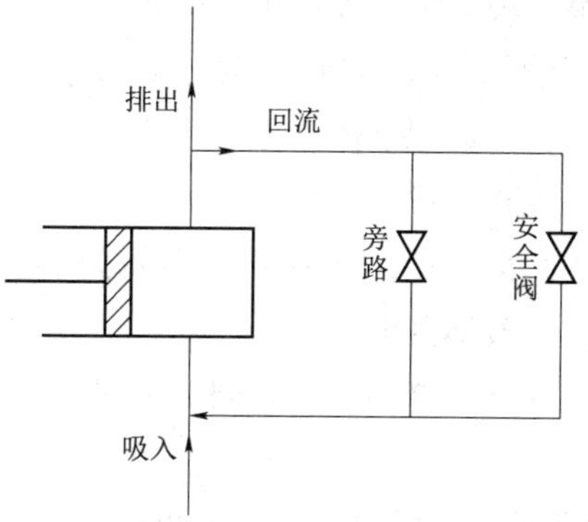

图 2-19　往复泵旁路调节流量示意图

思考

7. 比较往复泵和离心泵，各有何特点？

（二）计量泵

计量泵是往复泵的一种，它是利用往复泵流量固定的特点而发展起来的。如图 2-20 所示，它用电动机带动偏心轮从而实现柱塞的往复运动。通过调整偏心轮的偏心度，使柱塞的冲程发生变化，而实现流量调节。计量泵适用于要求十分精确的输送液体至某设备的场合。

（三）隔膜泵

隔膜泵也是往复泵的一种，如图 2-21 所示，它用弹性薄膜（耐腐蚀橡胶或弹性金属片）将被输送液体和活柱分隔成两部分。活柱的往复运动通过介质的传递，迫使隔膜亦作往复运动，从而实现被输送液体的吸入和排出。在工业生产中，隔膜泵主要用于输送腐蚀性液体、带固体颗粒的液体、高黏度、易挥发、剧毒的液体。

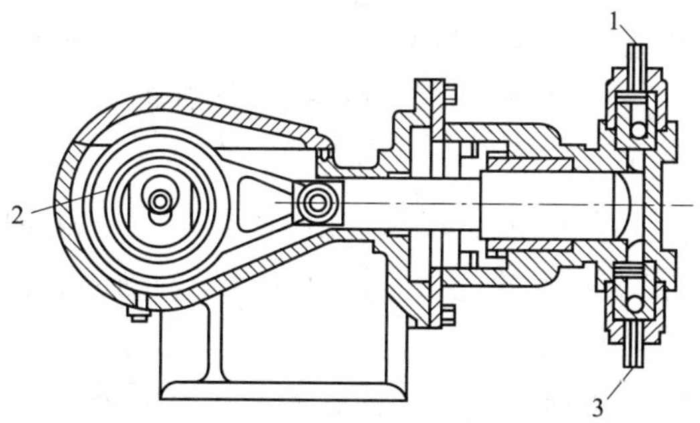

图 2-20　计量泵

1. 排出口；2. 可调整的偏心轮装置；3. 吸入口

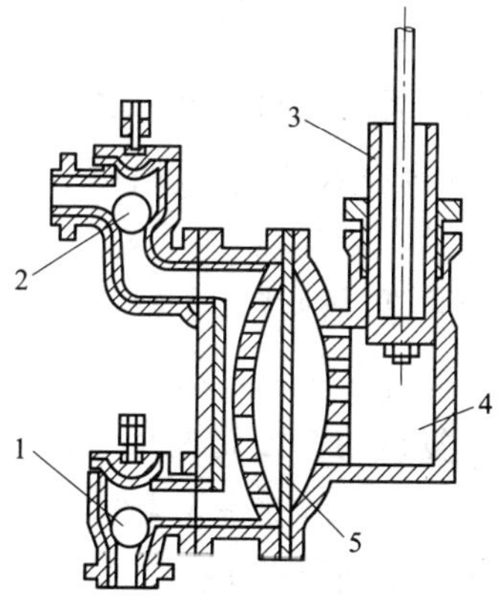

图 2-21　隔膜泵

1. 吸入活门；2. 压出活门；3. 活柱；4. 水（或油）缸；5. 隔膜

（四）旋转泵

旋转泵亦为正位移泵，靠泵内的一个或一个以上转子的旋转来吸入或排出液体，因而又称转子泵。现介绍两种常用的旋转泵。

1. 齿轮泵　图 2-22 所示为一台常用的齿轮泵，其主要由泵壳和一对互相啮合的齿轮所组成。两个齿轮把泵体内分成吸入和排出两个空间。当齿轮按箭头方向转动时，吸入腔由于两轮的齿互相拨开，空间增大，形成低压而将液体吸入。被吸入的液体，在齿缝中因齿轮的旋转而被带动，分两路进入到排出腔。在排出腔内，由于两齿轮的啮合，空间缩小，形成高压而将液体压出。

齿轮泵因其齿缝的空间有限，流量较小。但是它可以产生较大的压头，常用来输送黏稠液体以至膏状物料，但不适于输送含有固体颗粒的悬浮液。

2. 螺杆泵　该泵主要由泵壳和一根或多根螺杆所组成。图 2-23a 为一单螺杆泵，螺杆在有内螺旋的壳内作偏心旋转，沿轴向推进液体，并将其挤压至排出口。图 2-23b 为一双螺杆泵，它依靠在螺杆间相互啮合的容积变化来输送液体。此外，还有三螺杆泵和五螺杆泵。

螺杆泵具有扬程高、效率高、无噪声、流量均匀等优点，适于高压下输送高黏度的液体。

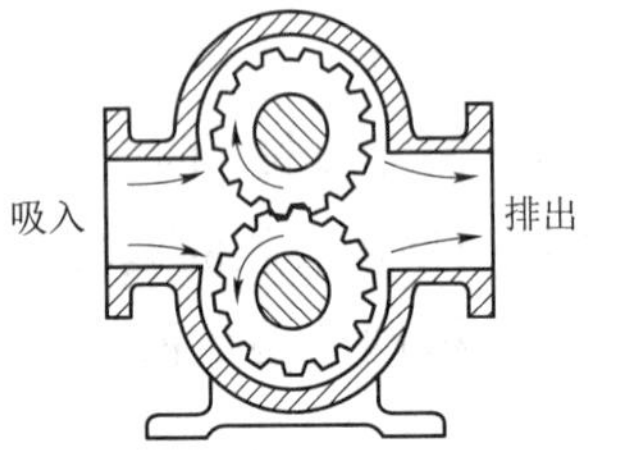

图 2-22　齿轮泵

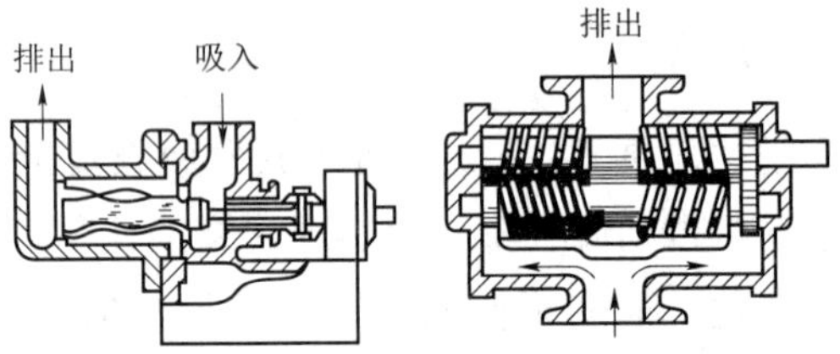

a. 单螺杆泵　　b. 双螺杆泵

图 2-23　螺杆泵

二、旋涡泵

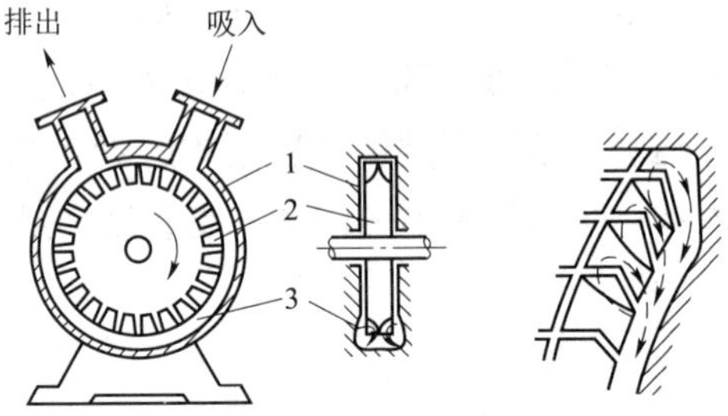

a. 内部示意图　　b. 流体运动情况

图 2-24　旋涡泵

1. 泵壳；2. 叶轮；3. 通道

旋涡泵的外形和构造如图 2-24 所示，由叶轮及与叶轮呈同心圆的泵壳所组成。在叶轮上有铣成或铸成的叶片，其与壳壁的间隙很小。在泵的吸入口和压出口之间有一隔板，它与叶轮的间隙更小，以使吸入腔和压出腔分开。

旋涡泵是一种特殊类型的离心泵，作用原理与多级离心泵相似，是基于离心力的作用。当叶轮转动时，液体质点在叶片和环形流道间进行反复运动，因而被叶片拍击多次，获得较多的能量。但是，由于剧烈的旋涡运动，能量损失较大，故效率相当低，一般为 20%～50%。

液体在旋涡泵中所获得的能量，与液体在流动过程中进入叶轮的次数有关。当流量减小时，液体流入叶轮的次数增多，泵的压头必然增大；流量增大，则情况相反。故旋涡泵开启时，应把出口阀打开，以避免电动机启动时功率过大而烧毁。调节流量时，也应该采用旁路调节的办法。旋涡泵启动前也要充满液体。

旋涡泵的流量小，扬程高，泵壳不是涡壳形，结构简单，加工容易，体积小。宜于输送流量小、压头较高的清液。

思考

8. 旋涡泵与离心泵的特性曲线有何区别？

三、流体作用泵

流体作用泵是利用一种流体的作用，产生压力或造成真空，从而达到输送液体的目的。图 2-25 为这类泵中一种常见的型式，俗称酸蛋。它是一密闭圆筒，一般所输送的液体都是从高处依靠重力流入筒中，然后利用蒸汽或惰性气体（最常用的为压缩空气），在气体压力的作用下将液体送往使用地点。

通常，这种装置用来输送如酸、碱类强腐蚀性液体或有使人中毒危险性的液化气体。其效率不高，一般仅为 15%～20%。

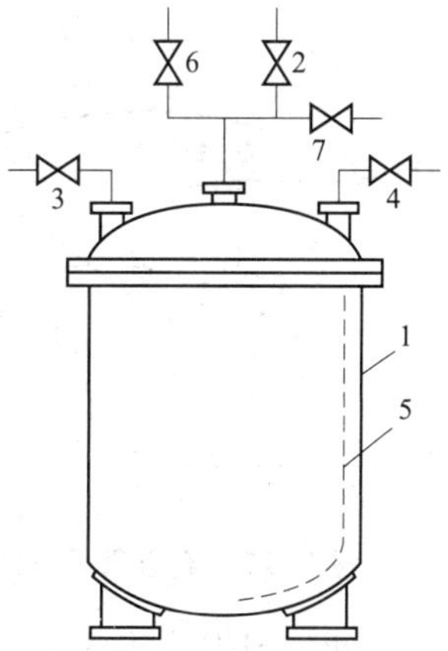

图 2-25　酸蛋

1. 壳体；2. 真空旋塞；
3，4，6，7. 旋塞；5. 压出管路

第四节　气体输送与压缩机械

气体输送与压缩机械在制药工业生产中应用十分广泛，除按结构和工作原理分为离心式、往复式、旋转式及流体作用式四类外，往往按其终压（出口压力）或压缩比（气体出口压力与进口压力的比值）来分类。

（1）通风机　终压不大于 14.71×10^3Pa（表压），压缩比为 1～1.15。

（2）鼓风机　终压为 14.71×10^3～29.42×10^4Pa（表压），压缩比小于 4。

（3）压缩机　终压在 29.42×10^4Pa（表压）以上，压缩比大于 4。

（4）真空泵　终压常为大气压，压缩比由真空度决定。

一、通风机

工业生产中常用的通风机有离心式和轴流式两类，在这里只介绍离心通风机。

1. 离心通风机的分类　离心通风机的结构和工作原理与离心泵相似。它的机壳亦为蜗壳形，但机壳断面有方形和圆形两种，一般低压通风机多为方形，高压的多为圆形。图 2-26 为一台低压离心通风机。

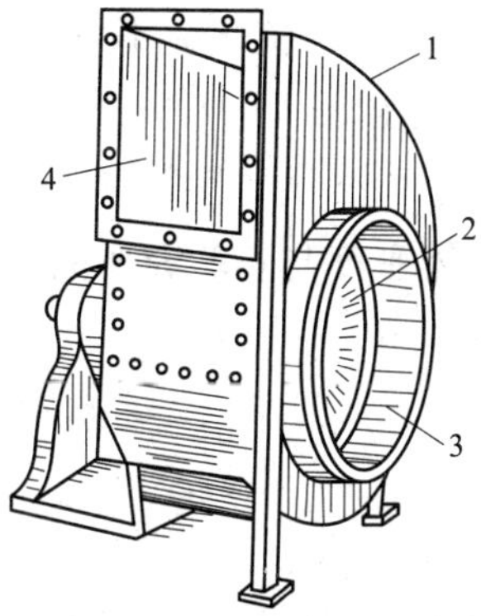

图 2-26　离心通风机

1. 机壳；2. 叶轮；
3. 吸入口；4. 排出口

为适应大流量、高压头的要求，离心通风机的叶片通常都是大直径的，有前弯、径向和后弯的。

根据所产生的风压大小，离心通风机分为以下几种。

（1）低压离心通风机　出口风压小于 0.9807kPa（表压）。

（2）中压离心通风机　出口风压为 0.9807～2.942kPa（表压）。

（3）高压离心通风机　出口风压为2.942～14.7kPa（表压）。

药厂常用的离心通风机有4-72型、8-18型和9-27型。前一种型式属于中、低压通风机，可用于通风和气体输送；后两种型式属于高压通风机，主要用于气体输送。

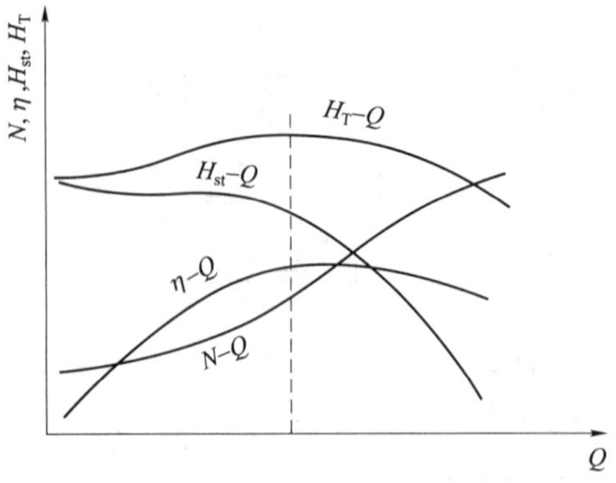

图2-27　离心通风机性能曲线

2. 离心通风机的性能　离心通风机的特性，包括风量、风压、轴功率和效率等。与离心泵相似，其中风压、轴功率、效率亦与风量呈一定关系，并可标绘成曲线，称离心通风机的特性曲线，共五条，示于图2-27中。现将各性能参数介绍如下。

（1）风量（Q）　是指单位时间流过进风口的气体体积量，单位为$m^3 \cdot h^{-1}$或$m^3 \cdot s^{-1}$。

（2）全风压（H_T）和静风压（H_{st}）　风压是指风机所能提供的压头。对于通风机，为了使用方便，习惯上将压头表示成单位体积的气体所获得的能量，单位为Pa。

若以$1m^3$气体为基准，在通风机进、出口（分别以下标1、2表示）间列伯努利方程，得其所能提供的风压（忽略内部阻力损失）为

$$H_T=\left[(Z_2-Z_1)+\frac{p_2-p_1}{\rho g}+\frac{u_2^2-u_1^2}{2g}\right]\rho g \tag{2-21}$$

或

$$H_T=(Z_2-Z_1)\rho g+(p_2-p_1)+\frac{\rho(u_2^2-u_1^2)}{2} \tag{2-22}$$

因为$Z_2 \approx Z_1$，所以$(Z_2-Z_1)\rho g$项可以忽略。又当空气直接由大气进入风机时，$u_1=0$。所以上式成为

$$H_T=(p_2-p_1)+\frac{\rho u_2^2}{2} \tag{2-23}$$

令

$$H_{st}=p_2-p_1、H_k=\rho u_2^2/2$$

则

$$H_T=H_{st}+H_k \tag{2-24}$$

由此可以看出通风机的风压由H_{st}和H_k两部分组成。其中H_{st}表示单位体积气体在通风机出口处与入口处静压能或静压之差，称为静风压；H_k表示单位体积气体在通风机出口处与入口处动压能之差，称为动风压。对于离心通风机出口风速很大，动压能之差不可忽略。静风压H_{st}与动风压H_k二者之和称为全风压H_T，如无说明均指全风压。

离心通风机的风压与所输送的气体密度有关，而通风机样本中所提供的性能参数是用压强为101.33kPa、温度为20℃的空气实验测得的。若输送的气体密度与实验介质的密度相差较大，则应进行如下换算

$$Q'=Q \tag{2-25}$$

$$H'_T=\frac{\rho'}{\rho}H_T \tag{2-26}$$

式中，Q，H_T为在性能曲线上查得的流量、全风压（此时$\rho=1.2kg \cdot m^{-3}$）；Q'，H'_T为输送密度为ρ'的气体时风机所提供的流量、全风压。

（3）轴功率（N）和效率（η）　通常用全风压H_T及全风压效率η计算轴功率N，即

$$N=\frac{H_T Q}{\eta} \tag{2-27}$$

思考

9. 通风机包括哪些性能参数？特性曲线有何特点？

例题 2-3　用风机将 20℃、流量为 38000kg · h^{-1}的空气送入加热器加热到 100℃，然后送入常压设备内，输送系统所需全风压为 1200Pa（以 60℃，常压计），选择一台合适的风机。若将已选的风机置于加热器之后，核算是否仍能完成输送任务。

解：（1）因输送的气体为空气，故选用一般通风机 T4-72 型。

风机进口为常压，20℃，空气密度为 1.2kg · m^{-3}，故风量

$$Q=\frac{38000}{1.2}=31670m^3 \cdot h^{-1}$$

60℃，常压下空气密度 $\rho'=1.06$kg · m^{-3}，由式（2-26）得实验条件下风压为

$$H_T'=\frac{\rho'}{\rho}H_T=\frac{1200\times1.2}{1.06}=1359Pa。$$

按 $Q=31670m^3 \cdot h^{-1}$，$H_T=1359Pa$。

由附录七查得 4-72-11No. 10C 型离心通风机可满足要求；其性能为

$$n=1000r \cdot min^{-1},\ Q=31670m^3 \cdot h^{-1},\ H_T=1359Pa,\ N=16.5kW$$

核算轴功率，由式（2-27），代入各数据并整理得

$$N'=\frac{N\rho'}{\rho}=\frac{16.5\times1.06}{1.2}=14.6kW \qquad N'=\frac{\rho'}{\rho}N=\frac{1.06}{1.2}\times16.5=14.6kW$$

故满足要求。

（2）风机置于加热器后，100℃，常压时 $\rho'=0.946$kg · m^{-3}，故风量为

$$Q=\frac{38000}{0.946}=40170m^3 \cdot h^{-1}$$

风压为
$$H_T=\frac{H_T'\rho}{\rho'}=\frac{1200\times1.2}{0.946}=1522Pa>1422Pa$$

可见原风机在同样转速下已不能满足要求。

二、鼓风机

制药厂中常用的鼓风机有旋转式和离心式两类。

（一）罗茨鼓风机

旋转式鼓风机的类型很多，罗茨鼓风机是其中应用最广的一种。其结构如图 2-28 所示，工作原理与齿轮泵相似，主要部件是转子和机壳。转子与机壳、转子与转子之间的缝隙很小，当转子做旋转运动时，可将机壳与转子之间的气体强行排出，两转子的旋转方向相反，可将气体从一侧吸入，从另一侧排出。如改变转子的旋转方向，可使吸入口与排出口互换。

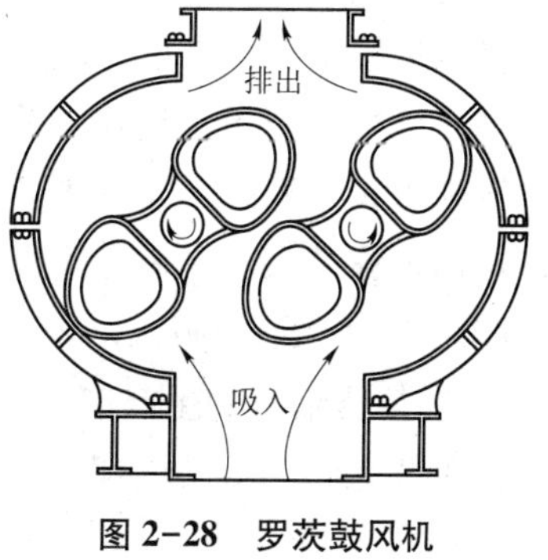

图 2-28　罗茨鼓风机

罗茨鼓风机的风量与转速成正比，而与出口压强无关，属正位移型容积式鼓风机。因此，可直接按生产需要的风量和风压选用。其风量范围为 2~500m^3 · min^{-1}，出口压强不超过 81.06kPa（表压）。出口压强太高，泄漏量增加，效率降低。在 40.53kPa（表压）左右，效率最高。

罗茨鼓风机的进口应安装除尘、除污装置，出口应安装稳压罐和安全阀，流量用旁路阀调节，出口阀不可完全关闭。罗茨鼓风机工作时，温度不能超过 85℃，否则容易因转子受热膨胀发生卡住现象。

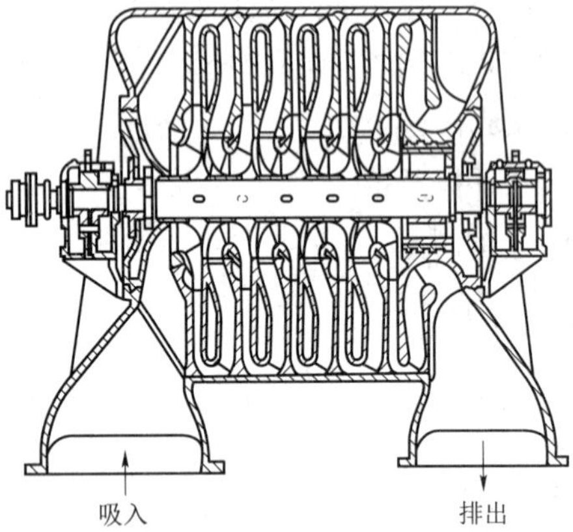

图 2-29　五级离心鼓风机

（二）离心鼓风机

离心鼓风机又称透平鼓风机，其工作原理与离心通风机相同。但由于单级离心通风机不可能产生很高的风压，一般不超过 50.67kPa（表压），故压头较高的离心鼓风机都是多级的，其结构如图 2-29 所示。与多级离心泵相似。

离心鼓风机的出口压强一般不超过 303.99kPa（表压）。因此压缩比不大，不需要冷却装置，且因级数不多，各级叶轮大小基本相同。

三、压缩机

压缩机是对气体进行加压的设备，它分为往复式和离心式两大类。

（一）往复式压缩机

1. 往复式压缩机的结构和工作原理　往复式压缩机的基本结构和工作原理与往复泵相似。它的主要部件是气缸、活塞、吸气阀和排气阀。图 2-30 为单动往复压缩机的示意图。因为气体的密度小、可压缩，故压缩机的吸气阀和排气阀必须更加灵巧精密；为移除压缩、摩擦放出的热量以降低气体的温度，其必须附设冷却装置；此外往复压缩机的活塞与气缸的接触更加紧密。

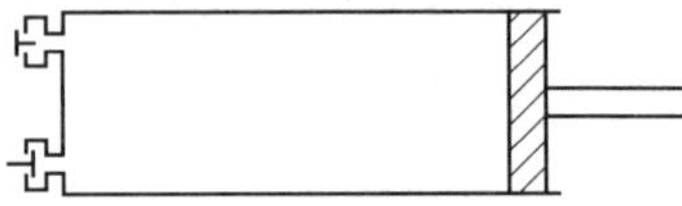
图 2-30　单动往复压缩机示意图

图 2-31 为单动往复压缩机的工作过程。当活塞运动至气缸的最左端（图 2-31a），压出行程结束。但因为机械结构上的原因，虽然活塞已达最左端，但气缸左侧还有些容积，此称为余隙容积。由于余隙的存在，吸入行程开始阶段为余隙内压强为 p_2 的高压气体膨胀过程，直至气压降至吸入气压 p_1（图 2-31b）吸入阀才开启，压强为 p_1 的气体被吸入缸内。整个吸气过程中，压强 p_1 基本保持不变，直至活塞移至最右端（图 2-31c），吸入行程结束。当压缩行程开始，吸入阀关闭，但排出阀并不立即开启，缸内气体被压缩。当缸内气体的压强增大至稍高于 p_2（图 2-31d），排出阀开启，气体从缸体排出，直至活塞移至最左端，排出过程结束。在排出过程中，压强 p_2 基本上保持不变。往复压缩机的一个工作循环是由膨胀（AB 线）、吸入（BC 线）、压缩（CD 线）和排出（DA 线）四个阶段组成。

2. 往复压缩机的生产能力　往复式压缩机的生产能力是指压缩机的排气量，以符号 V 表示，单位为 m^3 · s^{-1}或 m^3 · min^{-1}。其理论值等于在单位时间内活塞所扫过的容积，这与往复泵相同。

但是，由于余隙内高压气体的膨胀，占据了一部分气缸容积；加之吸入气体进入气缸后，受缸壁的加热而膨胀，减少了吸气量；以及气体通过填料函、阀、活塞等处的泄漏等，实际的送气量 $V_{实}$ 总比理论上的送气量 $V_{理}$ 小，即

$$V_{实}=\lambda V_{理} \tag{2-28}$$

式中的 λ 称为送气系数，由实验测出或取自经验数据。一般压缩机当 $p_2<709.31\text{kPa}$（表压）时，λ 为 0.86~0.92；小型压缩机 λ 为 0.7 左右。

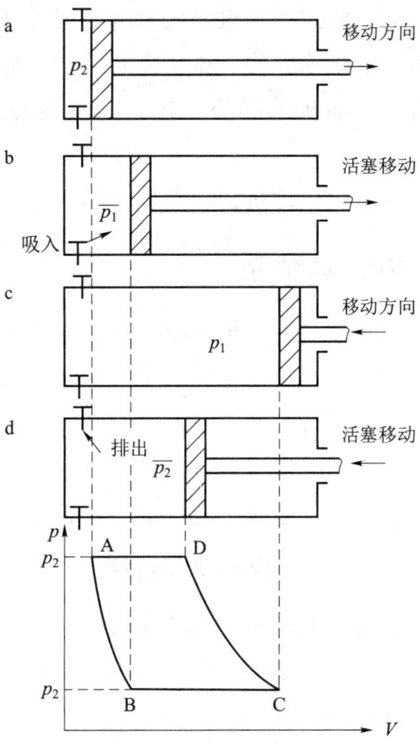

图 2-31　单动往复压缩机工作原理

3. 往复式压缩机的分类　往复式压缩机的型式很多，根据不同的特点，有如下分类方法。

（1）按所压缩气体的种类分为空气压缩机、氧压缩机、氢压缩机、氮气压缩机、氨压缩机和石油气压缩机等。

（2）按吸气和排气方式，分为单动和双动压缩机。

（3）按气体受压缩的次数，分为单级、双级和多级压缩机。

（4）按生产能力的大小，分为小型（$10\text{m}^3\cdot\text{min}^{-1}$ 以下）、中型（$10\sim30\text{m}^3\cdot\text{min}^{-1}$）、大型（$30\text{m}^3\cdot\text{min}^{-1}$ 以上）压缩机。

（5）按出口压强的高低，分为低压（1013.3kPa 以下）、中压（1013.3~10133kPa）、高压（10133~101330kPa）和超高压（101330kPa 以上）压缩机。

（6）按气缸在空间的位置分为卧式、立式和角式（又分为 L 型、V 型和 W 型）压缩机。

（7）按气缸的排列方式分单列（气缸在同一中心线上）、双列及对称平衡式（几列气缸对称分布于电机飞轮的两侧）压缩机。

生产上选用压缩机时，首先根据压缩气体的性质，确定压缩机的种类；然后，据厂房的具体条件选定压缩机的结构型式；最后根据生产能力和排气压强，从产品样本中选定合适的型号。但应注意，压缩机样本中所列的排气量是在 20℃、101.33kPa 状态下的气体体积量。

与往复泵一样，往复式压缩机的排气量也是脉动的，为使管路内流量稳定，压缩机出口应连接贮气罐，其兼起沉降器的作用，气体中夹带的油沫和水沫在此沉降，定期排放。为安全起见，贮气罐要安装压力表和安全阀。压缩机的吸入口需装过滤器，以免吸入灰尘杂物，造成机件的磨损。

（二）离心式压缩机

离心式压缩机又称透平压缩机，其作用原理与离心鼓风机完全相同。离心式压缩机之所以能产生高压强（一般为 405.32~1013.3kPa），除级数较多（通常为 10 级以上）外，更主要的是采用了高转速（$3500\sim8500\text{r}\cdot\text{min}^{-1}$）。由于压缩比高、气体体积变化大，温度升高很大，透平压缩机都分成几段，每段有若干级，各段间设置中间冷却器。因气体体积逐级缩小，故叶轮直径逐级缩小，叶轮宽度也逐级略有缩小。

与往复式压缩机相比，离心式压缩机具有体积小、重量轻、运转平稳、操作可靠、调节容易、维修方便、流量大而均匀、压缩气体可不受油污染等优点。因此，近年来有取代往复式压缩机的趋势。在我国，离心式压缩机在25333～30399kPa的范围内使用已获得成功。

离心式压缩机的缺点是，制造精度要求高，当流量偏离额定值时效率较低。

四、真空泵

在化工、制药生产中，有许多单元操作是在低于大气压的情况下进行。真空泵就是在负压下吸气，一般在大气压下排气的气体输送机械，用来维持系统所要求的真空状态。

真空泵分干式和湿式两大类。干式真空泵只能从容器中抽出干燥的气体，湿式真空泵在抽吸气体时允许带有较多的液体。

此外，从结构上真空泵又分为往复式、旋转式和喷射式等。

（一）真空泵的主要性能

真空泵的最主要特性是极限真空和抽气速率。

（1）极限真空（残余压强） 是指真空泵可以达到的最低压强。习惯上以绝对压强表示，单位为Pa。

（2）抽气速率 是指在吸入口的温度和残余压强下，单位时间内真空泵吸入口吸进的气体体积，常以$m^3 \cdot h^{-1}$表示。

（二）常用真空泵

1. 往复真空泵 往复真空泵的结构和原理与往复式压缩机基本相同。但是，真空泵的压缩比很高（例如，对于95%的真空度，压缩比约为20），所抽吸气体的密度更小，故真空泵的余隙容积必须更小。排出和吸入阀门必须更加轻巧灵活。为减小余隙的影响，真空泵设有连通活塞两端的平衡气道，在排出行程终了时，平衡气道接通一个短暂时间，使余隙中的残留气体由活塞的一侧流至另一侧，以提高实际的生产能力。

我国生产的往复真空泵为“W”系列，属干式真空泵。抽气速率为60～770$m^3 \cdot h^{-1}$，残余压强可达1.33kPa或更低些。

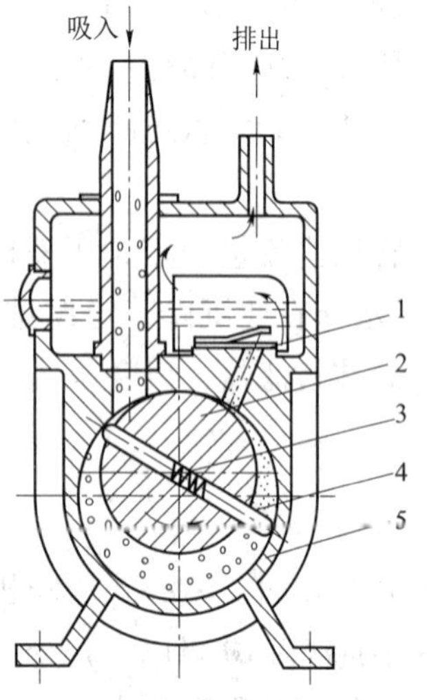

图2-32 回转叶片式真空泵

1. 排气阀；2. 转子；3. 弹簧；4. 活板；5. 泵体

2. 旋片真空泵 图2-32为一旋片真空泵。在转子2（偏心）上装有两片活板4（旋片），活板在弹簧3的压力和自身离心力的作用下紧贴泵体5的内壁，将泵室分成吸入腔和排出腔。当转子旋转时，吸气室不断扩大，排气室不断缩小，使气体不断经吸入口吸入，经排气阀1排出。转子每旋转一周，有两次吸气、排气过程。

旋片真空泵为旋转式真空泵的一种，属干式真空泵。其主要部分浸于真空油中，以密封各部件间隙，充填有害的余隙和得到润滑。但抽气速率较小，为0.72～252$m^3 \cdot h^{-1}$，一般应用于实验室或小型设备。

3. 水环真空泵 水环真空泵的外壳呈圆形，其中有一叶轮偏心安装，如图2-33所示。工作时，泵内注入一定量的水，当叶轮旋转时，由于离心力的作用，将水甩至壳壁形成水环。此水环具有密封作用，使叶片间的空隙形成许多大小不同的密封室。由于叶轮的旋转运动，密封室由小变大形成真空，将气体从吸入口吸入。继而密封室由大变小，气体由压出口排出。

该泵在吸气过程中允许夹带少量液体，属湿式、旋转真空泵，真空度一般可达 83.4kPa 左右。其可作为鼓风机用，所产生的风压不超过 98.07kPa（表压）。国产水环真空泵的系列代号为“SZ”。

4. 液环真空泵　液环泵又称纳氏泵，结构如图 2-34。液环泵外壳呈椭圆形，其中装有叶轮，叶轮带有很多爪形叶片。当叶轮旋转时，液体在离心力作用下被甩向四周，沿壁成一椭圆形液环。壳内充液量应使液环在椭圆短轴处充满泵壳和叶轮的间隙，而在长轴方向上形成月牙形的工作腔。和水环泵一样，工作腔也是由一些大小不同的密封室组成的。但是，水环泵的工作腔只有一个，是由叶轮的偏心所造成，而液环泵的工作腔有两个，是由泵壳的椭圆形状所形成。由于叶轮的旋转运动，每个工作腔的密封室逐渐由小变大，从吸入口吸进气体。然后，由大变小，将气体强行排出。液环泵共有两个吸入口和两个排出口。

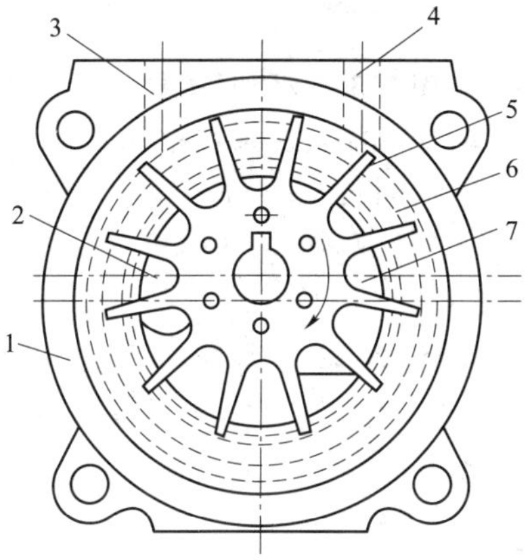

图 2-33　水环真空泵

1. 泵壳；2. 排气孔；3. 排气口；4. 吸气口；5. 叶轮；6. 水环；7. 吸气孔

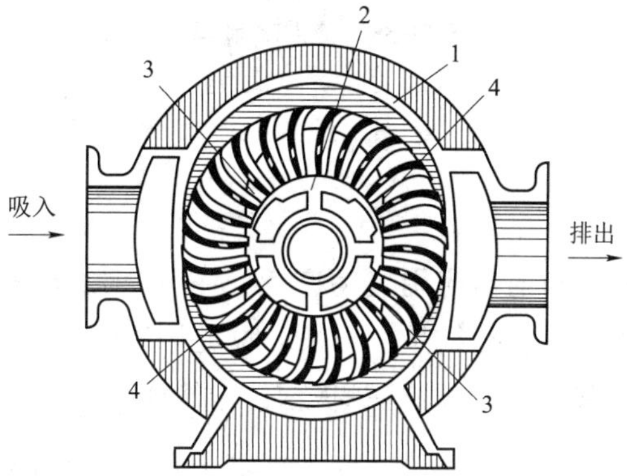

图 2-34　液环真空泵

1. 泵壳；2. 通吸入空间；3. 叶片；4. 通压出空间

液环泵属湿式、旋转真空泵。工作时所输送的气体不与泵壳直接接触。因此，只要叶轮用耐蚀材料制成，液环泵便可输送腐蚀气体，仅要求泵内所充液体不与气体起化学反应。液环泵亦可用作压缩机，产生的压强可达 506.65～607.98kPa（表压）。但在 152～182.39kPa（表压）时效率最高。

5. 喷射泵　喷射泵是用高速流体的射流作用将静压能转换为动压能所形成的真空，将气体或液体吸入泵内，后经混合室、扩大管又将动压能转换为静压能而一同压出泵外。图 2-35 为一单级蒸汽喷射泵。喷射泵的工作流体可以是水蒸气也可以是水，前者称蒸汽喷射泵，后者称水喷射泵。

喷射泵分单级和多级。该类泵的优点是工作压强范围广。单级蒸汽喷射泵可产生 13.33kPa 的绝对压强；多级蒸汽喷射泵可产生 6.7×10^{-3}Pa 的绝对压强、抽气量大、结构简单、紧凑、适应性强（可抽送含尘、易燃、腐蚀性气体）；其缺点是蒸汽消耗量大、效率低，一般效率只有 10%～25%。因此，多用于抽真空，很少用于输送目的。

6. 水力喷射器　水力喷射器是一种具有抽真空、冷凝、排水等三种有效能的机械装置。如图 2-36，其工作原理是利用带压水流通过对称均布成一定倾斜度的喷嘴喷出，聚合在一个焦点上，由于喷射水流速度较高，于是周围形成负压使器室内产生真空。另外由于二次蒸汽与喷射水流直接接触，进行热交换，绝大部分的蒸汽凝结成水，少量未被冷凝的蒸汽与不凝结的气体亦由于与高速喷射水流互相摩擦，混合挤压，通过扩压管被排除，使器室内形成更高的真空。

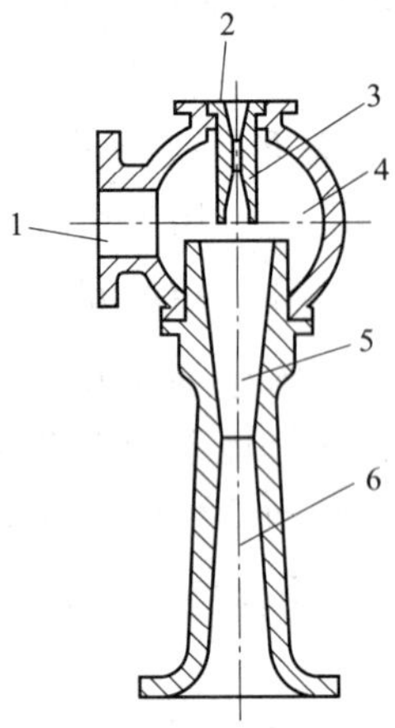

图 2-35　蒸汽喷射泵

1. 气体吸入口；2. 蒸汽吸入口；3. 喷嘴；4. 吸入室；5. 混合室；6. 扩大管

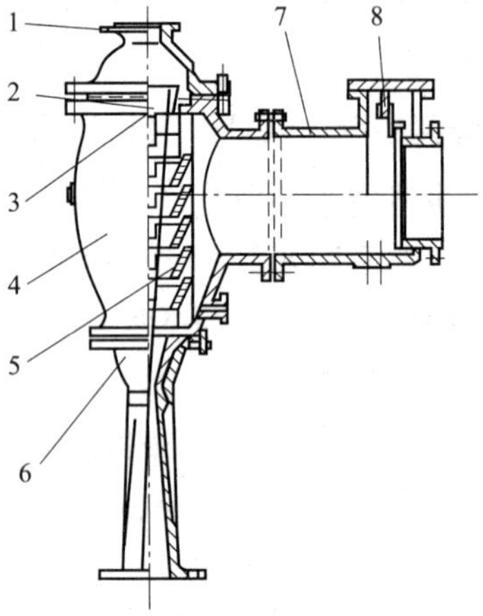

图 2-36　水力喷射器

1. 器盖；2. 喷嘴座板；3. 喷嘴；4. 器体；5. 导向盖盘；6. 扩散管；7. 止逆阀阀体；8. 阀板

水力喷射器应用极为广泛，主要适用于真空与蒸发系统，进行真空蒸发、真空抽水、真空过滤、真空结晶、干燥、脱臭等工艺，是制糖、制药、化工、食品、制盐、味精、牛奶、发酵、酿造以及一些轻工、国防部门广泛需求的设备。

重点小结

- 离心泵
  - 工作原理—气缚
    - 产生原因
    - 避免方法（启动前灌泵）
  - 结构
    - 叶轮
    - 蜗壳
  - 泵的特性曲线
    - *H*–*Q*曲线
    - *N*–*Q*曲线
    - *η*–*Q*曲线—设计点
  - 管路特性曲线—离心泵在管路中的工作点
  - 流量调节方式
    - 改变管路特性曲线—改变出口阀门开度
    - 改变泵的特性曲线
      - 改变泵的转速
      - 改变叶轮直径
  - 气蚀
    - 引起原因
    - 避免方法—允许气蚀余量—允许安装高度

主要符号表

符　号	意　义	法定单位
A	活塞截面积	m^2
A_f	活塞杆截面积	m^2
D	叶轮直径	m
g	重力加速度	$m \cdot s^{-2}$
H	泵的扬程	m
H_f	阻力损失	m
H_s	吸上真空高度	m
H_g	安装高度	m
H_{st}	静风压	Pa
H_k	动风压	Pa
H_T	全风压	Pa
Δh	气蚀余量	m
l	活塞行程	m
N_e	泵的有效功率	W
N	泵的轴功率	W
n	转速	$r \cdot min^{-1}$
p	压力	Pa
p_0	大气压力	Pa
p_v	液体饱和蒸气压	Pa
u	流速	$m \cdot s^{-1}$
Q	体积流量	$m^3 \cdot s^{-1}$或$m^3 \cdot h^{-1}$
Z	高度	m
Δ	有限差	无因次
η	效率	无因次
ρ	密度	$kg \cdot m^{-3}$

习　题

1. 在用水测定离心泵性能的实验中，当流量为$26m^3 \cdot h^{-1}$时，泵出口压力表读数为$1.52 \times 10^5 Pa$，泵入口处真空表读数为$2.47 \times 10^4 Pa$，轴功率为2.45kW，转速为$2900r \cdot min^{-1}$，真空表与压力表两测压口间的垂直距离为0.4m，泵的进、出口管径相等，两测压口间管路的流动阻力可以忽略不计。试计算该泵的效率，并列出该效率下泵的性能参数（实验用水之密度近似为$1000kg \cdot m^{-3}$）。

（答：流量$Q=26m^3 \cdot h^{-1}$，扬程$H=18.4m$，轴功率$N=2.45kW$，效率$\eta=53.2\%$）

2. 用离心泵将密闭容器中的有机液体送出，容器内液面上方的绝压为85kPa。在操作温度下液体的密度为$850kg \cdot m^{-3}$，饱和蒸气压为72.12kPa。吸入管路的压头损失为1.5m，所选泵的允许气蚀余量为3.0m。现拟将泵安装在液面以下2.5m处，问该泵能否正常操作？

（答：$H_{g,允}=-2.96m$，不能正常操作）

文字题解

习题解

扫码“练一练”

3. 用离心泵将水由敞口低位槽送往密闭高位槽，高位槽中的气相表压为 98.1kPa，两槽液位相差 4m 且维持恒定。已知输送管路为 ϕ45mm×2.5mm，在泵出口阀门全开的情况下，整个输送系统的总长为 20m（包括所有局部阻力的当量长度），设流动进入阻力平方区，摩擦系数为 0.02。在输送范围内该离心泵的特性方程为 $H=28-6\times10^5Q^2$（Q 的单位为 $m^3\cdot s^{-1}$，H 的单位为 m）。水的密度可取为 $1000kg/m^3$。试求离心泵的工作点。

（答：流量 $Q=14m^3\cdot h^{-1}$，扬程 $H=18.92m$）

4. 如第 4 题附图所示。欲用离心泵将密度为 $1100kg\cdot m^{-3}$的液体（性质与水相近）以 $20m^3\cdot h^{-1}$的流量由贮槽打到高位槽。两槽均通大气。位差为 15m，设液面保持不变，管路全部压头损失为 8m 液柱，求泵的扬程和有效功率。今库房有下列型号的离心泵，选用哪台合适？

（答：扬程 $H=23m$，有效功率 $N_e=1.38kW$，选 2B31A 型）

型　号	流量/（$m^3\cdot h^{-1}$）	扬程/m
2B31	20	30.8
2B31A	20	25.2
3B33A	25	26.2

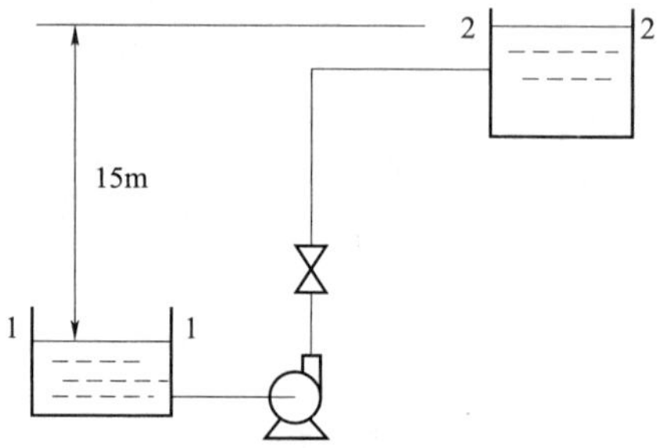

第 4 题附图

5. 用离心通风机向炉底输送空气，进入风机的空气温度为 20 ℃，压力为 1atm，流量 $2000m^3\cdot h^{-1}$，炉底表压为 1.08×10^4Pa，风机出口的空气动压为 588.4Pa，风机出口至炉底的输气管路压降为 294.2Pa。

现库存有一台离心通风机，其主要性能如下：转速 $1450r\cdot min^{-1}$，全风压 1.27×10^4Pa，风量 $21800m^3\cdot h^{-1}$，核算此风机是否适用？

（答：所需全风压 $H_T=1.17\times10^4Pa$，此风机适用）

第三章　非均相物系的分离

学习目标

1. 掌握　重力沉降速度和降尘室的有关计算；恒压过滤方程和恒速过滤方程以及过滤常数的测定方法。
2. 熟悉　离心沉降速度的计算，旋风分离器的结构、操作原理和主要性能；过滤的操作过程和基本原理；过滤设备的结构及生产能力的计算。
3. 了解　气体过滤、湿法除尘等气体净制设备的结构与作用原理；离心机的构造及作用原理。

扫码“看一看”

扫码“学一学”

化工、制药生产中，在液体、气体物料的净化以及工艺残液、尾气的排放等环节里，常遇到分离非均相混合物的情况。本章针对实际，对多种分离方法展开讨论，并对相应的典型设备加以介绍，帮助同学为日后处理类似问题建立解决思路。

第一节　概　述

非均相物系的分离在实际生产中应用广泛。例如，对生产中含有杂质的液体或气体物料，必须经过分离，以使其符合生产要求。反应产物中通常含有副产物及未反应的原料，需对其分离处理；液相反应如果有沉淀产生，也一定要将其分离出来；气流式干燥所产生的尾气中，通常会夹带固体产品，必须对其分离回收。此外，生产过程产生的废液、废气和废渣在排放以前，需采用适当的分离手段将其中的非均相有害成分除去。

生产中经常遇到的混合物，包括均相物系与非均相物系两类。其中非均相物系是指含有两相或高于两相的混合物。①固体混合物：如铁矿石；②固气混合物：如含尘气体；③固液混合物：如悬浮液；④液气混合物：如雾；⑤液液混合物：如乳浊液。

对于非均相物系而言，生产过程中常用的分离方法有沉降、过滤、离心分离、湿法除尘等。本章在气态非均相物系分离的问题上，将对沉降（重力沉降及离心沉降）的基本原理、沉降设备的结构、特点及选型设计等作重点介绍；而在液态非均相物系分离的问题上，则重点介绍过滤和离心分离的基本原理、典型分离设备的结构及特点等。

均相物系分散均匀，可达到分子分散程度。其分离方法将会在后续的蒸发、蒸馏、吸收等各章节中分别介绍。

第二节　气态非均相物系的分离

一、重力沉降

（一）自由沉降和沉降速度

固体颗粒在重力场的作用下进行的沉降过程，称为重力沉降。

对于单一颗粒在流体中的沉降，或者颗粒群充分地分散，颗粒间不致引起相互碰撞的沉降过程称为自由沉降。

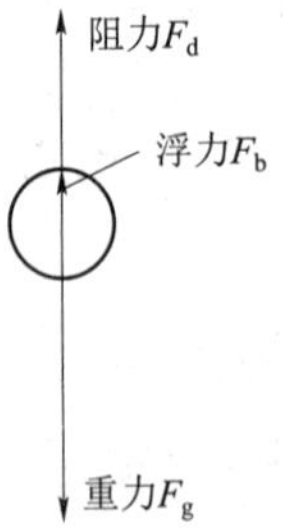

图 3-1　颗粒沉降时受力情况

一个固体颗粒在静止的流体中降落时，受到三个力的作用：重力、浮力和阻力，如图 3-1 所示。重力向下，浮力和阻力向上。当颗粒粒度一定时，重力和浮力是一个定值，而流体对颗粒的摩擦阻力则随颗粒与流体的相对运动速度的增加而增大。开始，重力大于浮力和阻力之和，颗粒作加速运动；随着速度的增大，阻力相应地增大，当阻力和浮力之和与重力相等时，三力处于平衡状态，颗粒受到的合力为零。此后，颗粒便以等速降落，这时的速度称为沉降速度或终端速度。

在工业生产中常为小颗粒沉降，单位体积的颗粒表面积较大，故阻力增加很快，加速阶段时间极短，常可忽略不计。

令颗粒直径为 d，截面积为 A_p，密度为 ρ_s，流体密度为 ρ，阻力系数为 ζ'，沉降速度为 u_0，则

重力
$$F_g = \frac{\pi}{6}d^3\rho_s g \tag{3-1}$$

浮力
$$F_b = \frac{\pi}{6}d^3\rho g \tag{3-2}$$

阻力
$$F_d = \zeta'\frac{\rho u_0^2}{2}A_p \tag{3-3}$$

因为
$$A_p = \frac{\pi}{4}d^2$$

所以
$$F_d = \frac{\pi}{8}\zeta'\rho u_0^2 d^2 \tag{3-4}$$

当三力平衡时，得

$$\frac{\pi}{6}d^3(\rho_s - \rho)g = \frac{\pi}{8}\zeta'\rho u_0^2 d^2$$

整理得

$$u_0 = \sqrt{\frac{4gd(\rho_s - \rho)}{3\rho\zeta'}} \tag{3-5}$$

式（3-5）为沉降速度 u_0的基本计算式。

式（3-5）中 ζ'是 Re 的函数，而 Re 又是 u_0的函数，因此必须用试差法进行计算。实验测得球形颗粒的 ζ'与 Re 的关系示于图 3-2。图中曲线表明，可分为三个区域

层流区 $Re \leqslant 1$
$$\zeta' = \frac{24}{Re} \tag{3-6}$$

过渡区 $Re = 1 \sim 1000$
$$\zeta' = \frac{18.5}{Re^{0.6}} \tag{3-7}$$

湍流区 $Re = 1000 \sim 2\times10^5$
$$\zeta' = 0.44 \tag{3-8}$$

将上述 ζ'各值分别代入式（3-5），可得各种流动状态下 u_0的计算式。

层流区
$$u_0 = \frac{d^2(\rho_s - \rho)g}{18\mu} \tag{3-9}$$

过渡区
$$u_0 = 0.27\sqrt{\frac{d(\rho_s - \rho)g}{\rho}Re^{0.6}} \tag{3-10}$$

湍流区
$$u_0 = 1.74\sqrt{\frac{d(\rho_s - \rho)g}{\rho}} \tag{3-11}$$

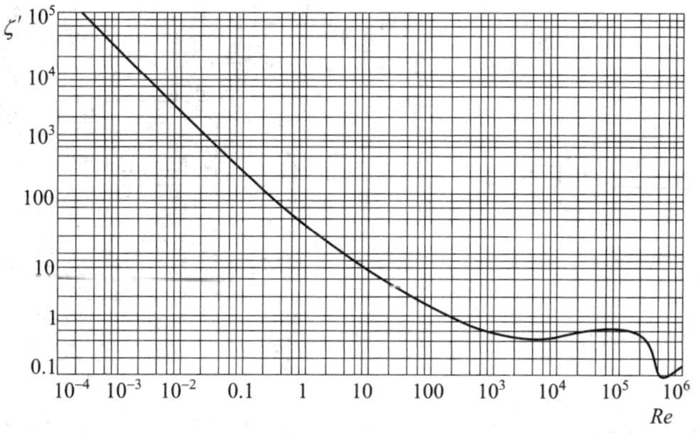

图 3-2　球形颗粒的 ζ' 与 Re 的关系

上述各式仅适于光滑的球形颗粒。对于粗糙的或非球形颗粒应进行修正。在气相悬浮系中，因 $\rho_s \gg \rho$，可用 ρ_s 代替（$\rho_s - \rho$）。还应指出，式（3-9）为斯托克斯定律的表达式，适于层流条件。在沉降分离操作中，所涉及的颗粒粒径均较小，使 Re 值常小于 1，所以这一计算式比较常用。

例题 3-1　直径 0.50mm、密度 2700kg·m^{-3} 的光滑球形固体颗粒在 ρ=920kg·m^{-3} 的液体中自由沉降，自由沉降速度为 0.016m·s^{-1}，试计算该液体的黏度。

解：先假设沉降属斯托克斯区，根据式（3-9）
$$u_0 = \frac{d^2(\rho_s - \rho)g}{18\mu}$$

整理得
$$\mu = \frac{d^2(\rho_s - \rho)g}{18u_0}$$

代入数据得
$$\mu = \frac{(5.0 \times 10^{-4})^2 \times (2700 - 920) \times 9.81}{18 \times 0.016} = 0.0152\text{Pa} \cdot \text{s}$$

校核
$$Re = \frac{du_0\rho}{\mu} = \frac{5.0 \times 10^{-4} \times 0.016 \times 920}{0.0152} = 0.484 < 1$$

所设正确，计算有效。

思考

1. 为何在计算沉降速度时要用试差法？

（二）降尘室及其生产能力

降尘室是利用重力沉降原理分离气流中所含粉尘的设备。图 3-3 为一单层降尘室，其截面为矩形通道，内装有挡板，下设有除灰口。图 3-4 为一多层降尘室，内设很多水平隔板，气体分层通过各层通道，由于隔板间距较小，通常为 40~100mm，因而缩短了沉降时间。以上沉降设备效率较低，效率为 40%~70%。一般用在分离含尘粒直径大于 50μm 的气体的预除尘。

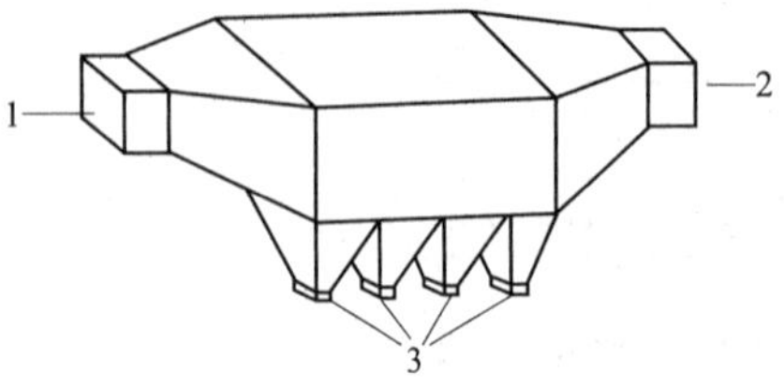

图 3-3 单层降尘室结构

1. 气体入口；2. 气体出口；3. 集尘斗

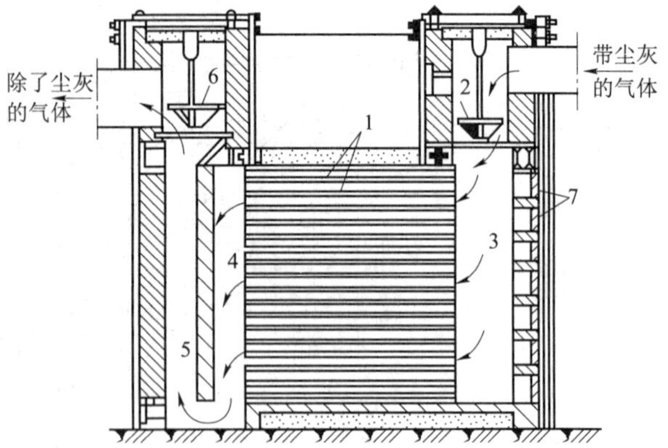

图 3-4 多层降尘室

1. 隔板；2，6. 调节闸阀；3. 气体分配道；
4. 气体集聚道；5. 气道；7. 除尘口

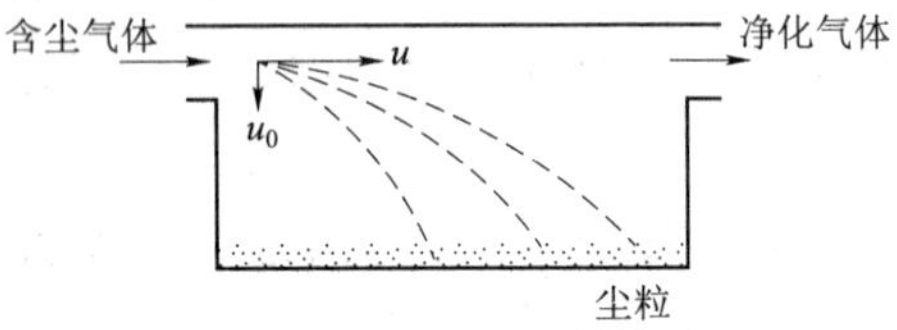

图 3-5 颗粒在降尘室中的运动情况

对于降尘室，有两个基本要求，一是要使气体在降尘室内的停留时间大于颗粒的沉降时间，以保证颗粒来得及沉下而不被带走；二是具有较大的生产能力（单位时间内处理的气体体积量）。因而，降尘室的长、宽、高、层数需通过计算确定。

如图 3-5，设一单层降尘室的长为 L，宽为 b，高为 h，气体流速为 u，颗粒沉降速度为 u_0，则气体的停留时间

$$\tau' = \frac{L}{u} \tag{3-12}$$

颗粒的沉降时间

$$\tau = \frac{h}{u_0} \tag{3-13}$$

因为 $\tau \leqslant \tau'$

联立式（3-12）、式（3-13）得 $\dfrac{h}{u_0} \leqslant \dfrac{L}{u}$

即

$$hu \leqslant Lu_0 \tag{3-14}$$

而生产能力 V 等于流道截面积 bh 与流速 u 之积，所以

$$V = bhu \leqslant bLu_0 \tag{3-15}$$

显然，对于层数为 n 的多层降尘室，生产能力应为

$$V = nbhu \leqslant nbLu_0 \tag{3-16}$$

由式（3-16）可知，降尘室的生产能力 V 与隔板间距 h 无关，而与底面积 bL、层数 n、颗粒沉降速度 u_0 成正比。为防止已沉下的颗粒重新扬起，常将气体流速 u 限制为 0.5~1m·s^{-1}。

思考

2. 降尘室为何设计成扁平形状？

例题3-2　拟采用降尘室回收常压炉气中所含的球形固体颗粒。降尘室底面积为$10m^2$，宽和高均为2m。操作条件下，气体的密度为$0.75kg \cdot m^{-3}$，黏度为$2.6\times10^{-5}Pa \cdot s$；固体的密度为$3000kg \cdot m^{-3}$；降尘室的生产能力为$3m^3 \cdot s^{-1}$。试求：（1）理论上能完全捕集下来的最小颗粒直径；（2）粒径为40μm的颗粒的回收百分率；（3）如欲完全回收直径为10μm的尘粒，在原降尘室内需设置多少层水平隔板？

解：（1）理论上能完全捕集下来的最小颗粒直径　由式（3-15）可知，在降尘室中能够完全被分离出来的最小颗粒的沉降速度为

$$u_0 = \frac{V}{bL} = \frac{3}{10} = 0.3m \cdot s^{-1}$$

假设沉降在层流区，则可用斯托克斯公式求最小颗粒直径，即

$$d_{min} = \sqrt{\frac{18\mu u_0}{(\rho_s - \rho)g}} = \sqrt{\frac{18 \times 2.6 \times 10^{-5} \times 0.3}{3000 \times 9.81}} = 6.91 \times 10^{-5}\ m = 69.1\mu m$$

核算沉降流型 $Re = \dfrac{d_{min}u_0\rho}{\mu} = \dfrac{6.91 \times 10^{-5} \times 0.3 \times 0.75}{2.6 \times 10^{-5}} = 0.598 < 1$

原设在层流区沉降正确，求得的最小粒径有效。

（2）40μm颗粒的回收百分率　假设颗粒在炉气中的分布是均匀的，则在气体的停留时间内，颗粒的沉降高度与降尘室高度之比即为该尺寸颗粒被分离下来的分率。

由于各种尺寸颗粒在降尘室内的停留时间均相同，故40μm颗粒的回收率也可用其沉降速度u_0'与69.1μm颗粒的沉降速度u_0之比来确定，在斯托克斯定律区则为

$$回收率 = \frac{u_0'}{u_0} = \left(\frac{d'}{d}\right)^2 = \left(\frac{40}{69.1}\right)^2 = 0.335$$

即回收率为33.5%。

（3）需设置的水平隔板层数　多层降尘室中需设置的水平隔板层数根据式（3-16）计算。

由上面计算可知，10μm颗粒的沉降必在层流区，可用斯托克斯公式计算沉降速度，即

$$u_0 = \frac{d^2(\rho_s - \rho)g}{18\mu} \approx \frac{(10 \times 10^{-6})^2 \times 3000 \times 9.81}{18 \times 2.6 \times 10^{-5}} = 6.29 \times 10^{-3}m \cdot s^{-1}$$

所以 $n = \dfrac{V}{bLu_0} - 1 = \dfrac{3}{10 \times 6.29 \times 10^{-3}} - 1 = 46.69$，取47层

隔板间距为

$$h' = \frac{h}{n+1} = \frac{2}{47+1} = 0.042m$$

核算气体在多层降尘室内的流型：若忽略隔板厚度所占的空间，则气体的流速为

$$u = \frac{V}{bh} = \frac{3}{2 \times 2} = 0.75m \cdot s^{-1}$$

$$d_e = \frac{4bh}{2(b+h)} = \frac{4 \times 2 \times 0.042}{2 \times (2 + 0.042)} 0.082m$$

所以 $$Re=\frac{d_e u\rho}{\mu}=\frac{0.082\times0.75\times0.75}{2.6\times10^{-5}}=1774<2000$$

即气体在降尘室的流动为层流，设计合理。

二、离心沉降

在重力场中，物体所受的重力是有限的，因此对于两相密度相差较小、颗粒较细的气态非均相物系，利用重力沉降进行分离，生产能力将会很低。如要利用颗粒作圆周运动的离心力，则可加快沉降过程。利用离心力的作用使非均相物系中的固体颗粒与流体产生相对运动，并从流体中分离出来的过程，称为离心沉降。

（一）沉降速度和离心分离因数

对于旋转半径为 r、圆周速度为 u_t、离心沉降速度为 u_{0c} 的颗粒在离心力场中在径向上所受的力为

$$离心力=\frac{\pi}{6}d^3\rho_s\frac{u_t^2}{r} \tag{3-17}$$

$$向心力=\frac{\pi}{6}d^3\rho\frac{u_t^2}{r} \tag{3-18}$$

$$阻力=\zeta'\frac{\pi}{4}d^2\frac{\rho u_{0c}^2}{2} \tag{3-19}$$

当三力平衡时，可得

$$u_{0c}=\sqrt{\frac{4d(\rho_s-\rho)}{3\rho\zeta'}\cdot\frac{u_t^2}{r}} \tag{3-20}$$

在式（3-20）中仅以离心加速度代替了式（3-5）中的重力加速度。在层流条件下，以 $\zeta'=24/Re$ 代入式（3-20），可得

$$u_{0c}=\frac{d^2(\rho_s-\rho)}{18\mu}\cdot\frac{u_t^2}{r} \tag{3-21}$$

比较式（3-21）及式（3-9），可以看出，离心力与重力之比等于离心加速度与重力加速度之比，也等于离心沉降速度与重力沉降速度之比，此比值被称为离心分离因数，以 α 表示，即

$$\alpha=\frac{u_t^2}{rg}=\frac{u_{0c}}{u_0} \tag{3-22}$$

α 值与旋转半径成反比，与圆周速度的二次方成正比。因此，减小旋转半径、增加圆周速度会增大分离因数，即增大离心分离的沉降速度。

思考

3. 离心沉降与重力沉降相比，有何不同？

（二）旋风分离器

1. 结构和操作原理 图 3-6 是旋风分离器的简图。主体上部是圆筒，下部是圆锥形。

含尘气体由圆筒上侧的进气管，沿切线方向进入。气体先自上而下，后自下而上在旋风分离器壳体内形成双层螺旋形运动。其中灰尘受离心力作用被抛向外围，与器壁碰撞后，失去动能沿器壁沉降下来，经锥形部分落入下部的灰斗。净制后的气体从中心的出口管排出。

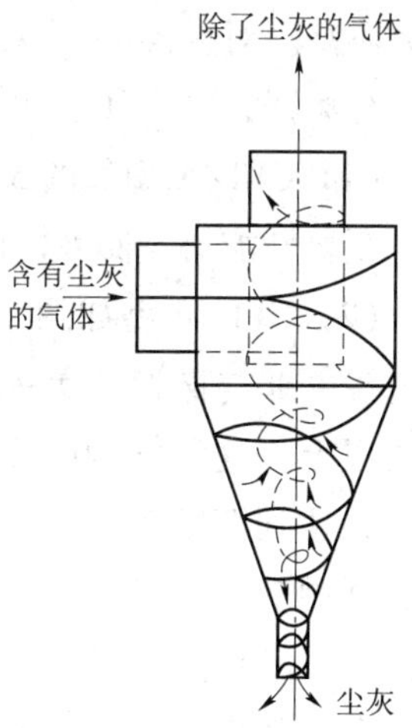

图 3-6　旋风分离器

旋风分离器的优点是：构造简单，分离效率高，可达70%～90%，可以分离出小到5μm 的颗粒以及可以处理高温含尘气体。

缺点是：对于小于5μm 的颗粒的分离效率较低，细颗粒的灰尘不能充分除净；气体在器内流动阻力大，消耗能量较多；对气体流量的变动敏感，为了避免降低分离效率，气体的流量不应太小。为了减少颗粒对器壁的磨损，通常大于200μm 的颗粒最好使用重力沉降预先除去。至于小于 5μm 的颗粒可以用袋滤器或湿法捕集。

2. 主要性能指标　评价一台旋风分离器的优劣，主要看它的分离效率和气体通过旋风分离器的压降。

（1）分离效率　旋风分离器的效率有总效率 η_0和粒级效率 η_i之分。总效率可表示为

$$\eta_0 = \frac{C_1 - C_2}{C_1} \tag{3-23}$$

式中，C_1，C_2分别为旋风分离器进、出口气体的颗粒浓度，$kg \cdot m^{-3}$。

总效率不能准确地表示旋风分离器的分离效果，因为粗、细颗粒不能按同一比例被除掉。所以，又提出粒级效率

$$\eta_i = \frac{C_{i1} - C_{i2}}{C_{i1}} \tag{3-24}$$

式中，C_{i1}，C_{i2}分别为旋风分离器进出口气体中粒径为 d_i的颗粒浓度，$kg \cdot m^{-3}$。

显然，总效率 η_0与粒级效率 η_i的关系为

$$\eta_0 = \sum_{i=1}^{n} n_i x_i \tag{3-25}$$

式中，x_i为进口气体中粒径为 d_i的颗粒的质量分率，%。

旋风分离器的效率，通过实验测定最为可靠。

（2）气体通过旋风分离器的压降　旋风分离器的压降不但影响经常性的能量消耗，而且往往受工艺条件的限制。对于常用的 CLT/A 型旋风分离器，可按下式计算

$$\Delta P = \zeta \frac{\rho u^2}{2} \tag{3-26}$$

式中，ΔP 为压降，Pa；u 为进口气体速度，$m \cdot s^{-1}$；ρ 为气体密度，$kg \cdot m^{-3}$；ζ 为阻力系数，ζ=5.0～5.5。

3. 类型和选用　旋风分离器是一种工业通用设备，应用很广。其分离因数可为 5～2500，可除掉 5～75μm 粒径的颗粒。我国对各种类型的旋风分离器已编制了比较完善的系列。一般以圆筒部分的直径 D 表示其他各部分的尺寸。从系列中可以查到旋风分离器的主要尺寸和主要性能。图 3-7 为标准型旋风分离器，其入口上沿与顶盖齐平，流体阻力较大，

效率不高。对标准型加以改进，出现了许多新的型式，常用的有 CLT/A、CLP/B 及扩散式旋风分离器，简介如下。

（1）CLT/A 型如图 3-8 所示，采用倾斜的切线进口，阻力较小。其在工业生产使用较多，主要性能可查阅专门的设计手册，阻力系数为 5.0~5.5。

（2）CLP/B 型如图 3-9 所示，是一种带旁路的旋风分离器。采用蜗旋式进口，进气口上沿并非与圆筒顶盖平齐而是稍低。排气管插入的深度很小，但下口在进气口截面中心线以上。这种结构的作用是使进入的气流分成两股。较大的颗粒随向下旋转的主气流运动，达到筒壁落下。很细的颗粒则由另一股向上旋转的气流带到筒顶上，在顶盖下面形成强制旋转的细粉环，使细粉聚结，然后从顶部的洞口经过旁路分离室引到圆锥筒处而落下。其优点是结构简单、性能良好、造价低廉、维修容易，对 5μm 以上的颗粒有较高的分离效率。CLP/B 型又分两种型式——X 型和 Y 型，X 型的阻力系数为 5.8，Y 型的为 4.8。

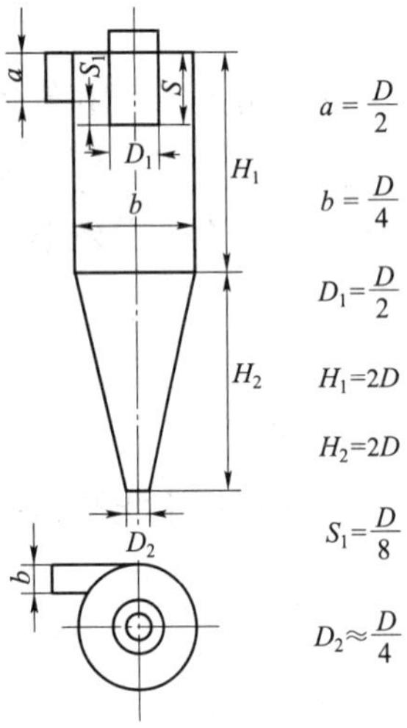

图 3-7　标准旋风分离器

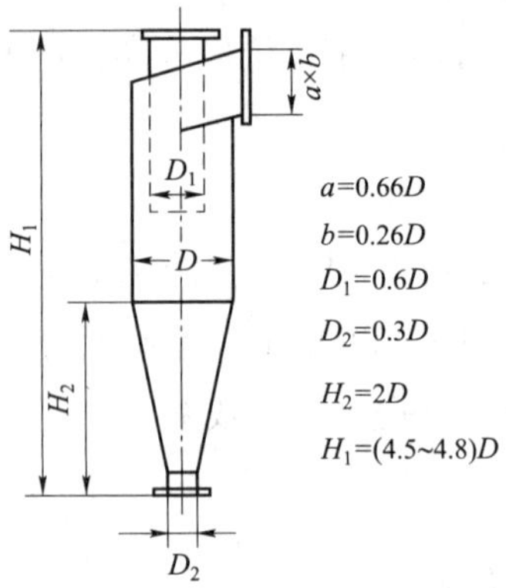

图 3-8　CLT/A 型旋风分离器

（3）扩散式　如图 3-10 所示，主要特点是圆筒以下部分的直径逐渐扩大，使底部有足够空间安装一个挡灰盘（反射屏）。挡灰盘是倒置的漏斗形，顶部中央有口，下沿与旋风分离器内壁之间有缝隙，粉尘经过此缝隙落入灰斗。采用挡灰盘，使已分离的粉尘被重新卷起的机会大为减少，分离效率提高。分离 10μm 以下的颗粒时，其效果比其他型式好。阻力系数为 6~7。

在选用旋风分离器时，一般先根据净化要求和允许的阻力降选定型式，然后决定进口气速，按气体处理量算出旋风分离器的主要尺寸——圆筒直径 D，再按比例求出其他部分的尺寸。若处理量过大，在一定的分离要求下又不宜采用大直径的旋风分离器，可将小直径的旋风分离器进行并联，但应保持各设备的气体流量相等，以免个别旋风分离器效率下降。旋风分离器也可串联使用，通常一级入口线速为 $15\sim20\mathrm{m\cdot s^{-1}}$，二级入口线速为 $20\sim25\mathrm{m\cdot s^{-1}}$。

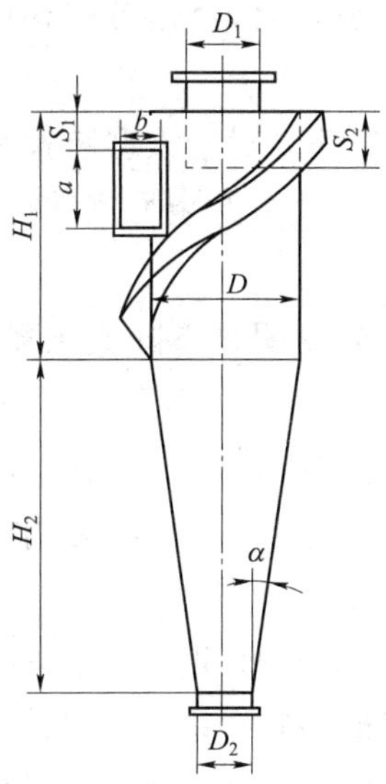

图 3-9　CLP/B 型旋风分离器

$a=0.6D$，$b=0.3D$，$D_1=0.6D$，$D_2=0.43D$，$\alpha=14°$

$H_1=1.7D$，$H_2=2.3D$，$S_1=0.28D+0.3a$，$S_2=0.28D$

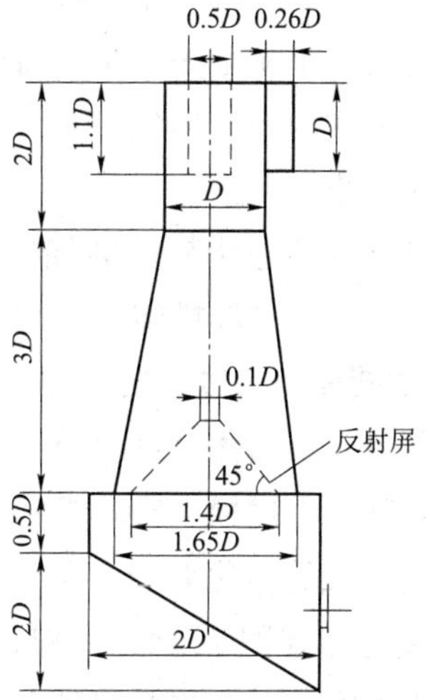

图 3-10　扩散式旋风分离器

三、其他气体净制设备

除上述气体净制过程外，尚有气体过滤、湿法除尘、电除尘等操作，用于除去气体中的粉尘。关于电除尘这里不作介绍。

（一）气体过滤

气体过滤是将气流通过称作过滤介质的一种多孔物质，使气流中悬浮的尘粒或微生物被截留，从而得到粉状产品或使气体净化的过程。用于气体过滤的设备称气体过滤器，在制药工业中常用于空气净化、干燥操作尾气中粉料的回收等，常见的有以下两种。

1. 袋式过滤器　袋式过滤器应用较广，结构简单，除尘效果较好，能除掉 1μm 以下的微粒，效率可高达 99.9% 以上，常设在旋风分离器后作为末级除尘设备。

图 3-11、图 3-12 分别示出上进风式和下进风式袋滤器。其主要构件为套在花板短管上的滤袋。滤袋即为过滤介质，是由棉、毛或其他织物制成。

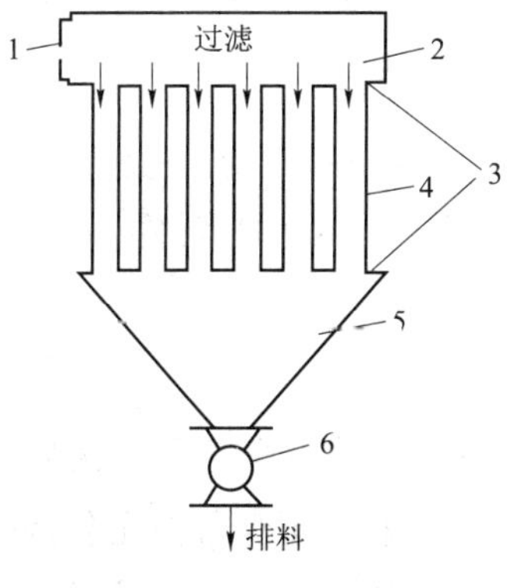

图 3-11　上进风式袋滤器

1. 含尘空气进口；2. 进风箱；3. 花板；4. 滤袋；5. 集料斗；6. 排料阀

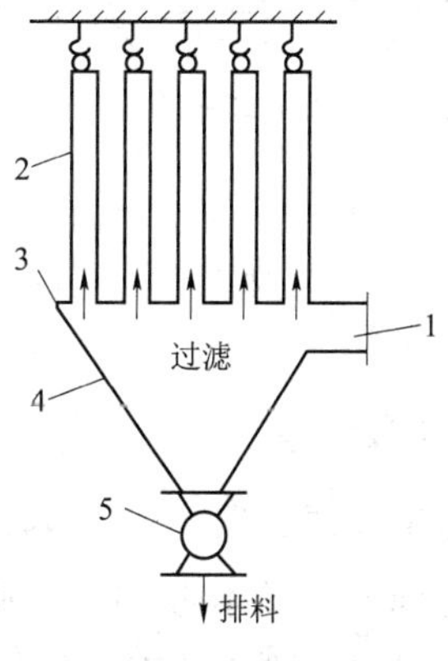

图 3-12　下进风式袋滤器

1. 含尘空气进口；2. 滤袋；3. 花板；4. 集料斗；5. 排料阀

比较两种袋滤器，下进风式结构简单，但其进气方向与颗粒的下落方向相反，致使已下落的颗粒有被扬起的可能，影响过滤效率。

滤袋上之粉尘积至一定厚度后靠人工拍打或自动落入灰斗。对于大型装置常采用机械振动装置或反吹措施进行定期除灰。所谓反吹，即用压缩空气由滤袋另侧进行定期喷吹，此时进气侧停止进气。

袋式过滤器的滤袋易被磨损或堵塞。此时气体短路、效率明显下降或压降突然增加。发现此现象应立即采取措施。

2. 立式圆筒空气过滤器 在微生物制药生产的发酵过程中，常需大量的洁净空气，要求严格控制粉尘及菌体含量，而细菌的大小一般仅为零点几至几微米，故采用旋风分离器是不妥的，甚至上述棉、毛等织物制成的滤袋也不能满足要求。

为满足空气的净化要求，常通过总过滤器（图 3-13，以活性炭层及棉花层为过滤介质）和分过滤器（图 3-14，以棉花或超细玻璃纤维纸为过滤介质）进行两级过滤。其效率很高，对于≥0.3μm 的颗粒可达 99.99%，对于≥0.5μm 的颗粒可达 100%。操作时，从空气压缩机出来的压缩空气，须经冷却并去除其中夹带的油和水。总过滤器的空塔速度一般为 $0.1 \sim 0.3\mathrm{m \cdot s^{-1}}$，而在分过滤器内使用棉花时，空塔速度取为 $0.5 \sim 1.5\mathrm{m \cdot s^{-1}}$，使用阻力较小的超细玻璃纤维纸时，可取空塔速度为 $0.5 \sim 2.5\mathrm{m \cdot s^{-1}}$。

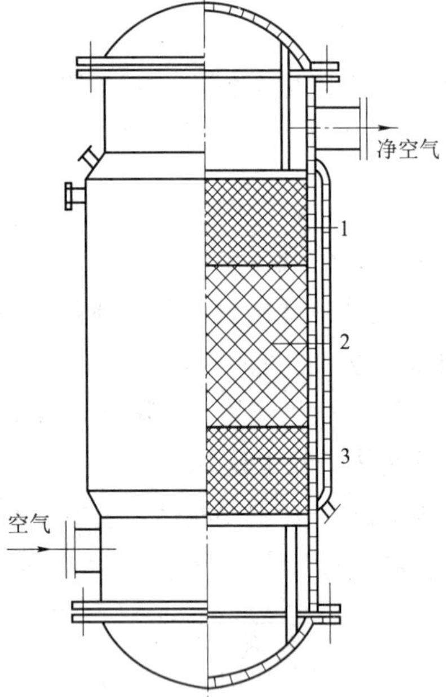

图 3-13　总过滤器

1. 棉花层；2. 活性炭层；3. 棉花层

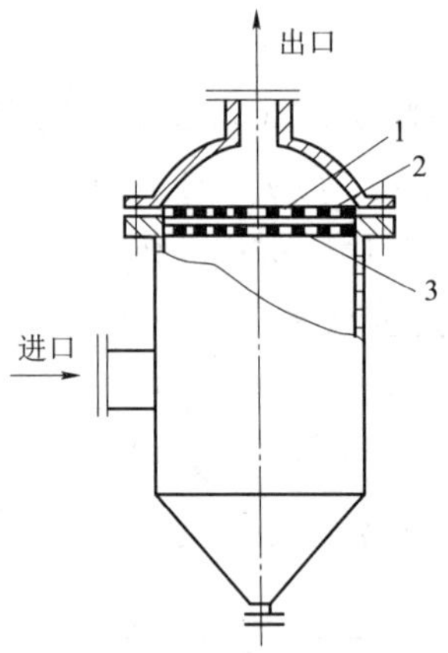

图 3-14　分过滤器

1. 多孔压板；2. 玻璃纤维纸；3. 多孔板

（二）湿法除尘

湿法除尘是使含尘气体与液体（通常是水）充分接触，尘粒被粘附于液滴后成为悬浮液，从而达到净制气体的目的。湿法除尘设备必须在结构上保证气液两相充分接触、减小气体阻力，以提高除尘效率和降低能量消耗。当颗粒亲水能力低时，必须适当加入适量活性剂，以提高其亲水性，增加除尘效率。在经济上应考虑水的循环使用，尽量降低用水量。

湿法除尘的效率较高，可除去 0.5~1μm 的微粒。但仅适于不怕受潮和冷却的含尘气体，且由于颗粒已与水混合成为悬浮液，因而仅适于尘粒无回收价值的场合。湿法除尘设备的类型较多，以下简要介绍两种。

1. 文丘里除尘器　如图 3-15 所示，文丘里除尘器由收缩管、喉部和扩散管组成。含尘气体以 50～100m·s^{-1}的线速通过喉管，水在喉部经若干小孔被引入，在此被气体喷成很细的雾滴，颗粒与其相遇质量增加，经后部旋风分离器被分离下来。

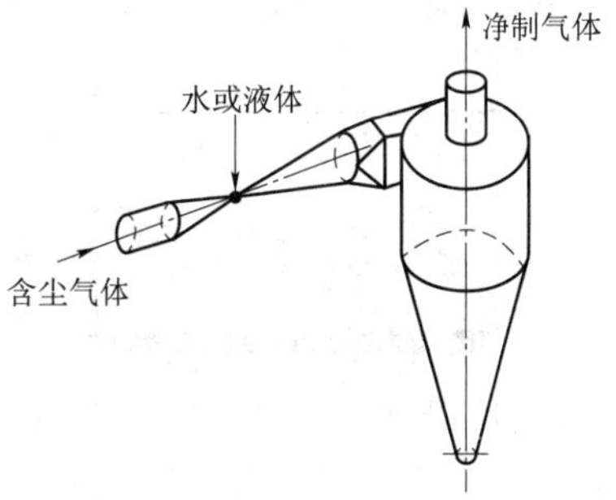

图 3-15　文丘里除尘器

通常，收缩管中心角不大于 25°，扩散管中心角为 7°左右，气、液体积比为 1000∶1。其在回收 0.1μm 以上的颗粒时，效率为 95%～99%。

文丘里除尘器的结构简单、紧凑，操作方便，但压降较大，为 1962～4905Pa。

2. 湍球塔除尘器　如图 3-16 所示，塔内筛板上放置一定数量的轻质空心塑料球。由于受到经筛板上升的气流冲击和液体喷淋，以及自身重力等的作用，轻质空心塑料球悬浮起来，剧烈翻腾旋转，并互相碰撞，使气液充分接触，除尘效率很高。为防止气体夹带雾沫，在塔顶设有除雾装置。

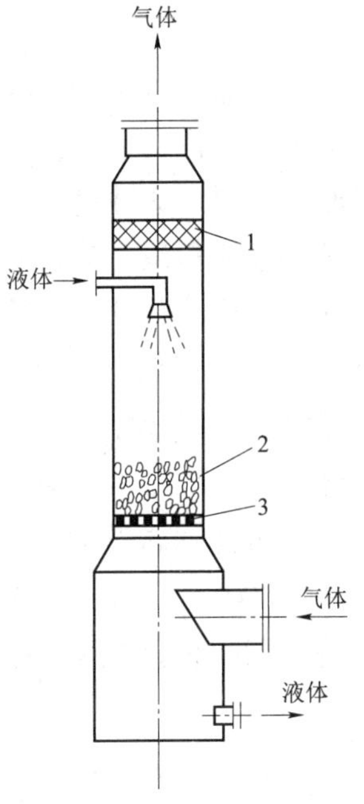

图 3-16　湍球塔

1. 除沫装置；2. 空心球；3. 多孔筛板

用于除尘的湍球塔，其空塔气速范围为 1.8～2.5m·s^{-1}，筛板开孔率为 45%～60%。球的大小，一般考虑塔径与球径的比值应大于一定的数值，塔径大于 200mm 时，塔径与球径之比应大于 10；塔径小于 200mm 时，塔径与球径之比应大于 5。目前采用的球径有 15mm、20mm、25mm、30mm、38mm 等几种。

第三节　液态非均相物系的分离

一、过滤

（一）基本概念

1. 过滤原理　过滤是在外力作用下，使悬浮液中的液体通过某种多孔介质、固体颗粒被截留在其表面，从而实现固、液分离的操作。工业上常称原悬浮液为滤浆，被截留的固体颗粒层称为滤饼或滤渣，通过过滤介质的液体称为滤液。

目前生产中常用的过滤方式主要有以下几种。

（1）表面过滤（滤饼过滤）　滤浆通过过滤介质后，固体颗粒被介质截留，在介质表面上形成一层滤饼，如图 3-17 所示。常用过滤介质的孔眼尺寸未必小于被截留的颗粒直径。在过滤开始时会有部分颗粒在孔眼处发生架桥现象，如图 3-18 所示，也有少量颗粒穿过介质而混于滤液中。随着滤渣的堆积，逐渐形成滤饼，滤饼产生的阻力远远大于过滤介质引起的阻力，成为有效的过滤介质，而后即得清净滤液，开始所得的混浊液可返回重滤。

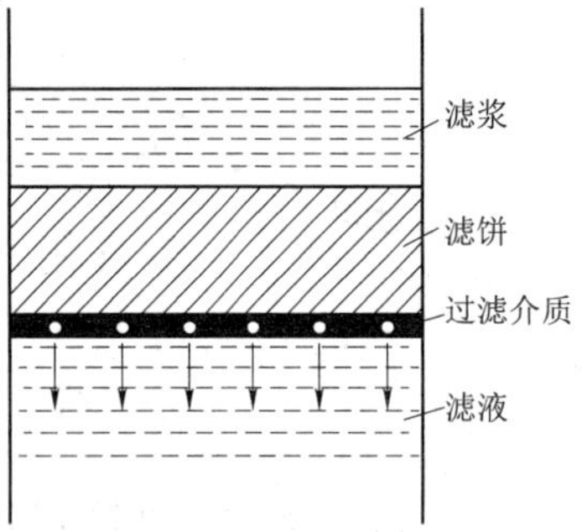

图 3-17　过滤操作示意图

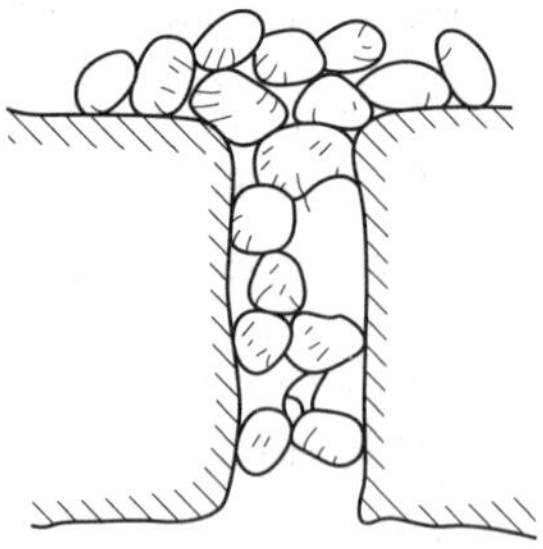

图 3-18　架桥现象

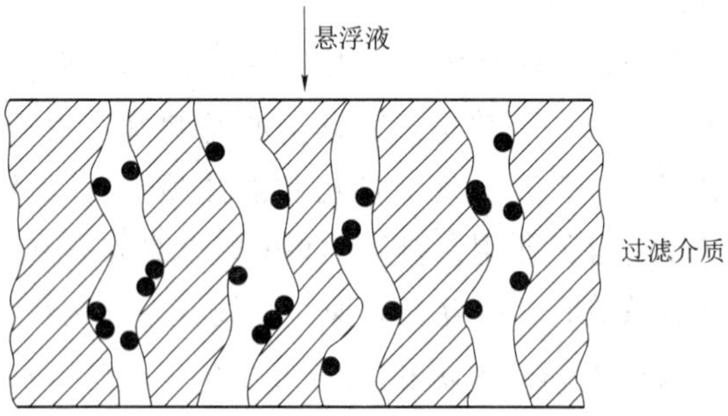

图 3-19　深层过滤

（2）深层过滤　如图 3-19 所示，固体颗粒被截于介质内部的孔隙中，在介质表面上不形成滤饼。这种过滤常用于滤浆浓度极稀（一般体积浓度低于 0.1%）、固体颗粒极细的场合，如饮水的净化，色拉油、啤酒、果汁的过滤都属于深层过滤。

（3）膜过滤（膜滤）　包括微孔过滤和超滤，是一种以压差为推动力的精密分离技术，普通过滤通常截留 50μm 以上的颗粒，而微孔滤膜可以分离 0.5～50μm 颗粒，超滤膜可以分离 0.05～10μm 的颗粒。微孔过滤常用于制药工业中药物灭菌，抗生素的纯化等工艺。超滤常用于抗生素及发酵液中疫苗的回收。

制药工业中，例如注射液的过滤主要靠介质的拦截作用。其过滤方式有表面过滤和深层过滤，其中主要是表面过滤，以下仅介绍此种过滤方式及其设备。

2. 过滤介质　过滤介质是滤饼的支撑物，应具有多孔性、阻力小、耐腐蚀、耐热，并且具有足够的机械强度。工业操作常用的过滤介质主要有以下几种。

（1）织物介质　亦称滤布，它是由天然或合成纤维、金属丝等编织的滤布、滤网。其使用较广，价格便宜，清洗及更换方便。可截留的最小颗粒粒径为 5～65μm。

（2）多孔性固体介质　包括素烧陶瓷、烧结的金属或玻璃、由塑料细粉粘接的板和管等。它可截留的最小颗粒粒径为 1～3μm。

（3）堆积介质　包括细砂、木炭、石棉粉、石砾、玻璃渣及酸性白土等。此类介质的颗粒坚硬，堆积成层可用来处理含固体颗粒很少的悬浮液，如水的净化。

（4）多孔膜　是由乙酸纤维或硝酸纤维及二者的混合物制成的高分子薄膜材料。近年来为适应制药工业上灭菌的需要，发展了如聚砜膜、聚砜酰胺膜和聚内烯腈膜等各种非纤维型的各向异性膜。

3. 助滤剂　在过滤过程中，由滤渣所形成的滤饼，一类是不因操作压力作用而变形的，被称为不可压缩性滤饼；另一类是在操作压力作用下发生变形的，被称为可压缩滤饼。此外，在过滤细小而具有黏性的颗粒时，所形成的滤饼非常致密。在后两种情况下，过滤的阻力会逐渐增大，甚至发生堵塞。为此要采用助滤剂，以改变滤饼的结构，使其具有一定的刚性和空隙率，过滤阻力不致急剧增加。

助滤剂是一种细小、坚硬、一般为不可压缩的微小粒状物质，如硅藻土、活性炭、滑石粉、纸浆等。最常用的硅藻土可使滤饼空隙率高达 85%。

思考

4. 滤浆和滤液有何区别？过滤介质和助滤剂有何区别？

（二）过滤速度和过滤速率

过滤速度是指单位时间、通过单位过滤面积所得的滤液体积。过滤速率是指单位时间得到的滤液体积。设过滤设备的过滤面积为 A，在过滤时间 $d\tau$ 内所得的滤液量为 dV，则过滤速度为

$$u=\frac{dV}{Ad\tau} \tag{3-27}$$

而过滤速率 $=dV/d\tau$。前已叙及，过滤是液体通过滤饼和过滤介质的流动。通常，过滤介质对液体流动的阻力比滤饼的小得多，可以忽略不计。因此，在分析过滤过程时，主要考虑滤液通过滤饼的流动。

滤饼由大量固体颗粒所组成，颗粒之间有空隙，这些空隙连通起来便成为液体流动的通道（这里假设为若干条圆形的小管道，如图 3-20 所示）。

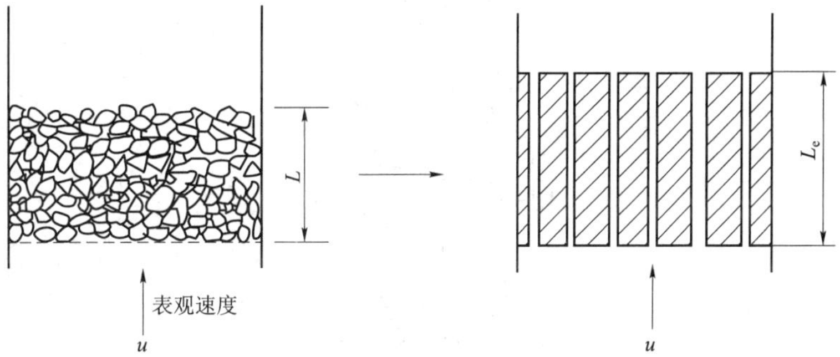

图 3-20　颗粒床层的简化模型

由于颗粒很小，其间各通道的平均直径亦应很小，因此液体在其中流动的阻力很大，流速较小，液体通过滤饼的流动应为层流。所以，通道内的流速可以用泊肃叶公式表示

$$u_0=\frac{d^2\Delta p}{32\mu l} \tag{3-28}$$

式中，u_0为液体在通道内的流速，$m\cdot s^{-1}$；Δp 为液体在滤饼层前后的压差，Pa；μ 为液体的黏度，Pa·s；d 为各通道的平均直径，m；l 为各通道的平均长度，m。

很明显　　　　$A\times u=$全部微小通道的截面积$\times u_0$，

即 $u\propto u_0$，令 N 为比例系数，则

$$u=\frac{dV}{Ad\tau}=N\frac{d^2\Delta p}{32\mu l} \tag{3-29}$$

因为 l、d 均无法测得，所以用滤饼厚度 L 代 l，把 L 与 l 之比例系数、d 和 N 并入一个常数 $1/r$ 内，则得

$$u=\frac{\mathrm{d}V}{A\mathrm{d}\tau}=\frac{\Delta p}{\mu rL} \tag{3-30}$$

式（3-30）表明，任一瞬间过滤速度与滤饼层前、后的压差成正比，与滤饼层的厚度、滤液黏度成反比。其中 r 称为滤饼的比阻，单位为 $1\cdot m^{-2}$。μrL 为滤饼对流动的阻力。

不难看出，过滤速度的大小决定于两个因素：一是过滤的推动力 Δp，二是过滤阻力。过滤阻力又决定于两个因素：一是滤液本身的性质，即黏度 μ；二是滤饼本身的性质，即 rL。显然，滤饼的厚度 L 越大，流动的截面积越小，结构越紧密，对滤液的流动阻力越大，这些因素除 L 外，都包含在 r 里。

（三）过滤的基本方程式

若过滤获得单位体积的滤液时，在过滤介质上被截留的滤饼体积为 W，而获得体积为 V 的滤液时，在过滤介质上被截留的滤饼层厚为 L，则必有如下关系

$$AL=WV \tag{3-31}$$

所以

$$L=\frac{WV}{A} \tag{3-32}$$

因此滤饼阻力

$$R=\mu rL=\frac{\mu rWV}{A} \tag{3-33}$$

同理，如果考虑过滤介质的阻力，假设过滤介质对滤液流动的阻力与厚度为 L_e 的滤饼层阻力相当，获得厚为 L_e 的滤饼层需滤液量为 V_e，则介质阻力

$$R_e=\mu rL_e=\frac{\mu rWV_e}{A} \tag{3-34}$$

所以过滤速度应为

$$\frac{\mathrm{d}V}{A\mathrm{d}\tau}=\frac{\Delta p}{R+R_e}$$

因此

$$\frac{\mathrm{d}V}{A\mathrm{d}\tau}=\frac{\Delta p}{\dfrac{\mu rWV}{A}+\dfrac{\mu rWV_e}{A}} \tag{3-35}$$

则过滤速率为

$$\frac{\mathrm{d}V}{\mathrm{d}\tau}=\frac{A^2\Delta p}{r\mu W(V+V_e)} \tag{3-36}$$

令 $K/2=\Delta p/r\mu W$，则

$$\frac{\mathrm{d}V}{\mathrm{d}\tau}=\frac{KA^2}{2(V+V_e)} \tag{3-37}$$

式（3-36）及式（3-37）均为过滤操作基本方程式的微分式。它表示某一瞬时的过滤速率与物质性质、操作时总压差及该时刻以前累计滤液量之间的关系，也表明了过滤介质阻力的影响。以上推导是对不可压缩滤饼而言的。对于可压缩滤饼，总压差改变时，比阻 r 将随 Δp 呈一指关系而变化［即 $r\propto(\Delta p)^s$，s 为压缩指数］，即 K 值将随总压差的变化而改变。

过滤操作可在恒压差、变速率条件下进行，亦可在恒速率、变压差条件下进行，或先恒速，后恒压差进行过滤。因此，要视具体情况使用式（3-37），以求得生产上关心的过滤时间与滤液量（生产能力）的关系。

1. 恒压过滤方程 在恒压差情况下，K 为常数，可由式（3-37）积分得

$$2\int_0^V(V+V_e)\mathrm{d}V=KA^2\int_0^\tau \mathrm{d}\tau$$

所以 $$V^2 + 2V_eV = KA^2\tau \tag{3-38}$$

令 $q=V/A$，表示单位过滤面积得到的滤液体积；$q_e=V_e/A$

得到 $$q^2 + 2q_eq = K\tau \tag{3-39}$$

式（3-38）及（3-39）均称为恒压过滤方程。

2. 恒速过滤方程 在恒速操作条件下，$dV_e/d\tau$ 为常数，则

$$\frac{dV}{d\tau} = \frac{KA^2}{2(V+V_e)} = \text{常数}$$

即 $$\frac{V}{\tau} = \frac{KA^2}{2(V+V_e)}$$

所以 $$V^2 + V_eV = \frac{K}{2}A^2\tau \tag{3-40}$$

此为恒速过滤方程，表示恒速操作时，滤液量与过滤时间的关系。

3. 过滤常数的测定 上述方程式中都涉及到过滤常数 K 及 V_e。通常，K 及 V_e 是用同一悬浮液在小型实验设备中测得的。实验在恒压条件下操作，此时将式（3-38）写成

$$\frac{\tau}{V} = \frac{1}{KA^2}V + \frac{2}{KA^2}V_e \tag{3-41}$$

由此看出，恒压过滤时 τ/V 与 V 成线性关系，此直线的斜率为 $1/KA^2$，截距为 $2V_e/KA^2$。在不同的过滤时间 τ，测量滤液量 V，将 τ/V 与 V 标绘成直线，即可据此直线的斜率及截距算得过滤常数 K 及 V_e。

思考

5. 为何要测定过滤速率常数？怎样测定过滤速率常数？

（四）过滤设备的生产能力

过滤设备的生产能力以单位时间内所得的滤液量或滤饼量表示。它涉及到整个过滤过程所需要的时间。整个过滤过程所用的时间除过滤时间外，尚包括清洗滤饼的时间 $\tau_{洗}$ 及其他辅助时间 $\tau_{辅}$。所以，过滤设备的生产能力表示为

$$V_h = \frac{V}{\tau + \tau_{洗} + \tau_{辅}} = \frac{V}{\Sigma\tau} \tag{3-42}$$

式中，V_h 为过滤设备的生产能力，即每小时所得滤液量，$m^3 \cdot h^{-1}$；V 为一个循环操作周期中所得的滤液量，m^3；$\Sigma\tau$ 为整个循环周期的总时间，h。

在大多数情况下，过滤结束时须将滤饼加以洗涤。其目的是为了得到较为纯净的固体成品或者使液体成品（滤液）较为完全地从滤饼中分离出来。洗涤时常先以稀溶液洗涤滤饼，再以更稀的溶液清洗，最后才用清水洗涤。过滤时间 τ 和洗涤时间 $\tau_{洗}$ 均需由实验确定。

除过滤、洗涤外，有时需用热空气或蒸汽吹干滤饼。此后还须将滤饼由介质上除掉（即卸渣），最可靠的卸渣方法是刮刀或刮线落渣、推渣板或推渣杆落渣，亦有自重落渣、气体或液体反吹落渣、气体或液体射流正吹落渣等。落渣后还要用酸、碱处理、气体反吹、气-液共吹等方法使介质再生。最后调整好设备准备下一循环继续使用。以上这些非生产所

用时间均包括在辅助时间 $\tau_{辅}$ 内。

为提高生产能力需合理安排各阶段的操作时间，尽量减少辅助时间。此外应注意影响过滤速率的各个因素，调整其数值，使得在经济合理的前提下，最大限度地加大过滤的推动力、减小过程的阻力，以提高过滤速率，从而达到提高生产能力的目的。

（五）过滤机

工业上使用的过滤设备被称为过滤机，类型很多。按操作方法不同，可分间歇式和连续式两类。按过滤推动力的来源，可分常压、加压和真空过滤机。以下介绍药厂中常用的几种过滤机。

1. 板框压滤机 板框压滤机是应用最广泛的一种间歇操作的过滤机，是由许多滤板和滤框交替排列构成。图 3-21a 表示板框压滤机的装置情况，图 3-21b 表示滤板和滤框的构造情况。每机所用滤板和滤框的数目，由生产能力和悬浮液的情况而定。

板框压滤机主要由尾板、滤框、滤板、头板、主梁和压紧装置等组成。两根主梁把尾板和压紧装置连在一起构成机架。机架上靠近压紧装置端设有头板。在头、尾板之间依次交替排列着滤板和滤框，板与框间夹着滤布。

为了在装配时，不致使板和框的次序排错，在铸造时常在板和框的外缘，铸有小钮。铸有一个钮的为过滤板，两个钮的为滤框，三个钮的为洗涤板，如图 3-21b 所示。板和框按钮的记号以 1-2-3-2-1-2-3-2-1……的顺序排列。

板和框的构造如图 3-21b 所示。板的表面上有棱状沟槽，其边缘略为突出。板与框之间隔有滤布。在板、框和滤布的两上角都有小孔。当装合后，连成两条孔道。一条是悬浮液通道，另一条是洗涤水通道。此外，在框的上角有暗孔与悬浮液通道相通。在过滤板和洗涤板的下角（悬浮液通道的对角线位置）设有滤液出口。在洗涤板的上角有暗孔与洗涤水通道连通。在过滤板的另一下角（洗涤水通道的对角线位置）设有洗涤液出口。

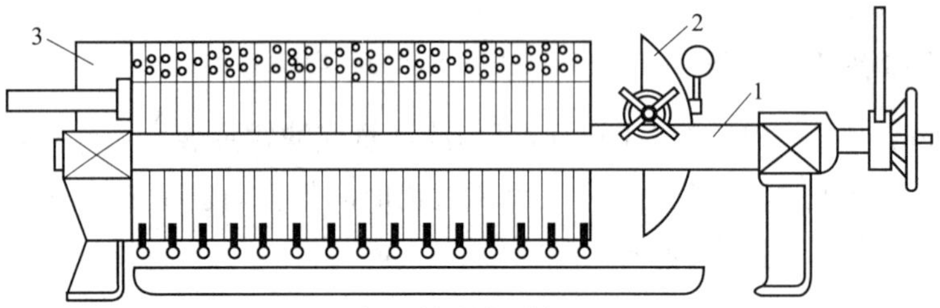

a. 框压滤机的装置情况

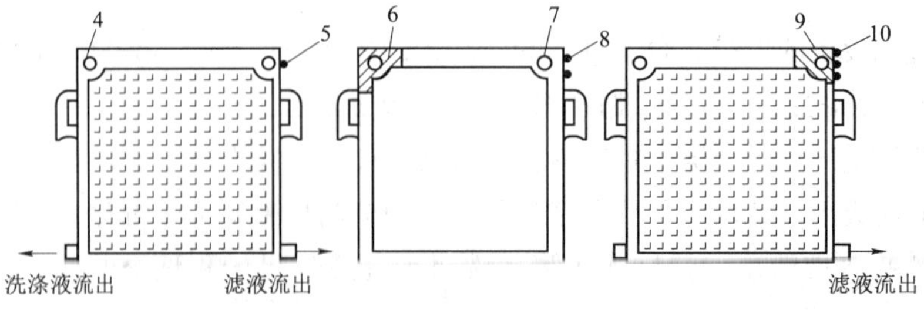

b. 滤板和滤框的构造情况

图 3-21 板框压滤机的装置及滤板和滤框的构造情况

1. 主梁；2. 头板；3. 尾板；4. 进料通道；5. 一钮；
6. 暗孔；7. 洗涤水通道；8. 二钮；9. 暗孔；10. 三钮

压滤机滤液的排出方式分为明流和暗流两种。明流压滤机的滤液出口直接排出机外，滤液是可见的，可用于需监督滤液质量的过滤。暗流压滤机的滤液在机内汇集后由总管排出机外，适用于滤液易挥发或其蒸气有毒的过滤。

当过滤时，悬浮液在压力下经悬浮液通道和滤框的暗孔进入滤框的空间内，滤渣留在框内形成滤饼，滤液透过滤布，沿板上沟槽流下，汇集于下端，经滤液出口流出，如图 3-22a所示。

在进行洗涤时，应先将悬浮液进口阀和洗涤板下角的滤液出口阀关闭，然后送入洗涤水。洗涤水经洗涤水通道和暗孔进入洗涤板，透过滤布和滤饼的全部厚度，自过滤板下角的洗涤液出口流出。如图 3-22b 所示。

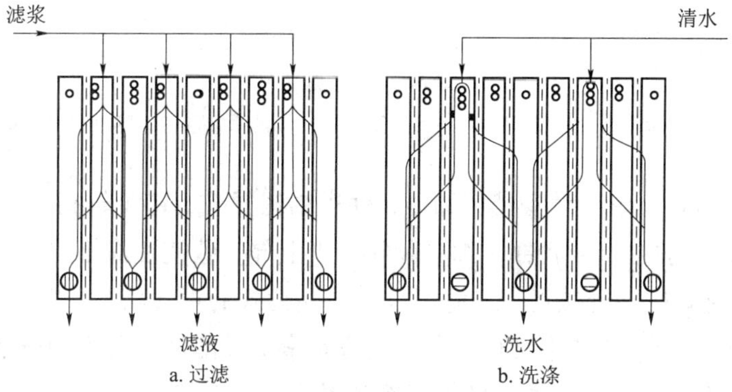

图 3-22　明流式板框压滤机

当洗涤结束后，放松机头螺旋，松动板框，取出滤渣。然后将滤框和滤布洗净，重新装合，准备下次过滤。

板框压滤机的优点是：构造简单、制造方便、所需辅助设备少、过滤面积大及推动力大；操作表压一般为 $3\times10^5\sim8\times10^5$ Pa，最高可达 15×10^5 Pa；便于检查操作情况，管理简单，使用可靠。缺点是：装卸板框的劳动强度大，生产效率低；滤渣洗涤慢且不均匀；滤布磨损严重等。

板框压滤机适用于含小颗粒、黏度较大的悬浮液、腐蚀性物料和可压缩物料。目前，板框压滤机正朝着操作自动化的方向发展。

思考

6. 洗涤速率和过滤终了时的过滤速率之间呈怎样的比例关系？

2. 叶滤机　叶滤机的主要构件为矩形或圆形的叶片，它是在金属丝网组成的框架外覆以滤布所构成。叶片可垂直或水平放入能承受内压的密闭机壳内。图 3-23 为一叶片垂直放置的叶滤机及其叶片。

过滤时滤液穿过滤布进入网状中空部分，后汇集于下部总管排出。滤渣沉积于滤布上而形成滤饼，厚 5~35mm。若需要洗涤，可在同一设备内通入洗涤水进行洗涤，或将叶片取出放入专门的洗涤槽内进行洗涤，洗涤液所经路线与过滤液相同。最后用压缩空气、清水或蒸气反吹卸掉滤渣。

叶滤机的操作密闭，装卸、洗涤均较方便，因而劳动条件较好。其过滤面积较大，通

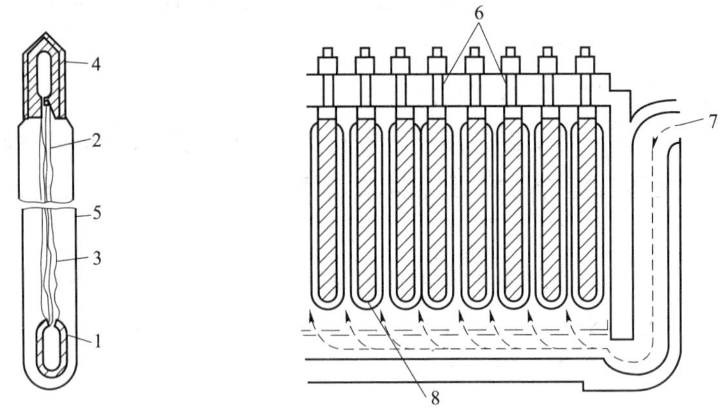

a. 滤叶的构造　　　　b. 密封加压叶滤机

图 3-23　叶滤机

1. 空框；2. 金属网；3. 滤布；4. 顶盖；5. 滤饼；6. 滤浆进口；7. 滤液出口；8. 滤饼

常为 20~100m^2。但是，由于设备密闭加压，使得结构复杂，造价较高。在过滤时，还会造成颗粒沉积不均，大颗粒积于底部，细小颗粒积于上部，致使洗涤不均。

3. 转鼓真空过滤机　转鼓真空过滤机是一种连续式的过滤机。常用于含中等粒度的颗粒、黏度不大的悬浮液，如抗生素厂用其过滤青霉素的发酵液以分离菌丝体。

图 3-24 为一台转鼓真空过滤机的外形图和操作简图。其主要部件为一水平放置的多孔回转圆筒，简称转筒，外面包上金属网和滤布，内部用隔板分成 12 个互不相通的扇形格，一端与分配头相接。

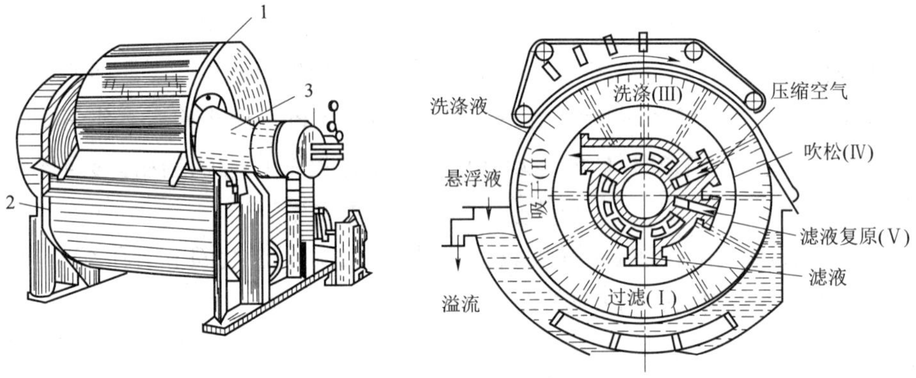

a. 外形　　　　b. 操作示意

图 3-24　外滤式转鼓真空过滤机的外形和操作示意

1. 转鼓；2. 槽；3. 主轴

如图 3-25 所示，分配头由两块圆盘构成，一个是转盘，与转筒连在一起并随转鼓一道回转，它上面的 12 个孔分别与转筒内的 12 个扇形格相通。另一个为固定盘，它上面有 4 个大小不等的孔，分别与减压管路和压缩空气管路相通。分配头的作用就是通过转盘与固定盘的相对运动，使转筒内各个扇形格顺次地与真空管路或压缩空气管路相通。从而控制过滤操作各个阶段的顺利进行。

操作时，转筒以 0.1~3r · min^{-1}的转速转动，其表面可分成如下几个区域（图 3-24b）。

（1）过滤区Ⅰ　当浸在悬浮液内的各个扇形格与固定盘上的孔 3 相通时，扇形格与真空管路相通，滤液被吸走，而滤渣则被截留在滤布表面上形成滤饼层。

（2）吸干区Ⅱ　当扇形格离开了悬浮液，但格内仍与真空管路相通，这时可将滤饼中

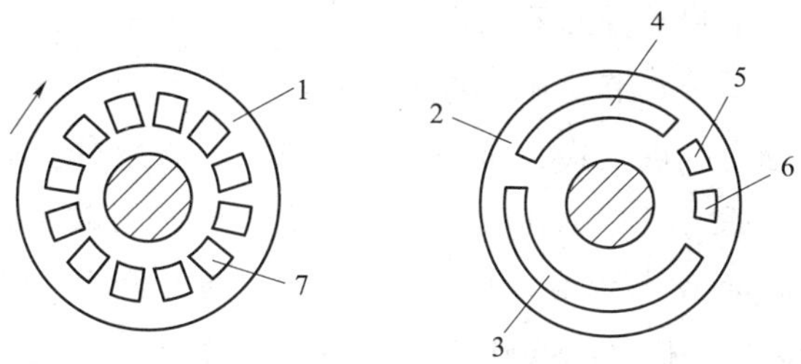

图 3-25　分配头

1. 转动盘；2. 固定盘；3. 与真空管路相通的孔隙；4. 与洗涤液储槽相通的孔隙；
5，6. 与压缩空气管路相通的孔隙；7. 转动盘上的小孔

存留的一部分滤液吸干。

（3）洗涤区Ⅲ　当转筒上的扇形格与固定盘上的孔 4 相通时，格内仍然与真空管路相通，同时又有外部的喷头向滤饼上均匀地喷洒洗涤液，洗涤液同滤液一样，经分配头被吸出。滤渣被洗涤后，在同一区域内被吸干。

（4）吹松区Ⅳ　当扇形格与固定盘上的孔 5 相通时，扇形格与压缩空气管路相通，压缩空气从内向外吹出，将滤饼松动，以便卸料。

（5）滤布复原区Ⅴ　经过吹松的滤饼在刮刀作用下被刮落后，扇形格与固定盘上的孔 6 相通，此时压缩空气或蒸气经孔 6 通入扇形格内，将堵塞在滤布孔隙中的滤渣颗粒吹落，使滤布复原，再重新开始下一循环的操作。

不难看出，借助于分配头，转鼓表面的每一个部位按顺时针旋转一周，应相继进行过滤、洗涤、脱水、卸渣、再生等操作。在同一时间，转鼓表面的不同部位将处于不同的操作阶段。

转筒真空过滤机的最大优点在于操作自动化，单位过滤面积的生产能力大，只要改变转筒的转速便可以调节滤饼的厚度（为 3～40mm）。缺点是过滤面积远远小于板框压滤机（转筒浸入悬浮液的面积约为全部转筒表面积的 30%～40%，在不需要洗涤滤饼时，浸入面积可增至 60%），设备的结构复杂，滤渣的含湿量较高（一般为 10%～30%，很少低于 10%），洗涤不彻底，消毒困难等。

转筒真空过滤机可用于过滤各种物料，包括温度较高的悬浮液，但温度不能过高，以免滤液的蒸气压过大而使真空度下降。

例题 3-3　以板框压滤机过滤某悬浮液，已知过滤面积 $8.0m^2$，过滤常数 $K=8.50\times 10^{-5}m^2\cdot s^{-1}$，过滤介质阻力可略。求：

（1）取得滤液 $V_1=5.0m^3$ 所需过滤时间 τ_1；

（2）若操作条件不变，在上述过滤 τ_1 时间基础上再过滤 τ_1 时间，又可得多少滤液？

解：（1）由式（3-38）得

$V_1^2=KA^2\tau_1$，即　　$5.0^2=8.50\times10^{-5}\times8^2\times\tau_1$

得　　$\tau_1=4596s=1.28h$

（2）$V_2^2=KA^2\tau_2$，即 $V^2=8.50\times10^{-5}\times8^2\times4596\times2$

$$V_2=7.07m^3$$

则　　$V_2-V_1=7.07-5.0=2.07m^3$

二、离心分离设备——离心机

离心机是借助离心力的作用，分离悬浮液或乳浊液的常用设备。其作用原理与旋风分

离器相同。二者之区别在于旋风分离器的设备本身无转动部分，而离心机中有一个由电动机带动的高速旋转的转鼓，转鼓带动其中的液体旋转。

离心机按构造特性分为：直立式、横卧式和倾斜式；按操作方式分为：间歇式和连续式；按操作原理分为：过滤式离心机和沉降式两大类。分离因数 α 是衡量离心机分离性能的重要指标，α 越大，离心效果越好，按其大小离心机可分为：常速（$\alpha<3000$）、高速（$3000<\alpha<50000$）和超速离心机（$\alpha>50000$）。

过滤式离心机亦称离心过滤机，主要部件是一个装在垂直或水平轴上作高速旋转的转鼓。转鼓的侧壁上有许多小孔，其内壁覆以滤布。当转鼓转动时，由于离心力的作用，滤液由滤孔排出，而滤渣则截留在滤布上。

沉降式离心机亦称离心沉降机，转鼓的侧壁上没有小孔。当转鼓旋转时，由于离心力的作用，料液按密度的大小分层沉积。

下面介绍药厂生产中几种常用的离心机。

（一）三足式离心机

如图 3-26 所示，三足式离心机的主要部件为底盘、外壳及装在底盘上的主轴和转鼓，借三根摆杆悬挂在三根支柱的球面座上，摆杆上套有缓冲弹簧。这种支承方式使转鼓因装料不均而处于不平衡状态时能自动调整，减轻了主轴和轴承的动力负荷。该机由电动机通过皮带驱动，滤液出口设在底盘下部，外壳侧面设有刹车把手。

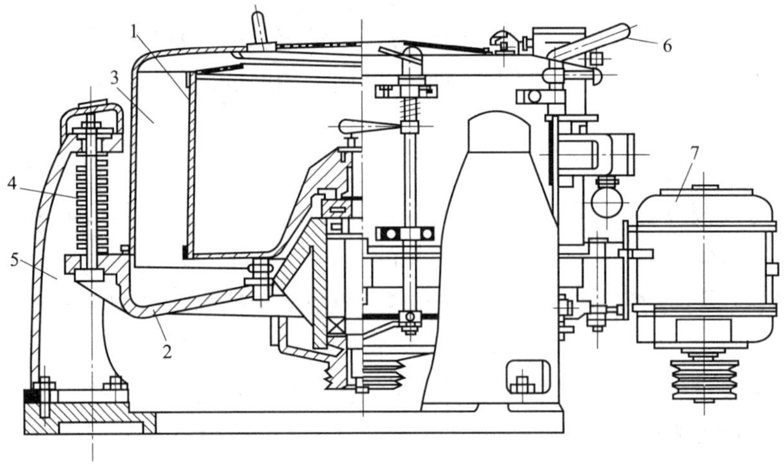

图 3-26　三足式离心机

1. 转鼓；2. 机座；3. 外壳；4. 拉杆；5. 支脚；6. 手掣动器；7. 电动机

三足式离心机的分离因数为 450~1170，适于分离含固体颗粒粒径≥0.01mm 的悬浮液。该机结构简单，运转平稳，适应性强，滤渣颗粒不易受损伤，适于过滤周期较长、处理量不大、要求滤渣含液量较低的场合。其缺点是上部卸料时劳动强度较大，操作周期长，生产能力低。近年来已在卸料方式等方面不断改进，出现了自动卸料及连续生产的三足式离心机。

（二）卧式刮刀卸料离心机

卧式刮刀卸料离心机亦为过滤式离心机，其结构和工作原理如图 3-27 所示。它能在全速运转下自动循环进行加料、过滤、洗涤、甩干、刮料、洗网（筛网再生）。各工序的持续时间可自动调整或人工调整。

操作时物料经加料管进入转鼓，滤液经筛网和转鼓壁上的小孔甩出鼓外，截留在筛网上的滤渣在洗涤和甩干后，由刮刀卸下，沿排料槽卸出。所以下次加料前必须清洗筛网以使其再生。

该机可自动操作亦可人工操作，处理能力大，分离效果好，对悬浮液的浓度变化适应性强，宜于大规模连续生产。该机适于分离含固体颗粒粒径≥0.01mm的悬浮液。但是，由于刮刀卸料，使颗粒破坏严重，对于必须保持颗粒完整的物料不宜采用。

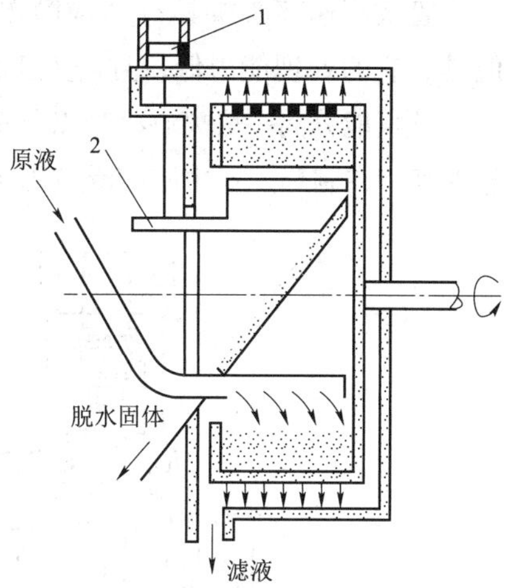

图 3-27　卧式刮刀卸料离心机

1. 油压活塞；2. 刮刀

（三）碟式高速离心机

碟式高速离心机在转鼓内装有多层倒锥形碟片。碟片直径一般为 0.2~0.6m，大者可达 1m。碟片数为 50~100 片。转鼓以 4000~7000r·min^{-1}的转速旋转，分离因数可达 4000~10000。这种离心机可使乳浊液的轻、重两相分层，亦可使悬浮液中的少量细小固体颗粒沉积，获得澄清的液体。因此该设备可进行以下两类操作。

1. 分离操作　图 3-28a 为碟式高速离心机的分离工作原理图。料液由空心转轴进入转鼓底部，用于分离操作的碟片上带有小孔，悬浮液经这些小孔被分配至各碟片通道。在离心力的作用下，重相（或浓缩液）移至碟片下方，并向转鼓靠拢，汇聚后经重液排出口引出；轻相液体则被挤流向轴中心，经轻液排出口引出。

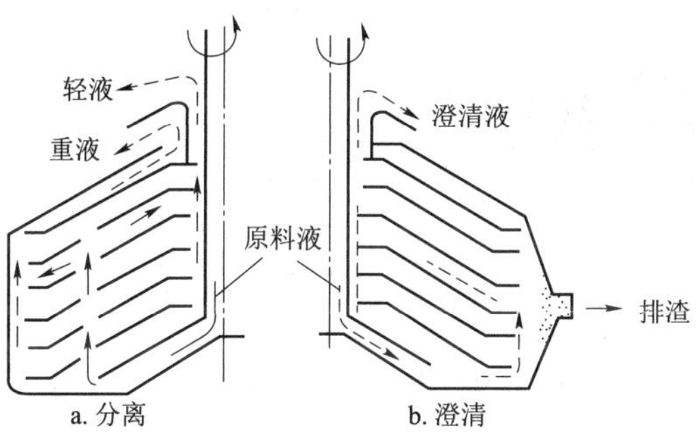

图 3-28　碟式高速离心机的分离和澄清操作原理

2. 澄清操作　图 3-28b 为碟片沉降（澄清）机的操作原理图。其碟片上无孔。料液进入后沿碟片四周进入各碟片通道，液相沿通道向轴中心移动，经澄清液出口排出；固体颗粒沿通道向碟片下方运动，并沉积于鼓壁上，经排渣口由人工或自动排渣。如上部设重液出口，则此设备可分别得到沉渣、重液和轻液。

碟片式高速离心机的碟片间距很小，一般为 0.5~1.25mm，所以沉降距离很短，适于粒径大于 0.5μm 的颗粒从轻液中的分离。目前该种离心机已用于含细小颗粒的悬浮液、乳浊液、油品的分离及浓缩酵母液的分离等。在微生物制药生产中常用于提取操作。

（四）管式超速离心机

管式超速离心机是一种能产生高强度离心力场的离心机，其转速可高达 8000~50000r·min^{-1}，分离因数为 15000~60000。转鼓细长，直径一般为 100~200mm，高为 0.75~1.5m。图 3-29 示出管式高速离心机的结构和工作原理。操作时，料液在 25.33~30.40kPa（表压）下经底部加料管进入转鼓。为使料液与转鼓具有相同的旋转角速度，鼓内设置三块隔板（互成 120°）。旋转的料液自下而上运动，并靠拢鼓壁而分成两层环状液层，轻相在内，重相在外，分别经上部轻、重液出口引出。

若分离悬浮液，应将重相出口堵塞，颗粒可沉于鼓壁，操作一段时间后，停车卸渣。

管式超速离心机具有结构简单、紧凑、运转可靠、密封性能好及分离因素高等优点。但是，它的处理能力低，且需人工停车卸渣。

该机能分离一般离心机难以分离的物料，适于分离乳浊液和澄清含固相极少而又很细的悬浮液。在制药工业中已广泛应用于微生物制药的提纯、生化制药及酵母菌回收等工艺过程。

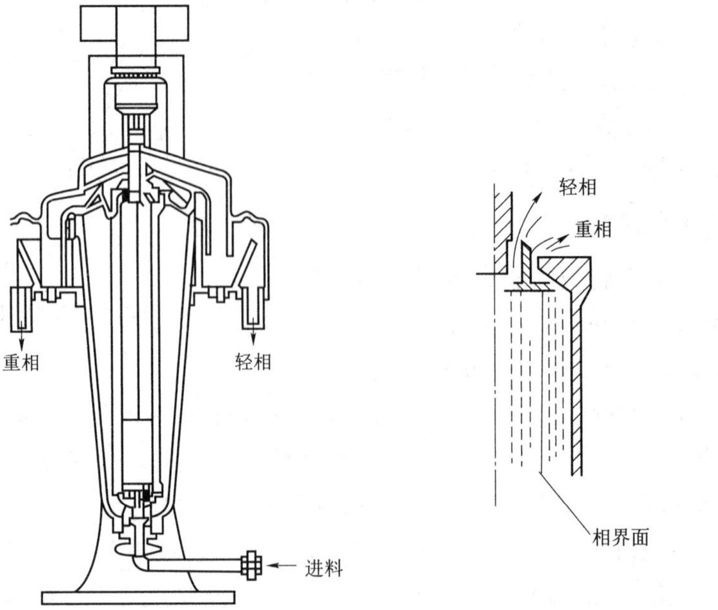

a. 管式超速离心机　　b. 乳浊液在管式超速离心机中的分离

图 3-29　管式超速离心机

重点小结

- 沉降
  - 自由沉降定义
  - 沉降速度计算通式
    - 层流区计算公式
    - 过渡区计算公式
    - 湍流区计算公式
  - 试差法计算沉降速度
  - 降尘室
    - 设备特点
    - 生产能力计算
  - 离心沉降速度计算公式——分离因数
  - 旋风分离器
    - 结构特点
    - 主要性能指标计算
    - 类型（CLT/A、CLT/B和扩散式）
- 过滤
  - 过滤原理和过滤介质
  - 过滤速度基本方程式
    - 恒压过滤方程
    - 恒速过滤方程
    - 过滤常数的测定方法
  - 过滤机
    - 板框压滤机——结构特点、过滤和洗涤流程
    - 叶滤机——结构特点及操作步骤
    - 转筒真空过滤机——结构特点（转筒表面分区）
  - 离心机
    - 三足式离心机
    - 卧式刮刀卸料离心机
    - 碟式高速离心机
    - 管式超速离心机

主要符号表

符　号	意　义	法定单位
A	过滤面积	m^2
A_p	颗粒截面积	m^2
b	沉降器的宽度	m
C	含尘量	$kg \cdot m^{-3}$
d	通道的平均直径	m
d_p	颗粒粒径	m
F_b	浮力	N
F_d	阻力	N
F_g	重力	N
g	重力加速度	$m \cdot s^{-2}$
h	沉降器的高度	m
K	过滤常数	$m^2 \cdot s^{-1}$
L	沉降器的长度	m
L	滤饼厚度	m
l	通道的平均长度	m
N	比例常数	
n	转速	$r \cdot min^{-1}$
p	压力	Pa
q	单位过滤面积得到的滤液体积	$m^3 \cdot m^{-2}$
r	旋转半径	m
u	气体流速	$m \cdot s^{-1}$
u_0	颗粒沉降速度	$m \cdot s^{-1}$
u_0	液体在通道内流速	$m \cdot s^{-1}$
V	滤液量	m^3
V_e	滤液量	m^3
V_h	过滤设备的生产能力	$m^3 \cdot h^{-1}$
α	分离因数	
Δ	有限差	
ζ'	阻力系数	
μ	分离效率	
μ	黏度	$Pa \cdot s$
ρ	流体密度	$kg \cdot m^{-3}$
ρ_s	颗粒密度	$kg \cdot m^{-3}$
τ	时间	s
r	滤饼的比阻	m^{-2}

习 题

文字题解

习题解

扫码“练一练”

1. 一直径为30μm的光滑球形固体颗粒在$\rho=1.2\text{kg}\cdot\text{m}^{-3}$的空气中的沉降速度为其在20℃、$\mu=1\text{mPa}\cdot\text{s}$的水中沉降速度的88.4倍，又知此颗粒在此空气中的有效重量（指重力减浮力）为其在20℃水中有效重量的1.6倍。求该颗粒在上述空气中的沉降速度（$\text{m}\cdot\text{s}^{-1}$）。

（答：$0.072\text{m}\cdot\text{s}^{-1}$）

2. 以长3m、宽2m的重力沉降室除气体所含的灰尘。气体密度为$1.2\text{kg}\cdot\text{m}^{-3}$，黏度为$1.81\times10^{-5}\text{Pa}\cdot\text{s}$。尘粒为球形，密度为$2300\text{kg}\cdot\text{m}^{-3}$。处理气量为每小时$4300\text{m}^3$。试求：

（1）可全部除去的最小尘粒粒径d_{p1}（m）；

（2）能除去40%的尘粒粒径d_{p2}（m）。

（答：$5.36\times10^{-5}\text{m}$；$3.39\times10^{-5}\text{m}$）

3. 某板框压滤机有10个框，框空为500mm×500mm×20mm（长×宽×厚）。经恒压过滤30min得滤液5m^3。设滤布阻力不计。

（1）求过滤常数K（$\text{m}^2\cdot\text{s}^{-1}$）。

（2）若再过滤30min，还能获得多少滤液（m^3）？

（答：$5.56\times10^{-4}\text{m}^2\cdot\text{s}^{-1}$；$2.07\text{m}^3$）

4. 以叶滤机过滤某悬浮液，已知过滤常数$K=2.5\times10^{-3}\text{m}^2\cdot\text{s}^{-1}$，过滤介质阻力可略。求：

（1）$q_1=2\text{m}^3\cdot\text{m}^{-2}$所需过滤时间$\tau_1$（s）；

（2）若操作条件不变，在上述过滤τ_1时间基础上再过滤τ_1时间，单位过滤面积上又可得多少滤液（$\text{m}^3\cdot\text{m}^{-2}$）？

（答：1600s；$0.83\text{m}^3\cdot\text{m}^{-2}$）

第四章　传　热

扫码"学一学"

学习目标

1. **掌握**　傅立叶定律及其应用——两流体间壁传热过程的计算；对流传热系数的关联式的选用及计算。
2. **熟悉**　传热的三种基本方式及其在制药生产中的应用；单个物体辐射和吸收特性（Stefan-Boltzmann 定律，Kirchhoff 定律），熟悉列管换热器的结构特点及选型。
3. **了解**　对流传热的基本概念，牛顿冷却定律；对流传热系数的影响因素及量纲分析法。

在化工与制药生产工艺中，经常要求在一定时间内将一定量的物料从某一温度加热（或冷却）到另一温度，或是在一定时间内将一定量的物料气化（或冷凝）。处理这类问题时，在工程上通常从以下几方面入手，即：确定完成操作所需的热量、选择加热（或冷凝、冷却）介质并对其用量进行计算、为换热器选型并对其进行结构及换热面积方面的设计。此外，在实际生产中，为了减少生产过程中的热量或冷量损失、降低生产成本，还需结合现场对设备进行保温、隔热等设计。

本章将对传热基本规律、传热过程及热负荷计算、换热器的选型与设计等问题进行讨论，以帮助同学掌握解决此类问题的思路与方法。

第一节　概　述

一、传热在化工、制药生产中的应用

在物体内部或物系之间，只要存在温度差，就会自动发生从高温处向低温处的热量传递，因此，热量传递是自然界中普遍存在的物理现象。

化工、制药生产过程中常遇到的上述现象有两类：①强化传热，在传热设备中加热或冷却物料，希望传热速率越高越好；②削弱传热，对高温设备、管道的保温以及低温设备、管道的隔热，则要求传热速率越低越好。这样可使完成某一换热任务时所需的设备紧凑、减少加热剂或冷却剂用量，从而降低设备操作费用。

学习传热的目的主要是学习分析影响热量传递速率的因素，掌握控制传热速率的一般规律，以便能根据生产的要求强化或削弱热量传递，并运用传热基本原理正确地进行计算、选择适宜的换热设备。

二、传热的基本方式

根据热量传递机理的不同，传热有 3 种基本方式：热传导、热对流和热辐射。

（一）热传导

热传导简称导热。从微观角度来看，气体、液体、金属和非金属的导热机理各不相同，但物质的分子、原子和电子等微观粒子的热运动是产生热传递的共同原因。在气体中，高温区的气体分子动能大于低温区的气体分子动能，动能大小不同的分子相互碰撞，使热量从高温区向低温区传递。在金属固体中，热传导主要是通过自由电子的迁移实现的。而在非金属固体中，主要是依靠相邻分子的热振动与碰撞进行热量传递的。至于液体的导热机理，则介于气体和固体之间。导热不能在真空中进行。

（二）热对流

热对流是指流体中处于不同位置的冷、热质点间发生相对运动而引起的热量传递过程。此种热传递方式仅发生在液体和气体中。对流传热可分为自然和强制对流传热。当流体内部温度分布不均时就会形成密度差，在浮升力的作用下，流体因发生对流而传热，这种过程被称为自然对流传热。若流体流动源于其他外力作用（如水泵、风机等），则所进行的热量交换过程被称为强制对流传热。在强制对流传热发生时，也往往伴随着自然对流传热，由于流体中存在着温度差，所以流体分子间的热传导也必然同时存在。

（三）热辐射

任何物体，只要其绝对温度大于零，都能以电磁波的形式向外界发射能量，同时也会吸收来自外界物体的辐射能。当发射与吸收的能量不等时，该物体就会与外界进行热量的交换，这种热量传递的方式称为热辐射。在热辐射过程中，物体将热能变为辐射能，以电磁波的形式在空中传递，被其他物体吸收后又转变为热能。因此，辐射传热过程中不仅有能量的传递，同时也伴随着能量形式的转化。另外，辐射传热可以不需任何媒介，在真空中进行传播。

上述 3 种传热基本方式很少单独存在，实际存在的往往是这几种传热方式的组合，并以其中一、两种方式为主。

三、间壁式换热器传热过程与传热速率方程式

工业上，通常不允许冷、热两流体以直接接触的方式完成热交换，而是用固体壁面将其隔开。能够实现这种操作的换热器被称为间壁式换热器。间壁式换热器类型很多，如结构比较简单的套管式换热器，应用最为广泛的列管式换热器等等。图 4-1 为套管式换热器的结构示意图。它是由两种直径大小不同的直管组成的同心套管，两种流体分别在内管与内、外管间的环隙中流动，以实现热量传递。间壁两侧流体的换热情况如图 4-2 所示。热流体的温度由 T_1 降至 T_2；冷流体的温度则由 t_1 升至 t_2。

传热过程的中心问题是传热过程速率，通常由两个参数来表示：①传热速率 Q，又称热流量。即单位时间内通过传热面的热量，单位为 W；②热流密度 q，又称热通量，即单位时间内通过单位传热面积传递的热量，单位为 $W \cdot m^{-2}$。两者关系为 $q=Q/A$。

通常情况下，间壁两侧流体的温度差沿传热管长度是变化的，因此在传热计算中，常常使用整个换热器的冷、热流体的平均温度差，以 Δt_m 表示，单位为 K（或℃）。经验指出，在稳态过程中，传热速率 Q 与传热面积 A 及两流体的温度差 Δt_m 成正比，即

$$Q = KA\Delta t_m \tag{4-1}$$

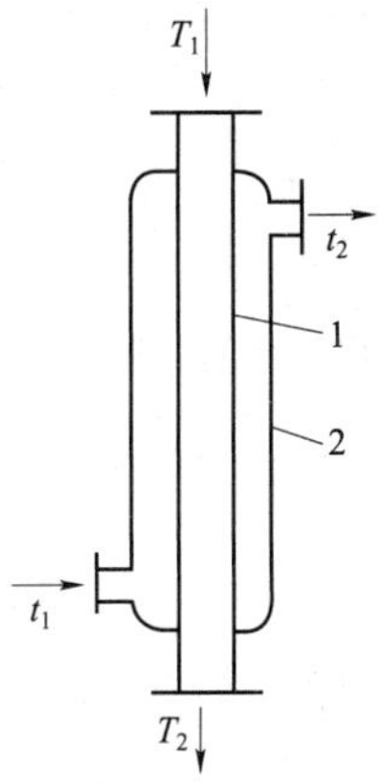

图 4-1　套管式换热器

1. 内管；2. 外管

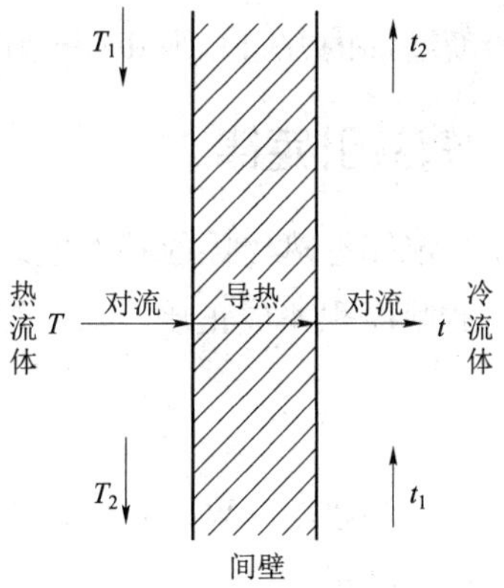

图 4-2　套管式换热器

该式被称为传热速率方程式。式中的比例系数 K，被称为传热系数，单位 $W \cdot m^{-2} \cdot K^{-1}$。

式（4-1）中的 K、A、Δt_m 是传热过程的三要素。K 与 Δt_m 的影响因素及其计算分别在本章以后内容中讨论。

第二节　热传导

一、基本概念

（一）温度场和等温面

物体内部只要存在温度差，热量就必然从高温部分向低温部分传导。在热传导过程中，传热速率涉及到物体内部的温度分布。某一瞬间，空间（或物体内）所有各点的温度分布的总和称为温度场。通常，任意点的温度是空间和时间的函数，即

$$t = f(x, y, z, \tau) \tag{4-2}$$

式中，t 为温度，K；x，y，z 为空间坐标；τ 为时间，s。

在温度场中，若温度只沿一个坐标方向变化，则称为一维温度场，一维温度场的温度分布表达式为

$$t = f(x, \tau) \tag{4-3}$$

如果温度场内各点的温度随时间变化，则称为不稳定温度场；若温度不随时间变化，则称为稳定温度场。化工与制药生产过程中遇到的多是稳定传热过程，因此，本章重点讨论稳定温度场中的传热过程。

在同一时刻，温度场中相同温度的各点相连接而构成的面，称为等温面。因为空间任何一点不可能同时有两个不同的温度，因此温度不同的等温面彼此不能相交。

（二）温度梯度

在等温面上不存在温度差，也就没有热量传递；而穿过等温面的任何方向上都有温度变化，且沿不同方向温度变化率不相同。温度随距离的变化率，以等温面的法线方向最大，该温度变化率称为温度梯度。其方向与给定点所在等温面的法线方向一致，以温度增加的方向为正。

对一维稳定热传导，温度只沿 x 方向变化，则温度梯度可表示为 $\mathrm{d}t/\mathrm{d}x$。当 x 坐标轴方向指向温度增加的方向，则 $\mathrm{d}t/\mathrm{d}x$ 为正值，反之则为负值。

二、傅立叶定律

傅立叶定律是热传导的基本定律。它是指：热传导速率 Q 与温度梯度 $\mathrm{d}t/\mathrm{d}x$ 及垂直于热流方向的截面积 A 成正比。对一维稳定导热过程，则有

$$Q=-\lambda A\frac{\mathrm{d}t}{\mathrm{d}x} \tag{4-4}$$

式中，Q 为导热速率，W；A 为导热面积，即垂直于热流方向的截面积，m^2；λ 为导热系数，$W\cdot m^{-1}\cdot K^{-1}$ 或 $W\cdot m^{-2}\cdot ℃^{-1}$；$\mathrm{d}t/\mathrm{d}x$ 为沿 x 方向的温度梯度，$K\cdot m^{-1}$，或 $℃\cdot m^{-1}$。

因热流方向为温度降低方向，与梯度方向相反，因此，式中需加负号。

式（4-4）被称为一维稳态导热过程的傅立叶定律表达式。

思考

1. 傅立叶定律中的负号是什么意思?

三、导热系数

式（4-4）改写为

$$\lambda=-\frac{Q}{A\dfrac{\mathrm{d}t}{\mathrm{d}x}} \tag{4-5}$$

式（4-5）可作为导热系数的定义式。导热系数是物质导热能力的量化指标，是物质重要的热物性参数。在数值上，导热系数等于单位温度梯度下的热通量。

各种物质的导热系数数值通常由实验测定。导热系数的大小与物质的种类、温度及压力有关。一般而言，金属的导热系数最大，非金属固体次之，液体较小，而气体最小。

各类物质导热系数的值大致为：纯金属 20~400、合金 10~130、建筑材料 0.2~2.0、绝缘材料 0.02~0.2、液体 0.1~0.7、气体 0.01~0.6，单位均为 $W\cdot m^{-1}\cdot K^{-1}$。

下面对固体、液体和气体的导热系数分别进行讨论。

（一）固体的导热系数

表 4-1 为常用固体材料在一定温度下的导热系数。

表 4-1　常用固体材料的导热系数

固体材料	温度/K	导热系数 /$W\cdot m^{-1}\cdot K^{-1}$	固体材料	温度/K	导热系数 /$W\cdot m^{-1}\cdot K^{-1}$
铝	300	230	石棉	100	0.19
镉	18	94	石棉	200	0.21
铜	100	377	高铝砖	430	3.1
熟铁	18	61	建筑砖	20	0.69
铸铁	53	48	镁砂	300	3.8

续表

固体材料	温度/K	导热系数 /W·m^{-1}·K^{-1}	固体材料	温度/K	导热系数 /W·m^{-1}·K^{-1}
铅	100	33	棉毛	30	0.050
镍	100	57	玻璃	30	1.09
银	100	412	云母	50	0.43
钢（1%C）	18	45	硬橡皮	0	0.15
船舶用金属	30	113	锯屑	20	0.052
青铜		189	软木	30	0.043
不锈钢	20	16	玻璃毛		0.041
石棉板	50	0.17	85%氧化镁		0.070
石棉	0	0.16	石墨	0	151

金属是良好的导热体。纯金属的导热系数一般随温度升高而降低。金属的纯度对导热系数影响很大，合金的导热系数一般比纯金属要低。

非金属建筑材料或绝缘材料的导热系数与物质的组成、结构的致密性及温度和湿度有关。对具有多孔结构或呈纤维状的非金属材料，孔隙内的空气或水分的含量对导热系数的数值产生很大影响。随空气含量增多，则材料密度减小，导热系数降低；但若孔隙尺寸太大，其中空气的自然对流传热作用增强，反而使导热系数增加。所以这些材料存在某一最佳密度，使其导热系数最小。

常用的固体材料导热系数与温度的关系，如图 4-3、图 4-4 所示。

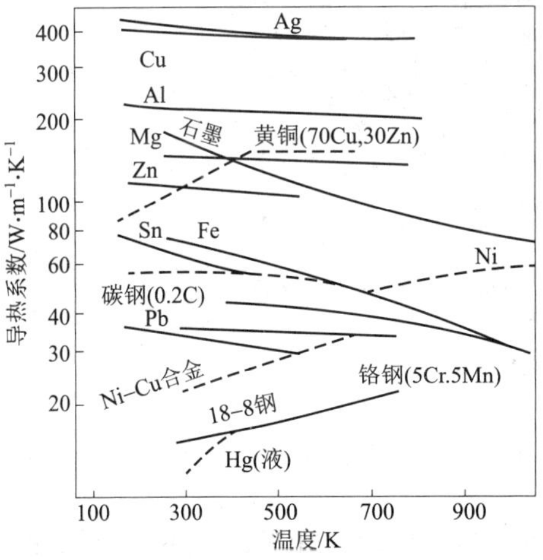

图 4-3　金属的导热系数

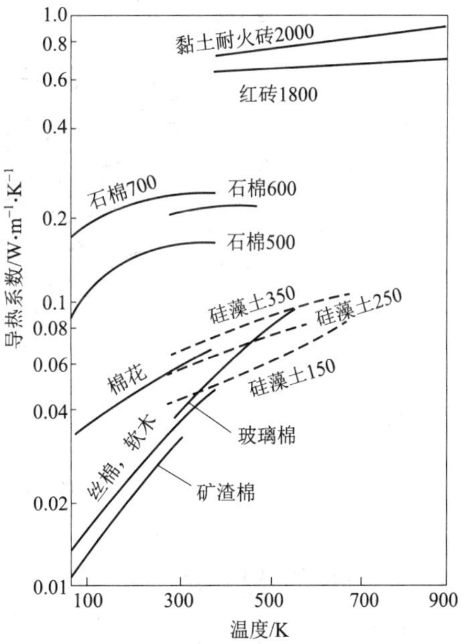

图 4-4　绝缘材料的导热系数

实验证明，大多数物质的导热系数，在温度变化范围不大时，与温度近似呈直线关系，可以用下式表示。

$$\lambda = \lambda_0(1 + at) \tag{4-6}$$

式中，λ 为物质在温度 t℃时的导热系数，W·m^{-1}·K^{-1}；λ_0 为物质在 0℃时的导热系数，

W · m^{-1} · K^{-1}；α 为温度系数，$℃^{-1}$。对大多数金属材料和液体为负值，而对大多数非金属材料和气体为正值。

在热传导过程中，因物质各处温度不同，则 λ 也不相同，所以在计算时，应取最高温度 t_1 下的 λ_1 与最低温度 t_2 下的 λ_2 的算术平均值，或由平均温度 $t=(t_1+t_2)/2$ 求出 λ 值。

思考

2. 为什么金属是良好的导电体，又是良好的导热体？

（二）液体的导热系数

非金属液体以水的导热系数最大。除水和甘油外，绝大多数液体的导热系数随温度升高而略有减少。一般而言，纯液体的导热系数比其溶液的导热系数大。图 4-5 示出几种常用液体的导热系数与温度关系。

由图 4-5 可知，液体中水的 λ 与温度不呈直线关系，而甘油、乙二醇等的 α 为正值。

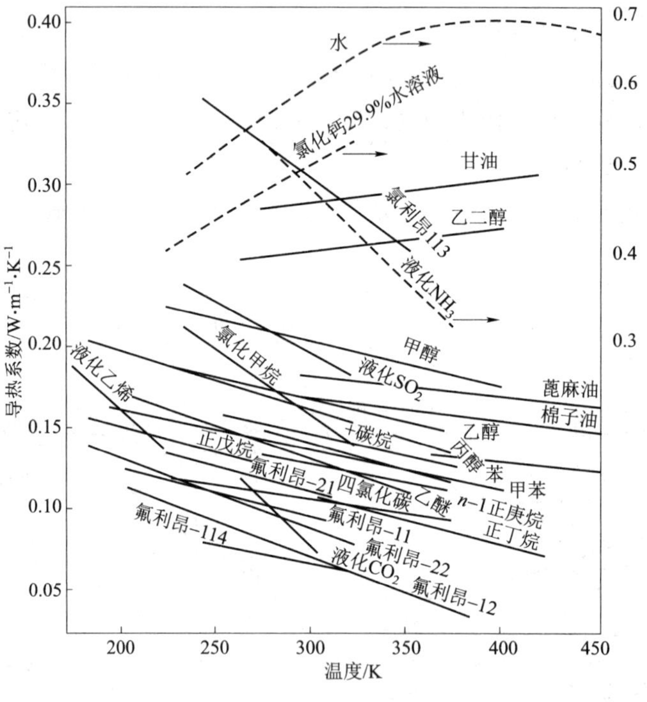

图 4-5　液体的导热系数

（三）气体的导热系数

气体的导热系数很小，尽管对导热不利，但却有利于绝热、保温。软木、玻璃棉等物质就因其空隙中有气体，使其导热系数变小，而被工业用作保温材料。气体的导热系数随温度升高而增加。压力对气体的导热系数在相当大的范围内无明显影响。只有在压力很低（小于 2.7kPa）或很高（大于 200MPa）时，导热系数才随压力增加而增大。不同温度下，常见气体的导热系数见图 4-6。

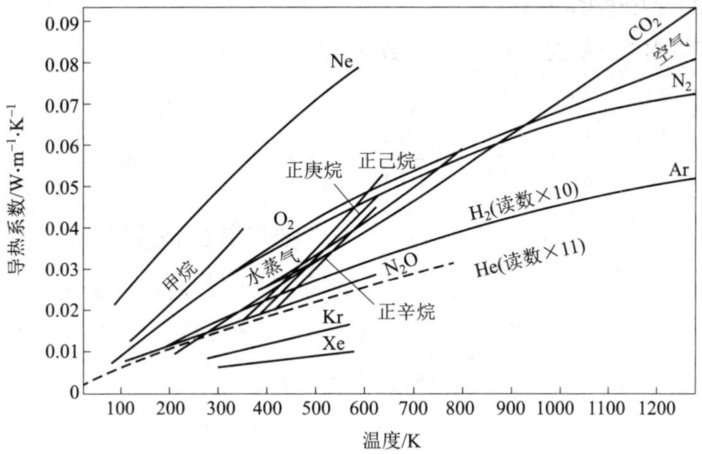

图 4-6　气体的导热系数

四、平壁的稳态热传导

（一）单层平壁的稳态热传导

图 4-7 所示为一平壁。

平壁壁厚为 b，壁的面积为 A，假定平壁的材质均匀，在壁内温度相差不大的情况下，导热系数 λ 随温度变化可以忽略，视为常数，平壁的温度只沿着垂直于壁面的 x 轴方向变化，故等温面都是垂直于 x 轴的平面。若平壁两侧面的温度 t_1 和 t_2 恒定，则当 $x=0$ 时，$t=t_1$，$x=b$ 时，$t=t_2$，该传热过程为稳态一维热传导。根据傅立叶定律，可得整个平壁的导热速率为

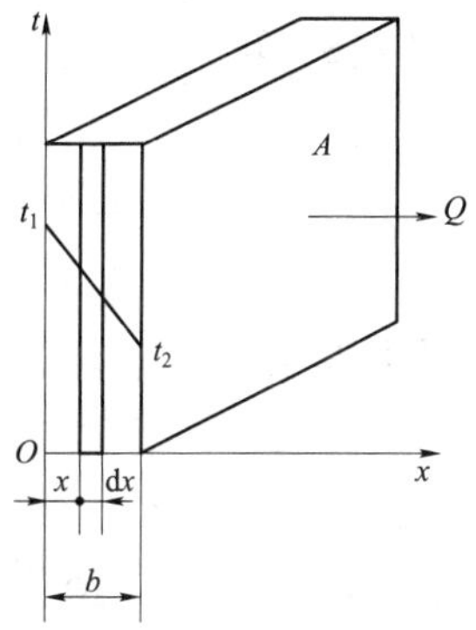

图 4-7　单层平壁稳态热传导

$$Q=-\lambda A\frac{dt}{dx}$$

分离变量后积分

$$\int_{t_2}^{t_1}dt=-\frac{Q}{\lambda A}\int_0^b dx$$

求得导热速率方程式为

$$Q=\frac{\lambda}{b}A(t_1-t_2) \tag{4-7}$$

或

$$Q=\frac{t_1-t_2}{\dfrac{b}{\lambda A}}=\frac{\Delta t}{R}=\frac{\text{传热推动力}}{\text{热阻}} \tag{4-8}$$

式（4-8）表明，导热速率 Q 正比于传热推动力 Δt，反比于热阻 R。壁厚 b 越厚，或传热面积 A 与导热系数 λ 越小，则热阻 R 越大，热流量 Q 越小。式（4-8）也可写成

$$q=\frac{Q}{A}=\frac{\lambda}{b}(t_1-t_2) \tag{4-9}$$

式中，q 为热流密度，$W\cdot m^{-2}$，为单位面积的导热速率。

例题 4-1　现有一厚度为 0.4m 的砖壁，内壁温度 1500℃，外壁温度为 300℃，试求通

过每平方米壁面的导热速率（$W \cdot m^{-2}$）。

已知该温度范围内砖壁的平均导热系数 λ 为 $1.50W \cdot m^{-1} \cdot ℃^{-1}$。

解：由式（4-9）

$$q=\frac{Q}{A}=\frac{\lambda}{b}(t_1-t_2)=\frac{1.50}{0.40}\times(1500-300)=4500\ W\cdot m^{-2}$$

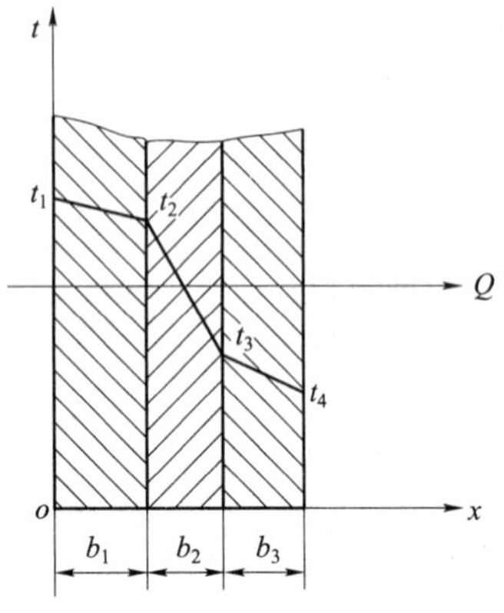

图 4-8　多层平壁的稳态热传导

（二）多层平壁的稳态热传导

在化工、制药生产中，通过多层平壁的导热过程也是很常见的。现以图 4-8 所示的三层平壁为例，说明多层平壁稳态导热过程的计算。

假定各层壁的厚度分别为 b_1、b_2、b_3，各层材质均匀，导热系数分别为 λ_1、λ_2、λ_3，皆视为常数，层与层之间接触良好，相互接触的表面上温度相等，各等温面亦都垂直于 x 轴的平行平面。壁的面积均为 A，又各层的温度降分别为 Δt_1（即 t_1-t_2）、Δt_2（即 t_2-t_3）及 Δt_3（即 t_3-t_4）。在稳定导热过程中，单位时间内通过各层的热量必相等，即导热速率相同

$$Q=Q_1=Q_2=Q_3$$

由式（4-8）可得

$$Q=\frac{\Delta t_1}{\dfrac{b_1}{\lambda_1 A}}=\frac{\Delta t_2}{\dfrac{b_2}{\lambda_2 A}}=\frac{\Delta t_3}{\dfrac{b_3}{\lambda_3 A}} \tag{4-10}$$

该式也可写为

$$Q=\frac{\Delta t_1}{R_1}=\frac{\Delta t_2}{R_2}=\frac{\Delta t_3}{R_3} \tag{4-10a}$$

因 $\Delta t=t_1-t_4=\Delta t_1+\Delta t_2+\Delta t_3$，由上式求得

$$Q=\frac{\Delta t}{\dfrac{b_1}{\lambda_1 A}+\dfrac{b_2}{\lambda_2 A}+\dfrac{b_3}{\lambda_3 A}}=\frac{\Delta t}{\sum_{i=1}^{3} R_i}=\frac{总推动力}{总热阻} \tag{4-11}$$

式（4-11）表明，多层平壁稳定导热过程的总推动力等于各层推动力之和，总热阻等于各层热阻之和。由于各层的导热速率相同，所以各层的传热推动力与其热阻之比都相等，也等于总推动力与总热阻之比。在多层平壁中，温差大的壁层，则热阻也大。

例题 4-2　有一燃烧炉，炉壁由三种材料组成，如附图所示。最内层是耐火砖，中间是保温砖，最外层是建筑砖。已知：耐火砖 $\lambda_1=1.4W\cdot m^{-1}\cdot ℃^{-1}$，$b_1=230mm$；保温砖 $\lambda_2=0.15W\cdot m^{-1}\cdot ℃^{-1}$，$b_2=115mm$；建筑砖 $\lambda_3=0.8W\cdot m^{-1}\cdot ℃^{-1}$，$b_3=230mm$。

今测得炉的内壁温度为 900℃，外壁温度为 80℃。试求单位面积的热损失和各层接触面上的温度（℃）。

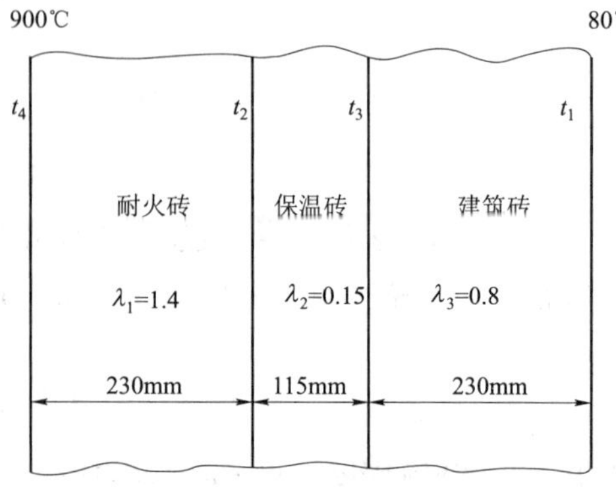

例题 4-2 附图

解：由式（4-11）

$$Q=\frac{\Delta t}{\frac{b_1}{\lambda_1 A}+\frac{b_2}{\lambda_2 A}+\frac{b_3}{\lambda_3 A}}$$

$$=\frac{900-80}{\frac{0.23}{1.4\times 1}+\frac{0.115}{0.15\times 1}+\frac{0.23}{0.8\times 1}}$$

$$=\frac{820}{0.164+0.767+0.288}=673\text{W}$$

由式（4-10a）得

$$\Delta t_1=QR_1=673\times 0.164=110.4\ ℃$$

$$t_2=t_1-\Delta t_1=900-110.4=789.6\ ℃$$

$$\Delta t_2=QR_2=673\times 0.767=516.2\ ℃$$

$$t_3=t_2-\Delta t_2=789.6-516.2=273.4\ ℃$$

$$\Delta t_3=t_3-t_4=273.4-80=193.4\ ℃$$

例题 4-2 附表　各层温度差和热阻的数据

材料名称	温度差 Δt/℃	热阻 R/℃ · W^{-1}
耐火砖	110.4	0.164
保温砖	516.2	0.767
建筑砖	193.4	0.288

由上表可见，热阻大的保温层，分配于该层的温差亦大，即温度差与热阻成正比。

五、圆筒壁的稳定热传导

在化工与制药生产中，所用设备、管道及换热器管子多为圆筒形，所以通过圆筒壁的热传导非常普遍。

（一）单层圆筒壁的稳定热传导

如图 4-9 所示，设圆筒的内、外半径分别为 r_1，r_2，内壁与外壁温度分别为 t_1，t_2。温度只沿半径方向变化，等温面为同心圆柱面。由于圆筒的内外半径不等，热流穿过圆筒壁所经过的传热面积 A 不再是固定不变的，而是随半径改变。这是圆筒壁与平壁导热的不同之处。在半径 r 处取一厚度为 dr 的薄层，若圆筒的长度为 l，则半径为 r 处传热面积为

$$A=2\pi rl$$

根据傅立叶定律，对此薄层的导热速率为

$$Q=-\lambda A\frac{\mathrm{d}t}{\mathrm{d}r}=-\lambda 2\pi rl\frac{\mathrm{d}t}{\mathrm{d}r} \qquad (4-12)$$

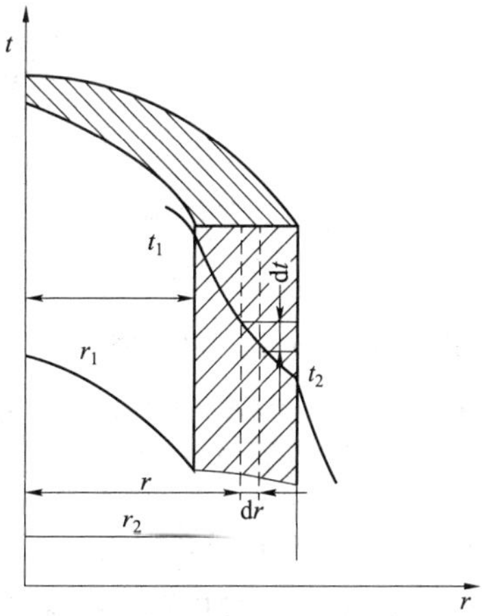

图 4-9　单层圆筒壁的稳定热传导

分离变量得

$$Q\frac{\mathrm{d}r}{r}=-2\pi l\lambda\,\mathrm{d}t$$

假定导热系数为常数，对上式进行积分

$$Q\int_{r_1}^{r_2}\frac{\mathrm{d}r}{r}=-2\pi l\lambda\int_{t_1}^{t_2}\mathrm{d}t$$

$$Q\ln\frac{r_2}{r_1}=2\pi l\lambda(t_1-t_2)$$

移项得

$$Q=2\pi l\lambda\frac{t_1-t_2}{\ln\frac{r_2}{r_1}}=\frac{t_1-t_2}{\frac{1}{2\pi l\lambda}\ln\frac{r_2}{r_1}}=\frac{\Delta t}{R}$$

或

$$Q=\frac{t_1-t_2}{\frac{1}{2\pi l\lambda}\ln\frac{r_2}{r_1}} \tag{4-13}$$

由式（4-12）与式（4-13）得

$$\frac{\mathrm{d}t}{\mathrm{d}r}=-\frac{t_1-t_2}{\ln\frac{r_2}{r_1}}\frac{1}{r}$$

由此可知，圆筒壁内的温度分布是一对数曲线见图 4-9，其温度梯度随 r 增加而减少。另外，值得注意的是，在稳态下圆筒壁的导热速率 Q 与坐标 r 无关，但热流密度 $q=Q/A=Q/2\pi lr$ 却随坐标 r 变化。因此，工程上为了方便，按单位圆筒壁长度计算导热速率，记为 q_l，单位为 $\mathrm{W\cdot m^{-1}}$。

$$q_l=\frac{Q}{l}=2\pi\lambda\frac{t_1-t_2}{\ln\frac{r_1}{r_2}} \tag{4-14}$$

可见，当比值 r_2/r_1 一定时，q_l 与坐标 r 无关。

与单层平壁相类似，式（4-13）可写为

$$\begin{aligned}Q&=\frac{2\pi l(r_2-r_1)\lambda(t_1-t_2)}{(r_2-r_1)\ln\frac{2\pi r_2 l}{2\pi r_1 l}}=\frac{(A_2-A_1)\lambda(t_1-t_2)}{(r_2-r_1)\ln\frac{A_2}{A_1}}\\&=\frac{\lambda}{b}A_m(t_1-t_2)=\frac{t_1-t_2}{\frac{b}{\lambda A_m}}=\frac{t_1-t_2}{R}\end{aligned} \tag{4-15}$$

式中 $b=r_2-r_1$，为圆筒壁的壁厚，A_m 为对数平均面积，$A_m=2\pi r_m l$，温差 t_1-t_2 为推动力，R 为热阻。当 $A_2/A_1<2$ 时，可用算术平均值 $A_m=(A_2+A_1)/2$ 近似计算。

或用对数平均半径 $r_m=(r_2-r_1)/\ln(r_2/r_1)$ 计算 $A_m=2\pi r_m l$。当 $r_1/r_2<2$ 时，可用 $r_m=(r_1+r_2)/2$ 近似计算。

（二）多层圆筒壁的稳态热传导

如图 4-10 所示，以三层圆筒壁为例，推导多层圆筒壁稳态热传导热速率方程式。各层壁厚分别为 $b_1=r_2-r_1$，$b_2=r_3-r_2$，$b_3=r_4-r_3$。假设各层材料的导热系数 λ_1、λ_2、λ_3 皆视为常数，层与层之间接触的表面温度相等，各等温面皆为同心圆柱面。多层圆筒壁的稳态热传导过程中，单位时间内穿过各层的热量相等，即

$$Q=Q_1=Q_2=Q_3$$

因而由式（4-13）有

$$Q=2\pi l\lambda_1\frac{t_1-t_2}{\ln\dfrac{r_2}{r_1}}=2\pi l\lambda_2\frac{t_2-t_3}{\ln\dfrac{r_3}{r_2}}=2\pi l\lambda_3\frac{t_3-t_4}{\ln\dfrac{r_4}{r_3}}$$

进而求得导热速率为

$$Q=\frac{2\pi l(t_1-t_4)}{\dfrac{1}{\lambda_1}\ln\dfrac{r_2}{r_1}+\dfrac{1}{\lambda_2}\ln\dfrac{r_3}{r_2}+\dfrac{1}{\lambda_3}\ln\dfrac{r_4}{r_3}} \qquad (4\text{-}16)$$

式（4-16）也可写成与多层平壁类似的计算式。

$$Q=\frac{\Delta t}{\dfrac{b_1}{\lambda_1A_{m1}}+\dfrac{b_2}{\lambda_2A_{m2}}+\dfrac{b_3}{\lambda_3A_{m3}}} \qquad (4\text{-}16a)$$

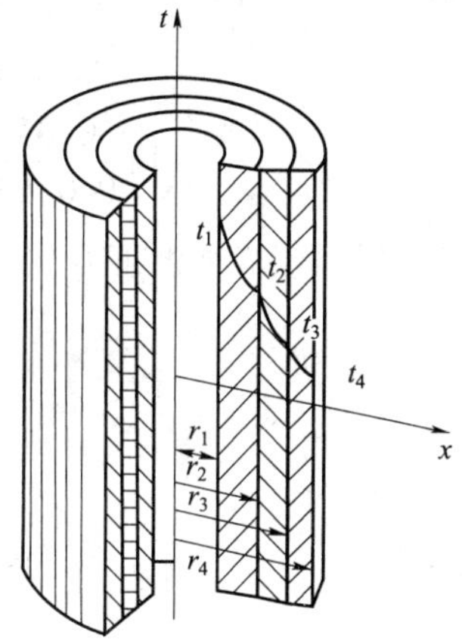

图 4-10　多层圆筒壁的稳定热传导

或

$$Q=\frac{\Delta t}{\sum\limits_{i=1}^{3}R_i}=\frac{\text{总推动力}}{\text{总热阻}} \qquad (4\text{-}16b)$$

式（4-16a）中，A_{m1}、A_{m2}、A_{m3}分别为各层圆筒壁的对数平均面积。

由式（4-16b）可见，与多层平壁类似，圆筒壁导热的总推动力亦为总温度差，总热阻亦为各层热阻之和，只是计算各层热阻所用的传热面积不相等，而应采用各自的平均面积。

由式（4-16）可得单位圆筒壁长度的导热速率

$$q_l=\frac{Q}{l}=\frac{2\pi(t_1-t_4)}{\dfrac{1}{\lambda_1}\ln\dfrac{r_2}{r_1}+\dfrac{1}{\lambda_2}\ln\dfrac{r_3}{r_2}+\dfrac{1}{\lambda_3}\ln\dfrac{r_4}{r_3}} \qquad (4\text{-}17)$$

由于各圆筒壁的内外表面积均不相等，所以在稳定导热过程中，单位时间通过各层的传热量 Q 相等，但单位时间通过各层内壁和外壁单位面积的热量——热通量 q 却不相等，其相互关系为

$$Q=2\pi r_1lq_1=2\pi r_2lq_2=2\pi r_3lq_3$$

式中，q_1、q_2、q_3分别为 r_1、r_2、r_3处的热通量。

例题 4-3　在 ϕ60mm×3.5mm 的钢管外包有两层绝热材料，里层为 40mm 的氧化镁粉，平均导热系数 $\lambda=0.07\text{W}\cdot\text{m}^{-1}\cdot℃^{-1}$，外层为 20mm 的石棉层，其平均导热系数 $\lambda=0.15\text{W}\cdot\text{m}^{-1}\cdot℃^{-1}$。现用热电偶测得管内壁温度为 500℃，最外层表面温度为 80℃，管壁的导热系数 $\lambda=45\text{W}\cdot\text{m}^{-1}\cdot℃^{-1}$。试求：（1）每米管长的热损失（$\text{W}\cdot\text{m}^{-1}$）；（2）两层保温材料层界面的温度（℃）。

解：（1）每米管长的热损失（$\text{W}\cdot\text{m}^{-1}$）。

$$q_l=\frac{Q}{l}=\frac{2\pi(t_1-t_4)}{\dfrac{1}{\lambda_1}\ln\dfrac{r_2}{r_1}+\dfrac{1}{\lambda_2}\ln\dfrac{r_3}{r_2}+\dfrac{1}{\lambda_3}\ln\dfrac{r_4}{r_3}}$$

此处

$$r_1=0.053/2=0.0265\text{m},\ r_2=0.0265+0.0035=0.03\text{m},$$
$$r_3=0.03+0.04=0.07\text{m},\ r_4=0.07+0.02=0.09\text{m}$$

代入得

$$q_l=\frac{2\times3.14\times(500-80)}{\frac{1}{45}\ln\frac{0.03}{0.0265}+\frac{1}{0.07}\ln\frac{0.07}{0.03}+\frac{1}{0.15}\ln\frac{0.09}{0.07}}=191\ \mathrm{W\cdot m^{-1}}$$

（2）保温层界面温度 t_3

$$q_l=\frac{2\pi(t_1-t_3)}{\frac{1}{\lambda_1}\ln\frac{r_2}{r_1}+\frac{1}{\lambda_2}\ln\frac{r_3}{r_2}}$$

$$191=\frac{2\times3.14\times(500-t_3)}{\frac{1}{45}\ln\frac{0.03}{0.0265}+\frac{1}{0.07}\ln\frac{0.07}{0.03}}$$

整理得

$$t_3=132℃$$

思考

3. 某制药车间生产管道保温层外包金属皮破损导致保温材料被打湿，此时保温效果如何变化？为什么？

扫码“看一看”

第三节　对流传热

对流传热是在流体流动过程中发生的热量传递现象，它是依靠流体质点的移动进行热量传递的，故与流体的流动状况密切相关。工业上遇到的对流传热，常指间壁式换热器中两侧流体与固体壁面之间的热交换，亦即流体将热量传给固体壁面或由壁面将热量传给流体的过程称之为对流传热。在如图 4-11 所示的套管换热器中，距离热流体入口为 z 处截面上 AW_1W_2B 的温度分布，如图 4-12 所示。

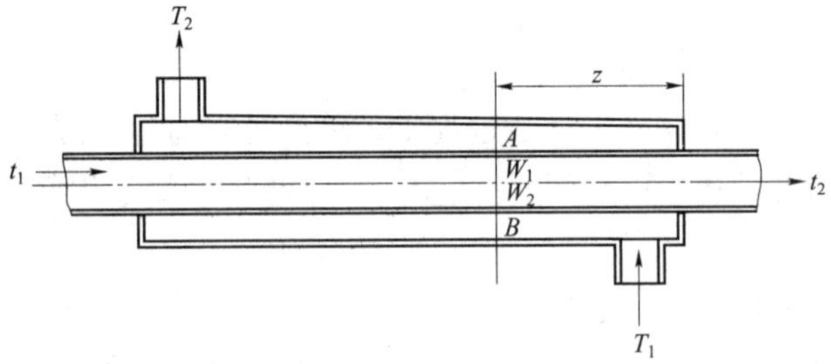

图 4-11　套管换热器示意图

图 4-12 中 F_1F_1 及 F_2F_2 分别为两侧流体层流底层的界面，在湍流情况下，流体主流中由于旋涡丛生，流体各部分激烈混合，所以热阻很小，沿管径方向的温度趋于一致；相反，在层流底层（也称为“膜”）内，由于流体处于层流状态，传热基本上是以导热方式进行的。层流底层的厚度很薄，却是对流传热的主要热阻所在，温度差也主要集中在层流底层中。图 4-12 中 T' 为 AW_1W_2B 截面上热流体的最高温度，t' 为冷流体的最低温度。在热流体的湍流主体中，温度基本一致，即图中 T。在层流底层内，温度急剧由 T_b 下降 T_w。在层流底层与湍流主体之间，存在一个温度逐渐变化的区域，称为过渡区。再往左通过管壁，因其材料通常为金属，热阻很小，因此，管壁两侧的温度 T_w 和 t_w 相差很小。此后在冷流体内，又顺次通过层流底层，过渡区而到达湍流主体，温度由 t_w 经 t_b 下降到 t'。

在计算热量时，一般不采用截面上最高和最低温度 T' 和 t'，而用寻常易于测定的平均

温度 T 和 t。在热流体方面平均温度 T 比最高温度 T' 略低，而在冷流体方面，平均温度 t 则比最低温度 t' 略高（如图中虚线所示）。本章以后提到的冷、热流体温度，均指冷、热流体的平均温度。这种处理方法就是假定把过渡区和湍流主体的传热阻力全部叠加到层流底层的热阻中，在靠近壁面构成一层厚度为 δ 的流体膜，称为有效膜。假定膜内为层流流动，而膜外为湍流，即把所有热阻全部集中在有效膜内，且热量传递以热传导力式为主。这一模型称为对流传热的膜理论模型，图 4-13 为该模型的示意图。当流体的湍动程度增加，则有效膜厚度 δ 会变薄，在相同的温度差下，对流传热速率会增加。

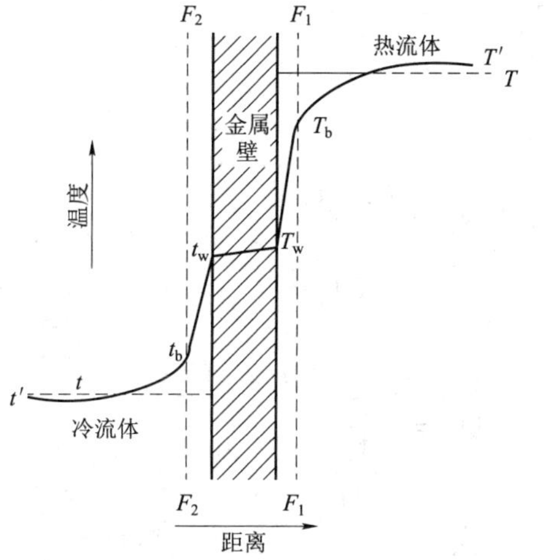

图 4-12 对流传热时沿热流方向的温度分布情况

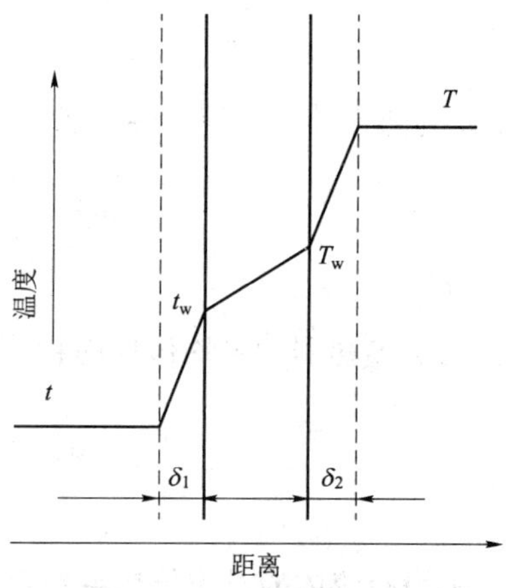

图 4-13 膜模型示意图

根据膜理论模型，间壁式换热可视为三层壁（平壁或圆筒壁）的热传导过程。任取换热器微元长度 dl，相应的传热面积为 dA。若有效膜的厚度为 δ，有效膜的导热系数为 λ，则采用类似于热传导的处理方法，可得对流传热速率方程

$$dQ = \frac{\lambda}{\delta}\Delta t dA$$

令 $\alpha=\lambda/\delta$，可得

$$dQ = \alpha\Delta t dA = \frac{\Delta t}{\dfrac{1}{\alpha dA}} \tag{4-18}$$

此式称为对流传热速率方程。

式中，α 为对流传热系数，$W \cdot m^{-1} \cdot ℃^{-1}$ 或 $W \cdot m^{-2} \cdot K^{-1}$；$\Delta t$ 为对流传热温度差，℃。

对热流体，$\Delta t=T-T_w$；对冷流体，$\Delta t=t_w-t$。

思考

4. 对流传热发生的条件是什么？

由以上分析可以看出，影响 α 的因素很多，α 的计算比较复杂。实际生产中除了估算，大多采用经验公式计算。本章第四节专门就 α 的计算问题进行相关介绍。

一、传热系数

（一）传热系数计算式

如果间壁外侧微元传热面积为 dA_1，内侧微元面积为 dA_2。冷、热流体的有效膜厚度分别为 δ_2、δ_1，导热系数分别为 λ_2、λ_1；金属壁厚度为 b，导热系数为 λ，将式（4-18）分别应用于热流体有效膜、金属壁、冷流体有效膜，可得到各自的传热速率计算式。

$$dQ = \alpha(T - T_w)dA_1 = \frac{T - T_w}{\dfrac{1}{\alpha dA_1}} \tag{4-18a}$$

式中，α 为热流体的对流传热系数。

$$dQ = \frac{\lambda}{b}(T_w - t_w)dA_m = \frac{T_w - t_w}{\dfrac{b}{\lambda dA_m}} \tag{4-18b}$$

式中，A_m为换热器的平均传热面积。

$$dQ = \alpha_2(t_w - t)dA_2 = \frac{t_w - t}{\dfrac{1}{\alpha_2 dA_2}} \tag{4-18c}$$

式中，α_2为冷流体的对流传热系数。

在稳定传热情况下，单位时间内经过每层的传热量皆相等，故

$$dQ = \frac{T - T_w}{\dfrac{1}{\alpha_1 dA_1}} = \frac{T_w - t_w}{\dfrac{b}{\lambda dA_m}} = \frac{t_w - t}{\dfrac{1}{\alpha_2 dA_2}}$$

$$= \frac{T - t}{\dfrac{1}{\alpha_1 dA_1} + \dfrac{b}{\lambda dA_m} + \dfrac{1}{\alpha_2 dA_2}} \tag{4-19}$$

令

$$\frac{1}{KdA} = \frac{1}{\alpha_1 dA_1} + \frac{b}{\lambda dA_m} + \frac{1}{\alpha_2 dA_2} \tag{4-20}$$

式中，K 为传热系数，简称传热系数。式（4-20）表明，总热阻 $1/KdA$ 等于热流体、管壁和冷流体这几个串联热阻之和。

当传热面为平壁时，$dA_1 = dA_2 = dA_m$，则

$$\frac{1}{K} = \frac{1}{\alpha_1} + \frac{b}{\lambda} + \frac{1}{\alpha_2} \tag{4-20a}$$

当传热面为圆筒壁时，两侧的传热面积不相等。在换热器系列化标准中，传热面积均指换热管的外表面积，若以 A_1、A_2分别代表外侧传热面积、内侧传热面积，式（4-20）的左侧 dA 取为 dA_1，则得

$$\frac{1}{K_1} = \frac{1}{\alpha_1} + \frac{b}{\lambda}\frac{dA_1}{dA_m} + \frac{1}{\alpha_2}\frac{dA_1}{dA_2} \tag{4-20b}$$

对圆形管

$$\frac{dA_1}{dA_2} = \frac{\pi d_1(dl)}{\pi d_2(dl)} = \frac{d_1}{d_2}$$

$$\frac{dA_1}{dA_m} = \frac{\pi d_1(dl)}{\pi d_m(dl)} = \frac{d_1}{d_m}$$

d_1、d_2、d_m分别为换热器的外径、内径和平均直径，代入式（4-20b），则得

$$\frac{1}{K_1}=\frac{1}{\alpha_1}+\frac{b}{\lambda}\frac{d_1}{d_m}+\frac{1}{\alpha_2}\frac{d_1}{d_2} \tag{4-20c}$$

以传热外表而为基准，得传热速率方程为

$$dQ=K_1 dA_1(T-t) \tag{4-21}$$

通常情况下，流体的温度沿传热面随流动的距离而不断变化，因而流体的物性随之改变，致使对流传热系数也改变，因此，对流传热系数具有局部性质，相应地，传热系数也具有局部性质，即K沿传热而随流动的距离而改变。可见，要求出整个换热器单位时间内的传热量，应当沿着全部的传热面（或管长）对式（4-21）进行积分。但在工程计算中常按某一定性温度（例如强制湍流是按流体进、出的平均温度）所确定的物性参数计算对流传热系数α，而将α视为常数，因而求得的K值亦为常数，即不沿管长变化，而作为全管长的平均值。若设法求出整个管长传热推动力$T-t$的平均值Δt_m，式（4-21）积分并省去下标即得式（4-1）

$$Q=KA\Delta t_m$$

在应用式（4-1）时，尚需解决以下问题：①求出传热系数K值；②热量衡算式与传热速率方程式的关系；③需求出平均温度差Δt_m。

为求K必须先求出对流传热系数α，此外还要考虑由于传热表面有污垢积存而增加的污垢热阻。下面讨论在已知α及计入污垢热阻时，K的计算问题。

（二）污垢热阻

换热器使用一个时期后，传热速率Q会下降很多，这往往是由于传热表面有一层很薄的污垢积存。因此，计算K值时，污垢热阻不能忽视。由于污垢层的厚度及其导热系数不易估计，工程计算时，通常是根据经验选用污垢热阻。常见流体污垢热阻的经验值列于表4-2。如传热管壁外侧和内侧的污垢热阻分别用R_{d1}和R_{d2}表示，由于污垢层很薄，因而以外表面积为基准时，总热阻为

$$\frac{1}{K_1}=\frac{1}{\alpha_1}+R_{d1}+\frac{b}{\lambda}\frac{d_1}{d_m}+R_{d2}\frac{d_1}{d_2}+\frac{1}{\alpha_2}\frac{d_1}{d_2} \tag{4-22}$$

对于易结垢的流体，换热器在使用一定时期后，污垢热阻往往会增加，导致传热速率急剧下降，故换热器要根据具体工作条件，定期清洗。

表4-2　常用流体污垢热阻的大致数值范围

流　体	污垢热阻 $R/m^2\cdot K\cdot kW^{-1}$
水（速度<$1m\cdot s^{-1}$，t<47℃）	
蒸馏水	0.09
海水	0.09
清净的河水	0.21
未处理的凉水塔用水	0.58
已处理的凉水塔用水	0.26
已处理的锅炉用水	0.26
硬水，井水	0.58
水蒸气	
优质-不含油	0.052

续表

流　体	污垢热阻 $R/m^2 \cdot K \cdot kW^{-1}$
劣质-不含油	0.09
往复机排出	0.176
液体	
处理过的盐水	0.264
有机物	0.176
燃料油	1.056
焦油	1.76
气体	
空气	0.26~0.53
溶剂蒸气	0.14

（三）传热系数的大致数值范围

在进行换热器的计算时，须要先估定冷、热流体间的传热系数。工业换热器中传热系数的大致数值范围见表4-3。由表可见，K 值的范围很大。我们应对不同类型流体间传热时的 K 值有一数量级的概念。

表 4-3　列管换热器中 K 值的大致范围

两流体	传热系数 $K/W \cdot m^{-2} \cdot K^{-1}$
气体-气体	10~40
气体-液体	10~60
有机物-水	
有机物黏度 μ<0.5mPa·s	300~800
μ<0.5~1.0mPa·s	200~500
μ>1.0mPa·s	50~300
有机物-有机物	
冷流体黏度 μ<1.0mPa·s	100~350
μ>1.0mPa·s	50~250
水-水	700~1800
冷凝蒸汽-气体	1500~4700
冷凝蒸汽-有机物	20~250
冷凝蒸汽-水沸腾	40~350
冷凝蒸汽-有机物沸腾	1500~4700
冷凝蒸汽-气体	500~1200
液体沸腾-气体	10~60
液体沸腾-液体	100~800

例题 4-4　有一套管式换热器，传热面积为 ϕ25mm×2.5mm 钢管。CO_2气体在管内流动，对流传热系数为 $50W \cdot m^{-2} \cdot K^{-1}$；冷却水在传热管外流动，对流传热系数为 $2500W \cdot m^{-2} \cdot K^{-1}$。试求：

（1）传热系数，$W\cdot m^{-2}\cdot K^{-1}$；

（2）若管内 CO_2气体的对流传热系数增加一倍，传热系数会增加多少？

（3）若管外水的对流传热系数增加一倍，传热系数会增加多少？

解：按题意有

$d_1=0.02m$，$d_2=0.025m$，$d_m=0.0225m$，$b=0.025m$，$\alpha_1=2500W\cdot m^{-2}\cdot K^{-1}$；$\alpha_2=50W\cdot m^{-2}\cdot K^{-1}$

查附录得碳钢的导热系数 $\lambda=45W\cdot m^{-2}\cdot K^{-1}$

取管外水侧的污垢热阻 $R_{d1}=0.58\times10^{-3}m^2\cdot K\cdot W^{-1}$

取管内 CO_2侧的污垢热阻 $R_{d2}=0.5\times10^{-3}m^2\cdot K\cdot W^{-1}$

（1）外表面积为基准时的传热系数

$$\frac{1}{K_1}=\frac{1}{\alpha_1}+R_{d1}+\frac{b}{\lambda}\frac{d_1}{d_m}+R_{d2}\frac{d_1}{d_2}+\frac{1}{\alpha_2}\frac{d_1}{d_2}$$

$$=\frac{1}{2500}+0.58\times10^{-3}+\frac{0.0025}{45}\times\frac{25}{22.5}+0.5\times10^{-3}\times\frac{25}{20}+\frac{1}{50}\times\frac{25}{20}$$

$$=0.0004+0.00058+0.000062+0.000625+0.025$$

$$=0.0267$$

$$K_1=37.5W\cdot m^{-2}\cdot K^{-1}$$

根据 $KA=K_1A_1=K_2A_2=K_mA_m$也可求出以内表面积或平均表面积为基准的传热系数。读者可进行计算，并加以比较。从上述计算结果可知，管内 CO_2侧热阻最大，占总热阻 93.6%，而冷却水侧热阻占 1.5%。因此，传热系数 K 值接近于 CO_2气体侧的对流传热系数，即接近于 α 较小的一个。

（2）若管内 CO_2气体的对流传热系数增加一倍，其他条件不变

当 α_2增加一倍，改为 $\alpha_2=100W\cdot m^{-2}\cdot K^{-1}$，则

$$\frac{1}{K_1'}=0.0004+0.00058+0.000062+0.000625+0.0125=0.0142m^2\cdot K\cdot W^{-1}$$

$$K_1'=70.4\ W\cdot m^{-2}\cdot K^{-1}$$

$$K\text{值增加的百分数}=\frac{K_1'-K_1}{K_1}\times100\%=87.8\%$$

（3）若管外冷却水的对流传热系数增加一倍，其他条件不变

当 α_2增加一倍，改为 $\alpha_2=5000W\cdot m^{-2}\cdot K^{-1}$，则

$$\frac{1}{K_1''}=0.0002+0.00058+0.000062+0.000625+0.025=0.0265\ m^2\cdot K\cdot W^{-1}$$

$$K_1''=37.7\ W\cdot m^{-2}\cdot K^{-1}$$

$$K\text{值增加的百分数}=\frac{K_1''-K_1}{K_1}\times100\%=0.53\%$$

由本例题可看出，要提高 K 值，就要设法减小主要热阻。当 α_1和 α_2相差不大时，则两侧的对流传热系数重要性相当。若污垢热阻起主要作用，则应设法减少污垢生成或勤于清洗。

思考

5. 若想提高传热效果，应从哪些角度考虑？

二、热量衡算式与传热速率方程间的关系

在化工与制药换热器的计算中，首先要确定换热器的热负荷。如图 4-14 所示的列管式换热器，若保温良好，热损失可以忽略，则热流体放出的热量等于冷流体获得的热量，即热量衡算式为

$$Q=W_1(H_1-H_2)=W_2(h_2-h_1) \tag{4-23}$$

式中，Q 为热负荷，W；W_1，W_2为热，冷流体的质量流量，$kg\cdot s^{-1}$；H_1，H_2为热流体进、出口的焓，$J\cdot kg^{-1}$；h_2，h_1为冷流体进、出口的焓，$J\cdot kg^{-1}$。

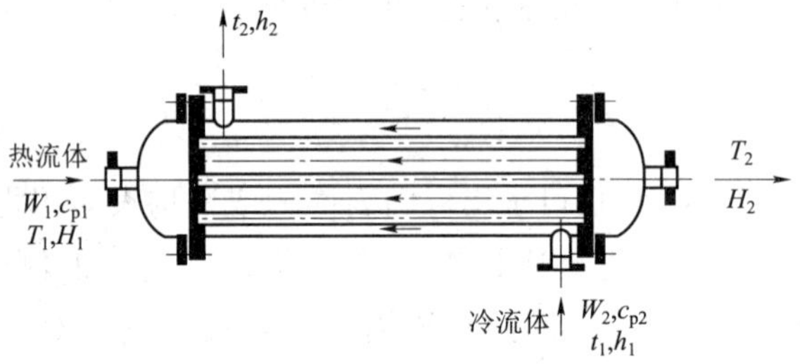

图 4-14 换热器热量衡算

若换热器内冷、热流体均无相变化，且流体的热容 c_p 随温度的变化忽略不计（或取流体平均温度下的比热容），则式（4-23）可写为

$$Q=W_1c_{p1}(T_1-T_2)=W_2c_{p2}(t_2-t_1) \tag{4-24}$$

式中，c_{p1}，c_{p2}为热、冷流体的平均定压热容，$J\cdot kg^{-1}\cdot ℃^{-1}$；$T_1$，$T_2$为热流体进、出口温度,℃；$t_1$，$t_2$为冷流体进、出口温度,℃。

若换热器中流体在换热过程中发生相变，则须考虑相变潜热。发生相变的可能是一侧流体，也可能两侧流体。以一侧流体发生相变为例，如热流体为饱和蒸汽冷凝，而冷流体无相变化，则式（4-23）可表示为

$$Q=W_1\gamma=W_2c_{p2}(t_2-t_1) \tag{4-25}$$

式中，γ 为饱和蒸汽的比气化热，$J\cdot kg^{-1}$。

若冷凝液出口温度 T_2低于饱和温度 T_s时，则有

$$Q=W_1[\gamma+c_{p1}(T_s-T_2)]=W_2c_{p2}(t_2-t_1) \tag{4-25a}$$

上述不同形式的热量衡算式表示冷、热流体在换热过程中相互之间的数量关系。对换热器而言，热流体与冷流体之间的热量传递必须经过热流体有效膜、固体间壁及冷流体有效膜才能实现，因此，由式（4-1）计算得到的传热速率 Q 应等于热量衡算式中所要求的热负荷，即

$$Q=KA\Delta t_m=W_2c_{p2}(t_2-t_1) \tag{4-26}$$

例题 4-5 试计算压力为 150kPa，流量为 1500$kg\cdot h^{-1}$的饱和水蒸气冷凝后降温至

50℃时所放出的热量（W）。

解：查附录水蒸气表，压力 150kPa 时的饱和温度 $t_s=111℃$，比气化热 $\gamma=2.229\times10^6\text{J}\cdot\text{kg}^{-1}$。冷凝水从 $T_s=111℃$降到 $T_2=50℃$，平均温度 $t=(111+50)/2=80.5℃$，比热容 $c_{p1}=4.196\times10^3\text{J}\cdot\text{kg}^{-1}\cdot℃^{-1}$，由式（4-25a）得

$$Q=W_1[\gamma+c_{p1}(T_s-T_2)]$$
$$=\frac{1500}{3600}\times[2.229\times10^6+4.196\times10^3\times(111-50)]$$
$$=1.035\times10^6\text{W}$$

三、传热平均温度差

根据间壁两侧流体温度沿传热面是否发生变化，可将传热分为恒温差传热和变温差传热两类。

（一）恒温差传热

恒温差传热是指传热温度差 $T-t$ 不随位置而变的情况。例如，间壁的一侧为饱和蒸汽冷凝，冷凝温度恒定为 T，而另一侧为液体沸腾，沸腾温度恒定为 t，即两侧流体温度沿传热面无变化，温度差处处相等，可表示为 $\Delta t_m=T-t$。

（二）变温差传热

变温差传热是指传热温度差 $T-t$ 随位置而变的情况。若间壁的一侧或两侧，流体沿传热面的不同位置温度不同，即流体从进口到出口温度发生了变化，或是升高或是降低，两侧流体的传热温差不相等。下面对几种情况下传热平均温差的计算加以讨论。

1. 一侧变温传热与两侧变温传热　图 4-15 是一侧流体变温时的温差变化情况。例如，一侧为饱和蒸汽冷凝，温度恒定为 T，而另一侧流体为冷流体，温度从进口的 t_1上升到出口的 t_2，见图 4-15a。又如，一侧为热流体从进口的 T_1降至出口的 T_2，而另一侧为冷液沸腾，温度恒定为 t，见图 4-15b。

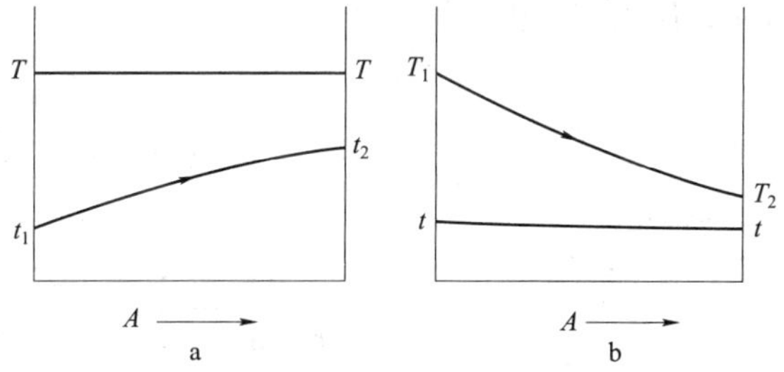

图 4-15　一侧流体变温时的温差变化

图 4-16 是两侧流体变温下的温差变化情况。其中 a 是逆流，即冷、热流体在间壁两侧流向相反；b 为并流，冷、热流体流向相同。

2. 平均温度差 Δt_m　以逆流传热过程为例。假定：①稳定传热过程，即热、冷流体的质量流量 W_1与 W_2均为常数：②热、冷流体的比热容 c_{p1}与 c_{p2}及传热系数 K 沿传热面均不变；③忽略换热器的热损失。

如图 4-16a，在微元传热面内热流体因放热降温为 $\mathrm{d}T$，冷流体因受热温升为 $\mathrm{d}t$，通过微元传热面 $\mathrm{d}A$ 的传热速率为 $\mathrm{d}Q$。列出 $\mathrm{d}A$ 段内热量衡算的微分式得

$$\mathrm{d}Q=W_1c_{p1}\mathrm{d}T=W_2c_{p2}\mathrm{d}t \tag{4-27}$$

故有

$$\frac{\mathrm{d}Q}{\mathrm{d}T}=W_1c_{p1}=常数$$

$$\frac{\mathrm{d}Q}{\mathrm{d}t}=W_2c_{p2}=常数$$

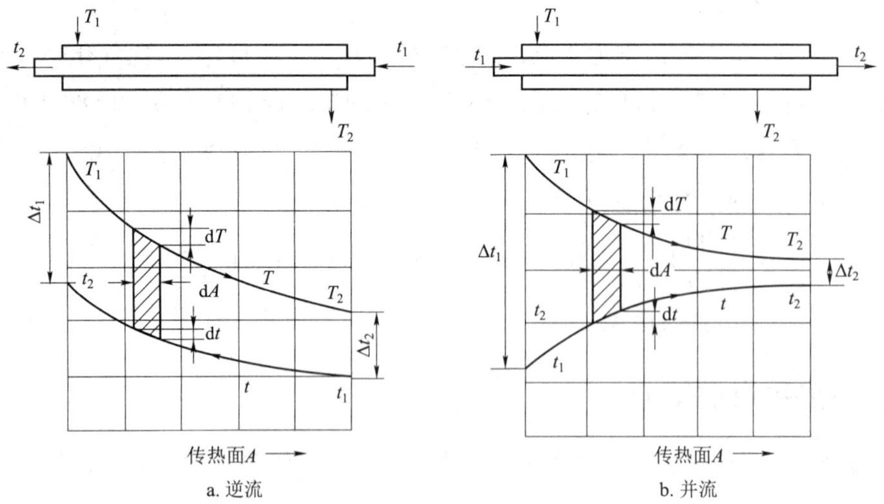

图 4-16　两侧流体均处变温状态时的温差变化

由以上两式得

$$\frac{d(\Delta t)}{dQ}=\frac{d(T-t)}{dQ}=\frac{dt}{dQ}-\frac{dt}{dQ}=\frac{1}{W_1c_{p2}}-\frac{1}{W_2c_{p2}}=\text{常数}$$

这说明 Q 与 T、Q 与 t 分别为直线关系，并且 Q 与 $\Delta t=T-t$ 也必然为直线关系。由图 4-16a可知，当 $A=0$ 时，$Q=0$，温差为 Δt_1；当 $A=A$ 时，$Q=Q$，温差为 Δt_2，则 $\Delta t\sim Q$ 直线的斜率为

$$\frac{d(\Delta t)}{dQ}=\frac{\Delta t_1-\Delta t_2}{Q}$$

在微分元 dA 内，热、冷流体的 T 与 t 可视为不变，则传热速率的微分式为 $dQ=K\Delta t dA$，代入上式得

$$\frac{d(\Delta t)}{K\Delta t dA}=\frac{\Delta t_1-\Delta t_2}{Q}$$

分离变量积分

$$\frac{1}{K}\int_{\Delta t_2}^{\Delta t_1}\frac{d(\Delta t)}{\Delta t}=\frac{\Delta t_1-\Delta t_2}{Q}\int_0^A dA$$

得

$$\frac{1}{K}\ln\frac{\Delta t_1}{\Delta t_2}=\frac{\Delta t_1-\Delta t_2}{Q}A$$

$$Q=KA\frac{\Delta t_1-\Delta t_2}{\ln\dfrac{\Delta t_1}{\Delta t_2}}$$

与传热速率方程 $Q=KA\Delta t_m$ 比较，得逆流时的传热平均温度差为

$$\Delta t_m=\frac{\Delta t_1-\Delta t_2}{\ln\dfrac{\Delta t_1}{\Delta t_2}}\tag{4-28}$$

式中，Δt_m 为对数平均温度差，即换热器进、出口温度差的对数平均值。

式（4-28）是在逆流情况下推导的结果，但对两侧流体变温传热的并流操作以及一侧流体变温传热的操作同样适用。在计算时，习惯把温度差较大者作为 Δt_1，较小者为 Δt_2，以使式（4-28）中分子和分母均为正值。当 $\Delta t_1/\Delta t_2<2$ 时，对数平均温度差可用算术平均温度差 $\Delta t_m=(\Delta t_1+\Delta t_2)/2$ 代替，其误差不超过 4%。

例题 4-6　现用一列管式换热器加热丁酸乙酯，丁酸乙酯进口温度 100℃，出口温度为 150℃；某反应物作为加热剂，进口温度为 250℃，出口温度 180℃。试求：（1）并流与逆流的平均温度差；（2）若丁酸乙酯流量为 $1800\text{kg}\cdot\text{h}^{-1}$，比热容为 $2\text{kJ}\cdot\text{kg}^{-1}\cdot℃^{-1}$，传热系数为 $100\text{W}\cdot\text{m}^{-2}\cdot℃^{-1}$，求并流和逆流时所需传热面积；（3）若要求加热剂出口温度降至 150℃，试求此时并流和逆流所需传热面积，逆流时的加热剂量可减少多少？

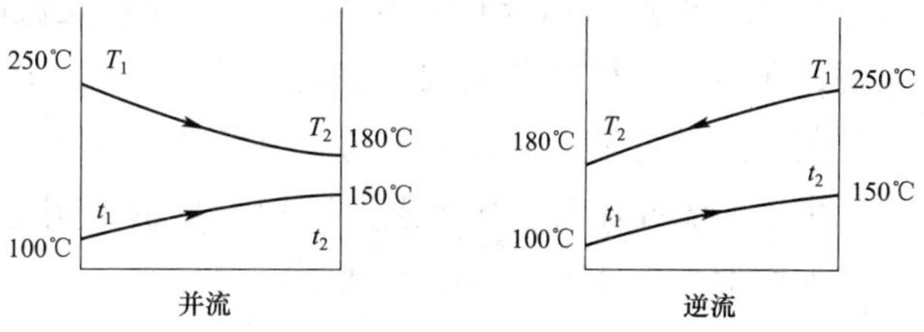

例题 4-6 附图

设加热剂的比热容和 K 不变。

解：如附图 4-6 所示

（1）求 Δt_m

并流时

$$\Delta t_1=T_1-t_1=250-100=150℃$$

$$\Delta t_2=T_2-t_2=180-150=30℃$$

$$\Delta t_m=\frac{\Delta t_1-\Delta t_2}{\ln\frac{\Delta t_1}{\Delta t_2}}=\frac{150-30}{\ln\frac{150}{30}}=74.6℃$$

逆流时 $\Delta t_1=250-150=100℃$，$\Delta t_2=180-100=80℃$，$\Delta t_1/\Delta t_2=100/80=1.25<2$，则

$$\Delta t_m=\frac{\Delta t_1+\Delta t_2}{2}=\frac{100+80}{2}=90℃$$

（2）由冷流体已知条件计算热负荷 Q

$$Q=W_2c_{p2}(t_2-t_1)=\frac{1800}{3600}\times2\times10^3\times(150-100)=5\times10^4\ \text{W}$$

又 $K=100\text{W}\cdot\text{m}^{-2}\cdot℃^{-1}$

则传热面积　　并流　$A_{并流}=\frac{Q}{K\Delta t_{m并流}}=\frac{5\times10^4}{100\times74.6}=6.7\ \text{m}^2$

逆流　$A_{逆流}=\frac{Q}{K\Delta t_{m逆流}}=\frac{5\times10^4}{100\times90}=5.56\text{m}^2$

（3）并流　$\Delta t_1=150℃$，$\Delta t_2=0℃$，$\Delta t_{m并流}=0$，$A_{并流}=\infty$

逆流　$\Delta t_1=100℃$，$\Delta t_2=50℃$，$\Delta t_{m逆流}=75℃$

$$A_{逆流}=\frac{5\times10^4}{100\times75}=6.67\ \text{m}^2$$

因 Q 不变，故

$$\frac{W'_1}{W_1}=\frac{c_{p1}(T_1-T_2)}{c_{p1}(T_1-T'_2)}=\frac{250-180}{250-150}=0.7$$

即逆流时，加热剂用量比原来减少了 30%，而传热面积增加了 $(6.67-5.56)/5.56\times100\%=20\%$。

从本例的计算结果可知：①在相同的进、出口温度，即相同的热负荷条件下，因平均

温度差 $\Delta t_{m逆流} > \Delta t_{m并流}$，故传热面积 $A_{逆流} < A_{并流}$；②并流操作时，冷流体出口温度 t_2 总是低于热流体出口温度 T_2，在极限情况下，当 $T_2 = t_2$ 时，平均温度差 $\Delta t_{m并流} = 0$，则传热面积 $A_{并流} = \infty$；而逆流操作时，t_2 可高于 T_2，所以逆流冷却时，冷却剂的温升 $t_2 - t_1$ 可比并流时大些，在热负荷相同的情况下，逆流操作时冷却剂的用量可以少些。同理，逆流加热时，在相同的热负荷条件下，加热剂的用量也以逆流操作时为少。

由于逆流操作有上述优点，工程上尽量采用逆流操作。通常在特殊情况下采用并流操作，如要求冷流体被加热的温度不得超过某一规定温度或热流体被冷却的温度不得低于某一规定温度，采用并流操作易于控制温度。

思考

---

6. 为什么一般情况下，逆流总是优于并流？并流适用于哪些情况？

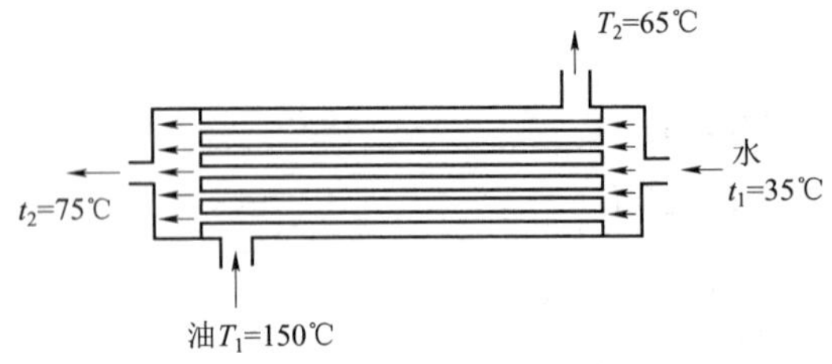

例题 4-7 附图

例题 4-7 有一列管式换热器（见本例题附图所示），其传热面积为 $100m^2$，用作锅炉给水与原油之间的换热。已知水的质量流量为 $33000kg \cdot h^{-1}$，进口温度为 35℃，出口温度为 75℃，油的温度要求从 150℃ 降至 65℃，由计算得出水与油之间的传热系数 $K = 250W \cdot m^{-1} \cdot ℃^{-1}$，如果采用逆流操作此换热器是否适用？

解：由水的已知条件确定换热器的热负荷 Q（W）。

$$Q = W_2 c_{p2}(t_2 - t_1) = \frac{33000}{3600} \times 4.187 \times 10^3 \times (75 - 35) = 1.535 \times 10^6 W$$

在逆流操作条件下，两流体的传热平均温度为

$$\Delta t_m = \frac{\Delta t_1 - \Delta t_2}{\ln \dfrac{\Delta t_1}{\Delta t_2}} = \frac{(150 - 75) - (65 - 35)}{\ln \dfrac{150 - 75}{65 - 35}} = 49.1℃$$

该换热器是否适用，取决于换热器的换热能力，即冷、热流体之间的传热速率 $Q = KA\Delta t_m$ 是否大于或等于换热器的热负荷。

该换热器的换热能力为

$$Q = KA\Delta t_m = 250 \times 100 \times 49.1 = 1.23 \times 10^6 W$$

由于换热器的换热能力小于换热器的热负荷，故该换热器不适用。也可由换热器的热负荷计算所需要的换热面积进行换热器的校核。

$$A = \frac{W_2 c_{p2}(t_2 - t_1)}{K\Delta t_m} = \frac{1535000}{250 \times 49.1} = 125m^2 > 100m^2$$，也说明该换热器不适用。

3. 折流与错流的平均温度差 为了强化传热，列管式换热器的管程或壳程常常为多程，流体经过两次或多次折流后再流出换热器。这使得换热器内流体流动的型式偏离了单纯的逆流或并流，因而使平均温度差的计算更为复杂。流体从换热器的一端流到另一端，称为一个流程。管内的流程，称为管程；管外的流程，称为壳程。

图 4-17 为双管程换热器的示意图。隔板 4 将分配室等分为二，管程流体先经过一半管束，进入换热器另一端后，再流经另一半管束，故称为双管程。若流体在管束内来回流过多次，则称为多管程。当管程流体的质量流量一定时，增加管程数，能提高管内流速，从而增大其对流传热系数，但同时也使流体阻力损失增加，且平均温度差降低（达不到完全逆流）。此外，隔板也要占去部分分布管面积而使传热面积减少。因此，程数不宜过多，一般以 2、4、6 程最为常见。在壳体和管束间的空隙处（即壳程）常常安装一定数目与管束垂直的折流挡板。这样可提高壳程流速，增大湍动程度。

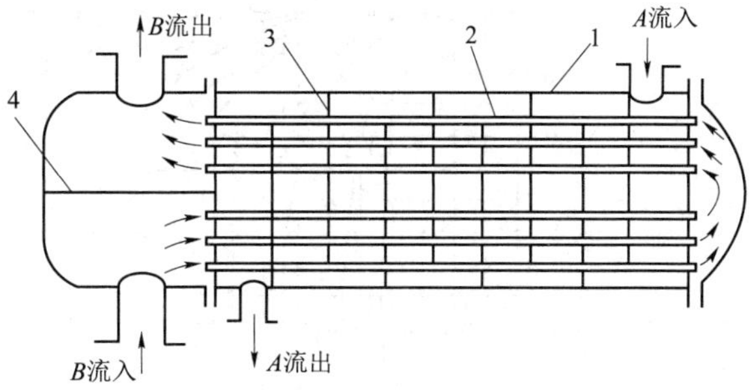

图 4-17 双管程列管式换热器

1. 壳体；2. 管束；3. 挡板；4. 隔板

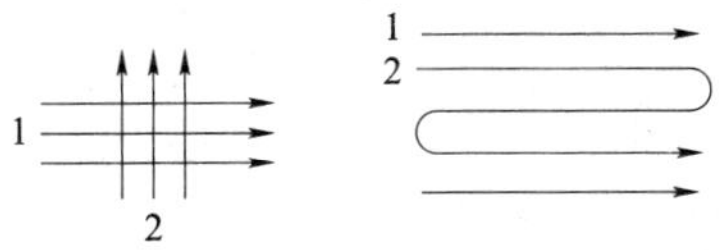

a. 错流　　b. 简单折流

图 4-18 1、2 两流体成错流和折流流动示意图

图 4-18a 表示两流体在传热面两侧的流动方向相互垂直，称为错流；图 4-18b 表示其中一侧流体反复地作折流，代表多管程内的流动，而另一侧流体只沿一个平行的方向流动，使两侧流体间有并流与逆流交替出现，称为折流。

对于常用的折流或错流的换热器，也可以从理论上推导求得其平均温度差的计算式，形式非常复杂。

通常采用一种较为简便的计算方法，即先按逆流算出对数平均温度差 $\Delta t_{m逆流}$，再根据实际流动情况乘以校正系数 ψ 而得到实际平均温度差 $\Delta t_{m逆流}$。

$$\Delta t_m = \psi \Delta t_{m逆流} \tag{4-29}$$

校正系数 ψ 是参数 P、R 的函数，即 $\psi = f(P, R)$。

$$P = \frac{t_2 - t_1}{T_1 - t_1} = \frac{冷流体的温升}{两流体的最初温差}$$

$$R = \frac{T_1 - T_2}{t_2 - t_1} = \frac{热流体的温降}{冷流体的温升}$$

根据 R 和 P 的数值，从图 4-19 中可查出 ψ。

由于温差校正系数 ψ 恒小于 1，故折流和错流时的平均温度差总小于逆流。但在设计中应使温差校正系数 $\psi>0.9$，至少也不应低于 0.8，否则经济上不合理。当 $T_2 \leqslant t_2$ 时，$\psi \leqslant 0.8$，此时应增加壳程数，以提高 ψ 值，使其不低于 0.8，这样传热过程更接近于逆流操作。

例题 4-8 换热器壳程的热流体进、出口温度分别为 120℃ 和 75℃，管程冷流体进、出口温度分别为 20℃ 和 50℃。试求单壳程、双管程的列管式换热器的平均温度差。

解：已知 $T_1 = 120℃$，$T_2 = 75℃$，$t_1 = 29℃$，$t_2 = 50℃$

$$\Delta t_m = \frac{\Delta t_1 - \Delta t_2}{\ln \frac{\Delta t_1}{\Delta t_2}} = \frac{(T_1 - t_2) - (T_2 - t_1)}{\ln \frac{T_1 - t_2}{T_2 - t}} = \frac{(120 - 50) - (75 - 20)}{\ln \frac{120 - 50}{75 - 20}} = 62.5 ℃$$

$$P = \frac{t_2 - t_1}{T_1 - t_1} = \frac{50 - 20}{120 - 20} = 0.3$$

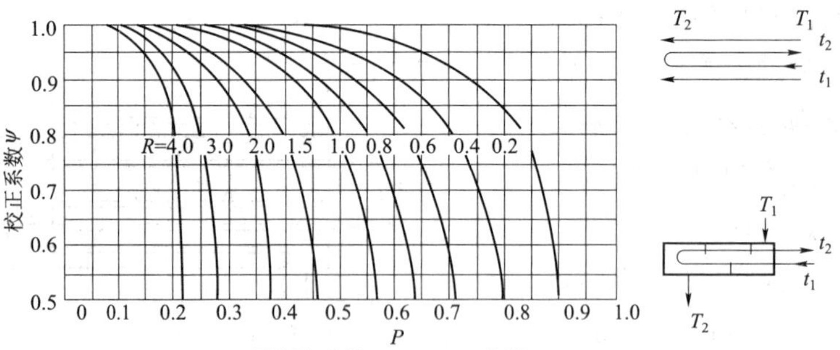

a. 2折流及1壳程2、4、6……管程

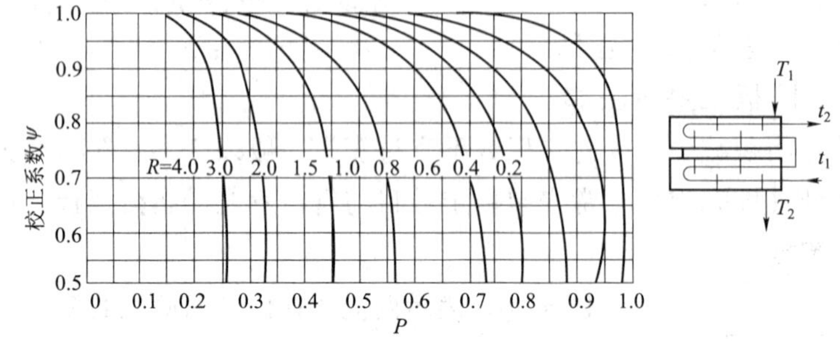

b. 2壳程1、8……管程

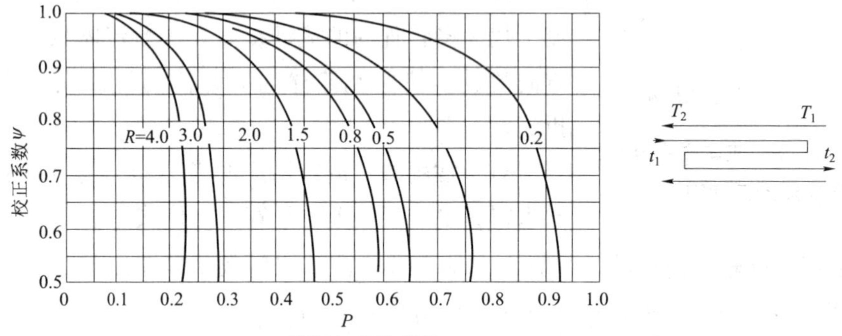

c. 1~3折流及1壳程3管程

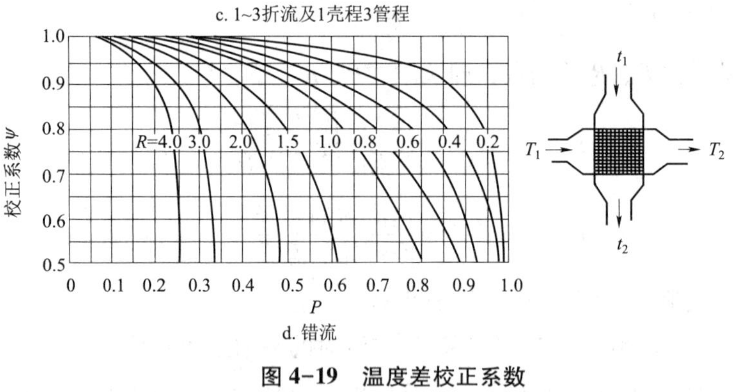

d. 错流

图 4-19　温度差校正系数

$$R=\frac{T_1-T_2}{t_2-t_1}=\frac{120-75}{50-20}=1.5$$

由图 4-19a 查得 $\psi=0.935$

则

$$\Delta t_m=\psi\Delta t_{m逆流}=0.935\times62.5=58.4℃$$

四、壁温的计算

在传热计算中，当计算自然对流、强制对流的层流、冷凝、沸腾时的对流传热系数以及设备外表面热损失时，都需要知道壁温。此外，选择换热器的类型和换热器材质时，也需要知道壁温。热量从热流体通过间壁传给冷流体，两侧流体对壁面的对流传热速率及间

壁的导热速率，在稳态条件下相等，即

$$Q = \frac{T - T_w}{\frac{1}{\alpha_1 A_1}} = \frac{T_w - t_w}{\frac{b}{\lambda A_m}} = \frac{t_w - t}{\frac{1}{\alpha_2 A_2}} \tag{4-30}$$

式中，T、t、T_w及t_w分别为热、冷流体及管壁的平均温度。

整理上式可得

$$T_w = T - \frac{Q}{\alpha_1 A_1} \tag{4-31}$$

$$t_w = T_w - \frac{bQ}{\lambda A_m} \tag{4-32}$$

或

$$t_w = t + \frac{Q}{\alpha_2 A_2}$$

利用上述方程式可确定壁温。壁温总是接近α较大一侧的流体温度。

思考

7. 在套管换热器中用饱和蒸汽加热空气，换热管壁温接近于哪一侧流体温度？为什么？

例题4-9 有一废热锅炉，由ϕ25mm×2.5mm锅炉钢管组成。管外为沸腾的水，压力为2.57MPa（表压）。管内走烟道气，温度由575℃下降到472℃。已知转化气一侧$\alpha_2 = 300\text{W}\cdot\text{m}^{-2}\cdot\text{K}^{-1}$，水侧$\alpha_1 = 10000\text{W}\cdot\text{m}^{-2}\cdot\text{K}^{-1}$。若忽略污垢热阻，试求平均壁温$T_w$及$t_w$。

解：（1）传热系数

以管子外表面A_1为基准，钢管$\lambda = 45\text{W}\cdot\text{m}^{-1}\cdot\text{K}^{-1}$，$d_1 = 25\text{mm}$，$d_2 = 20\text{mm}$，$d_m = 22.5\text{mm}$，$b = 0.0025\text{mm}$

$$\frac{1}{K_1} = \frac{1}{\alpha_1} + \frac{b}{\lambda}\frac{d_1}{d_m} + \frac{1}{\alpha_2}\frac{d_1}{d_2}$$

$$= \frac{1}{10000} + \frac{0.0025}{45} \times \frac{25}{22.5} + \frac{1}{300} \times \frac{25}{20}$$

$$= 0.0001 + 0.000062 + 0.004167$$

$$= 0.00433$$

整理得

$$K_1 = 231\text{W}\cdot\text{m}^{-2}\cdot\text{K}^{-1}$$

（2）平均温度差

在2.57MPa（表压）下，水的饱和温度为226.4℃，故

$$\Delta t_m = \frac{(575 - 226.4) + (472 - 226.4)}{2} = 297.1℃$$

（3）传热速率

$$Q = K_1 A_1 \Delta t_m = 231 \times 297.1 A_1 = 68630 A_1$$

（4）管壁温度

热流体的平均温度 $T = \frac{575 + 472}{2} = 523.5℃$

管内壁温度 $$T_w = T - \frac{Q}{\alpha_2 A_2} = 523.5 - \frac{68630A_1}{300A_2} = 237.5℃$$

管外壁温度 $$t_w = t + \frac{Q}{\alpha_1 A_1} = 226.4 + \frac{68630}{10000} = 233.3℃$$

计算结果表明，由于水沸腾的 α_1 比高温气体的 α_2 大很多，所以壁温接近于水沸腾的温度；因管壁热阻很小，管壁两侧的温度比较接近。

第四节　对流传热系数的计算

一、影响对流传热系数的因素

传热系数 K 必须由两侧流体的 α 决定。由于流体和壁面间的传热比较复杂，影响对流传热系数 α 的因素很多。实验表明，影响对流传热系数 α 的因素包括以下方面。

（1）流体的物理性质　包括流体的密度、比热容、导热系数、黏度、体积膨胀系数等。对于每一种流体，这些物性又都是温度的函数，而其中如气体的密度还明显与压力有关。

（2）引起对流的原因　有强制对流和自然对流两种。强制对流是流体在泵、风机或流体压头等外力作用下被迫流动而发生的传热现象，其流速变化对 α 影响较大。自然对流是流体内部存在温度差，使得各部分流体的密度不同，温度高的流体密度小，温度低的流体密度大，在重力作用下流体发生上下运动，这种流体内部的流动，称为自然对流。设流体内冷、热部分的温度分别为 t_1、t_2，密度分别 ρ_1、ρ_2，若流体的体积膨胀系数为 β，则冷、热部分密度之间的关系为 $\rho_1=\rho_2(1+\beta\Delta t)$，$\Delta t=t_2-t_1$。于是在重力场内，单位体积由于密度不同所产生的浮升力为

$$(\rho_1 - \rho_2)g = \rho_2 g\beta\Delta t$$

空气自然对流的 α 值约为 $5\sim25W\cdot m^{-2}\cdot K^{-1}$，而强制对流的 α 值可达 $10\sim250W\cdot m^{-2}\cdot K^{-1}$。可见，强制对流因流速高，$\alpha$ 也高。

（3）流体的流动形态　分层流和湍流两种形态。当流体作层流流动且自然对流的影响可忽略时，流体都是一层一层地平行流动，流体质点彼此不相干扰，流体质点间传热不充分，因此，α 值较小。但流体为湍流流动时，湍流主体中流体质点呈混杂运动，热量传递充分，且随着 Re 增加，靠近固体壁面的有效层流膜厚度变薄，传热热阻降低，α 值增大。

（4）流体的相态变化　在传热过程中当流体存在相的变化时，如液体在热壁面上的沸腾，以及蒸汽在冷壁面上冷凝，其 α 值比无相变时的大很多。

（5）传热面的形状、大小和位置　形状有圆管、翅片管、平板、管束、波纹管、螺旋板等；传热面有水平放置、垂直放置、倾斜放置以及管内流动、管外沿轴向流动或垂直轴向流动等；传热面尺寸包括管内径、管外径、管长、平板的宽与长等。通常把对流体流动和传热有决定性影响的尺寸，称为特性尺寸。

二、对流传热中的量纲分析

由于影响对流传热系数的因素太多，很难提出一个普遍的公式用以计算各种情况下的对流传热系数 α。可用量纲分析法求取无相变时对流传热系数的准数关联式。

流体无相变时，影响对流传热系数 α 的因素有流速 u、传热面的特性尺寸 l、流体黏度

μ、导热系数 λ、比热容 c_p 以及单位质量流体的浮升力 $\beta g\Delta t$，可由以下函数形式表示

$$\alpha = f(u, l, \mu, \lambda, \rho, c_p, \beta g\Delta t) \tag{4-33}$$

包括 α 在内的 8 个物理量共有 4 个基本量纲，即长度、质量、时间、温度。根据因次分析基本定理——π 定理，可将式（4-33）写成幂函数形式（此处不作详解）

$$\alpha = Ku^a l^b \mu^c \rho^e c_p^f (\beta g\Delta t)^h \tag{4-34}$$

将各物理量的量纲代入式（4-35），并可整理得

$$\frac{\alpha l}{\lambda} = K\left(\frac{lu\rho}{\mu}\right)^a \left(\frac{c_p\mu}{\lambda}\right)^f \left(\frac{l^3\rho^2\beta g\Delta t}{\mu^2}\right)^h \tag{4-35}$$

式（4-35）中各项的符号和意义如表 4-4 所示。

表 4-4 准数的符号和意义

准数名称	符 号	含 义
努塞尔特准数 (Nusselt number)	$Nu = \frac{\alpha l}{\lambda}$	被决定准数，含待定的对流传热系数
雷诺准数 (Reynolds number)	$Re = \frac{lu\rho}{\mu}$	反映流体流动状态和湍动程度对对流传热系数的影响
普兰特准数 (Prandtl number)	$Pr = \frac{c_p\mu}{\lambda}$	表示流体物性对对流传热系数的影响
格拉斯霍夫准数 (Grashof number)	$Gr = \frac{l^3\rho^2\beta g\Delta t}{\mu^2}$	表示自然对流对对流传热系数的影响

为此，式（4-35）可写为

$$Nu = KRe^a Pr^f Gr^h \tag{4-36}$$

式（4-36）为无相变时对流传热系数的准数关联式的一般形式。式（4-36）中的系数 K 和指数 a、f、h 根据不同情况下的传热过程由实验确定。由实验建立的半经验关联式在应用时应注意以下几点。

（1）定性尺寸 参与对流传热的传热面几何尺寸通常有多个，在建立准数关联式时，一般是选用对流体的流动和传热有决定性影响的尺寸，作为准数 Nu、Re、Gr 中的特性尺寸 l。

（2）定性温度 用以确定准数关联式中流体的物性参数如 c_p、μ、ρ 等所依据的温度称为定性温度。流体在对流传热过程中，进、出口温度往往是变化的，确定定性温度的方法通常取决于关联式的形式，如有的关联式采用流体进、出口温度的算术平均值 t_m，也有的用壁温 t_w 或膜温 $(t_w+t)/2$ 的平均温度。故在应用关联式时，应遵照该式的规定，计算定性温度。

（3）适用范围 各关联式中，规定了各个准数的数值范围，在使用时不能超出该范围。

三、流体无相变时对流传热系数的关联式

式（4-36）是无相变条件下对流传热系数的准数关联式的一般式。下面分别介绍流体强制对流与自然对流时的对流传热系数计算方法。

（一）流体在管内作强制对流传热

流体在管内强制流动进行加热或冷却，是工业上重要的传热过程。下面对流体在管内

呈湍流、过渡流和层流时的传热系数 α 计算分别加以叙述。

1. 圆形直管内强制湍流时的对流传热系数 强制湍流时的对流系数较大，在实际生产中换热的流体常常处于湍流流动状态，此时自然对流的影响可以不予考虑，即式（4-36）中的 Gr 可以略去。

（1）低黏度流体 可采用下列关联式

$$Nu=0.023Re^{0.8}Pr^{n} \tag{4-37}$$

该式的应用条件为：①特性尺寸 l 取管内径 d；②定性温度为流体进、出口温度的算术平均值；③适用范围：$Re>10^4$，$0.7<Pr<120$，管长与管径之比 $l/d\geqslant 60$，流体黏度 $\mu<2\text{mPa}\cdot\text{s}$。

Pr 准数的指数 n，当流体被加热时，$n=0.4$；当流体被冷却时，$n=0.3$。这一差别主要是由于温度对层流底层中流体黏度的影响所致。流体被加热时，层流底层温度高于流体主体温度。对液体而言，温度升高，其黏度 μ 降低，层流底层厚度变薄，因而传热系数增加；相反，当流体被冷却时，层流底层黏度较大，厚度增加，传热系数降低。由于液体 $Pr>1$，$Pr^{0.4}>Pr^{0.3}$，所以液体被加热时，$n=0.4$，被冷却时，$n=0.3$。这样计算值才能与实际值相符。当气体被加热时，层流底层温度增加，其黏度增加，层流底层厚度变厚，故传热系数减小。又因 $Pr<1$，$Pr^{0.4}<Pr^{0.3}$，所以气体被加热时仍取 $n=0.4$，被冷却时，$n=0.3$。

在计算中，为了方便，将式（4-37）写成

$$\alpha=0.023\frac{\lambda}{d}\left(\frac{du\rho}{\mu}\right)^{0.8}\left(\frac{c_p\mu}{\lambda}\right)^{n} \tag{4-38}$$

式中，c_p 的单位为 $\text{J}\cdot\text{kg}^{-1}\cdot\text{K}^{-1}$。

（2）高黏度流体 采用下列关联式

$$\alpha=0.027\frac{\lambda}{d}\left(\frac{du\rho}{\mu}\right)^{0.8}\left(\frac{c_p\mu}{\lambda}\right)^{0.33}\left(\frac{\mu}{\mu_w}\right)^{0.14} \tag{4-39}$$

此式的应用条件为：①特性尺寸 l 取管内径 d；②定性温度除 μ_w 取壁温外，其他均为流体进、出口温度的算术平均值；③适用范围：$Re>10^4$，$0.7<Pr<16700$，管长与管径之比 $l/d\geqslant 60$。由于壁温未知，计算中需试差。为避免试差，工程上常简化处理：当液体被加热时，取 $(\mu/\mu_w)^{0.14}=1.05$，当液体被冷却时，$(\mu/\mu_w)^{0.14}=0.95$。

（3）短管传热 由于管子入口处扰动程度较大，层流底层厚度较薄，对流传热系数 α 较大，故当 $l/d<60$ 时，用式（4-37）、式（4-39）计算 α 值时，应乘以校正系数 $\varepsilon_l=1+(d/l)^{0.7}$。由于管入口效应，短管的整个管长的平均 α 值比长管的平均 α 值大一些。

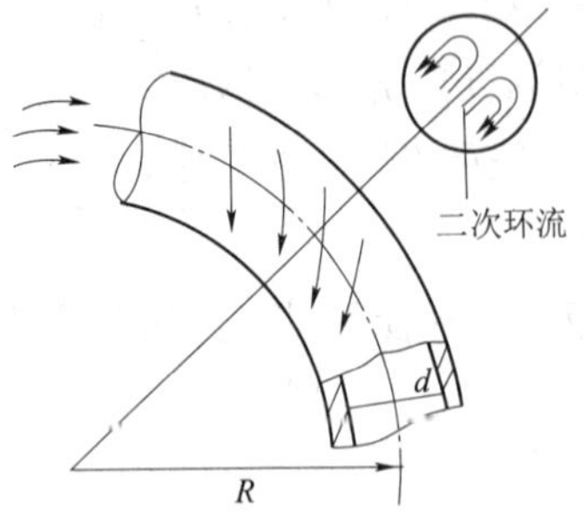

图 4-20 弯管内流体的流动

（4）弯管传热 流体在弯管内流动时，如图 4-20 所示，会因离心力而造成二次环流，使扰动加剧。其结果是对流传热系数 α 值较直管的大一些。计算时，用式（4-37）、式（4-39）得到 α 值，然后再乘以校正系数 $\varepsilon_R=1+1.77d/R$。

例题 4-10 常压下，空气在管长为 4m、管径为 ϕ60mm×3.5mm 的钢管中流动，流速为 $15\text{m}\cdot\text{s}^{-1}$，温度由 150℃升至 250℃。试求管壁对空气的对流传热系数。

解：定性温度 $t=(150+250)/2=200$℃，查附录得 200℃时空气物性数据为

$\lambda=0.0393\text{W}\cdot\text{m}^{-1}\cdot℃^{-1}$，$\mu=2.6\times10^{-5}\text{Pa}\cdot\text{s}$，$\rho=0.746\text{kg}\cdot\text{m}^{-3}$，$Pr=0.68$

特性尺寸 $d=0.053\text{m}$，$l/d=4/0.053=75.5>60$

$$Re=\frac{du\rho}{\mu}=\frac{0.053\times15\times0.746}{2.6\times10^{-5}}=2.28\times10^{4}>10^{4}$$

流动为湍流，应用式（4-38）计算 α，因空气被加热，$n=0.4$

$$\alpha=0.023\frac{\lambda}{d}\left(\frac{du\rho}{\mu}\right)^{0.8}\left(\frac{c_p\mu}{\lambda}\right)^{0.4}$$

$$=0.023\times\frac{0.0393}{0.053}\times(22800)^{0.8}\times(0.68)^{0.4}=44.8\text{W}\cdot\text{m}^{-2}\cdot\text{K}^{-1}$$

2. 圆形直管内过渡流时的对流传热系数 当 $Re=2000\sim10000$ 时，流动为过渡流，为了估算，可用湍流公式（4-38）、式（4-39）计算出 α 值后，再乘以校正系数 f。

$$f=1-\frac{6\times10^{5}}{Re^{1.8}} \tag{4-40}$$

例题 4-11 一套管换热器，套管为 ϕ89mm×3.5mm 的钢管，内管为 ϕ25mm×2.5mm 钢管，管长为 2m。环隙中为饱和蒸汽冷凝，冷却水在内管流动，进口温度为 15℃，出口为 35℃。冷却水流速为 $0.4\text{m}\cdot\text{s}^{-1}$，试求管壁对水的对流传热系数。

解：定性温度，$t=(15+35)/2=25℃$，特性尺寸 $d=0.02\text{m}$

25℃下水的物性数据为：$\lambda=0.608\text{W}\cdot\text{m}^{-1}\cdot℃^{-1}$，$\mu=90.27\times10^{-5}\text{Pa}\cdot\text{s}$，$\rho=997\text{kg}\cdot\text{m}^{-3}$，$c_p=4.179\times10^{3}\text{J}\cdot\text{kg}^{-1}\cdot℃^{-1}$

$$Re=\frac{du\rho}{\mu}=\frac{0.02\times0.4\times997}{90.27\times10^{-5}}=8836\quad\text{流动为过渡流}$$

$$Pr=\frac{c_p\mu}{\lambda}=\frac{4.179\times10^{3}\times90.27\times10^{-5}}{60.8\times10^{-2}}=6.2$$

$$l/d=2/0.02=100>60$$

$$f=1-\frac{6\times10^{5}}{Re^{1.8}}=1-\frac{6\times10^{3}}{8836^{1.8}}=0.953$$

因水被加热，$n=0.4$。应用式（4-38）计算 α，再乘以校正系数 f

$$\alpha=0.023\frac{\lambda}{d}\left(\frac{du\rho}{\mu}\right)^{0.8}\left(\frac{c_p\mu}{\lambda}\right)^{0.4}f$$

$$=0.023\times\frac{0.608}{0.02}\times(8836)^{0.8}\times(6.2)^{0.4}\times0.953=1981\text{W}\cdot\text{m}^{-2}\cdot\text{K}^{-1}$$

3. 圆形直管内强制层流时的对流传热系数 当流体在圆形直管中作强制层流流动时，如果传热不影响速度分布，则热量传递完全靠导热的方式进行。实际上在传热过程中流体内部存在温差，必然伴随着自然对流传热。只有在小管径、水平管、壁面与流体之间的温差较小、流速比较低的情况下才有严格的层流传热。当 $Gr<25000$ 时，自然对流的影响可忽略不计，α 可用下列关联式计算。

$$Nu=1.86\left(RePr\frac{d}{l}\right)^{\frac{1}{3}}\left(\frac{\mu}{\mu_w}\right)^{0.14} \tag{4-41}$$

式（4-41）适用范围为：$Re<2300$；$6700>Pr>0.6$；$RePr\frac{d}{l}>10$。特性尺寸为管内径。定性温度，除 μ_w 取壁温外，均取流体进、出口温度的算术平均值。

当 $Gr>25000$ 时，自然对流的影响不忽略，由式（4-41）计算的 α 值，应乘以校正系数

$$f=0.8(1+0.015Gr^{\frac{1}{3}}) \tag{4-42}$$

在换热器设计时，应尽量避免在强制层流条件下进行传热，因此时对流传热系数很小，从而总传热系数也很小。

例题 4-12 空气在 $1.0133\times10^5\text{Pa}$、平均温度27℃下通过内径为25mm的水平管，其平均流速为 $0.3\text{m}\cdot\text{s}^{-1}$。管壁温度维持在140℃，已知管长为0.4m，试计算空气与管壁之间的对流传热系数 α（$\text{W}\cdot\text{m}^{-2}\cdot℃^{-1}$）。

解：空气在平均温度27℃下的物性数据为

$\lambda=0.0265\text{W}\cdot\text{m}^{-1}\cdot℃^{-1}$，$\mu=1.84\times10^{-5}\text{Pa}\cdot\text{s}$，$\rho=1.18\text{kg}\cdot\text{m}^{-3}$，$c_p=1.005\times10^3\text{J}\cdot\text{kg}^{-1}\cdot℃^{-1}$

$$\beta=1/(273+27)=3.33\times10^{-3}\text{K}^{-1}$$

壁温140℃时　　$\mu_m=2.37\times10^{-5}\text{Pa}\cdot\text{s}$

已知 $d=0.025\text{m}$，$l=0.4\text{m}$，$u=0.3\text{m}\cdot\text{s}^{-1}$

$$Re=\frac{du\rho}{\mu}=\frac{0.025\times0.3\times1.18}{1.84\times10^{-5}}=481$$

$$Pr=\frac{c_p\mu}{\lambda}=\frac{1.005\times10^3\times1.84\times10^{-5}}{0.0265}=0.698$$

$$Gr=\frac{l^3\rho^2\beta g\Delta t}{\mu^2}=\frac{0.025^3\times1.18^2\times3.33\times10^{-3}\times9.18\times113}{(1.84\times10^{-5})^2}$$

$$=2.374\times10^5>25000$$

$$RePr\frac{d}{l}=21>10$$

自然对流的影响不能忽略。可用式（4-41）并加校正系数 f 以求 α

$$Nu=1.86\left(RePr\frac{d}{l}\right)^{\frac{1}{3}}\left(\frac{\mu}{\mu_w}\right)^{0.14}=4.95$$

校正系数　　$f=0.8(1+0.015Gr^{\frac{1}{3}})=1.543$

故　　$Nu=4.95\times1.543=7.638$

$$\alpha=\frac{\lambda}{d}\times7.638=\frac{0.0265}{0.025}\times7.638=8.1\ \text{W}\cdot\text{m}^{-2}\cdot℃^{-1}$$

4. 非圆形管内强制对流时的对流传热系数 此时，上述各关联式仍适用，只要将各式中的管内径改为当量直径即可。当量直径按下式计算

$$d_e=\frac{4\times(\text{流体流动截面积})}{\text{润湿周边}} \tag{4-43}$$

上述算法是近似的。

对套管环隙中的对流传热系数，尚有专用的关联式。例如在 $Re=12000\sim220000$，$d_2/d_1=1.65\sim17$ 范围内，用水和空气等进行实验，得到的关联式为

$$\frac{\alpha d_e}{\lambda}=0.02\frac{d_2}{d_1}0.5Re^{0.8}Pr^{\frac{1}{3}} \tag{4-44}$$

此式对其他流体在环隙内作强制湍流的对流传热系数的计算也适用。

（二）流体在管外强制对流传热

流体在管外垂直流过时，分为流体垂直流过单管和垂直流过管束两种情况。在换热器的计算中，大量遇到的是流体垂直流过管束的换热器，故仅介绍此种情况的计算方法。

由于换热管与管间的相互影响，流体垂直流过管束时的对流传热很复杂。管束的排列分直列和错列两种，如图 4-21 所示。

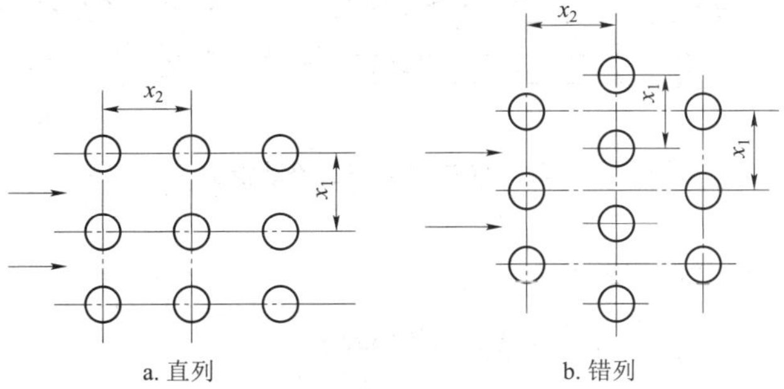

图 4-21　管束的排列

对第一排管子，不论直列还是错列，流动情况相同。但从第二排开始，流体在错列管束间通过时受到阻拦，使湍动增强，故错列式管束的对流传热系数大于直列式。

流体在管束外垂直流过时的对流传热系数可由下式计算

$$Nu = C\varepsilon Re^{n} Pr^{0.4} \tag{4-45}$$

式中，C，ε，n 均由实验确定，其值见表 4-5。

表 4-5　流体在管外垂直于管束流动时的 C、ε、n 值

排数	直　列		错　列		C
	n	ε	N	ε	
1	0.6	0.171	0.6	0.171	$x_1/d=1.2\sim3$
2	0.65	0.157	0.6	0.228	$C=1+0.1x_1/d$
3	0.65	0.157	0.6	0.290	$x_1/d>3$
4	0.65	0.157	0.6	0.290	$C=1.3$

式（4-45）的适用范围为 $Re=5000\sim70000$，$x_1/d=1.2\sim5$，$x_2/d=1.2\sim5$。定性温度取流体进、出口温度的算术平均值，特性尺寸取管子的外径，流速 u 取流动方向上最窄通道处的流速。

由于按式（4-45）计算出的各排管子的对流传热系数不同，故管束的平均对流传热系数可按下式计算

$$\alpha_m = \frac{\alpha_1 A_1 + \alpha_2 A_2 + \alpha_3 A_3 + \cdots}{A_1 + A_2 + A_3 + \cdots} = \frac{\sum \alpha_i A_i}{\sum A_i} \tag{4-46}$$

式中，α_i为第 i 排管子的对流传热系数，$W \cdot m^{-2} \cdot ℃^{-1}$；$A_i$为第 i 排管子的外表面积，m^2。

对于常用的列管式换热器，大多都装有折流板，如图 4-22 所示。

流体大部分垂直流过管束，但在绕过折流板时，则变更了流向，不是垂直于管束，而是平行于管束流动。由于流向和流速的不断变化，$Re>100$ 时即达到湍流。这时管外流体对流传热系数的计算，要根据具体结构选用适宜的计算式。若管外装有常见的圆缺形折流板（图 4-23），其割去部分的宽度约占直径的 1/4，可由图 4-24 求对流传热系数。当 $Re=2\times$

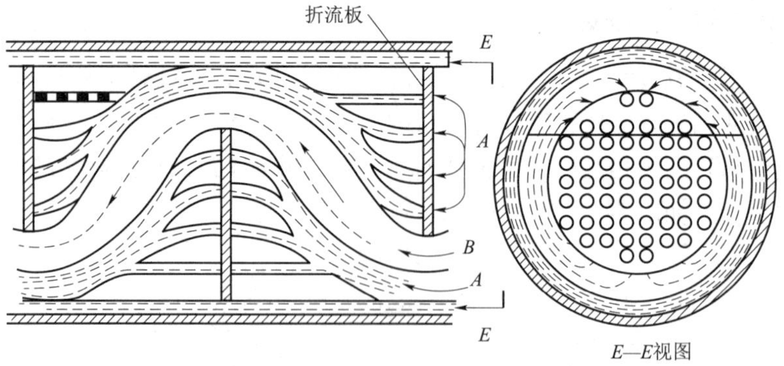

图 4-22　换热器壳程的流动情况

$10^3 \sim 10^6$之间时，亦可用下式计算 α。

$$Nu = 0.36 Re^{0.55} Pr^{\frac{1}{3}} \left(\frac{\mu}{\mu_w}\right)^{0.14} \tag{4-47}$$

或

$$\alpha = 0.36 \frac{\lambda}{d_e} \left(\frac{d_e u_0 \rho}{\mu}\right)^{0.55} \left(\frac{c_p \mu}{\lambda}\right)^{0.33} \left(\frac{\mu}{\mu_w}\right)^{0.14} \tag{4-48}$$

式中，定性温度取流体进、出口温度的算术平均值；μ_w为壁温下的流体黏度。

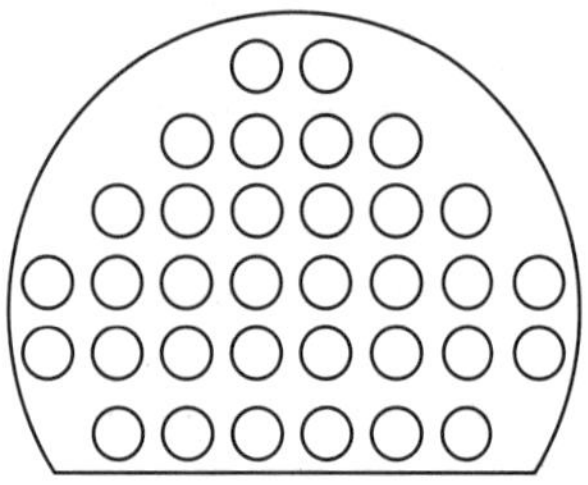

图 4-23　换热器折流板

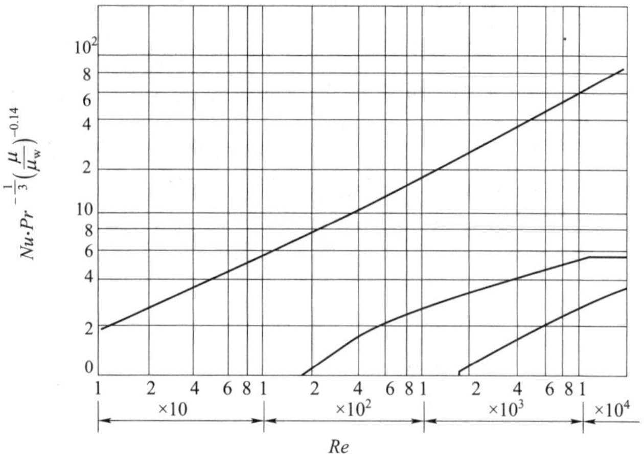

图 4-24　管壳式换热器壳程对流传热系数计算用图

当量直径 d_e的确定与管子的排列方式有关，如图 4-25 所示。

管子成正方形排列时

$$d_e = \frac{4(t^2 - 0.785 d_0^2)}{\pi d_0} \tag{4-49}$$

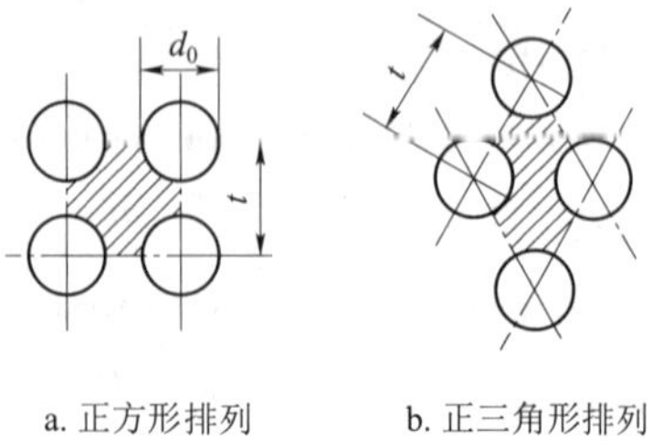

图 4-25　管子的排列

成三角形排列时

$$d_e = \frac{4\left(\frac{\sqrt{3}}{2} t^2 - 0.785 d_0^2\right)}{\pi d_0} \tag{4-50}$$

式中，t 为相邻两管的中心距离，m；d_0为管外径，m。

式（4-48）中的 u_0根据流体流过管间最大截面积 S 计算。

$$S = hD\left(1 - \frac{d_0}{t}\right) \tag{4-51}$$

式中，h 为两折流挡板间的距离，m；D 为换热器壳体内径，m。

如果列管式换热器的管间没有折流板，管外的流体将平行于管束流动，此时的 α 计算仍可采用管内强制对流时的计算关联式，只需将管内径改为管间当量直径即可。

（三）大空间自然对流传热

大空间自然对流传热是指传热壁面放置在很大的空间内，由于壁面温度与周围流体的温度不同而引起自然对流的传热过程。如管道或设备表面与周围大气之间的传热。

大空间中流体作自然对流时，其一般准数式为

$$Nu = C(GrPr)^n \tag{4-52}$$

或

$$\alpha = C\frac{\lambda}{l}\left(\frac{\rho^2 g\beta\Delta t l^3}{\mu^2} \times \frac{c_p\mu}{\lambda}\right)^n \tag{4-52a}$$

在大空间内流体垂直壁面进行自然对流时，根据实验数据所得到的 Nu 与 $GrPr$ 之间的关系如图 4-26 所示；而沿水平圆柱体作自然对流时的准数关系如图 4-27 所示。

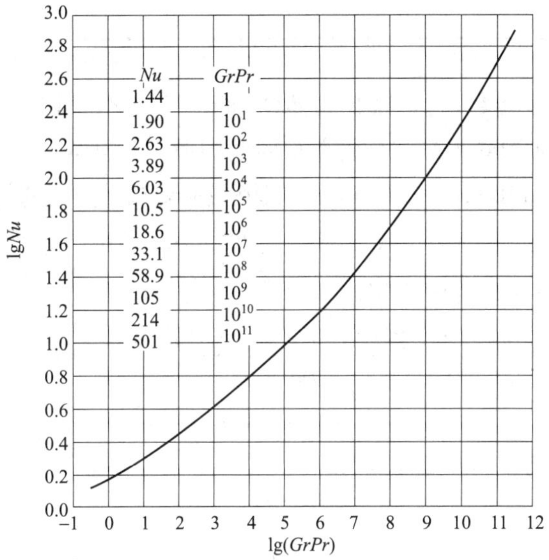

图 4-26 流体沿垂直壁面作自然对流式的关联曲线

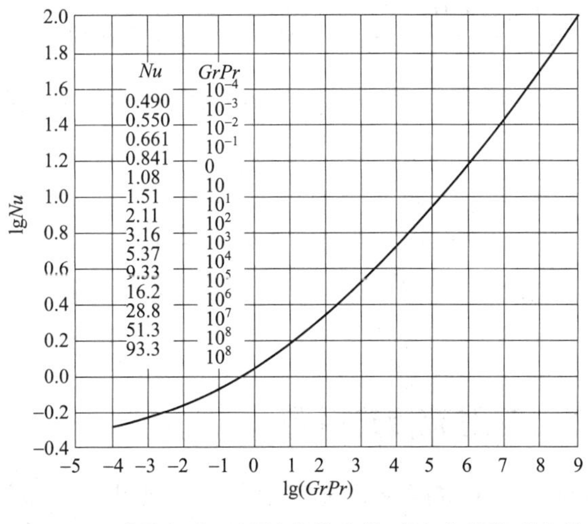

图 4-27 流体沿水平圆柱体作自然对流式的关联曲线

式（4-52）中 C、n 在不同情况下的数值列于表 4-6 中。Gr 中的 $\Delta t=t_w-t$，t_w 为壁温，t 为流体的温度。定性温度取膜温，即 $t_m=(t_w+t)/2$。

表 4-6　式（4-52）中 C、n 值

加热表面形状、位置	$GrPr$	C	n	特性尺寸
垂直平板及圆柱	$10^{-1}\sim10^{4}$	（查图 4-26 求 Nu）	（查图 4-26 求 Nu）	高度 H
	$10^{4}\sim10^{9}$	0.59	1/4	
	$10^{9}\sim10^{13}$	0.1	1/3	
水平圆柱体	$0\sim10^{-5}$	0.4	0	外径 d_0
	$10^{-5}\sim10^{4}$	（查图 4-27 求 Nu）	（查图 4-27 求 Nu）	
	$10^{4}\sim10^{9}$	0.53	1/4	
	$10^{9}\sim10^{12}$	0.13	1/3	
水平板热面朝上或水平板冷面朝下	$2\times10^{4}\sim8\times10^{6}$	0.54	1/4	正方形取边长；长方形取两边平均值；圆盘取 0.9d；狭长条取短边
	$8\times10^{6}\sim10^{11}$	0.15	1/3	
水平板热面朝下或水平板冷面朝上	$10^{5}\sim10^{11}$	0.58	1/5	

例题 4-13　一垂直水蒸气管，管径为 ϕ152mm×4.5mm，管长为 0.5m，管外壁温度为 110℃，周围空气温度为 20℃，试求该管单位时间内散热量（W）。

解：定性温度 $t_m=(110+20)/2=65$℃，查附录得 65℃时空气的物性数据为

$\mu=2.04\times10^{-5}\text{Pa}\cdot\text{s}$，$\lambda=0.0293\text{W}\cdot\text{m}^{-1}\cdot\text{K}^{-1}$，$\rho=1.05\text{kg}\cdot\text{m}^{-3}$，

$Pr=0.695$，$\beta=1/(65+273)=2.96\times10^{-3}\text{K}^{-1}$

故
$$Gr=\frac{\rho^2 g\beta\Delta t l^3}{\mu^2}=\frac{2.96\times10^{-3}\times9.81\times(110-20)\times0.5^3\times1.05^2}{(2.04\times10^{-5})^2}=8.57\times10^8$$

$$GrPr=5.96\times10^8$$

查表 4-6 得 $C=0.59$，$n=1/4$

代入关联式

$$\alpha=C\frac{\lambda}{l}(GrPr)^n$$

$$\alpha=0.59\times\frac{2.93\times10^{-2}}{0.5}\times(5.96\times10^8)^{\frac{1}{4}}=5.39\text{W}\cdot\text{m}^{-2}\cdot\text{K}^{-1}$$

散热量 $Q=\alpha A\Delta t=\alpha\pi dl\Delta t=5.39\times3.14\times0.152\times0.5\times(110-20)=116\text{W}$

思考

8. 自然对流中的加热面与冷却面如何放置才有利于充分传热？

四、流体有相变时的对流传热系数

化工与制药生产过程中，常常涉及到流体相变的传热过程。冷凝器和蒸发器是具有蒸汽冷凝和液体沸腾的常见传热设备。蒸汽冷凝与液体沸腾的传热机理互不相同，下面分别

进行介绍。

（一）蒸汽冷凝时的对流传热

1. 蒸汽冷凝方式　当蒸汽与低于蒸汽温度的壁面接触时，蒸汽将放出潜热并冷凝成液体。蒸汽在壁面上的冷凝方式有两种，即膜状冷凝和滴状冷凝。

膜状冷凝是指冷凝液能润湿壁面，并在壁面形成一层完整的连续液膜。液膜在重力作用下，沿壁面向下流动，愈往下液膜愈厚。蒸汽在液膜表面冷凝，释放出的热量通过液膜以导热和对流方式传给壁面。液膜是壁面与蒸汽之间的主要传热热阻。冷凝液润湿壁面的能力，主要取决于它的表面张力和它对壁面的附着力这两者的关系。若附着力大于表面张力，则会形成膜状冷凝，否则会形成滴状冷凝。

滴状冷凝是冷凝液不能全部润湿壁面，聚集成许多分散的液滴，沿壁面落下，而冷凝壁面重新露出，使得蒸汽能在壁面上冷凝。其热阻比膜状冷凝时要小，滴状冷凝时对流传热系数比膜状冷凝时要大几倍至几十倍。

在实际过程中，要实现稳定的滴状冷凝传热是非常困难的。通常两种方式的冷凝会同时存在，但在工业生产中，常以膜状冷凝为主，而且按膜状冷凝计算，这样更为安全可靠。为此，本节仅介绍纯饱和蒸汽膜状冷凝时对流传热系数的计算方法。

2. 蒸汽在水平管外冷凝时的对流传热系数　努塞尔特曾用积分法求得水平单管外蒸汽冷凝时的对流传热系数

$$\alpha = 0.725\left(\frac{\gamma\rho^2 g\lambda^3}{\mu d_o \Delta t}\right)^{\frac{1}{4}} \tag{4-53}$$

工业上的许多冷凝器都是由水平管束组成。蒸汽在水平管束外冷凝过程中，最上面第一排管子的冷凝情况与水平单管的冷凝情况相同，而下面其他各排管子，其冷凝液的流动情况还受到在它上面各排管所流下的冷凝液的影响。

对在垂直方向上有 n 根管子组成的管束，在每根管上的温度差相同的条件下，则管束的对流传热系数为

$$\alpha = 0.725\left(\frac{\gamma\rho^2 g\lambda^3}{\mu n^{\frac{2}{3}} d_o \Delta t}\right)^{\frac{1}{4}} \tag{4-54}$$

式中，γ 为蒸汽冷凝潜热，取饱和温度 t_s 下的数值，$J \cdot kg^{-1}$；ρ 为冷凝液的密度，$kg \cdot m^{-3}$；μ 为冷凝液的黏度，$Pa \cdot s$；λ 为冷凝液的导热系数，$W \cdot m^{-1} \cdot K^{-1}$；$\Delta t$ 为蒸汽饱和温度 t_s 与壁面温度 t_w 之差，$\Delta t = t_s - t_w$；n 为水平管束在一垂直列上的管子数。

上述公式中定性温度 $t = (t_w + t_s)/2$。

3. 蒸汽在垂直管外（或板上）冷凝时的对流传热系数　如图 4-28 所示，蒸汽在垂直管外（或板上）冷凝。液膜以层流状态从顶端向下流动，逐渐变厚，局部对流传热系数 α 减小。若壁面高度足够高，且冷凝液量较大时，则壁面下面冷凝液膜会变为湍流流动，此时局部传热系数反而会增加。和强制对流一样，仍可用 Re 作为确定层流和湍流的判断准则。

$$Re = \frac{d_e u\rho}{\mu} \tag{4-55}$$

若冷凝液流通截面积为 S，壁面润湿周边为 b，则当量直径 $de = 4S/b$。冷凝液的质量流量为 $G = Su\rho$，则得

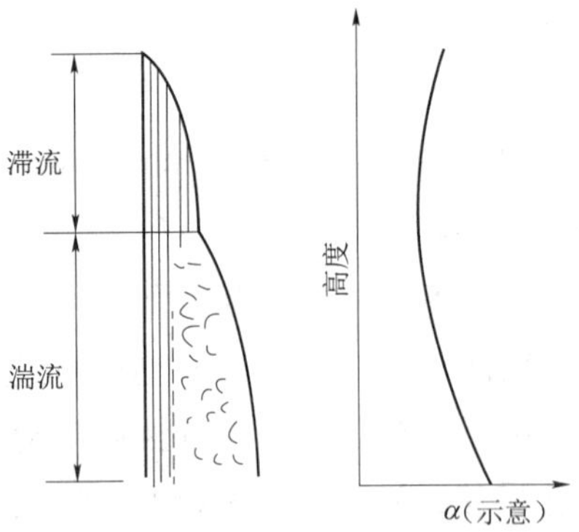

图 4-28　蒸汽在垂直管外（或板上）冷凝

$$Re=\frac{d_e u\rho}{\mu}=\frac{4}{\mu}\frac{G}{b}$$

令 $M=G/b$，称为冷凝负荷，即单位长度润湿周边上冷凝液的质量流量（$kg \cdot m^{-1} \cdot s^{-1}$），则得冷凝系统的 Re 数为

$$Re=\frac{4M}{\mu} \tag{4-56}$$

液膜为层流（$Re<1800$）时，对流传热系数为

$$\alpha=1.13\left(\frac{\gamma\rho^2 g\lambda^3}{\mu l\Delta t}\right)^{\frac{1}{4}} \tag{4-57}$$

液膜为湍流（$Re>1800$）时，对流传热系数为

$$\alpha=0.0077\left(\frac{\rho^2 g\lambda^3}{\mu^2}\right)^{\frac{1}{3}}Re^{0.4} \tag{4-58}$$

式中，特性尺寸 l 取垂直管长或板高。

例题 4-14　温度为 100℃的饱和水蒸气在单根管外冷凝。管外径 100mm，管长 1.5m，管壁温度为 98℃。试计算：(1) 若管子垂直放置，则蒸气冷凝时的对流传热系数；(2) 若管子水平放置，则蒸气冷凝的对流传热系数。

解：冷凝液膜的平均温度，$t_m=(100+98)/2=99$℃下，查附录得水的物性参数数值为：$\rho=959.1kg \cdot m^{-3}$，$\mu=28.58\times10^{-5}Pa \cdot s$，$\lambda=0.6819W \cdot m^{-1} \cdot K^{-1}$

已知 $l=1.5m$，100℃饱和水蒸气的冷凝潜热：$\gamma=2258kJ \cdot kg^{-1}$

$$\Delta t=t_s-t_w=100-98=2℃$$

(1) 管子垂直放置　先假定液膜作层流流动，由式（4-57）求平均对流传热系数，然后再计算 Re 数是否在层流范围内。

$$\alpha=1.13\left(\frac{\gamma\rho^2 g\lambda^3}{\mu l\Delta t}\right)^{\frac{1}{4}}=1.13\times\left(\frac{959.1^2\times9.81\times0.6819^3\times2258\times10^3}{28.56\times10^{-5}\times1.5\times2}\right)^{\frac{1}{4}}$$
$$=10530W \cdot m^{-2} \cdot K^{-1}$$

检验 Re 数

$$Re=\left(\frac{4S}{\pi d_0}\right)\left(\frac{G}{S}\right)\frac{1}{\mu}=\frac{4Q}{\pi d_0 r\mu}$$

其中　$Q=\alpha A\Delta t=10530\pi\times0.5\times1.5\times2=9925W$

故　$$Re=\frac{4\times9925}{\pi\times0.1\times2258\times10^3\times28.56\times10^{-5}}=196<1800$$

因而假定为层流是正确的。

(2) 管子水平放置　由式（4-53）和式（4-57）可得长为 1.5m，外径为 0.1m 的单管水平放置和垂直放置时的对流传热系数 α' 与 α 的比值为

$$\frac{\alpha'}{\alpha}=\frac{0.725}{1.13}\left(\frac{l}{d_0}\right)^{\frac{1}{4}}=0.642\left(\frac{1.5}{0.1}\right)^{\frac{1}{4}}=1.263$$

故单根管水平放置时的对流传热系数为

$$\alpha'=1.263\times10530=13300\ W \cdot m^{-2} \cdot K^{-1}$$

4. 影响冷凝传热的因素 从前面讨论可知，液体的物性、冷凝壁面尺寸、放置位置以及冷凝传热温度差等，都是影响膜状冷凝传热的因素。下面补充说明其他一些重要影响因素。

（1）不凝性气体的影响 前面讨论的是纯净蒸汽冷凝。而工业蒸汽中往往含有空气等微量不凝性气体，在连续冷凝操作中，不凝气会越积累越多，并在冷凝液膜表面上形成一层气膜，其导热系数很小，使热阻增大，α 大大减小。例如，当蒸汽中不凝性气体含量为1%时，冷凝时的 α 可降低60%左右。因此，在换热器的蒸汽冷凝一侧，应安装排气口，定期排放不凝性气体。

（2）蒸汽流速和流向的影响 前面讨论的冷凝传热系数中，忽略了蒸汽流速的影响，故只符合蒸汽流速较低的情况。当蒸汽流速较高时（对于水蒸气，流速大于 $10\text{m}\cdot\text{s}^{-1}$），会对液膜表面产生明显的黏滞摩擦力。若蒸汽向下流动，与液膜的流向相同，则可加速液膜流动，膜厚变薄，液膜的热阻减小。同时，由于蒸汽流速较高，液膜表面的不凝性气体会被吹散，气相热阻也减小。因此，冷凝过程的总热阻减小，α 增大。如果蒸汽流速很大，无论是向下还是向上流动，液膜会被吹离壁面，使冷凝传热过程增强。

（3）蒸汽过热的影响 过热蒸汽的冷凝包括冷却与冷凝两个过程，液膜表面仍维持饱和温度 t_s，只有远离液膜的地方维持过热温度，故冷凝传热的温度差仍为（t_s-t_w）。实验证明，用前述关联式计算的 α 值，其误差约为3%，可以忽略不计。但在计算时，应将饱和蒸汽的冷凝潜热 r 改为 $r'=r+c_p(t_v-t_s)$，c_p 为过热蒸汽的比热，t_v 为过热蒸汽温度。

（4）传热面的形状与布置 冷凝液膜为膜状冷凝传热的主要热阻，如何减少液膜厚度、降低热阻，是强化膜状冷凝传热的关键。

对水平布置的管束，冷凝液从上部各排管子流到下部管排，液膜变厚，使 α 变小。若能设法减少垂直方向上管排数目，或将管束由直列改为错列，皆可增大 α 值。

思考

9. 饱和蒸汽冷凝时，传热膜系数突然降低，试分析可能的原因。

（二）液体沸腾时的对流传热

在锅炉、蒸发器和精馏塔使用的再沸器中，都是将液体加热使之沸腾并产生蒸汽的过程。沸腾是指容器内液体温度高于饱和温度时，液体气化而形成气泡的过程。工业上液体沸腾有两种情况，一种是液体在管内流动过程中加热沸腾，称为管内沸腾；另一种是把加热面浸入容器的液体中，液体被壁面加热，而引起无强制对流的沸腾现象，称为大容器内沸腾或池内沸腾。本节主要讨论液体在大容器内沸腾。

1. 大容器饱和沸腾现象 容器加热沸腾的主要特征，是在液体内部的加热壁面上不断有气泡生成、长大、脱离和浮升到液体表面。在一定压力下，若液体饱和温度为 t_s，液体主体温度为 t_1，则 $\Delta t=t_1-t_s$ 称为液体的过热度。过热度是液体气泡存在和成长的条件，也是气泡形成的条件。过热度越大，则越容易生成气泡，生成的气泡数量也多。紧靠加热壁面处（壁面温度）的液体过热度最大，为 $\Delta t=t_w-t_s$，所以壁面上最容易生成气泡。壁面除了过热度最大之外，还有气化核心存在。加热壁面有许多粗糙不平的小坑和划痕等，这些地方残有微量气体，当它们被加热，就会膨胀生成气泡，成为气化核心。$\Delta t=t_w-t_s$ 愈大，生成气泡越多，气泡内表面的液体继续气化，气泡长大到某一直径后，当浮力大于对壁面的附着力时，就脱离壁面，向上浮升。在浮升过程中，周围的过热液体继续对其加热，直径继续增大，可一直浮升液体表面，冲破液面与气相混合，这就是饱和沸腾过程。

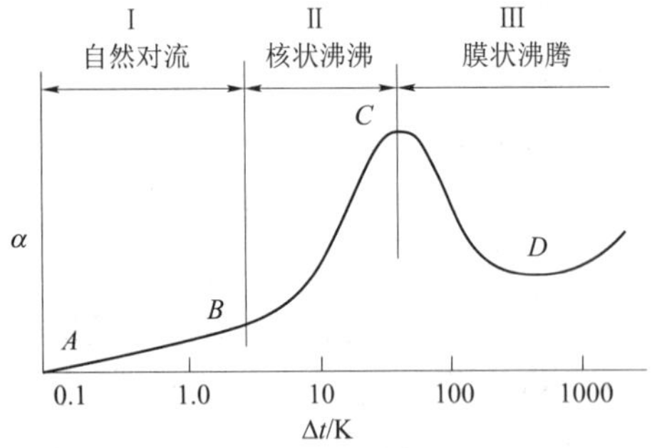

图 4-29 常压下水沸腾时 α 与 Δt 的关系

在沸腾传热过程中，由于气泡在加热面上不断生成、长大、脱离和浮升，远处温度较低的液体不断流向加热面，使靠近壁面的液体处于剧烈扰动状态，一方面是液体对流，另一方面是液体不断气化。所以，对于同一种液体，沸腾传热系数 α 远大于无相变时的 α 值。

2. 沸腾曲线 液体沸腾传热的规律，可以由图 4-29 说明。图中给出了水在 101.325kPa 压力下饱和沸腾时，沸腾传热系数 α 与过热度 $\Delta t=t_w-t_s$ 的关系曲线，称为沸腾曲线。

AB 段加热壁面的过热度 Δt 很小（$\Delta t\leqslant 5K$），只有少量气泡产生，而且这些气泡不能脱离壁面，因此看不到沸腾现象，热量依靠自然对流由壁面传递到液体主体，蒸发在液体表面进行，α 随 Δt 的增大略有增大。这一区段称为自然对流区。

BC 段随着加热壁面的过热度 Δt 不断加大，气化核心数增多，气泡的生成速度、成长速度以及浮升速度都加快。气泡的激烈运动，使液体受到剧烈的搅拌作用，使 α 值随 Δt 的增大而迅速增大。这一区段称为核状沸腾区。

CD 段随着 Δt 继续增大，气泡大量生成且速度快，在壁面处连成一片，形成气膜，覆盖在加热壁面上，使液体不能与加热壁面接触。由于气膜热阻大，使 α 急剧下降到 D 点。D 点以后，Δt 再增大，加热壁面温度 t_w 进一步增高，壁面全部被气膜覆盖，壁面的热量除了通过导热与膜内蒸汽的对流传给液体之外，辐射的传热量急剧增大，使点 D 以后的沸腾传热的 α 进一步增大。这一区段称为膜状沸腾区。膜状沸腾传热需要通过气膜，所以其 α 值比核状沸腾时的小。

由核状沸腾转变为膜状沸腾的转变点，称为临界点（C 点）。临界点处的 Δt，称为临界温度差 Δt_c；与该点对应的热流密度，称为临界热流密度 q_c。工业设备中的液体沸腾，一般应在核状沸腾区操作，控制 Δt 不大于临界点 Δt_c。否则，一旦变为膜状沸腾，不仅 α 会急剧下降，而且因加热壁面温度过高，有可能导致加热面烧毁。因此，也把 C 点称为烧毁点。水在常压下饱和沸腾的临界温度差 $\Delta t_c=25K$，临界热流密度 $q\approx 1.25\times 10^6 W\cdot m^{-2}$。

3. 影响沸腾传热的因素 由于影响核状沸腾的因素很多，虽然报道了很多 α 关联式，但计算结果相差很大，至今尚没有可靠的通用关联式。这说明了核状沸腾传热的复杂性，在工程上针对不同的具体条件进行实验测定，可能更为可靠。下面就几个主要影响因素作简要说明。

（1）液体物性 在一般情况下，液体的导热系数和密度增大，黏度和表面张力减小，都能增大沸腾传热速率。液体的表面张力小，则容易润湿壁面，生成的气泡呈球形，附着在壁面上的面积较小，容易脱离壁面，较小直径时就能脱离，对沸腾传热有利。

（2）温度差 前面已经讨论了温度差 $\Delta t=t_w-t_s$ 对沸腾传热的影响，Δt 增大能增 α 值。在双对数坐标图上，核状沸腾阶段的 α 与 Δt，近似呈直线关系。故可以得到关系式 $\alpha=C\Delta t^m$，C 与 m 由实验测定。对于不同的液体和加热面材料，可测得不同 C 与 m 值。

（3）操作压力 提高操作压力即提高液体的饱和温度，从而使液体的黏度和表面张力均下降，有利于气泡的生成和脱离壁面。在核状沸腾阶段，在相同的 Δt 条件下，提高操作压力，可提高 α 值。

在关系式 $\alpha=C\Delta t^m$ 的基础上，产生了下列形式的关系式

$$\alpha = C\Delta t^m p^n \tag{4-59}$$

对于水，在 0.1~4MPa 压力（绝压）范围内，有如下经验式

$$\alpha=0.123\Delta t^{2.33}p^{0.5} \tag{4-60}$$

式中，p 为沸腾绝对压力，Pa。

（4）加热面状况　加热面清洁，没有污染时 α 值较高。壁面粗糙，气化核心较多，则生成的气泡较多，可强化沸腾传热。

除了上述因素之外，设备结构、加热面形状和材料性质以及液体深度都会对沸腾传热有影响。

思考

10. 液体沸腾的两个必要条件是什么？强化沸腾给热可从哪两个方面入手？

五、选用对流传热系数关联式的注意事项

本节主要讨论对流传热速率方程和对流传热系数关系式。在分析间壁与液体之间对流传热过程中，引入了有效膜的概念，把全部热阻集中于有效膜内，使对流传热系数 α 与有效膜联系起来，凡能减少有效膜热阻的因素，也就是增大 α 的因素。

对流传热是一复杂的传热过程，大致分为强制对流、自然对流、蒸汽冷凝和液体沸腾等类型。强制对流又有湍流、过渡流和层流之分。不同类型对流传热的 α 计算式，是本节重点内容。α 计算大体可分为两类，一类是量纲分析法将 α 的影响因素整理成以幂函数形式表示的量纲为一的准数之间的关系式，用实验确定关系式的系数和指数，属于半经验关联式。另一类是纯经验式。在选用这些方程时，应注意以下几点。

（1）针对所要解决的传热问题类型，选择适当的关联式。

（2）要注意关联式应用范围、特性尺寸的选择和定性温度的确定。

（3）应注意正确使用各物理量的单位，各准数的量纲应为一。对于纯经验公式，必须使用公式所要求的单位。

（4）应注意学会分析关联式中各物理量对 α 的影响，其影响大小可以通过指数的大小来判断。

（5）一般情况下，α 值的大致范围如表 4-7。

表 4-7　一般情况下流体的对流传热系数范围

传热类型	α/W·m^{-2}·K^{-1}	传热类型	α/W·m^{-2}·K^{-1}
空气自然对流	5~25	水蒸气冷凝	5000~15000
空气强制对流	30~300	有机蒸气冷凝	500~3000
水自然对流	200~1000	水沸腾	1500~30000
水强制对流	1000~8000	有机液体沸腾	500~15000
有机液体强制对流	500~1500		

第五节　热辐射

一、基本概念

物质受热后内部原子出现激动，释放出辐射能并向四周传播。这种能量是以电磁波的形式向外发射的，当与另一物体相遇时可被吸收、反射和透过，其中被吸收的部分又转变为热能。凡是热力学温度在零度以上的物体都能发射辐射能。电磁波的波长范围极广，而能被物体吸收又能转变为热能的辐射线，其波长在 0.38～100μm 之间，波长为 0.4～0.76μm 者，为可见光；波长为 0.76～100μm 者，为红外线。可转变为热能的射线统称为热射线。而仅因物体本身温度而引起的热射线传播过程，称为热辐射。

热辐射与光辐射就其物理本质而言，完全相同，皆系以电磁波形式传播的辐射能，区别仅在于它们的波长不同。故热辐射亦遵循光辐射的折射、反射定律，在均一介质中作直线传播。在真空和某些气体中可完全透过。

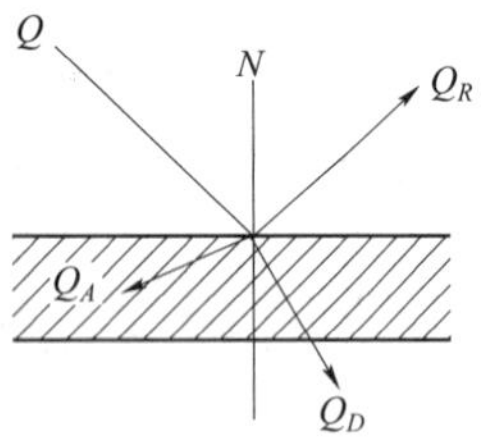

图 4-30　辐射能的吸收、反射和透过

如图 4-30 所示，设投射在某一物体上的总辐射能为 Q，一部分能量 Q_A 被吸收，另一部分能量 Q_R 被反射，还有一部分能量 Q_D 透过该物体。依能量守恒定律，得

$$Q_A+Q_R+Q_D=Q$$

故

$$\frac{Q_A}{Q}+\frac{Q_R}{Q}+\frac{Q_D}{Q}=1$$

令吸收率 $A=Q_A/Q$，反射率 $R=Q_R/Q$，透射率 $D=Q_D/Q$，则有

$$A+R+D=1 \tag{4-61}$$

物体的吸收率 A 表示物体吸收辐射能的本领，当 $A=1$，即 $R=D=0$ 时，这种物体称为绝对黑体或黑体。但应指出黑体概念为一理想化现象，实际上完全的黑体并不存在，仅供在热辐射计算中作为比较的标准。

物体的反射率 R 表明物体反射辐射能的本领，当 $R=1$，即 $A=1$，即 $A=D=0$ 时，称为绝对白体或镜体。实际上绝对白体亦不存在，但有些物体接近于白体，如表面磨光的铜，其反射率可达 0.97。

物体的透过率 D 表明物体透过辐射能的本领，能全部透过辐射能的物体，即 $D=1$，称为透热体。如单原子和对称的双原子构成的气体，一般可视为能让热辐射线完全透过。多原子气体和不对称的双原子气体则能选择地吸收和发射某一波长范围的辐射能。

物体的吸收率、反射率和透过率的大小，与该物体的性质、温度、表面状况和辐射线的波长（对气体）等因素有关。

二、物体的辐射能力与斯蒂芬-波尔兹曼定律

物体在一定温度下单位表面积单位时间内所发射的全部波长（从 0 到∞）的总能量，称为该物体在该温度下的辐射能力，以 E 表示，单位为 $W \cdot m^{-2}$。

（一）黑体的辐射能力与斯蒂芬-波尔兹曼定律

理论证明，黑体的辐射能力 E_0 与其表面的热力学温度 T 的四次方成正比，即

$$E_0=\sigma_0 T^4 \tag{4-62}$$

此式称为斯蒂芬-波尔兹曼（Stefan-Boltzmann）定律。

式中，σ_0 为黑体的辐射常数，$\sigma_0=5.669\times10^{-8}\text{W}\cdot\text{m}^{-2}\cdot\text{K}^{-4}$；$T$ 为黑体表面的热力学温度，K。

式（4-62）在应用时常写成

$$E_0=C_0\left(\frac{T}{100}\right)^4 \tag{4-63}$$

式中，C_0 为黑体的辐射系数，$C_0=5.669\text{W}\cdot\text{m}^{-2}\cdot\text{K}^{-4}$

例题 4-15 试计算一黑体表面温度分别为 20℃及 600℃时辐射能力的变化。

解：（1）黑体在 20℃时的辐射能力

$$E_{01}=C_0\left(\frac{T}{100}\right)^4=5.669\times\left(\frac{273+20}{100}\right)^4=418\ \text{W}\cdot\text{m}^{-2}$$

（2）黑体在 600℃时的辐射能力

$$E_{02}=C_0\left(\frac{T}{100}\right)^4=5.669\times\left(\frac{273+600}{100}\right)^4=32930\ \text{W}\cdot\text{m}^{-2}$$

$$\frac{E_{02}}{E_{01}}=\frac{32930}{418}=78.8$$

由例 4-15 题可见，同一黑体温度变化 600/20=30 倍，而辐射能力增加了 78.8 倍，说明温度对辐射能力的影响在低温时影响较小，往往可以忽略，而高温时则可成为主要的传热方式。

（二）实际物体的辐射能力

工程上最重要的是确定实际物体的辐射能力。在同一温度下，实际物体的辐射能力 E 恒小于黑体的辐射能力 E_0。不同物体的辐射能力也有很大差别。通常用黑体的辐射能力 E_0 作为基准，引进物体的黑度 ε 的概念，表示为

$$\varepsilon=\frac{E}{E_0} \tag{4-64}$$

即实际物体的辐射能力与同温度下黑体的辐射能力之比称为黑度。它表示物体的辐射能力接近于黑体的程度，其值恒小于 1。实验证明，物体的黑度不仅与物体的种类、表面温度及表面状况（如粗糙度、氧化程度等）有关，严格地讲还与波长有关。物体的黑度是物体的一种性质，只与物体本身情况有关，而与外界因素无关。其值可由实验测定。

为了使一般的工程计算辐射传热问题得以简化，引入了灰体的概念。所谓灰体，就是对各种波长辐射能具有相同吸收率的理想化物体。

实验表明，大多数工程材料，对于波长在 0.76~20μm 范围内的辐射能（此波长范围内的辐射能为工业上应用最多的热辐射），其吸收率随波长变化不大，故可将这些实际物体视为灰体。

灰体的辐射能力 E 同样可用黑度 ε 来表征。由式（4-63）与式（4-64）得知，灰体的辐射能力 E 可由下式求得

$$E=\varepsilon E_0=\varepsilon C_0\left(\frac{T}{100}\right)^4 \quad (4-65)$$

或

$$E=C\left(\frac{T}{100}\right)^4 \quad (4-66)$$

式中，C 为灰体的辐射系数，$C=5.669\varepsilon \mathrm{W\cdot m^{-2}\cdot K^{-4}}$。

某些工业材料的黑度值列于表 4-8 中。

表 4-8　常见工业材料的黑度

材料	温度/℃	黑度 ε	材料	温度/℃	黑度 ε
红砖	20	0.93	铜（氧化的）	200~500	0.57~0.87
耐火砖	—	0.8~0.9	铜（磨光的）	—	0.03
钢板（氧化的）	200~600	0.8	铝（氧化的）	200~600	0.11~0.19
钢板（磨光的）	940~1100	0.55~0.61	铝（磨光的）	225~575	0.039~0.057
铸铁（氧化的）	200~600	0.64~0.78	银（磨光的）	200~600	0.012~0.03

三、克希霍夫定律

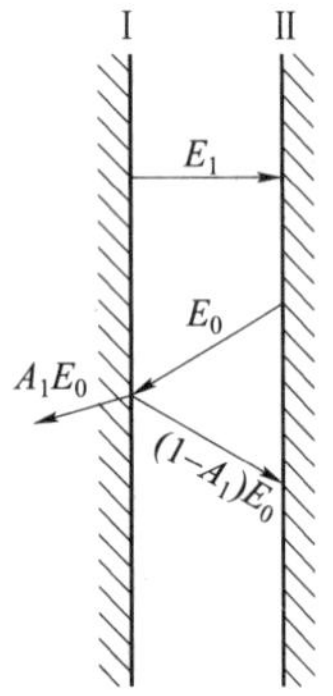

图 4-31　克希霍夫定律的推导

克希霍夫定律（Kirchhoff 定律）确定物体的发射能力 E 与其吸收率 A 之间的关系。

设有两平行壁Ⅰ与Ⅱ，壁Ⅰ为灰体，壁Ⅱ为绝对黑体，两壁面的面积很大，且很接近。这样，从一个壁面发射出来的能量将完全投射到另一壁面，如图 4-31 所示。以 E_1、A_1 和 E_0、A_0 分别表示壁Ⅰ、Ⅱ的发射能力和吸收率，以单位时间单位壁面积为讨论的基准。灰体与黑体的热力学温度分别为 T_1 和 T_0，且 $T_1>T_0$。由壁面Ⅰ所发射的能量 E_1 投射到壁面Ⅱ上被全部吸收，但由壁面Ⅱ所发射的能量 E_0 投射到壁面Ⅰ上时只是部分被吸收，即 A_1E_0，而其余部分，即 $(1-A_1)E_0$，被反射回去，仍落到壁面Ⅱ上并被该壁面全部吸收。因此，两壁面间热交换的结果，就壁面Ⅰ而言，发射的能量为 E_1，吸收的能量为 A_1E_0，其差为

$$Q=E_1-A_1E_0$$

当两壁面的辐射换热达到平衡时，即当 $T=T_0$ 时，壁面Ⅰ发射的辐射能与吸收的能量必相等，即 $E_1=A_1E_0$，或写成

$$\frac{E_1}{A_1}=E_0 \quad (4-67)$$

该式称为克希霍夫定律。此定律说明任何物体的辐射能量与其吸收率的比值均相等，且等于同温度下绝对黑体的辐射能力，其值仅与物体的温度有关。比较式（4-64）与式（4-67）可得出

$$\frac{E}{E_0}=A=\varepsilon \quad (4-68)$$

式（4-68）说明在同一温度下，物体的吸收率 A 与黑度 ε 在数值上相等。这样，实际物体难以确定的吸收率均可用其黑度的数值。如前所述，大多数工程材料可视为灰体，对于灰体，在一定温度范围内，其黑度 ε 为一定值，故灰体的吸收率在一定范围内亦为一

定值。

值得指出的是 ε 与 A 在物理意义上并不相同；ε 表示灰体发射能力占黑体发射能力的分数，A 为外界投射来的辐射能可被物体吸收的分数，只有在温度相同时以及 ε 或 A 随温度的变化皆可忽略时 ε 在数值上才与 A 相等。

四、两固体间的相互辐射

工业上常遇到的两固体间的相互辐射传热，皆可视为灰体之间的热辐射。两固体间由于辐射而进行热交换时，从一个物体发射出来的辐射能只有一部分到达另一物体，而到达的这部分由于要反射出一部分能量，从而不能被全部吸收。同理，从另一物体反射回来的辐射能，亦只有一部分回到原物体，而返回的这部分辐射能又部分的反射和部分的吸收。这种过程将继续反复进行。当然，经过多次反复后，继续被吸收或反射的能量将是微不足道了。而总的结果是能量从高温物体传向低温物体。实际上，两固体之间的辐射传热计算是很复杂的，它不仅与两固体的吸收率、反射率、形状及大小有关，而且与两者间的距离和相互位置有关。

一般以下式表示由较高温度的物体 1 传给较低温度的物体 2 的热量

$$Q_{1-2} = C_{1-2}\varphi A\left[\left(\frac{T_1}{100}\right)^4 - \left(\frac{T_2}{100}\right)^4\right] \tag{4-69}$$

式中，C_{1-2}为总辐射系数，$W \cdot m^{-2} \cdot K^{-4}$；$\varphi$ 为几何因子或角系数；A 为辐射面积，m^2；T_1 为较热物体的温度，K；T_2为较冷物体的温度，K。

总辐射系数 C_{1-2} 及角系数 φ 其数值需由物体黑度、形状、大小、距离及相互位置而定。工业上遇到的固体间相互辐射的几种情况分述如下。

1. 一物体被另一物体包围时的辐射　包括很大物体 2 包住物体 1 和物体 2 恰好包住物体 1 两种情况。

2. 两平行物面间的辐射　分为极大的两平行面的辐射和面积有限的两相等平行面间的辐射两种情况。

对上述较简单的情况，辐射面积 A 的确定及角系数 φ、总辐射系数 C_{1-2} 的求取可参见图 4-32 及表 4-9，而对比较复杂的情况，则用实验方法确定较为方便，有关这部分内容可查阅有书籍。

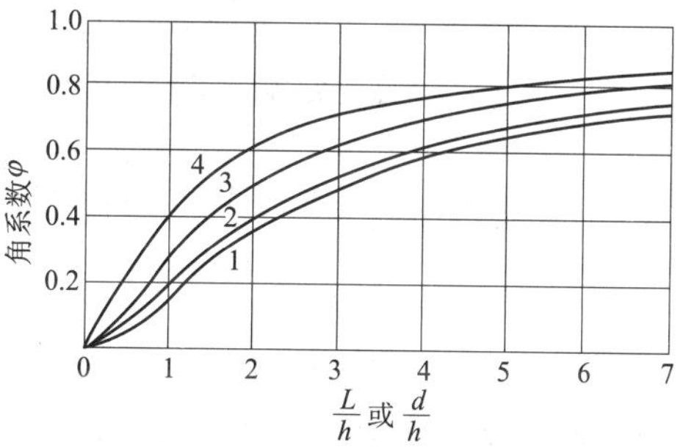

图 4-32　平行面间直接辐射热交换的角系数

表 4-9　角系数值与总辐射系数计算式

序号	辐射情况	辐射面积 A	角系数 φ	总辐射系数 C_{1-2} /$W \cdot m^{-2} \cdot K^{-4}$
1	极大的两平行面	A_1或A_2	1	$\dfrac{C_0}{\dfrac{1}{\varepsilon_1}+\dfrac{1}{\varepsilon_2}-1}$
2	面积有限的两相等平行面	A_1	<1	$\varepsilon_1\varepsilon_2 C_0$
3	很大的物体 2 包住物体 1	A_1	1	$\varepsilon_1 C_0$

续表

序号	辐射情况	辐射面积 A	角系数 φ	总辐射系数 C_{1-2} /W·m^{-2}·K^{-4}
4	物体 2 恰好包住物体 1（$A_1=A_2$）	A_1	1	$\dfrac{C_0}{\dfrac{1}{\varepsilon_1}+\dfrac{1}{\varepsilon_2}-1}$
5	在 3，4 两种情况之间	A_1	1	$\dfrac{C_0}{\dfrac{1}{\varepsilon_1}+\dfrac{A_1}{A_2}\left(\dfrac{1}{\varepsilon_2}-1\right)}$

例题 4-16 有一外径为 0.1m 的表面已被氧化的铸铁管，其温度为 400℃，插入一截面为 0.2m 见方的耐火砖烟道中。烟道内壁的温度为 1000℃。试求管与耐火砖壁间每米管长热辐射的热量。

解：由式（4-69）

$$Q_{1-2}=C_{1-2}\varphi A\left[\left(\frac{T_1}{100}\right)^4-\left(\frac{T_2}{100}\right)^4\right]$$

每米铁管外表面积　　$A_1=\pi dl=3.14\times0.1\times1=0.314\text{m}^2$

每米耐火砖内表面积　　$A_2=4\times0.2\times1=0.8\text{m}^2$

查表得：铸铁管 $\varepsilon_1=0.7$，耐火砖：$\varepsilon_2=0.85$

生铁管被烟道所包围，φ 及 C_{1-2}属于表 4-9 中第 5 情况：$\varphi=1$

$$C_{1-2}=\frac{C_0}{\dfrac{1}{\varepsilon_1}+\dfrac{A_1}{A_2}\left(\dfrac{1}{\varepsilon_2}-1\right)}=\frac{5.669}{\dfrac{1}{0.7}+\dfrac{0.314}{0.8}\left(\dfrac{1}{0.85}-1\right)}$$

$$=3.78\text{W}\cdot\text{m}^{-2}\cdot\text{K}^{-4}$$

$$Q=3.78\times0.314\times\left[\left(\frac{273+400}{100}\right)^4-\left(\frac{273+1000}{100}\right)^4\right]$$

$$=-28.6\text{kW}$$

答案中负号表示生铁管从耐火砖烟道壁吸收热量。

例题 4-17 实验室内有一高为 0.5m，宽为 1m 的铸铁炉门，其表面温度为 600℃。（1）试求每小时由于炉门辐射而散失的热量；（2）若在炉门前 25mm 外放置一块同等大小的铝板（已氧化）作为热屏，则散热量可降低多少？设室温为 27℃。

解：（1）未用铝板隔热时铸铁炉门为四壁所包围，属表 4-9 中第 3 种情况，故$\varphi=1$，$C_{1-2}=\varepsilon_1C_0$。由表 4-8 查得铸铁的黑度 $\varepsilon_1=0.78$，则 $C_{1-2}=0.78\times5.669=4.42$。

由式（4-69）可求得炉门的辐射散热量为

$$Q=C_{1-2}\varphi A\left[\left(\frac{T_1}{100}\right)^4-\left(\frac{T_2}{100}\right)^4\right]$$

$$Q=4042\times1\times0.5\times1\times\left[\left(\frac{273-600}{100}\right)^4-\left(\frac{273-27}{100}\right)^4\right]$$

$$=12657.6\text{W}$$

（2）放置铝板后，炉门的辐射热量可视为炉门对铝板的辐射传热量，在稳定情况下，也等于铝板对周围的辐射散热量。若以下标 3 表示铝板，则有

$$Q_{1-3}=C_{1-3}\varphi_{13}A_1\left[\left(\frac{T_1}{100}\right)^4-\left(\frac{T_3}{100}\right)^4\right]$$

$$Q_{3-2}=C_{3-2}\varphi_{32}A_3\left[\left(\frac{T_3}{100}\right)^4-\left(\frac{T_2}{100}\right)^4\right]$$

又

$$Q_{1-3}=Q_{3-2}$$

因 $A_1=A_3$，且距离很近 $\left(x=\frac{L}{h}=\frac{500}{25}=20\right)$，可认为是两无限大平面间的相互辐射，故

$$C_{1-3}=\frac{C_0}{\frac{1}{\varepsilon_1}+\frac{1}{\varepsilon_3}-1}$$

由表4-8取铝板的黑度 $\varepsilon_1=0.15$，又近似取 $\varphi_{13}=1$，则

$$C_{1-3}=\frac{C_0}{\frac{1}{\varepsilon_1}+\frac{1}{\varepsilon_2}-1}=\frac{5.669}{\frac{1}{0.78}+\frac{1}{0.15}-1}=0.816\text{W}\cdot\text{m}^{-2}\cdot\text{K}^{-4}$$

又铝板为四壁所包围，$A_2\gg A_3$，$\varphi_{32}=1$，$C_{3-2}=\varepsilon_3C_0=0.15\times5.669$。将各值代入式 $Q_{1-3}=Q_{3-2}$ 中可解得铝板的表面温度

$$0.816\times1\times0.5\times1\times\left[\left(\frac{273+600}{100}\right)^4-\left(\frac{T_3}{100}\right)^4\right]$$

$$=0.85\times1\times0.5\times1\times\left[\left(\frac{T_3}{100}\right)^4-\left(\frac{27+273}{100}\right)^4\right]$$

解出：$T_3=733\text{K}$；$t_3=733-273=460℃$。

所以，放置铝板作为热屏后，炉门的辐射散热量为

$$Q_{1-3}=0.816\times1\times0.5\times1\times\left[\left(\frac{273+600}{100}\right)^4-\left(\frac{733}{100}\right)^4\right]=1192\text{W}$$

放置铝板后散热量降低了 12400-1192=11208W，热量损失只有原来的9.4%。

上述计算结果表明，设置热屏是减少辐射散热的有效措施。设置热屏的层数越多，或者选用黑度更低的材料作为热屏，则因辐射导致热量损失越少。

五、设备热损失的计算

化工、制药生产中的设备外壁温度常高于周围的环境温度，因此热量将由壁面以对流和辐射两种形式散失。设备损失的热量应等于对流传热与辐射传热之和，分别计算出对流与辐射散失的热量即可求得总的散热量。

由对流散失的热量为

$$Q_C=\alpha_CA_w(t_w-t) \tag{4-70}$$

由辐射散失的热量为

$$Q_R=C_{1-2}\varphi A_w\left[\left(\frac{T_w}{100}\right)^4-\left(\frac{T}{100}\right)^4\right] \tag{4-71}$$

令 $\varphi=1$，将式（4-71）写成对流传热速率方程式的形式

$$Q_R=C_{1-2}A_w\left[\left(\frac{T_w}{100}\right)^4-\left(\frac{T}{100}\right)^4\right]\frac{t_w-t}{t_w-t}$$

整理得

$$Q=\alpha_R A_w(t_w-t) \tag{4-72}$$

式中，α_C为空气对流传热系数，$W\cdot m^{-2}\cdot K^{-1}$；$\alpha_R$为辐射传热系数，$W\cdot m^{-2}\cdot K^{-1}$；$T_w$为设备外壁温度，K；$t_w$为设备外壁温度,℃；$T$为周围环境温度，K；$t$为周围环境温度,℃；$A_w$为设备外壁面积，即散热表面积，$m^2$。

壁面总的散热量为

$$Q=Q_C+Q_R=(\alpha_C+\alpha_R)A_w(t_w-t)$$

或写成

$$Q=\alpha_T A_w(t_w-t) \tag{4-73}$$

式中，α_T为对流-辐射联合传热系数，$\alpha_T=\alpha_C+\alpha_R$，$W\cdot m^{-2}\cdot K^{-1}$。

对于有保温层的设备，管道等外壁对周围环境散热的联合传热系数α_T，可用下列近似公式进行估算。

（1）空气自然对流当$t_w<150$℃时

平壁保温层外 $$\alpha_T=9.8+0.07(t_w-t) \tag{4-74}$$

管道及圆筒壁保温层外 $$\alpha_T=9.4+0.052(t_w-t) \tag{4-75}$$

（2）空气沿粗糙壁面强制对流

空气速度$u\leq 5m\cdot s^{-1}$时 $$\alpha_T=6.2+4.2\mu \tag{4-76}$$

空气速度$u>5m\cdot s^{-1}$时 $$\alpha_T=\mu^{0.78} \tag{4-77}$$

思考

11. 制药设备保温层外包金属皮往往是表面光滑，色泽较浅，为什么？

第六节　换热器

一、换热器的分类

化工、制药生产中所用的换热器类型很多，分类方法也不统一。可按其用途分类，亦可按热量传递方式分类。

1. 按用途分类　换热器按用途不同可分为加热器、冷却器、蒸发器、冷凝器等。

2. 换热器按热量的传递方式分类

（1）间壁式换热器　有夹套式、蛇管式、套管式、列管式、板式和板翅式等。此类换热器是在冷、热两流体间用一金属壁（亦可用非金属）隔开，以便两种流体进行热量传递时不相混合。

（2）直接接触式换热器　在此类换热器中，冷、热两流体以直接混合的方式进行热量交换。这对于工艺上允许两种流体可以混合的情况下，既方便又有效，所用设备也较简单，化工与制药生产上常用于热气体的直接水冷或水蒸气的冷凝。

（3）蓄热式换热器　蓄热式换热器又称蓄热器，主要由热容量较大的蓄热室构成，室中可充填耐火砖等填料，如图4-33所示。热流体通过蓄热室时将室内填料加热，而冷流体通过蓄热室时则将热量带走，冷热两流体交替地通过同一蓄热室时，蓄热室即可将得自热流体的热量传递给冷流体，达到换热的目的。这类换热器结构较为简单，且可耐高温，故常用于高温气体热量的利用或冷却。其缺点是体积较大，两种流体难免会在一定程度上相互混合。

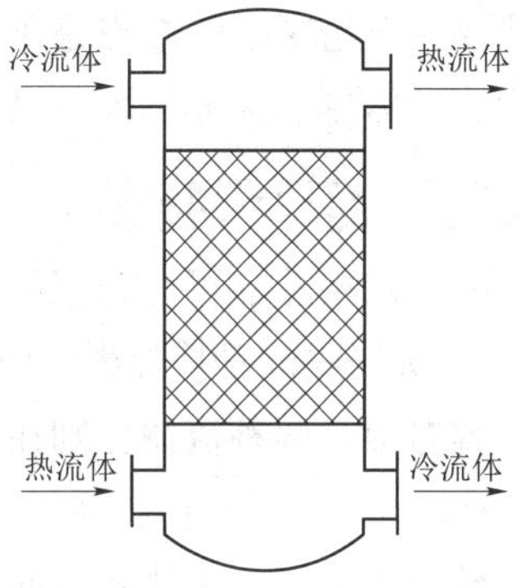

图 4-33　蓄热式换热器示意图

化工、制药生产中换热器用量很大，又因生产条件不同，换热器类型也很多。因此需了解各种换热器的特点，以便根据工艺要求适当选型。对于设计换热器而言，则应根据传热的基本原理，选择流程、计算传热面积、确定换热器的基本尺寸以及校核流体阻力等。而对于已有系列化标准的换热器，则可通过必要的核算进行选用。

二、间壁式换热器

在化工、制药生产中，大多数情况下，在换热过程中不允许冷、热两种流体混合，故间壁式换热器在实际操作中被广泛使用。下面就常用的换热器作简要介绍。

（一）夹套式换热器

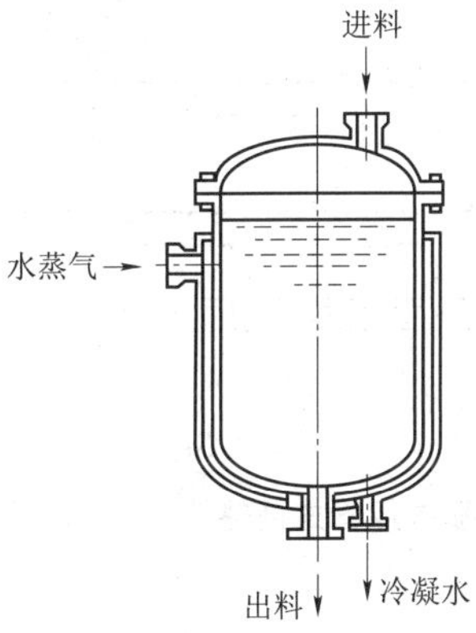

图 4-34　夹套式换热器

如图 4-34 所示，这种换热器结构简单，主要用于反应器的加热或冷却。夹套要装在容器外部，在夹套和器壁间形成密闭的空间，成为一种流体的通道。

当用水蒸气进行加热时，水蒸气由上部接管进入夹套，冷凝水由下部接管中排出。冷却时，则冷却水由下部进入，由上部流出。由于夹套内部清洗困难，故一般用不易产生垢层的水蒸气、冷却水等作为载热体。

因夹套式换热器的传热面积受到限制，所以当需及时移走较大热量时，则应在容器内部加设蛇管（或列管）冷却器，管内通入冷却水，及时取走热量以保持反应器内一定的温度。当夹套内通冷却水时，为提高其对流传热系数可在夹套内加设挡板，这样既可使冷却水流向一定，又可提高流速，从而增大传热系数。

（二）套管式换热器

将两种直径大小不同的标准管装成同心套管。根据换热要求，可将几段套管连接起来组成如图 4-35 所示套管式换热器，每一段套管称为一程，每层的内管用 U 形管连接，而外管之间也由管子连接。换热器的程数可以按照传热面大小而增减，亦可几排并列，一种流体在内管中流动，另一种流体在套管的环隙中流动，两种流体可始终保持逆流流动。由于两个管径都可以适当选择以使内管与环隙间的流体呈湍流状，故一般具有较高的传热系数，同时也减少垢层的形成。这种换热器的优点是：结构简单能耐高压、制造方便、应用灵便、

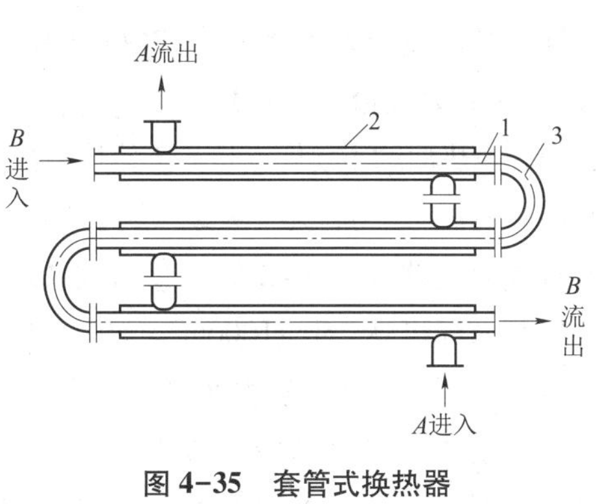

图 4-35　套管式换热器

1. 内管；2. 外管；3. U 型管

传热面易于增减。其缺点是单位传热面的金属消耗量很大，占地较大，故一般适用于流量不大、所需传热面亦不大及高压的场合。

（三）蛇管式换热器

蛇管式换热器可分为沉浸式和喷淋式两种。

1. 沉浸式蛇管换热器 蛇管多以金属管子弯绕而成，或制成适应容器需要的形状，沉浸在容器中，两种流体分别在管内、外进行换热，如图4-36所示。此种换热器的主要优点是结构简单、便于制造、便于防腐，且管内能承受高压。其主要缺点是管外流体的对流传热系数较小，从而传热系数亦小，若增设搅拌装置，则可提高传热效果。

2. 喷淋蛇管式换热器 如图4-37所示，冷水由最上面管子的喷淋装置中淋下，沿管表面下流，而被冷却的流体自最下面管子流入，由最上面管子中流出，与外面的冷流体进行热交换，所以传热效果较沉浸式为好。与沉浸式相比，该换热器便于检修和清洗。其缺点是占地较大，水滴溅洒到周围环境，且喷淋不易均匀。

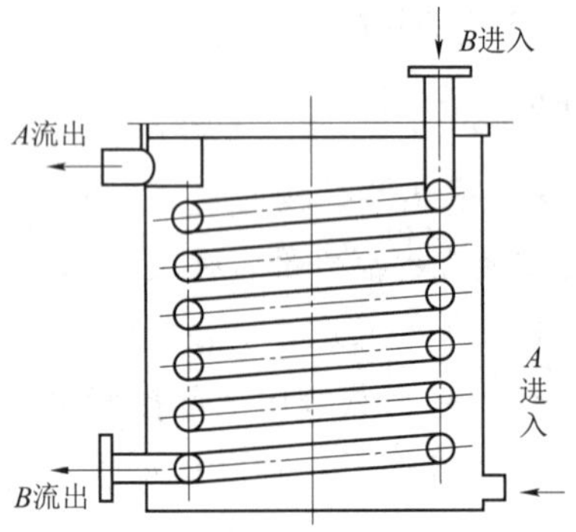

图4-36 沉浸式蛇管换热器

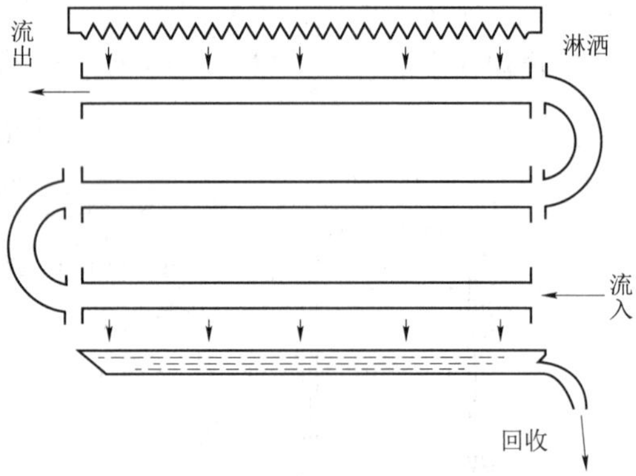

图4-37 喷淋蛇管式换热器

（四）板式换热器

板式换热器主要由一组长方形的薄金属板平行排列，用夹紧装置组装于支架上，如图4-38、图4-39所示。两相邻板片的边缘衬以密封垫片（橡胶或压缩石棉等）压紧。板片四角有圆孔，形成流体的进、出通道。冷、热流体在板片两侧流过，通过板片进行换热。板片通常被压制成各种槽形或波纹形的表面，这样既增加了刚度和实际传热面积，又使流体分布均匀和增强湍动程度。

板式换热器的主要优点是：①传热系数大，因板面压制成波纹或沟槽，在低流速下（如Re=200左右）即可达到湍流。例如，热水与冷水之间传热，K值可达1500~1000W·m^{-2}·K^{-1}，约为列管式换热器的1.5~2倍。②结构紧凑，单位体积设备提供的传热面积大，每1m^3体积内的传热面积可达250~1000m^2，约为列管式换热器的6倍。③操作灵活性大，可以根据需要，调节板片数以增减传热面积。检修和清洗方便。

主要缺点是允许的操作压力较低，最高不超过2MPa，否则容易渗漏；操作温度不能太高，因受垫片（水平波纹板）耐热性能的限制，如对合成橡胶垫圈不超过130℃，对压缩石棉垫圈也应低于250℃，处理量不大，因板间距小，流道截面较小，流速亦不能过大。

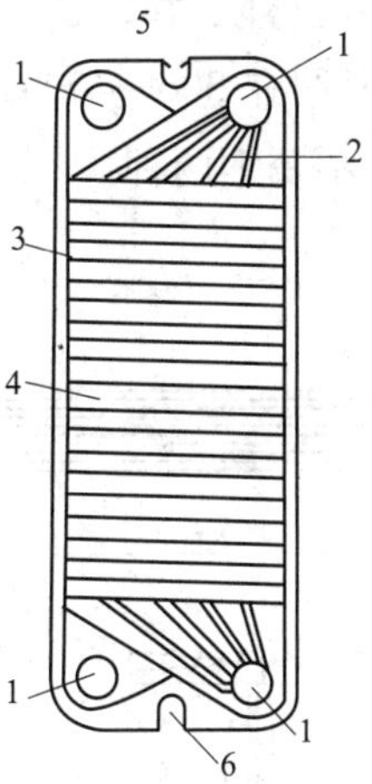

图 4-38 板式换热器板片

1. 角孔（流体进出孔）；2. 导流槽；3. 封槽；
4. 水平波纹；5. 挂钩；6. 定位缺口

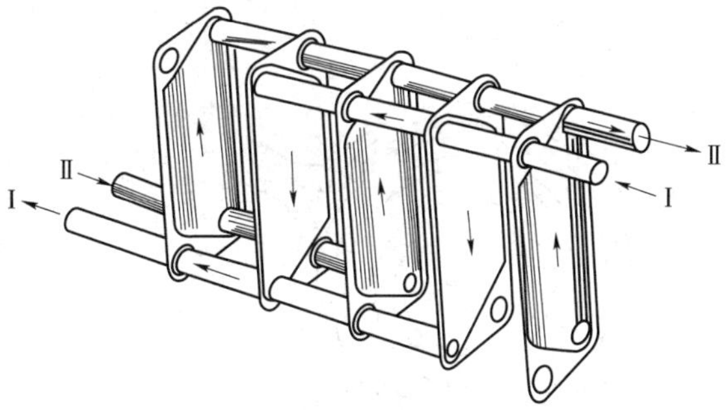

图 4-39 板式换热器流向示意图

（五）板翅式换热器

板翅式换热器是一种轻巧、紧凑、高效换热器。最早用于航空工业，现已逐渐在石油化工、天然气液化、气体分离等部门中应用，获得良好效果。

板翅式换热器的基本结构如图 4-40 和图 4-41 所示，即一组波纹板（翅片）装在两块平板之间，两侧用封条密封，组成单元体。再将多个单元体叠积在一起，用钎焊焊牢，制成逆流或错流式板束。然后将带有进、出口的集流箱焊到板束上，制成板翅式换热器。

板翅式换热器的主要优点是结构紧凑，每 $1m^3$ 体积内的传热面积一般能达 $2500m^2$，最高可达 $4300m^2$，约为列管式换热器的 29 倍；传热系数大，传热效果好，平板为一次传热面，翅片为二次传热面，翅片促进了流体的湍流，破坏边界层的发展；轻巧牢固，一般用铝合金制造，重量轻，在传热面积大小相同情况下，其重量约为列管式换热器的 1/10。

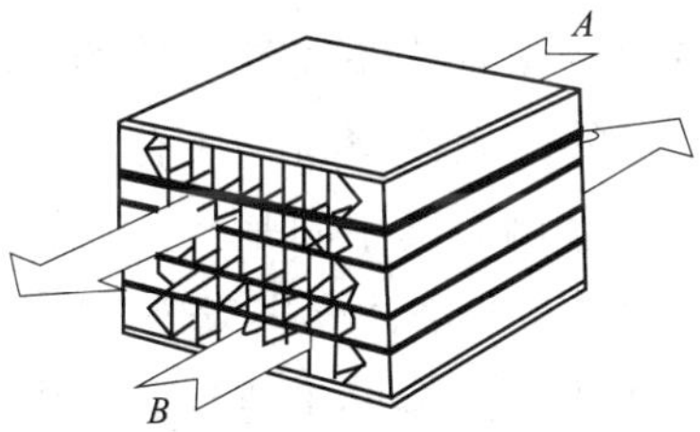

图 4-40 逆流型板束

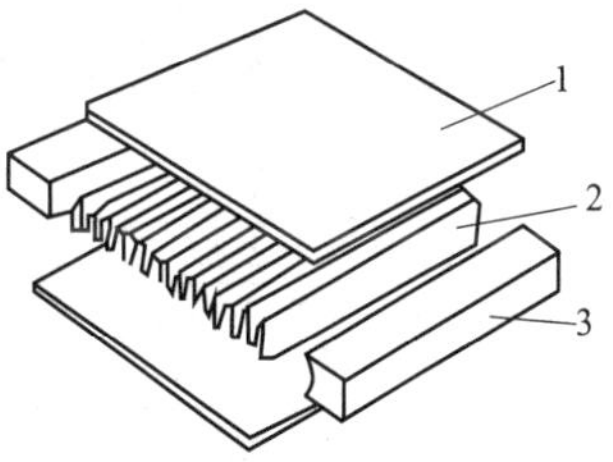

图 4-41 单元体

1. 平板；2. 翅片；3. 封条

翅片是两平板的有力支撑，强度较高，承受压力可达 5MPa。其缺点是流道很小，易堵塞，清洗困难，故要求物料清洁。其制造较复杂，内漏后很难修复。

（六）螺旋板式换热器

螺旋板式换热器是由两张互相平行的钢板，卷制成互相隔开的螺旋形流道。两板之间焊有定距柱以维持流道的间距。螺旋板的两端焊有盖板。冷、热流体分别在两流道内流动，通过螺旋板进行热量交换。如图 4-42 所示。

螺旋板式换热器的主要优点是结构紧凑，单位体积提供的传热面积大，传热系数较大，传热效率高，不易堵塞。主要缺点是操作压力和温度不能太高，流体阻力较大，不易检修，且对焊接质量要求很高。故一般只能在1960kPa以下，操作温度约在300~400℃以下。目前，国内已有系列标准的螺旋板式换热器，采用的材料为碳钢和不锈钢两种。

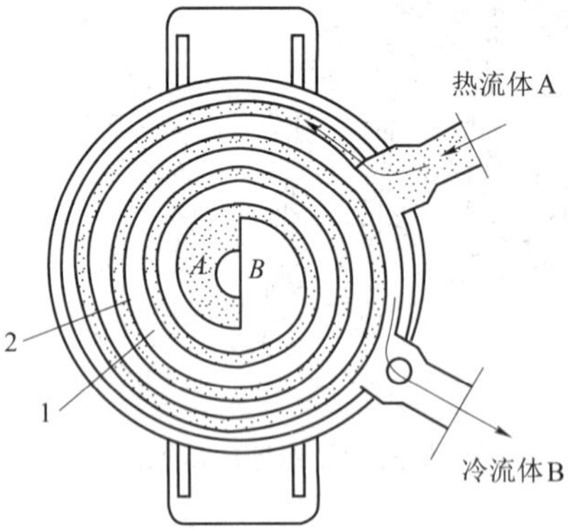

图 4-42　螺旋板式换热器

1. 热流体夹层；2. 冷流体夹层

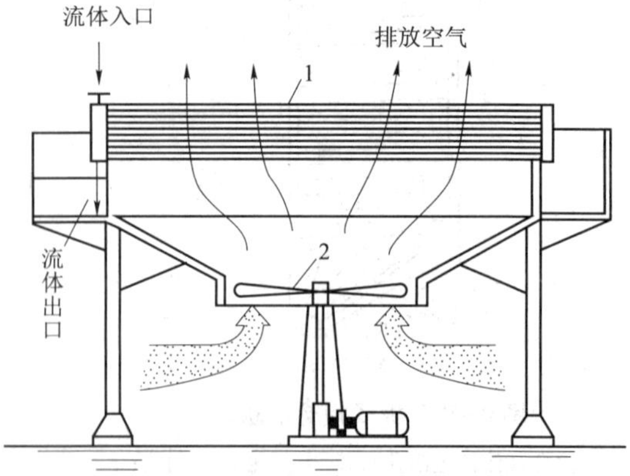

图 4-43　鼓风机空气冷却器

1. 管束；2. 送风机

（七）空冷式换热器

空冷式换热器（简称空冷器）是由翅片管束、风机和构架组成，如图4-43所示。这是一种用空气来冷却管内工艺流体的换热器。它不仅适用于缺水地区，而且不污染环境水源，所以得到人们的广泛重视，应用范围日益扩大。翅片管束的管材本身多用碳钢管，但翅片多为铝制。翅片可用缠绕、嵌镶或焊接等方法固定在管材上。

热流体由物料管线流入各管束中，冷却后汇集于排出管排出。冷空气由轴流式通风机吹入，通风机装在管束下方者称鼓风式空冷器；通风机装在管束上方者称引风式空冷器。空冷器的缺点是装置庞大、占空间多、动力消耗较大。

（八）热管

热管是一种新型的换热元件，如图4-44所示。它是一根抽去不凝性气体的密闭金属管，管子的内表面覆盖一层有毛细结构材料做成的芯网，其中间是空的。管内还装有一定量的可凝液体（即载热介质），由于毛细力作用，液体可渗透到芯网中去。当管子的热端（蒸发器）被加热时，液体即在芯网中吸收热量气化，所产生的蒸汽流向管子的冷端（冷凝器）时。蒸汽遇到冷表面则冷凝成液体放出热量，而后在毛细力的作用下，又重新返回热端。从而反复循环，连续不断地将热端的热量传送到冷端。由于蒸发和冷凝都是有相变的对流传热过程，对流传热系数很大，很小的表面积便可传递大量热量。故可利用热管的外表面（或加翅片强化传热）进行两流体间的换热。

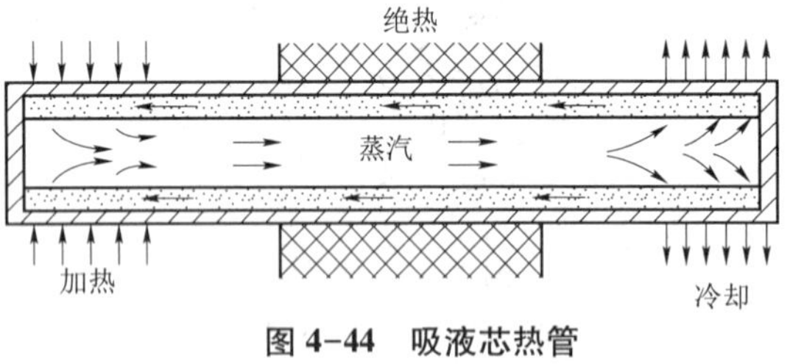

图 4-44　吸液芯热管

热管的材质可用不锈钢、铜、镍、铝等，载热介质可用液氮、液氨、甲醇、水及液态金属钾、钠、银等。温度在-200~2000℃之间都可应用。这种新型的换热装置传热能力大，构造简单，应用广泛。

（九）列管式换热器

列管式换热器又称管壳式换热器，在化工与制药生产中被广泛使用。它的结构简单、坚固、制造较容易，处理能力大，适应性强，操作弹性较大，尤其在高压、高温和大型装置中使用更为普遍。

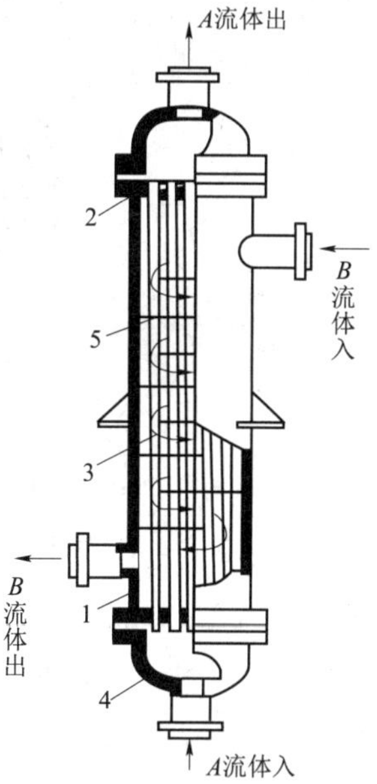

图 4-45　列管式换热器

1. 壳体；2. 管板；3. 管束；4. 封头；5. 折流挡板

1. 管板式换热器　这种换热器上要由壳体、管束、管板（又称花板）、封头和折流挡板等部组成。管束两端用胀接法或焊接法固定在管板上，如图 4-45 所示。

图 4-45 为单壳程、单管程换热器。为提高管程的流体流速，可采用多管程。即在两端封头内安装隔板，使管子分成若干组，流体依次通过每组管子，往返多次。管程数增多，可提高管内流速和对流传热系数，但流体的机械能损失相应增大，结构复杂，故管程数不宜太多，以 2、4、6 程较为常见。图 4-46 为单壳程、四管程固定管板式换热器。同样，为提高壳程流体流速，以提高对流传热系数，可在壳程内安装折流挡板，常用的有圆缺形（或称弓形）或圆盘形两种，如图 4-47 和图 4-48 所示。

换热器因管内、外的流体温度不同，壳体和管束的温度不同及其热膨胀程度也不同。若两者温度相差较大（50℃以上），可引起很大的内应力，使设备变形，管子弯曲，甚至从管板上松脱。因此，必须采取消除或减小热应力的措施，称为热补偿。对固定管板式换热器，当温差稍大，而壳体内压力又不太高时，可在壳体上安装热补偿圈（或称膨胀节），如图 4-46 所示以减小热应力。当温差较大时，通常采用浮头式或 U 型管式换热器。

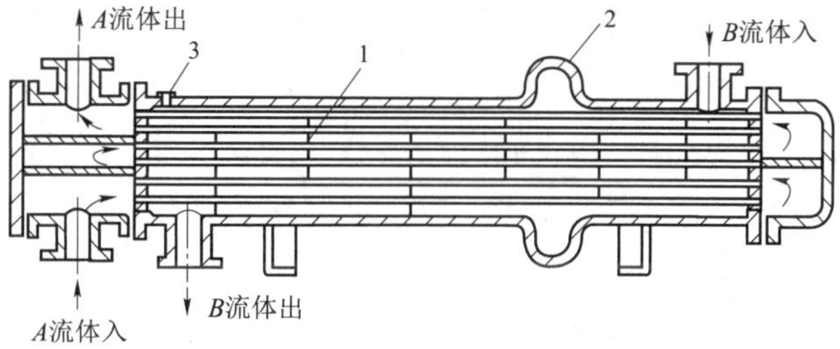

图 4-46　具有补偿圈的固定管板式换热器

1. 折流挡板；2. 膨胀节；3. 换热管

图 4-47　圆缺形折流挡板

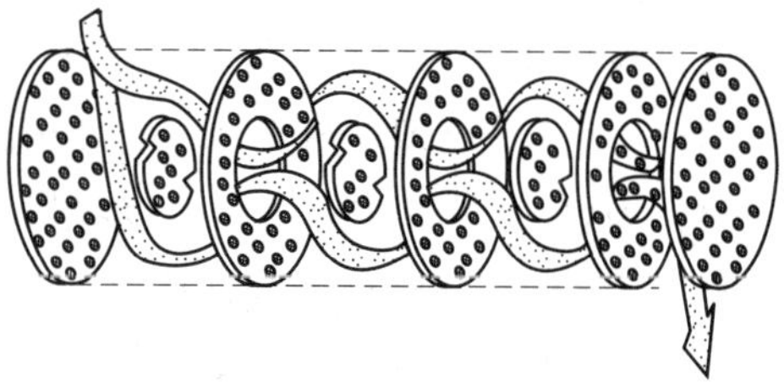

图 4-48　圆盘形折流挡板

2. 浮头式换热器　这种换热器有一端管板不与壳体相连，可沿轴向自由伸缩，如图 4-49所示。这种结构不但可完全消除热应力，而且在清洗和检修时，整个管束可以从壳体中抽出。因此，尽管其结构较复杂，造价较高，但应用仍较普遍。

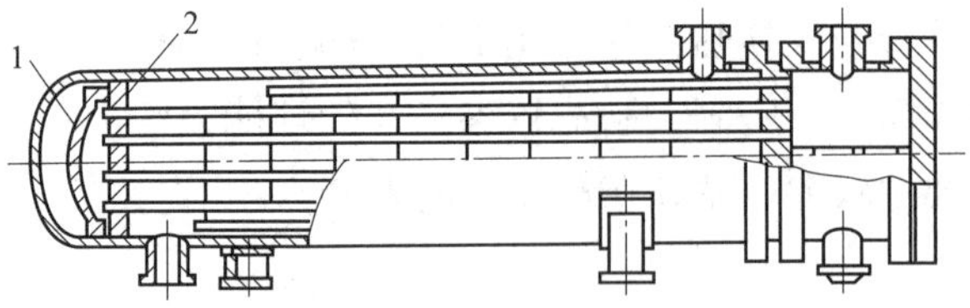

图 4-49　浮头式换热器

1. 浮头；2. 浮动管板

图 4-50 所示为一 U 形管式换热器，每根管子都弯成 U 形，两端固定在同一块管板上，因此，每根管子皆可自由伸缩，从而解决热补偿问题。这种结构较简单，质量轻，适用于高温高压条件。其缺点是管内不易洁洗，并且因为管子要有一定的弯曲半径，其管板利用率较差。

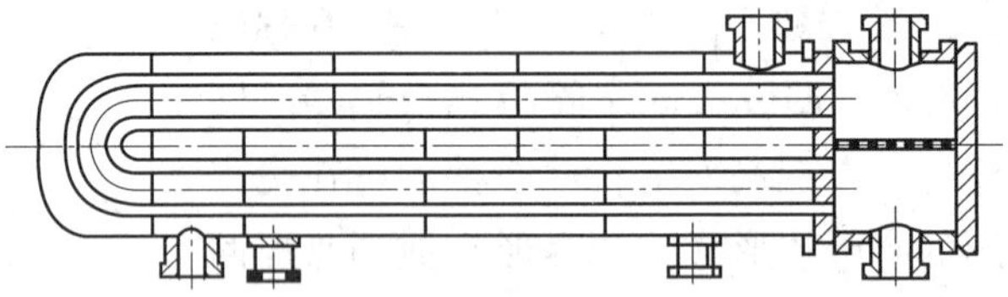

图 4-50　U 形管式换热器

列管式换热器的系列型号、规格参见附录八。

三、列管式换热器的选用

在选用和设计列管式换热器时，一般说流体的处理量和它们的物性是已知的，其进、出口温度由工艺要求确定，而冷热两流体的流向、流程以及管径、管长和管子根数等待定，这些因素又直接影响着对流传热系数、平均温度差的数值。所以设计时需要根据生产实际情况，选定一些参数，通过试算，初步确定换热器的大致尺寸，然后再做进一步的计算和校核，直到符合工艺要求为止。在选型中，应依据国家系列化标准，尽可能选用已有的定型产品。现将有关问题分述如下。

（一）流体流经管程或壳程的选择原则

（1）不清洁或易结垢的流体，宜走容易清洗的一侧。对于直管管束，宜走管程；对于 U 形管管束，宜走壳程。

（2）腐蚀性流体宜走管程，以免壳体和管束同时被腐蚀。

（3）压力高的流体宜走管程，以避免制造较厚的壳体。

（4）为增大对流传热系数，需要提高流速的流体宜走管程，因管程流通截面积一般比壳程的小，且做成多管程也较容易。

（5）两流体温差较大时，对于固定管板式换热器，宜将对流传热系数大的流体走壳程，以减小管壁与壳体的温差，减小热应力。

（6）蒸汽冷凝宜在壳程，以利于排出冷凝液。

（7）需要冷却的流体宜选壳程，便于散热，以减少冷却剂用量。但温度很高的流体，其热能可以利用，宜选管程，以减少热损失。

（8）黏度大或流量较小的流体宜走壳程，因有折流挡板的作用，在低 *Re* 数下（*Re*>100）即可达到湍流。

以上各点往往不能兼顾，视具体问题而抓主要方面，再从对压力降或其他要求予以校核选定。

（二）流体流速的选择

流体在壳程或管程中的流速增大，不仅对流传热系数增大，也可减少杂质沉积或结垢，但流体阻力也相应增大。故应选择适宜的流速，通常根据经验选取。现将工业上常用的流速范围列于表 4-10 和表 4-11 中，供设计时参考。

表 4-10　列管式换热器内常用的流速范围

液体种类	流速/$m \cdot s^{-1}$	
	管程	壳程
低黏度液体	0.5~3	0.2~1.5
易结垢液体	>1	>0.5
气体	5~30	2~15

表 4-11　不同黏度流体在列管式换热器中的流速（钢管中）

液体黏度/Pa·s	最大流速/$m \cdot s^{-1}$	液体黏度/Pa·s	最大流速/$m \cdot s^{-1}$
>1500	0.6	100~35	1.5
1000~500	0.75	35~1	1.8
500~100	1.1	<1	2.4

为了使流体流经换热器的压降不超过 $\Delta p = 10 \sim 100$kPa（液体），$\Delta p = 1 \sim 10$kPa（气体）范围，应使 *Re* 数不超过 $Re = 5 \times 10^3 \sim 2 \times 10^4$（液体）、$Re = 10^4 \sim 10^5$（气体）范围。

（三）换热管规格和排列方式

对一定的传热面积而言，传热管径越小，换热器单位体积的传热面积越大。对清洁的流体，管径可取小些，而对黏度较大或易结垢的流体，考虑管束的清洗方便或避免管子堵塞。管径可大些。目前我国试行的系列标准中，管径有 ϕ19mm×2mm、ϕ25mm×2mm 和 ϕ25mm×2.5mm 等规格。管长的选用应考虑材料的合理使用及便于清洗。系列标准中推荐换热管的长度为 1.5m、2m、3m、6m，因一般出厂的标准长为 6m。在选用管子的过程中，要求管长 *L* 应与壳径 *D* 相适应，一般 *L/D* 为 4~6，而化学制药行业中 *L/D* 多在 2~4 范围。

管板上管子的排列方法通常有等边三角形（即正三角形）排列、正方形直列和正方形错列等，如图 4-51 所示。正三角形排列较紧凑，对相同壳体直径的换热器，排的管子较多，传热效果也较好，但管外清洗较困难；正方形排列则管外清洗方便，适用于壳程流体易结垢的情况，但其对流传热系数小于正三角形排列，若将管束斜转 45°安装，可增强传热效果。

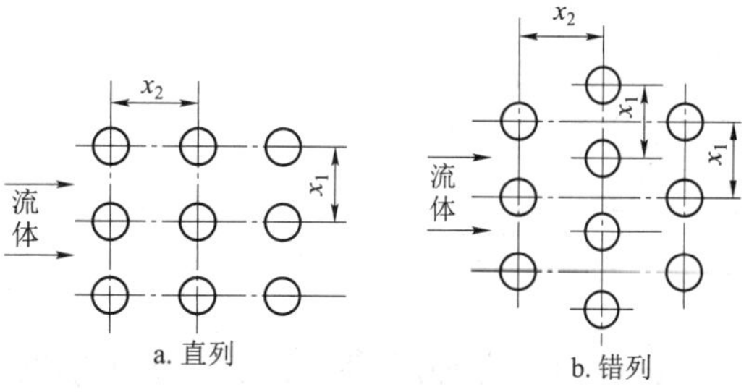

图 4-51　管束的排列

（四）折流挡板

换热器内安装折流挡板是为了提高壳程流体的对流传热系数。为了获得良好效果，折流挡板的尺寸和间距必须适当。对于常用的圆缺形挡板，弓形切口太大或太小，都会产生流动“死区”（图 4-52），不利于传热，且增加流体阻力。一般切口高度与直径之比为 0.15~0.45，常见的是 0.20 和 0.25 两种。

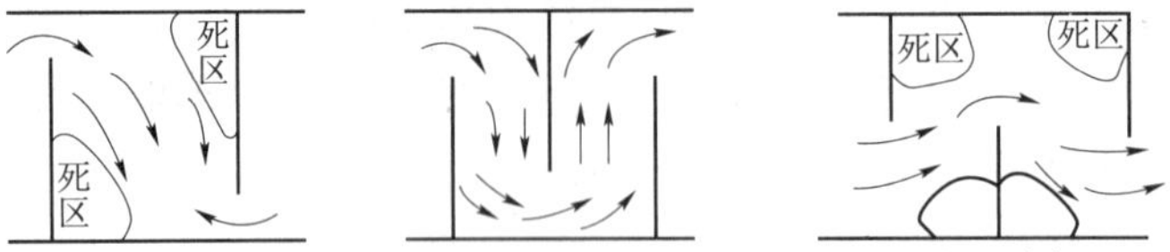

a. 切口过小　　b. 切口适当　　c. 切口过大

图 4-52　挡板切口和间距对流动的影响

挡板间距过小，检修不方便，流体阻力也大；间距过大，不能保证流体垂直流过管束，使对流传热系数降低。一般取挡板间距为壳体内径的 0.2~1.0 倍，通常的挡板间距为 50mm 的倍数，但不小于 100mm。

（五）阻力损失的计算

列管换热器中阻力损失的计算包括管程和壳程两个方面。

1. 管程阻力损失　管程总阻力损失 Δp_t应是各程直管 Δp_i与每程回弯阻力和进出口等局部损失 Δp_r之和。因此可用公式计算管程总压降 Δp_t

$$\Delta p_t = (\Delta p_i + \Delta p_r) N_s N_p \tag{4-78}$$

其中每程直管的压降为

$$\Delta p_i = \lambda \frac{l}{d} \frac{\rho u^2}{2} \tag{4-79}$$

而每程局部阻力引起的压降（包括弯管和进、出口）为

$$\Delta p_r = \sum \xi \frac{\rho u^2}{2} \approx \frac{3\rho u^2}{2} \tag{4-80}$$

式中，d 为管内径，m；l 为单管长度，m；N_s为壳程数；N_p为壳程内的管程数（各壳程相同）。

2. 壳程阻力损失　对壳程阻力损失 Δp_s的计算，由于流动状态比较复杂，提出的计算公式较多，下面推荐一个常用的计算式

$$\Delta p_s = \lambda_s \frac{D(N_B + 1)}{d_e} \frac{\rho u^2}{2} \tag{4-81}$$

式中，$\lambda_s = 1.72Re^{-0.19}$；$Re = d_e u_o \rho / \mu$；$u_o$为壳程流速，［按壳程流通截面 $S_o = hD(1 - d_o/t)$ 计算公式求得］，$m \cdot s^{-1}$；D 为换热器内径，m；h 为折流挡板间距，m；d_0为管子外径；t 为管中心距，m；N_B为折流板数目；d_e为壳程的当量直径，m。

四、系列标准换热器的选用步骤

（一）了解传热任务，掌握工艺特点与基本数据

（1）冷、热流体的流量，进、出口温度，操作压力等。

（2）冷、热流体的工艺特点，如腐蚀性、悬浮物含量等。

（3）冷、热流体的物性数据。

（二）选用计算内容和步骤

（1）计算热负荷。

（2）按纯逆流计算平均温度差，然后按单壳程多管程计算温度校正，如果温度校正系数 $\psi<0.8$，应增多壳程数。

（3）依据经验（表 4-3）选取传热系数，估算传热面积。

（4）确定两流体流经管程或壳程，选定管程流体流速。由流速和流量估算单管程的管子根数，由管子根数和估算的传热面积，估算管子长度和直径。再由系列标准选用适当型号换热器。

（5）分别计算管程和壳程的对流传热系数，确定污垢热阻，求出传热系数，并与估算时选取的传热系数比较。如果相差较多，应重新估算。

（6）根据计算的传热系数和平均温度差，计算传热面积。并与选定的换热器传热面积比较，应有 10%～25% 的裕量。

（7）计算管、壳程阻力损失。

从上述可知，选型计算是一个反复试算的过程。

例题 4-18 某炼油厂用 175℃ 的柴油将原油从 70℃ 预热到 110℃。已知柴油的处理量为 $34000\text{kg}\cdot\text{h}^{-1}$，柴油的密度为 $715\text{kg}\cdot\text{m}^{-3}$，比热为 $2.48\text{kJ}\cdot\text{kg}^{-1}\cdot\text{K}^{-1}$，导热系数 $0.133\text{W}\cdot\text{m}^{-1}\cdot\text{K}^{-1}$，黏度为 $0.64\times10^{-3}\text{Pa}\cdot\text{s}$。原油处理量为 $44000\text{kg}\cdot\text{h}^{-1}$，密度为 $815\text{kg}\cdot\text{m}^{-3}$，比热为 $2.2\text{kJ}\cdot\text{kg}^{-1}\cdot\text{K}^{-1}$，导热系数为 $0.128\text{W}\cdot\text{m}^{-1}\cdot\text{K}^{-1}$，黏度 $3\times10^{-3}\text{Pa}\cdot\text{s}$。传热管两侧污垢热阻均可取为 $0.000172\text{m}^2\cdot\text{K}\cdot\text{W}^{-1}$。两侧的阻力损失都不应超过 $0.3\times10^5\text{Pa}$。试选用一适当型号的列管式换热器。

解：（1）换热器热负荷　按原油加热所需的热量再加上 5% 的热损失来计算传热量，则

$$Q=1.05W_2c_{p2}(t_2-t_1)=1.05\times44000\times2.2\times(110-70)$$
$$=4.065\times10^6\text{kJ}\cdot\text{h}^{-1}=1.13\times10^6\text{W}$$

（2）柴油出口温度　由热量衡算式

$$Q=W_1c_{p1}(T_1-T_2)=1.05W_2c_{p2}(t_2-t_1)$$

得

$$T_2=T_1-\frac{Q}{W_1c_{p1}}=175-\frac{4.065\times10^6}{34000\times2.48}=126.8\ ℃$$

（3）平均温度差　逆流平均温度差 $\Delta t_{m逆流}=60.9℃$，先设换热器的流动类型为符合图 4-19a的 1 壳程、偶数管程，则

$$R=\frac{T_1-T_2}{t_2-t_1}=\frac{175-126.8}{110-70}=1.2$$

$$P=\frac{t_2-t_1}{T_1-t_1}=\frac{110-70}{175-70}=0.38$$

查图 4-19a 温度校正系数 $\psi=0.9$，因大于 0.8，可行。

故

$$\Delta t_m=0.9\times60.9=54.8℃$$

（4）估算传热面积 $A_估$　为求得传热面积 A，需先求出传热系数 K，而 K 值又和对流传热系数、污垢热阻等有关，在换热器的直径、流体流速等参数均未确定时，对流传热系数也无法计算，所以只能进行试算。参考表 4-3，选传热系数 $K_估=250\text{W}\cdot\text{m}^{-2}\cdot\text{K}^{-1}$，则

$$A_{估} = \frac{Q}{K_{估}\ \Delta t_m} = \frac{1.13 \times 10^6}{250 \times 54.8} = 82.5\text{m}^2$$

（5）初步选定换热器型号　由于两流体间的温度差较大，同时为了便于清洗壳程污垢，以采用 BES 系列的浮头式列管换热器为宜。柴油温度高，走管程可以减少热损失，又原油黏度大，当装有折流挡板时，走壳程可在较低的 *Re* 准数下即能达到湍流，有利于提高壳程一侧的对流传热系数。

在决定管数和管长时，首先要选定管内流速。参照表 4-11，取柴油流速为 $u_1 = 1\text{m} \cdot \text{s}^{-1}$。选传热管 $\phi 25\text{mm} \times 2.5\text{mm}$。

若选定单管程，设所需单程管数为 n，则

$$n = \frac{W_1}{3600\rho_1 \dfrac{\pi}{4} d_1^2 u_1} = \frac{34000}{3600 \times 715 \times 0.785 \times 0.02^2 \times 2} = 42\ 根$$

可求得单程管长

$$l = \frac{82.5}{42 \times \pi \times 0.025} = 25\text{m}$$

若选用管长 6m、4 管程的列管换热器，则一台换热器的总管数为 4×42 = 168 根。查附录八由换热器系列标准得适当的浮头换热器的型号为 BES600-1.6-95-6/25-4I。总管数为 192 根，每程管数 48 根，所选换热面积 $A_{选} = 95\text{m}^2$。

（6）传热系数 K 的校核　已选用的换热器型号是否适用，还要校核 K 值和传热面积 A 后方能确定。

①管内柴油的对流传热系数 α_1

$$u_1 = \frac{(34000/715)\ /3600}{48 \times 0.0785 \times 0.02^2} = 0.875\text{m} \cdot \text{s}^{-1}$$

$$Re_1 = \frac{d_1 \rho_1 u_1}{u_1} = \frac{0.02 \times 715 \times 0.876}{0.64 \times 10^{-3}} = 19600$$

$$Pr_1 = \frac{c_{p1} u_1}{\lambda_1} = 11.9$$

$$\alpha_1 = 0.023 \times \frac{0.133}{0.02} \times 19600^{0.8} \times 11.93^{0.3} = 874\ \text{W} \cdot \text{m}^{-2} \cdot \text{K}^{-1}$$

②管外（壳程）原油的对流传热系数 α_2　α_2 可由图 4-24 查得 $NuPr^{-1/3}\ (\mu_2/\mu_{w2})^{-0.14}$ 后求出，因而必须先求出 *Re* 准数，管子为正方形排列时的当量直径。

因 $d_0 = 25\text{mm}$，管中心距 $t = 0.032\text{mm}$，故

$$d_e = \frac{4(t^2 - 0.785 d_0^2)}{\pi d_0} = 0.027\ \text{m}$$

壳程的流通面积为 $S_0 = Dh\left(1 - \dfrac{d_0}{t}\right) = 0.6 \times 0.3 \times \left(1 - \dfrac{25}{32}\right) = 0.0394\text{m}^2$

壳程中原油的流速　$u_2 = \dfrac{44000}{815 \times 3600 \times 0.0394} = 0.381\ \text{m} \cdot \text{s}^{-1}$

得

$$Re_2 = \frac{d_e u_2 \rho_2}{\mu_2} = \frac{0.027 \times 0.381 \times 815}{0.003} = 2794$$

由图 4-24 得当 $Re = 2794$ 时，$Nu_2 Pr_2^{-1/3}\left(\dfrac{\mu_2}{\mu_{w2}}\right)^{-0.14} = 29$

又 $$Pr_2=\frac{c_{p2}\mu_2}{\lambda_1}=\frac{2200\times0.003}{0.128}=51.6$$

取 $(\mu_2/\mu_{w2})^{-0.14}\approx1$，得

$$\alpha_2'=29\frac{\lambda_2}{d_e}pr_2^{1/3}=29\times\frac{0.128}{0.027}\times51.6^{\frac{1}{3}}=512\ \mathrm{W\cdot m^{-2}\cdot K^{-1}}$$

考虑流体走短路等因素，取 $\alpha_2=0.8\alpha_2'=410\mathrm{W\cdot m^{-2}\cdot K^{-1}}$

③传热系数 K（以外表面为基准）　钢管的导热系数 $\lambda=45\mathrm{W\cdot m^{-1}\cdot K^{-1}}$

$$\frac{1}{K}=\frac{1}{\alpha_2}+R_{d2}+\frac{b}{\lambda}\frac{d_2}{d_m}+R_{d1}\frac{d_2}{d_1}+\alpha_1\frac{d_2}{d_1}$$

$$=\frac{1}{410}+0.000172+\frac{0.0025}{45}\times\frac{25}{20}+0.000172\times\frac{25}{20}+\frac{1}{874}\times\frac{25}{20}$$

整理得

$$K=231\ \mathrm{W\cdot m^{-2}\cdot K^{-1}}$$

（7）传热面积 A 校核

$$A=\frac{Q}{K\Delta t_m}=\frac{1.13\times10^6}{231\times54.8}=89.3\mathrm{m^2}$$

$A_{选}/A=95/89.3=1.064$，即传热面积有 6.4% 的裕量，故可用。

（8）换热器阻力损失

①管程阻力损失

$$\Delta p_t=(\Delta p_i+\Delta p_r)N_s\times N_p$$

$$\Delta p_i=\lambda\frac{l}{d_1}\frac{\rho_1u_1^2}{2}(\text{当 }Re_1=19600\text{ 时，}\lambda=0.03)$$

$$=0.03\times\frac{6}{0.02}\times\frac{715\times0.876^2}{2}=2469\mathrm{Pa}$$

$$\Delta p_r=\Sigma\zeta\frac{\rho_1u_1^2}{2}\approx\frac{3\rho_1u_1^2}{2}$$

$$=3\times\frac{715\times0.876^2}{2}=823\mathrm{Pa}$$

故 $$\Delta p_t=(2370+820)\times1\times4=12760\mathrm{Pa}$$

②壳程压降

$$\Delta p_s=\lambda_s\frac{D(N_B+1)}{d_e}\frac{\rho_2u_2{}^2}{2}$$

其中，$\lambda_s=1.72\times Re_2^{-0.19}=1.72\times2794^{-0.19}=0.381$

$$\Delta p_s=0.38\times\frac{0.6\times(16+1)\times815\times0.38^2}{0.027}=8520\mathrm{Pa}$$

流经管程和壳程流体的压降均未超过规定的 $0.3\times10^5\mathrm{Pa}$。

五、加热介质与冷却介质

在工业生产中，除了工艺过程本身各种流体之间的热量交换，还需要外来的加热介质（加热剂）和冷却介质（冷却剂）与工艺流体进行热交换。加热介质和冷却介质统称载热体。载热体有许多种，应根据工艺流体温度的要求，选择一合适的载热体。载热体的选择

可参考下列几个原则。

（1）温度必须满足工艺要求。

（2）不分解，不易燃。

（3）温度容易调节。

（4）价廉易得。

（5）腐蚀性小，不易结垢。

（6）传热性能好。

工业上常用的载热体如表 4-12 所示。

表 4-12　工业上常用的载热体

	载热体	适用温度/℃	说　明
加热剂	热水	40~100	利用水蒸气冷凝水或废热水的余热
	饱和水蒸气	10~180	180℃水蒸气压力为 1.0MPa，再高压力不经济，温度易调节，冷凝相变热大，对流传热系数大
	矿物油	<250	价廉易得，黏度大，对流传热系数小，温度过高易分解，易燃
	联苯混合物如道生油含联苯 26.5%和苯醚 73.5%	液体 15~255 蒸气 255~380	适用温度范围宽，用蒸气加热时温度易调节，黏度比矿物油小
	熔盐（$NaNO_3$ 7%，$NaNO_2$ 40%，KNO_3 53%）	142~530	温度高加热均匀，热容小
	烟道气	500~1000	温度高，热容小，对流传热系数小
冷却剂	冷水（有河水、井水、水厂给水、循环水）	15~35	来源广，价格便宜，冷却效果好，调节方便，水温受季节和气温影响，冷却水出口温度 <50℃，以免结垢
	空气	<35	缺乏水资源地区可用空气，对流传热系数小，温度受季节和气候的影响
	冷冻盐水（氯化钙溶液）	0~-15	用于低温冷却，成本高

除表 4-12 中列出的载热体，加热介质还有液体金属（例如，钠、汞、铅、铅铋合金等），用于原子能工业，它们的熔点低，容积热容和导热系数都较大。冷却介质还有液氨、氢气等。在气体中，氢气的导热系数最大，其对流传热系数约为空气的 10 倍。因此，在一些冷却装置中，作为冷却介质使用。

六、传热过程的强化

所谓强化传热，就是采取措施提高单位面积的传热量 Q/A，或减小单位热负荷所需的传热面积 A/Q，并改进换热器结构以增大单位体积的传热面积 A/V，或在 Q/A 一定的条件下，减小两流体之间温度差 Δt_m，以减少有效能损失。

为了提高 Q/A 或减小 A/Q，需要增大 Δt_m，或增大传热系数 K。为了减小 Δt_m，以降低有效能损失，应增大 K 值。为了增大 A/V，提高 K 值，可改进传热元件的结构。

下面分析讨论增大平均温度差 Δt_m，单位体积的传热面积 A/V 及传热系数 K 的措施。

（一）增大传热平均温度差 Δt_m

Δt_m 的增大，可通过提高热流体温度或降低冷流体温度来实现。但工艺流体的温度是由生产工艺条件所决定，一般不能随意变动。若采用冷却或加热介质，可根据提高 Δt_m 的需要，选择合适的介质。应该注意的是 Δt_m 增大，会使有效能损失增大。因此，以增大 Δt_m，来强化传热是有一定限度的。

当两侧流体为变温传热时，从设备结构上尽可能保证逆流或接近逆流操作。因为逆流操作与并流相比，传热推动力 Δt_m 较大。

（二）增大单位体积的传热面积 A/V

增大传热面积是强化传热的有效途径之一，但不能靠增大换热器体积来实现。有些装置上的换热设备要求轻巧紧凑，这应与提高传热系数相结合，改进传热面结构，扩展传热面，提高单位体积的传热面积。化工、制药生产中已经使用的各种新型高效强化传热面，不仅扩展了传热面积，而且增强了传热面附近流体的湍动程度。最常见的扩展表面是在管外表面加装翅片的翅片管，用于提高对流传热系数，并提高较小对流传热系数的气体一侧的传热面。此外，还有波纹管、螺纹槽管等各种高效强化传热管，如图 4-53 所示。

用于板翅式换热器的各种翅片结构如图 4-54 所示。

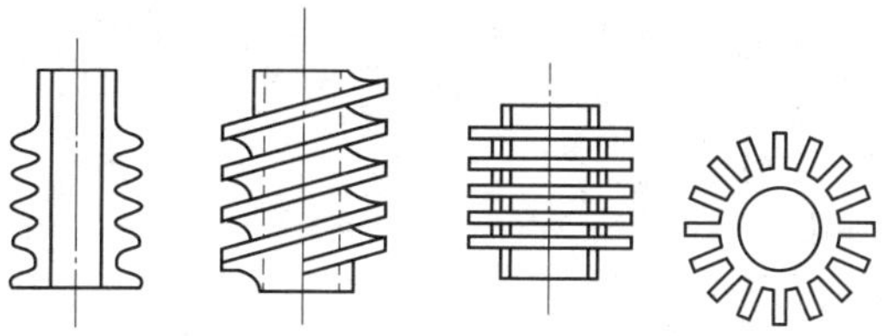

图 4-53 几种强化传热管

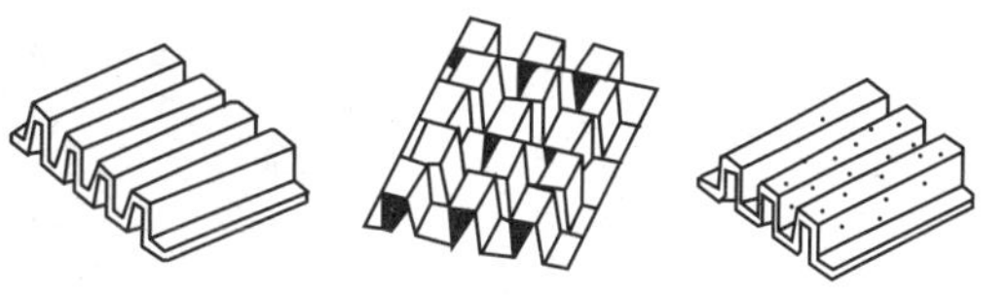

图 4-54 板翅式换热器翅片

（三）增大传热系数 K

强化传热的最有效途径是增大传热系数。要想增大 K 值，就必须减小金属壁、污垢及两侧流体等热阻中较大者的热阻。当金属壁很薄，其导热系数较大，且壁面无污垢时，则减小两侧流体的对流热阻就成为强化传热的主要方面。若两侧流体的对流传热系数相差较大时，增大较小的 α 值，对提高 K 值、增强传热最有效。

一般无相变流体的 α 值较小，提高其值的措施如下。

1. 增大流体流速 增大流速 u 可增大流体的湍动程度，减小有效膜厚度，提高 α 效果显著。例如列管式换热器，管程流体湍流 $\alpha \propto u^{0.8}$，层流 $\alpha \propto u^{1/3}$，壳程流体 $\alpha \propto u^{0.55}$。为增大管程和壳程流速，可分别增加管程数和壳内的挡板数。流速的增大，也会使流体通过换热器的压力降 Δp 增大，湍流时 $\Delta p \propto u^{1.8}$，层流时 $\Delta p \propto u^{1.0}$。因此，u 的增大受到一定限制。

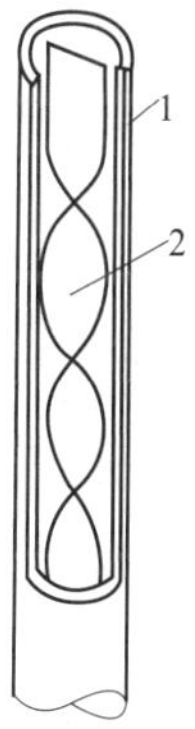

图 4-55 插入管内的扭带

2. 管内插入旋流元件 属于这些元件的有金属螺旋圈、麻花铁、扭带（图 4-55）等，它们能增大壁面附近流体的扰动程度，减小层流底层厚度，增大 α 值。这种方法对强化气体、低 Re 流体及高黏度流体的传热更有效，它们能降低流体由层流向湍流过渡的 Re 数，从而强化传热。

在低 Re 下采用插入旋流元件，要比湍流时能收到更为显著的效果。

3. 改变传热面形状和增加粗糙度 即把传热面加工成波纹状、螺旋槽状、纵槽状、翅片状等，或挤压成皱纹、小凸起，或烧结一层多孔金属层，增加粗糙程度。它们能改变流体流动方向，增加流体扰动程度，产生涡流，减小壁面层流膜厚度，以增大 α 值。改变传热面形状不仅增大 α 值，而且也扩展了传热面积，适用于管外热阻为上的流体强化传热。

综上所述，强化传热的途径，随着科技的发展日趋增多和完善。在实际应用中，应针对具体传热过程采用可靠的技术措施，并对设备费和操作费全面分析，使传热过程的强化经济合理。

重点小结

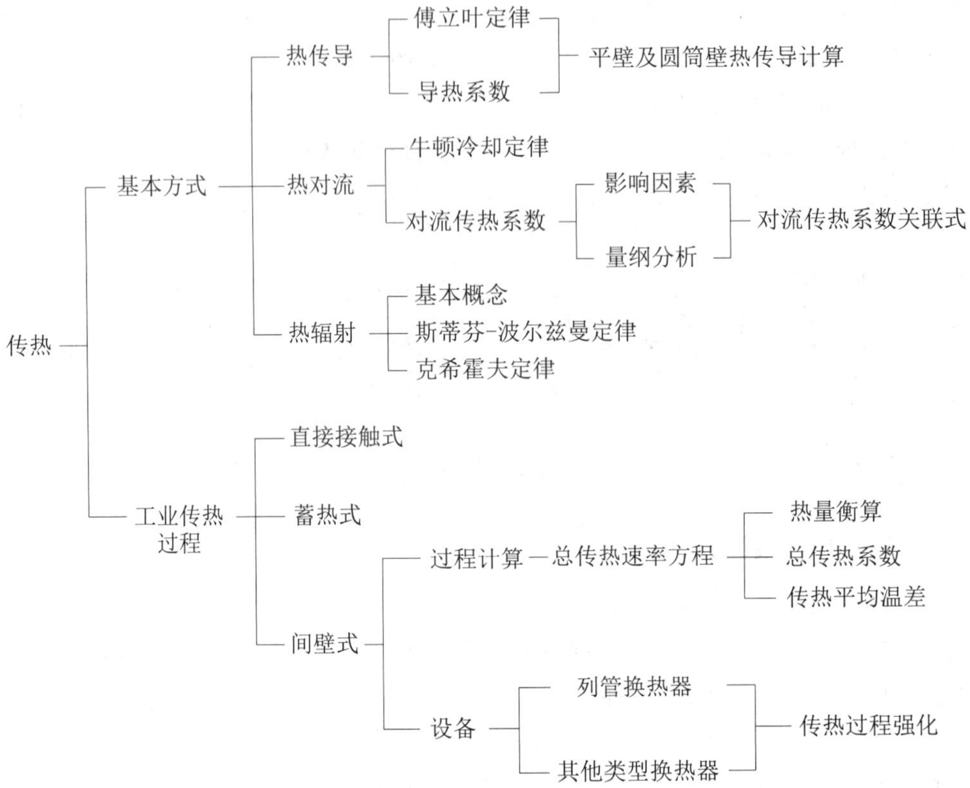

主要符号表

符　号	意　义	法定单位
A	传热面积	m^2
A	辐射吸收率	无因次
B	挡板间距	m
b	厚度	m
b	润湿周边	m
C	辐射系数	无因次
c_p	流体的定压热容	$J \cdot kg^{-1} \cdot ℃^{-1}$ 或 $J \cdot kg^{-1} \cdot K^{-1}$
D	壳体内径	m
D	辐射透过率	无因次
d	管径	m
E	辐射能力	$W \cdot m^{-2}$

续表

符 号	意 义	法定单位
G	质量流量	$kg \cdot h^{-1}$
g	重力加速度	$m \cdot s^{-2}$
K	传热系数	$W \cdot m^{-2} \cdot K^{-1}$或$W \cdot m^{-2} \cdot ℃^{-1}$
l	长度	m
M	冷凝负荷	$kg \cdot m^{-1} \cdot s^{-1}$
p	压力	$N \cdot m^{-2}$
Q	传热速率，热负荷	$J \cdot s^{-1}$或W
q	热流密度	$W \cdot m^{-2}$
R	热阻	$m^2 \cdot K \cdot W^{-1}$或$m^2 \cdot ℃ \cdot W^{-1}$
R_d	污垢热阻	$m^2 \cdot K \cdot W^{-1}$或$m^2 \cdot ℃ \cdot W^{-1}$
R	辐射反射率	无因次
r	半径	m
S	截面积	m^2
T	温度	K或℃
t	温度	K或℃
Δt_m	平均温度差	K或℃
u	流速	$m \cdot s^{-1}$
Gr	格拉斯霍夫准数	无因次
Nu	努塞尔准数	无因次
Pr	普兰特准数	无因次
Re	雷诺准数	无因次
α	对流传热系数或传热膜系数	$W \cdot m^{-2} \cdot K^{-1}$或$W \cdot m^{-2} \cdot ℃^{-1}$
β	体积膨胀系数	K^{-1}或$℃^{-1}$
γ	气化潜热	$J \cdot kg^{-1}$
δ	有效膜厚度	m
ε	黑度	无因次
λ	导热系数	$W \cdot m^{-1} \cdot K^{-1}$或$W \cdot m^{-1} \cdot ℃^{-1}$
μ	黏度	$Pa \cdot s$
ρ	密度	$kg \cdot m^{-3}$
σ_0	黑体辐射常数	$W \cdot m^{-2} \cdot K^{-4}$
τ	时间	s
φ	角系数	无因次
ψ	温度校正系数	无因次

习 题

1. 有一加热器，为了减少热损失，在加热器壁外面包一层导热系数为$0.21W \cdot m^{-1} \cdot ℃^{-1}$，厚度为200mm的绝热材料。已测得绝热层外缘温度为30℃，距加热器外壁150mm处为75℃，试求加热器外壁面温度（℃）。

（答：210℃）

文字题解

2. 燃烧炉的平壁由下列3种材料构成。

耐火砖：$\lambda_1 = 1.05W \cdot m^{-1} \cdot K^{-1}$，厚度为230mm；绝热砖：$\lambda_2 = 0.151W \cdot m^{-1} \cdot K^{-1}$；普通砖：$\lambda_3 = 0.93W \cdot m^{-1} \cdot K^{-1}$，厚度为230mm。若耐火砖内侧温度为1000℃，耐火砖与绝热砖接触面最高温度为940℃，绝热砖与普通砖间的最高温度不超过138℃。（假设每两

习题解

种砖之间接触良好，界面上的温度相等)。试求：①若每块绝热砖厚度为 230mm，绝热层需要几块绝热砖；②普通砖外侧的温度（℃）。

（答：2 块；37.8℃）

3. 一外径为 100mm 的蒸汽管，外包一层 50mm，绝热材料 A，$\lambda_A=0.087\text{W}\cdot\text{m}^{-1}\cdot\text{K}^{-1}$，其外侧包一层 25mm 绝热材料 B，$\lambda_B=0.07\text{W}\cdot\text{m}^{-1}\cdot\text{K}^{-1}$。设 A 的内侧温度和 B 的外侧温度分别为 170℃和 38℃。管道长 50m。试求：①该管道每米的散热量（W）；②A、B 界面温度（℃）。

（答：$q=74.3\text{W}$；$t=75.7$℃）

4. 用干板法测定材料的导热系数，平板状材料的一侧用电热器加热，另一侧用冷水冷却，同时在板之两侧均用热电偶测量其表面温度。若所测固体的表面积为 0.02m^2，材料的厚度为 20mm。现测得电流表的读数为 2.8A，伏特计的读数为 140V，两侧温度分别为 280℃和 1000℃，试求该材料的导热系数（$\text{W}\cdot\text{m}^{-1}\cdot\text{K}^{-1}$）。

（答：$\lambda=0.544\text{W}\cdot\text{m}^{-1}\cdot\text{K}^{-1}$）

5. 一换热器，在 ϕ25mm×2.5mm 管外用水蒸气加热原油。已知管外蒸汽冷凝的对流传热系数为 $10000\text{W}\cdot\text{m}^{-2}\cdot\text{K}^{-1}$；管内原油的对流传热系数为 $1000\text{W}\cdot\text{m}^{-2}\cdot\text{K}^{-1}$，管内污垢热阻为 $1.5\times10^{-3}\text{m}^2\cdot\text{K}\cdot\text{W}^{-1}$，管外污垢热阻及管壁热阻可忽略不计，试求其传热系数及各部分热阻的分配。

（答：传热系数为 $310.1\text{W}\cdot\text{m}^{-2}\cdot\text{K}^{-1}$；管外对流传热热阻 3.1%；管内对流传热热阻 38.8%；管内污垢热阻 58.1%）

6. 在一套管式换热器中，内管为 ϕ80mm×10mm 的钢管，内管中热水被冷却，热水流量为 $3000\text{kg}\cdot\text{h}^{-1}$，进口温度为 90℃，出口为 60℃。环隙中冷却水进口温度为 20℃，出口温度为 50℃，传热系数 $K=2000\text{W}\cdot\text{m}^{-2}\cdot\text{K}^{-1}$。试求：①冷却水用量（$\text{kg}\cdot\text{h}^{-1}$）；②并流流动时的平均温度差（℃）及所需的管子长度（m）；③逆流流动时的平均温度差（℃）及所需的管子长度（m）。

（答：$W_2=3012\text{kg}\cdot\text{h}^{-1}$；$\Delta t_{\text{m并流}}=30.8$℃、$l_{\text{并流}}=6.77\text{m}$；$\Delta t_{\text{m逆流}}=40$℃、$l_{\text{逆流}}=5.21\text{m}$）

7. 冷却水在 ϕ25mm×2.5mm，长为 3m 的钢管中以 $1\text{m}\cdot\text{s}^{-1}$的流速通过。水温由 293K 升至 313K。求管壁对水的对流传热系数（$\text{W}\cdot\text{m}^{-2}\cdot\text{K}^{-1}$）。

（答：$\alpha=4582\text{W}\cdot\text{m}^{-2}\cdot\text{K}^{-1}$）

8. 有一列管换热器，由 60 根 ϕ25mm×2.5mm 的钢管组成。通过该换热器，用饱和水蒸气加热苯。苯走管内，由 20℃升至 80℃，苯流量为 $13\text{kg}\cdot\text{s}^{-1}$。试求：①苯在管内的对流传热系数（$\text{W}\cdot\text{m}^{-2}\cdot\text{K}^{-1}$）；②若苯的流量提高 80%，但仍维持原来的出口温度，求此时的对流传热系数（$\text{W}\cdot\text{m}^{-2}\cdot\text{K}^{-1}$）。

（答：$\alpha=1260\text{W}\cdot\text{m}^{-2}\cdot\text{K}^{-1}$；增加流量后，$\alpha=2016\text{W}\cdot\text{m}^{-2}\cdot\text{K}^{-1}$）

9. 一套管换热器，内管为 ϕ38mm×2.5mm，外管为 ϕ57mm×3mm，甲苯在其环隙由 72℃冷却至 38℃。已知甲苯流量为 $2730\text{g}\cdot\text{h}^{-1}$，试求甲苯的对流传热系数（$\text{W}\cdot\text{m}^{-2}\cdot\text{K}^{-1}$）。

（答：$\alpha=1300\text{W}\cdot\text{m}^{-2}\cdot\text{K}^{-1}$）

10. 一套管换热器管内流体的对流传热系数 $\alpha_1=200\text{W}\cdot\text{m}^{-2}\cdot\text{K}^{-1}$，管外流体的对流传热系数 $\alpha_2=350\text{W}\cdot\text{m}^{-2}\cdot\text{K}^{-1}$。已知两种流体均在湍流情况下进行换热。①假设管内流体流速增加 1 倍；②假设管外流体流速增加 1 倍。略去管壁热阻及污垢热阻，而其他条件不变，试问传热系数各增加多少（%）？

（答：①K 增加 37.1%；②K 增加 18.3%）

11. 有一单管程的列管式换热器，其规格为：管径 ϕ25mm×2.5mm，管长 3m，管数 30 根。今拟用该换热器将 46℃的 CS_2饱和蒸气冷凝并冷却至 10℃。CS_2走壳程，流量为 $250kg \cdot h^{-1}$，其冷凝热为 $351.7kJ \cdot kg^{-1} \cdot K^{-1}$，液相 CS_2的比热为 $1.05kJ \cdot kg^{-1}$；冷却水走管程，由下而上与 CS_2呈逆流流动，其进、出口温度分别为 5℃和 30℃。设此换热器中，CS_2蒸气冷凝和 CS_2液体冷却时的总传热系数分别为 $233W \cdot m^{-2} \cdot K^{-1}$和 $116W \cdot m^{-2} \cdot K^{-1}$（均以管外表面为基准）。问此换热器能否满足生产要求?

（答：能满足）

12. 0.101MPa 的水蒸气在单根管外冷凝。管外径 100mm，管长 1.51m，管壁温度为 98℃。试求：①管子垂直放置时的平均对流传热系数（$W \cdot m^{-2} \cdot K^{-1}$）；②管子水平放置时的对流传热系数（$W \cdot m^{-2} \cdot K^{-1}$）。

（答：$\alpha_{垂直}=10773W \cdot m^{-2} \cdot K^{-1}$；$\alpha_{水平}=13639W \cdot m^{-2} \cdot K^{-1}$）

13. 两块相互平行的黑体长方形平板。其尺寸为 1m×2m，间距为 1m。若两平板的表面温度分别为 727℃及 227℃。试求两平板间的辐射传热量（kW）。

（答：29.8kW）

14. 两无限大平行平面进行辐射，已知 $\varepsilon_1=0.3$，$\varepsilon_2=0.8$，若在两平面间放置一无限大抛光铝遮热板（$\varepsilon=0.04$），试计算传热量减少的百分数。

（答：减少 93.2%）

扫码"学一学"

第五章　蒸发与结晶

学习目标

1. **掌握**　单效蒸发计算、蒸发设备水产强度、结晶过程。
2. **熟悉**　蒸发、结晶设备的结构和类型。
3. **了解**　蒸发与结晶的基本原理和计算。

化工、制药生产实际中，在指定的时间内将一定量较低浓度的溶液（物料）浓缩为较高浓度的溶液（产品），是一个经常面对的问题。如何定量蒸汽消耗、选择蒸发工艺和设备，是确保操作经济可行的关键。

结晶在制药工业生产中应用广泛。如青霉素等抗生素药物的精制及氨基酸等生物产品的纯化，都是通过结晶法分离得到的。结合过程原理，合理选择方法和设备，是确保获得合格结晶产品的保证。

本章将针对上述问题及解决方法进行相关知识的介绍。

第一节　蒸　发

蒸发通常是指液体的表面气化现象。蒸发操作是将含有不挥发性溶质的溶液加热，气化并移除液相，以提高溶液中溶质浓度的一种传热过程。

简单地说蒸发是一种浓缩溶液的单元操作，是一个将挥发性溶剂与不挥发性溶质分离的过程。用来完成这种单元操作的设备则统称为蒸发器。

一、蒸发过程的基本概念

蒸发过程是使溶剂不断气化的过程，需要不断供给热量，蒸发过程进行的速度即溶剂气化速率取决于传热速率，此过程的实质是有相变的热量传递，工程上通常把它归类为传热过程。

（一）蒸发的目的

在制药工业生产中，蒸发的目的主要在于以下几点。

1. 制取浓缩液　将溶液中溶剂气化制备浓缩溶液，作为成品或半成品，如在中药生产中，常采用蒸发操作将中药提取液制成一定规格的半成品，或进一步制为成品。

2. 为结晶创造条件　借蒸发获得饱和溶液，再进一步冷却，得到结晶产品，如生产维生素 C 的中间体 L-山梨糖就是经蒸发后冷却结晶而析出的；还有一叶萩叶提取液经过适当处理后，蒸发浓缩，精制成一叶萩碱结晶。

3. 制取纯溶剂　将溶剂蒸发并冷凝，与非挥发性溶质分离，作为产品。

在制药工业生产中，以水溶液的蒸发过程最为常见。因此本章将对水溶液的蒸发过程、单效蒸发的工艺参数计算及典型的蒸发工艺流程进行讨论，并介绍几种常见的蒸发设备。

（二）蒸发的特点

由于溶液中含有不挥发性溶质，且操作过程中浓度变化较大，加之沸腾传热的特殊性，使蒸发过程具有不同于一般传热过程的特点。

1. 传热性质　传热壁面一侧为加热蒸气进行冷凝，另一侧为溶液进行沸腾，所以蒸发过程是壁面两侧流体均有相变的恒温传热过程。

2. 溶液性质　蒸发的溶液常具有某些特殊性，有些溶液在蒸发过程中析出结晶或易结垢和生泡沫，影响传热效果；有些热敏性物料由于沸点升高更易分解或变质；有些则具有较大的黏度或较强的腐蚀性等。因此，必须根据物料的特性和工艺要求，选择适宜的蒸发流程和设备。

3. 溶液沸点的改变　由于溶液中含有不挥发性溶质，由拉乌尔定律可知，其饱和蒸气压较同温度下纯溶剂的为低。因此，在相同压力下，溶液的沸点就比纯溶剂水的沸点高。故当加热温度一定时，蒸发溶液的传热温度差必定小于蒸发溶剂的传热温度差，且溶液的浓度越大，这种效应越显著。在考虑传热速率，确定传热推动力时，必须注意溶液沸点升高带来的影响。

4. 液膜夹带　由于蒸发过程中产生的二次蒸气通常夹带大量液沫，冷凝前必须设法除去，否则不但损失物料，而且会对冷凝设备、多效蒸发器的传热面产生污染，降低热流量。

习惯上将用于加热的水蒸气称为加热蒸汽或生蒸汽，而将溶剂气化产生的蒸气称为二次蒸气。两者的温度不同，加热蒸汽的温度相对较高，二次蒸气的温度则相对较低。蒸发操作中，溶剂气化需要吸收大量的热量，对加热蒸汽的消耗很大。可见，二次蒸气的再利用率将对蒸发操作的总能耗产生重要的影响。如何强化与改善加热器两侧的传热效果，如何充分利用二次蒸气潜热，达到节能增效的目的，是蒸发器设计中需要认真考虑的问题。

（三）蒸发的分类

由于分类依据不同，蒸发有多种类型。

1. 按加热方式分类　蒸发可分为直接加热和间接加热两类。以蒸汽为热源者，通常采用间接加热蒸发，其热量是由蒸汽通过间壁式换热设备传给被蒸发溶液的。

2. 按蒸发方式分类　蒸发可分为自然蒸发和沸腾蒸发两类。自然蒸发是溶液中的溶剂在低于其沸点下进行气化的过程。由于此种蒸发仅在溶液表面进行，故其速率缓慢，效率较低。沸腾蒸发是在溶液沸点下气化的过程，效率较高，因而在实际生产中广为使用。

3. 按操作方式分类　蒸发可分为间歇蒸发和连续蒸发两类。间歇蒸发采用的是分批进料或出料，溶液的浓度和沸点均随过程进行而变，属非稳态过程。间歇蒸发适合于小规模、多品种的生产。连续蒸发采用连续进料或出料的方式，属稳态过程，适合于大规模生产。

4. 按操作压力分类　蒸发可分为加压、常压和减压蒸发三类，其中减压蒸发又称真空蒸发。常压蒸发采用敞口设备，二次蒸气直接排到大气中，其设备和工艺条件最为简单；为了提高二次蒸气的温度以提高热能的利用率，为了提高溶液的沸点来增加其流动性、改善传热效果，通常采用加压蒸发。

真空蒸发是在减压或真空条件下进行的，因此具有许多特点。

（1）在加热蒸汽压力相同的情况下，减压蒸发时溶液的沸点低，传热温差大，当热负荷一定时，可相应减小蒸发器的传热面积。

（2）可蒸发不耐高温的溶液。例如，常压下沸点为100℃左右的中草药提取液在减压至 79~92kPa 时，其沸点可降低至 40~60℃，操作中可防止有效成分分解。

（3）利用低压蒸汽或废气作为加热剂。

（4）操作的温度低，可减小损失于外界的热量。

采用真空蒸发要增设辅助设备，如真空泵、缓冲罐、气液分离器等，使得设备投资和能耗加大。

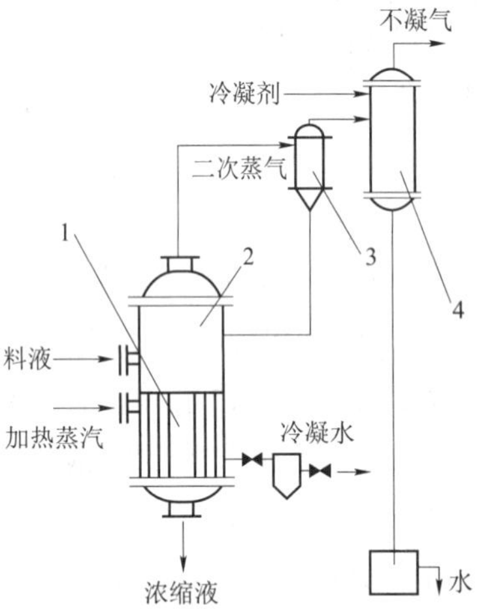

图 5-1　单效蒸发流程

1. 加热室；2. 蒸发室；3. 二次蒸气分流器；4. 混合冷凝器

5. 按是否利用二次蒸气分类　蒸发过程分为单效蒸发和多效蒸发两大类。

前一效的二次蒸气直接冷凝而不再利用的蒸发过程称为单效蒸发。若将几个蒸发器按一定方式组合起来，把前一个蒸发器的二次蒸气作为后一个蒸发器的加热蒸汽使用，使蒸汽得到多次利用的蒸发过程称为多效蒸发。显然多效蒸发可以减少加热蒸汽的消耗量。

图 5-1 为一典型的单效蒸发流程。在蒸发器内设有加热室 1 和蒸发室 2。加热室有若干根加热管和一根中央循环管。当溶液受热沸腾后，由于密度的差异在中央管和加热管间作循环流动，被蒸至规定的浓度后，由蒸发器下部的浓缩液出口排出，称完成液（浓缩液）。溶剂的气化基本上是在上部的蒸发室内进行的，所得蒸汽如不再利用则需经二次蒸气分离器 3 及混合冷凝器 4 排空。

虽然，工业生产上大多数采用多效蒸发操作，但多效蒸发计算较为复杂，可将多效蒸发视为若干个单效蒸发的组合，故只讨论连续操作单效蒸发的有关计算。

二、单效蒸发计算

对于单效蒸发，通过物料恒算、热量恒算和传热方程式来确定蒸发量、加热蒸汽消耗量以及蒸发器的传热面积等工艺参数。

（一）溶剂蒸发量

溶剂蒸发量是单位时间内从溶液中蒸发出来的水量或其他溶剂量。溶剂蒸发量亦是蒸发器的生产能力，可通过下面的物料衡算式求得

$$FX_1=(F-W)X_2 \tag{5-1}$$

则

$$W=F\left(1-\frac{X_1}{X_2}\right) \tag{5-2}$$

式中，F 为原料液的加料量，$kg \cdot s^{-1}$；W 为水的蒸发量，$kg \cdot s^{-1}$，X_1 为原料液中溶质的质量分率，%；X_2 为完成液中溶质的质量分率，%。

若已知蒸发前后料液和完成液的体积流量及密度，蒸发量也可用下式计算

$$W=V_1\rho_1-V_2\rho_2 \tag{5-3}$$

式中，V_1，V_2 为分别为原料液和完成液的体积流量，$m^3 \cdot s^{-1}$；ρ_1，ρ_2 为分别为原料液和完成液的密度，$kg \cdot m^{-3}$。

（二）加热蒸汽消耗量

加热蒸汽的消耗量是通过热量衡算求得的。如取整个蒸发器作为恒算系统。通常，加热蒸汽为饱和蒸汽，当加热蒸汽的冷凝液在饱和温度下排出时，单位时间内加热蒸汽提供的热量为

$$Q=D\gamma \tag{5-4}$$

冷液（低于沸点）进料，此时加热蒸汽提供的热量主要用于以下三个方面。

（1）在沸点温度下使溶剂气化所需的潜热 Q_1'，kW。

$$Q_1'=W\gamma' \tag{5-5}$$

（2）溶液升温至沸点时所需的显热 Q_2，kW。

$$Q_2=Fc_m(t-t_0) \tag{5-6}$$

（3）补偿蒸发过程中的热损失 Q_1，kW。

整个过程热量衡算得

$$Q=Q_1'+Q_2+Q_1 \tag{5-7}$$

即

$$D\gamma=W\gamma'+Fc_m(t-t_0)+Q_1 \tag{5-8}$$

式中，D 为加热蒸汽耗量，$kg\cdot s^{-1}$；γ 为加热蒸汽的冷凝潜热，$kJ\cdot kg^{-1}$；γ'为蒸发压力下水的气化潜热，$kJ\cdot kg^{-1}$；c_m为原料液的平均比热容，$kJ\cdot kg^{-1}\cdot K^{-1}$；$t$ 为蒸发器内溶液的沸点，K；t_0为原料液的温度，K。

其中，原料液的平均比热容 c_m 可按下式计算

$$c_m=c_B X+c(1-X) \tag{5-9}$$

式中，c 为溶剂的比热容，$kJ\cdot kg^{-1}\cdot K^{-1}$；$c_B$为溶质的比热容，$kJ\cdot kg^{-1}\cdot K^{-1}$；$X$ 为原料液中溶质的质量分率,%。

因此，加热蒸汽耗量

$$D=\frac{W\gamma'+Fc_m(t-t_0)+Q_1}{\gamma} \tag{5-10}$$

当原料液预热至沸点进料，此时 $t=t_0$，则上式简化为

$$D=\frac{W\gamma'+Q_1}{\gamma} \tag{5-11}$$

若忽略热损失，则上式近似表示为

$$D=W\frac{\gamma'}{\gamma} \tag{5-12}$$

（三）蒸发器的传热面积

根据总传热速率方程式，得出传热面积 A 为

$$A=\frac{Q}{K\Delta t} \tag{5-13}$$

式中，A 为传热面积，m^2；K 为传热系数，$kW\cdot m^{-2}\cdot K^{-1}$；$\Delta t$ 为传热温差，K。

可见，为了计算传热面积需求出热负荷、传热系数、传热温差。其中热负荷 $Q=D\gamma$ 可由式（5-10）、式（5-11）、式（5-12）视具体情况求得，思路与第四章传热所述相同，故不再详述。这里主要介绍 K 及 Δt 的求取，现分别讨论如下。

1. 传热系数（K）　依据传热的基本理论，传热系数可按下式计算

$$\frac{1}{K}=\frac{1}{\alpha_0}+\frac{\delta}{\lambda}+R_i+\frac{1}{\alpha_i} \tag{5-14}$$

其中，若注意及时排出加热室内管外的不凝性气体，则管外蒸汽冷凝给热的热阻 $1/\alpha_0$ 一般很小，而加热管壁的热阻 δ/λ 亦很小，二者均可忽略。对于垢层热阻 R_i 及管内沸腾给热热阻 $1/\alpha_i$，却很难求得，且二者对传热系数的影响较大，通常主要选用实测的 K 值，表 5-1给出了各种蒸发器传热系数的大致范围，可供选用参考。

表 5-1　各种蒸发器的总传热系数 K 值的概略范围

蒸发器型式	K /kW · m^{-2} · K^{-1}	蒸发器型式	K /kW · m^{-2} · K^{-1}
夹套锅式	0. 35~2. 33	倾斜管式	0. 93~3. 49
盘管式	0. 58~2. 91	升膜式	0. 58~5. 82
水平管式（管内蒸汽冷凝）	0. 58~2. 33	降膜式	1. 16~3. 49
水平管式（管外蒸汽冷凝）	0. 58~4. 65	外加热式	1. 16~5. 82]
标准式	0. 58~2. 91	刮板式	
标准式（强制循环型）	1. 16~5. 82	（黏度 1×10^{-3}~0. 1Pa · s）	1. 74~6. 98
悬筐式	0. 58~3. 49	（黏度 1~10Pa · s）	0. 70~1. 16
旋液式	0. 93~1. 74	离心（叠片）式	3. 49~4. 65
竖管强制循环式	1. 16~6. 98		

2. 传热温差（Δt）　传热温差亦称有效温差。在蒸发操作中，蒸发器加热室的一侧是蒸汽冷凝，其温度为加热蒸汽的冷凝温度；而另一侧是溶液沸腾，其温度为溶液的沸点。可见蒸发传热过程为冷凝-沸腾传热过程，可近似视为恒温传热。在实际操作中，加热蒸汽的饱和温度一般是恒定的，而溶液的沸点随蒸发过程中溶液浓度的增大逐渐升高，因而传热温度差在蒸发过程中是逐渐变小。

在计算传热面积时应按最小温度差计算，即由完成液的沸点 t_2 来作计算，这样求出的传热面积才能满足全部蒸发过程的需要。故有

$$\Delta t=T-t_2 \tag{5-15}$$

式中，Δt 为传热温差，K；T 为加热蒸汽的饱和温度，K；t_2 为完成液的沸点，K。

（四）评价蒸发过程经济性的指标

1. 蒸气的经济性　蒸发过程的操作费主要用于气化大量溶剂（通常为水）所消耗的能量。因此，能耗大小是评价蒸发过程优劣的重要指标之一，其量化参数通常由加热蒸气的经济性 U 来表示。蒸气的经济性为 1kg 生蒸气可蒸发的水分量，即

$$U=\frac{W}{D} \tag{5-16}$$

式中，U 为蒸气的经济性，kg · kg^{-1}；W 为单位时间气化的水量，kg · s^{-1}；D 为单位时间消耗的生蒸气量，kg · s^{-1}。

U 是衡量蒸发过程是否经济的重要指标。为降低操作费用，应尽可能用少量的生蒸汽气化多量的水分。U 越大，蒸发过程经济性越好。提高加热蒸气的经济性措施主要有：①采用多效蒸发；②抽出额外蒸气；③冷凝水潜热的利用；④热泵蒸发。若物料预热至沸点后加入蒸发器、生蒸气与二次蒸气的气化潜热接近、不计热损失，则从理论上可以认为，在单效蒸发时 $W/D=1$；二效蒸发时 $W/D=2$，依此类推。可见，采用多效蒸发可提高蒸汽

的经济性，即提高热能的利用率。

2. 蒸发设备的生产强度　单位时间内，蒸发器单位传热面积所能气化的溶剂（一般为水）量被称为蒸发器的生产强度，即

$$q=\frac{W}{A} \tag{5-17}$$

在沸点进料时

$$q=\frac{1}{\gamma}K\Delta t \tag{5-18}$$

式中，q 为蒸发器的生产强度，$kg \cdot m^{-2} \cdot s^{-1}$；$W$ 为水分蒸发量，$kg \cdot s^{-1}$；A 为传热面积，m^2；γ 为水的气化潜热，$kJ \cdot kg^{-1}$；K 为传热系数，$W \cdot m^{-2} \cdot K^{-1}$；$\Delta t$ 为传热温差，K。

蒸发器的生产强度是标明蒸发器传热效果的一个重要指标，其数值越大，对于给定的蒸发任务，所需设备费用越低。由式（5-18）可以看出，欲提高蒸发器的生产强度，必须设法提高蒸发器的传热温度差和总传热系数。

传热温度差主要取决于加热蒸汽和冷凝器的压强。加热蒸汽压强越高，其饱和温度亦越高，但是加热蒸汽压强常受工厂具体的供气条件所限制，一般为 294.2~490.4kPa，高的为 588.4~784.6kPa。若提高冷凝器的真空度，使溶液的沸点降低，也可以加大传热温度差，但是这样不仅增加真空泵的功率消耗，而且因溶液的沸点降低，使其黏度增高，导致沸腾给热系数下降，因此一般冷凝器中的压强不低于 9.8~19.6kPa。另外，为了控制沸腾操作在泡核沸腾区，也不宜采用过高的传热温度差。由以上分析可知，传热温度差的提高是有一定限度的。

一般来说，增大总传热系数是提高蒸发器生产强度的主要途径。合理地设计蒸发器的结构以建立良好的循环流动，在操作中及时排除加热室中的不凝性气体，经常清除垢层均可提高总传热系数。

例题 5-1　某药厂用真空蒸发浓缩葡萄糖溶液，原料处理量为 $9000kg \cdot h^{-1}$，进料液浓度为 20%（质量分率，下同），出料液浓度为 50%，沸点进料，操作真空度下溶液的沸点为 70℃，加热蒸汽绝对压强为 400kPa，冷凝水在其冷凝温度时排出。已知蒸发器的总传热系数为 $1750kW \cdot m^{-2} \cdot K^{-1}$，热损失可忽略不计，试计算：（1）水分蒸发量，$kg \cdot h^{-1}$；（2）加热蒸汽消耗量，$kg \cdot h^{-1}$；（3）每 1kg 生蒸气所能蒸发的水量，kg；（4）蒸发器的传热面积，m^2。

解：（1）每小时的水分蒸发量：依题意知：$F=9000kg \cdot h^{-1}$，$X_1=0.2$，$X_2=0.5$，根据式（5-2）得水分蒸发量为

$$\begin{aligned} W &= F\left(1-\frac{X_1}{X_2}\right) \\ &= 9000\times\left(1-\frac{0.2}{0.5}\right) \\ &= 5400kg \cdot h^{-1} \end{aligned}$$

（2）每小时的加热蒸气消耗量　由附录一查得水蒸气在 400kPa 的绝对压强时的饱和温度和气化潜热分别为 $T=143.4℃$，$\gamma=2138kJ \cdot kg^{-1}$；温度为 70℃ 的二次蒸气的气化潜热 $\gamma'=2331kJ \cdot kg^{-1}$。根据式（5-12）得

$$D=W\frac{\gamma'}{\gamma}=5400\times\frac{2331}{2138}=5887kg \cdot h^{-1}$$

（3）1kg 生蒸气所能蒸发的水量　已知水分蒸发量 $W=5400\ \mathrm{kg \cdot h^{-1}}$，每小时的加热蒸汽消耗量 $D=5887\ \mathrm{kg \cdot h^{-1}}$，由式（5-16）得

$$U=\frac{W}{D}=\frac{5400}{5887}=0.92$$

即 1kg 生蒸气所能蒸发的 0.92kg 的水量。

（4）蒸发器的传热面积　依题意知：$K=1750\mathrm{kW \cdot m^{-2} \cdot K^{-1}}$，$t=70℃$，根据式（5-13）和式（5-15）得

$$A=\frac{Q}{K\Delta t}=\frac{Q}{K(T-t)}=\frac{5887\times2138\times10^{3}}{3600\times1750\times(143.4-70)}=27.2\mathrm{m}^{2}$$

思考

1. 影响介质传热的因素有哪些？蒸发设备的生产强度受哪些因素影响？

三、多效蒸发简介

（一）多效蒸发的原理

在蒸发生产中，二次蒸气的产量较大，且含大量的潜热，故应将其回收加以利用。若将二次蒸气通入另一蒸发器的加热室，只要后者的操作压强和溶液沸点低于原蒸发器中的操作压强和沸点，则通入的二次蒸气仍能起到加热作用，这种操作方式即为多效蒸发。

多效蒸发中的每一个蒸发器称为一效。凡通入加热蒸汽的蒸发器称为第一效，用第一效的二次蒸气作为加热剂的蒸发器称为第二效，依此类推。采用多效蒸发器的目的是为了节省加热蒸气的消耗量。在理论上，1kg 加热蒸气大约可蒸发 1kg 水。但是，由于有热损失，而且分离室中水的气化潜热要比加热室中的冷凝潜热为大，因此，实际上蒸发 1kg 水所需要的加热蒸气超过 1kg。根据经验，蒸气的经济性（$U=W/D$），单效为 0.91；双效为 1.76；三效为 2.5；四效为 3.33；五效为 3.71 等。可见随着效数的增加，W/D 的增长率逐渐下降。例如，由单效改为双效时，加热蒸汽大约可节省 50%；而四效改为五效时，加热蒸汽只节省 10%。但是，随着效数的增加，传热的温度差损失（在单效蒸发的工艺计算中介绍）增大，使得蒸发器的生产强度大大下降，设备费用成倍增加，当效数增加到一定程度后，由于增加效数而节省的蒸气费用与所增添的设备费相比较，可能会得不偿失。

工业上必须对操作费和设备费作出权衡，以决定最合理的效数。最常用的为 2~3 效，最多为 6 效。

（二）多效蒸发的流程

根据物料和加热蒸汽走向的多种组合方式，常用以下几种多效蒸发流程。

1. 并流式（亦称顺流式）　物料与二次蒸气同向相继通过各效蒸发器，如图 5-2 所示。在操作过程中，各效间应维持较大压差，使物料自动由前一效流入下一效，省去了输料泵。此外，物料是由温度高的前一效流入后一效，在后一效中物料处于过热状态，因而产生自蒸发，在各效间省去了预热装置。该流程还具有布局紧凑、管路短、热损失少和热量利用合理等优点；其缺点是末效的料液浓度高、温度低，因而黏度大，会使传热系数大大下降。因此该流程不适于黏度随浓度的增加有大幅度增加的料液，只适用于

黏度不大的料液。

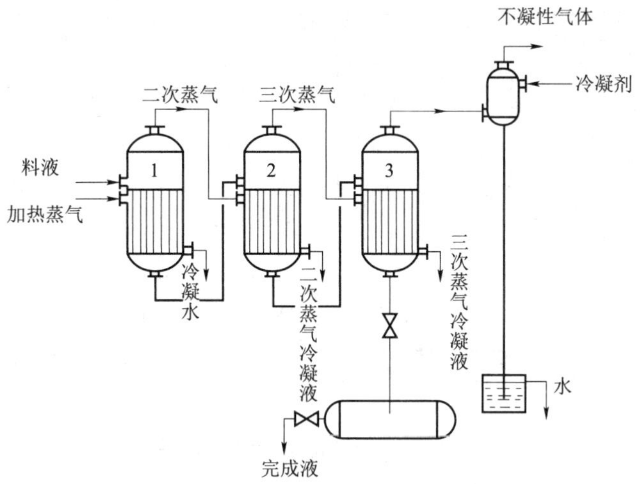

图 5-2　并流加料蒸发操作流程

2. 逆流式　如图 5-3 所示，原料液由末效流入，由泵送入前一效。逆流法的优点在于溶液的浓度愈大时，蒸发的温度亦愈高，因此各效溶液均不致出现黏度太大的情况，所以总传热系数不致过小，适于黏度较大之料液的蒸发；其缺点是各效间需设有料液泵，增加了动力消耗，且完成液温度较高，对于高温易分解的物料不适用。

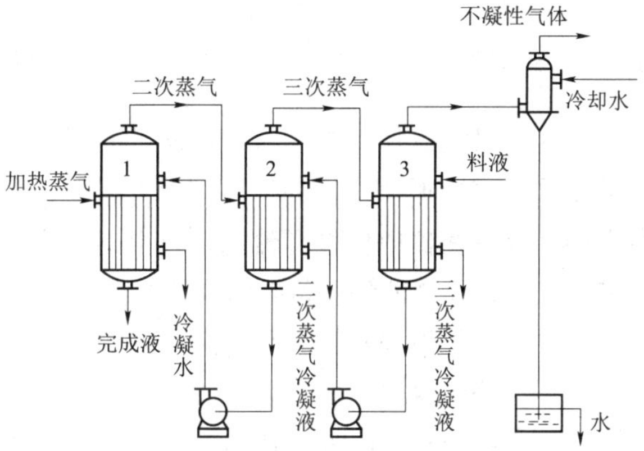

图 5-3　逆流加料蒸发操作流程（干式逆流高位冷凝器）

3. 平流式　此法系按各效分别进料并分别出料的方式进行，如图 5-4 所示。该流程适用于有结晶析出的料液，便于含晶体的浓缩液自各效分别取出。它也可用于同时浓缩两种以上的不同水溶液。

四、蒸发设备

蒸发过程本质上是一个传热过程，因此，蒸发设备与一般的传热设备并无本质上的区别。由于蒸发时需要不断地除去过程所产生的二次蒸气，因此，它除了需要加热室外，还需要一个进行气液分离的蒸发室（又称分离室），蒸发器的型式虽然各种各样，但它们都有加热室和蒸发室这两个基本部分。此外，蒸发设备还包括使液沫进一步分离的除沫器、排除二次蒸气的冷凝器等辅助装置。

以下重点介绍一些常用的蒸发器。

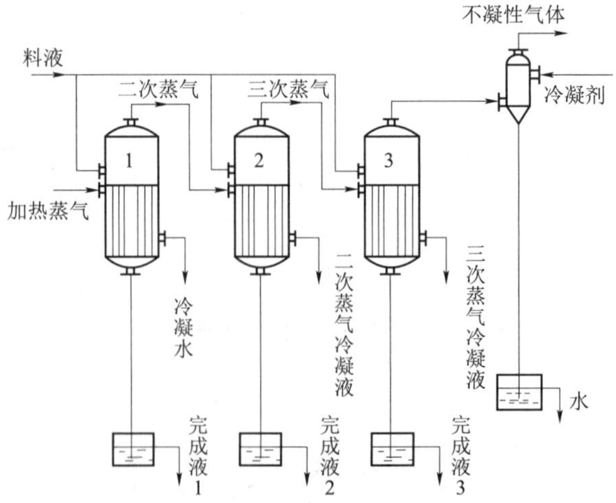

图 5-4　平流加料蒸发操作流程

（一）夹套式蒸发器

夹套式蒸发器是最简单的蒸发器。在制药工业生产中常用的是搪瓷玻璃罐。罐内盛被蒸发的溶液，夹套内通以加热蒸气，通过罐壁传热。为了提高传热效果，在罐内可装搅拌器，以强化溶液的流动。如加热面积不足时，可在内部设置蛇管进行加热。

这类设备加热面积小，生产能力低。只适于生产量小、溶液中溶质较长时间受热不易分解和溶液黏稠的情况。

（二）循环型蒸发器

在蒸发操作中，如果原料液只流经加热管一次，因水的相对蒸发量较小，达不到规定的浓缩要求，此时一般需要采取多次循环，称为循环型蒸发操作，所用的设备称为循环型蒸发器。在循环型蒸发器中，料液在器内作循环流动，直至达到规定的浓缩要求后才可以排出，故蒸发器内的存液量较大，原料液的停留时间液较长，浓度变化较小。

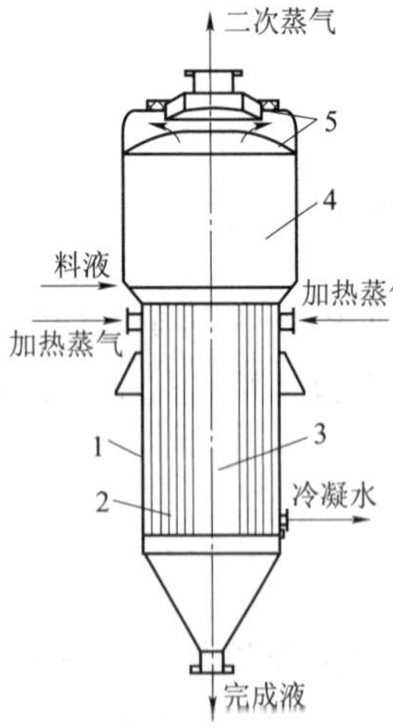

图 5-5　中央循环管式蒸发器

1. 外壳；2. 加热室；3. 中央循环管；4. 蒸发室；5. 除沫器

根据原料液产生循环的原因不同，循环型蒸发器又可分为自然循环型和强制循环型两大类。自然循环类蒸发器的特点是溶液在加热室被加热的过程中，由于产生了密度差而自然地循环。

循环型蒸发器有以下几种主要型式。

1. 中央循环管式蒸发器　亦称标准式蒸发器。其结构如图 5-5 所示，加热室 2 由一直立管束组成，加热管的直径为 25~75mm，管长为 0.6~2m，管外通加热蒸汽。在加热室的管束中，有一根直径较大的中央循环管 3，截面积为加热管总截面积的 40%~100%。

由于中央循环管的截面积大，在该管内单位体积的溶液所具有的传热面积比加热管的小得多，因此加热管内溶液的温度比中央管的高，造成了两管内液体的密度差，再加上加热管中上升蒸气的抽吸作用，而使料液自加热管上升，从中央管下降，构成一个自然的循环过程，循环速度为 0.1~0.5m · s^{-1}。因此，提高了蒸发器的传热效果，传热系数为 600~3000W · m^{-2} · K^{-1}。

扫码“看一看”

该设备结构简单、制造方便、操作稳定，由于它不可拆卸，清洗和维修清理也不易。故适于黏度适中、结垢不严重、有少量晶体析出及腐蚀性较小的溶液。

2. 悬筐式蒸发器　此种蒸发器是标准式蒸发器的改进，其结构如图5-6所示，它的加热室4呈筐状，被悬挂在蒸发器壳体内的下部，清洗时可由器内取出。作用原理与中央循环管式相同，但溶液的循环发生在外壳1的内壁与悬筐外壁之间的环隙中，环隙截面积为加热管总截面积的100%~150%，因此，溶液循环速度较大，为1~1.5m·s^{-1}，传热系数达600~3500W·m^{-2}·K^{-1}，且加热器被溶液（冷载体）包围，热损失也比较小。此外，因加热室可从蒸发器的顶部取出，清洗、检修和更换均比较方便。故悬筐式蒸发器适用于有晶体析出或结垢不严重的溶液蒸发。其缺点是结构复杂，较难制造，设备庞大，耗钢材较多。

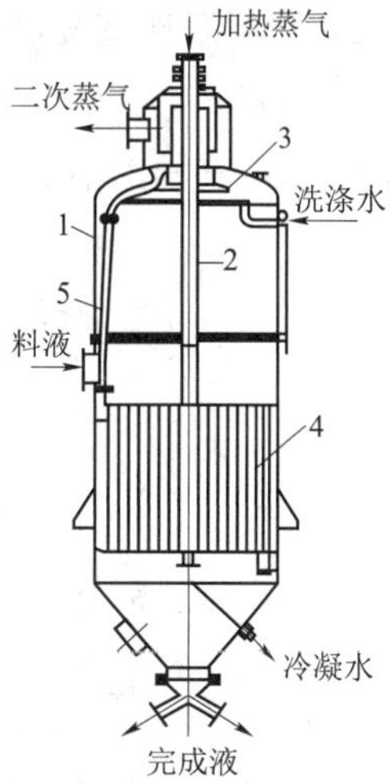

图5-6　悬筐式蒸发器

1. 外壳；2. 蒸汽管；3. 除沫器中央循环管；4. 加热室；5. 液沫回流管

3. 外热式蒸发器　亦称自然循环式长管型蒸发器。其结构如图5-7所示，它的特点是把管束较长的加热室装在蒸发器的外面，即将加热室1和蒸发室2分开，使得整个设备的高度降低了，同时由于循环管没有受到蒸气加热，增大了循环管与加热管内溶液的密度差，加快了溶液的循环，循环速度可达1.5m·s^{-1}，传热系数达1400~3500W·m^{-2}·K^{-1}。

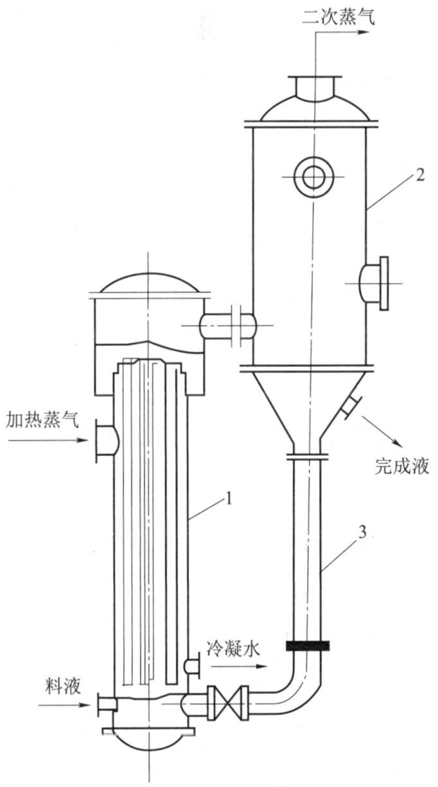

图5-7　外热式蒸发器

1. 加热室；2. 蒸发室；3. 循环管

该型蒸发器的适用范围很广，便于检修和更换，加热面不受限制，一个蒸发室可装设2~4个加热室。其缺点是热损失较大，金属耗量偏多。

4. 列文蒸发器　亦称管外沸腾式蒸发器。列文式蒸发器是在普通蒸发器的加热室上方增设一段直管为沸腾室，主要是为了进一步提高料液在蒸发器内的自然循环速度，减少清洗和维修次数。其结构如图5-8所示，其主要部分为加热室1、沸腾室2、蒸发室3和循环管4。它的特点是沸腾室在加热室之上，加热管中的溶液由于受到附加液柱的作用而不能沸腾，只有当溶液升到沸腾室时，由于所受压强降低才开始沸腾。沸腾室内设有纵向挡板，限制了大气泡的形成，降低了沸腾室内的溶液密度，如此可提高循环速度。另外，循环管较高，一般为7~8m，截面积较大，是加热管总截面的2~3.5倍，且循环管设在加热室之外，这些因素都使得循环的推动力较大，阻力较小，因而溶液的循环速度可达2~3m·s^{-1}。

扫码“看一看”

综上所述，列文蒸发器的优点是可避免在加热管中析出晶体且能减轻加热管表面上污垢的形成，传热效果较好，传热系数近于强制循环蒸发器的数值，尤其适用于处理有结晶析出的溶液。其缺点是设备庞大，消耗的金属材料多。此外，由于液柱静压强引起的温度差损失较大，为了保持一定的有效传热温差，要求加热蒸气有较高的压力。

5. 强制循环蒸发器 在上述的自然循环型蒸发器中，料液的循环流动均是由于沸腾液的密度差而产生虹吸作用所引起，故循环速度相对较低，一般不适于高黏度、易结垢及有大量结晶析出的溶液处理，此时宜采用强制循环蒸发器，其结构如图 5-9 所示。

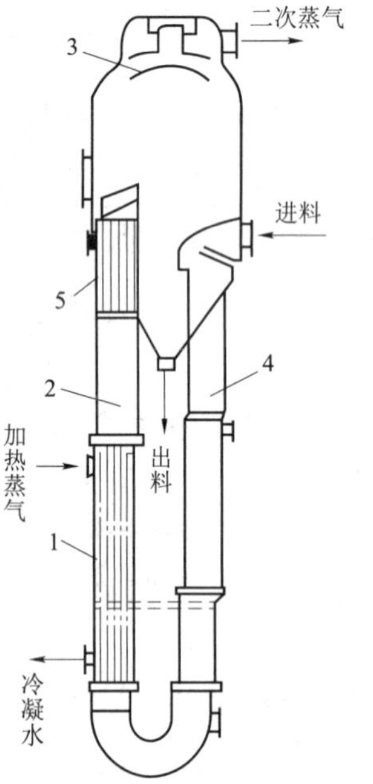

图 5-8 列文蒸发器

1. 加热室；2. 沸腾室；3. 除沫器；4. 循环管；5. 沸腾室隔板

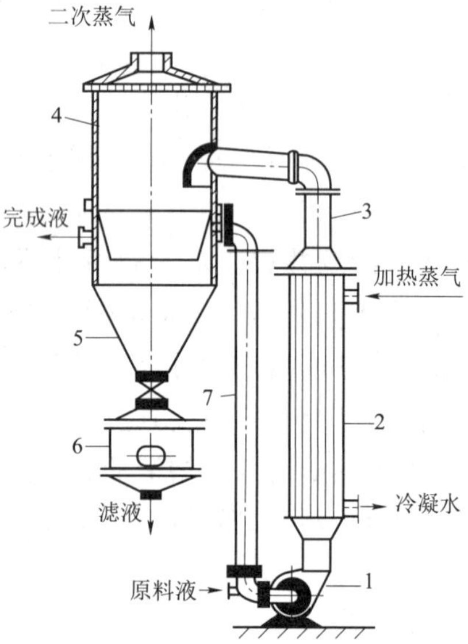

图 5-9 强制循环蒸发器

1. 循环泵；2. 加热管；3. 导管；4. 蒸发室；5. 圆锥形底；6. 过滤器；7. 溶液循环管道

强制循环蒸发器是在外热式蒸发器的循环管道 7 上另装设一台循环泵 1，迫使溶液按一定方向循环流动，可获较自然蒸发更高的溶液循环速度，一般可达 1.5~3.5m·s^{-1}，有的可高达 5m·s^{-1}。此外沸腾是在加热管 2 之上的蒸发室 4 内进行，避免了加热面上的晶体析出和结垢。因此，传热效果很好，传热系数为 950~6000W·m^{-2}·K^{-1}。

该型设备的缺点是动力消耗较大，每平方米的传热面积消耗的功率为 0.4~0.8kW。

（三）膜式蒸发器

这一类蒸发器的特点是溶液通过加热室一次即达到所需的浓度，且溶液沿加热管壁呈膜状流动而进行传热和蒸发。它的主要优点是传热速率高，蒸发速度快，溶液在蒸发器内停留时间短，因而特别适于热敏性溶液的蒸发。以下简要介绍几种膜式蒸发器。

1. 升膜式蒸发器 如 5-10 所示，主要由蒸发器 1 和分离器 2 构成。加热室实际上是一个加热管较长的立式固定管板换热器，料液由底部进入加热管，受热沸腾后迅速气化。蒸气在管内高速上升，带动料液沿管壁成膜状上升，并不断蒸发。气液在顶部分离器内分离，二次蒸气从顶部排出，完成液则由底部排出。在操作时，必须保证二次蒸气上升时具有足够的速度，在常压下一般为 20~30m·s^{-1}，在减压下为 80~200m·s^{-1}，当然二次蒸气的速度亦不可过高，否则会将液膜拉破，出现干壁现象，降低传热效果。其传热系数可达 600~6000W·m^{-2}·K^{-1}。

这种蒸发器适用于蒸发量较大，有热敏性和易生泡沫的溶液。不适于黏度大于 0.05Pa·s、易结晶或结垢的溶液。

2. 降膜式蒸发器 降膜式蒸发器如图 5-11 所示，它与升膜式的结构基本相同。主要区别在于原料液是从加热室的顶部加入，经液体分布器均匀地进入加热管，在重力和二次蒸气的作用下，呈膜状向下流动，并进行蒸发。浓缩液与二次蒸气从加热室的底部进入分离器内，完成液由分离器底部排出，二次蒸气由顶部逸出。传热系数可达 1000~3500W·m^{-2}·K^{-1}。

扫码“看一看”

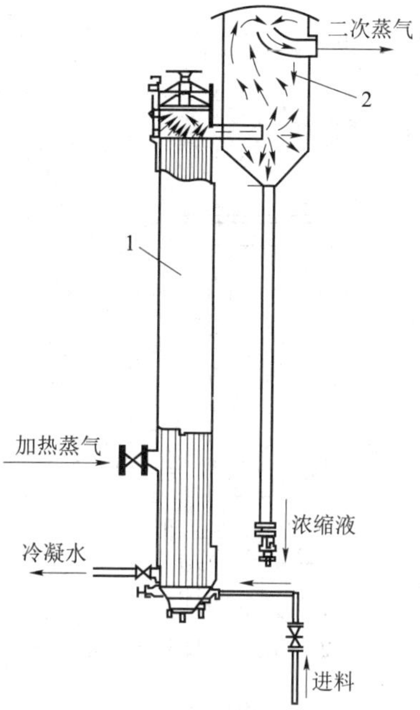

图 5-10 升膜式蒸发器

1. 蒸发器；2. 分离器

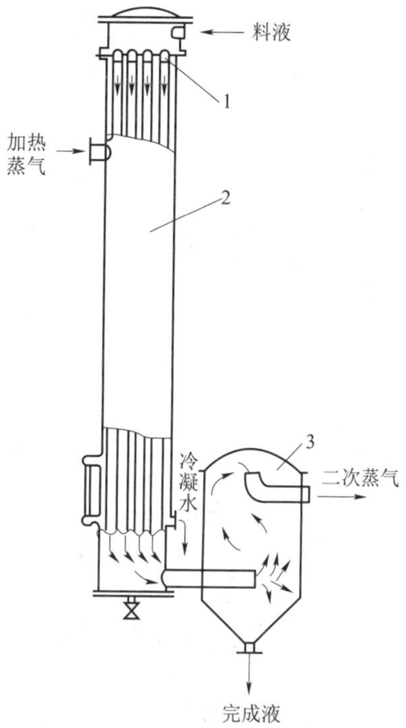

图 5-11 降膜式蒸发器

1. 液体分布器；2. 蒸发器；3. 分离器

物料在降膜式蒸发器中的停留时间更短，因而适于热敏性物料的蒸发。且料液黏度可高些，通常可蒸发黏度为 0.05~0.45Pa·s、浓度较高的料液。

为使料液在加热面上均匀布膜，且能防止二次蒸气由加热管上部逸出，设计良好的液体分布器是非常必要的。图 5-12 示出了工业上常用的液体分布器的结构。

3. 刮板式蒸发器 刮板式蒸发器是一种新型的利用外加动力成膜的蒸发器，其原理是依靠旋转刮板将液体均匀地分布于加热壳体的内壁上。刮板式蒸发器主要由传动装置、刮板和壳体等部分组成，它的加热管为一直立圆管，中、下部设有两个蒸气夹套进行加热，管中心的转轴装有刮板。刮板分为固定式和转子式两种型式。

如图 5-13 所示，固定式刮板固定在转轴 1 上，刮板 2 外沿与壳 3 内壁的间隙为 0.5~1.5mm；有时刮板上装有挠性构件，紧贴液膜表面，使液膜薄而均匀，此种蒸发器称刮板式蒸发器。

如图 5-14 所示，转子式刮板为活动刮板 1，与壳内壁的间隙随转子 2 的转速而变，转动时由于离心力的作用而紧压在传热面上，使膜厚减薄，可达 0.03mm，带有此类刮板的蒸发器称转子式刮板蒸发器。

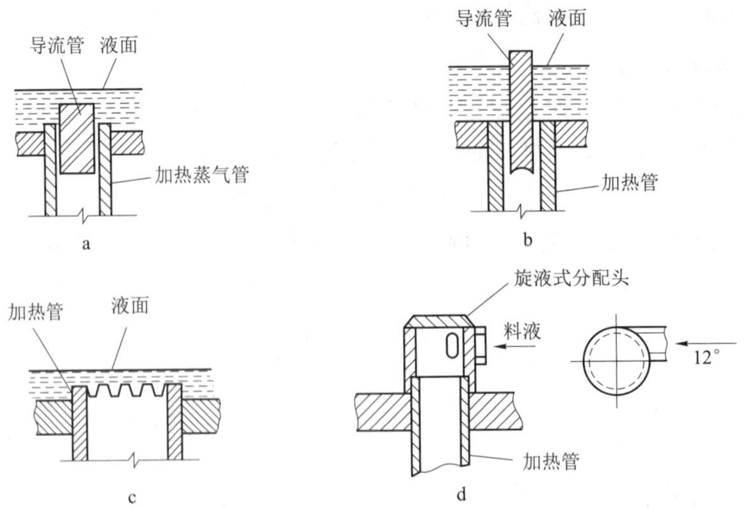

图 5-12　降膜式蒸发器的液体分布装置

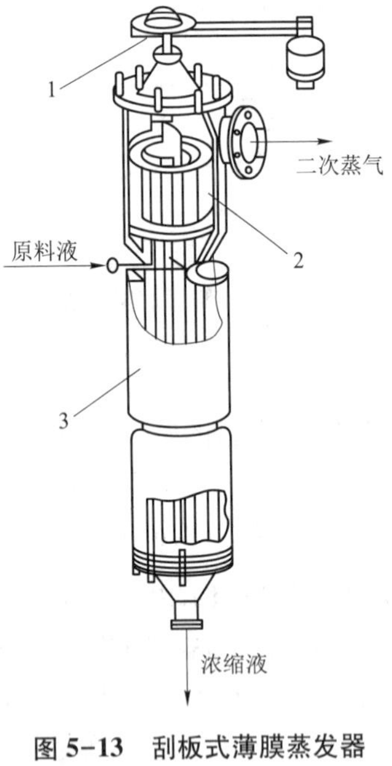

图 5-13　刮板式薄膜蒸发器

1. 转轴；2. 刮板；3. 壳

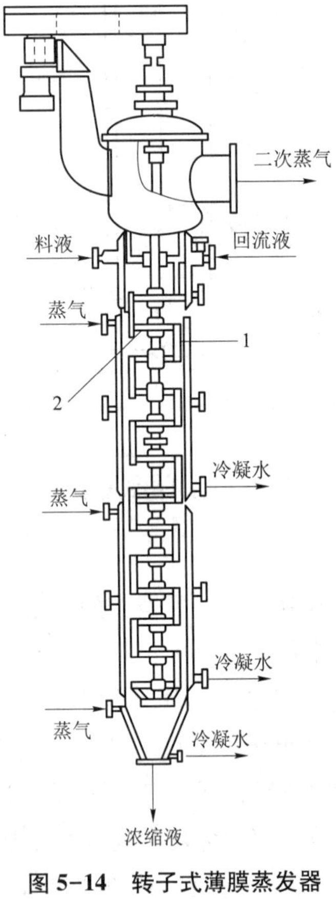

图 5-14　转子式薄膜蒸发器

1. 刮板；2. 转子

操作过程中，料液由顶部沿切线方向进入，在重力和刮板的作用下，均布于整个加热面，旋转向下呈膜状流动。二次蒸气由顶部排出，浓缩液由底部放出。

旋转刮板式蒸发器适于高黏度、易结晶、结垢的浓溶液蒸发，在此情况下仍能获得较高的传热系数。该蒸发器的缺点是结构复杂、制造精度要求高，消耗一定动力，且加热面积不大，一般为 $10m^2$，最大不超过 $40m^2$。

思考

2. 各类蒸发器有什么异同？各有什么优势？在实际应用中如何选择？

（四）蒸发器的辅助设备

蒸发器的主要辅助设备有气液分离器和冷凝器。

1. 气液分离器（除沫器）　气液分离器的主要作用是将二次蒸气中所夹带的雾沫和液滴除掉，以便减少产品损失、防止污染冷凝液和堵塞管路，它的类型很多，如图 5-15 所示为常见的几种。前四种直接装于蒸发室顶部；后三种则装在蒸发室外面。它们主要是利用液沫的惯性以达到气液的分离。

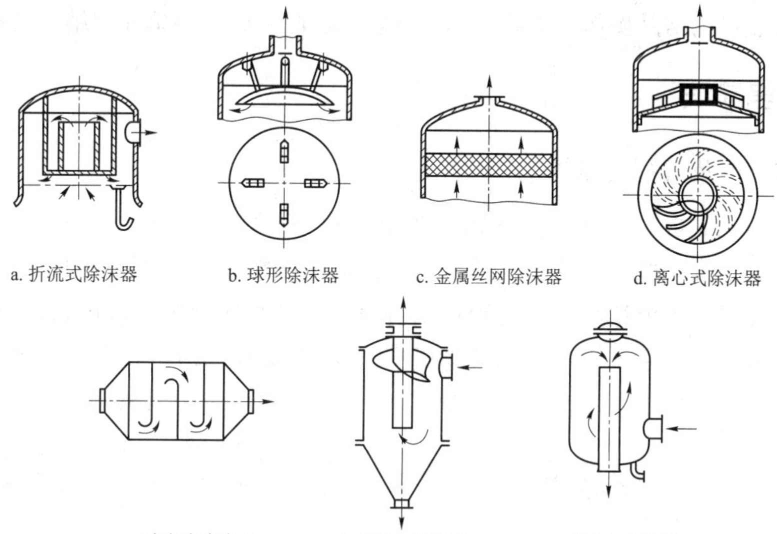

a. 折流式除沫器　b. 球形除沫器　c. 金属丝网除沫器　d. 离心式除沫器

e. 冲击式除沫器　f. 旋风式分离器　g. 离心式分离器

图 5-15　除沫器的主要类型

2. 冷凝器　蒸发过程产生的二次蒸气如不利用，必须加以冷凝。若二次蒸气是有用的溶剂或会严重污染冷却水的物质，则应采用间壁式冷凝器。通常绝大多数为水蒸气，故多用气液直接接触的混合式冷凝器。

常用的混合式冷凝器为干式逆流高位冷凝器，如图 5-16 所示。冷却水由顶部加入，依次经过淋水板上的小孔淋下，蒸汽则自下部进入，在与冷却水逆流流动过程中不断被冷凝。冷却水和冷凝液借重力沿气压管排出，不凝性气体经分离器分离后由真空泵抽走。此种冷凝器是将气、液两相分开排出的，故称干式冷凝器。由于器内呈真空状态，要使冷凝液自动地流入地沟，就必须保证气压管有足够的高度，一般在 10m 以上，

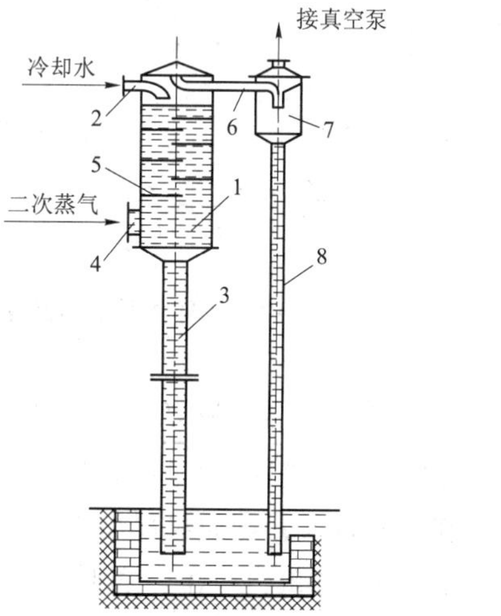

图 5-16　干式逆流高位冷凝器

1. 外壳；2. 进水口；3、8. 气压管；4. 蒸气进口；5. 淋水板；6. 不凝性气体引出管；7. 分离器

因而又称高位式冷凝器。

还有一些其他型式的冷凝器，这里不一一介绍。无论采用哪一种冷凝器，其后都应配备真空装置，以排除不凝性气体和维持减压蒸发操作的真空度。常用的真空装置有喷射式真空泵、往复式真空泵及水环真空泵等。

第二节　结　晶

结晶是指从溶液、蒸气或熔融物中析出固态晶体的分离过程，是对固体物料进行分离、纯化的重要单元操作过程，该方法可以实现溶质与溶剂的分离，也可以实现几种溶质之间的分离。

结晶操作与其他分离操作相比主要有过程选择性高、能耗低、操作温度低、对设备材质要求低、亦很少有“三废”排放等优点，所以结晶单元操作在制药工业中生产显得十分重要，本节重点讨论结晶操作的基本原理和概念，在此基础上简单介绍结晶设备。

一、结晶原理

（一）溶解度及溶解度曲线

实验表明，在温度一定时，将某物质溶于一种溶液中，达到一个最大的限度时，固、液两相就达到相平衡，此平衡状态为动态平衡，即由固相进入溶液中的物质量与由溶液中析出的物质量相等，溶液浓度达到饱和且维持恒定，其组成称为此温度条件下该物质在该溶剂中的溶解度，即在一定温度下，某物质在100g（或1000g）溶剂中所能溶解的最多克数，相应的溶液称为饱和溶液；若溶液组成超过了溶解度，称为过饱和溶液。显然只有过饱和溶液对结晶才有意义。

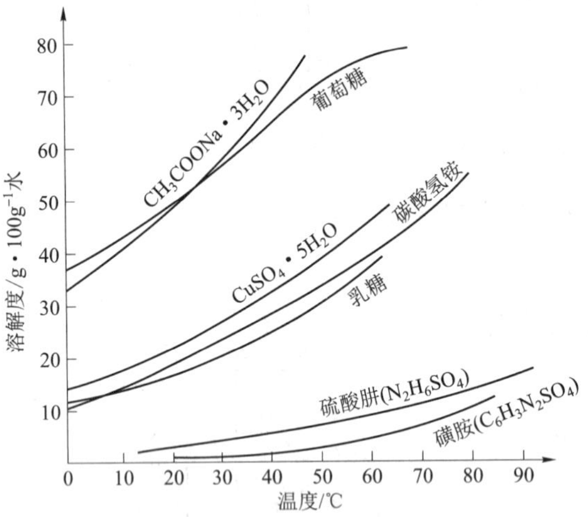

图5-17　几种物质的溶解度曲线

溶解度与物质的种类、溶剂的种类及某些条件（如pH值）有关，更重要的是与温度有关。各种不同物质的溶解度数据均由实验求得，将溶解度与温度的关系绘制的曲线称溶解度曲线。图5-17给出了几种物质的溶解度曲线，每条曲线上的点表示该物质溶液的一种饱和状态，所对应的温度即为该物质饱和溶液的饱和温度。

曲线以下为不饱和溶液，可继续溶解溶质，此时物质不会成结晶析出。

曲线以上的溶液为过饱和溶液，过饱和状态是不稳定状态，很容易从溶液中析出结晶，过饱和程度越大，物质结晶量越多，所以过饱和是结晶的必要条件。

由图5-17可以看出，有些物质的溶解度对温度不太敏感，如硫酸肼、磺胺等；有些物质的溶解度对温度变化有中等程度敏感性，如乳糖等；有些物质的溶解度对温度十分敏感，如葡萄糖等。还有些物质的溶解度随温度的升高而减小，如Ca $(OH)_2$、$CaCrO_4$等（图中未示出）。

结晶操作应根据这些不同的特点，采用相应的操作方法。

（二）饱和溶液和过饱和溶液

过饱和与结晶关系如图 5-18 所示，AB 线为溶解度曲线（饱和曲线）。AB 线以下为稳定区，无结晶析出。

CD 线是达到一定饱和后可自发地析出晶体的浓度曲线，称过（超）溶解度曲线。AB 线与 CD 线大致平行，两线之间为介稳区，在此区域内不会自发产生晶核，一旦受到某种刺激，如震动、摩擦、搅拌和加入晶粒，均会破坏此过饱和状态，析出结晶，直至溶液达到饱和状态。图中 E 点即表示不饱和溶液。若将温度降低，则溶解度下降，溶液浓度不变，当降至 F 点时，溶液浓度等于该温度下的溶解度，则溶液达到饱和；若保持溶液温度不变，去除溶剂，则溶液浓度增加，当增浓至 F′点时，溶液的浓度恰好等于溶质的溶解度，即得饱和溶液；若溶液状态超过溶解度曲线，即得过饱和溶液；处于过饱和状态下的溶液，可能会有晶体析出，但也不尽然。若溶液纯净、无杂质和尘粒、无搅动、缓慢冷却，即使低于饱和温度也不产生晶核，更不能析出晶体，实际上只有达到 CD 线（图中之 G 点或 G′点）才能产生晶核，而后才有晶体析出之可能。CD 线称过（超）溶解度曲线。

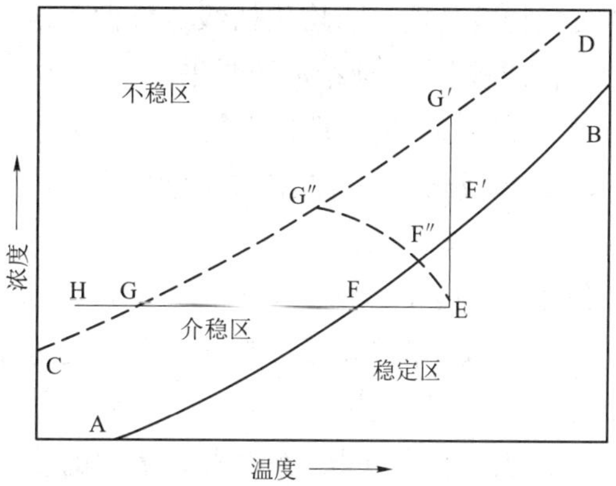

图 5-18　过饱和与结晶关系

溶解度曲线 AB 和过溶解度曲线 CD 将上述图形分为三个区域。实验表明，该三个区域分别具有以下特点。

（1）AB 线之下为不饱和区或稳定区，在此区域内不可能发生结晶析出的现象。

（2）CD 线与 AB 线之间的区域为介（准）稳定区，在此区域内，溶液已达过饱和，一般不形成晶核，但是如有晶种存在，也可诱导产生少量晶核，且可析出晶体使晶体和晶核成长。此区决定晶体的成长。

（3）CD 线之上为不稳区，在此区内瞬时即可产生较多的晶核。该区决定晶核的形成。

应该指出，纯洁的溶液、无外界干扰的情况是很少见的，因此 CD 线可能提前或稍后出现，实际上它应该是“一束”曲线。

上述分析不难看出，只有溶液过饱和时，才能有形成晶核及晶体成长的可能性，所以过饱和是结晶的必要条件，且过饱和的程度愈高，成核愈多或晶体成长愈迅速。因此，过饱和的程度是结晶过程的推动力，它决定过程的速率。

（三）结晶过程

结晶过程是一个热、质同时传递的过程。溶液冷却到过饱和，或加热去除溶剂使其达到过饱和，都需要热量的移出或输入。同时，又存在物质由液相转入固相。热量的传递过程如第四章传热所述，这里仅介绍物质的传递过程，即结晶过程。

溶液的结晶过程通常要经历两个阶段，即晶核（结晶的核心）形成和晶体成长。

1. 晶核形成　在过饱和溶液中新生成的结晶微粒称为晶核。晶核形成指在溶液中生成一定数量的结晶微粒的过程。

晶核形成
- 初级成核
  - 均相初级成核
  - 非均相初级成核
- 二次成核

根据过程的机理不同，晶核形成可分为两大类：一种是在溶液过饱和之后、无晶体存在条件下自发地形成晶核，称为“初级成核”，按照饱和溶液中有无自生的或者外来微粒又分为均相初级成核与非均相初级成核两类。另一种是有晶体存在条件下（例如加入晶种）的“二次成核”。工业结晶通常采用二次成核技术。

关于晶核形成的机理较为复杂，至今尚未认识得非常清晰，在此不做过多讨论。

2. 晶体成长 一旦晶核在溶液中生成，溶质分子或离子会继续一层层排列上去而形成晶粒，这就是晶体成长。

仍然在过饱和度的推动下，使晶体成长，其成长过程分以下三个步骤。

（1）扩散过程 溶质靠扩散作用，通过靠近晶体表面的液体层，从溶液转移至晶体表面上。

（2）表面反应过程 到达晶体表面的溶质，长入晶面，使晶体长大，并放出结晶热。

（3）传热过程 放出的结晶热传递到溶液主体中。

通常，最后一步较快，结晶过程受到前两个步骤控制。视具体情况，有时是扩散控制，有时是表面反应控制。

（四）结晶过程的控制

前述介（准）稳区的概念，对工业上的结晶操作具有实际意义。在结晶过程中，若将溶液控制在靠近溶解度曲线的介稳区内，由于过饱和度较低，则在较长时间内只能有少量的晶核产生，溶质也只会在晶种的表面上沉积，而不会产生新的晶核，主要是原有晶种的成长，于是可得颗粒较大而整齐的结晶产品，如图 5-19 a 所示。这往往是工业上所采用的操作方法。反之，若将溶液控制在介稳区，且在较高的过饱和程度内，或使之达到不稳区，则将有大量的晶核产生，于是所得产品中的晶体必定很小，如图 5-19 b 所示。图中的 abc 线为溶液温度与浓度改变的路线。所以，适当控制溶液的过饱和度，可以很大程度上帮助控制结晶操作。

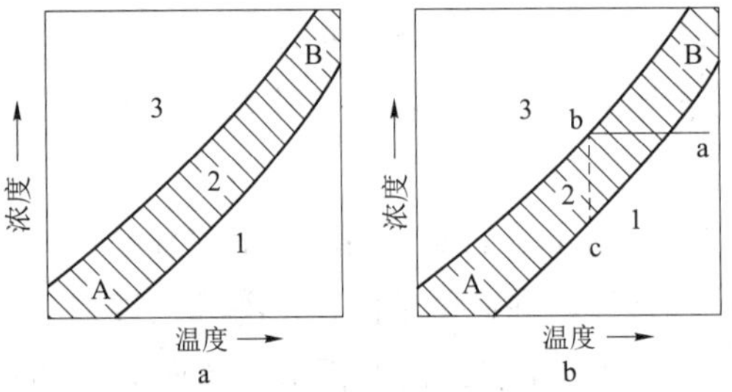

图 5-19 溶液冷却结晶的过程

1. 未饱和区；2. 介稳区；3. 不稳区；AB. 溶解度曲线

实践表明，迅速的冷却、剧烈的搅拌、高的温度及溶质的分子量不大时，均有利于形成大量的晶核；而缓慢的冷却及温和的搅拌，则是晶体均匀成长的主要条件。

二、结晶的工业方法及设备

（一）结晶的工业方法

溶质从溶液中结晶析出来主要依赖于溶液的过饱和程度，而溶液达一定的过饱和程度则是通过控制温度或去除溶剂的办法来实现的。据此，结晶的方法如下。

1. 不移除溶剂的结晶——冷却结晶 通过降低温度创造过饱和条件下进行结晶的操作

称为冷却结晶。此法适于溶解度随温度而显著降低的物系。如维生素 C 的精制、非那西丁的精制。

2. 移除部分溶剂的结晶——蒸发结晶 通过溶液在常压（沸点温度下）或减压（低于正常沸点）下创造过饱和条件下进行结晶的蒸发操作称为蒸发结晶。此法适用于溶解度随温度的改变而变化不大的物系。

3. 加入第三种物质以改变溶质溶解度的结晶——盐析结晶 在混合液中加入盐类或其他物质以降低溶质的溶解度从而析出溶质的结晶方法称为盐析结晶。此法是在初始的饱和溶液中先加入适量的另外一种固体盐，溶液中相对更不易溶解的盐被新加入的盐所取代，新固体盐被溶解，而液相中的盐被析出为固体，从而达到结晶的目的。

工业上常将几种方法进行组合，以便更有效地完成结晶操作。如制霉菌素的乙醇萃取液在减压下蒸出乙醇，浓缩 10 倍，然后再冷却至 5℃ 放置 2h，以获得菌素结晶，这是利用了蒸发结晶和冷却结晶。

（二）结晶设备

按照不同的结晶方法，结晶器基本上有四种类型：冷却结晶器、蒸发结晶器、真空结晶器及盐析结晶器。

此外，尚有间歇式、连续式及有搅拌、无搅拌之分。这里重点介绍常用的前三种结晶器。

1. 冷却结晶器 常用的有下面几种。

（1）结晶罐 其结构简单，应用最早。它的内部设有蛇管，亦可做成夹套进行换热。据结晶要求在夹套或蛇管内交替通以热水、冷水或冷冻盐水，以维持一定的结晶温度。

一般还设有锚式或框式搅拌器。搅拌器的作用不仅能加速传热，还能使器内的温度趋于一致，促进晶核的形成，并使晶体均匀地成长。因此，该类结晶器产生的晶粒小而均匀。

在操作过程中，应随时清除蛇管及器壁上积结的晶体，以防影响传热效果。并应适时调整冷却速率，以避免进入不稳区。

（2）连续式结晶器 如图 5-20 所示。此结晶器为一敞式或闭式长槽，底为半圆扇形，内设有低速螺带搅拌器 1，外设夹套 2 通以冷却剂。

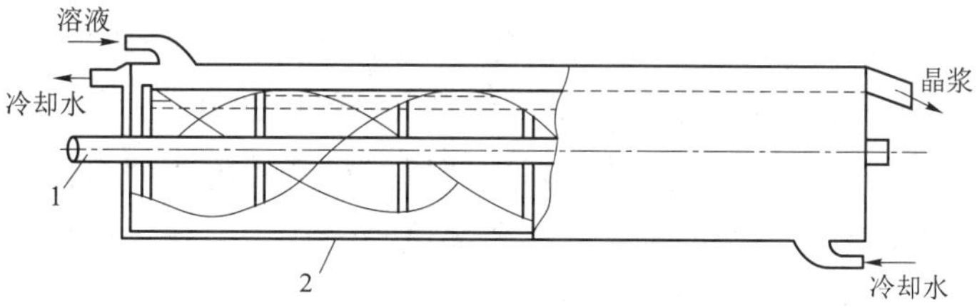

图 5-20 连续式搅拌结晶槽

1. 搅拌器；2. 冷却夹套

螺带搅拌器的作用，一是输送晶体，二是防止晶体聚积在冷却面上，使晶体悬浮成长，以获得中等大小而粒度均匀的晶粒。通常，螺带搅拌器与器底保留 13~25mm 的间隙，以免搅拌器刮底，引起晶体磨损，而产生不需要的细晶。

此类结晶器生产能力大，还可连续进料和出料。对于高黏度、高固液比的特殊结晶是十分有效的，在葡萄糖厂广泛采用。其缺点是无法控制过饱和度，冷却面积受到限制，机械化部分与搅拌部分结构复杂，设备费用较高。

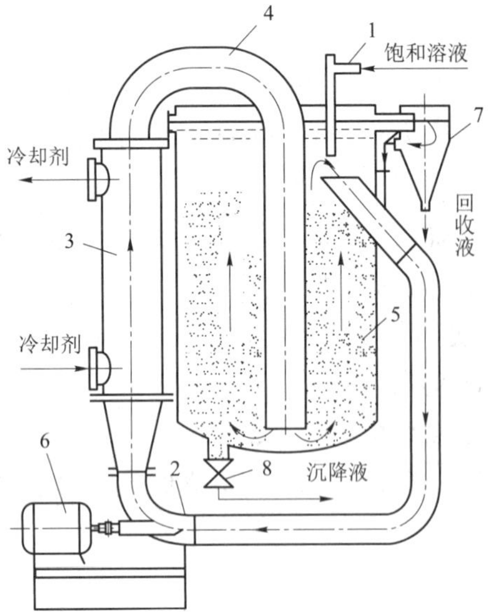

图 5-21　粒析式冷却结晶器

1. 进料管；2. 循环管；3. 冷却器；4. 料管；5. 结晶器；6. 泵；7. 分离器；8. 出口

（3）粒析式结晶器　该设备的特点是溶液在器内循环，溶液的过饱和及解除过饱和分别在冷却器和结晶器（槽）内进行，且在结晶器内由于大小晶粒沉降速度不同，而造成粒度分级，大颗粒从底部排除，作为产品，致使所得产品粒度均一。

如图 5-21 所示，饱和溶液由进料管 1 加入，经循环管在冷却器 3 内达到过饱和而处于介稳状态。此过饱和溶液再沿料管 4 进入结晶器（槽）5 的底部，由此往上流动，与众多的悬浮晶粒接触，以进行结晶而解除过饱和。所得晶体与溶液一同循环，直至其沉降速度大于溶液的循环速度，才沉降于器底，由出口 8 排出。小的晶粒与溶液一起循环直至长大为止。极细的晶粒浮在液面上，经分离器 7 排出，如此可增大产品的粒度。

扫码“看一看”

2. 蒸发结晶器　蒸发结晶器是将溶液加热至沸点，使溶剂蒸发气化，从而将溶液浓缩而达到过饱和。该设备与上节介绍的蒸发设备并无不同。此蒸发器可为单效、多效或强制循环式等。在蒸发器中，溶液浓缩并结晶时，由于在减压下操作，可维持较低的温度，并可大量地去除溶剂，使溶液达到过饱和，但对晶体的大小不易控制。通常是把浓缩后的热溶液从蒸发器直接移到另一结晶器内，使它完成结晶过程。

3. 真空式结晶器　在真空式结晶器内所进行的过程为真空降温（即绝热蒸发）和结晶两个过程。其真空度较高，操作温度一般都低于或接近大气温度。原料液多半是靠装置的外部加热器进行预热，进入设备内即开始闪蒸降温。因此该结晶器即有蒸发效应又有致冷效应。溶液的浓缩与冷却同时进行，迅速达到介稳区。

值得指出的是，真空结晶器一般不设加热器或冷却器，避免了在复杂的换热面上析出晶体及腐蚀换热面，加之其结构简单，因而造价较低，但生产能力较高。

图 5-22 为一间歇式真空结晶器，器身为一具有锥形底的容器。料液装至一定深度，溶剂的蒸气从顶部排出而进入喷射器或其他真空装置。料液的闪蒸使溶液剧烈沸腾，起到了搅拌作用，致使晶粒悬浮及溶液的温度在各个部位趋于均匀一致。充分成长的晶体沉于锥底。每批操作结束后，晶体与母液的混合液经排料阀 3 放至晶浆槽，随后进行过滤，使晶体与母液分开。

图 5-23 为一台连续式真空结晶器。其内设有螺旋桨搅拌器 1 代替循环泵，减少了外部循环系统的阻力损失，节省驱动功率，且使晶浆循环完全，过饱和度较低，晶粒大而均匀；循环管 2 外设有折流圈 3，可将结晶沉降区及晶浆循环区隔开，有利于晶粒的成长及沉降，充分长大的晶粒经下部分级腿 4 下落，排出罐外被分离器 6 分离，所得微小晶粒重新溶解随母液返回罐内；带有细小颗粒的母液自沉降区顶部溢流至罐外，经循环泵送至加热器 5，补充蒸发所需热量后，再进入罐内。

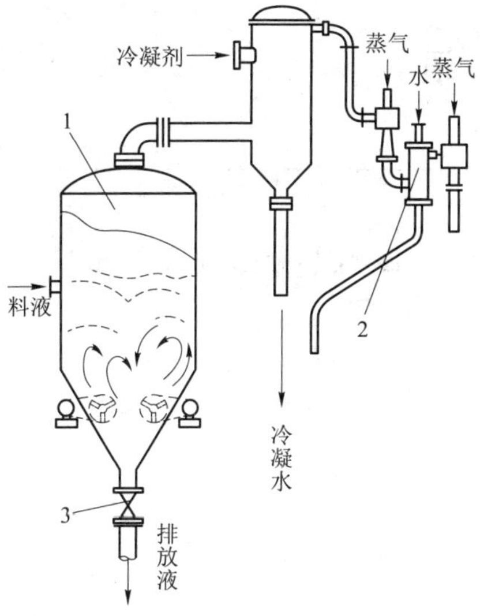

图 5-22　间歇式真空结晶器

1. 结晶器；2. 双级蒸气喷射器；3. 排料阀

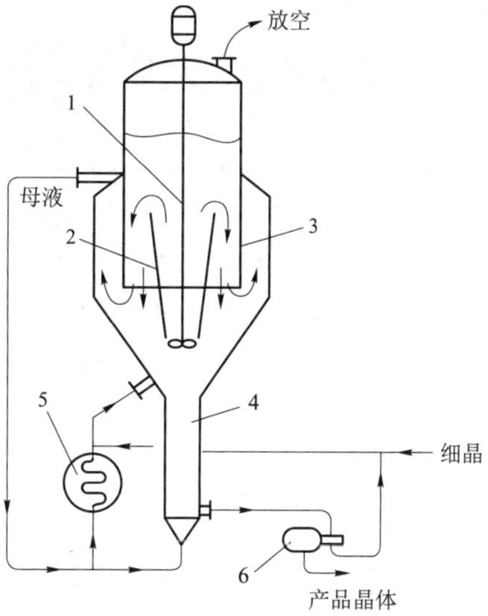

图 5-23　连续式真空结晶器

1. 螺旋桨搅拌器；2. 循环管；3. 折流圈；
4. 分级腿；5. 加热器；6. 分离器

思考

3. 各种结晶方法的原理是什么？在实际生产中如何选择？

重点小结

- 蒸发
  - 蒸发的定义
  - 相关基本概念
    - 蒸发的目的
    - 蒸发的特点
    - 蒸发的分类
  - 单效蒸发计算
    - 溶剂蒸发量的计算
    - 加热蒸汽耗量的计算
    - 蒸发器的传热面积的计算
    - 蒸发过程的经济性指标的计算
  - 多效蒸发的原理及流程
  - 蒸发设备
    - 夹套式蒸发器
    - 循环式蒸发器
    - 膜式蒸发器
- 结晶
  - 结晶的定义
  - 结晶原理
    - 溶解度及溶解度曲线
    - 饱和溶液和过饱和溶液
    - 结晶的过程与控制
  - 结晶方法
    - 冷却结晶
    - 蒸发结晶
    - 盐析结晶
  - 结晶设备
    - 冷却结晶器
    - 蒸发结晶器
    - 真空结晶器

主要符号表

符号	意义	法定单位
A	传热面积	m^2
c	比热容	$kJ \cdot kg^{-1} \cdot K^{-1}$或$kJ \cdot kg^{-1} \cdot ℃^{-1}$
D	加热蒸气耗量	$kg \cdot s^{-1}$
F	料液量	$kg \cdot s^{-1}$
g	重力加速度	$m \cdot s^{-2}$
K	总传热系数	$W \cdot m^{-2} \cdot K^{-1}$或$W \cdot m^{-2} \cdot ℃^{-1}$
L	液柱高度	m
p	压强	$N \cdot m^{-2}$
Q	热负荷	W
q	蒸发器生产强度	$kg \cdot m^{-2} \cdot s^{-1}$
T	蒸气的饱和温度	K
t	溶液的沸点	K
U	蒸气的经济性	$kg \cdot kg^{-1}$
W	蒸发量	$kg \cdot s^{-1}$
X	溶液的质量分率	%
γ	气化潜热	$kJ \cdot kg^{-1}$
ρ	密度	$kg \cdot m^{-3}$

习 题

文字题解

习题解

扫码“练一练”

1. 将浓度为15%葡萄糖水溶液浓缩至70%（均为质量百分率）。加料量为3000kg·h^{-1}。试求：（1）蒸发水量（kg·h^{-1}）；（2）完成液量（kg·h^{-1}）。

（答：2357kg·h^{-1}，643kg·h^{-1}）

2. 某药厂用真空蒸发浓缩葡萄糖溶液，原料处理量为9000kg·h^{-1}，进料液浓度为20%（质量分率，下同），出料液浓度为50%，沸点进料，操作真空度下溶液的沸点为70℃，加热蒸汽绝对压强为400kPa，冷凝水在其冷凝温度时排出。已知蒸发器的总传热系数为1750kW·m^{-2}·K^{-1}，热损失可忽略不计，试计算：（1）水分蒸发量，kg·h^{-1}；（2）加热蒸汽消耗量，kg·h^{-1}；（3）每1kg生蒸气所能蒸发的水量，kg；（4）蒸发器的传热面积，m^2。

（答：5400kg·h^{-1}，5887kg·h^{-1}，0.92kg；27.2m^2）

3. 用一单效蒸发器，每小时将1000kg浓度为5%的NaCl水溶液浓缩至30%（均为质量百分率），蒸发压力为20kPa（绝压），进料温度为30℃，料液比热容为4kJ·kg^{-1}·℃$^{-1}$，蒸发器内溶液沸点为75℃，蒸发器的传统系数为1500W·m^{-2}·℃$^{-1}$，加热蒸汽压力为120kPa（绝压），若不计热损失，试求：（1）所得完成液量（kg·h^{-1}）；（2）加热蒸汽消耗量（kg·h^{-1}）；（3）加热蒸汽的经济性（指每蒸发1kg水分所消耗的蒸汽量）；（4）蒸发器传热面积（m^2）。

（答：167kg·h^{-1}，940kg·h^{-1}，1.13$kg_{蒸汽} \cdot kg_{水}^{-1}$·h^{-1}，13.3m^2）

4. 用一单效蒸发器2000kg·h^{-1}浓度为15%的某水溶液浓缩25%（均为质量分数）。已知加热蒸发器的压强为392kPa的溶液的平均沸点为113℃，进料温度为25℃，料液的比热容为3.8kJ·kg^{-1}·℃$^{-1}$。蒸发器的传热系数为1500W·m^{-2}·℃$^{-1}$。蒸发器的热损失为所需热量的3%。试求：（1）加热所需的消耗量；（2）所需的传热的面积。

（答：1178kg·h^{-1}，15.3m^2）

第六章 气体吸收

扫码“看一看”

扫码“学一学”

学习目标

1. 掌握　吸收剂用量的确定；填料层高度的计算。
2. 熟悉　吸收过程的气液相平衡、机理和速率方程；吸收操作线方程的推导。
3. 了解　气体吸收操作的依据、分类及应用；选择吸收剂的基本要求；填料的特性和类型；填料吸收塔的结构及附属设备。

借助吸收塔将某种气体从气体混合物中分离出来，是化工、制药工业生产中制备溶液、净化气体以及从工业废气中回收有用物质时经常采用的单元操作。为了达到操作目的，必须要解决以下问题：吸收方法及吸收剂的选择、确定工艺参数（如物料方面的浓度、物质的量等）和设备参数（如填料、塔高及塔径等）。本章将针对这些问题，就吸收原理、方式及设备等展开讨论，以帮助同学掌握解决此类问题的思路和方法。

第一节 概　述

气体吸收是重要的化工单元操作之一，利用气体混合物中各组分在某种溶剂中的溶解度的不同实现分离气体的目的。在工业生产中，吸收操作通常在吸收塔中进行，就分离目的而言，一是回收混合气体中的有用组分，以制取产品；二是净化混合气体中的有害成分，以利环境保护。实际的吸收操作往往同时兼有回收与净化的双重功能。

一、吸收操作的基本概念

气体吸收是典型的扩散传质过程。根据气体混合物中各组分在某种溶剂中溶解度的差异，使气体中不同组分相互分离的操作被称为吸收。混合气体中，能被溶解的组分称为吸收质或溶质；不被吸收的组分称为惰性气体或载体；吸收操作所用的溶剂称为吸收剂；吸收操作所得到的溶液称为吸收液；排出的气体称为吸收尾气。

在吸收过程中，如果吸收质与吸收剂之间不发生显著的化学反应，称为物理吸收，如用水吸收二氧化碳、用吸收油吸收芳烃等。若吸收质与吸收剂之间发生显著的化学反应，则称为化学吸收，如用碱液吸收氯气制备次氯酸钠溶液等。

若混合气体中只有一个组分进入液相，称为单组分吸收。如合成氨原料气中含有氮、氢、一氧化碳和二氧化碳等几种组分，其中仅二氧化碳在水中有较为显著的溶解度，该原料气用水吸收的过程属于单组分吸收。如果混合气体中有两个或多个组分进入液相，则称为多组分吸收。用洗油处理焦炉气时，苯、甲苯、二甲苯等几种组分都溶解于洗油中，属于多组分吸收。

气体溶解于液体中，常常伴随有溶解热，当发生化学反应时，还会有反应热，吸收过程中液相的温度会升高，这种吸收过程称为非等温吸收。若吸收质在气相中的浓度很低，吸收剂的用量又相对很大时，过程进行时温度变化并不显著，这种吸收过程称为等温吸收。

本章只着重讨论单组分、等温的物理吸收过程。

二、吸收操作中的主要问题

（一）吸收剂的选择

吸收剂的性能直接影响吸收操作的效果和经济性，吸收剂的选择是吸收操作的关键，选择适宜的吸收剂，一般应考虑以下几方面的问题。

（1）吸收剂应具有良好的选择性，吸收剂在对吸收质有良好的吸收能力的同时，对混合气体中的其他组分基本上不吸收或吸收微弱。

（2）吸收剂在操作温度下蒸气压应尽量的低，挥发度小，可减少吸收剂的损失，降低操作费用。

（3）操作温度下吸收剂的黏度要低，便于输送和有利于气液接触，提高吸收速率，还能减小流动及传热阻力。

（4）吸收剂应尽可能无毒性，无腐蚀性，不易燃，不发泡，熔点低，并具有化学稳定性。

（5）价廉易得，容易再生或再次利用。

（6）吸收过程中或再生处理时不污染环境。

实际上很难找到一种能够满足上述所有要求的吸收剂，因此，对可供选用的吸收剂应作经济评价后合理的选取。

（二）吸收操作的条件

吸收操作通常是在吸收塔中进行，吸收操作应根据体系的特性适当地选择吸收剂和吸收操作条件，为提高吸收质在相际间的传递速率和提高吸收率应注意以下方面。

（1）采用连续操作，有利于稳定生产和调节控制操作条件。

（2）气液间逆流吸收，有利于吸收完全并获得较大的吸收推动力。

（3）增大气液间的接触面积，如吸收塔内安放填料、塔板等增大吸收的接触面。

（4）增大相际间的湍动程度，降低传质阻力。

三、吸收操作在工业生产中的应用

吸收操作在实际生产中应用广泛，主要为达到以下目的。

（1）制取产品。例如用水吸收氯化氢以制取盐酸，用水吸收甲醛以制备福尔马林溶液等。

（2）分离混合气体以回收有用的组分。例如乙烯直接氧化制备环氧乙烷时用水吸收反应后气体中的环氧乙烷等。

（3）吸收有害组分以净化气体。例如用水或碱液脱除合成氨原料气中的二氧化碳等。

（4）生产的辅助环节。例如氨碱法生产中用饱和盐水吸收氨以制备原料氨盐水等。

（5）保护环境，同时还可以回收有用的副产品。例如硫酸生产中用来吸收除去废气中的二氧化硫，硝酸生产中用来吸收除去尾气含有的二氧化氮等。

吸收过程进行的方向和极限取决于吸收质在气液两相中的平衡关系。当气相中吸收质的实际分压大于与液相成平衡的吸收质的分压时，吸收质便由气相进入液相，即发生吸收过程。反之，吸收质的实际分压小于与液相成平衡的吸收质的分压时，则发生吸收的逆过程，这种过程称为脱吸。通过脱吸过程，可将吸收质与吸收剂分离，吸收剂可供循环使用，因此工业上通常将吸收和脱吸联合操作。

思考

1. 吸收的目的和依据是什么？
2. 如何选择吸收剂？什么是溶剂的选择性？

第二节　吸收的基本原理

一、气体在液体中的溶解度

在一定温度和压力下，气体混合物与一定量的吸收剂接触时，吸收质便向液相扩散并溶解，发生吸收过程；与此同时，已被吸收的吸收质也可以由液相扩散到气相中，发生解吸过程。当这两个过程的速率相等时，气液两相中吸收质的浓度就不再变化，这种状态称为相际动态平衡，简称相平衡。在相平衡状态下，气相中的吸收质的分压称为平衡分压，液相中吸收质的浓度称为平衡浓度。所谓气体在液体中的溶解度，就是指气体在液相中的饱和浓度，习惯上以单位质量的液体中所含溶质的质量来表示，无量纲。

气体在液体中的溶解度表明一定条件下吸收过程可能达到的极限程度。一般情况下气体的溶解度随温度的升高而减小，随压力的升高而增大，因而加压和降温可以提高气体的溶解度，故加压和降温有利于吸收操作。

不同气体在同一溶剂中的溶解度有很大的差异。如图 6-1 所示。氧、二氧化硫和氨在水中的溶解度与其在气相中的分压之间的关系曲线，称为溶解度曲线，表现为 3 种情况。

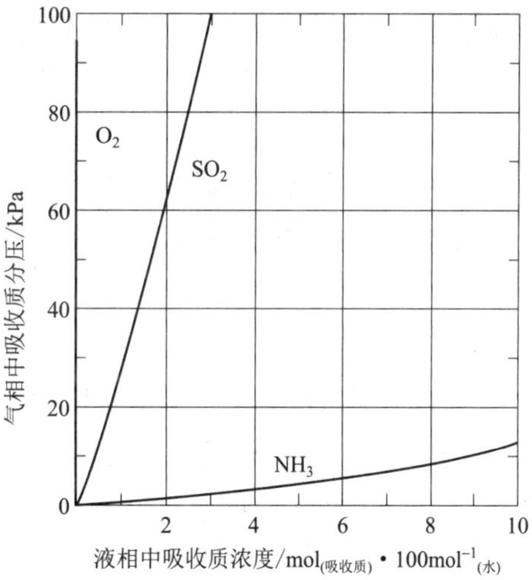

图 6-1　几种气体在水中的溶解度曲线

（1）溶解度很小　这类气体组分对浓度不大的溶液就有很高的平衡分压，如氢、氧、一氧化碳等，吸收时很难得到高浓度的溶液。

（2）溶解度居中　这类气体组分有二氧化硫、氯、硫化氢等。

（3）溶解度很大　这类易溶气体组分具有较小的平衡分压，如氨、氯化氢等，吸收时可得到较高浓度的溶液。

从图 6-1 中可以看出，对于同样浓度的溶液，易溶气体在溶液上方的气相平衡分压小，难溶气体在溶液上方的分压大。

二、亨利定律

在一定温度下，总压不高（<500kPa）时，对于稀溶液，气液间的平衡关系可用下式

表示

$$p^* = Ex \tag{6-1}$$

式中，p^* 为溶质在气相中的平衡分压，kPa；x 为溶质在液相中的物质的量分率；E 为亨利系数，单位与压强单位一致；其数值随物系的特性及温度而异，由实验测定。

式（6-1）称为亨利定律。表明稀溶液的气液两相达到平衡时，溶质在气相中的分压与它在液相中的物质的量分率成正比。

当溶质在液相中的含量以物质的量浓度表示时，亨利定律可写成如下形式

$$c = Hp^* \tag{6-2}$$

式中，c 为物质的量浓度，$\mathrm{kmol \cdot m^{-3}}$；$H$ 为溶解度系数，其值随着温度的升高而降低，$\mathrm{kmol \cdot m^{-3} \cdot kPa^{-1}}$。

H 与 E 的关系可推导如下

$$c = \frac{\rho x}{xM + M_s(1-x)} \tag{6-3}$$

式中，ρ 为溶液的密度，$\mathrm{kg \cdot m^{-3}}$；M，M_s 分别为溶质、溶剂的摩尔质量，$\mathrm{kg \cdot kmol^{-1}}$。

将式（6-3）代入式（6-2）可得

$$p^* = \frac{\rho x}{xM + M_s(1-x)} \frac{1}{H} \tag{6-4}$$

将此式与式（6-1）比较，可得

$$E = \frac{\rho}{xM + M_s(1-x)} \frac{1}{H} \tag{6-5}$$

对于稀溶液，x 值很小，故上式简化为

$$E = \frac{\rho}{M_s H} \tag{6-6}$$

易溶气体的 H 值大，难溶气体的 H 值小。

若溶质在液相和气相中的含量分别用物质的量分率 x 和 y 表示时，亨利定律可写成如下形式

$$y^* = mx \tag{6-7}$$

式中，y^* 为平衡条件下，气相中溶质的物质的量分率；m 为相平衡常数，无量纲。

相平衡常数 $m = E/p$，是由实验结果计算出来的数值。对一定的物系，m 是温度和压强的函数，m 值愈大，表明气体的溶解度愈小。

吸收过程中，气相中的吸收质进入液相，气相的量发生变化，液相的量也随之改变，这使吸收的计算变得复杂。为了计算方便，采用在吸收过程中数量不变的气相中的惰性组分和液相中的纯溶剂为基准，用比物质的量分率来表示气相和液相中吸收质的含量。比物质的量分率的定义如下。

$$Y = \frac{\text{气相中吸收质的物质的量}}{\text{气相中惰性气体的物质的量}} \tag{6-8}$$

$$X = \frac{\text{液相中吸收质的物质的量}}{\text{液相中吸收剂的物质的量}} \tag{6-9}$$

比物质的量分率 X 和 Y 与物质的量分率 x 和 y 的关系为

$$X = \frac{x}{1-x} \quad \text{或} \quad x = \frac{X}{1+X} \tag{6-10}$$

$$Y=\frac{y}{1-y} \quad 或 \quad y=\frac{Y}{1+Y} \tag{6-11}$$

将式（6-10）、式（6-11）代入式（6-7）可得

$$\frac{Y}{1+Y}=m\frac{X}{1+X} \tag{6-12}$$

整理后，得

$$Y=\frac{mX}{1+(1-m)X} \tag{6-13}$$

式（6-13）是由亨利定律导出的，此式在 $Y-X$ 直角坐标系中的图形应是曲线，对于稀溶液，X 值较小，则可简化为

$$Y^*=mX \tag{6-14}$$

此式是亨利定律的又一种表达形式，表明当液相中溶质浓度足够低时，气液平衡为直线关系，直线的斜率为 m。

亨利定律的各种表达式所描述的都是互成平衡的气液两相组成间的关系，既可根据液相组成计算平衡的气相组成，也可根据气相组成计算平衡的液相组成。

例题 6-1　在 101.325kPa 及 20℃时，测得氨气在水中的溶解度为每 100gH_2O 溶解 1gNH_3，溶液上方氨气的平衡分压为 0.8kPa。试求溶液的亨利系数 E、平衡常数 m 及溶解度系数 H。假设该溶液服从亨利定律。

解：(1) 亨利系数 E　由式（6-1）计算

$$p^*=Ex$$

$$x=\frac{\frac{1}{17}}{\frac{1}{17}+\frac{100}{18}}=0.01048$$

$$E=\frac{0.8}{0.01048}=76.3\text{kPa}$$

(2) 平衡常数 m 由式（6-7）计算

$$y^*=mx$$

$$y^*=\frac{p^*}{p}=\frac{0.8}{101.325}=0.0079$$

$$m=\frac{0.0079}{0.01048}=0.076$$

(3) 溶解度系数 H 由式（6-6）求得

$$H=\frac{\rho}{EM_s}=\frac{1000}{76.3\times18}=0.728\text{kmol}\cdot\text{kPa}^{-1}\cdot\text{m}^{-3}$$

思考

3. 亨利定律为何有不同的表达形式？E、H、m 三个系数间有何种换算关系？

三、吸收速率

吸收是吸收质借扩散作用从气相转移至液相的传质过程。此过程包括吸收质由气相主体向气液界面的扩散，界面上吸收质的溶解，及由界面向液相主体的扩散。吸收质在单相中的扩散有分子扩散和涡流扩散两种方式，分子扩散是凭借流体分子无规则的热运动而传递物质，发生在静止和滞流流体里的扩散就是分子扩散；涡流扩散是凭借流体质点的湍动和旋涡而传递物质，发生在湍流流体里的扩散主要是涡流扩散。

（一）分子扩散

当流体内部存在某一组分的浓度差时，由于流体分子无规则热运动，导致该组分从高浓度处向低浓度处传递，这种传质方式称为分子扩散。

分子扩散是分子微观运动的结果，在静止流体中或在滞流流动的流体中垂直于流动的方向上，物质的传递主要是靠分子扩散完成的。类似于热传导过程。

分子扩散服从费克定律，扩散速率可用下式表示。

$$N=-DA\frac{\mathrm{d}c}{\mathrm{d}\delta} \tag{6-15}$$

式中，N 为传质速率，即单位时间内扩散传递的物质的量，$\mathrm{kmol \cdot s^{-1}}$；$D$ 为分子扩散系数，$\mathrm{m^2 \cdot s^{-1}}$；$A$ 为相间传质接触面积，$\mathrm{m^2}$；$\frac{\mathrm{d}c}{\mathrm{d}\delta}$为扩散层中的浓度梯度，$\mathrm{kmol \cdot m^{-4}}$。式中的负号表示扩散是沿着吸收质浓度降低的方向进行的。

在稳态条件下，将式（6-15）积分，则费克定律为

$$N=DA\frac{\Delta c}{\delta} \quad 或 \quad D=\frac{N\delta}{A\Delta c} \tag{6-16}$$

扩散系数是物质的特性常数之一，根据费克定律，其物理意义是指沿着扩散方向，当物质的浓度差为 $1\mathrm{kmol \cdot m^{-3}}$，在 1s 时间内通过 1m 厚的扩散层，在 $1\mathrm{m^2}$ 面积上所扩散传递的物质的量。扩散系数代表物质在介质中的扩散能力，同一种物质的扩散系数随介质的种类、温度、压强及其浓度的不同而异。扩散系数一般由实验测定。一些常用物质的扩散系数值见附录一。

费克定律也可以用物质的分压来表示，因 $c=n/V$，$pV=nRT$，则费克定律为

$$N=\frac{D}{\delta}\frac{1}{RT}A\Delta p \tag{6-17}$$

当物质通过静止的惰性气体进行稳定扩散时，应对公式中的扩散距离 δ 进行校正，得

$$N=\frac{D}{\delta\frac{p_B}{P}}\frac{1}{RT}A\Delta p \tag{6-18}$$

式中，p_B 为扩散层中惰性气体的平均分压，kPa；P 为总压，kPa。此式称为斯蒂芬（Stefen）公式。

此校正项的物理意义为：δ 为扩散层厚度，实际上扩散层并不全是惰性气体分子组成，在扩散途径有扩散物质的分子，惰性气体分子仅占总量的 p_B/P。由于惰性气体分子的存在，相当于降低了扩散物质分子的自由路径，从而扩散阻力下降。

费克定律是对物质分子扩散现象基本规律的描述，与描述热传导规律的傅立叶定律和描述黏性内摩擦规律的牛顿定律在表达形式上相似，都是描述某种传递过程的现象方程。

但物质传递比热量和动量传递更为复杂。

（二）涡流扩散

在湍流主体中，凭借流体质点的湍动和旋涡进行物质传递的现象，称为涡流扩散。其扩散速率表达式为

$$N=-D_{E}A\frac{dc}{d\delta} \tag{6-19}$$

式中，D_E为涡流扩散系数，$m^2 \cdot s^{-1}$。

涡流扩散系数 D_E不是物性常数，与流体的湍动程度及质点所处的位置有关。

在湍流主体中，涡流扩散与分子扩散同时发挥着传递作用，但质点是大量分子的集群，质点传递的规模和速度远远大于单个分子，因此涡流扩散的效果应起主要作用，全面考虑，其扩散速率应为

$$N=-(D+D_{E})A\frac{dc}{d\delta} \tag{6-20}$$

式中，D 和 D_E的大小随位置而变，在滞流流动的流体中，D 占主要地位；而在湍流主体中，D_E占主要地位。

（三）对流扩散

对流扩散亦称对流传质，是指发生在运动着的流体与相界面之间的传质过程。化工领域里的传质操作多发生在流体湍流的情况下，此时的对流传质就是湍流主体的涡流扩散与相界面附近的分子扩散这两种传质作用的总和。

在湿壁塔内，吸收剂由上方注入，成液膜状沿管内壁流下，混合气体自下方进入，两逆向流动的流体在相界面进行接触传质。在稳定操作状态下取塔的任一横截面 mn，分析截面上气相浓度的变化情况，如图 6-2a 所示。在图 6-2b 中，纵坐标表示气相中 A 组分的分压 p_A，横坐标表示离开相界面的距离 z。

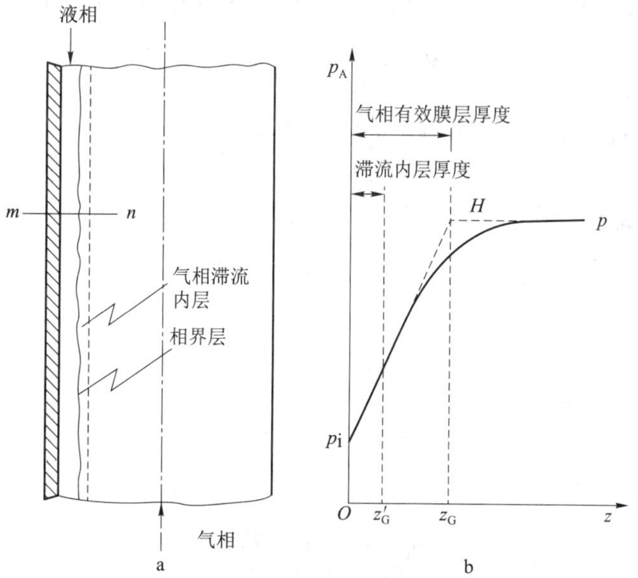

图 6-2　传质的有效滞流膜层

气相呈湍流流动，但靠近相界面处仍有一层滞流内层，其厚度为 z'_G，湍流程度愈高，z'_G愈小。滞流内层里为分子扩散，在湍流主体中为涡流扩散，强烈的扩散作用使溶质的

分压趋于一致，$p_A \sim z$ 曲线为一水平线；在过渡区，涡流扩散与分子扩散同时起作用，$p_A \sim z$ 曲线较为平缓；在滞流内层区，溶质只能靠分子扩散转移，故需要较大的分压梯度克服扩散阻力，$p_A \sim z$ 曲线较为陡峭。延长滞流内层的分压线与气相主体的水平分压线交于 H 点，令此交点与相界面的距离为 z_G，可以假设在相界面附近存在一个厚度为 z_G 的滞流膜层，这个虚拟的膜层称为有效滞流膜层。在膜层内的传质形式为分子扩散，于是从气相主体至相界面的对流扩散速率可表示为通过有效滞流膜层的分子扩散速率，即

$$N_A = \frac{DP}{RTz_G p_{Bm}}(p-p_i)A \tag{6-21}$$

式中，N_A 为溶质的对流传质速率，kmol·s^{-1}；z_G 为气相有效滞流膜层厚度，m；p 为气相主体溶质的分压，kPa；p_i 为相界面处溶质的分压，kPa；p_{Bm} 为惰性组分在气相主体中与相界处分压的对数平均值，kPa。

同理，有效滞流膜层的假设也可用于相界面的液相一侧，液相中对流扩散速率关系式为

$$N_A = \frac{D'c_0}{z_L c_{Bm}}(c_i-c)A \tag{6-22}$$

式中，D' 为溶质在溶剂中的扩散系数，m^2·s^{-1}；c_0 为液相物质的总浓度，kmol·m^{-3}；z_L 为液相有效滞流膜层厚度，m；c 为液相主体溶质的浓度，kmol·m^{-3}；c_i 为相界面处溶质的浓度，kmol·m^{-3}；c_{Bm} 为溶剂在液相主体中与相界处浓度的对数平均值，kmol·m^{-3}。

例题 6-2 在 101.33kPa 及 20℃时，二氧化硫与空气混合气缓慢流过某液体的表面。空气不溶于该液体中，二氧化硫透过 2mm 厚静止的空气层扩散到液体表面，并很快溶于该液体中，故相界面上二氧化硫的分压可视为零。若已知混合气中二氧化硫的物质的量分率为 0.15，操作条件下二氧化硫在空气中的分子扩散系数为 1.3×10^{-5}m^2·s^{-1}。试求二氧化硫的分子扩散速率。

解：此题属于单向扩散，分子扩散速率可由式（6-21）进行计算，即

$$N_A = \frac{DP}{RTz_G p_{Bm}}(p-p_i)A$$

式中，$D=1.3\times10^{-5}$m^2·s^{-1}，$z_G=0.002$m，$T=293$K

而

气相主体中二氧化硫的分压为

$$p=0.15\times101.33=15.20\text{kPa}$$

气相主体中的空气分压为

$$p_B = P-p=101.33-15.20=86.13\text{kPa}$$

相界面上二氧化硫的分压为

$$p_i=0$$

相界面上空气的分压为

$$p_{Bi}=P=101.33\text{kPa}$$

空气的对数平均分压为

$$p_{Bm}=\frac{p_{Bi}-p_B}{\ln\dfrac{p_{Bi}}{p_B}}=\frac{101.33-86.13}{\ln\dfrac{101.33}{86.13}}=93.52\text{kPa}$$

将以上数据代入，得

$$N_A=\frac{DP}{RTz_G p_{Bm}}(p-p_i)A$$

$$=\frac{1.30\times10^{-5}\times101.33}{8.314\times293\times0.002\times93.52}\times(15.20-0)\times1$$

$$=4.39\times10^{-5}\mathrm{kmol\cdot s^{-1}}$$

四、双膜理论

关于两相间物质传递的机理，应用最广泛的是1926年由刘易斯（Lewis. W. K）和惠特曼（Whitman. W. G）提出的“双膜理论”，该理论至今仍是吸收设备计算的主要依据。

双膜理论认为，当气体与液体相互接触时，即使流体主体已呈现湍流，但气液相际两侧仍分别存在着稳定的气体滞流层（气膜）和液体滞流层（液膜）。吸收过程是吸收质分子先从气相主体运动到气膜面，再以分子扩散的方式通过气膜到达气液两相界面，在相界面上吸收质溶于液相，再从液相界面扩散通过液膜到达液相主体中。双膜理论就是以吸收质在滞流层内的分子扩散的概念为基础而提出的。

双膜理论的基本要点如下。

（1）相互接触的气液两相流体间存在稳定的相界面，界面两侧有很薄的作滞流流动的气膜和液膜，吸收质分子以扩散方式通过此两膜层。

（2）气相主体和液相主体因系湍流，主体中各点的吸收质浓度是均匀的，无所谓传质的阻力。吸收过程的全部阻力集中在两膜层内。在两相主体浓度一定的情况下，两膜的阻力便决定了传质速率的大小。因此，双膜理论亦称双阻力理论。

（3）在相界面处，气液两相达到平衡，即相界面上不存在吸收阻力。

（4）气膜吸收推动力为（$p-p_i$），液膜吸收推动力为（c_i-c），当$p>p_i$或$c_i>c$时，吸收过程能持续进行。

双膜理论示意图见图6-3。

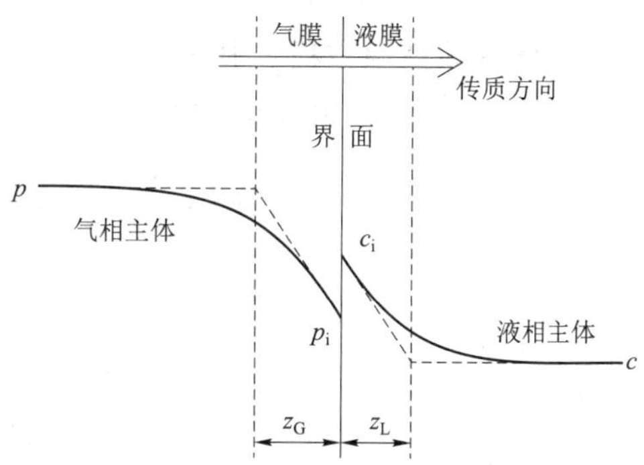

图6-3　双膜理论示意图

双膜理论把复杂的相际传质过程简化为通过气液两层滞流膜的分子扩散过程，而相界面处及两相主体中均无传质阻力存在，因而可用比较成熟的分子扩散机理来处理问题。对具有固定相界面的体系或扩散速率不高的两相流体间的传质，双膜理论与实际情况相当符合。但对具有自由界面的两相体系，尤其在高度湍流的情况下，由于形成大量的旋涡，相界面不断地被这些旋涡冲刷和贯穿，破坏了相界面和两侧的滞流层膜，传质方式主要是涡流扩散，这时双膜理论的假设与实验结果不符合。针对双膜理论的局限性，人们又相继提出了一些新的理论，希洛比（Higbie）于1935年提出溶质渗透理论；丹克沃茨（Danckwerts）于1951年对希洛比的理论进行修正和改进，提出表面更新理论；图尔（Toor）等人于1958年提出膜渗透理论。这些新理论虽具有一定的启发和指导意义，所提出的传质机理与某些传质过程的实际情况比较接近，但是，根据这些理论所提出的若干参数是很难获得的。目前，仍难以用于传质设备的设计计算。所以，下面关于吸收速率的讨论，仍以双膜理论为基础。

思考

---

4. 气体分子扩散系数与温度、压力有何关系？
5. 双膜理论有哪些要点？

五、吸收速率方程

吸收过程的相平衡解决了吸收操作的方向和限度问题。要计算吸收设备的尺寸，或核算混合气体通过指定设备所能达到的吸收程度，还必须研究吸收速率问题。所谓吸收速率是指单位相际传质面积上单位时间内吸收的吸收质量。表明吸收速率与吸收推动力之间关系的数学式即为吸收速率方程。

对于吸收过程的速率关系，可表示为

$$\text{吸收速率}=\frac{\text{推动力}}{\text{吸收阻力}}=\text{吸收系数}\times\text{推动力}$$

其中推动力是指浓度差，推动力可以是相内（主体与界面间），也可以是相间推动力。吸收阻力的倒数称为吸收系数。由于气、液相浓度有多种表示方法，因此吸收速率也有多种表示形式。

（一）以膜系数表示的吸收速率方程

在连续稳定操作的条件下，吸收设备内任一部位上，相界面两侧的气、液膜层中的传质速率都是相同的，其中任何一侧有效膜中的传质速率都能代表该部位上的吸收速率。单独根据气膜或液膜的推动力及阻力写出的速率关系式称为气膜或液膜吸收速率方程，相应的吸收系数称为膜吸收分系数。

1. 气膜吸收速率方程　根据双膜理论和斯蒂芬扩散速率方程，对气膜层，若气相主体中吸收质的分压为 p，相界面上吸收质的分压为 p_i，可得

$$\mathrm{d}N=\frac{D}{\delta\frac{p_B}{P}}\frac{1}{RT}\Delta p\mathrm{d}A=\frac{DP}{\delta p_B}\frac{1}{RT}(p-p_i)\mathrm{d}A$$

令

$$k_G=\frac{DP}{\delta p_B}\frac{1}{RT}$$

上式可简化为

$$\mathrm{d}N=k_G(p-p_i)\mathrm{d}A \qquad (6-23)$$

式中，k_G 为气膜吸收分系数，kmol · m^{-2} · s^{-1} · kPa^{-1}。

此式即称为气膜吸收速率方程，也可写成如下形式。

$$\frac{\mathrm{d}N}{\mathrm{d}A}=\frac{(p-p_i)}{1/k_G} \qquad (6-24)$$

气膜吸收分系数的倒数 $1/k_G$ 即表示吸收质通过气膜的吸收阻力，这个阻力的表达形式与气膜推动力（$p-p_i$）相对应。

当气相的组成用物质的量分率表示时，其气膜吸收速率方程式为

$$dN=k_y(y-y_i)dA \tag{6-25}$$

式中，k_y 为气膜吸收分系数，其单位与传质速率的单位相同，$kmol \cdot m^{-2} \cdot s^{-1}$；$y$ 为吸收质在气相主体中的物质的量分率；y_i 为吸收质在相界面处的物质的量分率。

当气相总压不很高时，根据分压定律，有

$$p=Py$$

$$p_i=Py_i$$

将此关系带入式（6-23）中，并与式（6-25）比较，可知

$$k_y=Pk_G$$

同理，$1/k_y$ 是与气膜推动力（$y-y_i$）相对应的气膜阻力。

2. 液膜吸收速率方程　对液相中分子扩散速率，可仿照气相中的扩散处理，则有

$$dN=\frac{D'}{\delta'\frac{c_B}{c_0}}\Delta c dA$$

式中，D' 为吸收质在液相中的扩散系数，$m^2 \cdot s^{-1}$；δ' 为液相的扩散层厚度，m；c_B 为扩散层中吸收剂的浓度，$kmol \cdot m^{-3}$；c_0 为扩散层中的总体浓度，$kmol \cdot m^{-3}$。

令

$$k_L=\frac{D'c_0}{\delta' c_B}$$

吸收质从气液界面向液相主体扩散，液相主体吸收质的浓度为 c，在液膜界面处吸收质的浓度为 c_i，则有

$$dN=k_L(c_i-c)dA \tag{6-26}$$

式中，k_L 为液膜吸收分系数，$m \cdot s^{-1}$。

此式即称为液膜吸收速率方程。也可写成如下形式

$$\frac{dN}{dA}=\frac{(c_i-c)}{1/k_L} \tag{6-27}$$

液膜吸收分系数的倒数 $1/k_L$ 即表示吸收质通过液膜的吸收阻力，这个阻力的表达形式与液膜推动力（c_i-c）相对应。

当液相的组成用物质的量分率表示时，其液膜吸收速率方程为

$$dN=k_x(x_i-x)dA \tag{6-28}$$

式中，k_x 为液膜吸收分系数，其单位与传质速率的单位相同，$kmol \cdot m^{-2} \cdot s^{-1}$；$x$ 为吸收质在液相主体中的物质的量分率；x_i 为吸收质在相界面处的物质的量分率。

因为　$c_i=c_0x_i \quad c=c_0x$

将此关系带入式（6-26）中，并与式（6-28）比较，可知

$$k_x=c_0k_G$$

同理，$1/k_x$ 是与液膜推动力（x_i-x）相对应的液膜阻力。

膜吸收速率方程中的推动力（$p-p_i$）、（c_i-c），都是某一相主体浓度与界面浓度的差值，其关系如图 6-4b 所示。

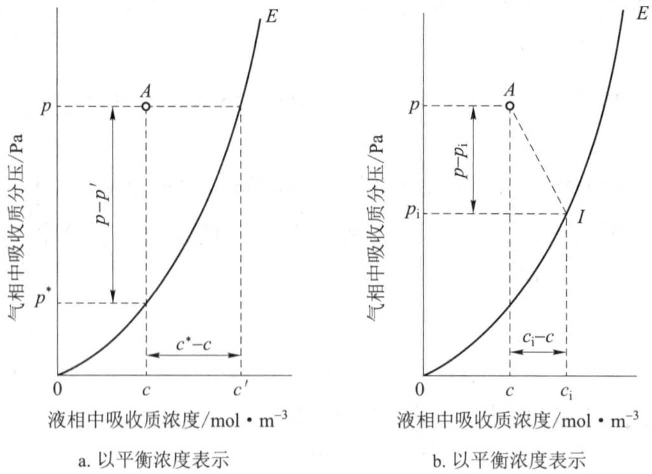

图 6-4　吸收时的推动力

图 6-4a 中，*OE* 线是气液平衡线，*OE* 线以上区域是溶液不饱和区域。*A*（c，p）点表示吸收质的浓度为 c 的液液与分压为 p 的气相主体接触的实际情况，与分压为 p 的气相相平衡的溶液的浓度为 c^*，而 $c^*>c$，因此吸收质继续从气相溶于液相。如图 6-4b 所示，*I*（c_i，p_i）点表示相界面的情况，根据双膜理论，在相界面上 c_i 与 p_i 是平衡关系，对应 c_i、p_i 的坐标点 *I* 在 *OE* 线上。在稳定的吸收过程中，气、液两膜中的传质速率应当相等，界面上不会发生积累，在两相主体浓度（如 c，p）及两膜吸收分系数（如 k_G，k_L）已知的情况下，便可依据界面处的平衡关系及两膜中传质速率相等的关系来确定界面处的气液浓度和传质过程的速率。

$$dN=k_G(p-p_i)dA=k_L(c_i-c)dA$$

整理得

$$-\frac{k_L}{k_G}=\frac{p-p_i}{c-c_i} \tag{6-29}$$

式（6-29）表明，在直角坐标系中 p_i-c_i 关系是一条通过定点 *A*（c，p）而斜率为 $-k_L/k_G$ 的直线（如 *AI* 线）。斜率的大小反映了气膜传质与液膜传质推动力的大小，斜率越大，*I* 点越往下移，气膜阻力相对增大，液膜阻力相对减小。反之亦反。因为在稳定传质过程中，气、液两相的传质速率相等，阻力较大的一相，其中的浓度差也较大。

（二）以总系数表示的吸收速率方程

若能测得 p_i 或 c_i，可利用式（6-24）或式（6-27）来计算吸收的速率，但实际上两相界面的吸收质分压或浓度是难于测定的。为避免求取界面组成，可以仿效间壁传热中类似问题的处理方法，避开壁面温度而以冷、热流体的主体温度差来表示传热的总推动力。对于吸收过程，可采用两相主体浓度的某种差值来表示总推动力而写出吸收速率方程式，吸收速率方程式中的吸收系数，称为总系数；总系数的倒数即为总阻力，总阻力应为两膜传质阻力之和。

1. 气相总系数表示的吸收速率方程　若体系的溶液浓度为 c，对应的吸收质气相平衡分压为 p^*，当气相中吸收质的分压 $p>p^*$，吸收就能进行，$p-p^*$ 就是吸收的推动力。

按照亨利定律

$$p^* = \frac{c}{H}$$

根据双膜理论，相界面上两相互成平衡，则

$$p_i = \frac{c_i}{H}$$

将上两式带入液膜吸收速率方程式，得

$$dN = k_L H(p_i - p^*)dA$$

$$\frac{dN}{k_L H} = (p_i - p^*)dA$$

气膜吸收速率方程式也可改写成

$$\frac{dN}{k_G} = (p - p_i)dA$$

两式相加，得

$$dN\left(\frac{1}{k_L H} + \frac{1}{k_G}\right) = (p - p^*)dA$$

令

$$\frac{1}{K_G} = \frac{1}{k_L H} + \frac{1}{k_G} \quad (6-30)$$

则

$$dN = K_G(p - p^*)dA \quad (6-31)$$

式中，K_G为气相吸收总系数，kmol · m^{-2} · s^{-1} · kPa^{-1}。

此式即为气相总吸收速率方程式。总系数的倒数 $1/K_G$为两膜总阻力，由式（6-30）可以看出两膜总阻力是由气膜阻力 $1/k_G$和液膜阻力 1/（$k_L H$）两部分组成。

当吸收质在液相中有很大的溶解度时，溶解度系数 H 值较大，在 k_G与 k_L数量级相同或相近的情况下，根据

$$\frac{1}{K_G} = \frac{1}{k_L H} + \frac{1}{k_G}$$

有

$$\frac{1}{k_L H} \ll \frac{1}{k_G}$$

则

$$K_G \approx k_G$$

此时传质阻力主要集中在气膜中，液膜阻力可以忽略，即气膜阻力控制着整个吸收过程的速率，吸收总推动力（$p-p^*$）的绝大部分用于克服气膜阻力。这种情况称为气膜控制。

水吸收氨可视为气膜控制的吸收过程。如要提高其吸收速率，应设法提高 k_G，增加气相的湍动程度。

2. 液相总系数表示的吸收速率方程　总吸收速率方程也可以从液相这一侧考虑。当气相主体的吸收质的分压为 p 时，对应的平衡溶液的吸收质的浓度为 c^*，若当时溶液的浓度为 c，因 $c^*>c$，吸收就能继续进行。液相总吸收速率方程为

$$dN = K_L(c^* - c)dA \quad (6-32)$$

式中，K_L为液相吸收总系数，$m \cdot s^{-1}$。

此式即为液相总吸收速率方程。总系数的倒数 $1/K_L$为两膜总阻力，包括气膜阻力 H/k_G和液膜阻力 $1/k_L$两部分，与气相类似，亦可推导出

$$\frac{1}{K_L}=\frac{1}{k_L}+\frac{H}{k_G} \tag{6-33}$$

对难溶气体，溶解度系数 H 值很小，在 k_G与 k_L数量级相同或相近的情况下，有

$$\frac{1}{k_L}\gg\frac{H}{k_G}$$

$$\frac{1}{K_L}\approx\frac{1}{k_L}$$

则

$$K_L\approx k_L$$

此时传质阻力主要集中在液膜中，气膜阻力可以忽略，即液膜阻力控制着整个吸收过程的速率，吸收总推动力（c^*-c）的绝大部分用于克服液膜阻力。这种情况称为液膜控制。

水吸收氧可视为液膜控制的吸收过程。如要提高其吸收速率，应设法提高 k_L，增加液相的湍流程度。

在一般情况下，对于中等溶解度的气体吸收过程，气膜阻力和液膜阻力均不可忽略，要提高吸收速率，必须兼顾增大气、液两相的湍流程度（即降低气、液两膜的阻力），才能得到较好的效果。

（三）以比物质的量分率表示的总吸收速率方程

用 K_G和 K_L表示的总吸收速率可以用于工程的实际运算，但吸收过程中因吸收质从气相溶于液相，导致气相总量和液相总量逐步变化，这使得计算变得很复杂。在吸收计算中，当吸收质浓度较低时，以比物质的量分率表示浓度比较方便，故常用到以（$Y-Y^*$）或（X^*-X）表示总推动力的吸收速率方程。

1. 用 Y 表示的气相总吸收速率方程 若总压为 P，根据道尔顿分压定律

$$p=Py$$

$$p^*=Py^*$$

已知

$$y=\frac{Y}{1+Y}$$

则

$$p=P\frac{Y}{1+Y}$$

同理

$$p^*=P\frac{Y^*}{1+Y^*}$$

式中，Y^*为与液相浓度 X 成平衡的气相浓度。

将两式带入式（6-31），得

$$dN=K_GP\left(\frac{Y}{1+Y}-\frac{Y^*}{1+Y^*}\right)dA$$

整理得

$$dN=\frac{K_GP}{(1+Y)(1+Y^*)}(Y-Y^*)dA \tag{6-34}$$

令

$$K_Y=\frac{K_GP}{(1+Y)(1+Y^*)} \tag{6-35}$$

则

$$dN=K_Y(Y-Y^*)dA \tag{6-36}$$

式中，K_Y为气相吸收总系数，$kmol \cdot m^{-2} \cdot s^{-1}$。

此式即为以总推动力（$Y-Y^*$）表示的气相总吸收速率方程。吸收总系数的倒数 $1/K_Y$ 为气液两膜总阻力。

当吸收质在气相和液相中的浓度很低时，即 Y 和 Y^* 很小时，式（6-35）中的分母$(1+Y)(1+Y^*)\approx 1$，则

$$K_Y=PK_G$$

两膜总阻力 $1/K_Y$包括气膜阻力和液膜阻力，推导可得

$$\frac{1}{K_Y}=\frac{1}{k_Y}+\frac{m}{k_X} \tag{6-37}$$

2. 用 X 表示的液相总吸收速率方程 液相浓度用比物质的量分率 X 表示，与气相浓度 Y 成平衡的液相浓度用 X^* 表示。因为

$$c=c_0x$$

$$c^*=c_0x^*$$

已知

$$x=\frac{X}{1+X}$$

则

$$c=c_0\frac{X}{1+X}$$

同理

$$c^*=c_0\frac{X^*}{1+X^*}$$

将两式带入式（6-32），得

$$dN=K_Lc_0\left(\frac{X^*}{1+X^*}-\frac{X}{1+X}\right)dA$$

整理得

$$dN=\frac{K_Lc_0}{(1+X)(1+X^*)}(X^*-X)dA \tag{6-38}$$

令

$$K_X=\frac{K_Lc_0}{(1+X)(1+X^*)} \tag{6-39}$$

则

$$dN = K_X(X^* - X)\,dA \tag{6-40}$$

式中，K_X为液相吸收总系数，kmol · m^{-2} · s^{-1}。

此式即为以总推动力（X^*-X）表示的液相总吸收速率方程。吸收总系数的倒数 $1/K_X$ 为气液两膜总阻力。

当吸收质在气相和液相中的浓度很低时，即 X 和 X^* 很小时，式（6-39）中的分母 $(1+X)(1+X^*)\approx 1$，则

$$K_X = c_0 K_L$$

两膜总阻力 $1/K_X$包括气膜阻力和液膜阻力，亦可推导出

$$\frac{1}{K_X} = \frac{1}{k_X} + \frac{1}{mk_Y} \tag{6-41}$$

使用吸收速率方程时应注意以下几点。

（1）由于引用亨利定律推导吸收速率方程，所以只有在气液平衡关系为直线时才能应用，即溶解度系数 H 应为常数。否则，即使膜吸收分系数（如 k_G，k_L）为常数，吸收总系数仍随浓度而变化，这将不便用于进行吸收塔的计算。

（2）各吸收速率方程是以气液相浓度不变为前提推导的，因此只能用来描述稳定操作的吸收塔内任一截面上的吸收关系，不能直接用来描述全塔的吸收速率。在吸收塔内，不同截面上的气、液相浓度各不相同，吸收速率也不一样。

（3）各吸收速率方程中的吸收系数与吸收推动力应正确搭配，其单位应保持一致。吸收系数的倒数即为吸收阻力，吸收阻力的表达形式自然要与推动力的表达形式相对应。

（4）在稳定的吸收过程中，各式的吸收速率相等。

例题 6-3 在压力为 101. 33kPa 下，用清水吸收空气-氨混合气中的氨气。物系的平衡关系符合亨利定律，溶解度系 H 为 1. 5 kmol · m^{-3} · kPa^{-1}。气膜系数 k_G为 2.74×10^{7} kmol · m^{-2} · s^{-1} · kPa^{-1}，液膜系数 k_L为 0. 25m · h^{-1}，试求：（1）气相吸收总系数 K_G和 K_Y；（2）液相吸收总系数 K_L和 K_X；（3）判断吸收过程的控制因素。

解：先将已知数据的单位换算一致

$$k_L = 0.25\text{m}\cdot\text{h}^{-1} = 6.94\times10^{-5}\text{m}\cdot\text{s}^{-1}$$

（1）K_G和 K_Y　因物系的平衡关系符合亨利定律，故

$$\frac{1}{K_G} = \frac{1}{k_L H} + \frac{1}{k_G} = \frac{1}{6.94\times10^{-5}\times1.5} + \frac{1}{2.74\times10^{-7}}$$

$$= 9.60\times10^{3} + 3.65\times10^{6} = 3.66\times10^{6}$$

故

$$K_G = 2.73\times10^{-7}\ \text{kmol}\cdot\text{m}^{-2}\cdot\text{s}^{-1}\cdot\text{kPa}^{-1}$$

对低浓度气体吸收，则

$$K_Y = PK_G = 101.33\times2.73\times10^{-7} = 2.77\times10^{-5}\ \text{kmol}\cdot\text{m}^{-2}\cdot\text{s}^{-1}$$

（2）K_L和 K_X

同理

$$\frac{1}{K_L} = \frac{1}{k_L} + \frac{H}{k_G} = \frac{1}{6.94\times10^{-5}} + \frac{1.5}{2.74\times10^{-7}}$$

$$= 1.44\times10^{4} + 5.47\times10^{6} = 5.48\times10^{6}$$

故

$$K_L = 1.82\times10^{-7}\text{m}\cdot\text{s}^{-1}$$

对稀溶液，其浓度 c_0 可按水计算，则

$$c_0 = \frac{\rho}{M_s} = \frac{1000}{18} = 55.60\text{kmol}\cdot\text{m}^{-3}$$

$$K_X = c_0 K_L = 55.60\times1.82\times10^{-7} = 1.01\times10^{-5}\ \text{kmol}\cdot\text{m}^{-2}\cdot\text{s}^{-1}$$

（3）判断吸收过程的控制因素　由上述计算可知，气膜阻力为 3.65×10^6，液膜阻力为 9.60×10^3，气膜阻力远大于液膜阻力，所以吸收过程可视为气膜控制。

思考

6. 吸收速率方程为何具有不同的表达形式？膜吸收速率方程与总吸收速率方程有何异同？

7. 何谓气膜控制和液膜控制？

第三节　填料吸收塔及吸收工艺计算

吸收过程即可采用板式塔亦可采用填料塔。板式塔内气液逐级接触，填料塔内气液连续接触，本节主要结合填料塔对吸收操作进行分析和讨论。

填料塔内设置填料，以构成填料层，单位体积填料层内具有较大的固体表面积，液体分布于填料表面呈膜状流下，增大气液之间的接触面积。填料塔内气液两相通常采用逆流操作，液体靠重力作用自塔顶降至塔底，气体靠压强差的作用自塔底进入而自塔顶排出，在两相进出口浓度相同的情况下，逆流的平均推动力要大于并流。与此同时，逆流时下降至塔底的液体与刚刚进塔的混合气接触，有利于提高出塔吸收液的浓度，从而减少吸收剂的用量；上升至塔顶的气体恰与刚刚进塔的新鲜吸收剂相接触，有利于降低出塔气体的浓度，可以提高吸收质的吸收率。

在生产实际中，许多进塔混合气中的吸收质浓度不高，通常称为低浓度气体吸收。在这种情况下，由吸收质的溶解热而引起的塔内液体温度升高不显著，可以不作热量衡算。因流经全塔的混合气体量与液体量变化不大，全塔的流动状态基本相同，吸收分系数 k_G、k_L 在全塔为常数。若在操作范围内平衡线斜率变化不大，吸收总系数 K_G 和 K_L 也可认为是常数，这些特点使低浓度气体吸收的计算大为简化。

吸收塔的工艺计算主要是确定吸收剂的用量和塔设备的主要尺寸。首先是在选定吸收剂的基础上确定吸收剂的用量，继而计算塔的主要工艺尺寸，包括塔径和塔的有效高度。对填料塔而言，塔的有效高度是指填料层高度。

一、填料吸收塔

（一）填料吸收塔的结构

填料吸收塔为连续接触式的气液传质设备。填料塔的结构如图 6-5 所示，由塔壳、填料、液体分布装置、液体再分布器和气、液体进出口等组成。塔壳是以钢板（或塑料等）

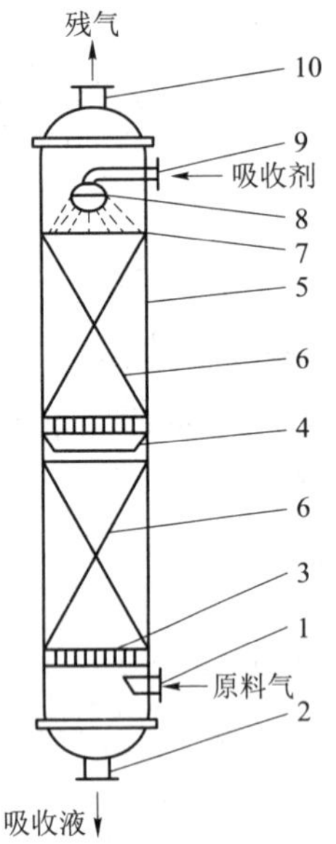

图 6-5　填料塔结构示意图

1. 气体入口；2. 液体出口；3. 支承栅板；4. 液体再分布器；5. 塔壳；6. 填料层；7. 填料压网；8. 液体分布装置；9. 液体入口；10. 气体出口

焊成的圆筒体，两端装有封头，并有气、液体进出口接管，壳内填充某种特殊形状的固体物——填料，以增大气液两相的接触面积。塔内有支承栅板，用以支承填料。当填料层较高时，可以分层安装，层与层之间装有液体再分布器，使沿塔壁流下的液体再重新分配到塔截面中心，以利于流体在填料表面均匀分布。塔顶液体入口装有液体喷淋装置。操作时液体自塔顶经分布器均匀地喷洒在整个塔截面上，沿填料表面下流经塔底出口管排出；气体从支承板下方入口管进入塔内，在压力差的作用下自下而上地通过填料层的空隙由塔顶气体出口管排出。填料层内气液两相呈逆流流动，在填料表面的气液界面上进行传质，故两相组成沿塔高连续变化。逆流吸收操作传质推动力大，传质速率快，吸收效率高。

填料塔的结构简单，且有阻力小及便于用耐腐蚀材料制造等优点，对于直径较小的塔、处理有腐蚀性的物料或要求压强降较小的真空系统，更宜采用填料塔。近年来，国内外在这方面的研究和开发都很迅速，新型高效填料不断出现，填料塔的应用更加广泛，工业上已有直径达几米甚至十几米的大型填料塔。

（二）填料

填料是填料塔的核心，填料性能的优劣是填料塔能否正常操作的关键，因而了解各种填料及其特性是十分必要的。

1. 填料的特性　在填料塔内，气、液两相间的传质过程是在润湿的填料表面上进行的，填料塔的生产能力和传质速率都与填料特性密切相关。

不同填料反映出来的性能不一，但其特性数据主要有以下几种。

（1）比表面积 σ　单位体积填料层所具有的填料表面积称为填料比表面积，用 σ 表示，单位为 $m^2 \cdot m^{-3}$。填料的比表面积越大，所提供的气液传质面积越大。对同一类型的填料，尺寸愈小，则比表面积越大。

（2）空隙率 ε　单位体积填料层所具有的空隙体积，称为填料的空隙率，用 ε 表示，单位为 $m^3 \cdot m^{-3}$。填料的空隙率越大，气液通过能力越大而且气体流动阻力较小。

（3）填料因子 φ　比表面积 σ 与空隙率 ε 的组合 σ/ε^3，称为干填料因子。填料因子表示填料的流体力学性能。在填料被流体润湿后，σ 和 ε 均发生相应的变化，此时的 σ/ε^3 称为湿填料因子，简称填料因子，用 φ 表示，单位为 m^{-1}。φ 代表实际操作时填料的流体力学性能，其值小，表明流体阻力小，液泛速率可以提高。填料因子 φ 不仅取决于填料本身的类型、尺寸、材质及填料的装填方式，还与气液物性及操作条件有关，能够反映同样尺寸不同种类填料的通量或压强降的相对特性。φ 值需由实验测定。

（4）填料尺寸　单位体积内堆积填料的数目与填料尺寸有关。对同一种类型填料，其尺寸愈小，堆积的填料数目愈多，比表面积将愈大，则空隙率减小，气体流动阻力增大。填料的尺寸愈大，则单位体积填料的费用愈低，单位高度填料层的压强降愈小，但导致传质面积低，需相应增加填料层高度。一般填料尺寸不应大于塔径的 1/8 倍。

表 6-1　几种常用填料的特性数据

种类	材质及堆积方式	直径×高×厚 /mm	比表面积 σ /$m^2 \cdot m^{-3}$	空隙率 ε /$m^3 \cdot m^{-3}$	堆积密度 ρ /$kg \cdot m^{-3}$	个数×10^{-3} /m^{-3}	填料因子 φ /m^{-1}
拉西环	陶瓷乱堆	8×8×1. 5	570	0. 64	600	1465	2500
		10×10×1. 5	440	0. 7	700	720	1500
		15×15×2. 0	330	0. 7	690	250	1020
		25×25×2. 5	190	0. 78	505	49	450
		40×40×4. 5	126	0. 75	577	12. 7	350
		50×50×4. 5	93	0. 81	457	6	205
	陶瓷整砌	50×50×4. 5	124	0. 72	673	8. 83	
		80×80×9. 5	102	0. 57	962	2. 58	
		100×100×13	65	0. 72	930	1. 06	
		125×125×14	51	0. 68	825	0. 53	
		150×150×16	44	0. 68	802	0. 318	
	金属乱堆	8×8×0. 3	630	0. 91	750	1550	1580
		10×10×0. 5	500	0. 88	960	800	1000
		15×15×0. 5	350	0. 92	660	248	600
		25×25×0. 8	220	0. 92	640	55	390
		35×35×1. 0	150	0. 93	570	19	260
		50×50×1. 0	110	0. 95	430	7	175
		76×76×1. 6	68	0. 95	400	1. 87	105
鲍尔环	金属乱堆	16×16×0. 4	364	0. 94	467	235	230
		25×25×0. 6	209	0. 94	480	51	160
		38×38×0. 8	130	0. 95	379	13. 4	92
		50×50×0. 9	103	0. 95	355	6. 2	66
	陶瓷乱堆	50×50×4. 5	110	0. 81	457	6	130
阶梯环	塑料乱堆	25×12. 5×1. 4	223	0. 9	97. 8	81. 5	172
		38. 5×19×1. 0	132. 5	0. 91	57. 5	27. 2	115
矩鞍	陶瓷乱堆	13×1. 8	630	0. 78	548	735	870
		19×2. 0	338	0. 77	563	231	480
		25×3. 3	258	0. 775	548	84	320
		38×5. 0	197	0. 81	483	25. 2	170
		50×7. 0	120	0. 79	532	9. 4	130

在选择填料时，一般要求比表面积尽量大，空隙率大，润湿性能好，重量轻，价廉易得，机械强度高和具有足够的化学稳定性。表 6-1 列举了几种常用填料的特性数据。表 6-1 中数据仅供设计时参考，填料尺寸的选择应由设备费用与动力费用权衡而定。比表面积 σ、堆积密度 ρ 等是平均值，与实测值间的偏差约 5%。单位体积填料层中填料的个数，对于乱堆填料是个统计数字。填料因子 φ 不仅反映填料本身的性质，还反映填料床层的流体力学性能，可作为选择填料的依据之一。

2. 填料的类型 工业上所用的填料种类很多，大致可分为实体填料和网体填料两大类。实体填料有环形、鞍形、栅板和波纹板填料等；网体填料有鞍形网、波纹网和 θ 网等。按塔内的装填方法又可分为乱堆填料和整砌填料。工业上常见的填料形状如图 6-6 所示。

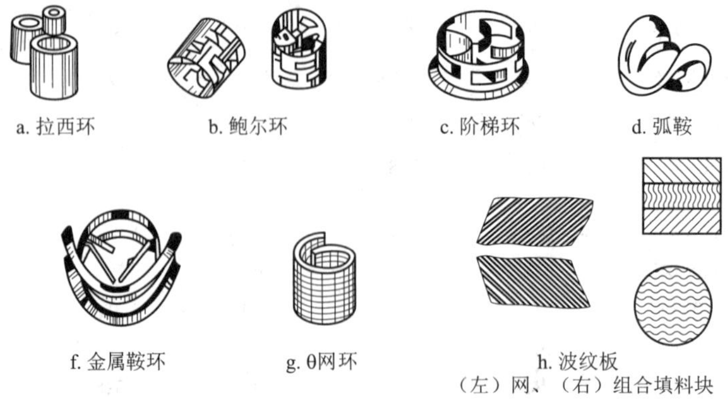

图 6-6 常用的几种填料

填料的制造材质可用金属、陶瓷和塑料。金属填料强度高，壁薄，空隙率和比表面积均较大，多用于无腐蚀性物料的分离。陶瓷填料应用的最早，其润湿性能好，但因壁厚，空隙小，阻力大，气液分布不均匀，传质效率低，且易破碎，仅用于高温、强腐蚀场合。塑料填料近些年发展很快，其价格低廉，不易破损，质轻耐蚀，加工方便，在工业上应用日趋广泛。但润湿性能差。

现简介常用的几种填料。

（1）拉西环 拉西环是最早的一种填料，为外径与高度相等的空心圆柱体，如图 6-6a 所示。拉西环可用金属、陶瓷、塑料和石墨等材质制造，其壁厚在机械强度允许的情况下越薄越好。拉西环在塔内装填时有两种方式：直径大于 100mm 的拉西环采用整砌；直径小于 75mm 的拉西环多采用乱堆。拉西环流体力学和传质性能的研究较为充分，且结构简单，制造容易，在工业上得到广泛应用。拉西环的主要缺点是液体分布性能不好，存在着严重的沟流和壁流现象，致使传质效率低。

另外，拉西环填料层的滞留液量大，流体阻力较高，通量较低。

（2）鲍尔环 鲍尔环填料是在拉西环填料的基础上的改进，其构造是在拉西环的侧壁上开出一排或两排位置交错的窗孔，切开的环壁小片向环中心弯曲并相互搭接，如图 6-6b 所示。鲍尔环填料与拉西环填料相比，尽管二者的比表面积 σ、空隙率 ε 差不多，但由于环壁的开孔，使环内空间及环内表面利用率较高，避免了液体严重的沟流和壁流现象，因而鲍尔环填料具有生产能力大、流体阻力小、操作弹性大和传质效率高等优点，在工业上广为采用。但其价格较高。

（3）阶梯环 阶梯环填料是在鲍尔环填料基础上加以改进而发展起来的一种新型填料，阶梯环的传质效率比鲍尔环高 20%～25%，而气体流动的压强则低 40%～50%。其形状如图 6-6c 所示。阶梯环填料的高度只有鲍尔环的一半，环的一端制成喇叭口形状。这种填料增大了填料间的空隙，使填料之间呈点接触，接触点成为液体沿填料表面流动的汇聚分散点，促使液膜不断更新。阶梯环填料具有气体通量大、流动阻力小、传质效率高及机械强度大等优点，是目前使用的环形填料中性能最佳的一种。

（4）鞍形填料 鞍形填料有弧鞍和矩鞍填料等，属于敞开型填料，如图 6-6d 和

图 6-6e 所示。弧鞍填料是元宝形的，其两面对称性结构易产生局部叠合或架空，强度也较差。矩鞍填料具有不对称结构，乱堆时不会重叠，液体分布较均匀。这类填料的特点是表面全部敞开，不分内外，液体在表面两侧均匀流动，表面利用率高，气体流动阻力小，制造容易。目前多被用来取代拉西环填料。

金属鞍环填料结合了环形填料通量大及鞍形填料液体再分布性能好的优点而开发出来的一种新型填料，如图 6-6f 所示。这类填料既有类似环形填料的开孔和内伸的叶片，也有类似矩鞍填料的侧面。一般用极薄的金属板轧制，有较好的机械强度。其性能优于常用的鲍尔环和矩鞍填料。

（5）波纹填料　波纹填料是一种整砌结构的新型高效填料，由许多波纹薄片组成的圆饼状填料，各饼垂直叠放于塔内。波纹填料有实体和网体两种，如图 6-6h 所示。实体称为波纹板，可由金属、陶瓷、塑料制成。网体称为波纹网，是由金属丝制成的。

波纹填料的特点是结构紧凑，液体分布均匀，传质效率高和流动阻力小。尤其是波纹网填料，因丝网细密，故其空隙率高，比表面积高达 $700m^2 \cdot m^{-3}$，传质效率大为提高，且操作弹性大，放大效应小，尤其适用于精密精馏及真空精馏装置，对难分离物系、热敏性物系和高纯度产品提供了有效的分离手段。尽管价格昂贵，但优良的性能使其在工业上的应用日趋广泛。波纹填料的缺点是填料装卸、清洗困难，不适宜处理黏度高、易聚合或有沉淀物的物料。

波纹填料近年来又出现了金属孔板波纹填料和金属压延孔板波纹填料等新型填料。

二、吸收剂用量的计算

（一）物料衡算和操作线方程

1. 物料衡算　吸收质在气液相中的浓度沿着吸收塔的高度而变化，在进塔气体中的含量较高，经吸收在出塔尾气中的含量将会降低。吸收剂在入塔时吸收质含量为零或很低，经吸收在吸收液离塔时吸收质的含量将会增高。图 6-7 所示是一个处于稳定操作下的气液两相逆流接触的填料吸收塔。由于通过吸收塔的惰性气体量和溶剂量不变化，故在进行吸收塔的计算时气液组成用比物质的量分率表示就十分方便。对单位时间内进出塔的吸收质 A 作物料衡算，则

$$VY_1+LX_2=VY_2+LX_1$$

整理得

$$V(Y_1-Y_2)=L(X_1-X_2)$$

或

$$\frac{L}{V}=\frac{Y_1-Y_2}{X_1-X_2} \tag{6-42}$$

式中，L 为单位时间内通过吸收塔的溶剂量，$kmol \cdot s^{-1}$；V 为单位时间内通过吸收塔的惰性气体量，$kmol \cdot s^{-1}$；X_1，X_2 分别为出塔及进塔液体中吸收质的比物质的量分率；Y_1，Y_2 分别为进塔及出塔气体中吸收质的比物质的量分率。本章中塔底截面以下标“1”表示，塔顶截面以下标“2”表示。

一般情况下，进塔混合气的流量和组成是吸收任务规定的，若吸收剂的组成与流量已经确定，则 V、L、Y_1、X_2 皆为已知，又根据吸收任务规定的吸收质回收率，则可求得出塔气体的组成，即

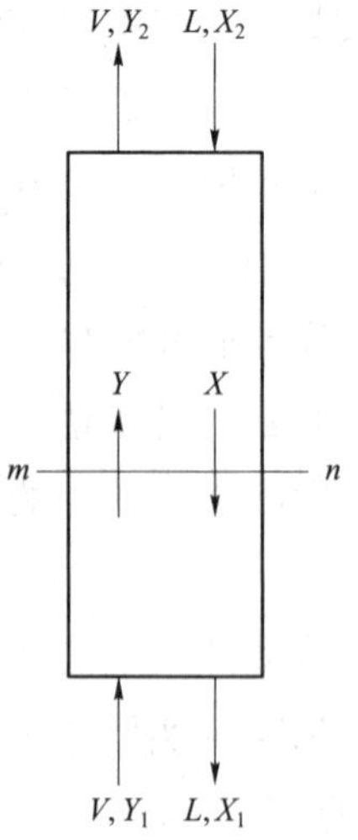

图 6-7　逆流吸收塔的物料衡算

$$Y_2 = Y_1(1-\varphi_A)$$

或
$$\varphi_A = \frac{Y_1 - Y_2}{Y_1} \tag{6-43}$$

式中，φ_A为混合气体中吸收质被吸收的百分率，称为吸收率或回收率。

还可通过全塔物料衡算，用式（6-42）可以求得塔底吸收液的组成 X_1，这样，吸收塔底与塔顶两个端面上的气液组成 Y_1、X_1与 X_2、Y_2都成为已知数。

2. 操作线方程和操作线　在逆流操作的填料塔内，在稳定状态下，填料层中不同截面上的气液组成 Y、X 之间的关系，需要通过作填料层任一截面与塔的任一端面间的物料衡算来确定。

如对图 6-7 中 mn 截面与塔底端面之间作吸收质 A 的物料衡算，有

$$VY+LX_1 = VY_1+LX$$

或
$$Y=\frac{L}{V}X+\left(Y_1-\frac{L}{V}X_1\right) \tag{6-44}$$

同理，若 mn 截面与塔顶端面之间作吸收质 A 的物料衡算，可得

$$Y=\frac{L}{V}X+\left(Y_2-\frac{L}{V}X_2\right) \tag{6-45}$$

式（6-44）、式（6-45）均表示在塔内任一截面上吸收质在气相中的组成与在液相中的组成之间的函数关系，这种关系称为操作关系，其方程式称为逆流吸收塔的操作线方程式。在稳定吸收条件下，V、L、X_1、Y_1、X_2、Y_2均为定值，操作线方程式为一线性方程，直线的斜率为 L/V，即为液气比，其值反映单位气体处理量的吸收剂用量，是吸收塔的重要操作参数；截距为

$$\left(Y_1-\frac{L}{V}X_1\right) \quad 或 \quad \left(Y_2-\frac{L}{V}X_2\right)$$

现对全塔进行物料衡算，则得

$$V(Y_1-Y_2)=L(X_1-X_2)$$

或
$$Y_2=\frac{L}{V}X_2+\left(Y_1-\frac{L}{V}X_1\right) \tag{6-46}$$

将式（6-44）及式（6-45）标绘在 Y-X 图上，即得一条通过（X_1，Y_1）、（X_2，Y_2）两点的直线，此线即为吸收塔的操作线，如图 6-8 所示。B、T 两点是操作线的两个端点，分别代表填料层底部和顶部的气液两相组成。在操作线上任取一点 A（X，Y），则表示吸收塔某一截面上气液两相之间的操作关系，故 A 点称为操作点。图 6-8 还绘出了物系的平衡关系线。

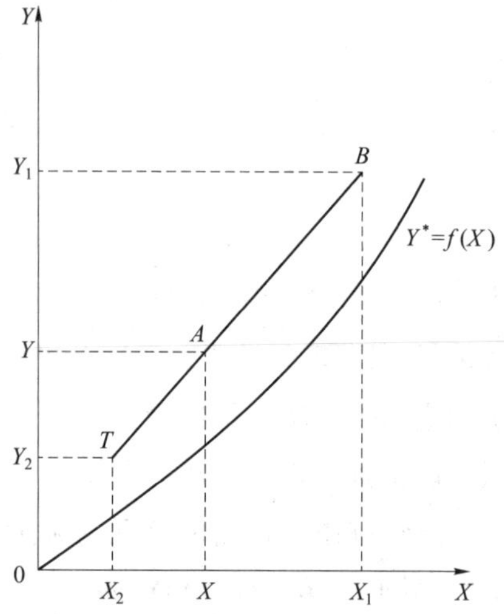

图 6-8　逆流吸收塔的操作线

当进行吸收操作时，在塔内任一截面上气相中的吸收质组成总是高于与其接触液相的平衡组成，所以吸收塔操作线总是位于平衡线的上方。两线偏

离得越远，表明吸收推动力越大，越有利于吸收操作。反之，若操作线位于平衡线的下方，则该过程为脱吸过程。

以上讨论的操作线方程式和操作线都是指逆流吸收操作而言，若为并流吸收，其操作线方程式和操作线都是用同样方法求得。应予指出，无论是逆流还是并流操作的吸收塔，其操作线方程式和操作线都是用物料衡算求得的，仅由液气比及塔一端气液相组成决定，而与气液相平衡关系、吸收速率、操作温度、压强和塔型等均无关。

（二）吸收剂用量的确定

1. 吸收剂的用量与最小液气比　在吸收塔的设计计算中，需要处理的气体流量及气体进、出塔的组成一般由设计任务规定，吸收剂的入塔浓度常由工艺条件决定，即 V、Y_1、X_2、Y_2均为已知值，而吸收剂的用量通常由设计者选定。

操作线的斜率 L/V，即液气比，表示单位气体处理量的溶剂量的大小。改变吸收剂用量，对吸收操作影响很大。通常，吸收塔气体处理量为定值，若减小吸收剂用量，操作线的斜率就要变小。如图 6-9 中 BT 线所示，B 点便沿着水平线向右移，操作线靠近平衡线，其结果是使出塔吸收液的浓度变大，而吸收推动力减小，吸收速率减慢，完成同样生产任务所需要的填料层高度加大，即必须加大气、液两相接触面积，使设备费用增加。若吸收剂用量继续减小，恰好使 B 点移至平衡线上的 B^* 点时，操作线与平衡线相交，则 $X_1=X_1^*$，表示出塔吸收液与刚进塔的混合气达到平衡，这是理论上吸收液所能达到的最高浓度。但此时的吸收推动力已变为零，需要无限大的相际传质面积，这在生产实际中是无法实现的，只能用来表示一种极限状况，即在此种状况下，操作线 TB^* 的斜率最小，以 $(L/V)_{min}$ 表示，称为最小液气比；相应的吸收剂用量即为最小吸收剂用量，以 L_{min}表示。

若增大吸收剂的用量，操作线的斜率变大，B 点便沿着水平线向左移，操作线远离平衡线，传质推动力增大，吸收速率加快，完成同样生产任务所需要的填料层高度相应降低，设备费用减小。但增加吸收剂用量，使吸收剂的消耗、输送、回收及再生等项操作费和设备费用随之增加，动力消耗增大；若吸收液直接作为产品，则产品浓度太稀。

由上述分析可知，吸收剂用量的大小直接影响到吸收操作所需的设备尺寸和操作费用，关系到企业的经济效益，应综合权衡，选取适宜的液气比，使设备费用和操作费用之和所构成的总费用最小。在 $L>L_{min}$的前提下，L 愈大，塔高降低，设备费用较小，而操作费用较大；反之若 L 愈小，则操作费用减小而设备费用增加。L_{min}实际上是生产操作的最低限度，根据生产实践经验，一般情况下吸收剂的用量取 L_{min}的 1.1~2.0 倍比较适宜，即

$$\frac{L}{V}=(1.1\sim2.0)\left(\frac{L}{V}\right)_{min}$$

或

$$L=(1.1\sim2.0)L_{min} \tag{6-47}$$

2. 最小液气比的求法　吸收剂用量是影响吸收操作的重要因素之一，而要确定吸收剂的用量首先要求取 L_{min}，求取的方法常用的有图解法和解析法。

（1）图解法　若平衡曲线如图 6-9 所示的一般情况，L_{min}可根据图中 TB^* 线求得

$$\left(\frac{L}{V}\right)_{min}=\frac{Y_1-Y_2}{X_1^*-X_2}$$

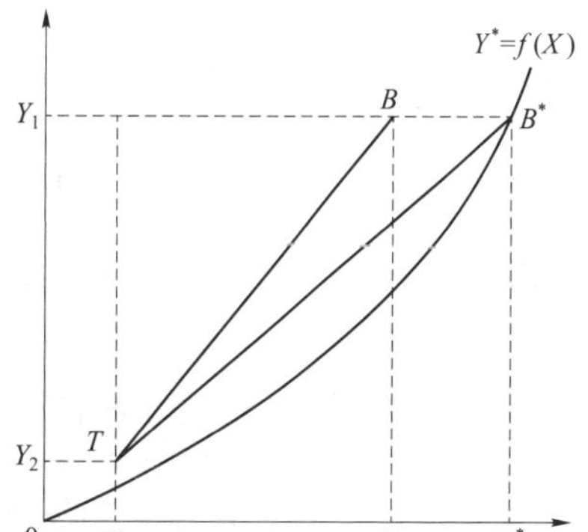

图 6-9　操作线随液气比的变化情况

或
$$L_{\min}=V\frac{Y_1-Y_2}{X_1^*-X_2} \tag{6-48}$$

式中，V、Y_1、X_2、Y_2 均为已知，X_1^* 可由 Y_1 作水平线与平衡线交于 B^* 点，从而查出 X_1^* 值。

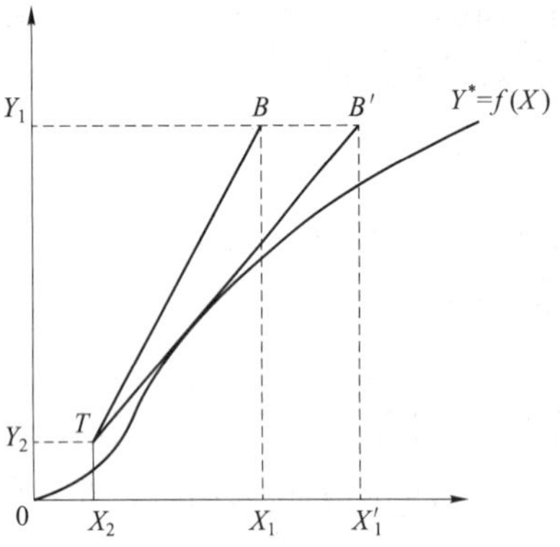

图 6-10　操作线与平衡线相切的情况

若平衡曲线呈现如图 6-10 所示的特殊形状，则应过 T 点作平衡曲线的切线，找出水平线 $Y=Y_1$ 与此切线的交点 B'，从而读出 B' 点的横坐标 X_1' 的数值，然后按下式计算最小液气比

$$\left(\frac{L}{V}\right)_{\min}=\frac{Y_1-Y_2}{X_1'-X_2}$$

或
$$L_{\min}=V\frac{Y_1-Y_2}{X_1'-X_2} \tag{6-49}$$

（2）解析法　若平衡关系服从亨利定律，可用解析法，将 $X_1^*=Y_1/m$ 代入式（6-48），得

$$\left(\frac{L}{V}\right)_{\min}=\frac{Y_1-Y_2}{\frac{Y_1}{m}-X_2}$$

或
$$L_{\min}=V\frac{Y_1-Y_2}{\frac{Y_1}{m}-X_2} \tag{6-50}$$

例题 6-4　在逆流吸收塔中，用洗油吸收焦炉气中的芳烃。吸收塔的压强为 105kPa，温度为 300K，焦炉气流量为 $1000\text{m}^3\cdot\text{h}^{-1}$，其中所含芳烃的物质的量分率为 0.02，回收率为 95%，进塔洗油中所含芳烃的物质的量分率为 0.005。若吸收剂用量为最小用量的 1.5 倍，试求每小时送入塔顶的洗油量及塔底流出的吸收液组成。

操作条件下气液平衡关系可用下式表示

$$y=0.125x$$

式中，y、x 为物质的量分率。

解：进入吸收塔的惰性气体摩尔流量为

$$V=\frac{V'}{22.4}\times\frac{273}{t+273}\times\frac{P}{101.3}\times(1-y_1)$$
$$=\frac{1000}{22.4}\times\frac{273}{300}\times\frac{105}{101.3}\times(1-0.02)=41.27\text{kmol}\cdot\text{h}^{-1}$$

进塔气体中芳烃的比物质的量分率为

$$Y_1=\frac{y_1}{1-y_1}=\frac{0.02}{1-0.02}=0.0204$$

出塔气体中芳烃的比物质的量分率为

$$Y_2=Y_1(1-\varphi_A)=0.024\times(1-0.95)=0.00102$$

进塔洗油中芳烃的比物质的量分率为

$$X_2=\frac{x_2}{1-x_2}=\frac{0.005}{1-0.005}=0.00503$$

根据已知的气液平衡关系

$$y=0.125x$$

因本题为低浓度吸收，平衡关系也可近似表示为

$$Y\approx 0.125X$$

最小吸收剂用量为

$$L_{\min}=V\frac{Y_1-Y_2}{\dfrac{Y_1}{m}-X_2}=41.27\times\frac{0.0204-0.00102}{\dfrac{0.0204}{0.125}-0.00503}=5.06\text{kmol}\cdot\text{h}^{-1}$$

实际吸收剂的用量为

$$L=1.5L_{\min}=1.5\times 5.06=7.59\ \text{kmol}\cdot\text{h}^{-1}$$

L 为每小时进塔的纯吸收剂用量，由于进塔洗油中含有少量芳烃，则每小时送入吸收塔顶的洗油量应为

$$L'=L(1+X_1)=7.59\times(1+0.00503)=7.63\text{kmol}\cdot\text{h}^{-1}$$

吸收液组成可由全塔物料衡算求出

$$X_1=X_2+\frac{V(Y_1-Y_2)}{L}=0.00503+\frac{41.27\times(0.0204-0.00102)}{7.59}$$
$$=0.11$$

思考

8. 吸收塔全塔物料衡算方程式和操作线方程式有何应用？
9. 什么是最小液气比？液气比的大小对吸收操作有何影响？

三、塔径及填料层压强降

（一）塔径

气流沿吸收塔上升可视为通过一个圆形管道，按流体力学原理，吸收塔的直径可根据圆形管道内流量公式计算，即

$$D=\sqrt{\frac{4V_S}{\pi u}} \tag{6-51}$$

式中，D 为塔内径，m；V_S 为操作条件下混合气体的体积流量，$m^3\cdot s^{-1}$；u 为空塔气速，即按空塔截面积计算的混合气体的线速度，$m\cdot s^{-1}$。

计算塔径的关键在于确定空塔气速。若选择较小的空塔气速，则压强降小，动力消耗少，操作弹性大，但塔径要大，使设备投资高而生产能力低。空塔气速小，也不利于气液充分接触，导致传质效率低。若选择较大的空塔气速，则压强降大，动力消耗大，且操作不平稳，难于控制，但塔径要小，设备投资少。故塔径的确定应作多方案比较，以求经济上既是优化的，操作上也是可行的。

在吸收过程中，由于吸收质不断的进入液相中，故混合气体流量由塔底至塔顶逐渐减小，计算塔径时，一般以塔底气体流量为依据。

按式（6-51）计算的塔径，还应按压力容器公称直径标准进行圆整，如圆整为 400、600、800、1000、1200mm 等，求得实际塔径。

吸收塔内传质效率的高低与液体分布及填料的润湿情况有关，为使填料能获得良好的润湿，应保证塔内液体的喷淋密度不低于某一下限值，此极限值称为最小喷淋密度。所谓液体的喷淋密度是指单位时间内单位塔截面积上喷淋的液体体积。所以，算出塔径后，还应验算塔内的喷淋密度是否大于最小喷淋密度。若喷淋密度过小，可采用增大液体再循环以加大液体流量，或在许可的范围内减小塔径，或适当增加填料层高度予以补偿。

吸收塔的最小喷淋密度能维持填料的最小润湿速率，最小喷淋密度还与填料比表面积有关，其关系为

$$U_{min}=(L_w)_{min}\sigma \tag{6-52}$$

式中，U_{min}为最小喷淋密度，$m^3\cdot m^{-2}\cdot s^{-1}$；$(L_w)_{min}$为最小润湿速率，$m^3\cdot m^{-1}\cdot s^{-1}$；$\sigma$为填料的比表面积，$m^2\cdot m^{-3}$。

润湿速率是指在塔的横截面上填料周边单位长度上液体的体积流量。对于直径不超过75mm的拉西环及其他填料，可取最小润湿速率$(L_w)_{min}$为$0.08m^3\cdot m^{-1}\cdot h^{-1}$；对于直径大于75mm的环形填料，$(L_w)_{min}$应取$0.12m^3\cdot m^{-1}\cdot h^{-1}$。

另外，为保证填料润湿均匀，还应注意使塔径与填料直径之比值在10以上。若此比值过小，液体沿填料下流时常出现壁流现象。对拉西环要求$(D/d)>20$；鲍尔环$(D/d)>10$；鞍形填料$(D/d)>15$。

（二）气体通过填料层的压强降

气体通过填料层的压强降是吸收塔设计中的重要参数，其大小不仅与填料种类、尺寸及填充方式有关，而且还与两相流体的物性及流速有关。若将不同液体喷淋量下，气体通过单位高度填料层的压强降$\Delta p/Z$与空塔气速u的实验数据标绘在对数坐标系上，并以液体的喷淋量作参变量，可得到如图6-11所示的线簇。对不同的物系和填料，可得到大致相同的曲线。

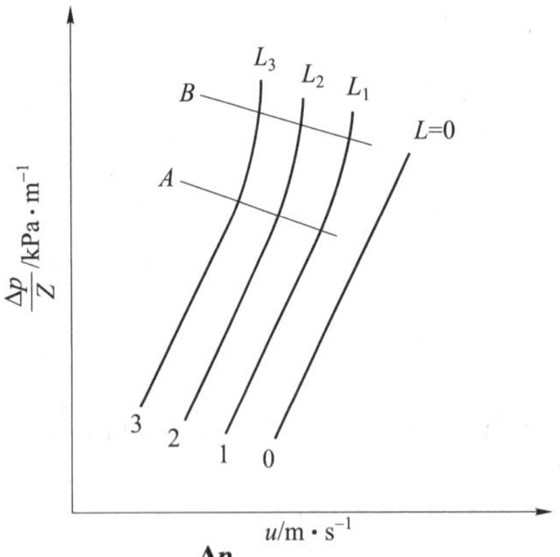

图6-11 $\frac{\Delta p}{Z}$~u之间关系示意图

当吸收塔内有液体喷淋时，由于表面张力的作用，液体将填料的内外表面润湿，形成一层液膜，占据一部分空隙；气体逆流流动时，液膜使气体流道截面减小，提高了气体在填料层内的实际流速。同时，由于液体在塔顶喷淋，从上往下流动，气液两相在同一流道内逆向流动，气体对液体产生一部分拽力，阻碍液体往下流动，使液膜增厚；在气液界面上，液膜因气流吹击引起的波纹和旋涡，也增大了界面的阻力。所以，气液两相逆流流动时，填料层对气体产生的压强降比气体通过干填料层时要大得多。

当液体喷淋量$L=0$时，即干填料的$(\Delta p/Z)-u$之间关系是一条直线，其斜率约为1.8~2.0，如图6-11中直线0所示。图中曲线1、2、3是有一定的液体喷淋量时的情况，且所对应的喷淋量依次增大，$(\Delta p/Z)-u$之间关系是一条折线，并存在两个转折点，下转折点称为“载点”，上转折点称为“泛点”，这两个转折点将$(\Delta p/Z)-u$之间关系曲线分成3个区域，即恒持液量区、载液区与液泛区。

1. 恒持液量区 持液量是指操作时单位体积填料层内持有的液体体积。在低的气体流速、下转折点以下，液体在填料层内向下流动几乎与气速无关。在恒定的液体喷淋量下，填料表面上覆盖的液膜层厚度不变。则填料层的持液量不变，故称为恒持液量区。与干填

料相比，湿填料层内所持液体占据一定空间，因此在同一空塔气速下，使气体通过湿填料层的真实速度较通过干填料层的真实速度为高，压强降也就大，此时的$(\Delta p/Z)-u$曲线在干填料线的左侧，且两条曲线平行。

2. 载液区　在一定的液体喷淋量下，当气速增大至某一数值，下转折点时，上升气流与下降液体间的摩擦力开始阻碍液体下流，使填料层内持液量随气速的增大而增加，此种现象称为拦液现象。开始发生拦液现象时的空塔气速称为载点气速，由此开始的区域称为载液区。超过载点气速后，$(\Delta p/Z)-u$曲线的斜率大于2。在实测时，载点并不明显。

3. 液泛区　若气速继续增大，由于液体不能顺利下流，致使填料层内持液量不断增多直至充满整个填料层的空隙，使液相由分散相变为连续相，气相则由连续相变为分散相，气体以鼓泡的形式通过液体，气体的压强降骤然增大，几乎直线上升，$(\Delta p/Z)-u$曲线的斜率可达10以上，曲线近于垂直上升的转折点称为泛点，此区域称为液泛区。达到泛点时的空塔气速称为液泛气速或泛点气速。此时，吸收塔内的操作极不稳定，液体被气流大量带出塔顶，这种现象称为填料塔的液泛现象。

（三）液泛气速

实验表明，当空塔气速在载点气速和泛点气速之间时，气液两相的湍动加剧，接触良好，传质效率增高。液泛气速是生产上填料塔吸收操作的极限。吸收塔正常操作的气速必须低于液泛气速。为使传质情况良好并有较低的压强降，根据生产经验，吸收塔适宜的操作气速一般选取液泛气速的60%～80%。所以，确定液泛气速对于吸收塔的设计和操作都是十分重要的。

目前工程设计中广泛采用埃克特（Eckert）通用关联图来确定填料吸收塔的压强降和液泛气速。如图6-12所示。

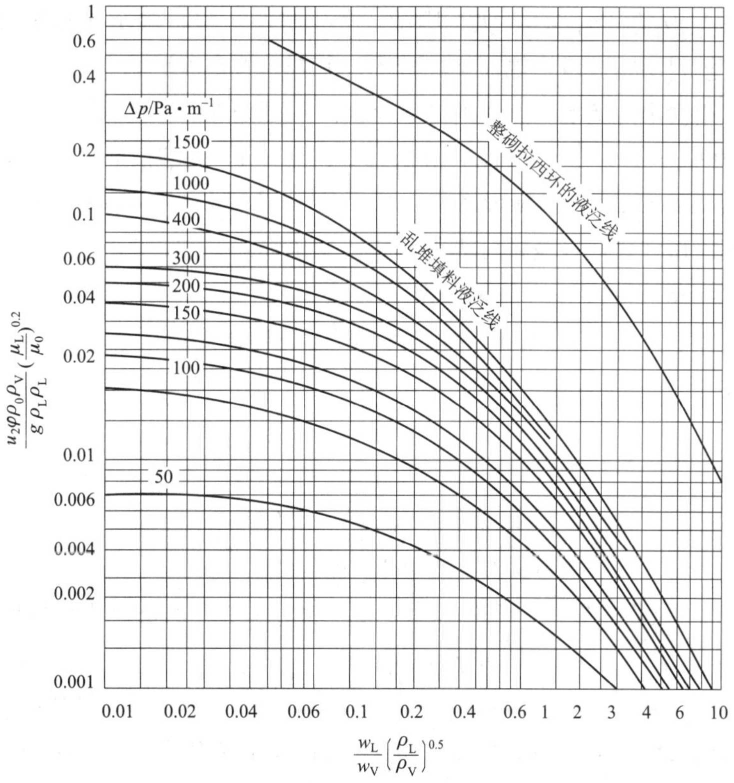

图6-12　填料塔泛点和压强降的通用关联图

图 6-12 中

$$\text{横坐标为}\ \frac{w_L}{w_V}\left(\frac{\rho_V}{\rho_L}\right)^{0.5},\text{纵坐标为}\ \frac{u^2\varphi}{g}\frac{\rho_0}{\rho_L}\frac{\rho_V}{\rho_L}\left(\frac{\mu_L}{\mu_0}\right)^{0.2}$$

式中，ρ_0，ρ_L，ρ_V分别为水、液相及气相的密度，$kg \cdot m^{-3}$；w_L，w_V分别为液相及气相的质量流量，$kg \cdot s^{-1}$；μ_0，μ_L分别为水及液体的黏度，$mPa \cdot s$；φ 为填料因子，m^{-1}。

图 6-12 上方的两条曲线为整砌拉西环和乱堆填料的液泛线。与液泛线相对应的纵坐标中的空塔气速 u 应为泛点气速 u_F。若已知气、液两相流量比以及密度，则可算出横坐标的数值。由此点作垂线与液泛线相交，读出相对应纵坐标的数值，再由此求出泛点气速 u_F。

图 6-12 下方的线簇为乱堆填料层的等压强降线，欲求气体通过每米填料层的压强降时，可将操作气速代入纵坐标中，求出纵坐标和横坐标的交点由图上读交点所对应的压强降线，即得气流通过每米填料层压强降 Δp。

埃克特通用关联图显示出压强降与泛点、填料因子、液气比等参数的关系，适用于乱堆的拉西环、鲍尔环、弧鞍和矩鞍等各种填料。影响液泛气速的因素很多，主要有以下方面。

（1）填料的特性　填料因子 φ 一般可以代表填料的特性。φ 的大小与填料比表面积 σ、空隙率 ε 及几何形状等因素有关。实验表明，φ 值越小，液泛气速越高。在通用关联图上，无论是计算液泛气速还是某一气速下的压强降，都要用到填料因子 φ 值，由于 φ 值是一个实测值，其准确性直接影响计算误差的大小。

（2）流体的物理性质　流体的物性主要是气体的密度 ρ_V 和液体的黏度 μ_L 与密度 ρ_L 等。因液体靠自身重力下流，ρ_L 越大，u_F 也越大；ρ_V 愈大，则同一气速下对液体的阻力也愈大。μ_L 愈大，则填料表面对液体的摩擦阻力也愈大，流动阻力增大，使液泛气速降低。

（3）液气比　液气比 w_L/w_V 愈大，则液泛气速愈小。这是由于在其他因素一定时，随着喷淋量增大，填料层持液量增加而空隙减小，使开始发生液泛的空塔气速变小。

例题 6-5　用清水洗涤混合气中的二氧化硫，需要处理的气体量为 $1000m^3 \cdot h^{-1}$，洗涤水耗用量为 $22600kg \cdot h^{-1}$。已知气体的密度为 $1.34kg \cdot m^{-3}$，溶液的密度近似与水的密度相同，操作压力为 101.33kPa，温度为 20℃。吸收塔采用 25mm×25mm×2.5mm 的陶瓷拉西环以乱堆方式充填。试计算塔径及单位高度填料层的压强降。

解：（1）塔径 D　混合气的质量流量

$$w_V = \rho_V V = 1.34 \times 1000 = 1340kg \cdot h^{-1}$$

清水的密度

$$\rho_L = 1000kg \cdot m^{-3}$$

则

$$\frac{w_L}{w_V}\left(\frac{\rho_V}{\rho_L}\right)^{0.5} = \frac{22600}{1340}\left(\frac{1.34}{1000}\right)^{0.5} = 0.617$$

由图 6-12 中的乱堆填料液泛线可查出，横坐标为 0.617 时的纵坐标数值为 0.024，即

$$\frac{u_F^2\varphi}{g}\frac{\rho_0}{\rho_L}\frac{\rho_V}{\rho_L}\left(\frac{\mu_L}{\mu_0}\right)^{0.2} = 0.024$$

查表 6-1 得，25mm×25mm×2.5mm 的陶瓷拉西环（乱堆）的填料因子 $\varphi = 450m^{-1}$，20℃溶液的黏度取水的黏度 $\mu_L = 1mPa \cdot s$。$\rho_L = \rho_0$，则泛点气速为

$$u_F=\sqrt{\frac{0.024g\rho_L}{\varphi\rho_V\left(\frac{\mu_L}{\mu_0}\right)^{0.2}}}=\sqrt{\frac{0.024\times9.81\times1000}{450\times1.34\times\left(\frac{1}{1}\right)^{0.2}}}=0.625\text{m}\cdot\text{s}^{-1}$$

取空塔气速为泛点气速的80%，则

$$u=0.80u_F=0.80\times0.625=0.50\text{m}\cdot\text{s}^{-1}$$

$$D=\sqrt{\frac{4V_S}{\pi u}}=\sqrt{\frac{4\times1000}{3.14\times0.50\times3600}}=0.84\text{m}$$

根据压力容器公称直径标准圆整塔径　$D=0.90\text{m}$。

再计算空塔气速

$$u=\frac{4V_S}{\pi D^2}=\frac{4\times1000}{3.14\times0.90^2\times3600}=0.437\text{m}\cdot\text{s}^{-1}$$

实际采用的塔径还要校核吸收剂的喷淋密度问题。为保证填料表面的润湿，应该使单位塔截面的喷淋密度超过最小喷淋密度 U_{min}。因填料尺寸小于75mm，故 $(L_w)_{min}=0.08\text{m}^3\cdot\text{m}^{-1}\cdot\text{h}^{-1}$，根据式（6-52），则

$$U_{min}=(L_w)_{min}\sigma=0.08\times190=15.2\text{m}^3\cdot\text{m}^{-2}\cdot\text{h}^{-1}$$

操作条件下的喷淋密度为

$$U=\frac{4w_L}{\rho_L\pi D^2}=\frac{4\times22600}{1000\times3.14\times0.90^2}=35.54\ \text{m}^3\cdot\text{m}^{-2}\cdot\text{h}^{-1}$$

$$U>U_{min}$$

校核

$$\frac{D}{d}=\frac{900}{25}=36>20$$

可以避免壁流现象。

（2）单位填料层压强降

纵坐标

$$\frac{u^2\varphi}{g}\frac{\rho_0}{\rho_L}\frac{\rho_V}{\rho_L}\left(\frac{\mu_L}{\mu_0}\right)^{0.2}=\frac{0.437^2\times450\times1.34}{9.81\times1000}\left(\frac{1}{1}\right)^{0.2}=0.0117$$

横坐标

$$\frac{w_L}{w_V}\left(\frac{\rho_V}{\rho_L}\right)^{0.5}=0.617$$

根据以上二数据在图6-12中确定塔的操作点，用内插法估值可求得每米填料层的压强降约 $200\text{Pa}\cdot\text{m}^{-1}$。

四、填料层高度

填料层高度的计算涉及物料衡算、吸收速率和相平衡3种关系式的应用。就基本关系而言，填料层高度等于所需的填料层体积除以塔截面积。塔截面积可由塔径确定，填料层体积则根据完成规定任务所需的总传质面积和单位体积填料层所能提供的气、液有效接触面积而定。总传质面积等于塔的吸收负荷（$\text{kmol}\cdot\text{s}^{-1}$）与塔内传质速率（$\text{kmol}\cdot\text{m}^{-2}\cdot\text{s}^{-1}$）的比值。而吸收负荷的计算要依据物料衡算关系，传质速率的计算要依据吸收速率方程式，而吸收速率方程式中的推动力总是实际浓度与某种平衡浓度的差值，因此还需知道相平衡关系。本节仅讨论低浓度气体吸收过程的填料层高度的计算，低浓度气体吸收过程具有以下

两个特点：一是气液两相在吸收塔内流量变化不大，即全塔内流体流动情况基本不变，因此，气膜吸收分系数 k_G 和液膜吸收分系数 k_L 在塔内可视为常数；二是全塔内溶质组成在涉及的范围内均可视为稀溶液，平衡关系符合亨利定律，即相平衡常数 m 为定值或接近常数，因此，在全塔内吸收总系数 K_Y 和 K_X 可视为常数。

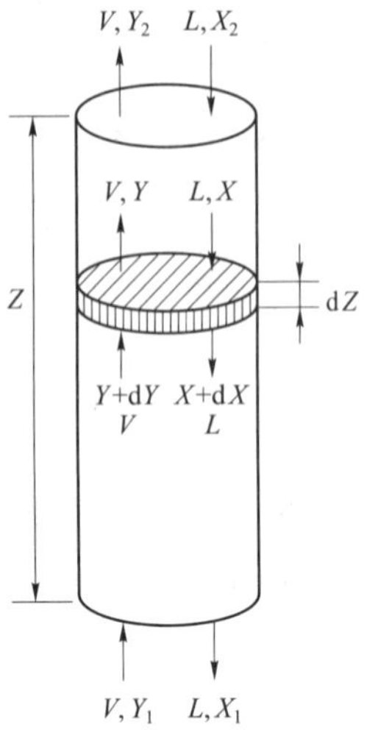

图 6-13 微元填料层的物料衡算

（一）填料层高度的基本计算式

对连续逆流操作的填料吸收塔，气、液两相中溶质的组成沿填料层高度连续不断变化，塔内各截面上的吸收推动力也随之相应改变，塔内各截面上的吸收速率并不相同。前面介绍的所有吸收速率方程式仅适用于吸收塔的任一截面，不能直接用于全塔。因此，为了计算填料层高度，应在填料吸收塔中任意截取一段高度为 dZ 的微元填料层来分析。如图 6-13 所示。

在 dZ 微元填料层中对吸收质 A 进行物料衡算可知，在稳定的吸收操作中，单位时间内吸收质 A 由气相进入液相的量 dG 为

$$dG=-VdY=LdX \tag{6-53}$$

在此微元填料层中，气、液两相中溶质的组成变化很小，可认为吸收速率 N_A 为定值，则

$$dG=N_A dA=N_A(a\Omega dZ) \tag{6-54}$$

式中，dA 为微元填料层的传质面积，m^2；a 为单位体积填料层所提供的有效接触面积，$m^2 \cdot m^{-3}$；Ω 为塔截面积，m^2。

由式（6-53）和式（6-54）可知

$$-VdY=N_A a\Omega dZ \tag{6-55}$$

$$LdX=N_A a\Omega dZ \tag{6-56}$$

微元填料层中的吸收速率方程式可写为

$$N_A=K_Y(Y-Y^*)$$

$$N_A=K_X(X^*-X)$$

将二式分别代入式（6-55）和式（6-56），得

$$-VdY=K_Y(Y-Y^*)a\Omega dZ$$

$$LdX=K_X(X^*-X)a\Omega dZ$$

整理得

$$\frac{dY}{Y-Y^*}=\frac{-K_Y a\Omega}{V}dZ \tag{6-57}$$

$$\frac{dX}{X^*-X}=\frac{K_X a\Omega}{L}dZ \tag{6-58}$$

对于稳定操作的吸收塔，且为低浓度气体吸收过程时，L、V、a 及 Ω 既不随时间变化，也不随截面位置变化；K_Y、K_X 也可视为常数，于是在全塔范围内对式（6-57）和式（6-58）积分，可得

$$\int_{Y_2}^{Y_1}\frac{dY}{Y-Y^*}=\frac{K_Y a\Omega}{V}\int_0^Z dZ$$

$$\int_{X_2}^{X_1}\frac{dX}{X^*-X}=\frac{K_X a\Omega}{L}\int_0^Z dZ$$

整理得

$$Z=\frac{V}{K_Y a\Omega}\int_{Y_2}^{Y_1}\frac{\mathrm{d}Y}{Y-Y^*} \tag{6-59}$$

$$Z=\frac{L}{K_X a\Omega}\int_{X_2}^{X_1}\frac{\mathrm{d}X}{X^*-X} \tag{6-60}$$

式（6-59）和式（6-60）即为低浓度气体吸收时计算填料层高度的基本关系式。式中单位体积填料层所提供的有效接触面积 a 与比表面积 σ 不一定相等。a 不仅是设备尺寸和填料特性的函数，而且还受流体物性和流动状况的影响。要直接测出 a 值是困难的，因此在吸收计算中常把 a 与吸收系数的乘积视为一体，称为体积吸收系数。$K_Y a$ 称为气相总体积吸收系数，$K_X a$ 称为液相总体积吸收系数，其单位均为 $\mathrm{kmol\cdot m^{-3}\cdot s^{-1}}$。$K_Y a$、$K_X a$ 可由实验直接测定得到。体积吸收系数的物理意义是在单位推动力下，单位时间、单位体积填料层内吸收的吸收质的量。

（二）传质单元高度和传质单元数

由式（6-59）和式（6-60）可以看出，式中积分项的分子和分母单位相同，是一个无因次的数群，其值随填料塔所达到的浓度变化以及所具有的推动力的大小而定，工程上称为传质单元数，即

气相总传质单元数

$$N_{OG}=\int_{Y_2}^{Y_1}\frac{\mathrm{d}Y}{Y-Y^*} \tag{6-61}$$

液相总传质单元数

$$N_{OL}=\int_{X_2}^{X_1}\frac{\mathrm{d}X}{X^*-X} \tag{6-62}$$

由式（6-59）和式（6-60）还可以看出，等号右端因式 $V/(K_Y a\Omega)$ 和 $L/(K_X a\Omega)$ 的单位均为 m，常称为传质单元高度，表示一个传质单元需要的填料层高度，即

气相总传质单元高度

$$H_{OG}=\frac{V}{K_Y a\Omega} \tag{6-63}$$

液相总传质单元高度

$$H_{OL}=\frac{L}{K_X a\Omega} \tag{6-64}$$

于是填料层的高度基本计算式可表示为

$$Z=H_{OG}N_{OG} \tag{6-65}$$

或

$$Z=H_{OL}N_{OL} \tag{6-66}$$

填料层高度是传质单元数与传质单元高度的乘积。这种表示只是变量间的某种组合，并无本质的改变。但这样处理有明显的优点，可以较快估计吸收过程的难易以及吸收设备效能的高低。传质单元数中所含的变量只与物系的相平衡以及进出口浓度有关，与设备的型式和设备内的操作条件等无关，其值的大小反映了吸收质被吸收的难易程度。若要求气体浓度变化越大，吸收过程的平均推动力越小，则意味着吸收过程的分离难度越大，所需的传质单元数越多。反之，则分离难度小，传质单元数少。在填料塔设计中，若计算的传质单元数偏大，则可改变吸收剂种类或改变操作温度与压力，以改

变相平衡关系，增大吸收推动力，使传质单元数减小，从而达到降低填料层高度的目的。

传质单元高度表示完成一个传质单元需要的填料层高度，其大小是由吸收过程的条件所决定的。其中，V、L 是由工艺要求确定的；Ω 是根据塔中允许的流体流速确定的；K_Ya、K_Xa 的大小反映传质阻力的大小、填料性能的优劣及表面润湿情况的好坏，即与设备的型式和设备内的操作条件有关，是吸收设备效能高低的反映。吸收过程的传质阻力愈大，填料有效表面积愈小，则每个传质单元所相当的填料层高度就愈大。通常，对于每种填料，在不同的操作条件下，传质单元高度值的变化幅度要比 K_Ya、K_Xa 的变化小，常用吸收设备传质单元高度约为 0.15～1.5m，具体数值需由实验测定。在填料塔设计中，若计算的传质单元高度值偏大，则可改用高效填料，使传质单元高度减小，以降低填料层高度。

思考

10. 什么是液泛气速？影响液泛气速的因素有哪些？
11. 什么是传质单元高度和传质单元数？简述其物理意义。

（三）传质单元数的计算

计算填料层高度的关键问题在于如何计算传质单元数，即积分 $\int_{Y_2}^{Y_1}\frac{\mathrm{d}Y}{Y-Y^*}$ 或 $\int_{X_2}^{X_1}\frac{\mathrm{d}X}{X^*-X}$ 的求算，下面介绍几种常用的方法。

1. 图解积分法 图解积分法是直接根据定积分的几何意义引出的一种计算传质单元数的方法。是适用性最广的一种基本方法，以气相总传质单元数计算为例介绍其基本原理。

根据式（6-61），即 $N_{OG}=\int_{Y_2}^{Y_1}\frac{\mathrm{d}Y}{Y-Y^*}$，式中 Y^* 与 X 之间存在相平衡关系，而任一截面上的 Y 与 X 之间又具有操作关系。所以，已知进出口气、液相的比物质的量分率，便可在 Y-X 图上作出该操作范围内的平衡线和操作线，根据不同的 X 值在操作线上选取不同的 Y 值，再从平衡线上查得与其对应的 Y^* 值，由此可求出相应截面上的推动力（$Y-Y^*$）值，继而求出 $1/(Y-Y^*)$ 的数值。再在直角坐标系里将 $1/(Y-Y^*)$ 与 Y 对应的数值进行标绘，所得函数曲线与 $Y=Y_1$、$Y=Y_2$ 及 $1/(Y-Y^*)=0$ 三条直线之间所包围的面积，便是定积分 $\int_{Y_2}^{Y_1}\frac{\mathrm{d}Y}{Y-Y^*}$ 的值，也就是气相总传质单元数 N_{OG}，如图 6-14 所示。用同样方法可求得 N_{OL}。

例题 6-6 硫铁矿焙烧炉所得气体的组成为 SO_2 9%，O_2 9%，N_2 82%。在 20℃和常压下用清水吸收，处理的气体量为 $1\mathrm{m^3\cdot s^{-1}}$，要求 SO_2 回收率为 95%，吸收用液气比为最小液气比的 120%，在该吸收塔操作条件下 SO_2-H_2O 体系的平衡数据如下。

$X\times10^3$	0.056	0.141	0.281	0.422	0.563	0.844	1.410	1.970	2.810	4.220
$Y\times10^2$	0.066	0.158	0.423	0.763	1.130	1.890	3.550	5.410	8.420	13.770

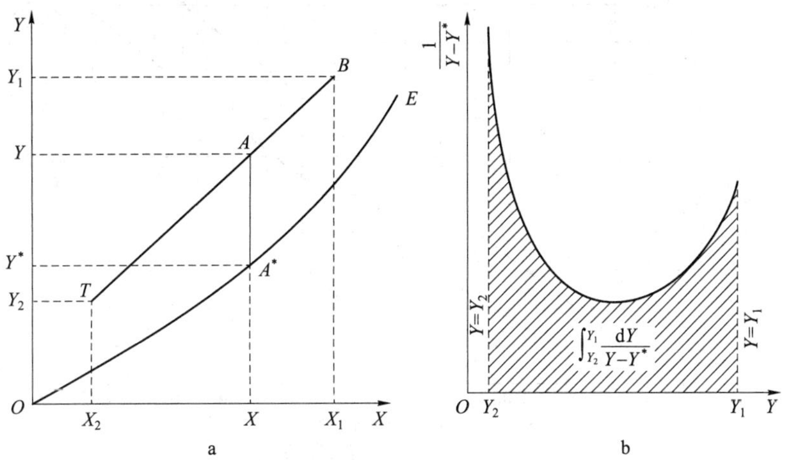

图 6-14　图解积分法求传质单元数

计算：（1）吸收所得溶液的浓度和吸收用水量；（2）气相推动力表示的传质单元数。

解：根据所给 X、Y 数据作出平衡线图。见例题 6-6 附图 a 中的 *OE* 线。

（1）求算吸收所得溶液的浓度和吸收用水量

求出塔底和塔顶两相组成

$$Y_1=\frac{0.09}{1-0.09}=0.099$$

$$Y_2=0.099\times(1-0.95)=0.00495$$

$$X_2=0$$

$$X_1^*=0.00318(\text{由平衡线上 }Y_1\text{查得})$$

实际液气比为最小液气比的 120%，由于

$$\left(\frac{L}{V}\right)_{\min}=\frac{Y_1-Y_2}{X_1^*-X_2}$$

求出 $(L/V)_{\min}$后，再根据

$$1.2\times\left(\frac{L}{V}\right)_{\min}=\frac{Y_1-Y_2}{X_1-X_2}$$

解得

$$X_1=0.00265$$

通过塔底（0.00265，0.099）和塔顶（0，0.00495）两点，在相图中作出操作线，如例题 6-6 附图 a 中的Ⅰ-Ⅱ线所示。

求吸收用水量，先求惰性气体的摩尔流量

$$V=\frac{1}{22.4}\times(100-9)\%\times\frac{273}{293}=0.0379\text{kmol}\cdot\text{s}^{-1}$$

SO_2被吸收的量为

$$N=V(Y_1-Y_2)=0.0379\times(0.099-0.00495)$$
$$=0.00356\ \text{kmol}\cdot\text{s}^{-1}$$

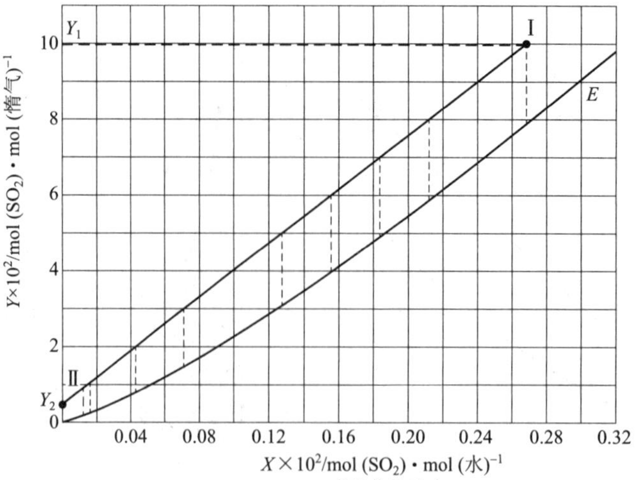

a. 求吸收推动力

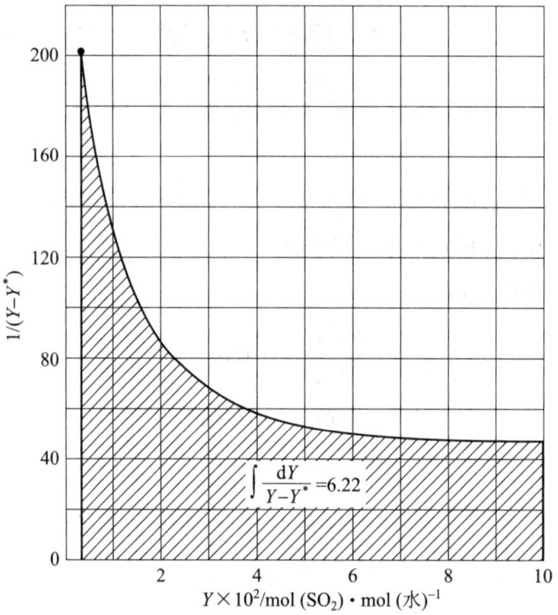

b. 图解积分

例题 6-6 附图

实际用水量为

$$L=\frac{V(Y_1-Y_2)}{X_1-X_2}=\frac{0.00356}{0.00265}=1.34\text{kmol}\cdot\text{s}^{-1}$$

（2）求气相推动力表示的传质单元数　传质单元数采用图解积分法求算。先从操作线和平衡线间在 $Y_1=0.099$ 和 $Y_2=0.00495$ 范围求得各 Y 及其对应的垂直距离（$Y-Y^*$）及 $1/(Y-Y^*)$，见例题 6-6 附表。

在直角坐标纸上标绘附表中各组 Y 与 $1/(Y-Y^*)$ 的对应数据，并将各点联成一条曲线。见例题 6-6 附图 b，求得函数曲线与 $Y=Y_1$、$Y=Y_2$ 及 $1/(Y-Y^*)=0$ 3 条曲线之间所包围的面积总计为 31.1 个小方格，而每个小方格所相当的面积为 $20\times0.01=0.2$，即

$$N_{OG}=\int_{Y_2}^{Y_1}\frac{dY}{Y-Y^*}=31.1\times0.2=6.22$$

例题 6-6 附表

Y	Y^*	$Y-Y^*$	$1/(Y-Y^*)$
0.00495	0	0.00495	202
0.008	0.001	0.007	143
0.010	0.002	0.008	125
0.020	0.008	0.012	83
0.030	0.015	0.015	67
0.040	0.023	0.017	59
0.050	0.031	0.019	53
0.060	0.0405	0.0195	51
0.070	0.050	0.020	50
0.080	0.0595	0.0205	49
0.090	0.069	0.021	48
0.099	0.078	0.021	48

2. 解析法

（1）对数平均推动力法　在吸收过程中，若相平衡关系可用线性方程表示，即 $Y^*=mX+b$，或相平衡关系服从亨利定律，即 $Y^*=mX$，则可根据塔顶及塔底两个端面上的吸收推动力求出全塔内吸收推动力的对数平均值，进而求得传质单元数。下面以计算气相总传质单元数为例，说明用对数平均推动力法求传质单元数。

$$N_{OG}=\int_{Y_2}^{Y_1}\frac{dY}{Y-Y^*}$$

式中的（$Y-Y^*$）是吸收推动力，填料层下端面的推动力为 $\Delta Y_1=Y_1-Y_1^*$，上端面的推动力为 $\Delta Y_2=Y_2-Y_2^*$，令填料层上、下端面间的气相对数平均推动力为 ΔY_m，其计算式在平衡关系为直线时可推导为

$$\Delta Y_m=\frac{(Y_1-Y_1^*)-(Y_2-Y_2^*)}{\ln\dfrac{Y_1-Y_1^*}{Y_2-Y_2^*}}=\frac{\Delta Y_1-\Delta Y_2}{\ln\dfrac{\Delta Y_1}{\Delta Y_2}} \tag{6-67}$$

吸收塔内某微元填料层的吸收速率方程式为

$$dN=K_Y(Y-Y^*)dA$$

其物料衡算式为

$$dN=-VdY$$

在稳定吸收操作中 dN 不变，则

$$-VdY=K_Y(Y-Y^*)dA$$

积分得

$$A=\frac{V}{K_Y}\int_{Y_2}^{Y_1}\frac{dY}{Y-Y^*} \tag{6-68}$$

同理，由全塔物料衡算式和吸收速率方程式可得

$$N=V(Y_1-Y_2)=K_YA\Delta Y_m$$

所以

$$A=\frac{V(Y_1-Y_2)}{K_Y\Delta Y_m} \tag{6-69}$$

将式（6-68）代入式（6-69）中，整理得

$$\int_{Y_2}^{Y_1}\frac{dY}{Y-Y^*}=\frac{Y_1-Y_2}{\Delta Y_m}$$

因为

$$N_{OG}=\int_{Y_2}^{Y_1}\frac{dY}{Y-Y^*}$$

所以

$$N_{OG}=\frac{Y_1-Y_2}{\Delta Y_m} \tag{6-70}$$

采用上述同样的推导方法，液相传质单元数和液相对数平均推动力的计算式为

$$N_{OL}=\frac{X_1-X_2}{\Delta X_m} \tag{6-71}$$

式中

$$\Delta X_m=\frac{(X_1^*-X_1)-(X_2^*-X_2)}{\ln\dfrac{X_1^*-X_1}{X_2^*-X_2}}=\frac{\Delta X_1-\Delta X_2}{\ln\dfrac{\Delta X_1}{\Delta X_2}} \tag{6-72}$$

若 $1/2\leqslant\Delta Y_1/\Delta Y_2\leqslant 2$ 或 $1/2\leqslant\Delta X_1/\Delta X_2\leqslant 2$，则相应的对数平均推动力可用算术平均推动力代替而不会在计算中带来大的误差，即

$$\Delta Y_m=\frac{\Delta Y_1+\Delta Y_2}{2}$$

$$\Delta X_m=\frac{\Delta X_1+\Delta X_2}{2}$$

（2）脱吸因数法　如果吸收过程所涉及的浓度区间内的平衡线是直线，则利用平衡关系及操作关系对式（6-61）及式（6-62）进行积分，推导出相应的解析式，用来计算传质单元数。现以气相总传质单元数的求算为例。

吸收过程中的平衡关系为

$$Y^*=mX+b$$

由逆流吸收塔的操作线方程得

$$X=X_2+\frac{V}{L}(Y-Y_2)$$

将上二式代入式（6-61）中

$$N_{OG}=\int_{Y_2}^{Y_1}\frac{dY}{Y-Y^*}=\int_{Y_2}^{Y_1}\frac{dY}{Y-(mX+b)}$$

$$=\int_{Y_2}^{Y_1}\frac{dY}{Y-m\left[\dfrac{V}{L}(Y-Y_2)+X_2\right]-b}$$

$$=\int_{Y_2}^{Y_1}\frac{dY}{\left(1-\dfrac{mV}{L}\right)Y+\left[\dfrac{mV}{L}Y_2-(mX_2+b)\right]}$$

令

$$S=\frac{mV}{L}$$

则

$$N_{OG} = \int_{Y_2}^{Y_1} \frac{dY}{(1-S)Y + (SY_2 - Y_2^*)}$$

积分并整理，得

$$N_{OG} = \frac{1}{(1-S)} \ln\left[(1-S)\frac{Y_1 - Y_2^*}{Y_2 - Y_2^*} + S\right] \tag{6-73}$$

式中，S 为脱吸因数，是平衡线的斜率 m 与操作线的斜率 L/V 的比值，无因次。

此式即为脱吸因数法求算气相总传质单元数的计算式。从式中可以看出，N_{OG} 是 S 与 $(Y_1-Y_2^*)/(Y_2-Y_2^*)$ 的函数，当 S 值一定时，N_{OG} 与 $(Y_1-Y_2^*)/(Y_2-Y_2^*)$ 之间存在一一对应关系。为了方便计算，以 S 为参变量，在半对数坐标系中标绘 N_{OG} 与 $(Y_1-Y_2^*)/(Y_2-Y_2^*)$ 的关系曲线，得到如图 6-15 所示的曲线簇。若已知 V、L、Y_1、Y_2、X_2 及相平衡关系，用此图可以简捷的求出 N_{OG}。

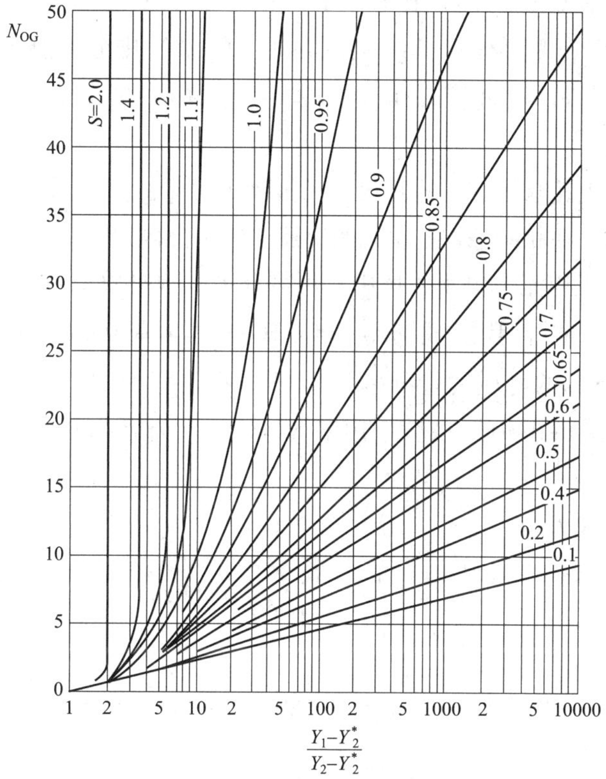

图 6-15　N_{OG} 与 $\frac{Y_1-Y_2^*}{Y_2-Y_2^*}$ 的关系曲线

脱吸因数 S 值反映吸收推动力的大小。在 Y_1、Y_2、X_2 及平衡线斜率 m 分别相同的情况下，S 值愈大，相应的液气比 L/V 愈小，操作线距平衡线愈近，即吸收推动力愈小，N_{OG} 值必然增大。反之，若 S 值减小，则 N_{OG} 值变小。

在图 6-15 中，横坐标 $(Y_1-Y_2^*)/(Y_2-Y_2^*)$ 值的大小，反映溶质吸收率的高低。在进塔的气、液组成一定的情况下，若要求的吸收率愈高，Y_2 便愈小，横坐标值便愈大，对应于同一 S 值下的 N_{OG} 值也就愈大。

一般情况下，图 6-15 用于 N_{OG} 值的求算及其他有关吸收过程的分析估算非常方便。但必须指出的是，只有在$(Y_1-Y_2^*)/(Y_2-Y_2^*)\geqslant 20$及$S\leqslant 0.75$范围内使用时，结果较为准确，否则误差较大。此时仍需利用式（6-73）直接计算。

当$S=1$时，操作线和平衡线相互平行，不能利用式（6-73）计算N_{OG}，此时因全塔内不同截面上推动力处处相等，故平均推动力可取为

$$\Delta Y_m=\Delta Y_1=\Delta Y_2$$
$$N_{OG}=\frac{Y_1-Y_2}{\Delta Y_1}=\frac{Y_1-Y_2}{\Delta Y_2} \tag{6-74}$$

同理，可导出液相总传质单元数N_{OL}的计算式，即

$$N_{OL}=\frac{1}{(1-A)}\ln\left[(1-A)\frac{Y_1-Y_2^*}{Y_1-Y_1^*}+A\right] \tag{6-75}$$

式中，$A=L/mV$，称为吸收因数，是操作线的斜率L/V与平衡线的斜率m的比值，无因次。A为脱吸因数S的倒数，此式多用于脱吸操作的计算。

将式（6-75）与式（6-73）比较可以看出，二者具有同样的函数形式，只是式（6-73）中的N_{OG}、$(Y_1-Y_2^*)/(Y_2-Y_2^*)$与S在式（6-75）中分别换成了N_{OL}、$(Y_1-Y_2^*)/(Y_2-Y_2^*)$与A。由此可知，若将图6-15用于表示$N_{OL}-(Y_1-Y_2^*)/(Y_2-Y_2^*)$的关系（$A$为参变量），将同样适用。

应该指出的是，上述求算N_{OG}的对数平均推动力法和脱吸因数法，实质上是同一种方法的二种不同的形式。在相同条件下，利用上述二法，会得到完全相同的结果。

例题6-7 在常压逆流填料吸收塔中，用循环吸收剂吸收混合气中的SO_2。进塔吸收剂流量为$2000\text{kmol}\cdot\text{h}^{-1}$，其组成为每100g H_2O中含有0.5g SO_2，混合气的流量为$90\text{kmol}\cdot\text{h}^{-1}$，其中$SO_2$的物质的量分率为0.09，吸收率为80%。在操作条件下物系的平衡关系为：$Y^*=18X-0.01$。试分别用平均推动力法和脱吸因数法求出气相总传质单元数。

解：进塔气相组成为

$$Y_1=\frac{y_1}{1-y_1}=\frac{0.09}{1-0.09}=0.0989$$

出塔气相组成为

$$Y_2=Y_1(1-\varphi_A)=0.0989\times(1-0.8)=0.0198$$

进塔吸收剂组成为

$$X_2=\frac{\frac{0.5}{64}}{\frac{100}{18}}=0.00141$$

进塔惰性气体流量为

$$V=V'(1-y_1)=90\times(1-0.09)=81.9\text{kmol}\cdot\text{h}^{-1}$$

出塔液相组成为

$$X_1=\frac{V}{L}(Y_1-Y_2)+X_2$$
$$=\frac{81.9}{2000}\times(0.0989-0.0198)+0.00141=0.00465$$

（1）平均推动力法　气相总传质单元数可按下式计算

$$N_{OG}=\frac{Y_1-Y_2}{\Delta Y_m}$$

$$Y_1^*=18X_1-0.01=18\times0.00465-0.01=0.0737$$

$$Y_2^*=18X_2-0.01=18\times0.00141-0.01=0.0154$$

$$\Delta Y_1=Y_1-Y_1^*=0.0989-0.0737=0.0252$$

$$\Delta Y_2=Y_2-Y_2^*=0.0198-0.0154=0.0044$$

$$\Delta Y_m=\frac{\Delta Y_1-\Delta Y_2}{\ln\frac{\Delta Y_1}{\Delta Y_2}}=\frac{0.0252-0.0044}{\ln\frac{0.0252}{0.0044}}=0.0119$$

所以

$$N_{OG}=\frac{Y_1-Y_2}{\Delta Y_m}=\frac{0.0989-0.0198}{0.0119}=6.65$$

（2）脱吸因数法　脱吸因数为

$$S=\frac{mV}{L}=\frac{18\times81.9}{2000}=0.737$$

则气相总传质单元数为

$$N_{OG}=\frac{1}{1-S}\ln\left[(1-S)\frac{Y_1-Y_2^*}{Y_2-Y_2^*}+S\right]$$

$$=\frac{1}{1-0.737}\ln\left[(1-0.737)\frac{0.0989-0.0154}{0.0198-0.0154}+0.737\right]$$

$$=6.64$$

两种方法的计算结果相当接近。

（四）传质单元高度的计算

由式（6-63）和式（6-64）可知，气、液相总传质单元高度分别为

$$H_{OG}=\frac{V}{K_Ya\Omega}$$

$$H_{OL}=\frac{L}{K_Xa\Omega}$$

式中，K_Ya 为气相体积吸收总系数，kmol · m^{-3} · s^{-1}；K_Xa 为液相体积吸收总系数，kmol · m^{-3} · s^{-1}。

公式中的 V、L 是由工艺要求确定的；Ω 是根据塔中允许的流体流速确定的；a 由选用的填料和液体喷淋量确定的，当填料表面全部润湿时，a 可以认为近似等于填料比表面积 σ。因此，求出 K_Y 和 K_X 值后就可以计算传质单元高度。

K_Y 和 K_X 值可以根据 k_G、k_L 或 K_G、K_L 求取，而 k_G、k_L 或 K_G、K_L 则常用经验公式或准数关联式求算。

1. 吸收系数准数关联式的一般形式　根据较为广泛的物系、设备及操作条件下取得的实验数据，整理出若干无因次数群之间的关联式，以确定各种影响因素与吸收系数之间的函数关系。准数关联式具有较好的概括性，适用范围较广。但由于影响吸收过程的因素非

常复杂，又受实验条件的限制，现有的准数关联式在完备性、准确性及一致性等方面还存在一定的缺陷。在选用时要注意各准数关联式的具体应用条件及范围。

吸收系数的准数关联式一般形式为

$$Sh = ARe^m Sc^n Ga^q \tag{6-76}$$

式中，Sh 为施伍德（Sherwood）准数；Re 为雷诺（Reynolds）准数；Sc 为施密特（Schmidt）准数；Ga 为伽利略（Gallilio）准数。

（1）施伍德准数　传质中的施伍德准数 Sh 与传热中的努塞尔特准数 Nu 相当，包含待求的膜吸收分系数 k_G、k_L。

气相中的施伍德准数为

$$Sh_G = k_G \frac{l}{D} \frac{RTp_B}{P} \tag{6-77}$$

液相中的施伍德准数为

$$Sh_L = k_L \frac{l}{D'} \frac{c_S}{c_0} \tag{6-78}$$

式中，l 为特性尺寸，依关联式的不同，可以是填料的直径或是塔径，m；p_B 为相界面处与气相主体中的惰性组分的平均分压，kPa；P 为气相总压，kPa；c_S 为相界面处与液相主体中溶剂的平均浓度，kmol·m^{-3}；c_0 为溶液的总浓度，kmol·m^{-3}；D，D' 为吸收质在气、液相中的扩散系数，m^2·s^{-1}。

（2）施密特准数　传质中的施密特准数 Sc 与传热中的普兰德准数 Pr 相当，反映物性的影响，其表达式为

$$Sc = \frac{\mu}{\rho D} \tag{6-79}$$

式中，μ 为混合气体或溶液的黏度，Pa·s；ρ 为混合气体或溶液的密度，kg·m^{-3}；D 为吸收质的扩散系数，m^2·s^{-1}。

（3）雷诺准数　雷诺准数 Re 反映流体流动状况的影响。

气体通过填料层时的 Re 为

$$Re_G = \frac{d_e u_0 \rho}{\mu} \tag{6-80}$$

式中，d_e 为填料层的当量直径，m；u_0 为流体通过填料层的实际速率，m·s^{-1}。

d_e 与填料层的比表面积 σ、空隙率 ε 的关系为

$$d_e = \frac{4\varepsilon}{\sigma}$$

u_0 与空塔气速 u 的关系为

$$u_0 = \frac{u}{\varepsilon}$$

将上二式代入式（6-80）中，得

$$Re_G = \frac{d_e u_0 \rho}{\mu} = \frac{4\varepsilon\left(\frac{u}{\varepsilon}\right)\rho}{\mu\sigma} = \frac{4u\rho}{\sigma\mu} = \frac{4G}{\sigma\mu} \tag{6-81}$$

式中，G 为气体的空塔质量速率，kg·m^{-2}·s^{-1}。

同理，液体通过填料层时的 Re 为

$$Re_{L}=\frac{4W}{\sigma\mu} \tag{6-82}$$

式中，W 为液体的空塔质量速率，$kg \cdot m^{-2} \cdot s^{-1}$。

（4）伽利略准数　伽利略准数 Ga 反映液体受重力作用而沿填料表面向下流动时，所受重力和黏滞力的相对关系，其表达式为

$$Ga=\frac{gl^{3}\rho^{2}}{\mu^{2}} \tag{6-83}$$

2. 计算 k_G、k_L 的准数关联式　对气膜吸收分系数 k_G，关联式的基本形式为

$$Sh=ARe_{G}^{m}Sc_{G}^{n}$$

或

$$k_{G}=A\frac{DP}{RTlp_{B}}Re_{G}^{m}Sc_{G}^{n} \tag{6-84}$$

对常用的环型填料和易溶气体

若 $Re<300$，则

$$k_{G}=0.035\frac{DP}{RTlp_{B}}Re_{G}^{0.75}Sc_{G}^{0.5}$$

若 $Re>300$，则

$$k_{G}=0.015\frac{DP}{RTlp_{B}}Re_{G}^{0.9}Sc_{G}^{0.5}$$

对液膜吸收分系数 k_L，关联式的基本形式为

$$Sh=ARe_{L}{}^{m}Sc_{L}{}^{n}Ga^{q}$$

或

$$k_{L}=A\frac{c_{0}D'}{c_{s}l}Re_{L}^{m}Sc_{L}^{n}Ga^{q} \tag{6-85}$$

较为通用的液膜吸收分系数 k_L 的准数关联式为

$$k_{L}=0.0059A\frac{c_{0}D'}{c_{s}l}Re_{L}^{0.67}Sc_{L}^{0.33}Ga^{0.33}$$

3. 吸收系数的经验公式　吸收系数的经验公式是根据特定物系及特定条件下的实验数据得出的，用于规定条件范围之内也能得到可靠的计算结果。

（1）用水吸收氨　用水吸收氨属于易溶气体的吸收，此种吸收的主要阻力在气膜中，但液膜阻力仍占相当的比例，约 10% 或更多些。当填料塔中用水吸收氨和填料直径为 12.5mm 的陶瓷环时，计算气膜吸收分系数的经验公式为

$$k_{G}a=6.07\times10^{-4}G^{0.9}W^{0.39} \tag{6-86}$$

式中，$k_G a$ 为气膜体积吸收系数，$kmol \cdot m^{-3} \cdot h^{-1} \cdot kPa^{-1}$；$G$ 为气体的空塔质量速率，$kg \cdot m^{-2} \cdot s^{-1}$；$W$ 为液体的空塔质量速率，$kg \cdot m^{-2} \cdot s^{-1}$。

（2）用水吸收二氧化碳　用水吸收二氧化碳属于难溶气体的吸收，计算液膜吸收分系数的经验公式为

$$k_{L}a=2.57U^{0.96} \tag{6-87}$$

式中，$k_L a$ 为液膜体积吸收系数，h^{-1}；U 为喷淋密度，$m^3 \cdot m^{-2} \cdot h^{-1}$。

式（6-87）适用的范围为：吸收剂为水；温度为 21～27℃；填料直径为 10～32mm 的陶瓷环；喷淋密度为 $3\sim20m^3 \cdot m^{-2} \cdot h^{-1}$；气体的空塔质量速率为 $130\sim280kg \cdot m^{-2} \cdot s^{-1}$。

（3）用水吸收二氧化硫　用水吸收二氧化硫是具有中等溶解度的气体吸收，液膜阻力和气膜阻力在总阻力中都占有相当的比例。当气体的空塔质量速率为 $320\sim4150kg \cdot m^{-2} \cdot$

s^{-1}，液体的空塔质量速率为 4400～58500kg・m^{-2}・s^{-1} 和填料直径为 25mm 的环型填料时，计算膜体积吸收系数的经验公式为

$$k_G\,a=9.81\times10^{-4}G^{0.7}W^{0.25} \tag{6-88}$$

$$k_L\,a=aW^{0.82} \tag{6-89}$$

式中，a 为常数，无量纲，其值列于表 6-2。

表 6-2　不同温度时的 a 值

温度/℃	10	15	20	25	30
$a\times10^2$	0.93	1.02	1.16	1.28	1.43

4. 气相、液相传质单元高度的计算　在吸收质浓度较低的情况下，气相传质单元高度可按下式计算

$$H_G=\alpha G^{\beta}W^{\gamma}Sc_G^{0.5}$$

或

$$H_G=\frac{V}{k_Y a\Omega} \tag{6-90}$$

式中，H_G为气相传质单元高度（对应于气膜吸收系数 k_Y），m；α、β、γ 为取决于填料类型尺寸的常数。

在吸收质浓度及气速都较低的情况下，液相传质单元高度可按下式计算

$$H_L=\alpha\left(\frac{W}{\mu}\right)^{\beta}Sc_L^{0.5}$$

或

$$H_L=\frac{L}{k_X a\Omega} \tag{6-91}$$

式中，H_L为液相传质单元高度（对应于液膜吸收系数 k_X），m；α、β 为取决于填料类型尺寸的常数。

例题 6-8　温度为 293K，压强为 101.3kPa，填料塔中填充直径为 25mm 拉西环，用水吸收混于空气中的低浓度的氨气。单位塔截面积上气相质量速率为 0.339 kg・m^{-2}・s^{-1}，液相质量速率为 2.453 kg・m^{-2}・s^{-1}。气、液相平衡关系为 $Y^*=1.20X$。试估算传质单元高度 H_G、H_L及气相体积吸收总系数 $K_Y a$。

已知在温度为 293K，压强为 101.3kPa 时，空气的黏度 $\mu=1.81\times10^{-5}$Pa・s，密度 $\rho=1.205$kg・m^{-3}，氨在空气中的扩散系数 $D=1.89\times10^{-5}m^2$・s^{-1}，式（6-90）中的常数 $\alpha=0.557$、$\beta=0.82$、$\gamma=-0.51$；水的黏度 $\mu=100.4\times10^{-5}$Pa・s，密度 $\rho=998$kg・m^{-3}，氨在水中的扩散系数 $D'=1.76\times10^{-9}m^2$・s^{-1}，式（6-91）中的常数 $\alpha=2.35\times10^{-3}$、$\beta=0.22$。

解：气相中施密特准数为

$$Sc_G=\frac{\mu}{\rho D}=\frac{1.81\times10^{-5}}{1.205\times1.89\times10^{-5}}=0.795$$

将各已知数据代入式（6-90）中，得

$$\begin{aligned}H_G&=\alpha G^{\beta}W^{\gamma}Sc_G^{0.5}\\&=0.557\times0.339^{0.82}\times2.543^{-0.51}\times0.795^{0.5}\\&=0.218\text{m}\end{aligned}$$

则气膜体积吸收系数

$$k_Y a=\frac{V}{H_G\Omega}=\frac{\frac{0.339}{29}}{0.218\times1}=0.0536\text{kmol}\cdot\text{m}^{-3}\cdot\text{s}^{-1}$$

液相中施密特准数为

$$Sc_{\mathrm{L}}=\frac{\mu}{\rho D'}=\frac{100.4\times10^{-5}}{998\times1.76\times10^{-9}}=571.6$$

将各已知数据代入式（6-91）中，得

$$H_{\mathrm{L}}=\alpha\left(\frac{W}{\mu}\right)^{\beta}Sc_{\mathrm{L}}^{0.5}$$

$$=2.35\times10^{-3}\times\left(\frac{2.543}{100.4\times10^{-5}}\right)^{0.22}\times571.6^{0.5}=0.315\mathrm{m}$$

则液膜体积吸收系数

$$k_{\mathrm{X}}a=\frac{L}{H_{\mathrm{L}}\Omega}=\frac{\frac{2.543}{18}}{0.315\times1}=0.449\mathrm{kmol\cdot m^{-3}\cdot s^{-1}}$$

根据总体积吸收系数与膜体积吸收系数的关系，有

$$\frac{1}{K_{\mathrm{Y}}a}=\frac{1}{k_{\mathrm{Y}}a}+\frac{m}{k_{\mathrm{X}}a}=\frac{1}{0.0536}+\frac{1.20}{0.499}=21.33$$

则

$$K_{\mathrm{Y}}a=\frac{1}{21.33}=0.0469\mathrm{kmol\cdot m^{-3}\cdot s^{-1}}$$

五、填料塔的附属设备

设计填料塔时，决定了主要工艺尺寸后，还要选用一定形式的附属设备，其中有液体进塔的分布装置、塔中液体再分布装置、填料支承装置、液体的出口和气体的出口除雾沫装置等。合理选择和设计填料塔的附属设备，可保证填料塔的正常操作和良好的性能。

（一）液体分布装置

液体分布在填料塔的操作中起非常重要的作用。若液体分布不均匀，即使选择了合适的填料，也必然减少填料的有效润湿表面积，从而降低了气、液两相的有效接触面，使塔的传质效率降低。因此，要求塔顶填料层上应有良好的液体初始分布，保证有足够数目且分布均匀的喷淋点，从喷淋均匀性上考虑，每 $30\mathrm{cm}^2$ 的塔截面上应有一个喷淋点，以防止塔内的壁流和沟流现象。

常用的液体分布装置有莲蓬式、盘式、齿槽式及多孔环管式分布器等。如图 6-16 所示。

1. 莲蓬式喷洒器　莲蓬式喷洒器俗称莲蓬头，如图 6-16a 所示。喷头的下部为半球形的多孔板，小孔的直径为 3~10mm，作同心圆排列，喷洒角不超过 80°，液体经小孔喷出。此种喷洒器结构简单，适用于直径 600mm 以下的小型填料塔，其缺点是喷头小孔易堵塞，不宜处理污浊液体，而且液体的喷洒范围与压头密切相关。

2. 盘式分布器　盘式分布器是先将液体加至分布盘上，再由溢流管或筛孔均匀喷洒在整个塔截面上。盘底装垂直短管的称为溢流管式，如图 6-16b 所示，溢流管式自由截面积较大，且不易堵塞；盘底开有筛孔的称为筛孔式，如图 6-16c 所示，筛孔式的液体分布较好。

盘式分布器适用于直径 800mm 以上的塔中，分布盘的直径为塔径的 0.65~0.8 倍，但其制造、安装要求较高。

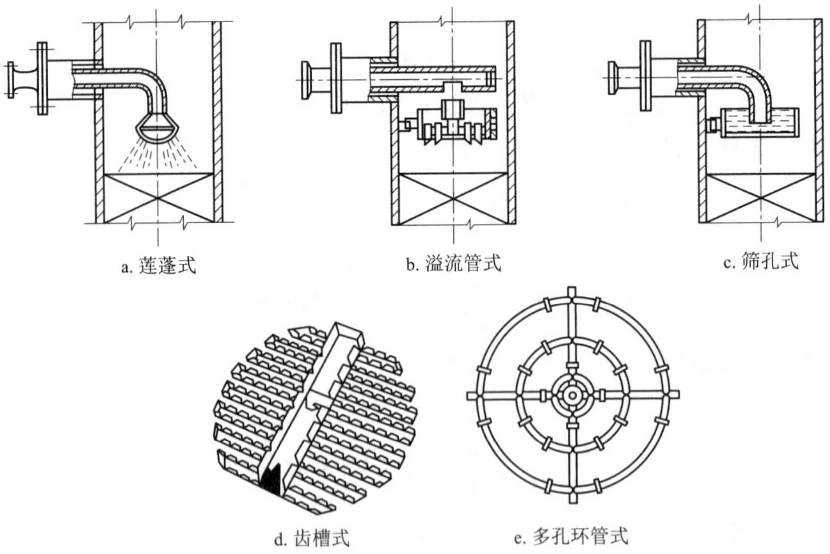

图 6-16　液体分布装置示意图

3. 齿槽式分布器　齿槽式分布器如图 6-16d 所示，上下两层，其齿槽成 90°错列，液体先经过主干齿槽向其下层各条形齿槽作一级分布，然后再向填料层上面二次分布。齿槽式分布器多用于直径较大的填料塔中，其优点是自由截面积大，不易堵塞。

4. 多孔环管式分布器　多孔环管式分布器是由多孔圆形盘管、连接管和中央进料管组成，如图 6-16e 所示。这种分布器一般在管底部钻有直径 3~6mm 的小孔，气体阻力小，但小孔易堵塞，适用于液体量小而气体量大、直径在 1.2m 以下的填料吸收塔。

（二）液体再分布装置

除塔顶液体的喷淋分布之外，填料层中液体的再分布是填料塔中的一个重要问题。操作中往往发现喷淋的液体在离填料层顶面一定距离处便开始向塔壁偏流，然后顺塔壁而下，塔中心处填料得不到润湿，形成了所谓“干锥体”的不正常现象，减少了气、液两相的有效接触面积。因此，填料塔内每隔一定距离必须设置液体再分布装置，以消除此种现象。

对于乱堆填料，偏流现象往往造成塔中心的填料不被润湿，塔径越小，这种现象越严重。为将流到塔壁处的液体重新汇集并引入塔中央区域，可在填料层内每隔一定高度设置液体再分布装置。每段填料层的高度因填料种类而异，拉西环填料可为塔径的 2.5~3 倍，鲍尔环填料及鞍形填料可为塔径的 5~10 倍，但通常填料层高度不应超过 6m。

对于整砌填料，因液体沿垂直方向流下，没有偏流现象，不需设置液体再分布装置，但对液体的初始分布要求较高。

常用的液体再分布装置为截锥式再分布器，如图 6-17 所示。图 6-17a 是将截锥式再分

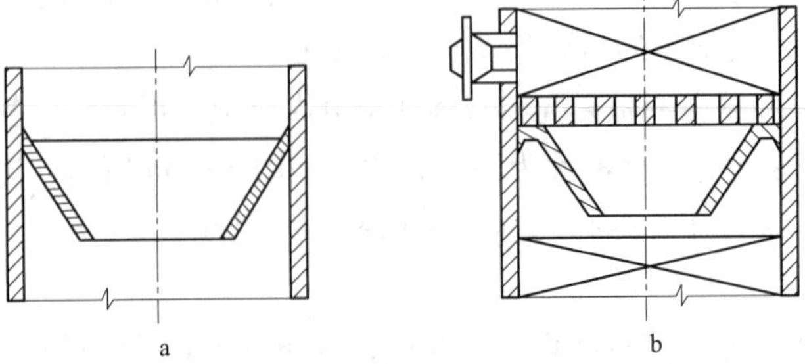

图 6-17　截锥式再分布器

布器焊结或搁置在塔体中，截锥筒体上下仍能全部放满填料，不占空间。当需要考虑分段卸出填料时，则可采用图 6-17b 所示的截锥式再分布器，其结构是在截锥筒体的上方加设支承板，截锥筒体的下面要隔一段距离再装填料。

截锥式再分布器适用于直径 0.8m 以下的填料塔中。

（三）填料支承装置

填料在塔内无论是乱堆还是整砌，均堆放在支承装置上。填料支承装置的作用是支承填料及其所持有液体的质量，故支承装置应有足够的机械强度。同时支承装置的自由截面积应大于填料层的自由截面积，以使气体和液体可顺利通过，避免在气速增大时首先在支承装置处发生液泛现象，保证填料塔的正常操作。

常用的填料支承装置有栅板式和升气管式，如图 6-18 所示。

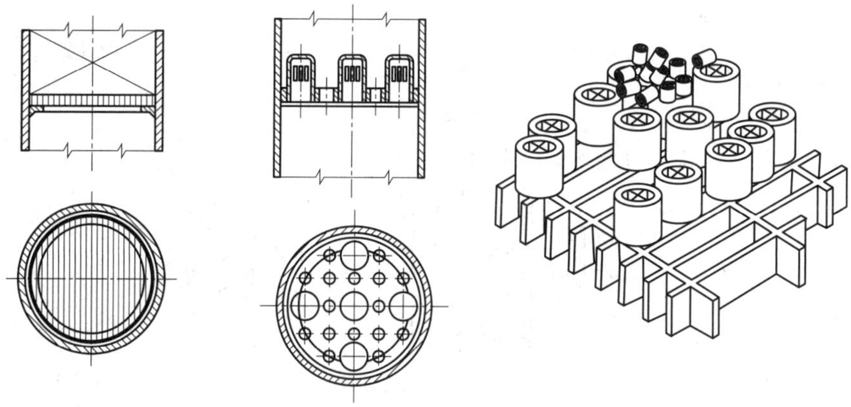

a. 栅板式　　b. 升气管式　　c. 十字隔板环层

图 6-18　填料支承装置示意图

栅板式支承装置是由竖立的扁钢条组成的，如图 6-18a 所示。扁钢条的间距一般为填料外径的 0.6~0.8 倍。在直径较大的塔中也可用较大的间距，但在装填料时，先在栅板上铺一层孔眼小于填料外径的粗金属网，防止填料从栅板条间隙漏下。在直径较大的塔中，也可以用较大的间距，上面先放一层整砌的十字陶瓷环，然后再在上面乱堆填料。如图 6-18c 所示。

为了克服支承装置的强度与自由截面积之间的矛盾，特别是为了适应高空隙率填料的要求，可采用升气管式支承装置，如图 6-18b 所示。在开孔板上装有一定数量的升气管，气体由升气管上升，通过气道顶部的孔及侧面的齿缝进入填料层，而液体则由支承板上小孔下流，气、液分道而行，气体流通面积可以很大。

若处理腐蚀性物料，支承装置可采用陶瓷多孔板。

（四）气体的出口装置

气体的出口装置既要保证气体流动畅通，又能除去被夹带的液体雾滴。因为雾滴夹带不但使吸收剂的消耗定额增加，而且容易堵塞管道，甚至危及后接工序，因此，在吸收塔顶部设有除沫装置，用来分离出口气体中所夹带的雾滴。常用的除沫装置有折流板除沫器和丝网除沫器。

1. 折流板除沫器　这种除沫装置结构简单、有效，通常与塔器构成一个整体，阻力小，不易堵塞。除雾板由 50mm×50mm×3mm 的角钢组成，板间横向距离为 25mm，能除去的雾滴最小直径为 0.05mm。如图 6-19a 所示。

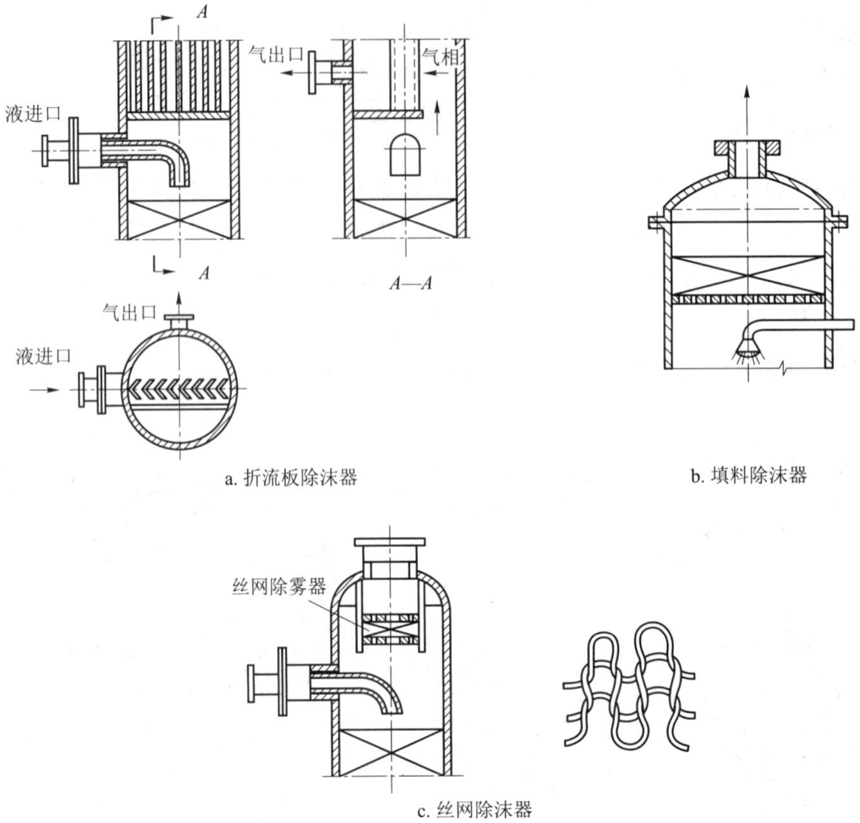

a. 折流板除沫器　　b. 填料除沫器

c. 丝网除沫器

图 6-19　除沫装置示意图

2. 填料除沫器　填料除沫器是在塔顶气体出口前，再通过一层填料，达到分离雾沫的目的。如图 6-19b所示。用于除沫的填料一般为环形，尺寸也比塔内填料小，这层填料的高度需根据除沫要求和容许压强降来决定。填料除沫器的效率较高，但阻力及占据空间较大。

3. 丝网除沫器　丝网除沫器分离效率高，阻力较小，所占空间不大。如图 6-19c 所示。支承丝网的栅板应具有90%的自由截面积。对直径大于0.05mm 雾滴，效率可达98%～99%。但不适用于液滴中含有或溶有固体物的场合，以免液相蒸发后固体产生堵塞现象。

在化工生产中，吸收操作最常用的设备除填料塔外，还广泛应用板式塔、湍球塔、喷洒式塔及吸收罐等其他类型的吸收设备。作为工业吸收设备至少应满足的条件为：①吸收速率要大；②所得吸收液的浓度要高；③排出气体中的吸收质的含量要尽可能的低；④气体通过吸收设备的阻力要小，以节省动力消耗；⑤制造设备的材料必须耐腐蚀。

第四节　其他吸收设备

一、工业用吸收罐

工业用吸收罐亦称表面吸收器。在吸收器中使气体掠过静止或缓慢流动的液体表面，吸收质在此过程中由气相主体转移到液相中。此类设备大部分都用陶瓷制作，根据不同的气体吸收，也可用石英、高分子化合物等材料制造，多为横卧圆筒状，如图 6–20 所示。吸收罐适用于小批量、间歇处理腐蚀性较强的物系。因其单位容积内的表面积较大，特别适宜处理吸收过程中需大量散热的气体吸收，如 HCl 的吸收。

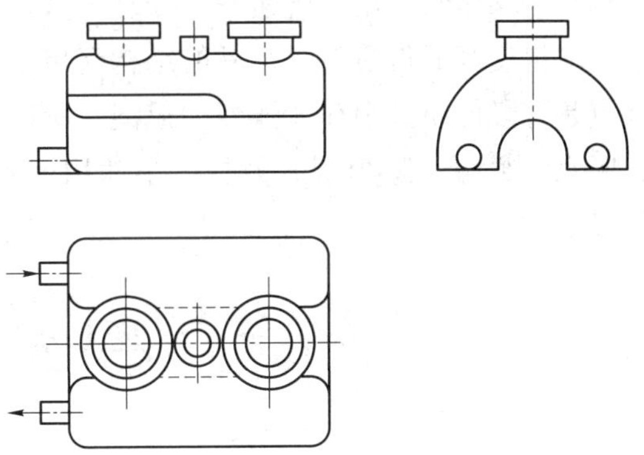
图 6–20　吸收罐示意图

二、喷洒式吸收器

喷洒式吸收器是将液体喷成细雾或液滴状分散于气体中，以增大气、液两相接触面积的一类设备。喷雾塔常用于易溶气体的吸收，喷雾装置可分为喷头式、机械离心式两大类。凡是可以用于湿法除尘的设备均可用于吸收，操作时既可逆流，也可并流。

文丘里洗涤器用于气体吸收时，具有体积小、喉部气速高、液气比小等特点，能处理大容量的气体，液体雾化效果好。如图 6–21 所示。这种设备用在气膜控制的系统较为有利，由于结构紧凑，常用于吸收工厂废气中的二氧化硫。

三、湍球塔

湍球塔是新发展的传质、传热和除尘设备，是将流化床的操作特点应用于气、液传质设备，设备中的填料处于流化状态，气、液传质在表面不断更新和强烈湍动下进行。

湍球塔的结构如图 6–22 所示。由支承栅板、球形填料、挡网和除沫装置等部分构成。湍球塔操作时，液体从塔顶喷淋，从塔底进入的气体通过支承栅板鼓泡通过液层使小球悬浮，形成湍动旋转和相互碰撞的任意方向的三相湍流和搅拌作用，不断更新液膜表面并冲刷掉球表面上的固体析出物，加强气、液接触，使传质迅速进行。塔顶装设的折流板除沫器和丝网除沫器拦阻气体所夹带的雾沫后，气体从塔顶排出。支承栅板上的液体经部分筛孔漏淋至下层并逐板传质后从塔底排出。

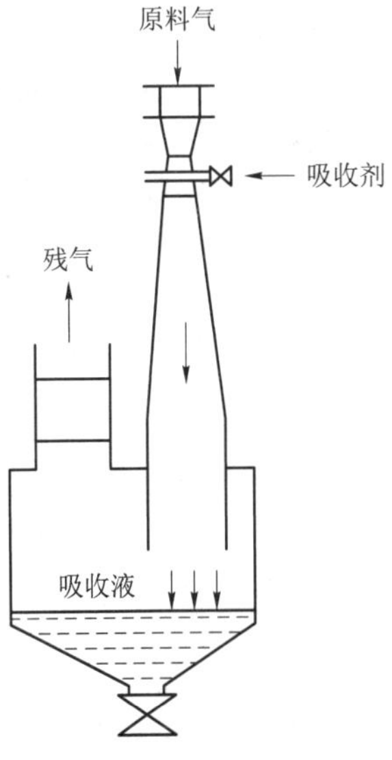

图 6–21　文丘里洗涤器

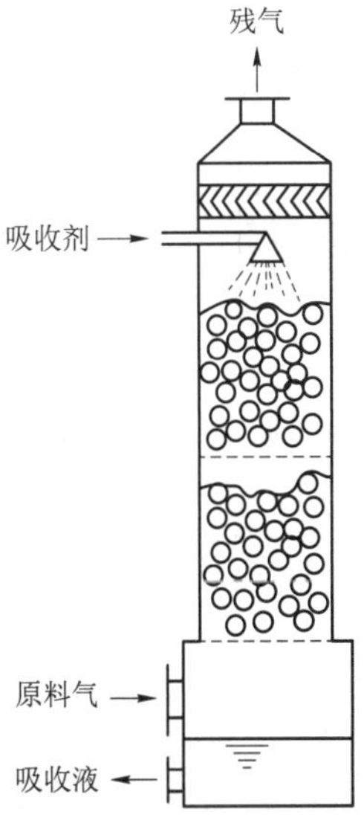

图 6–22　湍球塔示意图

湍球塔操作时采用的气速高，处理量大，气、液分布均匀，塔内湍动剧烈，能用较小的塔高取得良好的传质效果，塔的结构简单，重量轻，不易被固体和黏性物料堵塞。其主要缺点是每段传质区中存在强烈的返混，所以只适合于传质单元数不多的过程，如化学吸收、脱水、脱硫、除尘等。另外，小球用塑料制造，易溶胀和破裂，一般操作温度应在80℃以下。

重点小结

- 气体吸收
  - 基本概念
    - 定义
    - 应用
    - 亨利定律3种不同的表达形式
  - 传质分离过程
    - 分子、涡流、对流扩散
    - 双膜理论
    - 吸收速率方程式
      - 膜系数表示的速率方程式
      - 总系数表示的速率方程式
      - 比物质的量分率表示的总速率方程式
  - 工艺计算
    - 物料衡算和操作线方程
    - 吸收剂的用量与最小液气比
    - 填料层高度
      - 基本计算式
      - 传质单元高度
      - 传质单元数
        - 图解积分法
        - 解析法
          - 对数平均推动力法
          - 脱吸因数法
  - 填料塔
    - 填料的类型、性能
    - 空塔气速、液泛气速
    - 塔径计算

主要符号表

符　号	意　义	法定单位
A	传质面积	m^2
A	吸收因数	无因次
a	单位体积填料层的有效接触面积	$m^2 \cdot m^{-3}$
c	物质的量浓度	$kmol \cdot m^{-3}$
c^*	液相平衡浓度	$kmol \cdot m^{-3}$
c_S	吸收剂的浓度	$kmol \cdot m^{-3}$
D	塔径	m
D	扩散系数	$m^2 \cdot s^{-1}$
D'	液相中的扩散系数	$m^2 \cdot s^{-1}$
D_E	涡流扩散系数	$m^2 \cdot s^{-1}$
d	填料直径	m
d_e	填料的当量直径	m
E	亨利系数	Pa
G	气体的空塔质量速率	$kg \cdot m^{-2} \cdot s^{-1}$
Ga	伽利略准数	无因次
g	重力加速度	$m \cdot s^{-2}$
H	溶解度系数	$kmol \cdot m^{-3} \cdot kPa^{-1}$
H_G	气相传质单元高度	m
H_L	液相传质单元高度	m
H_{OG}	气相总传质单元高度	m
H_{OL}	液相总传质单元高度	m
K_G	气相吸收总系数	$kmol \cdot m^{-2} \cdot s^{-1} \cdot kPa^{-1}$
K_L	液相吸收总系数	$m \cdot s^{-1}$
K_Y	气相吸收总系数	$kmol \cdot m^{-2} \cdot s^{-1}$
K_X	液相吸收总系数	$kmol \cdot m^{-2} \cdot s^{-1}$
k_G	气膜吸收分系数	$kmol \cdot m^{-2} \cdot s^{-1} \cdot kPa^{-1}$
k_L	液膜吸收分系数	$m \cdot s^{-1}$
k_y	气膜吸收分系数	$kmol \cdot m^{-2} \cdot s^{-1}$
k_x	液膜吸收分系数	$kmol \cdot m^{-2} \cdot s^{-1}$
$K_Y a$	气相体积吸收总系数	$kmol \cdot m^{-3} \cdot s^{-1}$
$K_X a$	液相体积吸收总系数	$kmol \cdot m^{-3} \cdot s^{-1}$
$k_G a$	气膜体积吸收系数	$kmol \cdot m^{-3} \cdot h^{-1} \cdot kPa^{-1}$
$k_L a$	液膜体积吸收系数	h^{-1}

续表

符　号	意　义	法定单位
L	吸收剂用量	$kmol \cdot s^{-1}$
L_{min}	最小吸收剂用量	$kmol \cdot s^{-1}$
L_w	润湿速率	$m^3 \cdot m^{-1} \cdot s^{-1}$
l	特性尺寸	m
M	摩尔质量	$kg \cdot kmol^{-1}$
m	相平衡常数	无因次
N	传质速率	$kmol \cdot s^{-1}$
N_{OG}	气相总传质单元数	无因次
N_{OL}	液相总传质单元数	无因次
P	总压	kPa
p^*	气相平衡分压	kPa
p_B	组分分压	kPa
R	气体常数	$kJ \cdot kmol^{-1} \cdot K^{-1}$
Re	雷诺准数	无因次
S	脱吸因数	无因次
Sc	施密特准数	无因次
Sh	施伍德准数	无因次
T	温度	K
U	喷淋密度	$m \cdot h^{-1}$
u	空塔气速	$m \cdot s^{-1}$
u_0	流体通过填料层的实际速率	$m \cdot s^{-1}$
u_F	泛点气速	$m \cdot s^{-1}$
V	惰性气体流量	$kmol \cdot s^{-1}$
V_S	混合气体的体积流量	$m^3 \cdot s^{-1}$
W	液体的空塔质量速率	$kg \cdot m^{-2} \cdot s^{-1}$
w_V	气体的质量流量	$kg \cdot s^{-1}$
w_L	液体的质量流量	$kg \cdot s^{-1}$
X	组分在液相中比物质的量分率	无因次
x	组分在液相中物质的量分率	无因次
Y	组分在气相中比物质的量分率	无因次
y	组分在气相中物质的量分率	无因次
Z	填料层高度	m
z_G	气相有效滞流膜层厚度	m
z_L	液相有效滞流膜层厚度	m
α、β、γ	常数	无因次
δ	扩散层厚度	m

续表

符　号	意　义	法定单位
ε	空隙率	$m^3 \cdot m^{-3}$
μ	黏度	$Pa \cdot s$
ρ	密度	$kg \cdot m^{-3}$
σ	比表面积	$m^2 \cdot m^{-3}$
φ	填料因子	m^{-1}
φ_A	吸收率	无因次
Ω	塔截面积	m^2

习　题

文字题解

习题解

1. 在100g水中溶解1.5g氨气，试求：（1）液相中氨气的物质的量浓度c（$kmol \cdot m^{-3}$）；（2）物质的量分率x；（3）比物质的量分率X。

（答：$0.882kmol \cdot m^{-3}$；0.0156；0.0159）

2. 在常压、10℃时，环氧乙烷溶于水形成含环氧乙烷3%（物质的量分率）的溶液，气相中环氧乙烷的平衡分压为16.5kPa。已知此溶液服从亨利定律，试求：（1）该体系的亨利系数（kPa）；（2）溶解度系数（$kmol \cdot m^{-3}$）；（3）相平衡常数。

（答：550kPa；$1.01 \times 10^{-4} kmol \cdot m^{-3} \cdot Pa^{-1}$；5.43）

3. 在101.33kPa及20℃时，二氧化碳与空气混合气缓慢流过碳酸钠溶液的表面。空气不溶于碳酸钠溶液，二氧化碳透过1mm厚静止的空气层扩散到碳酸钠溶液中，在碳酸钠溶液的表面上，二氧化碳被迅速吸收，故相界面上二氧化碳的分压可视为零。若已知混合气中二氧化碳的物质的量分率为0.2，二氧化碳在空气中的分子扩散系数为$1.8 \times 10^{-5} m^2 \cdot s^{-1}$。试求：二氧化碳的分子扩散速率（$kmol \cdot s^{-1}$）。

（答：$1.67 \times 10^{-4}\ kmol \cdot s^{-1}$）

4. 一盘中盛有5mm厚的的水层，在20℃恒温蒸发并扩散到大气中，若扩散始终通过由盘中水面至盘上缘一层厚度为5mm的静止空气层，空气层以外的水蒸气的分压为零。20℃水在空气中的扩散系数为$0.257 \times 10^{-4} m^2 \cdot s^{-1}$，大气压强为101.3kPa。试估算蒸干水层所需的时间。

（答：16h）

5. 在100kPa、30℃时，用水吸收氨气。已知液相中氨的物质的量分率为0.05时，与之平衡的气相分压为6.7kPa，且气膜吸收分系数k_G为$8.34 \times 10^{-6} kmol \cdot m^{-2} \cdot s^{-1} \cdot kPa^{-1}$，液膜吸收分系数$k_L$为$1.83 \times 10^{-4} m \cdot s^{-1}$，试求：（1）气膜吸收分系数$k_y$（$kmol \cdot m^{-2} \cdot s^{-1}$）；（2）液膜吸收分系数$k_x$（$kmol \cdot m^{-2} \cdot s^{-1}$）；（3）气相吸收总系数$K_Y$（$kmol \cdot m^{-2} \cdot s^{-1}$）。并指出该过程的控制因素。

（答：$8.34 \times 10^{-4}\ kmol \cdot m^{-2} \cdot s^{-1}$；$1.02 \times 10^{-2}\ kmol \cdot m^{-2} \cdot s^{-1}$；$3.66 \times 10^{-4}\ kmol \cdot m^{-2} \cdot s^{-1}$）

6. 在一填料吸收塔中用清水吸收混合气体中的氨气。吸收塔的压强为106.6kPa，操作温度为293K，混合气入口流量为$1000m^3 \cdot h^{-1}$，其中氨气的体积百分数为6%，回收率为98%。气液平衡关系服从亨利定律，$Y=1.68X$，若吸收剂用量为最小吸收剂用量的1.38倍，试求：（1）适宜的液气比；（2）实际耗水量L；（3）氨水的最大浓度X。

（答：2.27；$1.68\times10^{3}kg\cdot h^{-1}$；$3.80\times10^{-2}$）

7. 发酵法生产乙醇时所排出的气体中含乙醇1%（物质的量分率），其余为二氧化碳、氮等惰性气体。在常压和40℃时，用回收的水吸收气体中的乙醇，水中含乙醇0.01%（物质的量分率），要求乙醇回收率达90%。水的用量为最小液气比的1.4倍。气、液平衡关系可近似地用$Y=1.068X$表示。试求吸收所需的气相传质单元数。

（答：6.4）

8. 在直径为0.8m的填料吸收塔中，在常压和20℃下用清水吸收空气与氨气混合气中的氨。混合气中氨的分压为1.5 kPa，惰性气体的质量流量为$0.4\ kg\cdot s^{-1}$，吸收剂的用量为最小用量的1.5倍，要求吸收率达到98%。其平衡关系为$Y=0.76X$。气相体积吸收总系数$K_{G}a$为$0.01\ kmol\cdot m^{-3}\cdot s^{-1}$。空气的平均摩尔质量为$29kg\cdot kmol^{-1}$。试求吸收塔的填料层高度。

（答：2.2m）

9. 直径为800mm的填料吸收塔，内装有6m高的ϕ50mm×50mm×4.5mm的乱堆瓷拉西环。在25℃、101.3kPa下操作时处理混合气的量为$2000m^{3}\cdot h^{-1}$。混合气含丙酮5%（物质的量分率），以清水为吸收剂。塔顶出口气含丙酮0.25%，塔底出口液为每千克水中含丙酮0.065kg。气、液平衡关系为$Y=2.0X$。若填料表面有90%被润湿，试求气相吸收总系数K_{Y}（$kmol\cdot m^{-2}\cdot s^{-1}$）。

（答：$7.0\times10^{-4}\ kmol\cdot m^{-2}\cdot s^{-1}$）

10. 在常压逆流填料吸收塔中，用清水吸收焦炉气中氨，焦炉气处理量为$5000m^{3}\cdot h^{-1}$。进塔气体组成y_{1}为0.0132，氨的回收率为99%，吸收剂的用量为最小用量的1.5倍。焦炉气入塔温度为30℃，空塔气速为$1.1m\cdot s^{-1}$。操作条件下的气、液平衡关系为$Y=1.2X$。气相体积吸收总系数$K_{G}a$为$200\ kmol\cdot m^{-3}\cdot s^{-1}$，试求：(1) 分别用平均推动力法和脱吸因数法求气相总传质单元数N_{OG}；(2) 填料层高度。

（答：10.74；7.68m）

11. 常压下用洗油吸收焦炉气中的苯。焦炉气含3%的苯，吸收后含苯0.02%。液气比为$5kg\cdot m^{-3}$，进塔的洗油不含苯，气相总传质单元高度为1.4m。平衡数据如下：

油中苯含量/%	0.05	0.10	0.50	1.00	2.00	3.00
气相中苯分压/kPa	0.013	0.033	0.20	0.53	1.33	3.33

试求塔的填料层高度。

（答：9m）

第七章　蒸　馏

扫码“学一学”

学习目标

1. **掌握**　连续精馏过程的基本原理、双组分溶液连续精馏的设计计算。
2. **熟悉**　连续精馏流程、精馏塔的精馏过程、塔板结构和类型。
3. **了解**　简单蒸馏、特殊精馏的基本原理和计算。

利用精馏塔将某种溶剂从与其相对挥发度较大的多元混合溶液中分离出来，是化工、制药生产中完成液体产品提纯、精制或从工业废水中回收有机溶剂时经常用到的单元操作。在实现这一操作前，必须要解决物料工艺参数（质量上为浓度、产量上为物质量等）和设备设计参数（质量上有塔高、产量上有塔径等）的确定问题。本章将对解决这些问题的原理、方式及方法分别进行以下的讨论。

第一节　概　述

蒸馏是分离均相液体混合物最常用的方法。例如在异维生素 C 钠原料药的生产中需要使用大量的有机溶媒甲醇，因而生产中产生了含甲醇 69.2%（摩尔分率）的废液。为降低原料单耗和生产成本，必须回收其中的甲醇以再利用。生产中是将废甲醇液连续加入图 7-1 所示的精馏塔中，使其经受多次部分气化、冷凝过程，最终塔顶可得到 99.1%（摩尔分率）以上的浓甲醇，塔底则得到含甲醇 2%（摩尔分率）以下的废水。

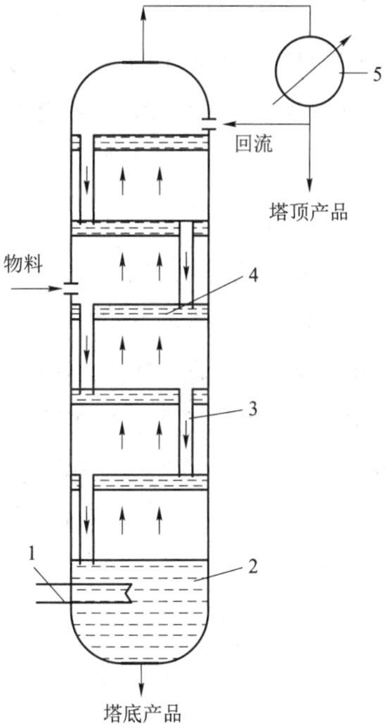

图 7-1　精馏塔示意图

1. 加热器；2. 再沸器；3. 溢流管；4. 筛板；5. 冷凝器

蒸馏是利用液体混合物中各组分挥发性的差异或沸点的差异来分离液体混合物的。例如：在容器中将苯和甲苯的混合液加热使之部分气化，由于苯的挥发性较甲苯高（即苯的沸点较甲苯低），气化出来的蒸气中苯浓度必然比原来溶液的高。当气、液达到平衡后，从容器中将蒸气抽出并使之冷凝，则可得到苯含量较高的冷凝液。显然，留下的残液中苯的浓度比原来溶液要低。这样，混合液就得到初步的分离。

蒸馏的分类方法如下。

（1）按照操作压力可分为常压、加压和减压蒸馏。

（2）按照原料的供给方式可分为间歇蒸馏和连续蒸馏，前者用于小规模生产，后者用于大规模生产，在制药生产中两者都常用。

（3）按照待分离混合物中组分的数目可分为两（双）组分蒸馏和多组分蒸馏。

（4）按照蒸馏方式可分为简单蒸馏、平衡蒸馏、精馏和特殊精馏。

由于精馏过程可以使混合液中各组分达到几乎完全的分离，故精馏在制药工业中广泛应用。

在制药工业中纯的两组分溶液的精馏虽较少，但多组分和两组分精馏的基本原理、计算方法均无本质区别，而两组分精馏计算较为简单，故常以两组分精馏原理为计算基础，然后引申用于多组分精馏的计算中。

本章讨论的重点是常压下两组分溶液连续精馏，而对其他几种蒸馏方式只作一般介绍。

第二节 基本概念

一、完全互溶液体混合物的相平衡

与吸收过程相似，蒸馏过程也是一种气液两相间的传质过程。其传质推动力常用组分在两相中的浓度（组成）与平衡时的偏离程度来衡量，其过程是以组分在两相中的浓度达到平衡为极限。可见，气液平衡关系是分析蒸馏原理和进行精馏计算的基础。

（一）拉乌尔定律

根据溶液中同分子间的作用力与异分子间的作用力的差异，可将溶液分为理想溶液和非理想溶液。实验表明，理想溶液的气液平衡关系遵循拉乌尔定律，即

$$p_A = p_A^0 x_A \tag{7-1a}$$

$$p_B = p_B^0 x_B = p_B^0 (1 - x_A) \tag{7-1b}$$

式中，p 为溶液上方组分的平衡分压，kPa；p^0 为同温度下纯组分的饱和蒸气压，kPa；x 为溶液中组分的摩尔分率。

（下标 A 表示易挥发组分，B 表示难挥发组分）

严格讲，理想溶液是不存在的。只有那些由物性和结构相似、分子大小相近的组分所组成的溶液，例如苯-甲苯、甲醇-乙醇、烃类同系物等可视为理想溶液。由于理想溶液的气液平衡关系相对简单，所以在实际应用时，常把偏差不大的非理想溶液，简化为理想溶液。

对理想溶液，亨利定律与拉乌尔定律变为一致，此时亨利常数 E 等于其饱和蒸气压 p^0 本身，蒸气压曲线在 $x=0\sim1$ 的范围内都为直线。

（二）温度-组成图

用蒸馏塔分离液体混合物时，多在一定外压下操作，沿塔高溶液的温度随组成不断变化，故溶液的温度-组成图是分析蒸馏原理的基础。

在总压 $P=101.3$kPa 下，苯-甲苯混合液的温度-组成 $t-(x-y)$ 图如图 7-2 所示。图中以温度 t 为纵坐标，以液相组成 x 或气相组成 y 为横坐标。图中有两条曲线，上方曲线为 $t-y$ 线，表示平衡时气相组成 y 与温度 t 之间的关系，此曲线称为饱和蒸气线。下方曲线为 $t-x$ 线，表示平衡时液相组成 x 与温度 t 之间的关系，此曲线称为饱和液体线。上述两条曲线将 $t-(x-y)$ 图分成三个区域。饱和液体线以下的区域代表未沸腾的液体，称为液相区；饱

和蒸气线上方的区域代表过热蒸气，称为过热蒸气区；二曲线包围的区域表示气液同时存在，称为气液共存区。

若将温度为 t_1、组成为 x_1（图中点 A 所示）的混合液加热，当温度升高到 t_2（J 点）时，溶液开始沸腾，此时产生第一个气泡，其组成为 y_1（D 点），相应的温度为泡点温度，因此饱和液体线又称泡点线。若继续加热，且不从物系中取出物料，达到 t_3（E 点）时，液相组成变为 x_2（F 点），蒸气组成则成为与液相平衡的 y_2（G 点），这时蒸气相的量较前增加，液相量则减少。温度继续上升到 t_4时，剩余的液相全部消失，在消失的瞬间液相组成为 x_3（C 点）。所得蒸气量即是最初混合液的全部量，其组成为 y_3（H 点），与最初混合液的组成 x_1 相同。若再继续加热至 H 点以上时，蒸气为过热蒸气，其组成不变，仍为 y_3。

反之，亦可从 B 点出发使混合气（组成为 y_3）冷却到 t_4（H 点）时，开始冷凝产生第一滴液体，相应的温度称为露点温度，因此饱和蒸气线又称为露点线。

对于偏差不大的非理想溶液，其 t-(x-y) 图与理想溶液的相仿。若为偏差极大的非理性溶液，可能出现恒沸点。例如乙醇-水、正丙醇-水等物系是具有很大正偏差溶液的典型例子；硝酸-水、三氯甲烷-丙酮等物系是具有很大负偏差溶液的典型例子。图 7-3为乙醇-水混合液的 t-(x-y) 图。由图 7-3 可见，液相线和气相线在点 M 处重合，即点 M 所示的两相组成相等。常压下点 M 处组成为 0.894，称为恒沸组成；相应的温度为 78.15℃，称为恒沸点。因点 M 处的温度比任何组成下溶液的沸点都低，故这种溶液又称为具有最低恒沸点的溶液。

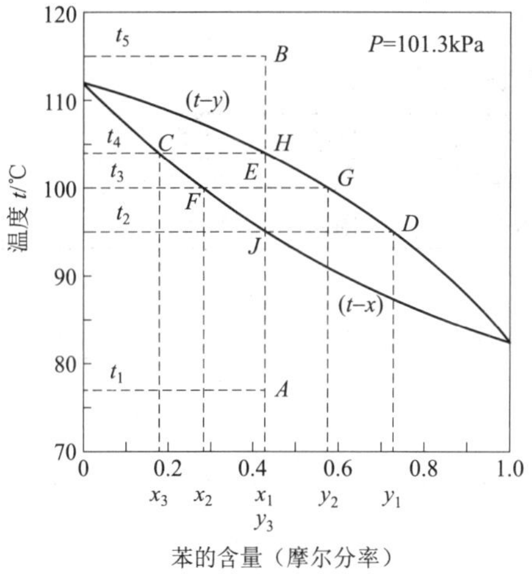

图 7-2 苯-甲苯混合液的 t-(x-y) 图

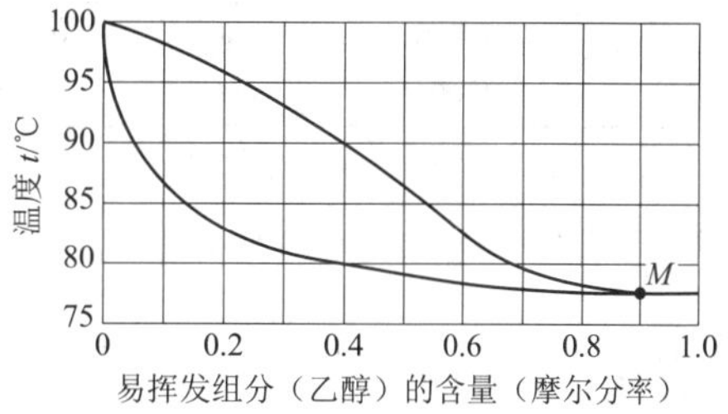

图 7-3 乙醇-水混合液的 t-(x-y) 图

例题 7-1 苯（A）与甲苯（B）的饱和蒸气压和温度关系数据见例题 7-1 附表 1。根据表中数据作 P=101.3kPa 下苯-甲苯混合液的 t-(x-y) 图。该溶液可视为理想溶液。

例题 7-1 附表 1 苯与甲苯的饱和蒸气压和温度关系数据

温度/℃	80.1	85	90	95	100	105	110.6
p_A^0/kPa	101.33	116.9	135.5	155.7	179.2	204.2	240.0
p_B^0/kPa	40.0	46.0	54.0	63.3	74.3	86.0	101.33

解：因苯-甲苯混合液遵循拉乌尔定律，即

$$p_A = p_A^0 x_A \qquad p_B = p_B^0 x_B = p_B^0(1-x_A)$$

溶液上方蒸气总压等于各组分的分压之和，即

$$P=p_A+p_B=p_A^0x_A+p_B^0(1-x_A)$$

式中，P 为溶液上方蒸气总压，kPa。

解得

$$x_A=\frac{P-p_B^0}{p_A^0-p_B^0}$$

当系统总压不高时，气相可视为理想气体。由分压定律知

$$p_A=Py_A$$

将上式代入式（7-1a），整理得

$$y_A=\frac{p_A^0x_A}{P}$$

由于总压 P 为定值，故可任选一温度 t，查得该温度下各纯组分的饱和蒸气压 p_A^0 及 p_B^0，可算出液相组成，即为标绘 $t-x$ 线的数据。同时可算出气相组成，即为标绘 $t-y$ 的数据。

以 $t=95℃$ 时为例，计算过程如下

$$x_A=\frac{P-p_B^0}{p_A^0-p_B^0}=\frac{101.3-63.3}{155.7-63.3}=0.411$$

$$y_A=\frac{p_A^0x_A}{P}=\frac{155.7\times0.411}{101.3}=0.632$$

其他温度下的计算结果列于例题 7-1 附表 2 中。

例题 7-1 附表 2　苯与甲苯气-液平衡数据

t/℃	80.1	85	90	95	100	105	110.6
x	1.000	0.78	0.581	0.411	0.258	0.130	0
y	1.000	0.900	0.777	0.632	0.456	0.261	0

根据以上计算结果，即可标绘出图 7-4 所示的 $t-(x-y)$ 图。

思考

1. 在已知总压 $P=101.3$kPa，$x_A=0.411$ 时，气液平衡温度 t 如何求得？

（三）气-液相平衡图

蒸馏计算中，经常应用一定外压下的气-液相平衡图（$y-x$ 图）。图 7-5 为苯-甲苯混合液在 $P=101.3$kPa 下的 $y-x$ 图。图中以 x 为横坐标，y 为纵坐标，曲线表示液相组成和与之平衡的气相组成间的关系。例如，图中曲线上任意点 D 表示组成 x_1 的液相与组成 y_1 的气相互成平衡。图中对角线 $y=x$ 为参考线，供查图时参考。对大多数溶液，两相达到平衡时，y 总是大于 x，故平衡线位于对角线上方，平衡线偏离对角线愈远，表示该溶液愈易分离。应注意，$y-x$ 曲线上各点对应于不同的温度。

$y-x$ 图可以通过 $t-(x-y)$ 图作出。许多常见的两组分溶液在常压下 $y-x$ 平衡数据已通过实验测出，需要时可从物理化学或化工手册中查取。

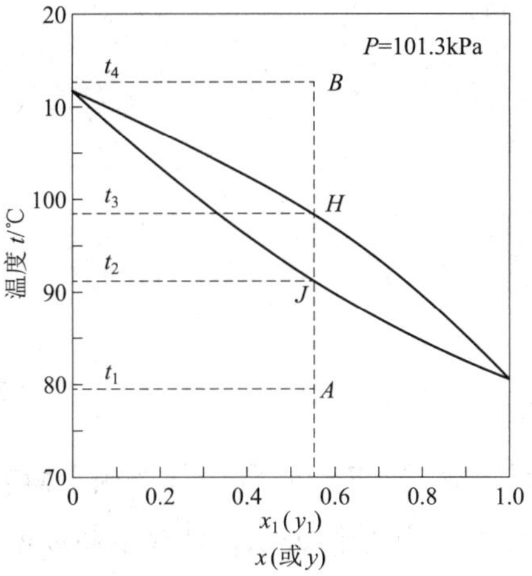

图 7-4 苯-甲苯混合液的 t-(x-y) 图

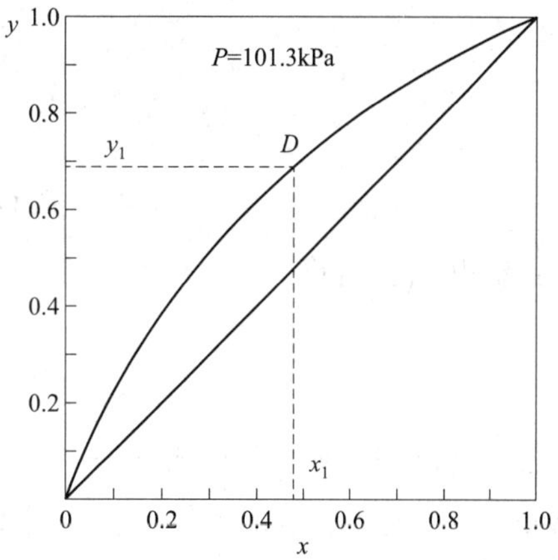

图 7-5 苯-甲苯混合液的 y-x 图

二、相对挥发度

除了相图以外，气液平衡关系还可以用相对挥发度表示。工程计算中提出相对挥发度概念，目的是寻求用简单方法表示气液平衡关系。通常，纯液体的挥发度是指该液体在一定温度下的饱和蒸气压。而溶液中各组分的蒸气压因组分间的相互影响要比纯态时的低，故溶液中各组分的挥发度 v 可用它在蒸气中的分压和与之平衡的液相中的摩尔分率之比来表示，即

$$v_A = \frac{p_A}{x_A} \tag{7-2a}$$

$$v_B = \frac{p_B}{x_B} \tag{7-2b}$$

对于理想溶液，因符合拉乌尔定律，则

$$v_A = p_A^0 \qquad v_B = p_B^0$$

由此可知，溶液中组分的挥发度是随温度而变的，在使用时不方便。故引入相对挥发度的概念。习惯上将溶液中易挥发组分的挥发度与难挥发组分的挥发度之比，称为相对挥发度，以 α_{AB}或 α 表示，则

$$\alpha = \frac{v_A}{v_B} = \frac{p_A/x_A}{p_B/x_B} \tag{7-3}$$

若操作压强不高，气相遵循道尔顿分压定律，上式可改写为

$$\alpha = \frac{Py_A/x_A}{Py_B/x_B} = \frac{y_A x_B}{y_B x_A} \tag{7-4}$$

通常，将式（7-4）作为相对挥发度的定义式。对理想溶液，则有

$$\alpha = \frac{p_A^0}{p_B^0} \tag{7-5}$$

式（7-5）表明，理想溶液中组分的相对挥发度等于同温度下两纯组分的饱和蒸气压之比。由于 p_A^0 及 p_B^0 均随温度沿相同方向而变化，因而两者的比值变化不大，故一般可将 α

视为常数，计算时可取平均值。

对于两组分溶液，当总压不高时，由式（7-4）得

$$\frac{y_A}{y_B}=\alpha\frac{x_A}{x_B} \tag{7-6}$$

或

$$\frac{y_A}{1-y_A}=\alpha\frac{x_A}{1-x_A}$$

由上式解出 y_A，可得

$$y_A=\frac{\alpha x_A}{1+(\alpha-1)x_A} \tag{7-7}$$

若 α 为已知，则可利用式（7-7）求得 y-x 关系，故式（7-7）称为气液相平衡方程。在已知平均相对挥发度的条件下，利用相平衡方程表示气-液平衡关系，计算平衡数据，较前面例题 7-1 中所用方法要简单。

分析式（7-6）可知，蒸气中组分 A 和 B 的摩尔分率之比等于液相中组分 A 和 B 摩尔分率之比的 α 倍，故由 α 值的大小，可以判断某混合液是否能用蒸馏的方法加以分离以及分离的难易程度。若 $\alpha>1$，表示组分 A 较 B 容易挥发，α 愈大，分离愈易。若 $\alpha=1$，由式（7-7）可知 $y_A=x_A$，即气相组成与液相组成相同，此时不能用普通蒸馏的方法分离该混合液。

例题 7-2 利用例题 7-1 所给出的苯和甲苯的饱和蒸气压数据，计算温度为 85℃ 和 105℃时，该溶液的相对挥发度及平均相对挥发度，再求上述温度下的气液平衡组成，并与例题 7-1 中的相应值作比较。

解：因苯-甲苯混合液可视为理想溶液，故相对挥发度可用式（7-5）计算，即

$$\alpha=\frac{p_A^0}{p_B^0}$$

85℃时 $$\alpha=\frac{116.9}{46.0}=2.54$$

105℃时 $$\alpha=\frac{204.2}{86.0}=2.37$$

故平均相对挥发度 $$\alpha_m=\frac{25.4+2.37}{2}=2.46$$

根据计算出的平均相对挥发度，用式（7-7）计算相应的 x 与 y 值，即

$$y=\frac{\alpha x}{1+(\alpha-1)x}=\frac{2.46x}{1+1.46x}$$

为了便于与例题 7-1 进行比较，上式中的 x 值应取与例题 7-1 中温度为 85℃ 及 105℃ 时的对应值，即

85℃时 $$y=\frac{2.46\times0.78}{1+1.46\times0.78}=0.897$$

105℃时 $$y=\frac{2.46\times0.13}{1+1.46\times0.13}=0.269$$

计算结果表明，用平均相对挥发度求得的平衡数据与例题 7-1 的结果基本一致。

第三节 精馏过程

一、精馏原理

如图 7-6 所示，将组成为 x_F、温度 t_F 的混合液加热到 t_1，使其部分气化，并将气相与液相分开，则所得的气相组成为 y_1，液相组成为 x_1。由图 7-7 可以看出，$y_1>x_F>x_1$，$y_1<y_F$，$x_1>x_W$，而 y_F 是加热原料液组成为 x_F 时产生第一个气泡的平衡气相组成，x_W 是原料全部气化前剩下最后一滴液体的平衡液相组成。这说明将液体混合物进行一次部分气化的过程，得到的气相浓度总是低于产生第一个气泡时的平衡气相组成 y_F，得到的液相组成总是高于原料剩最后一滴液体时的平衡液相组成 x_W。一次部分气化的分离程度不大，因此这种方法只适用于要求粗分或初步加工的场合。

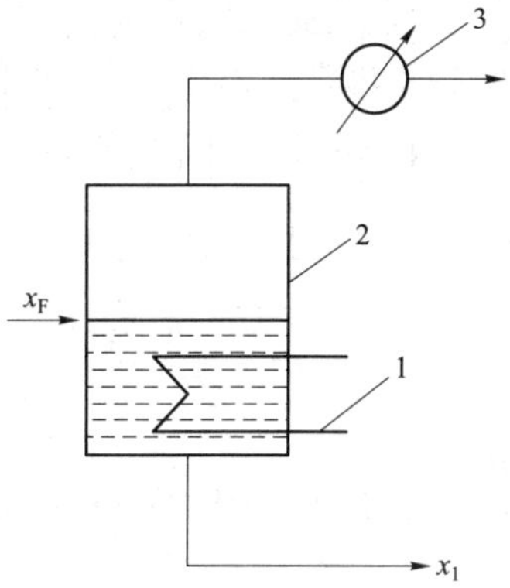

图 7-6 一次部分气化示意图

1. 加热器；2. 分离器；3. 冷凝器

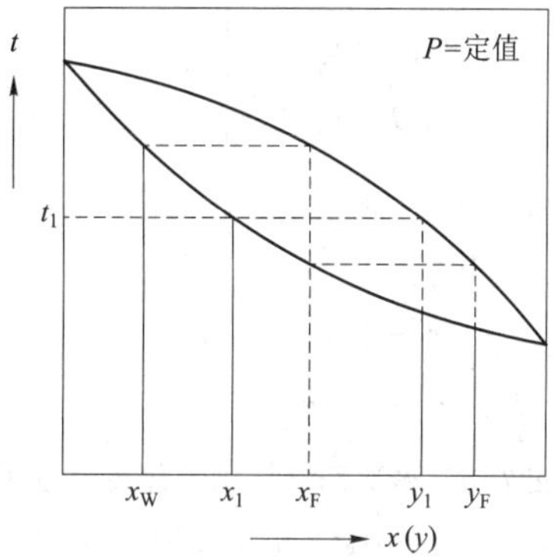

图 7-7 一次部分气化的 $t-(x-y)$ 图

虽然组成为 y_F 的气相中易挥发组分浓度很高，组成为 x_W 的液相中难挥发组分浓度很高，但其对应的气体量及液体量却极少，无实用价值。至于 x_F 的原料液加热到 t_1 使之部分气化时，其液相量和气相量之间的关系，可由杠杆规则确定。

为了使混合液中的各组分达到比较完全的分离做如下设想，即将图 7-6 所示的单级分离加以组合，形成图 7-8 所示的多级流程（图中以三级为例）。若将第一级的溶液部分气化所得蒸气 y_1 在冷凝器中加以冷凝，然后再将冷凝液在第二级中部分气化，此时所得气相组成 y_2，且 y_2 必大于 y_1，这种部分气化的次数（即级数）愈多，所得到的蒸气浓度也愈高，最后可得到几乎纯态的易挥发组分。同理，若将第一级的溶液部分气化所得的液相产品 x_1 进行多次部分气化和分离，那么这种级数愈多，得到的液相浓度也愈低，最后可得到几乎纯态的难挥发组分。图 7-8 没有画出这部分的情况。

上述的气-液相浓度变化情况可以从图 7-9 中清晰地看到。因此，同时多次地进行部分气化是使混合物得以完全分离的必要条件。

不难看出，图 7-8 所示的流程是工业上不能采用的，因其存在以下两个问题：①分离过程得到许多中间馏分，如图 7-8 中的组成为 x_2 及 x_3 的液相产品，因此最后纯产品的收率就很低；②设备庞杂，能量消耗大。

现以图 7-8 中第二级为例，由图 7-9 可知，$x_1<x_F<y_1$ 而 $x_1<x_2<y_1$，可见 x_2 和 x_F 是比较接近的。若将第二级中产生的中间产品 x_2 与第一级的原料液 x_F 混合，第三级所产生的中间

产品 x_3与第二级的料液 y_1混合，依此类推，消除了中间产品，且提高了最后产品的收率。同时，由图 7-9 还可以看出，当将第一级所产生的蒸气 y_1与第三级下降的液体 x_3直接混合时，由于液相温度 t_3低于气相温度 t_1，因此高温的蒸气 y_1将加热低温的液体 x_3，而使液体部分气化，蒸气自身则被部分冷凝。由此可见，不同温度且互不平衡的气液两相接触时，必然会同时产生传热和传质的双重作用。所以使上一级的液相回流（如液相 x_3）与下一级的气相（如 y_1）直接接触，就可以将图 7-8 所示的流程演变为图 7-10 所示的分离流程，而省去了逐级使用的中间加热器和冷凝器。

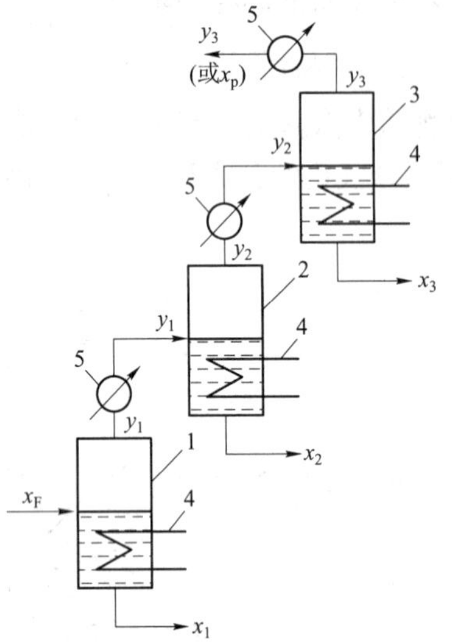

图 7-8　多次部分气化的分离示意图

1，2，3. 分离器；4. 加热器；5. 冷凝器

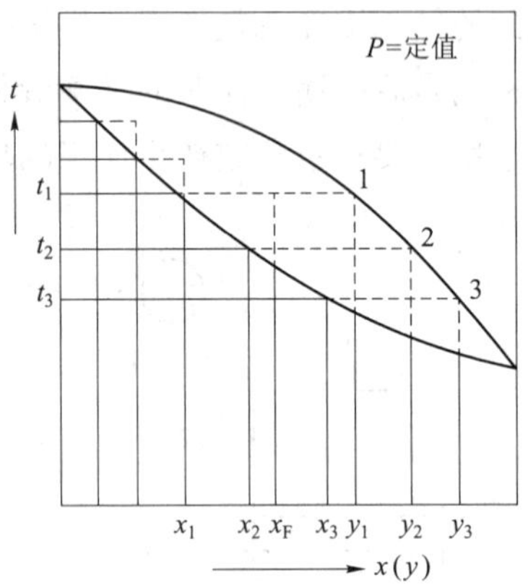

图 7-9　多次部分气化的 t-(x-y) 图

从上述分析可知，将每一级中间产品返回到下一级中，不仅可以提高产品的收率，而且是过程进行的必不可少条件。例如，对第二级而言，如没有液体 x_3回流到 y_1中，而又无中间加热器和冷凝器，那么就不会有溶液的部分气化和蒸气的部分冷凝，第二级也就没有分离作用了。显然，每一级都需要有回流液，那么，对于最上一级（图中第三级）而言，将 y_3冷凝后不是全部作为产品，而是把其中一部分返回与 y_2相混合是最简单的回流方法。通常将引回设备的部分产品称为回流。因此，回流是保证精馏过程连续稳定操作的必不可少的条件之一。

上面分析的是增浓混合物中易挥发组分的情况。对增浓难挥发组分来说，道理是完全相同的。为使最低一级有来自下一级的难挥发组分浓度最高的蒸气，图 7-10 的下半部最低一级要装置加热器 4，从最低一级下降的液体在加热器（称为再沸器）中部分气化，产生难挥发组分浓度最高的蒸气上升进入最低一级。再沸器中溶液的部分气化而产生上升蒸气，如同塔顶回流一样，是精馏得以连续稳定操作的另一个必不可少的条件。

图 7-11 所示的是精馏塔的模型，目前工业上使用的精馏塔是它的体现。在精馏塔操作时，由塔顶可得到近于纯的易挥发组分的产品，塔底可得到近于纯的难挥发组分的产品。塔中各级的易挥发组分浓度由上至下逐级降低，当某级的浓度与原料的浓度相同或相近时，原料液就由此级引入。

总之，精馏是将挥发度不同的组分所组成的混合液，在精馏塔中同时多次地进行部分气化和部分冷凝，使其分离成几乎纯态组分的过程。

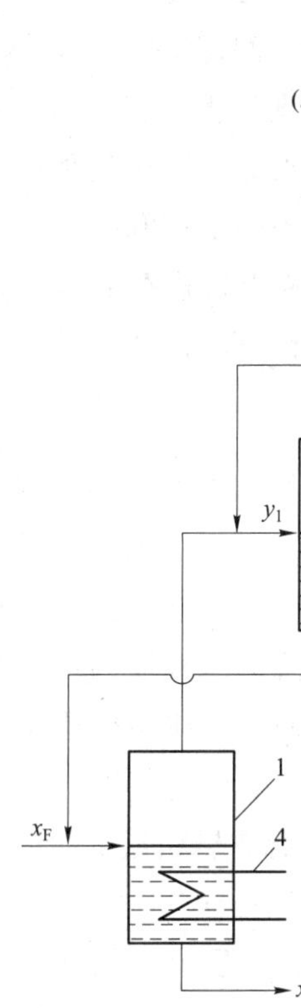

图 7-10 无中间产品及中间加热器和冷凝器的部分气化（冷凝）示意图

1，2，3. 分离器；4. 加热器；5. 冷凝器

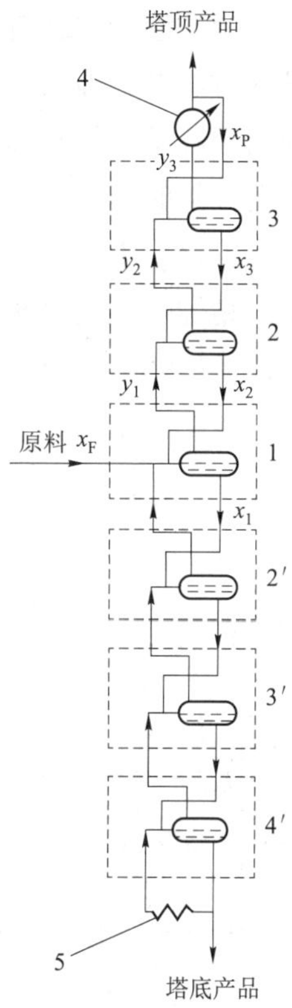

图 7-11 精馏塔模型

1，2，3，2′，3′，4′. 分离器；4. 冷凝器；5. 加热器

二、精馏塔和精馏操作流程

（一）精馏塔

精馏操作是在外层保温良好的直立圆形精馏塔内进行的。精馏设备可以是分级接触式（板式塔）或微分接触式（填料塔）。在吸收的相关章节中对微分接触设备已作了介绍，本章将以分级接触式设备为主进行讨论。但并不意味着吸收过程总是在微分接触设备中进行或精馏一定在分级接触设备中进行，气液传质设备对精馏和吸收过程是通用的。制药工业中，由于生产规模较小，吸收和精馏过程多半在填料塔中进行。

扫码“看一看”

图 7-12 所示的为筛板塔任意第 n 层上的操作情况。塔板上开有许多小孔，由下层板（第 n+1 层板）上升的蒸气通过板上小孔上升，而上层板（第 n-1 层板）上的液体通过溢流管下降至第 n 层板上，在第 n 层板上气液两相密切接触，进行热和质的交换。设进入第 n 层板上的气相浓度和温度分别为 y_{n+1} 和 t_{n+1}，液相浓度和温度分别为 x_{n-1}和 t_{n-1}二者相互不平衡，即 $t_{n+1}>t_{n-1}$，液相中易挥发组分的浓度 x_{n-1}大于与 y_{n+1}成平衡的液相温度 x_{n+1}^*，当组成为 y_{n+1}的气相与 x_{n-1}的液相在第 n 层板上接触时，由于存在温度差和浓度差，气相就要进行部分冷凝，使其中难挥发组分转入液相中；而气相冷凝时放出的潜热传给液相，使液相部分气化，其中的部分易挥发组分转入气相中。总的结果

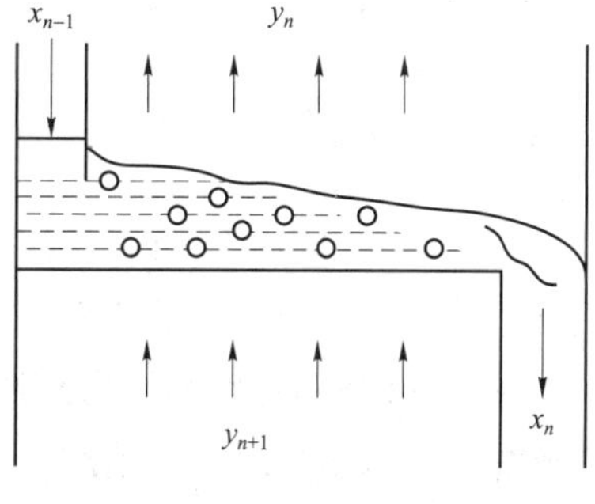

图 7-12 筛板塔的操作情况

是使离开第 n 层板的液相中易挥发组分浓度较进入该板时减低，而离开的气相中易挥发组分浓度又较进入时增高，即 $x_n<x_{n-1}$，$y_n>y_{n+1}$。若气液两相在板上接触时间足够长，那么离开该板的气液两相互呈平衡，即 x_n 与 y_n 相互平衡，通常将这种板称为理论板。实际上，由于塔板上气液间接触时间是有限的，因此在任何型式的塔板上气液两相都难以达到平衡状态，也就是说理论板是不存在的。理论板仅是作为衡量实际板分离效率的依据和标准。但理想板的概念对精馏过程的分析和计算是十分有用的。精馏塔的每层板上都进行着与上述相似的过程。因此，塔内只要有足够多的塔板数，就可使混合物达到所要求的分离程度。

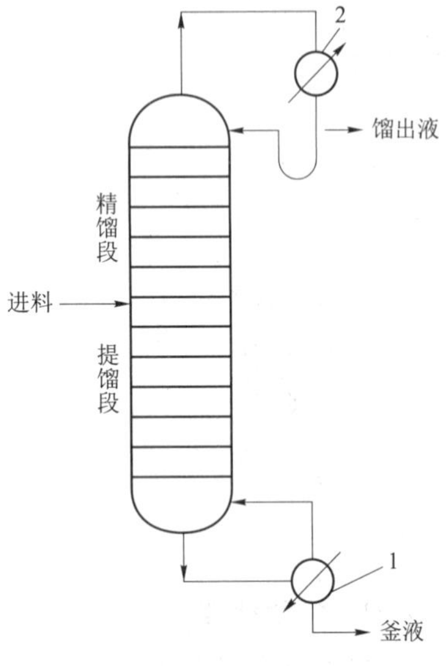

图 7-13　连续精馏流程

1. 再沸器；2. 冷凝器

（二）精馏流程

根据精馏原理可知，单有精馏塔体是不能完成精馏操作的，必须同时有塔底再沸器和塔顶冷凝器，有时还要配有原料预热器等附属设备，才能实现整个操作。再沸器的作用是提供定量的上升蒸气流，冷凝器的作用是获得液相产品及保证有适宜的液体回流。典型的连续精馏流程如图 7-13 所示。

由图 7-13 可见，原料液经预热器加热到指定的温度后，送入精馏塔的进料板，在进料板上与自塔上部下降的回流液体汇合后，逐板溢流下降，最后流入塔底再沸器中。操作时，连续地从再沸器中取出部分液体作为塔底产品（残液）。再沸器中液体部分气化产生上升蒸气，依次通过各层塔板。塔顶蒸气进入冷凝器中被全部冷凝，将部分冷凝液利用重力作用直接流入塔内作为回流液体，其余部分经冷却器后送出作为塔顶产品（馏出液）。

通常，将原料液进入的那层塔板称为加料板，加料板以上的塔段称为精馏段，加料板以下的塔段（包括加料板）称为提馏段。

第四节　双组分溶液连续精馏的计算

双组分连续精馏塔的工艺计算主要包括以下内容：①确定产品的流量和组成；②计算所需要的理论板数和实际板数；③确定塔高和塔径；④对选定的板式塔类型要进行结构尺寸的计算及塔板流体力学验算；⑤计算冷凝器和再沸器的热负荷，并确定两者的类型和尺寸。

本节只讨论前三项内容，此三项内容也是本章的重点。

一、全塔物料衡算

通过全塔物料衡算，可以求出精馏产品的流量、组成和进料量、组成之间的关系。

对图 7-14 所示连续精馏塔在所画虚线范围进行物料衡算，并以单位时间为基准，即

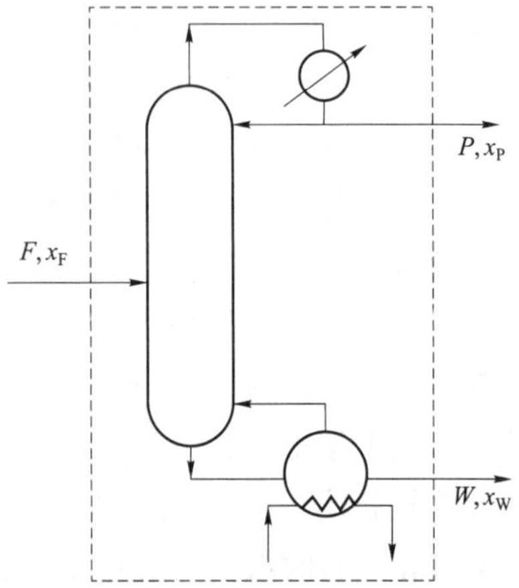

图 7-14　全塔物料衡算

总物料　　$F=P+W$　　(7-8)

易挥发组分 $$Fx_F = Px_P + Wx_W \tag{7-9}$$

式中，F 为原料液流量，$kmol \cdot h^{-1}$；P 为塔顶产品（馏出液）流量，$kmol \cdot h^{-1}$；W 为塔底产品（残液）流量，$kmol \cdot h^{-1}$；x_F 为原料液中易挥发组分的摩尔分率；x_P 为馏出液中易挥发组分的摩尔分率；x_W 为残液中易挥发组分的摩尔分率。

在设计时，一般情况下，F、x_F、x_P 和 x_W 均为已知，产品流量 P 和 W 可通过式（7-8）和式（7-9）联立解得

$$\frac{P}{F} = \frac{x_F - x_W}{x_P - x_W} \tag{7-10}$$

由上述可知，全塔物料衡算是关联了 6 个量之间的关系，实际使用时只要知道任意 4 个量，就可求出另外 2 个未知数。使用时要注意单位统一。

例题 7-3 某抗生素原料厂生产中产生了含甲醇 50% 和水 50% 的废液。现以每小时 500kg 的进料量将其送入连续精馏塔中进行分离，要求釜残液中含甲醇不高于 1.0%，塔顶馏出液含甲醇不低于 95%（以上均为质量百分数）。试求馏出液和釜残液的流量（$kmol \cdot h^{-1}$）。

解：甲醇分子量 32；水的分子量 18。

将原料、塔顶和塔底产品组成的质量百分数换算为摩尔分率，即

$$x_F = \frac{0.5/32}{0.5/32 + 0.5/18} = 0.36$$

$$x_P = \frac{0.95/32}{0.95/32 + 0.05/18} = 0.914$$

$$x_W = \frac{0.01/32}{0.01/32 + 0.99/18} = 0.0056$$

进料的平均分子量

$$M_F = 0.36 \times 32 + (1 - 0.36) \times 18 = 23.04$$

进料的千摩尔流量 F

$$F = \frac{500}{23.04} = 21.7 kmol \cdot h^{-1}$$

代入式（7-10），则得

$$P = 21.7 \times \frac{0.36 - 0.0056}{0.914 - 0.0056} = 8.47 kmol \cdot h^{-1}$$

$$W = 21.7 - 8.47 = 13.23 kmol \cdot h^{-1}$$

思考

2. 为什么必须将各物流组成由质量分率换算为摩尔分率？

二、操作线方程

精馏和吸收一样，求塔高是其主要内容。微分接触式吸收过程是取微元塔高将其传质速率式与物料衡算式联立而获得一微分方程，然后沿塔高积分解出。对分级接触式的精馏过程而言求塔高的方法不同于吸收，是通过物料衡算与热量衡算找出参数之间的关系，先

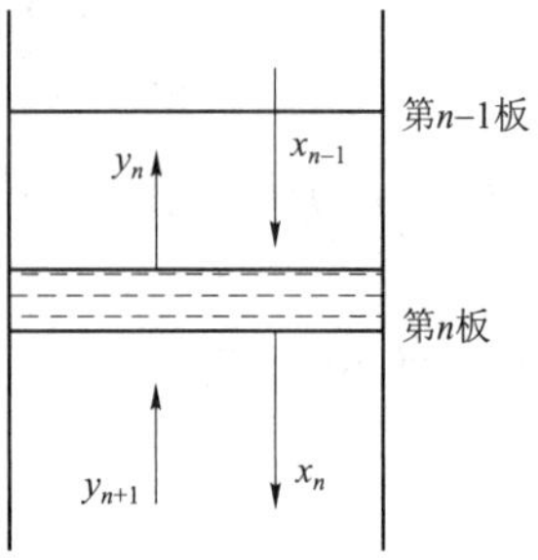

图 7-15　理论塔板上的两相组成示意图

求出理论板数，然后再考虑实际板与理论板的差异，引入板效率的概念求出实际板数，最后选用适宜的板间距确定出塔高。

（一）恒摩尔流假定

若气液平衡关系为已知，则图 7-15 中的 x_n 与 y_n 的关系即已确定。如再能得知该板溢流到下一板的液体组成 x_n 与下一板上升到该板的蒸气组成 y_{n+1} 之间的关系，就可以沿塔高进行逐板计算，从而确定达到指定分离要求的理论板数。而 y_{n+1} 和 x_n 之间的定量关系可由物料衡算决定，这种关系称为操作关系。

由于精馏过程比较复杂，既涉及传热过程又涉及传质过程。为了便于导出表达操作关系的方程，先作如下假定。

1. 恒摩尔气化　精馏段内由每层塔板上升的蒸气摩尔流量皆相等；提馏段内也是一样。

即

$$V_1=V_2=\cdots\cdots=V_n=V=\text{定值} \tag{7-11}$$

$$V_1'=V_2'=\cdots\cdots=V_m'=V'=\text{定值}$$

式中，V 为精馏段上升蒸气的摩尔流量，kmol · h^{-1}；V' 为提馏段上升蒸气的摩尔流量，kmol · h^{-1}。下标表示塔板的序号，下同。

注意两段上升的蒸气摩尔流量不一定相等。

2. 恒摩尔溢流　精馏段内由每层塔板溢流的液体摩尔流量皆相等；提馏段内也是一样。

即

$$L_1=L_2=\cdots\cdots=L_n=L=\text{定值} \tag{7-12}$$

$$L_1'=L_2'=\cdots\cdots=L_m'=L'=\text{定值}$$

式中，L 为精馏段内液体的摩尔流量，kmol · h^{-1}；L' 为提馏段内液体的摩尔流量，kmol · h^{-1}。

两段下降液体的千摩尔流量不一定相等。

恒摩尔气化和恒摩尔溢流总称为恒摩尔流假定。

上述假定只有在下列条件下才能成立：①各组分的千摩尔气化潜热相等；②气、液两相交换的显热可以忽略；③保温良好，塔的热损失可以不计。在这些条件下，通过对塔板的热量衡算，可以证明式（7-11）及式（7-12）的假定成立。

实践证明，对于多数化学性质类似的液体，虽然其千克气化潜热不等，但千摩尔气化潜热皆略相同。例如，制药生产中经常遇到分离乙醇-水混合液，尽管其化学性质不同，但千摩尔气化潜热仍接近。乙醇是 3.89×10^4 kJ · $kmol^{-1}$，水是 4.07×10^4 kJ · $kmol^{-1}$。这样，每层塔板上气液两相接触时，若有 1kmol 的蒸气冷凝相应就有 1kmol 的液体气化，结果气相和液相每经过一层塔板虽然组成发生了变化，但总千摩尔数没有发生变化。

（二）精馏段操作线方程

连续精馏塔的精馏段与提馏段间有原料不断加入塔内，两段的操作线关系不同，故应分别讨论。

在图 7-16 中，对任意第 n 层板和第 n+1 层板间以上包括冷凝器在内的一段塔作总物料衡算得

$$V=L+P$$

对易挥发组分的物料衡算得

$$Vy_{n+1}=Lx_n+Px_P$$

由上两式得

$$y_{n+1}=\frac{L}{L+P}x_n+\frac{P}{L+P}x_P \tag{7-13}$$

令 $L/P=R$，R 称为回流比，由设计者选定，其选择的依据以后将详细讨论。将式（7-13）等号右侧的分子和分母均除以 P，并用 R 的关系代入得

$$y_{n+1}=\frac{R}{R+1}x_n+\frac{x_P}{R+1} \tag{7-14}$$

式（7-14）称为精馏段操作线方程，它表明在一定的操作条件下，从任一层板（第 n 层）下降的液相组成 x_n 与从下一层板上升的气相组成 y_{n+1} 之间的关系。稳定操作时，据恒摩尔流假定可知 L 及 V 均为常数，P 为常数，故 R 也为常数。因此式（7-14）为直线方程，如果将此关系标绘在 $y-x$ 图上，直线的斜率为 $R/(R+1)$，截距为 $x_P/(R+1)$。

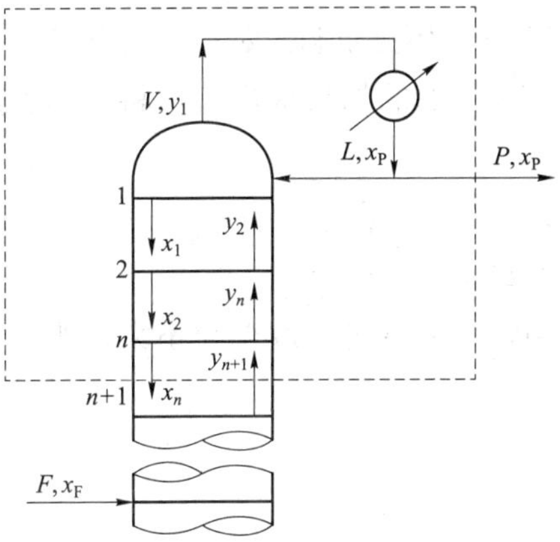

图 7-16 精馏段操作线方程式的推导

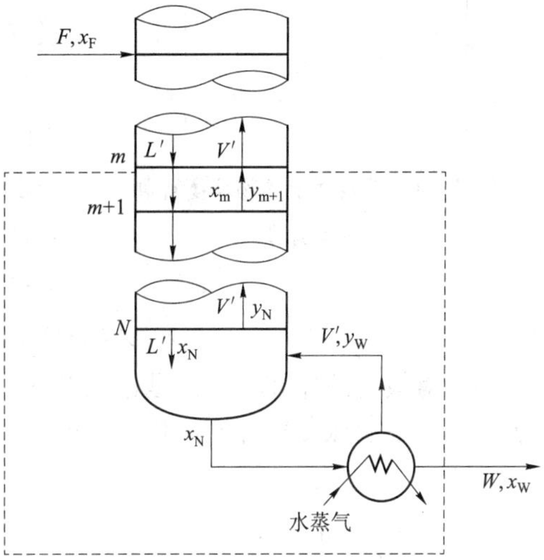

图 7-17 提馏段操作线方程式的推导

（三）提馏段操作线方程

根据图 7-17 所示，同理对任意第 m 板和第 m+1 板间以下包括再沸器在内的一段塔作总物料衡算得

$$L'=V'+W$$

对易挥发组分的物料衡算得

$$L'x_m=V'y_{m+1}+Wx_W$$

由上二式得

$$y_{m+1}=\frac{L'}{L'-W}x_m-\frac{W}{L'-W}x_W \tag{7-15}$$

式（7-15）为提馏段操作线方程，它表明从任一层板下降的液相组成 x_m 与下层板上升的气相组成 y_{m+1} 之间的关系。根据恒摩尔流假定，在稳定操作条件下，L'、W、x_W 均为定

值，故式（7-15）标绘在 y-x 图上也是一条直线。但提馏段回流量 L' 不如精馏段 L 那样容易求得，因 L' 除了与 L 有关外，还与进料量 F 及其热状态有关。

以上两个操作线方程是通过物料衡算导出的，所以，不论是理论板还是实际板，此操作关系都成立。

三、进料热状态的影响和 q 线方程

在连续精馏塔中，进料热状态对精馏操作产生一定的影响。讨论进料热状态的影响和 q 线方程的目的主要有两个：①确定 L'，以得到便于应用的提馏段操作线方程的形式；②更方便地确定提馏段操作线在 y-x 图上的位置。

生产过程中待分离混合物的热状态可能有下列 5 种：①温度低于泡点的冷液体；②温度等于泡点的饱和液体；③温度介于泡点和露点之间的气、液混合物；④温度等于露点的饱和蒸气；⑤温度高于露点的过热蒸气。

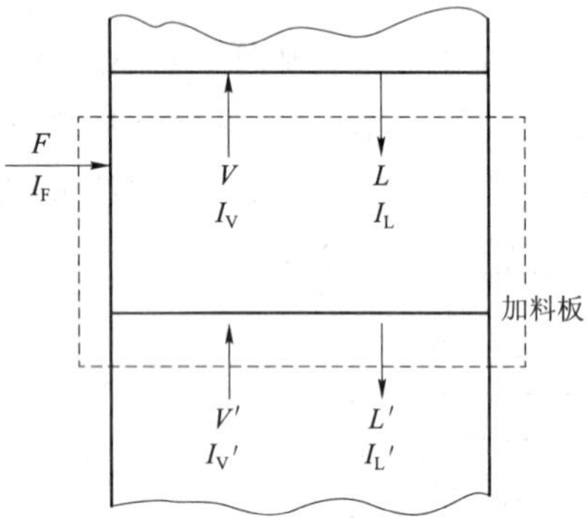

图 7-18　进料板上的物料衡算和热量衡算

（一）进料热状态参数

原料入塔时的温度及状态称为进料热状态。用来标示进料热状态的物理量称为进料热状态参数，以 q 表示。由 q 值的大小可判断出进料的温度高低和状态。

为了表达上述 5 种进料热状态，找到精馏段、提馏段的蒸气流量和液体流量与进料量、进料热状态的关系，对图 7-18 所示的加料板进行物料衡算和热量衡算，即

$$F+V'+L=V+L' \tag{7-16}$$

及

$$FI_F+V'I_{V'}+LI_L=VI_V+L'I_{L'} \tag{7-17}$$

因为塔板上液体和蒸气都是饱和状态，且相邻两板的温度与浓度变化不大，所以近似认为相邻板上液体及蒸气的焓相等，即

$$I_V=I_{V'} \qquad I_L=I_{L'}$$

于是式（7-17）可改写为

$$FI_F+V'I_V+LI_L=VI_V+L'I_L$$

整理得

$$(V-V')I_V=FI_F-(L'-L)I_L$$

将式（7-16）代入上式得

$$[F-(L'-L)]I_V=FI_F-(L'-L)I_L$$

整理得

$$\frac{I_V-I_F}{I_V-I_L}=\frac{L'-L}{F} \tag{7-18}$$

令

$$q=\frac{I_V-I_F}{I_V-I_L}=\frac{\text{将 1kmol 进料变为饱和蒸气所需的热量}}{\text{进料的千摩尔气化潜热}} \tag{7-19}$$

式中，F 为进料流量，$kmol \cdot h^{-1}$；I_F 为原料液的焓；$kJ \cdot kmol^{-1}$；I_V，$I_{V'}$ 分别为进料板上、下处饱和蒸气的焓，$kJ \cdot kmol^{-1}$；I_L，$I_{L'}$ 分别为进料板上、下处饱和液体的焓，$kJ \cdot kmol^{-1}$。

q 值即为进料热状态参数。对各种进料热状态均可用式（7-19）计算 q 值。于是由式（7-18）得

$$L'=L+qF \tag{7-20}$$

$$V'=V-(1-q)F \tag{7-21}$$

式（7-20）和式（7-21）表达了精馏段、提馏段的蒸气流量（V、V'）和液体流量（L、L'）与进料量 F、进料热状态 q 的关系。由式（7-20）还可以从另一方面来定义 q，即对于饱和液体、气液混合物及饱和蒸气而言，q 值是进料中的液相分率。

$$q=\frac{L'-L}{F} \tag{7-22}$$

现在讨论 5 种不同进料热状态时的 q 值。

1. 冷液体进料 因原料温度低于加料板上沸腾液体温度，故 $I_F<I_L$，由式（7-19）知，$q>1$。原料需要吸收一部分热量使全部进料加热到板上液体的泡点温度，这部分热量是由提馏段上升的蒸气部分冷凝提供的。故 $V<V'$、$L'>L+F$。由式（7-19）可推导出此情况下 q 的计算式

$$q=\frac{\gamma_c+c_p(t_s-t_F)}{\gamma_c} \tag{7-23}$$

式中，γ_c为原料的千摩尔气化潜热，$kJ\cdot kmol^{-1}$；c_p为在进料温度与泡点间原料的平均千摩尔比热容，$kJ\cdot kmol^{-1}\cdot ℃^{-1}$；$t_F$为进料温度,℃；$t_s$为泡点,℃。

2. 饱和液体进料 原料温度与加料板上液体温度相等，故 $I_F=I_L$。由式（7-19）知，$q=1$。原料加入后不会在板上产生气化或冷凝，全部进料与来自精馏段的下降液相汇合而进入提馏段，作为提馏段的回流，而提馏段上升蒸气量经过加料板后不会因进料而发生变化，即

$$L'=L+F \qquad V'=V$$

3. 气液混合进料 原料已气化了一部分，因此，$I_L<I_F<I_V$，故 $0<q<1$。原料进塔后，蒸气与提馏段上升蒸气汇合进入精馏段，液体与精馏段回流液汇合进入提馏段，即

$$V=V'+(1-q)F, L'=L+qF$$

4. 饱和蒸气进料 进料焓为饱和蒸气的焓，即 $I_F=I_V$，故 $q=0$。原料入塔后与提馏段上升的蒸气 V'汇合进入精馏段，故

$$V=F+V' \qquad L=L'$$

5. 过热蒸气进料 因原料温度高于加料板上饱和蒸气的温度，故 $I_F>I_V$，$q<0$，即为负值。原料需要放出一部分热量使全部进料降低到板上饱和蒸气温度（露点），放出的热量使流到加料板上的回流液有部分气化，故提馏段回流量为精馏段回流量减去额外气化量，结果是

$$L'<L \qquad V>V'+F$$

将式（7-20）代入式（7-15），则可得到便于应用的提馏段操作线方程式，即

$$y_{m+1}=\frac{L+qF}{L+qF-W}x_m-\frac{W}{L+qF-W}x_W \tag{7-24}$$

以上讨论了 5 种进料状态对塔内气液两相流量的影响。实际选用进料状态时，在无特殊要求的情况下尽量选用泡点进料为好。

（二）q 线方程（进料方程）

用 q 线方程画提馏段操作线比较方便，同时还可用它分析进料热状态对精馏操作的

影响。

q 线方程为精馏段操作线与提馏段操作线交点（d 点）轨迹的方程，因此可从两塔段操作线方程式（7-13）与式（7-15）推导 q 线方程。d 点是两塔段操作线的交点，则它应同时满足式（7-13）与式（7-15），故各变量略去下标，则

$$Vy=Lx+Px \tag{A}$$

$$V'y=L'x-Wx \tag{B}$$

（B）-（A），得

$$(V'-V)y=(L'-L)x-(Px_P+Wx_W)$$

因为 $V'-V=(q-1)F \quad L'-L=qF \quad Px_P+Wx_W=Fx_F$

所以上式变为 $(q-1)Fy=qFx-Fx_F$

整理得

$$y=\frac{q}{q-1}x-\frac{x_F}{q-1} \tag{7-25}$$

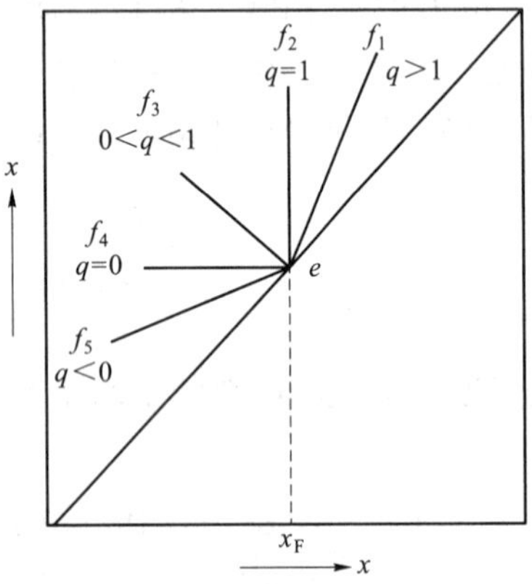

图 7-19　q 线在 y-x 图上的位置

式（7-25）称为 q 线方程或进料方程。在一定进料热状况下，q 线方程为直线方程，其斜率为 $q/(q-1)$，截距为 $-x_F/(q-1)$。

式（7-25）与对角线方程联立，解得交点坐标为 $x=x_F$、$y=x_F$，如图 7-19 上的 e 点所示。再从 e 点作斜率为 $q/(q-1)$ 的直线，即图 7-19 上的各 ef 射线。不同进料热状态对 q 线的影响见图 7-19 及表 7-1。

表 7-1　进料热状况对 q 值及 q 线的影响

进料热状态	q 值	q 线的斜率 $q/(q-1)$	q 线在 $y-x$ 图中的位置
冷液体	$q>1$	+	ef_1（↗）
饱和液体	$q=1$	∞	ef_2（↑）
气液混合物	$0<q<1$	-	ef_3（↖）
饱和蒸气	$q=0$	0	ef_4（←）
过热蒸气	$q<0$	+	ef_5（↙）

四、理论板数的求法

通常，采用逐板计算法和图解法计算精馏塔的理论板数时，必须利用：①气液平衡关系；②相邻两板之间气液两相组成的操作关系，即操作线方程。

（一）逐板计算法

如图 7-20 所示，第一层板上升的蒸气从塔顶进入冷凝器，组成为 y_1 的蒸气被冷凝（这样的冷凝器被称为全凝器）。塔顶馏出液组成及回流液组成均与第一层板的上升蒸气组成相同，即

$$y_1=x_P=\text{已知值（产品要求）}$$

由于离开每层理论板的气液两相组成是互成平衡的，故可由 y_1 用气液平衡方程求得 x_1。由于从下一层（第二层）板的上升蒸气组成 y_2 与 x_1 符合精馏段操作线关系，故用精馏段操作线方程可由 x_1 求得 y_2，即

$$y_2=\frac{R}{R+1}x_1+\frac{1}{R+1}x_P$$

同理，y_2与x_2互成平衡，即可用平衡方程由y_2求得x_2，以及再用精馏段操作线方程由x_2求得y_3，如此重复计算，直至计算到$x_n \leqslant x_F$（仅指泡点液体进料情况）时，说明第n层理论板是加料板，因加料板属于提馏段，因此精馏段所需理论板数为$(n-1)$。在计算过程中，每使用一次平衡关系，表示需要一层理论板。

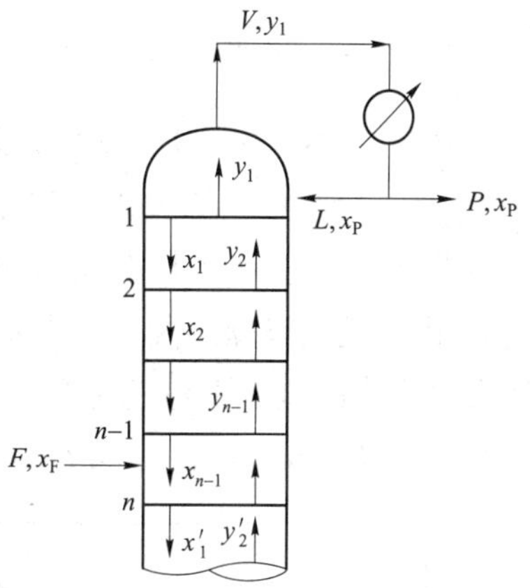

图 7-20　逐板计算法

此后，从加料板起改用提馏段操作线方程，继续用与上述相同的方法求提馏段的理论板数。一直计算到$x_m \leqslant x_W$为止。由于通常采用间接加热再沸器，离开再沸器的气液两相达到平衡，其作用相当于一层理论板，故提馏段所需的理论板数为计算中使用平衡关系的次数减1。

逐板计算法是求算理论板数的基本方法，计算结果较准确，且可同时求得各层板上的气液相组成。使用条件是已知平衡线方程，对本教材而言只能用于接近理想溶液的物系。该法比较繁琐，尤其当理论板数较多时更甚，故在两组分精馏塔的计算中较少采用。不过，应用电子计算机可以帮助克服此困难。

思考

3. 如果进料不是饱和液体，是否可以采用逐板计算法求算理论板数呢？

（二）图解法

图解法求理论板数，虽然在图形较小时准确性稍差，但因简便，特别是对非理想溶液也可使用，因此迄今仍广泛用于双组分精馏塔的设计。图解法中以直角梯级图解法最常用。

直角梯级图解法求理论板数的基本原理与逐板计算法完全相同，只不过是把平衡线方程和操作线方程标绘在y-x图上，用简便的图解法代替繁杂的计算。

1. 精馏段操作线的作法　由于精馏段操作线方程为直线，只要在y-x图上找出该线的两点，就可标绘出此直线。若略去精馏段操作线方程中变量的下标，则方程式变为

$$y=\frac{R}{R+1}x+\frac{1}{R+1}x_P$$

对角线方程为

$$y=x$$

上两式联立求解，可得到精馏段操作线与对角线的交点，即交点的坐标为$x=x_P$、$y=x_P$，如图7-21中的a点所示；再根据已知的R及x_P算出精馏段操作线的截距$\frac{x_P}{R+1}$，依此定出该线在y轴的截距，如图7-21上b点所示。直线ab即为精馏段操作线。

2. 提馏段操作线的作法　若略去提馏段操作线方程式中变量的下标，则方程式变为

$$y=\frac{L+qF}{L+qF-W}x-\frac{W}{L+qF-W}x_W$$

上式与对角线方程联立求解，得到该操作线与对角线的交点坐标为 $x=x_W$、$y=x_W$，如图 7-21上 c 点所示。在图中对角线上找到点 $e(x_F,x_F)$，过 e 点作斜率为 $q/(q-1)$ 的直线 ef，直线 ef 即为 q 线。该线与直线 ab 交于 d 点，d 点即为两操作线的交点。连接 c 点与 d 点，直线 cd 即为提馏段操作线。由于 q 线与精馏段操作线的交点因进料状态不同而变动，因而提馏段操作线的位置也随之而变化。当进料组成、回流比及分离要求一定时，进料热状态对 q 线及提馏段操作线的影响如图 7-22 所示。

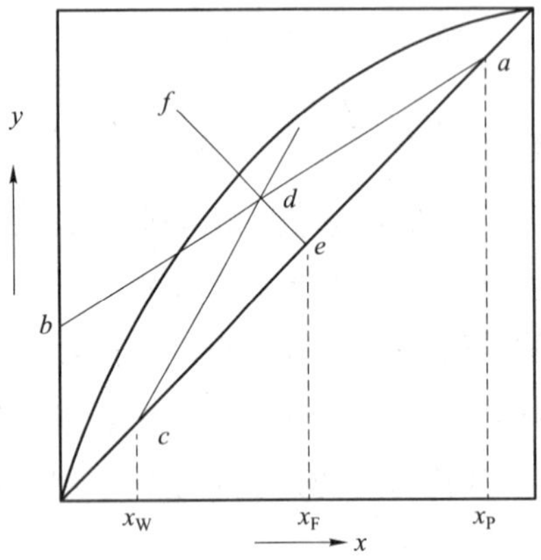

图 7-21　操作线的作法图

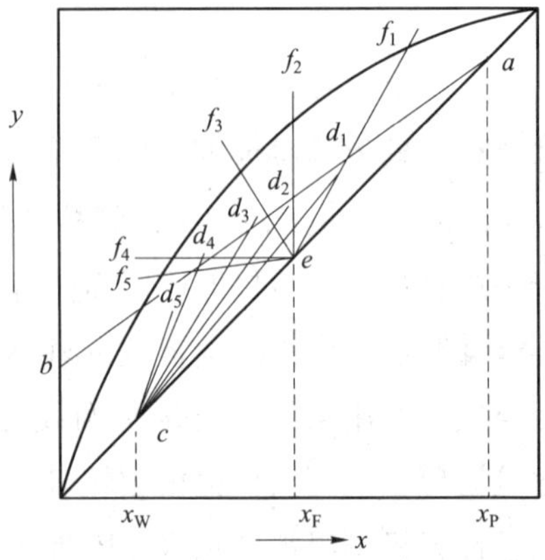

图 7-22　进料热状态对操作线的影响

3. 图解法求理论板层数的步骤　参见图 7-23，图解法求理论板数的步骤如下。

（1）在直角坐标图上绘出待分离混合液的 y-x 平衡曲线，并作出对角线。

（2）在 $x=x_P$ 处作垂线，与对角线交于 a，再由精馏段操作线的截距 $\frac{x_P}{R+1}$ 值，在 y 轴上定出点 b，连接 ab。直线 ab 即为精馏段操作线。

（3）在 $x=x_F$ 处作垂线，与对角线交于 e 点，从 e 点作斜率为 $\frac{q}{q-1}$ 的 q 线 ef，该线与直线 ab 交于 d 点。

（4）在 $x=x_W$ 处作垂线，与对角线交于 c 点，连接 cd。直线 cd 即为提馏段操作线。

（5）从 a 点开始，在精馏段操作线与平衡线之间绘制由水平线及铅垂线组成的梯级。当梯级跨过 d 点时，则改在提馏段操作线与平衡线之间绘梯级，直至某梯级的水平线达到或跨过 c 点为止。每一个梯级，代表一层理论板。梯级总数即为理论板总数。跨过交点的梯级代表适宜的加料板（逐板计算时也相同）。这种求理论板数的方法称为麦克凯布-蒂尔（McCabe-Thiele）法，称简 M-T 法。

现以图 7-23 中梯级 a-1-1′为例来讨论过程的原理，1 点表示第一层板上 $y_1(x_P)$ 与 x_1 成平衡关系，1′点表示 x_1 和 y_2 成操作关系，故梯级 a-1-1′代表第一层理论板。依此类推每个梯级在平衡线上的顶点就代表一层理论板。图 7-23 中梯级总数为 7，表示共需 7 层理论板。第 4 层跨过 d 点，即第 4 层为加料板，故精馏段板数为 3。因再沸器内气液两相一般可视为互成平衡，故相当于最后一层理论板。因提馏段包括加料板，故提馏段板数为 3。

例题 7-4　用一常压操作的连续精馏塔分离苯为 0.44（摩尔分率，以下同）的苯-甲苯混合液。要求塔顶产品中含苯不低于0.975，塔底产品中含苯不高于0.0235。操作回流比为3.5，试用图解法求以下两种进料情况时的理论板数及加料板位置。

（1）原料为20℃的冷液体；

（2）原料为气-液混合物，气液摩尔比为2∶1。

已知数据如下：操作条件下苯的气化潜热为389.4kJ·kg^{-1}；甲苯的气化潜热为360.1kJ·kg^{-1}。苯-甲苯混合液的气液平衡数据及t-(x-y)图见例题7-4附图和图7-4。

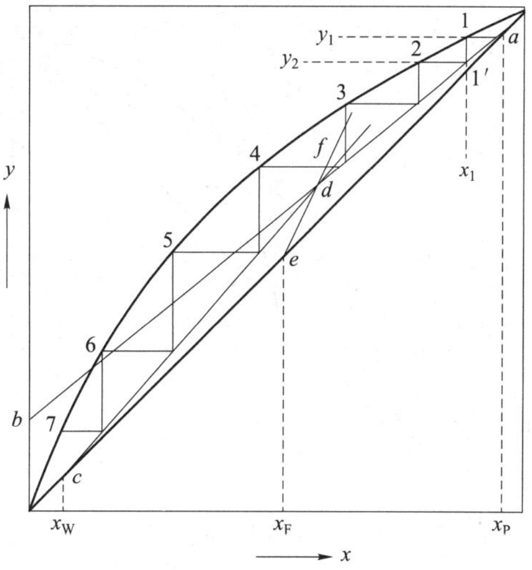

图7-23 理论板数图解法示意图

解：（1）温度为20℃的冷液体进料

①利用平衡数据，在直角坐标图上绘出平衡曲线及对角线，如例题7-4附图1所示。在图上定出$a(x_P, x_P)$、$e(x_F, x_F)$和$c(x_W, x_W)$三点。

②精馏段操作线截距为$x_P/(R+1)=0.975/(3.5+1)=0.217$，在$y$轴上定出$b$点，连接$ab$，即得到精馏段操作线。

③先按式（7-23）计算q值，即原料液的气化潜热为

$$\begin{aligned}\gamma_c &= x_F\gamma_A M_A+(1-x_F)\gamma_B M_B\\ &=0.44\times389.4\times78+(1-0.44)\times360.1\times92\\ &=31916.56\text{kJ}\cdot\text{kmol}^{-1}\end{aligned}$$

由图7-4查出进料组成$x_F=0.44$时溶液的泡点为93℃，由平均温度$t=(93+20)/2=56.5$℃，查附录一得：在56.5℃时苯和甲苯的比热容均为1.84kJ·kmol^{-1}·℃$^{-1}$，故原料液的比热容为

$$\begin{aligned}c_p &= c_{pA}x_F M_A+c_{pB}(1-x_F)M_B\\ &=1.84\times0.44\times78+1.84\times(1-0.44)\times92\end{aligned}$$

代入得

$$q=\frac{c_p\Delta t+\gamma_c}{\gamma_c}=\frac{158(93-20)+31916.56}{31916.56}=1.362$$

$$\frac{q}{q-1}=\frac{1.362}{1.362-1}=3.76$$

再从e点作斜率为3.76的直线，即得q线。q线与精馏段操作线交于d点。

④连接cd，即得到提馏段操作线。

⑤自a点开始在操作线和平衡线之间绘梯级，图解得理论板数为11（包括再沸器），自塔顶往下的第5层为加料板，如例题7-4附图1所示。

（2）气液混合物进料

①与（1）中①相同。

②与（1）中②相同。

由a和b两项的结果如例题7-4附图2所示。

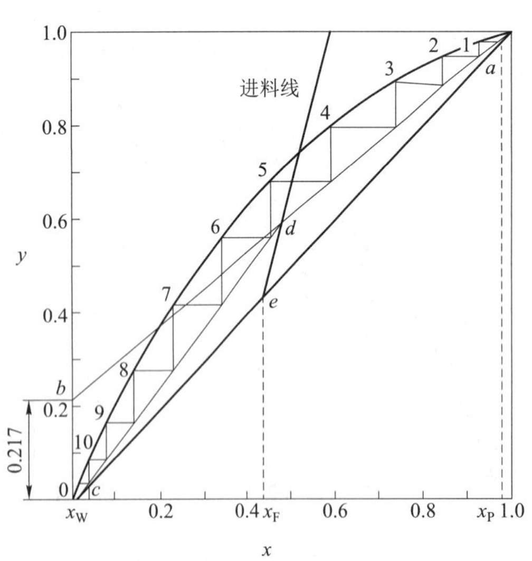

例题 7-4 附图 1

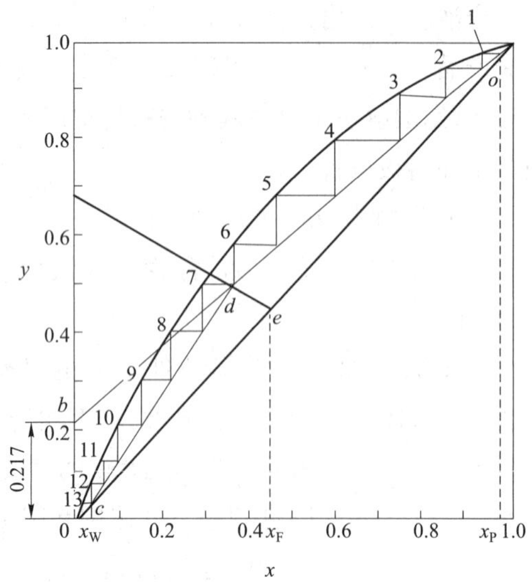

例题 7-4 附图 2

③由 q 值定义知，$q=1/3$，故 q 线斜率为

$$\frac{q}{q-1}=\frac{\frac{1}{3}}{\frac{1}{3}-1}=-0.5$$

过 e 点作斜率为 -0.5 的直线，即得 q 线。q 线与精馏段操作线交于 d 点。

④连接 cd，即为提馏段操作线。

⑤按上法图解得理论板数为 13（包括再沸器），自塔顶往下数第 7 层为加料板，如例题 7-4 附图 2 所示。

思考

4. 请总结一下本题的解题思路。

由计算结果可知，对一定的分离要求，若进料热状态不同，所需的理论板数和加料板的位置均不相同。

要注意，不能因本例题中冷液进料需要理论板 11 层（包括釜），气液混合物进料需要理论板 13 层（包括釜）而得出冷液进料好的结论。首先要明确进料热状态不同，对于设计一个塔而言，不能影响塔顶产品（馏出液）流量，因其受全塔物料衡算约束。另外，在取回流比不变的情况下，$V=(R+1)P$，说明两种进料热状态精馏段上升蒸气千摩尔流量不变，而 $V=V'+(1-q)F$，在原料液流量不变情况下，冷液进料 $q>1$，气液混合物进料 $0<q<1$，必然有冷液进料提馏段上升蒸气千摩尔流量大于气液混合物的进料，因此冷液进料需要理论板数少是以耗能多为代价的。

前已述及，回流是保证精馏塔连续稳定操作的必要条件之一。增大回流比，既加大了精馏段的液气比 L/V，也加大了提馏段的液气比，两者均有利于精馏过程的传质。设计时采用较大的回流比，则在 y-x 图上两条操作线均移向对角线，达到指定的分离要求所需要的理论板数较少。但是，增大回流比是以增加能耗为代价的。因此，回流比的选择是一个经济问题，应在操作费用（能耗）和设备费用（塔板及塔釜传热面、冷凝器传热面）之间作出权衡。

五、回流比的影响及其选择

回流比有两个极限值，上限为全回流时回流比，下限为最小回流比，实际回流比为介于两极限之间的某适宜值。

（一）全回流和最少理论板数

若塔顶上升蒸气经冷凝后，全部回流至塔内，这种操作方式称为全回流。此时精馏塔不加料也不出料，自然也无精馏段与提馏段之分。

全回流时的回流比为

$$R=\frac{L}{P}=\frac{L}{0}=\infty$$

因此，精馏段操作线的斜率 $R/(R+1)=1$，在 y 轴的截距 $x_P/(R+1)=0$。这时在 $y-x$ 图上操作线与对角线相重合，操作线方程式为 $y_{n+1}=x_n$。显然，此时操作线和平衡线的距离为最远，因此，达到指定分离要求所需要的理论板数为最小，以 N_{min} 表示。N_{min} 可在 $y-x$ 图上的平衡线和对角线之间直接图解求得，也可以从芬斯克（Fenske）方程式计算得到。

该式的推导过程如下。

设气液平衡关系可用式（7-6）表示，即

$$\left(\frac{y_A}{y_B}\right)_n=\alpha_n\left(\frac{x_A}{x_B}\right)_n$$

式中，下标 n 表示第 n 层理论板。

全回流时操作线方程为

$$y_{n+1}=x_n$$

若塔顶采用全凝器，则

$$y_1=x_P$$

或

$$\left(\frac{y_A}{y_B}\right)_1=\left(\frac{x_A}{x_B}\right)_P$$

第 1 层板的气液平衡关系为

$$\left(\frac{y_A}{y_B}\right)_1=\alpha_1\left(\frac{x_A}{x_B}\right)_1=\left(\frac{x_A}{x_B}\right)_P$$

第 1 层板和第 2 层板间的操作关系为

$$y_{A2}=x_{A1} \quad 及 \quad y_{B2}=x_{B1}$$

或

$$\left(\frac{y_A}{y_B}\right)_2=\left(\frac{x_A}{x_B}\right)_1$$

所以

$$\left(\frac{x_A}{x_B}\right)_P=\alpha_1\left(\frac{y_A}{y_B}\right)_2$$

将第 2 层板的气液平关系 $(y_A/y_B)_2=\alpha_2(x_A/x_B)_2$ 代入上式得

$$\left(\frac{x_A}{x_B}\right)_P=\alpha_1\alpha_2\left(\frac{x_A}{x_B}\right)_2$$

将第 2 层板与第 3 层板间的操作关系$(y_A/y_B)_3=(x_A/x_B)_2$代入上式得

$$\left(\frac{x_A}{x_B}\right)_P=\alpha_1\alpha_2\left(\frac{y_A}{y_B}\right)_3$$

若将再沸器视为第 $N+1$ 层理论板，重复上述的计算过程，直至再沸器止，可得

$$\left(\frac{x_A}{x_B}\right)_P=\alpha_1\alpha_2\cdots\alpha_{N+1}\left(\frac{x_A}{x_B}\right)_W$$

若令 $\alpha_m=\sqrt[N+1]{\alpha_1\alpha_2\cdots\alpha_{N+1}}$，则上式可改写为

$$\left(\frac{x_A}{x_B}\right)_P=\alpha_m^{N+1}\left(\frac{x_A}{x_B}\right)_W$$

因全回流时所需要理论板数为 N_{nin}，以 N_{min}代替上式的 N，并将该式等号两边取对数，经整理得

$$N_{min}+1=\frac{\lg\left[\left(\frac{x_A}{x_B}\right)_P\cdot\left(\frac{x_B}{x_A}\right)_W\right]}{\lg\alpha_m} \tag{7-26}$$

式中，N_{min}为全回流时所需要的最少理论板数（不包括再沸器）；α_m 为全塔平均相对挥发度，当 α 变化不大时，可取塔顶和塔底的几何平均值，即 $\alpha_m=\sqrt{\alpha_P\alpha_W}$。

式（7-26）称为芬斯克方程式，用于计算全回流下采用全凝器时的最少理论板数。全回流是回流比的上限，在这种情况下得不到产品，因此对正常生产无意义。但是在精馏的开工阶段或实验研究时，多采用全回流，以便于过程的稳定和控制。

（二）最小回流比

如图 7-24，当回流比从全回流逐渐减小时，精馏段操作线的截距逐渐增大，两操作线的位置将向平衡线靠近，因此，欲达到相同分离要求所需的理论板数亦逐渐增加。当回流比减少到使两操作线交点正好落在平衡线（图 7-24 上 d 点所示）时，所需要理论板数为无穷多，d 点称为挟点，这种情况下的回流比称为最小回流比，以 R_{min}表示。

最小回流比 R_{min}可用作图法或解析法求得。

1. 作图法　依据平衡曲线形状不同，作图方法有所不同。对于正常的平衡曲线见图 7-24，由精馏段操作线斜率可知

$$\frac{R_{min}}{R_{min}+1}=\frac{x_P-y_q}{x_P-x_q}$$

将上式整理得

$$R_{min}=\frac{x_P-y_q}{y_q-x_q} \tag{7-27}$$

式中，x_q，y_q为 q 线与平衡线的交点坐标，可由图中读得。

对于不正常的平衡线，如图 7-25 所示的乙醇-水溶液的平衡曲线，具有下凹的部分。当操作线与 q 线的交点尚未落到平衡线上之前，操作线已与平衡线相切，如图中 g 点所示。此时已需要无限多理论板，故对应的回流比为最小回流比。对这种情况下 R_{min}的求法是由点 $a(x_P,x_P)$向平衡线作切线，再由切线的截距或斜率求 R_{min}。

2. 解析法　因在最小回流比下，操作线与 q 线交点坐标（x_q，y_q）位于平衡线上，对于相对挥发度为常量（或取平均值）的理想溶液，用式（7-7），则有

$$y_q=\frac{\alpha x_q}{1+(\alpha-1)x_q}$$

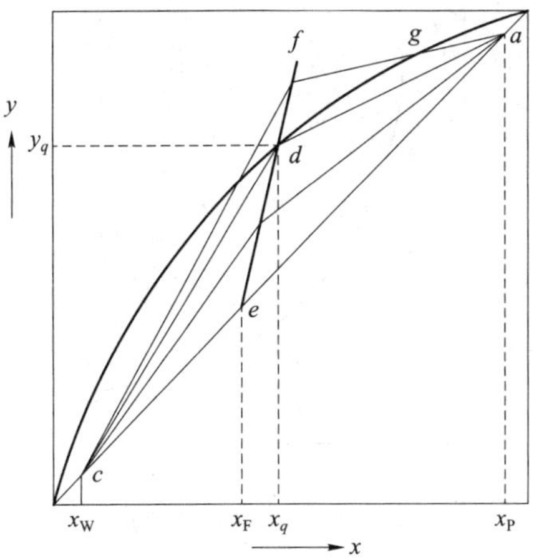

图 7-24 最小回流比的确定

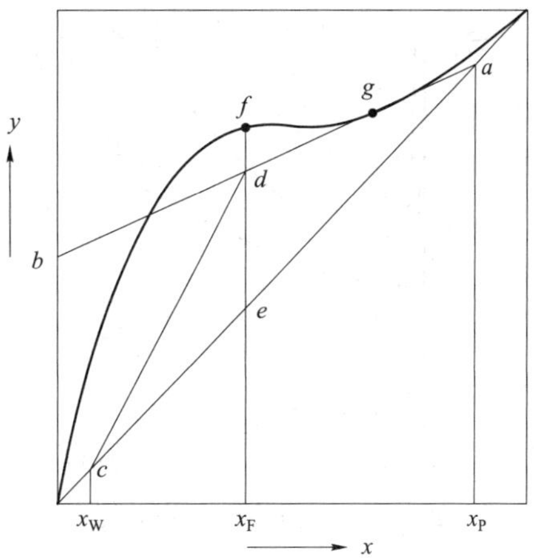

图 7-25 不正常平衡曲线的 R_{min} 确定

将上式代入式（7-27），并整理得

$$R_{min}=\frac{1}{\alpha-1}\left[\frac{x_P}{x_q}-\frac{\alpha(1-x_P)}{1-x_q}\right] \tag{7-28}$$

若饱和液体进料时 $x_q=x_F$，故

$$R_{min}=\frac{1}{\alpha-1}\left[\frac{x_P}{x_F}-\frac{\alpha(1-x_P)}{1-x_F}\right] \tag{7-29}$$

需指出，最小回流比是回流比的下限，对于一定形状的平衡曲线，在指定进料热状态及分离要求的情况下，最小回流比为一大于零的确定值。最小回流比对应于无限多理论板，因此对生产无实际意义，但为设计者选用适宜回流比确定了范围。

（三）适宜回流比的选择

由上面讨论知道，对于一定的分离要求，若在全回流下操作，虽然所需理论板数为最少，但得不到产品；若在最小回流比下操作，则所需要理论板数为无限多。因此，实际回流比总是介于两种极限值之间。适宜的回流比应通过经济衡算来决定。操作费用和设备折旧费之和为最低时的回流比，称为适宜回流比。

精馏的操作费用，主要决定于再沸器中加热蒸气（或其他加热介质）消耗量及冷凝器中冷却水（或其他冷却介质）的消耗量，而此两量均取决于塔内上升蒸气量。

因
$$V=L+P=(R+1)P$$
$$V'=V+(q-1)F$$

由上式可知，当 F、q、P 一定时，上升蒸气量 V 和 V' 正比于（R+1）。当 R 增大时，加热和冷却介质消耗量亦随之增多，操作费用相应增加，如图 7-26 中的线 2 所示。

设备折旧费是指精馏塔、再沸器等设备的投资费乘以折旧率。如果设备类型和材料已经选定，此项费用主要决定于设备的尺寸。当 $R=R_{min}$ 时，塔板数 $N=\infty$，故设备费用为无限大。但 R 稍大于 R_{min} 后，塔板数从无限多减至有限板数，故设备费急剧降低。当 R 继续增大时，塔板数虽然仍可减少，但减少速率变得缓慢，如图 7-27 所示。但另一方面，由于 R 增大，上升蒸气量也随之增加，使塔径、塔板面积、再沸器及冷凝器等尺寸相应增加，因此 R 增至某一值后，设备费用反而上升，见图 7-26 中的线 1 所示。总费用为设备折旧费和操作费之和，见图 7-26 中线 3 所示。总费用中最低值所对应的回流比即为适宜回流比。

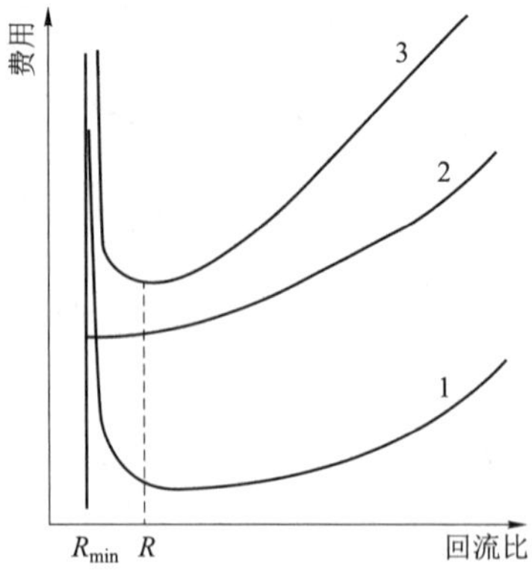

图 7-26　适宜回流比的确定

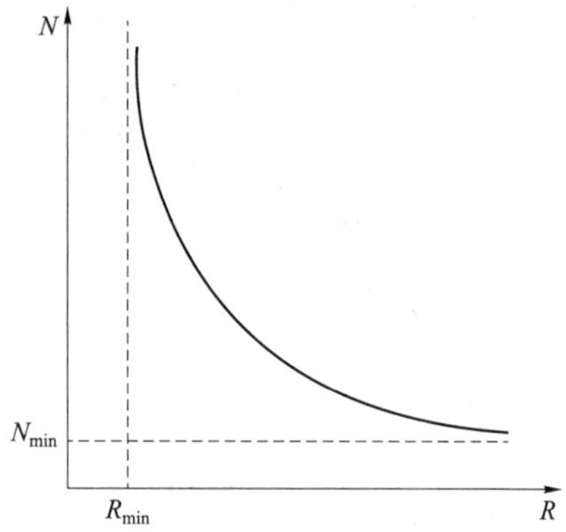

图 7-27　*N* 和 *R* 的关系

在制药生产中所用精馏塔通常都比较小，因此一般并不用进行详细的经济衡算，而是根据实践经验取最小回流比一定的倍数作为操作回流比。近年来一般都推荐取最小回流比的 1. 1~2. 0 倍，即

$$R=(1.1\sim2.0)R_{min}$$

应予指出，不同时期的推荐值有所不同，20 世纪 50 年代初取值较大，取 $R=(1.3\sim5.0)R_{min}$，其原因是当时重视设备费。进入 20 世纪 70 年代由于技术进步和能源价格上涨而使适宜回流比的取值趋于越来越小。

例题 7-5　根据例题 7-4 的数据，求最小回流比。若取实际回流比为最小回流比的 1. 6 倍，求实际回流比。

解：R_{min}由下式求算，即

$$R_{min}=\frac{x_P-y_q}{y_q-x_q}$$

冷液进料时，由例题 7-4 附图 1 查出 q 线与平衡线交点坐标为

$$x_q=0.52\qquad y_q=0.74$$

所以

$$R_{min}=\frac{0.975-0.74}{0.74-0.52}=1.07$$

$$R=1.6\times1.07=1.71$$

气液混合物进料时，由例题 7-4 附图 2 查出 q 线与平衡线交点坐标为

$$x_q=0.29y_q=0.51$$

所以

$$R_{min}=\frac{0.975-0.51}{0.51-0.29}=2.11$$

$$R=1.6\times2.11=3.38$$

六、简捷法求理论板数

精馏塔理论板数除了可用前述的逐板计算法和图解法求得外，还可以采用简捷法计算。特别是对于多组分精馏的理论板数计算，简捷法更有意义。很早就有人研究操作回流比 R、最小回流比 R_{min}、理论板数 N 及最少理论板数 N_{min} 4 个变量间的关系，并提出若干经验关联图。因为这种方法无理论根据，故不能期待有较高的精度。

（一）吉利兰关联图

吉利兰（Gilliland）图（图 7-28）是至今仍最广泛应用的一种经验关联图，大部分化学工程书中都有介绍。

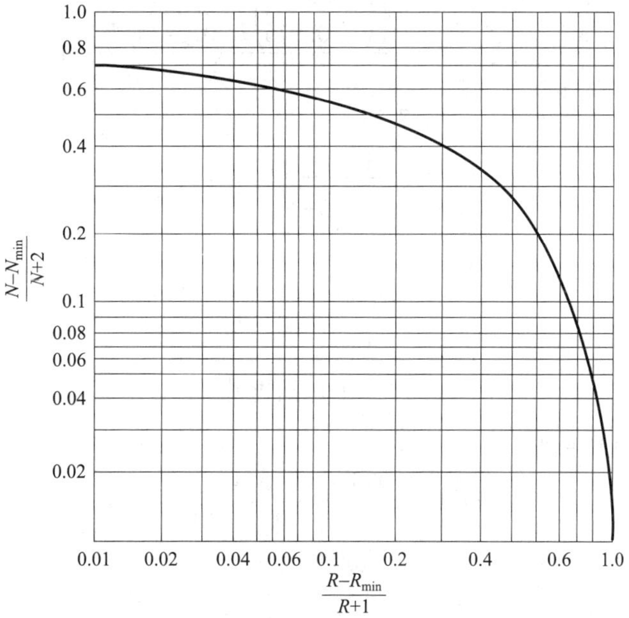

图 7-28 吉利兰图

吉利兰图是根据 8 种不同物系，在不同精馏条件下进行逐板计算后总结出来的。图线的两端延长分别表示两种极限情况：右端延长表示接近全回流时的情况，左端延长表示最小回流比的情况。

横坐标为$(R-R_{min})/(R+1)$，纵坐标为$(N-N_{min})/(N+2)$。其中 N、N_{min} 为不包括再沸器的理论板数及最少理论板数。

吉利兰图绘制的条件是：组分数为 2～11；进料热状态包括冷液至过热蒸气等 5 种情况；R_{min} 为 0.53～7.0；组分间相对挥发度为 1.26～4.05；理论板数为 2.4～43.1。使用条件应尽量与上述条件接近。

（二）求理论板层数的步骤

（1）应用式（7-27）至式（7-29）算出 R_{min}，并选择 R。

（2）应用式（7-26）算出 N_{min}。

（3）计算$(R-R_{min})/(R+1)$之值，在吉利兰图横坐标上找到相应点，由此点向上作垂线与曲线相交，由交点的纵坐标$(N-N_{min})/(N+2)$之值，算出理论板数 N（不包括再沸器）。

（4）确定加料板位置。

例题 7-6 利用例题 7-5 的结果，用简捷法重算例题 7-4 中气液混合物进料的理论板数和加料板位置。

解：由例题 7-4 已知 $x_P=0.975$，$x_F=0.44$，$x_W=0.0235$，取 $R=3.5$。例题 7-2 已算出平均相对挥发度 $\alpha_m=2.46$。例题 7-5 算出的结果为 $R_{min}=2.11$。

（1）求全塔理论板数

$$N_{\min}=\frac{\lg\left[\left(\frac{x_{A}}{x_{B}}\right)_{P}\cdot\left(\frac{x_{B}}{x_{A}}\right)_{W}\right]}{\lg\alpha_{m}}-1$$

$$=\frac{\lg\left[\left(\frac{0.975}{1-0.975}\right)\left(\frac{1-0.0235}{0.0235}\right)\right]}{\lg 2.46}-1$$

$$=7.21$$

$$\frac{R-R_{\min}}{R+1}=\frac{3.5-2.11}{3.5+1}=0.31$$

由吉利兰图查得

$$\frac{N-N_{\min}}{N+2}=0.37$$

解得 $N=13$（不包括再沸器）

（2）求精馏段理论板数

$$N_{\min}=\frac{\lg\left[\left(\frac{0.975}{1-0.975}\right)\left(\frac{1-0.44}{0.44}\right)\right]}{\lg 2.46}-1=3.34$$

已查出

$$\frac{N-N_{\min}}{N+2}=0.37$$

解得 $N=6.5$

故加料板为从塔顶往下数第 7 层板。以上计算结果与例题 7-4 的图解结果基本一致。

思考

5. 请比较一下简捷法和逐板法所求得的理论板数及进料板位置是否接近。

七、实际板数与塔效率

在精馏塔的工艺设计中，最后要回答完成指定分离任务所需塔径和实际塔板数各为多少。而以上所讨论的都是在理论板的前提下进行的，即离开各层塔板的气、液两相达到平衡状态，再沸器也相当于一层理论塔板。但实际上由于两相在塔板上接触的时间短暂等原因，每层板并不能起到一层理论板的作用，故完成一定分离任务所需的实际板数应比上面计算所得的理论板数为多。通常用“板效率”把理论板数折算成实际板数。

（一）单板效率 E_{M}

单板效率又称默弗里（Murphree）效率，它是以气相（或液相）经过实际板的组成变化值与经过理论板的组成变化值之比来表示。见图 7-29，对任意的 n 层塔板，直线 AC 表示实际板的组成变化值，直线 AB 表示理论板的组成变化值。

单板效率可分别按气相组成及液相组成的变化来表示，即

$$E_{MV}=\frac{y_n-y_{n+1}}{y_n^*-y_{n+1}} \tag{7-30a}$$

$$E_{ML}=\frac{x_{n-1}-x_n}{x_{n-1}-x_n^*} \tag{7-30b}$$

式中，y_n^* 为与 x_n 成平衡的气相中易挥发组分的摩尔分率；x_n^* 为与 y_n 成平衡的液相中易挥发组分的摩尔分率；E_{MV} 为气相默弗里效率；E_{ML} 为液相默弗里效率。

单板效率通常由实验确定，常用于塔板效率的研究。

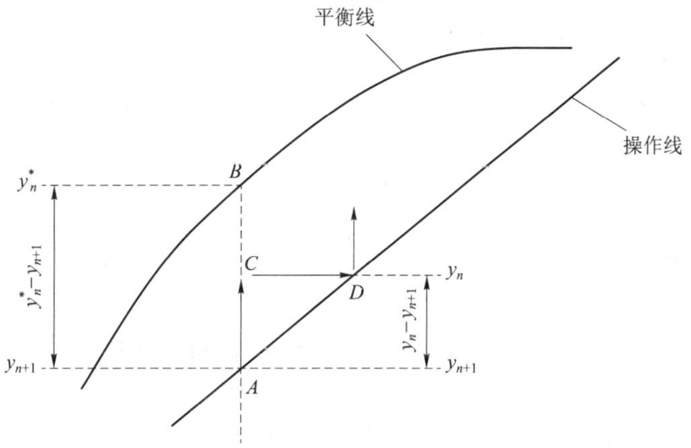

图 7-29 单板效率示意图

（二）全塔效率 E_T

全塔效率又称总板效率，一般来说，精馏塔中各层板的单板效率并不相等，为在工程应用上简便起见，常用全塔效率来表示，即

$$E_T=\frac{N_T}{N_P}\times 100\% \tag{7-31}$$

式中，E_T 为全塔效率；N_T 为理论板数；N_P 为实际板数。

全塔效率反映塔中各层板的平均效率，因此它是理论板数的一个校正系数，其值恒小于 1。对一定结构的板式塔，若已知在某种操作条件下的全塔效率，便可由式（7-31）求得实际板数。

由于许多因素都对板效率产生影响，如气-液相传质情况、所用不同设备、系统的物理性质、操作条件等，因此目前还不能用纯理论公式准确计算板效率。设计时一般用来自生产及中间实验的数据或用经验公式估算。例如，对于精馏塔，奥康奈尔（O'connell）收集了几十个工业塔的塔效率数据，将全塔效率对液相黏度与相对挥发度的乘积进行关联，得到如图 7-30 所示曲线。该曲线也可用下式表达，即

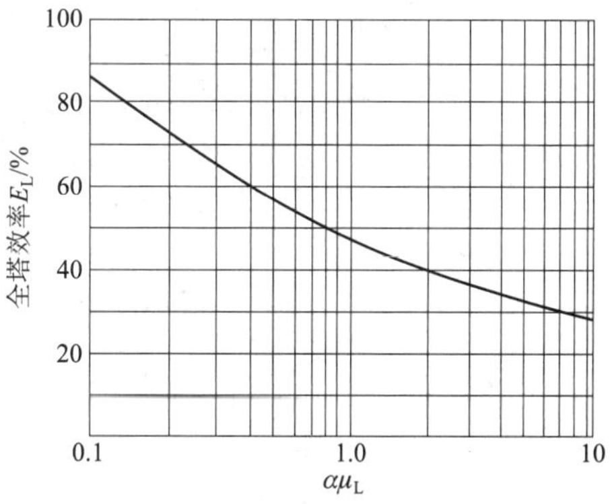

图 7-30 精馏塔全塔效率关系曲线

$$E_T=0.49\,(\alpha\mu_L)^{-0.245} \tag{7-32}$$

式中，α 为塔顶与塔底平均温度下的相对挥发度；μ_L 为塔顶与塔底平均温度下的液相黏度，

mPa·s。

应指出，图 7-30 及式（7-32）的数据是来源于泡罩塔和筛板塔，如果所选的精馏塔型式及结构比较先进，则其全塔效率要适当提高。

八、塔径与塔高的计算

前已述及，精馏操作除可在板式塔内进行外，还可以在填料塔内进行。由于填料塔中填料是连续堆积的，上升蒸气和回流液体在填料表面上进行连续逆流接触，两相组成在塔内是连续变化的，因此，板式塔和填料塔的塔径和塔高各自有不同的计算方法。

（一）板式塔塔径的计算

根据圆管内流量公式，可写出塔径与气体流量及空塔气速的关系，即

$$D=\sqrt{\frac{4V_s}{\pi u}} \tag{7-33}$$

式中，D 为塔径，m；V_s 为塔内气体流量，$m^3 \cdot s^{-1}$；u 为空塔气速，即按空塔计算的气体线速度，$m \cdot s^{-1}$。

由式（7-33）可见，计算塔径的关键在于确定适宜的空塔气速 u。

先按下面的半经验式计算出最大允许气速 u_{max}，即

$$u_{max}=C\sqrt{\frac{\rho_L-\rho_V}{\rho_V}} \tag{7-34}$$

式中，u_{max} 为最大允许气速，$m \cdot s^{-1}$；C 为负荷系数，是经验常数。

研究表明，C 值与气、液流量及密度、板上液滴沉降空间的高度以及液体的表面张力有关。史密斯（Smith，R. B）等人汇集了若干泡罩、筛板和浮阀塔的数据，整理成负荷系数与塔内气、液流量及密度、板上液滴沉降空间的高度以及液体的表面张力等影响因素间的关系曲线，如图 7-31 所示。

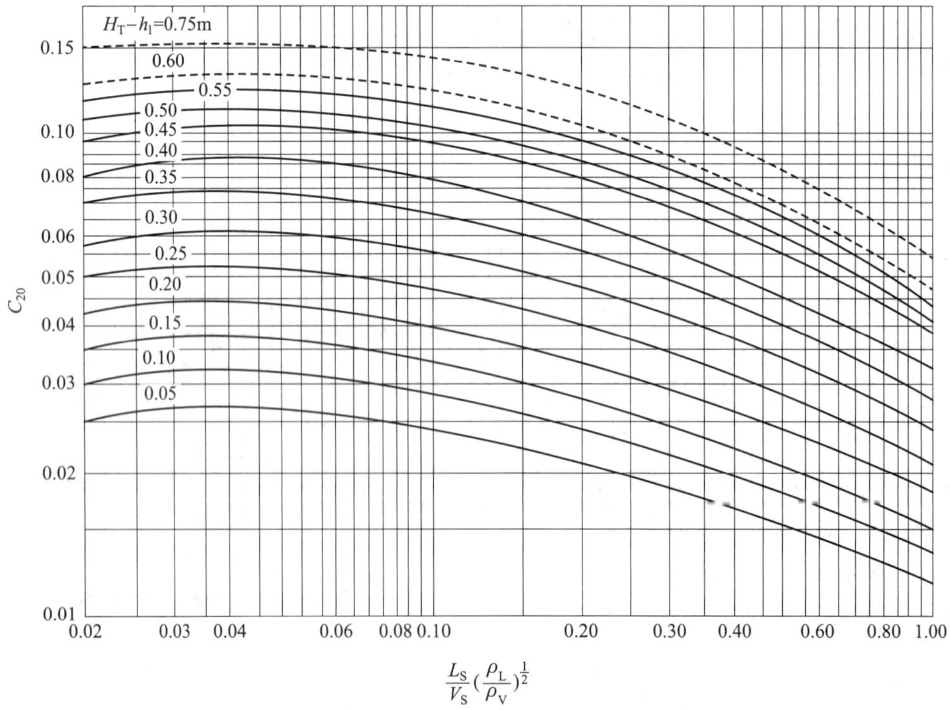

图 7-31　不同分离空间下负荷系数与动能参数的关系

图 7-31 中，V_S，L_S分别为塔内气液两相的体积流量，$m^3 \cdot s^{-1}$；ρ_V，ρ_L分别为塔内气液两相的密度，$kg \cdot m^{-3}$；H_T为板间距，m；h_1为板上清液层高度，m。

横坐标$\frac{L_s}{V_s}\left(\frac{\rho_L}{\rho_V}\right)^{\frac{1}{2}}$是一个无因次比值，可称为液气动能参数，它反映液气两相的流量与密度的影响。

板上液层高度 h_1应由设计者首先选定，对常压塔一般取 0.05～0.1m，常用 0.05～0.08m，而减压操作时应取低些，可低至 0.025～0.03m。

图 7-31 是按液体表面张力 $\sigma = 20mN \cdot m^{-1}$的物系绘制的，若所处理的物系表面张力为其他值，则需按下式校正查出的负荷系数，即

$$C = C_{20}\left(\frac{\sigma}{20}\right)^{0.2} \tag{7-35}$$

式中，C_{20}为由图 7-31 中查得的 C 值；σ 为操作物系的液体表面张力，$mN \cdot m^{-1}$；C 为操作物系的负荷系数。

通常按式（7-34）求出 u_{max}之后，再乘以安全系数（其值可在 0.6～0.8 范围内取），便得适宜的空塔气速 u，即

$$u = (0.6 \sim 0.8)u_{max} \tag{7-36}$$

对于直径较大、板间距较大、加压或常压操作的塔以及不易起泡的物系，安全系数可取较高的数值，而对直径较小、板间距较小、减压操作的塔以及严重起泡的物系，安全系数应取较低的数值。

将求得的空塔气速 u 代入式（7-33）算出塔径后，还需根据不同塔型直径系列标准予以圆整。当精馏段和提馏段上升蒸气量和回流液体量差别较大时，两段的塔径应分别计算。但在塔径的计算结果相差不大时，为了加工方便通常取相同值。

（二）板式塔塔高的计算

根据给定的分离任务，按前面所介绍的方法求出所需要理论板数后，便可按下式计算塔的有效段（接触段）高度，即

$$Z = \frac{N_T}{E_T}H_T \tag{7-37}$$

式中，Z 为塔高，m；N_T为所需的理论板数（不包括釜）；E_T为全塔效率；H_T为塔板间距（简称板距），m。

板距 H_T的大小对塔的生产能力、气液负荷的允许变化范围及塔板效率都有影响。采用较大的板距，能允许较高的空塔气速，而不致产生严重的雾沫夹带现象，因此对一定的生产任务，塔径可以小些，但塔高要增加。反之采用较小板距，只能允许较小的空塔气速，塔径就要增大，但塔高可以减低一些。可见板距与塔径互相关联，需要结合经济权衡，反复调整才能确定。表 7-2 所列经验数据可供设计时作为初步的参考值。

表 7-2　浮阀塔板间距参考数值

塔径 D/m	0.3～0.5	0.5～0.8	0.8～1.6	1.6～2.0	2.0～2.4	>2.4
板距 H_T/mm	200～300	300～350	350～450	450～600	500～800	≥600

（三）填料塔塔径的计算

和吸收塔求塔径相同，先计算出泛点气速 u_f之后，再乘以安全系数（其值可在0.6～

0.8 范围内取)，便得适宜的操作空塔气速 u，即

$$u=(0.6\sim0.8)u_f$$

再由下式确定塔径

$$D=\sqrt{\frac{V}{3600\times0.785u}}$$

式中，D 为塔径，m；V 为气相流量，$m^3\cdot h^{-1}$；u 为空塔气速，$m\cdot s^{-1}$。

利用上式计算出塔径后也要根据直径系列标准予以圆整。和板式塔一样，在填料塔中也会出现因精馏段和提馏段的上升蒸气量和回流液体量不同而出现计算出的两段塔径不相同，为了制造方便也尽量取直径相等。

（四）填料层高度的计算

在填料塔内两相的组成是连续变化的。计算填料层高度，常引入理论板当量高度的概念。

设想在填料塔内，将填料层分为若干相等的高度单位，每一单位的作用相当于一层理论板，即通过这一高度单位后，上升蒸气与下降液体互成平衡。此单位填料层高度称为理论板当量高度，简称等板高度，以 *HETP* 表示。理论板数乘以等板高度即得到所需的填料层高度。

等板高度的大小，不仅取决于填料的类型与尺寸，而且受系统物性、操作条件及设备尺寸等影响。等板高度的计算，迄今尚无满意的方法，一般通过实验测定或取生产中的经验数据。当无实际数据可取时，只能参考有关资料中提出的经验公式进行估算，此时要注意所用公式的适用范围。

应指出，来自小型实验的等板高度数据，往往不符合大规模生产装置的情况。有一些经验数据可供参考。譬如，直径在 0.6m 以下的填料塔，等板高度约与塔径相等；而当塔处于负压操作时，等板高度约等于塔径加上 0.1m。还需要注意：由于一般的蒸馏过程中液气容积比要比吸收过程小得多（在真空蒸馏中更是如此），容易引起液体喷淋不均匀问题，从而影响效率，故填料精馏塔一般用于直径 800mm 以下，高度 6~7m 以下的场合比较合理。

第五节　间歇蒸馏

制药生产的特点是小批量、多品种，料液品种或组成经常发生变化，此时采用间歇蒸馏的操作方法比较灵活机动。

在间歇蒸馏过程中没有回流的称为简单蒸馏，有回流的称为间歇精馏。下面分别叙述其原理及计算方法。

一、简单蒸馏的原理与计算

在一定压力下，将一定量液体混合物放入蒸馏釜中加热使之不断气化，并不断移出所产生的蒸气，此种方法称为简单蒸馏或微分蒸馏。简单蒸馏没有回流，不进行气、液之间逆流接触，只能使混合液部分地分离，分离效果差，因此简单蒸馏只用于精馏前的粗蒸或用于分离组分间沸点差大且要求纯度不高的场合。

在简单蒸馏过程中，由于不断地将产生的蒸气移去，易挥发组分的含量在釜内残液中逐渐减少，残液的沸点则逐渐增高，而产生的蒸气中易挥发组分的含量亦随之递减，故简

单蒸馏是个不稳定过程。因此，对简单蒸馏必须选取一个时间微元 $d\tau$，对该时间微元的始末作物料衡算。设

W——釜中的液体量，它随时间而变，由初态 W_1 变至终态 W_2，kmol；

x——釜中液体的浓度，由初态 x_1 降至终态 x_2；

y——任一瞬间由釜中蒸出的气相浓度，它也随时间而变。

设 $d\tau$ 时间内蒸出物料量为 dW，釜内液体组成由 x 降为（$x-dx$），则该时间微元始末的易挥发组分的物料衡算式为

$$Wx=ydW+(W-dW)(x-dx)$$

上式经整理并略去二级无穷小量 $dxdW$，则得

$$\frac{dW}{W}=\frac{dx}{y-x}$$

将上式积分

$$\int_{W_2}^{W_1}\frac{dW}{W}=\int_{x_2}^{x_1}\frac{dx}{y-x} \tag{7-38}$$

或

$$\ln\frac{W_1}{W_2}=\int_{x_2}^{x_1}\frac{dx}{y-x}$$

任一瞬时的气、液组成互成平衡，即有平衡方程

$$y=f(x)$$

简单蒸馏的过程计算可将平衡方程代入式（7-38）中，得

$$\ln\frac{W_1}{W_2}=\int_{x_2}^{x_1}\frac{dx}{f(x)-x}$$

若混合液为理想溶液，可用 $y=\dfrac{\alpha x}{1+(\alpha-1)x}$ 代入并积分，得

$$\ln\frac{W_1}{W_2}=\frac{1}{\alpha-1}\left(\ln\frac{x_1}{x_2}+\alpha\ln\frac{1-x_2}{1-x_1}\right) \tag{7-39}$$

原料液 W_1 及组成 x_1 一般已知，当给定 x_2，即可由上式求出残液量 W_2。由于釜液组成 x 随时间变化，每一瞬时的气相组成 y 也相应变化。若将全过程的气相产物冷凝后汇集一起，则馏出液的平均组成 $\bar{y}$ 可由全过程的始末作物料衡算求出。

馏出液量为（W_1-W_2），全过程始末易挥发组分物料衡算式为

$$\bar{y}(W_1-W_2)=W_1x_1-W_2x_2$$

或

$$\bar{y}=x_1+\frac{W_2}{W_1-W_2}(x_1-x_2) \tag{7-40}$$

例题 7-7 将含苯 70%、甲苯 30% 的溶液加热气化（以上均为摩尔分率），气化率为 1/3，物系的相对挥发度为 2.47。试计算简单蒸馏时，气相产物的平均组成及残液组成。

解：苯和甲苯混合液服从拉乌尔定律，故可应用式（7-39）或（7-40）进行计算。

将已知值代入式（7-39）得

$$\ln\frac{1}{\left(\frac{2}{3}\right)}=\frac{1}{2.47-1}\left(\ln\frac{0.7}{x_2}+2.47\ln\frac{1-x_2}{1-0.7}\right)$$

试差解出 $x_2=0.633$

将已知值代入式（7-40）得

$$\bar{y}=0.7+\frac{\left(\frac{2}{3}\right)}{1-\left(\frac{2}{3}\right)}(0.7-0.633)$$

$$=0.834$$

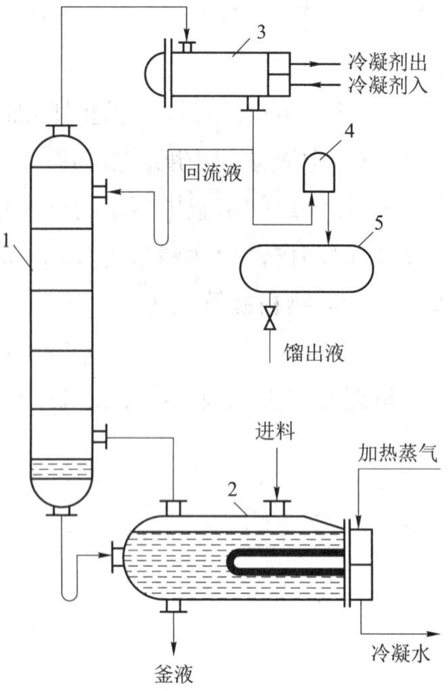

图 7-32　间歇精馏流程图

1. 精馏塔；2. 蒸馏釜；3. 全凝器；4. 观察罩；5. 馏出液贮槽

二、间歇精馏

从间歇精馏流程图 7-32 可以看出，间歇精馏与连续精馏大致相同。间歇精馏时，料液成批投入蒸馏釜中，逐步加热气化，待釜液组成降至规定值后将其一次排出。因此不难理解，间歇精馏过程具有如下特点：①间歇精馏为非定态过程。在精馏过程中，釜液组成不断变化，塔内操作参数（如温度、浓度）也随时间而变化；②间歇精馏时全塔均为精馏段；③塔顶产品组成随操作方式而异。

间歇精馏的操作方式主要有以下两种：其一是馏出液组成恒定的操作，则相应的回流比不断地增大，这种操作实际很难实施。其二是回流比恒定的操作，则对应的馏出液组成逐渐减低，此操作易控制。

根据预定的分离要求，实际操作可以灵活多样。例如，在操作初期可间隔一定时间逐步加大回流比以维持馏出液组成大致恒定。但回流比过大，在经济上并不合理，故在操作后期可保持回流比不变。若所得馏出液不符合要求，可将此部分产品并入下一批原料中再次精馏。

（一）馏出液浓度恒定的间歇精馏

间歇精馏的釜液浓度 x_W 随精馏时间加长而逐渐降低，若维持馏出液浓度 x_P 不变，分离程度（x_P 与 x_W 的差异）则越来越大。但在一次操作中，精馏塔的理论板数可认为是恒定的，因此为了适应越来越大的分离要求，只有采用相应加大回流比的办法。

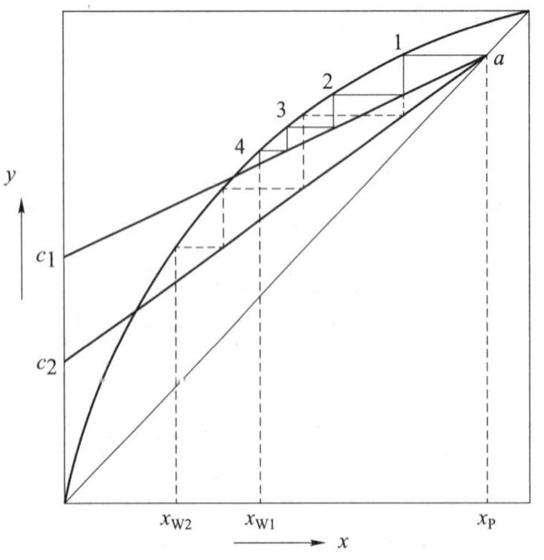

图 7-33　馏出液浓度恒定时间歇精馏的回流比与釜液浓度关系

如图 7-33 所示，假设某塔的分离能力相当于 4 层理论板，馏出液浓度规定为 x_P 时，在回流比 R_1 下进行操作，釜液浓度可降到 x_{W1}。随着操作时间加长，釜液浓度不断下降，假如降到 x_{W2}，在仍为 4 层理论板的条件下，要维持馏出液浓度 x_P 不变，只有将回流比加大到 R_2，使操作线 ac_1 移到 ac_2。这样不断加大回流比，直到釜液浓度达到规定浓度 x_{We}，即停止操作。

设原料液浓度为 x_F（也为釜液的初浓度），要求经过分离后，釜液终浓度为 x_{We}，馏出液浓度恒定为 x_P。由于操作终了时釜液

浓度 x_{We} 为最低，即分离程度为最大，因此，理论板数应按最终操作情况计算。

根据馏出液浓度 x_P，如图 7-34 所示确定 a 点，作 $x=x_{We}$ 的直线与平衡线交于 d_1，直线 ad_1 即为操作终了时在最小回流比下的操作线。仿照式（7-27）的推导方法得

$$R_{min}=\frac{x_P-y_{We}}{y_{We}-x_{We}} \tag{7-41}$$

间歇精馏的原料是处于泡点下的液体，而操作时没有提馏段，故将式（7-29）中的 x_F 换为 x_{We} 也可计算操作终了时最小回流比 R_{min}。算得 R_{min} 后，取适宜倍数求出操作回流比，再算出操作线在 y 轴上的截距 $x_P/(R+1)$，就可以按一般作图法求所需的理论板数。图 7-35 表示需要 6 层理论塔板。

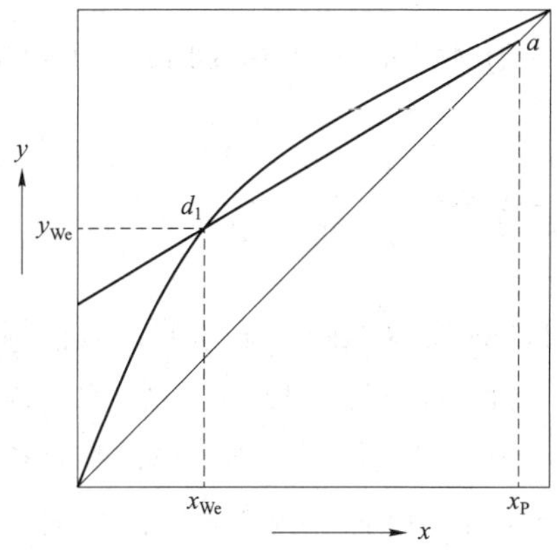

图 7-34 馏出液浓度恒定时间歇精馏终了时的最小回流比理论板数的图解法

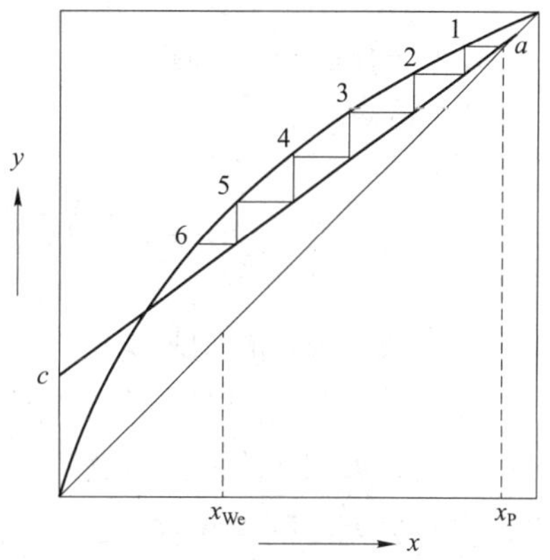

图 7-35 馏出液浓度恒定时理论板数图解法

（二）回流比恒定的间歇精馏

在具有一定塔板数的塔内进行间歇精馏操作时，若回流比维持恒定，则馏出液及釜液浓度必然同时逐渐降低。图 7-36 表示具有 3 层理论板时的情况。当馏出液浓度为 x_{P1} 时，相应的釜液浓度为 x_{W1}；馏出液浓度为 x_{P2} 时，相应的釜液浓度为 x_{W2}，直到釜液浓度达到规定值时，操作即可终止。一批操作所得馏出液的浓度是各瞬间浓度的平均值。

设原料浓度为 x_F，要求馏出液平均浓度为 $\bar{x}_P$，釜液的最终浓度为 x_{We}。由于馏出液的浓度随精馏时间加长而逐渐降低，故设计时应将操作初期的馏出液浓度提高到平均浓度以上，这样才能使平均浓度达到或高于规定值。譬如说，规定馏出液的平均浓度为 $\bar{x}_P$，设计时应将其提高到 x_{P1}，见图 7-37。显然，最小回流比 R_{min} 应根据 x_{P1} 计算，仿照式（7-27）的推导方法得

$$R_{min}=\frac{x_{P1}-y_F}{y_F-x_F} \tag{7-42}$$

式中，x_{P1} 为任意选择而高于平均浓度的馏出液浓度；y_F 为与原料液平衡的气相浓度。

确定最小回流比后，取适当的倍数可得操作回流比，然后按一般作图法即可求得理论板数。

总之，间歇精馏的基本原理和连续精馏相同，因间歇精馏是不稳定过程，故其计算方法较之连续精馏繁杂些。此外，间歇精馏还应包括蒸馏时间的计算及验算初选的浓度 x_{P1} 是否合适等，可参考有关书籍。

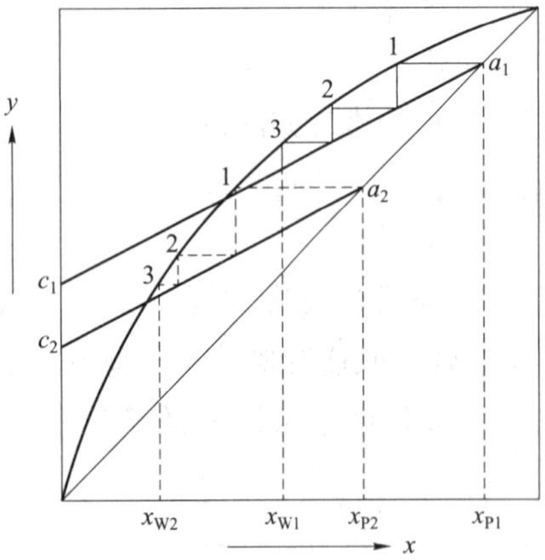

图 7-36　回流比恒定时的间歇精馏

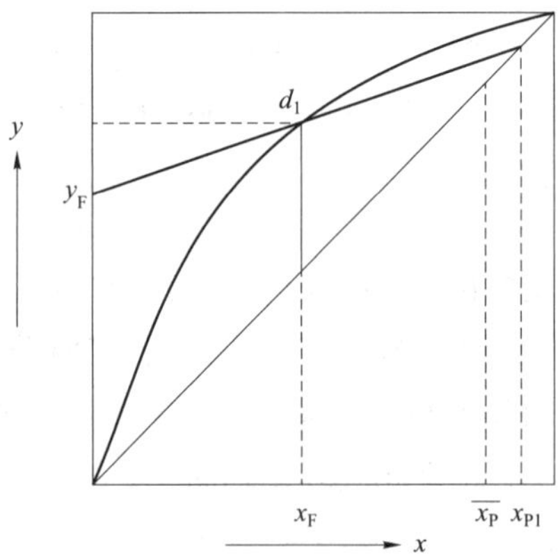

图 7-37　回流比恒定时间歇精馏最小回流比的确定

第六节　特殊蒸馏

在一般蒸馏分离过程中是以液体混合物中各组分的挥发度不同为依据的，但在制药生产过程中有时需要分离的混合液相对挥发度很小或者具有恒沸点。例如，乙醇-水溶液当其组成含乙醇 89.4%（摩尔），沸点 78.15℃时，气液两相的组成相同，称为恒沸物。这时用普通的蒸馏方法无法制取无水乙醇，而要用特殊方法才行。还有一些物系的组分间沸点很接近，相对挥发度接近于 1，这样的物系若用一般的精馏方法获得较纯的产品，所需要的最少理论板数为上百块或几百块，因此实际上难以采用。通常认为沸点差小于 3℃的物系，用一般的精馏方法已经不适宜，而需要采用其他一些方法进行分离。如液体萃取、吸收、特殊蒸馏等。在工业上应用较广的特殊蒸馏有恒沸蒸馏、萃取蒸馏等，它们的基本原理都是在混合液中加入第三组分来提高组分间的相对挥发度，达到用精馏的方法使混合液有效地分离的目的。所以，这两类特殊蒸馏方法都是属于多组分非理想系统范畴。但是在分离过程中，第三组分所起的作用不同，使这两类蒸馏方法也有区别。①在萃取蒸馏中，由于添加第三组分使原来组分间的相对挥发度增大或使恒沸物消失。在恒沸蒸馏中，添加的第三组分与原混合液中的某一组分形成一组新的最低恒沸物（或者与原来的两个组分形成三元最低恒沸物，其中欲分离的两组分之比例与在原来恒沸物中的比例不同），使混合液变为“纯组分-恒沸物”的分离，且因其相对挥发度大而分离容易。②在萃取蒸馏中所加的第三组分与原来物系中组分不形成恒沸物，且第三组分的沸点比物系中组分高，通常用量较大，从塔底排出。在恒沸蒸馏中添加的第三组分一般用量较小，在蒸馏过程中以恒沸物形式从塔顶蒸出。

此外，在相对挥发度 $\alpha \approx 1$ 或 $\alpha = 1$ 的混合液中加入的第三组分是固体盐类或溶盐，使混合液得到分离的蒸馏方法，称为盐效应蒸馏。这是由于盐类在混合液的两组分中的溶解度不同，则与两组分的结合能力也不同。因溶解度大结合力强，溶解度小结合力弱，这样就会影响组分的挥发度，即溶解度大的组分其挥发度小，溶解度小的组分挥发度大，结果使相对挥发度增大。如乙醇-水溶液中加入氯化钙后，氯化钙在水中溶解度约 70%，而在乙醇中约 30%，因此，氯化钙与水的结合力强，从而使水在气相中蒸气分压减小，也就使乙醇的相对挥发度增大，可使其恒沸点消失而达到完全分离的目的。由于盐效应蒸馏中，在很低的盐浓度下就能较大地影响相对挥发度，所以与萃取蒸馏相比，其设备尺寸、能量消耗等都要小，且溶解的盐是完全不挥发的，因此可以保证塔顶产品的纯度。但在盐效应蒸馏中，有固体输送、混合、计量等问题要比处理液体困难得多，所以限制了它在工业上的广泛应用。为了利用盐效应蒸馏的特殊优点，有人提出把盐加入萃取剂中进行蒸馏，称之为盐萃取蒸馏。其特点是萃取剂为一个盐溶液，它一方面利用了盐对提高相对挥发度的突出效果来克服单纯用萃取精馏时萃取剂用量大，效能差的缺点，另一方面又保持了液体分离容易、可循环使用的优点。实践证明确有较好的效果。

水蒸气蒸馏是另一种特殊蒸馏方法。当需要蒸馏的物系具有较高的沸点，且几乎与水不相溶时，用普通蒸馏方法需要高温操作，这样不但设备和操作均较复杂，而且有些物质因高温而发生质变。这时最经济简便的办法是直接把水蒸气通入蒸馏系统，可以达到降低操作温度之目的，此即为水蒸气蒸馏。

分子蒸馏是一种特殊的液-液分离方法。它是根据不同物质分子运动平均自由程的差别来实现物质的分离的一种新技术，故其原理与常规蒸馏原理完全不同。分子蒸馏特别适用于高沸点、热敏性、易氧化（或易聚合）物质的分离，因此，分子蒸馏技术在制药生产中有广泛的应用前景。

下面分别对恒沸蒸馏、萃取蒸馏、水蒸气蒸馏和分子蒸馏作简单介绍。

一、恒沸蒸馏

用恒沸蒸馏可以分离最低恒沸物、最高恒沸物或沸点相近的物系，所加入的第三组分称为挟带剂。

恒沸蒸馏操作流程随恒沸物是均相或非均相而有所不同。在非均相恒沸物中，又有原系统是非均相恒沸物和加入挟带剂后新形成的非均相恒沸物两种类型。对于前者不需要加入挟带剂，通常用双塔联合操作的精馏方法即可达到分离目的。此类系统如苯-水、正丁醇-水和异丁醇-水等。

图 7-38 为苯-水系统的操作流程。含水的苯物料直接加到塔顶的分层器中和冷凝液一同分层，苯层进入Ⅰ塔，塔顶蒸出苯-水恒沸物，塔底可得接近于纯的苯。水层进入Ⅱ塔，蒸出苯-水恒沸物，塔底排出含苯很少的废水。

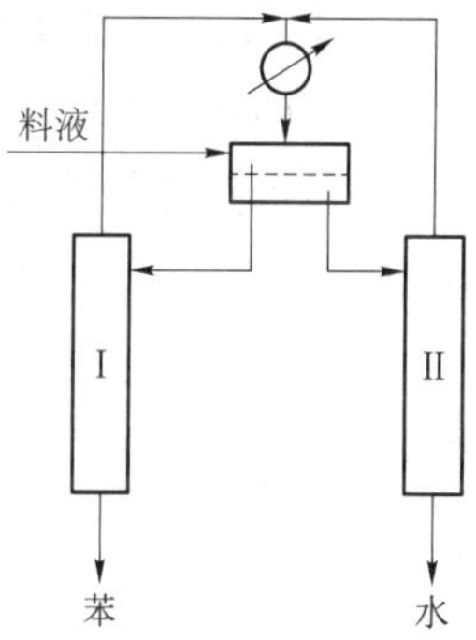

图 7-38 苯-水恒沸蒸馏双塔联合操作

以下介绍加入挟带剂后形成的均相与非均相恒沸物操作流程。

（一）均相恒沸物

此类系统如用甲醇为挟带剂分离正庚烷-甲苯混合液。甲醇分别与正庚烷和甲苯形成均相最低恒沸物，前者沸点为58.8℃，后者沸点为63.6℃。在恒沸蒸馏塔（Ⅰ塔）内蒸出甲醇-正庚烷恒沸物，冷凝为液体后，一部分与补充的甲醇回流到塔内，一部分引到甲醇萃取塔（Ⅳ塔）与水逆流接触，因甲醇能完全溶解于水，而正庚烷在水中的溶解度很低，经水萃取后即将甲醇和正庚烷分开。甲醇水溶液送到甲醇脱水塔（Ⅱ塔），蒸出的甲醇回到Ⅰ塔作挟带剂。自Ⅰ塔排出的甲醇-甲苯溶液送到脱甲醇塔（Ⅲ塔），蒸出的甲醇与甲苯-正庚烷料液混合进到Ⅰ塔，塔底排出的液体是纯甲苯。操作流程见图 7-39 所示。

（二）非均相恒沸物

1. 挟带剂与一个组分形成二元非均相恒沸物 此类系统如以苯为挟带剂分离吡啶-水的恒沸物，苯与水形成非均相恒沸物，其操作流程见图7-40所示。

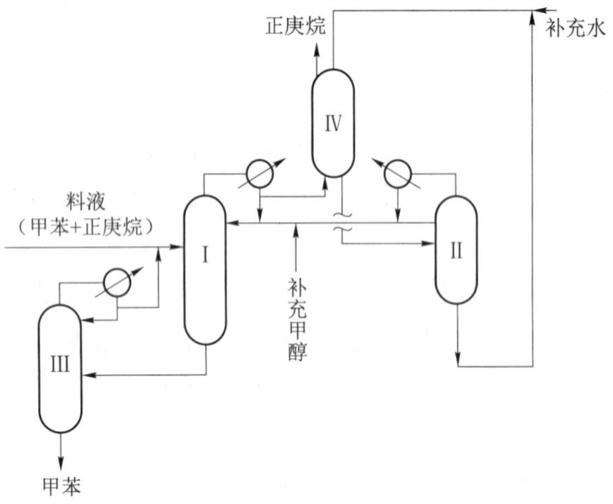

图7-39 甲苯-正庚烷恒沸蒸馏

Ⅰ. 恒沸蒸馏塔；Ⅱ. 甲醇脱水塔；

Ⅲ. 脱甲醇塔；Ⅳ. 甲醇萃取塔

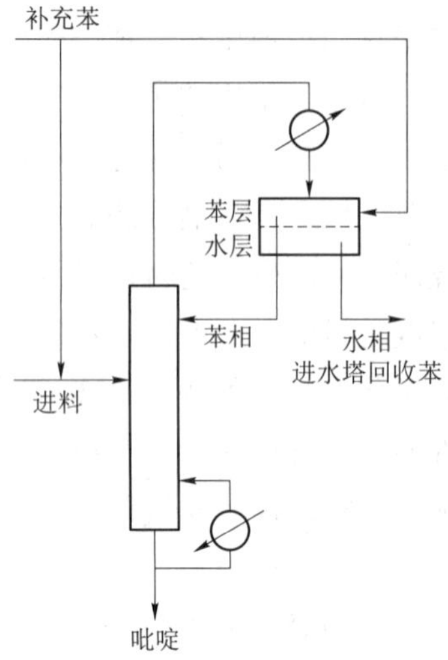

图7-40 吡啶-水恒沸蒸馏

2. 挟带剂与两个组分形成三元非均相恒沸物 此类系统如以苯为挟带剂分离乙醇-水恒沸物。苯与乙醇和水形成三元非均相恒沸物，其组成的质量分率为苯0.741、乙醇0.185、水0.074，沸点是64.9℃，与乙醇（沸点78.4℃）较易分开，操作流程见图7-41所示。纯乙醇从Ⅰ塔底排出，恒沸物自Ⅰ塔顶部排出。冷凝液分层，上层富苯相作回流用，下层富水相进入Ⅱ塔，在塔顶仍产生相同的三元恒沸物，塔底是乙醇和水的混合物。将乙醇和水的混合物，进入Ⅲ塔分离，塔顶是乙醇-水二元恒沸物，塔底是纯水，塔顶的二元恒沸物再回到Ⅰ塔回收。

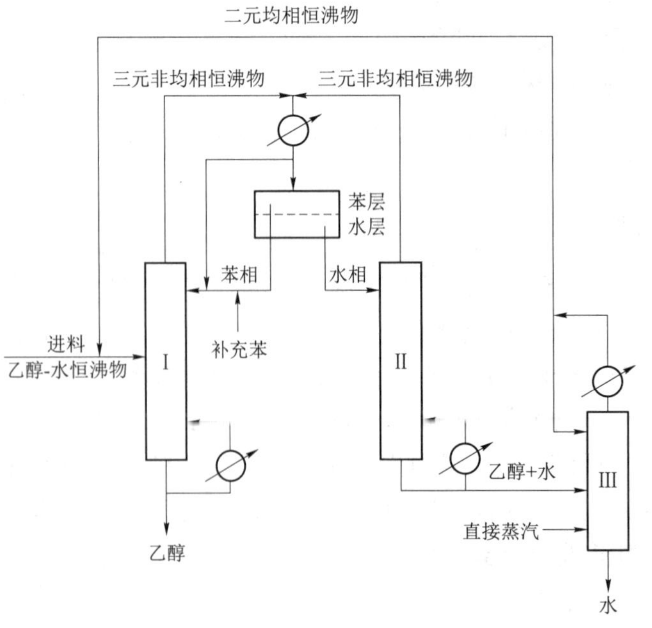

图7-41 乙醇-水恒沸蒸馏

从以上的讨论可知：在系统中苯是循环使用的，最初加入的苯量应使原料中的水分几乎能全部进入三元溶液中为最好。操作中应每隔一定时间补充适当数量的苯以弥补过程中的损耗。制备无水乙醇所用的挟带剂除苯以外，还可以选用其他与水不互溶的溶剂，如四氯化碳、戊烷等。

在恒沸蒸馏中，选择合适的挟带剂很重要，因为这关系到分离能否顺利完成，以及经济上是否合理，因此，对挟带剂有一定的要求。主要是：①使被分离组分挥发度改变比较大；②挟带剂在所形成的恒沸物中所占百分数比较小；③挟带剂便于回收和循环使用；④挟带剂具有稳定性、无腐蚀性和无毒性；⑤价格便宜，容易得到。

一种挟带剂要满足上述全部要求比较困难，要按具体情况，抓主要矛盾。在选择挟带剂时，可以先从恒沸物数据手册中查出能与一个被分离组分形成恒沸物的各种有机物，再对照上述要求进行评选。

二、萃取蒸馏

（一）流程

萃取蒸馏常用来分离沸点相差很小的溶液。萃取蒸馏与恒沸蒸馏相似，也是向原料中加入称为萃取剂的第三组分，所不同的是萃取剂不与原料中任何组分形成共沸溶液。而萃取剂与原溶液中任何一组分相比，都具有较高的沸点，能与原料中某个组分有较强的吸引力，可显著地降低该组分的蒸气压，从而加大了原料中两组分的相对挥发度，使原料中的组分易于分离，这就是萃取蒸馏的简单原理。由于萃取剂的沸点高又不与任一组分形成恒沸物，于是在萃取蒸馏塔中，从塔顶可以得到一个纯组分，萃取剂与另一组分从塔底排出，再去回收萃取剂。以苯酚为萃取剂分离甲基环己烷-甲苯的萃取蒸馏操作流程见图 7-42 所示。

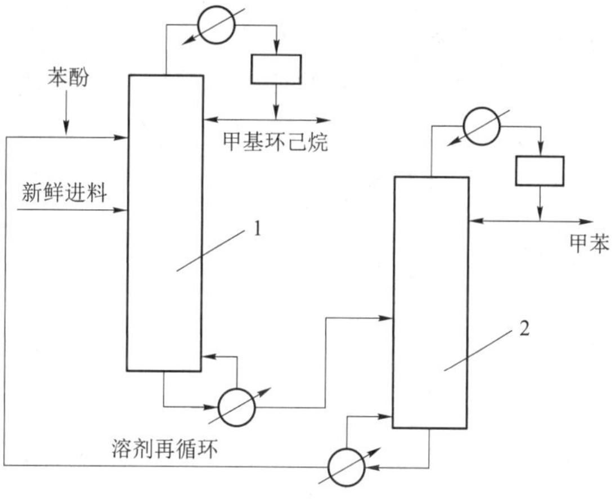

图 7-42　甲基环己烷-甲苯萃取蒸馏操作流程

1. 萃取精馏塔；2. 溶剂回收塔

料液加入萃取蒸馏塔，苯酚在近塔顶部某块塔板加入，甲基环己烷从塔顶分出，甲苯与苯酚从塔底排出，并送入溶剂回收塔回收苯酚。在回收塔顶部得到甲苯产品，回收的苯酚回到萃取蒸馏塔循环使用。在萃取蒸馏塔的萃取剂进入口上还有几块塔板，这是由于通常所选的萃取剂虽有较高的沸点，但为了提高塔顶产品纯度，减少溶剂损失，而留有萃取剂分离段，所以萃取蒸馏塔是由三段组成的，即提馏段、精馏段、分离萃取剂段。

（二）萃取剂的选择

萃取蒸馏中萃取剂的选择很重要，工业生产中主要考虑以下几方面。

1. 萃取剂的选择性要大　萃取剂的选择性可用萃取剂存在下被分离组分的相对挥发度与未加萃取剂时被分离组分的相对挥发度相比较，如果有差别，说明萃取剂有效，差别越大，则萃取剂的选择性越好。

2. 溶解度 萃取剂对被分离混合液的溶解度要大，能与各组分互溶，从而避免了塔内液流分层，且萃取剂的循环量可以小，动力消耗也小。

3. 萃取剂的沸点 沸点对萃取蒸馏有很大影响。若沸点太低，萃取蒸馏塔和回收塔中带出的萃取剂量太多，影响塔顶产品的质量并增大萃取剂损耗量；沸点太高，萃取剂的回收较困难。因此，必须选择一个适宜的沸点范围。

4. 物性 萃取剂不与任一组分形成恒沸物或起化学反应，热稳定性高、无毒、无腐蚀性、不易着火、来源广、成本低等。

三、水蒸气蒸馏

水蒸气蒸馏常用于蒸馏在常压下沸点较高或在沸点时易分解的物质，也常用于高沸点物质与不挥发的杂质的分离，在中药制药生产中是提取和纯化挥发油的常用方法。水蒸气蒸馏的应用只限于所得产品完全（或几乎）不与水互溶的情况。组分互不相溶的混合液，将分成两层。当它们受热气化时，其中各组分蒸气压仅由它们的温度决定，而与其组成无关（只要此液层存在），理论上应等于该温度下各纯组分的饱和蒸气压，因此，混合液液面上方的蒸气总压等于该温度下各组分蒸气压之和。若外压为大气压，则只要混合液中各组分的蒸气压之和达到一个大气压，该混合液即可沸腾，此时混合液的沸点较任一组分的沸点为低。设组分之一为水，另一组分为与水不互溶且具有高沸点的液体，在大气压下混合液的沸点将降至100℃以下，此即水蒸气蒸馏的原理。

进行水蒸气蒸馏时，将混合液置于蒸馏釜中，可用下述两种方法进行加热实现水蒸气蒸馏。其一，利用所通入的直接水蒸气作为加热剂，加热剂部分冷凝放出冷凝潜热而供给蒸馏所需要的热量。由于水蒸气的冷凝，结果在釜中必有水层存在。其二，直接通入高度过热的水蒸气作为加热剂，或在通入直接水蒸气的同时，再通过间壁进行加热，这种情况下，水蒸气就不致冷凝，结果在釜中只有一层被蒸馏的混合液，而无水层存在。下面对此两类情况分别加以讨论。

釜中出现水层时，水的分压 $p_{水}$ 等于该系统温度下的饱和蒸气压 $p_{水}^0$，蒸馏液分压 p_A 也等于该温度下的饱和蒸气压 p_A^0。

当釜中沸腾时 $$P_{外}=P_{总}=p_{水}+p_A=p_{水}^0+p_A^0$$

当总压一定时，系统的沸点温度也就随之确定，可简便地利用图7-43求出。

图7-43中水的曲线是用101.3kPa（760mmHg）减去各温度下的水蒸气压而标绘的。其他液体的曲线均系普通的蒸气压与温度关系的曲线。水的曲线与被蒸馏液体的曲线交点表示在101.3kPa总压的蒸馏温度。图中两条虚线是在40kPa（300mmHg）和9.3kPa（70mmHg）两种总压下水的曲线。例如，依图知在760mmHg的总压下，苯与水混合液的蒸馏温度为69.5℃，在40kPa下为46℃，在9.3kPa下则为13℃。

此种情况下，根据理想气体分压定律可得，用于挟带蒸馏液的水蒸气量可计算如下

$$\frac{G_{水}/M_{水}}{G_A/M_A}=\frac{y_{水}}{y_A}=\frac{p_{水}}{p_A}$$

式中，$G_{水}$，G_A分别表示蒸出的水蒸气和蒸馏液体的质量，kg；$M_{水}$，M_A分别表示水和蒸馏液体的分子量，$kg\cdot kmol^{-1}$。

如完全不互溶，则 $$\frac{p_{水}}{p_A}=\frac{p_{水}^0}{p_A^0}$$

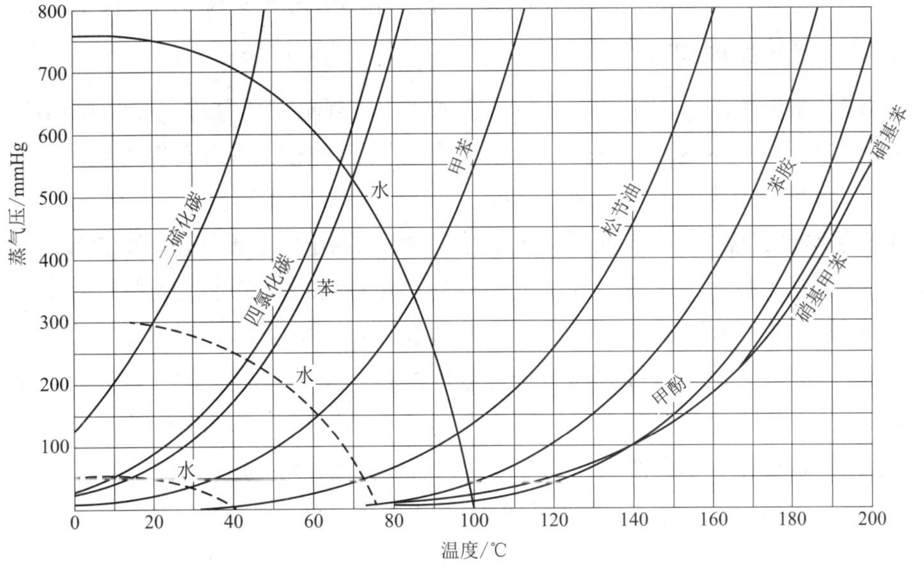

图 7-43 用于水蒸气蒸馏计算的有机液体的蒸气压曲线

故有

$$\frac{G_{水}}{G_{A}}=\frac{p_{水}^{0}M_{水}}{p_{A}^{0}M_{A}} \tag{7-43}$$

必须指出，式（7-43）算出的 $G_{水}$仅是带出 G_{A}产品的所需之水蒸气量，未将加热混合液并使产品气化以及弥补热损失所消耗的蒸气量计算在内。此外，离开蒸馏釜的水蒸气通常不能为产品的蒸气所饱和，故实际蒸汽耗量大于依式（7-43）所求出的理论值。通常在计算时需将此理论值除以约等于 0.6~0.8 的饱和系数 φ，便得出带出一定产品量所需要的水蒸气量。

当釜中无水层，仅有一蒸馏液层存在时，此时 $p_{水}$不一定等于 $p_{水}^{0}$，而随通入水蒸气量而变，因此蒸馏的温度也随之改变，一般均比有水层出现时蒸馏温度为高。当规定了釜中压强和蒸馏温度后，蒸馏量仍可据上述原则计算，不过此时

$$p_{水}=P_{外}-p_{A}^{0}$$

所以

$$\frac{G_{水}}{G_{A}}=\frac{(P_{外}-p_{A}^{0})M_{水}}{p_{A}^{0}M_{A}} \tag{7-44}$$

由式 7-44 可见，如外压 $P_{外}$逐渐降低，但温度（即 p_{A}^{0}）保持不变，则蒸汽消耗量即逐渐减少。故水蒸气蒸馏常在减压下进行，以减少蒸汽消耗量，降低温度，预防蒸馏液体的分解。当外压降至等于被蒸馏液的蒸气压时，水蒸气消耗量随降为零，即此时的蒸馏操作已变为真空蒸馏。

四、分子蒸馏

分子蒸馏也称短程蒸馏，是一种在高真空（0.1~100Pa）条件下进行液-液非平衡分离操作的连续蒸馏过程。由于分子蒸馏过程中待分离组分在远低于常压沸点的温度下挥发，以及各组分在受热情况下停留时间很短（几秒至十几秒），系统又基本绝氧，可较好地保持热敏性物质的天然品质，故特别适合于热敏性、易氧化的活性物质、高分子量、高沸点、高黏度的

天然物料的分离、浓缩与纯化。分子蒸馏是近年来开始用于医药领域的高新技术之一。

（一）分子蒸馏原理和特点

分子蒸馏技术的原理不同于常规蒸馏，它突破了常规蒸馏依靠沸点差分离物质的原理，而是利用液体分子受热后变为气体分子的平均自由程不同的性质来实现物质的分离。因此分子平均自由程是分子蒸馏的关键参数或核心概念。

1. 分子平均自由程 分子与分子之间存在着相互作用力，当两分子离得较远时，分子之间的作用力表现为吸引力，但当两分子接近到一定程度后，分子之间的作用力会改变为排斥力，并随其接近距离的减小，排斥力迅速增加。当两分子接近到一定程度时，排斥力的作用使两分子分开。这种由接近而至排斥分离的过程，就是分子的碰撞过程。分子在碰撞过程中，两分子质心的最短距离（即发生斥离的质心距离）称为分子有效直径。气体分子平均自由程是指气体分子在两次连续碰撞之间所走路程的平均值。

由热力学原理推导的分子平均自由程的定义式为

$$\lambda_m = \frac{kT}{\sqrt{2}\pi d^2 P} \tag{7-45}$$

式中，λ_m为分子平均自由程，m；d 为分子有效直径，m；P 为分子所处的环境压力，Pa；T 为分子所处的环境温度，K；k 为波尔兹曼常数，其值为 $1.38\times10^{-23}\text{J}\cdot\text{K}^{-1}$。

分子蒸馏装置设计中分子平均自由程是最重要的设计参数。所设计的装置结构应使被分离组分的蒸气分子在高真空状态下，从蒸发面（加热面）到冷凝面的行程小于或等于蒸气分子的平均自由程，以使蒸发面逸出的分子可以毫无阻碍地飞射并凝集到冷凝面上。

2. 分子蒸馏原理 由式（7-45）可以看出，分子运动平均自由程的大小取决于系统的压力、温度及分子有效直径。在系统的压力、温度一定时，不同种类的分子其分子平均自由程也不相同。分子蒸馏就是利用不同物质分子溢出液面后平均自由程不同的性质实现组分分离的技术。混合液中轻组分分子的平均自由程大，重组分分子的平均自由程小。若在离液面小于轻组分分子平均自由程而大于重组分分子平均自由程处设置一冷凝面，使得轻组分分子落在冷凝面上被冷凝，而重组分分子因达不到冷凝面而返回原来液面，这样混合物的组分就得到分离。

如图 7-44 所示，待分离的混合液从进料口沿加热板自上而下流入形成均匀液膜，经加热，受热的液体分子由液膜表面自由逸出，并向冷凝板运动。λ_m较大的轻组分分子能够到达冷凝板面并不断在冷凝板冷凝为液体，最后进入轻组分接收器；而λ_m较小重组分分子不能到达冷凝板面，而返回原来的液膜中，最后顺加热板流入重组分接收器，如此实现了混合液中轻重组分的分离。

由于轻分子只走很短的距离即被冷凝，所以分子蒸馏亦叫短程蒸馏。

3. 分子蒸馏过程及其特点

（1）分子蒸馏过程 如图 7-45 所示，分子由液相主体至冷凝面上冷凝的过程需经历 4 个步骤。

①分子从液相主体向蒸发面扩散 通常，液相中的扩散速度是控制分子蒸馏速率的主要因素。在设备设计时，应尽量减薄液层厚度并强化液层的流动。

②分子从蒸发面上自由蒸发 分子在高真空远低于沸点的温度下进行蒸发。蒸发速率随着温度的升高而上升，但分离效率有时却随着温度的升高而降低，所以应以被加工物质的热稳定性为前提，选择经济合理的蒸馏温度。

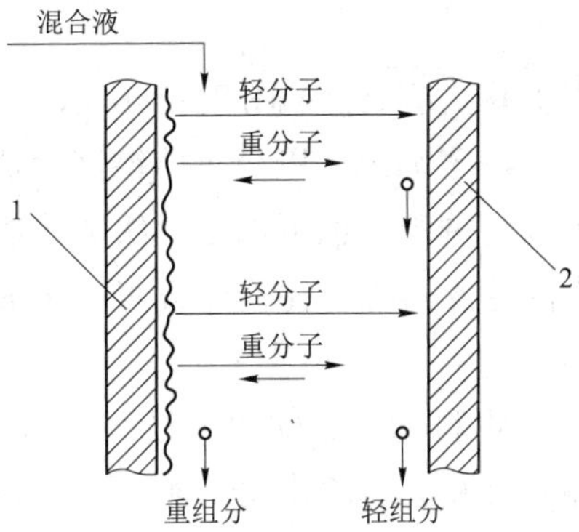

图 7-44 分子蒸馏原理示意图

1. 加热板；2. 冷凝板

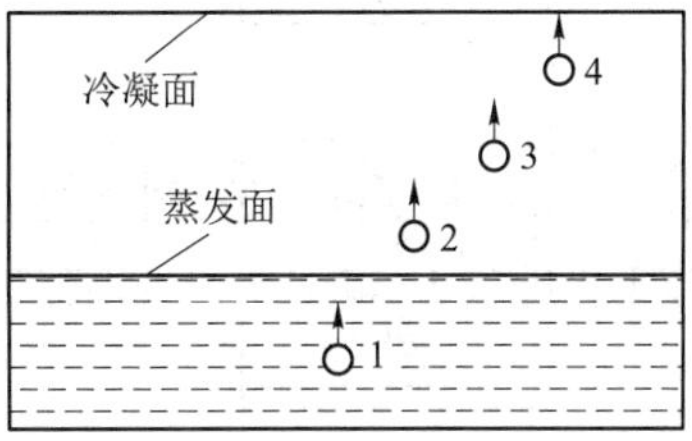

图 7-45 分子蒸馏过程示意图

1. 扩散；2. 蒸发；3. 飞射；4. 冷凝

③分子从蒸发面向冷凝面飞射 在飞射过程中，可能与残存的空气分子碰撞，也可能相互碰撞。但只要有合适的真空度，使蒸发分子的平均自由程大于或等于蒸发面与冷凝面之间的距离即可。

④分子在冷凝面上冷凝 为使该步骤能够快速完成，应采用光滑且形状合理的冷凝面，并保证蒸发面与冷凝面之间有足够的温度差（一般应大于 60℃）。

（2）分子蒸馏过程的特点

①分子蒸馏的操作真空度高、操作温度低 由于分子蒸馏是依据分子平均自由程的差别将物质分开，因而可在低于混合物的沸点下将物质分离。加之其独特的结构形式决定了其操作压强很低，一般为 0.1~100Pa，这又进一步降低了物质的沸点，因此分子蒸馏可在远低于混合物沸点的温度下实现物质的分离。一般来说，分子蒸馏的分离温度比传统蒸馏的操作温度低 50~100℃。

②受热时间短 在分子蒸馏器中，受热液体被强制分布成薄膜状，膜厚一般为 0.15mm 左右，设备的持液量很小。因此，物料在分子蒸馏器内的停留时间很短，一般几秒至十几秒，使物料所受的热损伤极小。这一特点很好地保护了被处理物料的颜色和特性品质，使得用分子蒸馏精制的产品在品质上优于传统真空蒸馏法生产的产品。

③分离程度高 分子蒸馏比常规蒸馏有更高的相对挥发度，分离效率高。这使得聚合物可与单体及杂质进行更有效的分离。

④工艺清洁环保 分子蒸馏技术不使用任何有机溶剂，不产生任何污染，被认为是一种温和的绿色操作工艺。

分子蒸馏与普通蒸馏的比较见表 7-3。

表 7-3 分子蒸馏和常规蒸馏的比较

项目	常规蒸馏	分子蒸馏
原理	基于沸点差别	基于分子平均自由程差别
操作温度	在沸点下	远低于沸点
操作压力	常压或真空	在高真空下
受热时间	受热时间长（若真空蒸馏受热时间为 1 小时）	受热时间短（约 10 秒）
分离效率（由相对挥发度表示）	低$\left(\alpha=\frac{p_A^0}{p_B^0}\right)$	高$\left(\alpha=\frac{p_A^0}{p_B^0}\sqrt{\frac{M_B}{M_A}}\right)$（$M_A$，$M_B$分别为物质 A，B 的分子量）

（二）分子蒸馏的分离流程及设备

1. 分子蒸馏的分离流程 分子蒸馏分离流程由以下系统组成，如图 7-46 所示。

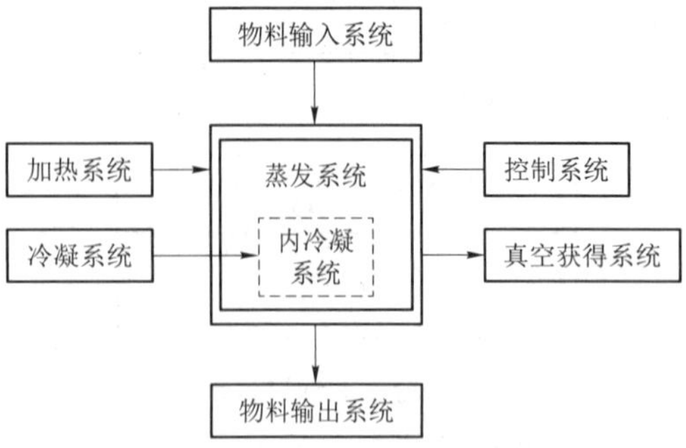

图 7-46 分子蒸馏系统组成

（1）蒸发系统 以分子蒸馏蒸发器为核心，可以是单级，也可以是两级或多级。该系统中除蒸发器外，往往还设置一级或多级冷阱。

（2）物料输入、输出系统 以计量泵、级间输料泵和物料输出泵等组成，主要完成系统的连续进料与排料。

（3）加热系统 根据热源不同而设置不同的加热系统。目前有电加热、导热油加热及微波加热等。

（4）真空获得系统 分子蒸馏是在极高真空下操作，因此，该系统也是全套装置的关键之一。真空系统的组合方式多种多样，具体的选择需要根据物料特点确定。

（5）控制系统 通过自动控制或电脑控制。

2. 分子蒸馏设备 分子蒸馏器有简单蒸馏型与精密蒸馏型之分，目前采用的装置多为简单蒸馏型。简单蒸馏型又可分为静止式、降膜式、刮膜式、离心式等几种，其中刮膜式和离心式分子蒸馏器是目前应用较广泛较理想的分子蒸馏设备。

（1）刮膜式分子蒸馏器 刮膜式分子蒸馏器的蒸馏室内设有一个可以旋转的刮膜器，其结构如图 7-47 所示。刮膜器的转子环常用聚四氟乙烯材料制成。当刮膜器在电机的驱动下高速旋转时，其转子环可贴着蒸馏室的内壁滚动，从而可将流至内壁的液体迅速滚刷成 10～100μm 的液膜。

与降膜式相比，刮膜式分子蒸馏器的液膜厚度比较均匀，一般不会发生沟流现象，且转子环的滚动可加剧下流液膜的湍动程度，因而传热和传质效果较好。

（2）离心式分子蒸馏器 离心式分子蒸馏器内有一个旋转的蒸发面，结构如图 7-48 所示。工作时，将物料送到高速旋转的转盘中央，并在旋转面扩展形成薄膜，同时加热蒸发，使之与对面的冷凝面凝缩，该装置是目前较为理想的分子蒸馏器，但与降膜式及刮膜式相比，要求有高速旋转的转盘，又要有较高的真空密封技术。离心式分子蒸馏器特点是：①液膜在旋转的转盘表面形成的液膜极薄且分布均匀，蒸发速率和分离效率很高。②受热时间更短，料液热解的几率低，故用于热稳定性较差的料液的分离。③连续处理量更大，因此该装置更适合于工业化连续性生产。

（三）分子蒸馏技术在医药领域的应用

近年来分子蒸馏技术在医药、食品、香料等领域的应用进展十分迅速，在大量热敏物质的提取，特别是天然物质中有效成分的提取中已充分显示了分子蒸馏法的独特作用。在医药领域中，分子蒸馏技术主要应用于以下 3 个方面。

1. 中草药有效成分的提取分离 中药有效成分中常常含有高沸点、热敏性、易分解的物质，分子蒸馏正适合于对这类物质的分离提纯。采用分子蒸馏技术已对大蒜、连翘、独活、川芎、鼠尾草等数十种天然物质的提取物进行了有效成分的分离提纯。结果表明，提取物经过分子蒸馏分离后，分子蒸馏产物中药用有效成分的相对含量明显提高。

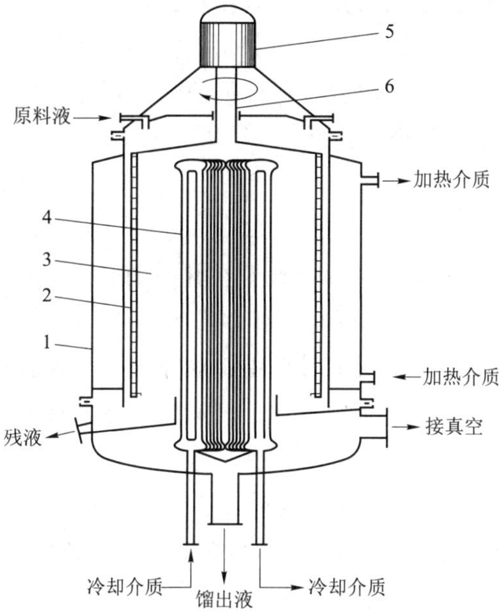

图 7-47 旋转刮膜式分子蒸馏器

1. 夹套；2. 刮膜器；3. 蒸馏室；
4. 冷凝器；5. 电机；6. 进料分布器

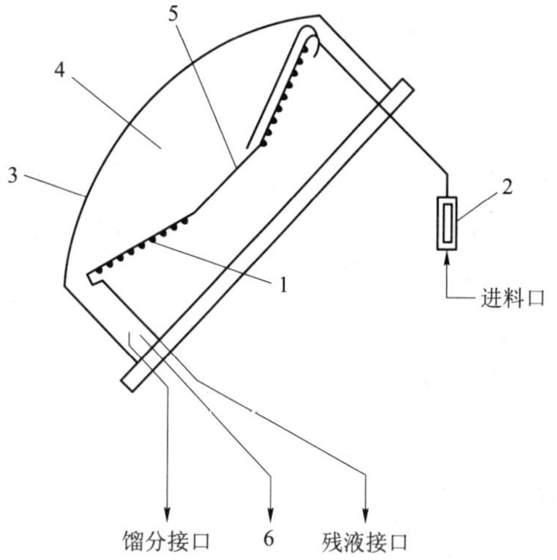

图 7-48 离心式分子蒸馏器

1. 加热器；2. 流量计；3. 冷凝室；
4. 蒸发室；5. 旋转转盘；6. 抽真空系统

2. 化学制药中间体的分离提纯 采用 4 级分子蒸馏操作分离合成抗组胺药的重要中间体对乙酰氨基苯乙酸乙酯，使间位和对位产物的质量比由 0.948 降到 0.405，达到了结晶分离技术对同分异构体两组分相对含量的要求。采用刮膜式分子蒸馏装置对帕罗西汀的提纯进行了研究，得到提纯帕罗西汀的最适宜工艺条件。

3. 天然维生素的提取 采用分子蒸馏技术从豆油、花生油等植物油中提取维生素 E、维生素 D_3等，所得分子蒸馏产物中维生素含量大幅度提高。

此外，分子蒸馏还可用于脱除中药制剂中的残留农药和有害重金属、制备天然药物标准品等。随着对分子蒸馏技术的基础理论及其相关过程研究的日趋深入和成熟，该技术将在更多的领域得到推广和应用。

第七节 塔设备

一、精馏操作对塔设备的要求

精馏所进行的是气、液两相之间的传质，而作为气、液两相传质的塔设备，首先必须要能使气、液两相得到充分的接触，以达到较高的传质效率。除此之外，为了满足工业生产的要求，塔设备还应具备下列基本要求：①生产能力大，即单位塔截面的处理量要大；②操作稳定、弹性大，即当塔设备的气、液负荷有较大范围的变动时，仍可在较高的传质效率下进行稳定的操作；③流体流动的阻力小，即流体流经塔设备的压力降小，尤其在真空精馏时更为重要；④结构简单，材料耗用量小，制造和安装容易；⑤耐腐蚀和不易堵塞，方便操作、调节和检修。

实际上，任何塔设备都难以满足上述所有要求。不同的塔型各有某些独特的优点，设计时应根据物系性质和具体要求，抓住主要矛盾进行选型。

气液传质设备主要分为板式塔和填料塔两大类。精馏操作既可采用板式塔，也可采用填料塔。在制药生产中，对年产量小的混合液的分离，通常使用填料塔。例如，某药厂用316L波纹填料精馏塔处理抗生素合成中产生的二氯甲烷-水混合液以回收二氯甲烷。填料塔已在第六章吸收中作了详细介绍，本节将介绍板式塔的塔板型式、结构、操作特性等。

二、塔板结构

板式塔为逐级接触型气-液传质设备，它由一个圆筒形壳体及设置在其中的若干块水平塔板构成。如图7-13所示。板式塔的主要气-液接触元件是塔板。相邻塔板间有一定距离，称为板间距。板式塔正常工作时，液相在重力作用下自上而下最后由塔底排出，气相在压差推动下经塔板上的开孔由下而上穿过塔板上液层最后由塔顶排出。气液两相在塔板上错流接触进行传质过程。可见，塔板的作用是为气液两相充分接触提供足够大的传质面积同时减少传质阻力。塔板的结构是影响精馏操作效果的至关重要的因素。根据塔板结构不同，板式塔可分为泡罩塔、筛板塔、浮阀塔、舌形塔、浮动舌形塔和浮动喷射塔等多种型式。一般而言，塔板由下述部分构成。

（一）气相通道

塔板上均匀地开有一定数量通道以便使气相自下而上流动。气相通道形式对塔板性能影响极大，各种塔板的主要区别在于气相通道的不同。

筛板塔的气相通道最简单，是开在塔板上的圆孔，如图7-49所示。筛孔直径通常为3~8mm。但目前采用孔径为12~25mm大筛孔筛板的情况也相当普遍。

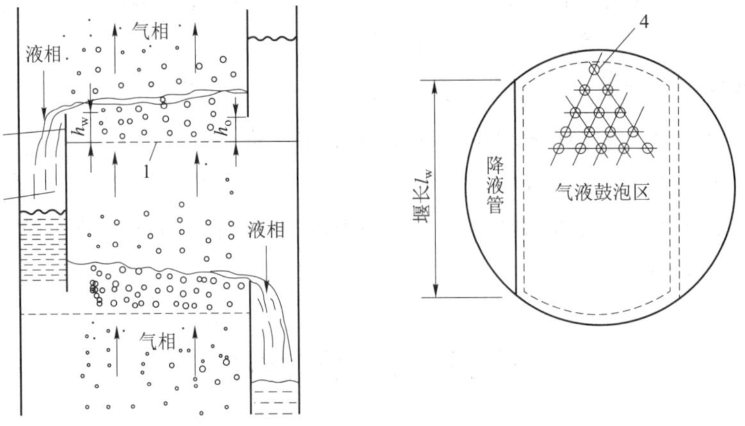

图7-49 筛板塔塔板示意图

1. 塔板；2. 降液管；3. 溢流堰；4. 筛孔

（二）溢流堰

在液体横向流过塔板的末端，设有溢流堰。最常见的溢流堰是弓形平直堰，堰高 h_w，长度为 l_w（图7-49）。h_w值对板上积液的高度起控制作用。

（三）降液管

降液管是液体自上一层塔板流至相邻的下一层塔板的通道。液体经上层板的降液管流下，横向流过塔板面，然后翻越溢流堰，进入本层塔板的降液管再流向下层塔板。

降液管横截面有弓形与圆形两种。因塔体多数是圆筒体，弓形降液管可充分利用塔内空间，使降液管在可能条件下截面积最大，通液能力最强，故被普遍采用。在操作时降液管下端必须浸没在下层塔板的液层内，但要离下层塔板有一定距离（图中所示的 h_0），这样既保证液封又保证液体通畅流出。通常 h_0 为 20~25mm，（h_w-h_0）大于 6mm。

通常一块塔板只有一个降液管，这种塔板称为单溢流塔板。当塔径或液体量很大时降液管数目会不止一个，多降液管的塔板类型详见其他专著，此处不加赘述。

三、塔板的流体力学状况

塔板上气液两相的传质和传热过程进行得如何与塔板上两相的流体流动状况密切相关，塔内流体的流动遵循流体力学规律。下面以筛板塔为例介绍塔板的流体力学状况。

（一）气液接触状态

气液经过筛孔时的速度（即孔速）不同，导致气液两相在塔板上的接触状态不同。如图 7-50 所示，气液两相在塔板上的接触情况可大致分为 3 种状态。

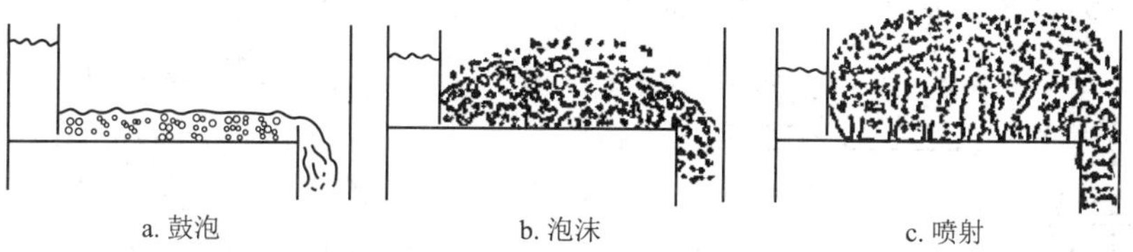

图 7-50　塔板上的气液接触状态

孔速较低时，气体穿过孔口后以鼓泡形式通过液层，板上气液两相呈鼓泡接触。鼓泡接触时，气泡的数量不多，两相接触面的湍动程度也不强，故两相传质面积小，传质阻力大。随着孔速的增加，气泡数量急剧增加，气泡表面连成一片并且不断发生合并与破裂。板上液体大部分以高度活动的泡沫形式存在于气泡之中，仅在靠近塔板表面处才有少量清液。这种操作状态称为泡沫接触状态。这种高度湍动的泡沫层为气液两相传质创造了良好的流体力学条件。如继续增大孔速，气体将从孔口喷射而出，穿过板上液层时将液体破碎成液滴抛向上方空间，液滴落到板上时又汇集成很薄的液层并再次被破碎成液滴抛出。这时的接触状态称为喷射接触状态。此状态下，两相传质面积为液滴的外表面。液滴的多次形成与合并使传质表面不断更新，这也为两相传质创造了良好的流体力学条件。工业上实际使用的筛板其两相接触多采用后两种状态。

（二）漏液

当上升气体流速较小时，气体通过筛孔的动压不足以阻止板上液体经筛孔流下，这种现象称为漏液。漏液发生时上层塔板的液体未与气相进行充分的接触传质就落到下层板，因此漏液使传质效果下降，严重时塔板不能积液而使塔无法操作。正常操作时，漏液量一般不允许超过某一规定值。

（三）雾沫夹带

雾沫夹带是指板上液体被气体带入上一层塔板的现象。雾沫夹带使下层塔板上的低浓度液体被气流带到上层板，导致塔板提浓作用变差，传质效果降低。

影响雾沫夹带量的因素很多，但最主要的是空塔气速和板间距。气速一定时，板间距越小，夹带量越大。同样的板间距时，气速越大，夹带量越大。为保证传质达到一定效果，每 1kg 干蒸气夹带量不允许超过 0.1kg 液体。

（四）气相通过塔板的阻力损失

气相通过筛孔及板上液层时必然产生阻力损失，称为塔板压降。塔板的压降包括：干板压降，即筛孔造成的压降；板上液层的静压力及液体的表面张力。若采用加和计算方法，可得出气相通过一块塔板的压降 h_p 为

$$h_p = h_c + h_e \tag{7-46}$$

式中，h_c为干板压降，即气相通过一层干板（板上没有液体）的压降，m 液柱；h_e为板上液层阻力，m 液柱。

筛板塔的干板压降主要由气相通过筛孔时的突然缩小和突然扩大的局部阻力引起的。气相通过干板与通过孔板的流动情况极为相似，即

$$h_c = \xi \frac{\rho_V u_o^2}{2\rho_L g} \tag{7-47}$$

式中，ξ 为阻力系数；u_0为筛孔气速，$\mathrm{m \cdot s^{-1}}$；ρ_V，ρ_L为气相和液相密度，$\mathrm{kg \cdot m^{-3}}$；

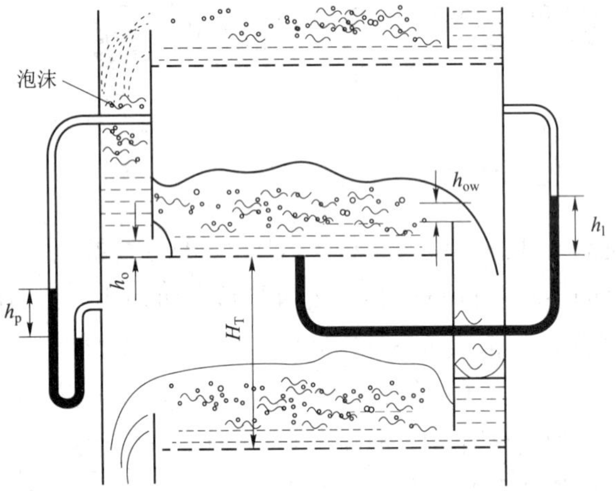

图 7-51　塔板阻力损失

h_p. 气相通过一层塔板的压力降，m 液注；h_o. 降液管底隙高度，m；h_T. 板间距，m；h_{ow}. 堰上液层高度，m；h_1. 板上液层高度，m

气相通过液层的阻力损失有克服泡沫层的静压、克服液体表面张力的压降，其中以泡沫层静压所造成阻力损失占主要部分。泡沫层既含气又含液，常忽略其中气相造成的静压。因此，对于一定的泡沫层相应的有一个清液层，如以液柱高度表示泡沫层静压的阻力损失，其值为该清液层高度 h_1，如图 7-51 所示。因而液体量大，板上液层厚，气相通过液层的阻力损失也愈大。同时，还与气速有关，气速增大时，泡沫层高度不会有很大变化，但泡沫层的含气量却随之增大，相应的清液层高度随之减少。因此，气速增大时，气相通过泡沫层的阻力损失反有减少。当然，总阻力损失还是随气速增大而增大，因为干板阻力是随气速的平方增大的。

（五）液泛（淹塔）

在塔操作时，气相和液相的流量增加都会使液体和气体通过塔板的流动阻力增加，导致降液管中液面上升，严重时液面可以将泡沫层升举到降液管顶部，使板上液体无法顺利流下，导致液流阻塞，即发生了液泛（淹塔）。液泛时，气相通过塔板的压降急剧增大，气体大量带液，导致精馏塔无法正常操作。产生液泛现象时的气液流量是塔逆流操作时的极限值。故正常操作时气液流量应低于极限值，以避免发生液泛现象。

（六）塔板上液体的返混

液体在塔板的主流方向是自入口端横向流至出口端。因气相搅动，液体在塔板上会发生反向流动，这些与主流方向相反的流动称为返混。当返混极为严重时，板上液体呈混合均匀状。假若塔板上液体完全混合，板上各点的液体浓度都相同，有浓度均匀的气相与塔

板上各点的液体接触传质后，离开各点的气相浓度也相同。假若塔板上液体完全没有返混，液体在塔板上呈活塞流流动状，这时塔板上液体沿液流方向上浓度梯度最大，塔板进口处液体浓度大于出口浓度，浓度均匀的气相与塔板上各点液体接触传质后，离开各点的气相浓度也不相同，液体进口处的气相浓度比出口处的浓度高。理论与实践都证明了这种情况的塔板效率比液体完全混合时的高。塔板上液体完全不混合是一种理想情况，而实际塔板上液体处于部分混合状态。

（七）塔板上的液面落差

液体在板上从入口端流向出口端时必须克服阻力，故板上液面会出现坡度，塔板进出口侧的液面高度差称为液面落差。在液体入口侧因液层厚，故气速小。出口侧液层薄，气速大，导致气流分布不均匀。在液体进口侧气相增浓程度大，而在液体出口侧气相增浓程度小，所以实际上气相浓度分布并不是均匀一致的。为使气流分布均匀，减少液面落差，对大流量或大塔径的情况需要采用下面几种液体流动形式（图 7-52）的塔板。

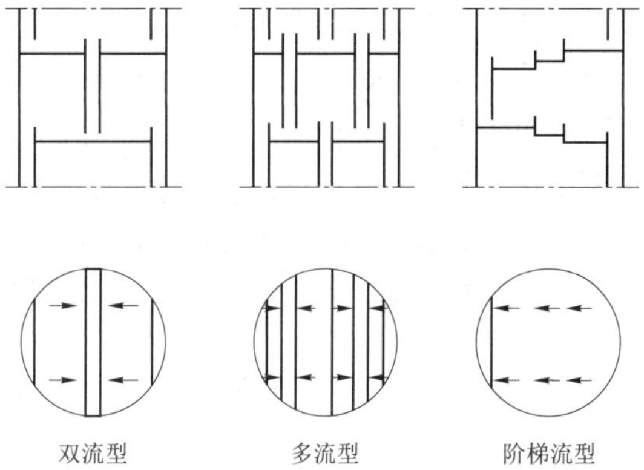

图 7-52 塔板上的液流安排

四、塔板负荷性能图

对一定物系，在塔板结构参数已经确定的情况下，要维持其正常操作，必须把气、液流量限制在一定范围之内。在以 V_S、L_S 分别为纵、横轴的直角坐标系中，标绘各种极限条件下的关系曲线，从而得到允许的气液负荷波动范围图形。这个图形即称为塔板的负荷性能图（图 7-53）。

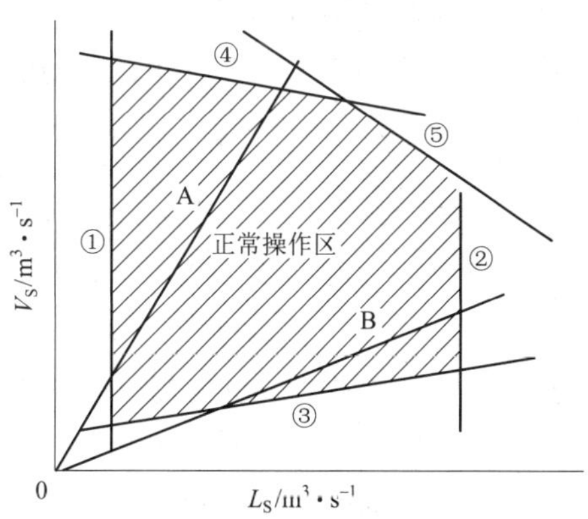

图 7-53 筛板的负荷性能图

（1）液相下限线① 正常操作的最低液相负荷称为液相下限。若液相负荷低于此下限值则塔板上液流分布严重不均匀，导致塔板效率急剧下降。正常操作区在线①右侧。

（2）液相上限线② 液相上限指液体在降液管内停留时间等于规定的最小停留时间的液相负荷。若液相负荷超过此上限值则液体在降液管内停留时间不足，气泡排除不充分，将被卷入下层塔板，这种现象称为气泡夹带。因降液管通过能力的限制而引起大量气泡夹

带将导致液泛。正常操作区在线②左侧。

（3）漏液线③　漏液线是由刚发生漏液的液、气负荷组合的点（L_S，V_S）连成。气液负荷点位于线③下方，表明漏液将使板效率大幅度下降。正常操作区在漏液线③上方。

（4）过量液沫夹带线④　它是以雾沫夹带量的过量限定值 $0.1\text{kg}_{液}\cdot\text{kg}_{干气}{}^{-1}$ 为依据确定的。气液负荷点位于线④上方，表示雾沫夹带过大，已不能采用这一气液负荷了。正常操作区在线④下方。

（5）液泛线⑤　降液管内液面达到上一层塔板溢流堰顶时的各组气液负荷组合（L_S，V_S）在负荷性能图中标绘的点的连线便是液泛线。当气液负荷点位于线⑤右上方时，塔内出现液泛。正常操作区在线⑤左下侧。

关于负荷性能图的几点说明。

（1）负荷性能图是针对某一特定塔板作出的，作图依据是该塔板的结构、尺寸、板间距及通过该塔板的气液相物性。不能取某塔段的气液相平均物性作为作负荷性能图的依据。作负荷性能图与实际操作中通过该塔板的气液流量 V_S、L_S无关。

（2）作出负荷性能图后，应根据实际操作的液气负荷（L_S，V_S）在图中确定“操作点”位置。操作点应位于正常操作区内。考虑到操作中应有一定的液气负荷波动余地，操作点不应太靠近正常操作区的任一边线，如通常要求气体操作孔速 u_0与漏液点气体孔速 u_{0w}之比（筛板的稳定系数）不得小于 1.5~2。

（3）通过在负荷性能图中作实际液、气流量比 L_S/V_S的辅助线，可判明在该 L_S/V_S条件下决定操作弹性大小的因素，从而可确定塔结构改进的方向。如在图 7-53 中，A 线表明过量雾沫夹带与液流不均匀是两个限制因素，B 线则表明降液管排气能力不足与漏液是两限制因素。

塔板负荷性能图对于检验塔板设计的是否合理及了解塔的操作稳定性、增产的潜力及减负荷运转的可能性，都有一定的指导意义。

五、常用塔板类型

工业上最早使用的塔板是泡罩塔板（1813 年）、筛板（1832 年），其后，特别是 20 世纪 50 年代以后，随着石油和化学工业生产的迅速发展，相继出现了大批新型塔板。目前从国内外实际使用情况看，主要的塔板类型为浮阀塔、筛板塔及泡罩塔，前两者使用尤为广泛。

（一）泡罩塔板

泡罩塔板的结构见图 7-54。塔板上开许多圆孔，每孔焊上一个圆短管，称为升气管，管上再罩一个“罩”称为泡罩（图 7-55），泡罩与升气管是靠焊在管壁上的一个螺钉连接的（或在升气管上焊接一个横梁，把泡罩用螺纹连接固定在横梁上）。泡罩下沿有一圈矩形或齿形开口，称为气缝。塔板下的气体从升气管上升进入泡罩，然后经泡罩和升气管间的回转通路，穿过泡罩上的气缝分散喷出。塔板上有一高于气缝顶的液层，气体鼓泡通过液层形成激烈的搅拌进行传热、传质。

泡罩塔具有操作稳定可靠，液体不易发生泄漏，操作弹性大等优点，所以被长期使用。例如，某药厂用泡罩塔回收青霉素萃取后的萃余液醋酸丁酯废水中的醋酸丁酯。但随着工业发展需要，对塔板提出了更高的要求。实践证明泡罩塔板有许多缺点，如结构复杂，气体拐弯多，造成塔板压降大，气体分布不均匀，效率比较低，钢材消耗多等。由于这些缺点，使泡罩塔的应用范围逐渐缩小。

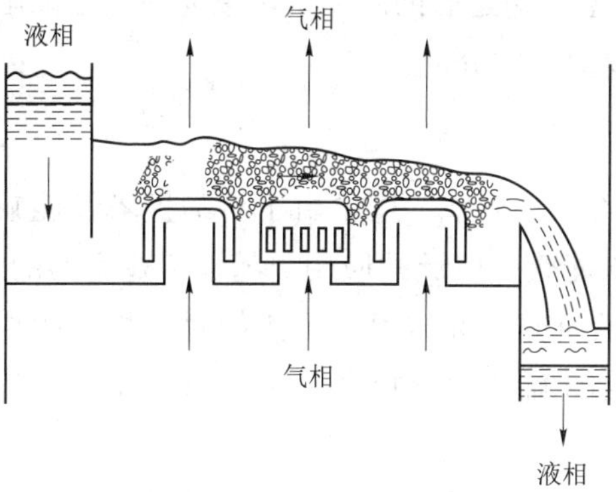

图 7-54　泡罩塔板

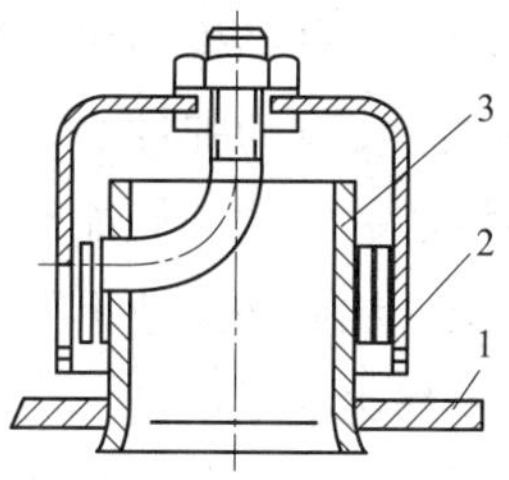

图 7-55　圆形泡罩

1. 塔板；2. 泡罩；3. 升气管

（二）浮阀塔板

浮阀塔是 20 世纪 50 年代研制的一种气液传质设备。首先是在石油工业中推广应用，相继又在化学工业、制药工业中广泛采用，均取得了满意的效果。

浮阀塔是在泡罩塔的基础上发展起来的，它的主要改进是取消了升气管和泡罩，在塔板开孔上设有浮动的浮阀，浮阀可根据气体流量大小上下浮动，自行调节，使气体通过气缝的速度稳定在某一数值。这一改进使浮阀塔在操作弹性、塔板效率、压降、生产能力以及设备造价等方面比泡罩塔优越。但在处理黏稠度大的物料方面，还不及泡罩塔可靠。浮阀塔塔径从 200~6400mm，使用效果均较好。国外浮阀塔径大者可达 10m，塔高可达 80m，板数有的多达数百块。

国内最常用的阀片型式为 F1 型，V-4 型及 T 型。

阀片本身有三条“腿”，插入孔后将各腿底脚板转 90°，用以限制操作时阀片在板上升起的最大高度，阀片周边又冲出 3 块略向下弯的定距片，使阀片处于静止位置时仍与塔板间留有一定的缝隙。这样，避免了阀片起、闭不稳的脉动现象，同时由于阀片与塔板板面是点接触，可以防止阀片与塔板的黏着。

F1 型浮阀见图 7-56a，其结构简单，制造方便，节省材料，现已列入部颁标准（JB1118-68）。F1 型浮阀又分轻阀与重阀两种，重阀采用厚度为 2mm 的薄板冲制，每阀约重 0.033kg；轻阀采用厚度为 1.5mm 的薄板冲制，每阀约重 0.025kg。阀的重量直接影响塔内气体的压强降，轻阀惯性小，气体压强降小，但操作稳定性差。因此一般场合都采用重阀，只在处理量大并且要求压强降很低的系统（如减压塔）中才用轻阀。

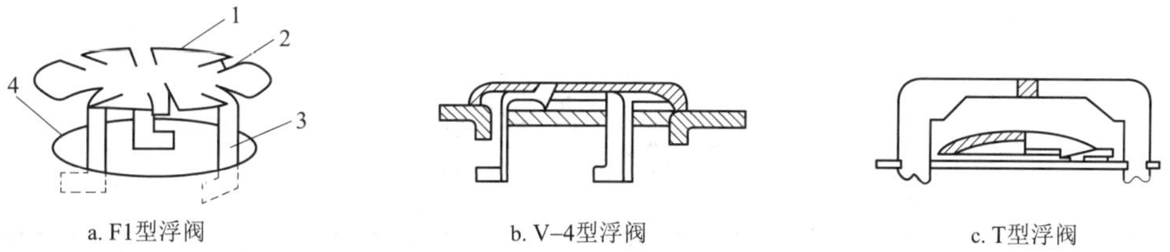

图 7-56　浮阀型式

1. 浮阀片；2. 凸缘；3. 浮阀“腿”；4. 塔板上的孔

V-4 型浮阀见图 7-56b，其特点是阀孔被冲成向下弯曲的文丘里形，所以减少了气体通过塔板时的压强降，阀片除腿部相应加长外，其余结构尺寸与 F1 型轻阀无异。V-4 型阀适用于减压系统。

T型浮阀的结构比较复杂，见图7-56c，此型浮阀是借助固定于塔板上的支架以限制拱形阀片的运动范围，多用于易腐蚀、含颗粒或易聚合的介质。

（三）筛板塔

筛板塔是一种结构简单、性能良好，造价经济的板型。过去由于对筛板塔性能缺乏正确的认识，一度认为弹性小，不好操作，一直未能获得广泛的应用。随着工业生产的发展，人们对筛板塔的结构、性能又做了充分而系统的研究，逐步提高了人们对筛板塔的性能和规律的认识，从而在工业上又获得了广泛的应用。筛板塔压降小、液面落差也小，生产能力及板效率都比泡罩塔高。

目前，在化工、制药工业中大孔径筛板塔、泡罩塔的应用较普遍。此外，根据制药工业中所处理的物料特点而开发的垂直筛板等新型塔板也不断在制药厂应用，新型塔板的应用提高了塔的分离效果与生产能力，企业取得了较好的经济效益。

重点小结

- 蒸馏
  - 基本概念
  - 相平衡
    - 温度-组成图
    - 气液相平衡图
    - 气液相平衡方程
  - 精馏
    - 精馏原理
    - 精馏塔和精馏流程
    - 双组分溶液连续精馏计算
      - 产品量和组成的计算
      - 塔板数的确定
      - 塔高和塔径的确定
  - 塔设备
    - 塔板基本结构
    - 塔板的流体力学状况
    - 塔板负荷性能图
    - 常用塔板类型（泡罩塔板、浮阀塔板、筛板）

主要符号表

符号	意义	法定单位
C	负荷系数	无因次
c_p	原料液的平均千摩尔比热容	$kJ \cdot kmol^{-1} \cdot K^{-1}$
d	分子有效直径	m

续表

符 号	意 义	法定单位
D	塔径	m
E	塔效率	无因次
F	原料液流量	$kmol \cdot h^{-1}$
g	重力加速度	$m \cdot s^{-2}$
h_c	干板压降	m 液柱
h_e	板上液层阻力	m 液柱
h_l	板上清液层高度	m
h_o	降液管底隙高度	m
h_p	与单板压降相当的液柱高度	m
h_w	堰高	m
H_T	塔板间距	m
$HETP$	等板高度	m
I	物质的焓	$kJ \cdot kmol^{-1}$
k	玻耳兹曼常数	$J \cdot K^{-1}$
l_w	堰长	m
L	下降液体的千摩尔流量	$kmol \cdot h^{-1}$
L_S	塔内液体流量	$m^3 \cdot s^{-1}$
m	提馏段理论板数	无因次
M	分子量	$kg \cdot kmol^{-1}$
n	精馏段理论板数	无因次
N	理论板数	无因次
p	组分的分压	kPa
P	塔顶产品流量	$kmol \cdot h^{-1}$
P	系统总压或外压	kPa
q	进料热状态参数	无因次
R	回流比	无因次
t, T	温度	℃、K
u	空塔气速	$m \cdot s^{-1}$
u_0	筛孔气速	$m \cdot s^{-1}$
v	组分的挥发度	kPa
V	上升蒸气的千摩尔流量	$kmol \cdot h^{-1}$
V_S	塔内气体流量	$m^3 \cdot s^{-1}$
W	塔底产品流量	$kmol \cdot h^{-1}$
W	瞬间釜液量	kmol
x	液相中组分的摩尔分率	无因次
y	气相中组分的摩尔分率	无因次
Z	塔高	m
α	相对挥发度	无因次
γ_c	原料的千摩尔气化潜热	$kJ \cdot kmol^{-1}$
φ	饱和系数	无因次

续表

符号	意义	法定单位
λ_m	分子平均自由程	m
μ_L	液相黏度	mPa·s
ρ_L	液相密度	$kg \cdot m^{-3}$
ρ_V	气相密度	$kg \cdot m^{-3}$
σ	液体表面张力	$mN \cdot m^{-1}$
ξ'	阻力系数	无因次

习题

文字题解

习题解

扫码“练一练”

1. 苯（A）与甲苯（B）的饱和蒸气压和温度关系数据如下：

温度/℃	80.1	85	90	95	100	105	110.6
p_A^0/kPa	101.33	116.9	135.5	155.7	179.2	204.2	240.0
p_B^0/kPa	40.0	46.0	54.0	63.3	74.3	86.0	101.33

根据上表中的饱和蒸气压数据计算：（1）苯-甲苯混合液在总压 101.33kPa 下 90℃时的气液平衡组成；（2）苯-甲苯混合液在 85~100℃下的平均相对挥发度。

[答：（1）$x_A=0.581$，$y_A=0.777$；（2）$\alpha_m=2.48$]

2. 藿香正气口服液由厚朴、藿香油等十味中药制成。生产中用乙醇加热回流提取厚朴中的有效成分。从厚朴乙醇提取液中回收到 30% 稀乙醇溶液。现用一连续精馏塔中提纯此乙醇溶液以得到高浓度乙醇重新用于提取。已知进料量为 $4000kg \cdot h^{-1}$。要求塔顶产品含乙醇 91% 以上，塔底残液中含乙醇不得超过 0.5%。(以上均为质量分率)。试求：（1）塔顶产品量；（2）塔底残液量；（3）乙醇的回收率。(单位均为 $kmol \cdot h^{-1}$)

[答：（1）$P=32kmol \cdot h^{-1}$；（2）$W=148kmol \cdot h^{-1}$；（3）乙醇的回收率 98.82%]

3. 在抗生素类药物生产过程中，需要用甲醇洗涤晶体，洗涤过滤后产生了组成为甲醇 40% 与水 60%（均为摩尔分率）的混合废液，另含有少量的药物固体微粒。为使甲醇再利用，药厂采用常压操作的连续精馏塔分离此废液。若原料液流量为 $100kmol \cdot h^{-1}$，泡点进料，馏出液组成为 0.95，釜液组成为 0.04（以上均为摩尔分率），回流比为 2.5。试求：（1）塔顶和塔底的产品量（$kmol \cdot h^{-1}$）；（2）精馏段的回流液量及提馏段上升蒸气量（$kmol \cdot h^{-1}$）；（3）写出提馏段操作线方程。

[答：（1）$P=39.56kmol \cdot h^{-1}$；$W=60.44kmol \cdot h^{-1}$；（2）$L=98.9kmol \cdot h^{-1}$，$V'=138.46kmol \cdot h^{-1}$；（3）$y_{m+1}=1.437x_m-0.0175$]

4. 在连续精馏塔中分离两组分理想溶液，原料液流量为 $100kmol \cdot h^{-1}$，组成为 0.3（摩尔分率）。已知操作线方程式如下：

精馏段　$y=0.714x+0.257$

提馏段　$y=1.686x-0.0343$

试求：（1）馏出液组成和釜液组成（均为摩尔分率）；（2）精馏段下降液体的流量，（$kmol \cdot h^{-1}$）；（3）进料热状态参数 q。

[答：（1）$x_P=0.0.899$，$x_W=0.05$；（2）$L=73.63kmol \cdot h^{-1}$；（3）$q=1$]

5. 某制药厂用常压连续操作的板式精馏塔分离甲醇-水混合液，原料组成为 0.4（甲醇的摩尔分率，下同），泡点进料，若馏出液组成为 0.95，釜残液组成为 0.03，回流比为 1.6，塔顶采用全凝器，塔釜采用饱和蒸气间接加热，用图解法求理论板数并确定进料板位置。平衡曲线见本题附图。

［答：$N_T=14$（包括塔釜），$N_F=7$］

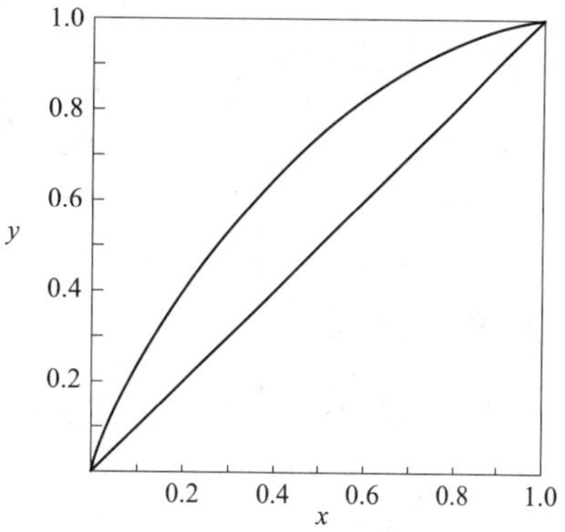

习题 5 附图

6. 在常压连续精馏塔中分离苯-甲苯混合液。若原料为饱和液体，其中含苯 0.5。塔顶馏出液中含苯 0.9，塔底含苯 0.1（以上均为摩尔分率），回流比为 4.52，苯-甲苯混合液的平均相对挥发度 $\alpha_m=2.46$。（1）试用图解法求理论板数（包括再沸器）和加料板位置；（2）求最小回流比及用逐板计算法求第二板上升蒸气组成（视各块板为理论板）

［答：（1）$N_T=6$，加料板为从塔顶数起第 3 层理论板；（2）$R_{min}=0.9$，$y_2=0.806$］

7. 精馏分离 $\alpha=2.5$ 的二元理想混合液，已知回流比为 3，$x_P=0.96$。测得第三块塔板（精馏段）下降液体的组成为 0.4，第二块塔板下降液体的组成为 0.45（均为易挥发组分的摩尔分率）。求第三块塔板气相和液相单板效率。

（答：$E_{MV3}=0.4459$、$E_{ML3}=0.5203$）

8. 要设计一丙酮-醋酸精馏塔，常压连续操作 $\alpha=6.0$，$x_F=0.5$、$x_P=0.99$（均为丙酮的摩尔分率）。丙酮回收率 $\eta_A=95\%$，塔顶设全凝器且 $R=1.3R_{min}$，饱和液体进料。求：（1）精馏段和提馏段的操作线方程；（2）图解法确定理论板数和最佳进料位置；（3）若全塔效率为 50%，实际板数为多少块?

［答：（1）$y_{n+1}=0.326x_n+0.667$，$y_{m+1}=1.728x_m-0.0351$；（2）$N_T=8$（包括塔釜），$N_F=5$；③$N_P=14$］

9. 设计一精馏塔，若其进料组成 x_F、馏出液组成 x_P 及釜液组成 x_W 均固定，当下列各物理量变化时，塔板数 N_T 将有何变化?（1）R；（2）q；（3）F；（4）α。

［答：（1）$R\uparrow\rightarrow N_T\downarrow$；（2）$q\uparrow\rightarrow N_T\downarrow$；（3）$F$ 的变化对 N_T 无影响；（4）$\alpha\uparrow\rightarrow N_T\downarrow$］

10. 有一工作着的精馏塔（塔板数固定），当（1）F、x_F、q、V、V'固定，使 R 增大，则 P、W、x_P、x_W 如何变化?（2）F、x_F、P、V'固定，使进料从冷液改为饱和蒸气，则 x_P、x_W、R、W 如何变化?

［答：（1）$R\uparrow\rightarrow P\downarrow$、W↑、$x_P\uparrow$、$x_W\uparrow$；（2）$q\downarrow$时，$x_P\uparrow$、$x_W\downarrow$、$R\uparrow$、$W$ 不变］

第八章　萃　取

学习目标

1. **掌握**　液-液萃取过程的基本原理、三角形坐标及性质、三角形相图；萃取剂与原溶剂部分互溶物系的单级、多级错流和多级逆流萃取的工艺计算。
2. **熟悉**　液-液萃取操作的基本流程、过程速率和萃取剂选取的基本原则；常见液-液萃取设备的类型、结构特点及选用；萃取剂与原溶剂不互溶物系的单、多级错流和多级逆流萃取的工艺计算。
3. **了解**　固-液萃取的方法及设备、超声波和微波强化浸取的原理及应用；超临界流体萃取技术的基本原理、特点及应用。

在化工、制药生产中，向液体或固体混合物中加入溶剂从而将混合物中的某些物质分离出来的萃取过程，是生物产品精制提纯、中药有效成分提取分离及有机溶剂回收时常见的单元操作。如何选择溶剂、如何确定工艺条件和设备参数等是萃取操作前必须解决的问题。本章将对萃取理论、工艺计算、萃取剂及萃取设备的选择等进行讨论。

扫码“学一学”

第一节　概　述

一、萃取过程

萃取是利用原料中各个组分在某溶剂中溶解度的差异实现混合物完全或部分分离的单元操作，萃取过程属于传质过程。操作中，待分离组分溶于溶剂，从一相转移到另一相，其余组分则不溶或少溶于溶剂中，从而实现各组分的分离。

萃取按被分离混合物的种类可以分为液-液萃取和固-液萃取；按溶剂的多少分为单溶剂萃取和双溶剂萃取；按溶剂与原料中有关组分间是否发生化学反应分为物理萃取和化学萃取；按萃取流程分为单级萃取、多级错流萃取、多级逆流萃取和回流萃取等。本章将对实际生产中常见的液-液萃取重点讨论，同时也对固-液萃取、超声波和微波协助浸取及超临界流体萃取技术进行相关介绍。

液-液萃取是利用液体混合物（原料液）中各个组分在液体溶剂中溶解度的差异实现混合液各组分分离的操作过程，简称萃取或抽提。操作中，所选用的液体溶剂称为萃取剂，以 S 表示；在萃取剂中溶解度大的组分称为溶质，以 A 表示；而几乎不溶或溶解度很小的组分称为原溶剂或稀释剂，以 B 表示；萃取剂和原混合液经混合分离后，所得含萃取剂较多的一相称为萃取相，以 E 表示；另一相，即含原溶剂多的一相称为萃余相，以 R 表示；萃取相和萃余相去除溶剂后分别称为萃取液和萃余液，以 E′ 和 R′ 表示。

萃取操作包括以下 3 个主要步骤，见图 8-1。

(1) 混合接触 将原料液 F 与萃取剂 S 加入萃取器中，二者充分混合，密切接触，溶质 A 通过相界面由原料液中部分转入溶剂中。

(2) 澄清分离 利用密度差，通过重力或离心分离等方法对两液相进行澄清分离，得到萃取相 E 和萃余相 R。

(3) 溶剂回收 借助于蒸馏、蒸发、结晶等方法对萃取相 E 和萃余相 R 进行溶剂回收，得到溶质 A，回收的溶剂可以循环使用。

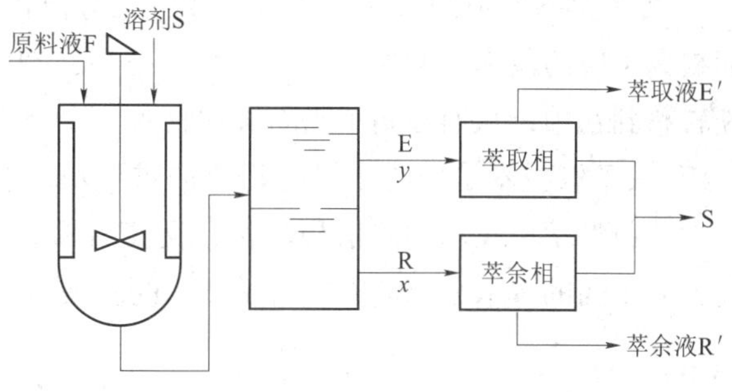

图 8-1 萃取过程示意图

二、萃取在工业生产中的应用

由萃取过程可见，萃取操作是一个较复杂的过程，与精馏相比，其设备费用和操作费用均较高。分离一种液体混合物，究竟采用何种方法，主要取决于技术上的可行性和经济上的合理性。一般来说，能够用精馏方法分离时，应尽量避免采用萃取方法。但萃取也具有精馏不能替代的优点，在因技术或经济条件不能采用蒸馏方法分离时，应考虑采用萃取方法。下面简要介绍萃取应用的几个主要方面。

1. 沸点相近或相对挥发度接近于 1 的组分分离 如芳香烃（苯、甲苯、二甲苯等）与分子量接近或相同的链烷烃，它们的蒸气压几乎相同，沸点接近甚至重叠，若采用精馏方法进行分离需要很多的理论板数和很大的回流比，且费用很高。此时根据芳香烃与脂肪烃（链烷烃）结构不同而在化学性质上产生的明显差异，可采用二乙醇醚、环丁砜等溶剂进行萃取分离，不再受组分相对挥发度的限制，既可以得到满意的分离效果，又降低了费用。

2. 恒沸混合物的分离 恒沸混合物不能用普通的蒸馏方法分离，若用恒沸蒸馏、萃取蒸馏等特殊的蒸馏方法分离，出现设备及操作复杂、费用较高时，可选用萃取方法。如丁酮和水的恒沸物可用三氯乙烷进行萃取使丁酮转入三氯乙烷，实现丁酮与水的分离。

3. 热敏性组分的分离 热敏性物质在受热时容易分解，不宜用蒸馏方法分离，采用常温操作的萃取方法对热敏性物质尤为适合。在制药生产中常采用萃取操作从发酵液中提取分离热稳定性差的抗生素。

4. 稀溶液中溶质的回收 在稀溶液的溶质沸点比稀释剂的沸点高时，用蒸馏方法分离需气化大量的稀释剂，耗能量很大。如果稀释剂是水，由于水的气化潜热大，耗能量将会更大，因此常选用适宜的有机溶剂先从稀溶液中萃取出高沸点的溶质，再用蒸馏方法分离少量溶剂，这样溶剂的处理量大大降低，节省溶剂回收的设备费用和操作费用。例如发酵生产青霉素，发酵液中青霉素的浓度很低，折合重量计算仅约含 2.5%，生产多以醋酸丁酯为萃取剂从发酵液中提取分离青霉素。

5. 高沸点有机物的分离 对于某些高沸点有机物，如长链脂肪酸及有些维生素等，如果采用常压蒸馏方法分离，加热温度高，对热源要求高，且可能产生热分解。如果采用高真空蒸馏或分子蒸馏方法分离，设备费用和操作费用高，不经济。此时可考虑采用萃取方法进行分离，如用醋酸萃取植物油或花生油中的油酸，用液态丙烷萃取棉籽油中的油酸等，再分离溶剂就比较容易。

6. 提高某些反应的收率 通过萃取方法分离出某一产物使反应向生成产物方向进行，从而提高反应的收率。例如用高温水对液态脂肪裂解反应产物进行萃取，由于产生的甘油不断转移到水中，从而提高了脂肪酸的收率。

液-液萃取技术是分离和提纯物质的重要单元操作之一，具有广阔的应用前景。近些年，一些新型萃取技术如双水相萃取、反胶团萃取、超临界流体萃取等不断出现，应用于生物药和中药的提取分离。随着科学技术的发展，萃取过程将会得到进一步的开发和利用。

思考

1. 若对某一液体混合物进行分离，根据哪些因素决定是采用蒸馏方法还是萃取方法？
2. 分析说明萃取分离过程的优缺点，在什么情况下采用萃取分离方法较好？
3. 萃取相和萃余相中物质的分离回收通常在什么设备中实现？

三、液-液萃取中常见的物系和萃取流程

（一）液-液萃取中常见的物系

按萃取剂 S 与原溶剂 B 和溶质 A 的互溶情况分类，萃取中常见的物系主要有 3 类。

1. 萃取剂 S 与溶质 A 完全互溶，与原溶剂 B 不互溶物系（Ⅰ类物系） 如烟碱（A）-水（B）-煤油（S）系统，酚（A）-水（B）-苯（S）系统等。应指出所谓原溶剂 B 和萃取剂 S 不互溶不是绝对的，当两溶剂间的互溶度非常小时就可认为属于此类物系。

2. 萃取剂 S 与溶质 A 完全互溶，与原溶剂 B 部分互溶物系（Ⅱ类物系） 此类物系形成一对部分互溶的液相，称为共轭相。属于此类的物系很多，如醋酸（A）-水（B）-乙酸乙酯（S），丙酮（A）-水（B）-三氯甲烷（S）等。

3. 萃取剂 S 与溶质 A 和原溶剂 B 均部分互溶物系（Ⅲ类物系） 此类物系形成两对部分互溶的液相，如甲基环己烷（A）-庚烷（B）-苯胺（S）系统。

此外还有其他更复杂的三元系和多元系，但工业生产中遇到最多的是前两类。第一类物系因为萃取剂与原溶剂不互溶，在萃取过程中，仅有溶质在相际的转移，故萃取相中不含原溶剂，萃余相中也不含萃取剂，为最理想的萃取剂，但这类物系几乎没有；第二类物系萃取剂与原溶剂部分互溶，应尽量选择互溶度小的为萃取剂；第三类物系由于萃取剂与原溶剂和溶质均部分互溶，一般不宜选为萃取剂。

（二）萃取流程

根据混合液与萃取剂的接触和流动方式不同，萃取流程主要有单级萃取、多级错流萃取、多级逆流萃取，回流萃取和双溶剂萃取流程等。

1. 单级萃取流程 单级萃取流程是萃取操作中最简单、最基本的方式。其流程如图 8-2 所示，萃取剂 S 和原料液 F 在一单级萃取器（如萃取罐或分液漏斗）内进行混合接触，然后澄清分离，得到萃取相 E 和萃余相 R。操作过程中萃取剂和原料液只经过一次混合传质，既可连续进行也可间歇进行。如果混合良好，接触时间足够长，萃取相和萃余相可达到相平衡。

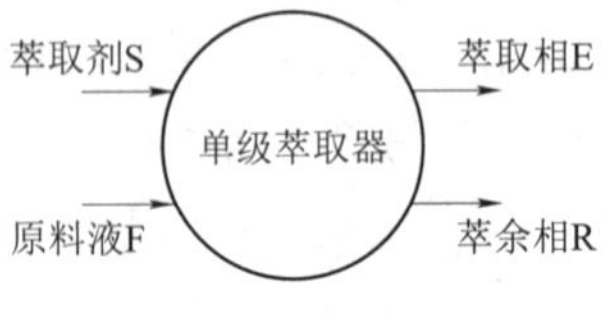

图 8-2 单级萃取流程示意图

单级萃取的设备和操作均较简单，但分离程度不高，达到一定的分离程度萃取剂的耗用量大。若要达到较高的分离程度，需进行多级萃取。

2. 多级错流萃取流程 多级错流萃取流程如图 8-3 所示，原料液 F 首先进入第一级与新鲜萃取剂 S_1 接触，分离后得到萃取相 E_1 和萃余相 R_1，萃余相依次流经以后各级，分别与新鲜溶剂 S_2，S_3 等混合接触，得萃取相 E_2，E_3…和萃余相 R_2，R_3…。最后一级所得萃余相为最终萃余相 R_n，而萃取相有 n 个，且萃取相中溶质的浓度依次递减。根据需要可将各级萃取相合并得混合萃取相 E。

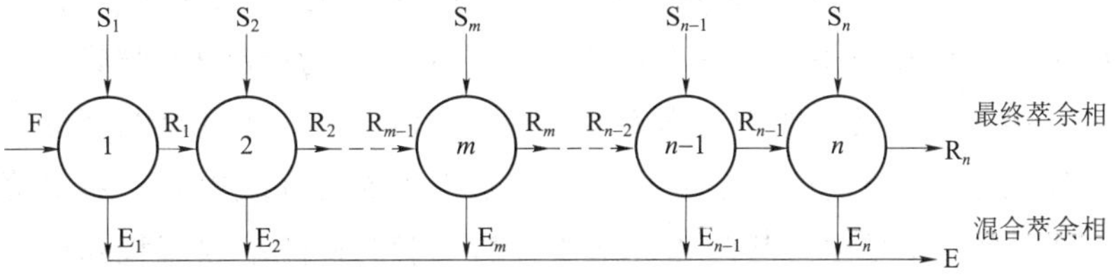

图 8-3 多级错流萃取流程示意图

多级错流萃取操作中各级萃取剂用量可以相等或不相等，但当各级萃取剂用量相等时，达到一定的分离程度所需的总萃取剂用量最少，所以在多级错流萃取中一般各级萃取剂的用量均相等。

多级错流萃取与单级萃取相比分离程度高，只要萃取级数足够多，就能把萃余相中的溶质尽量提净，最终可得到溶质含量很低的萃余相，即溶质回收率很高，达到同样分离程度的萃取剂耗量降低，但所得萃取相溶质浓度不高，萃取剂耗量仍较大，回收费用较高。

3. 多级逆流萃取流程 多级逆流萃取是原料液 F 和萃取剂 S 分别从首尾两级加入并以相反方向流经各级，其流程如图 8-4 所示。原料液从第 1 级进入系统，依次经过各级，溶质组成逐级下降，最后从第 n 级流出，形成最终的萃余相 R_n；萃取剂则从第 n 级（末级）逆向进入系统，最后从第 1 级流出，得最终的萃取相 E_1。

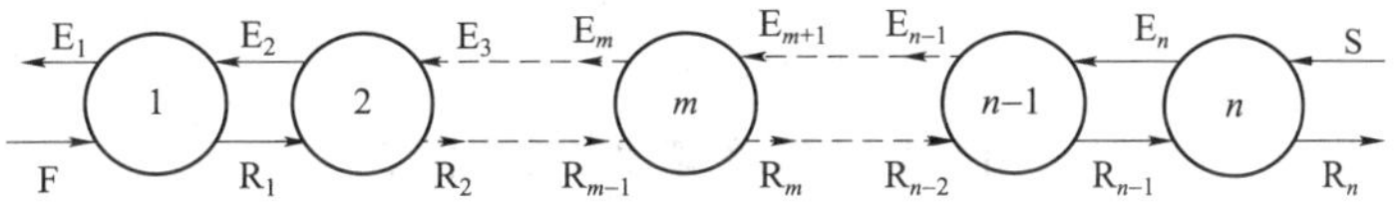

图 8-4 多级逆流萃取流程示意图

多级逆流萃取可以在串联起来的分级接触式萃取器中进行，亦可在连续接触式的萃取塔（如填料萃取塔）内进行。与其他流程相比，严格逆流萃取的传质推动力最大，正如在传热过程中逆流传热的平均推动力最大一样。同时，由于最终萃取相从溶质浓度最高的原料液进入端流出，故所得最终萃取相的溶质浓度也较高；而最终萃余相从新鲜溶剂加入端流出，故所得最终萃余相残留的溶质浓度可以相当低，亦即可获较高纯度的原溶剂。

总之，多级逆流萃取的传质推动力大，分离程度高，溶剂用量少，是比较经济合理的萃取方法，在工业生产中得到广泛应用。

4. 回流萃取流程 采用纯溶剂进行多级逆流萃取，可以使溶质萃取较完全，最终萃余相中溶质含量降得很低，但当原料液中溶质含量较低，且原溶剂 B 和萃取剂 S 又部分互溶时，所得萃取相中的溶质含量不高，仍含有较多的原溶剂。若要得到较高纯度的溶质，实现溶质 A 和原溶剂 B 较完全的分离，需要采用部分产品回流的萃取方法，即回流萃取。回流萃取的原理与精馏类似，其流程如图 8-5 所示。

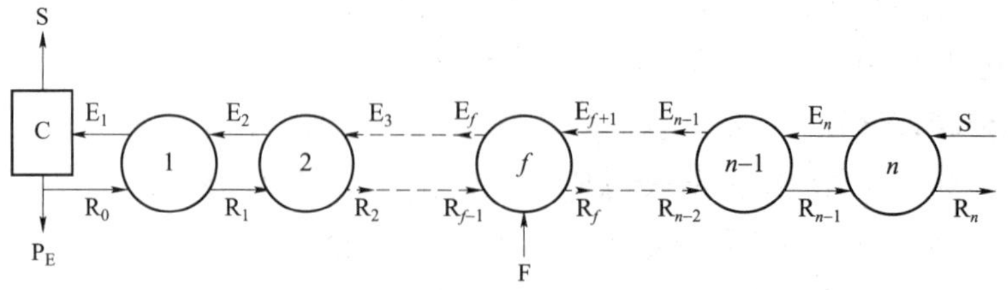

图 8-5　回流萃取流程示意图

在中间某一级（第 f 级）加入原料液 F，在末级（第 n 级）加入纯溶剂 S，由第 1 级出来的萃取相 E_1 在溶剂回收设备 C 中去除溶剂后，一部分作为产品 P_E 收集，一部分作为回流液 R_0 返回第 1 级。第 1 级至加料级称为萃取相增浓段，其作用是高浓度的回流液与萃取相接触，溶质不断地从萃余相进入萃取相，使萃取相的浓度逐级提高，获得溶质含量很高的萃取相。加料级至第 n 级称为萃余相提浓段，与一般的逆流萃取流程相同，其作用是用溶剂将萃余相中的溶质逐级提取完全，获得溶质含量很低的萃余相。

回流萃取的特点是可以同时获得溶质浓度很高的萃取相和溶质浓度很低的萃余相，能够实现溶质 A 和原溶剂 B 的较完全分离，但由于增加了提浓段，所以萃取级数较多；由于有部分产品回流，会使萃取设备内的液体负荷增加，萃取所需的设备费用和操作费用均会提高。

5. 双溶剂萃取流程　当混合液中 A 和 B 两组分在同一种溶剂中的溶解度相差不大，或者对分离要求较高时，选用一种溶剂进行一般的逆流萃取很难将 A 和 B 分离完全。若选用两种不互溶的溶剂 S_1 和 S_2，且两组分在两种溶剂中的溶解度相差较大，进行双溶剂逆流萃取，可以获得很好的分离效果。双溶剂萃取流程见图 8-6。

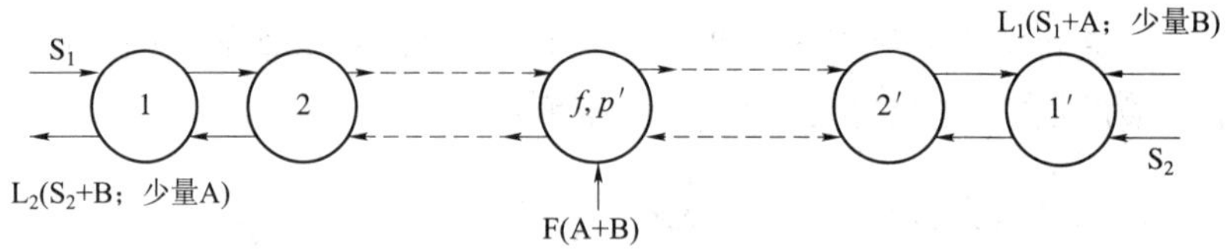

图 8-6　双溶剂萃取流程示意图

在中间某一级（第 f 级）加入原料液 F，在第 1 级加入纯溶剂 S_1，设原料液中某一组分 A 较多的溶解在 S_1 中，则 A 在 S_1 中的含量逐级提高，在末级（第 n 级）流出的 L_1 中，A 含量很高。在末级加入纯溶剂 S_2，设原料液中另一组分 B 较多的溶解在 S_2 中，则 B 在 S_2 中的含量逐级提高，在第 1 级流出的 L_2 中，B 含量很高，从而实现了 A、B 两组分的较完全分离。

上述几种流程具有各自不同的特点，不同的萃取方法有不同的分离效果和经济效果。在生产实践中，应根据具体的物系、工艺要求和生产条件，选用适宜的流程。

第二节　液-液萃取的相平衡及萃取速度

同吸收、蒸馏一样，液-液萃取也属于传质过程，所以传质过程的基本理论同样也适合于萃取过程。液-液萃取的传质过程是在两液相间进行的，其极限为相际平衡，因此液-液萃取过程的相平衡关系是萃取操作的基础。

一、液-液萃取的相平衡

液-液萃取过程的两相通常是三元混合物，涉及萃取剂 S、溶质 A 和原溶剂 B 三个组分。若要把三元体系中每个组分的含量都表示清楚，通常采用三角形坐标。三元体系的相平衡关系常采用三角形相图表示。

（一）三角形坐标及性质

三角形坐标通常有等边三角形、等腰直角三角形和不等腰直角三角形，如图 8-7 所示。

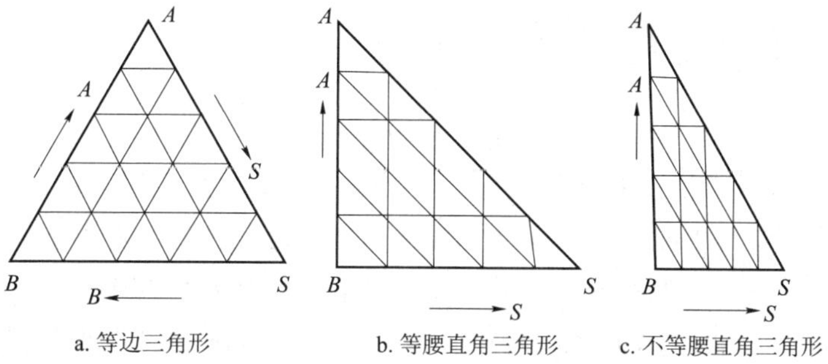

图 8-7 三角形坐标

由于等腰直角三角形两边的比例尺相同，可在普通直角坐标纸上标绘，数据读取与直角坐标一致，使用比较方便，因此多采用等腰直角三角形坐标；不等腰直角三角形坐标用于溶质含量较低或各方向图线密度相差较大时，可以将直角三角形的一边尺度放大，以方便作图和读图；等边三角形坐标的使用需要专门坐标纸，很少被使用。图中混合物的组成常用质量分率表示，也有采用体积百分率或摩尔分率表示的。在本教材中，采用等腰直角三角形坐标，混合物的组成用质量分率来表示。

1. 三角形坐标 三角形的 3 个顶点分别表示一个纯组分。如图 8-8 中顶点 *A* 代表纯溶质 A，组成为 $x_A=1.0$，其余组分的组成均为 0，即 $x_B=0$，$x_S=0$。同理，顶点 *B* 和 *S* 分别代表纯的原溶剂 B 和萃取剂 S。水平直角边表示萃取剂 S 的质量分率 x_S，垂直直角边表示溶质 A 的质量分率 x_A。

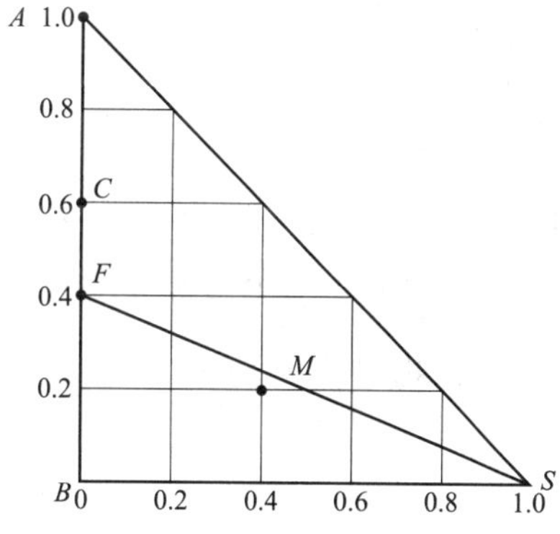

图 8-8 三角形坐标及性质

三角形 3 条边上的任一点（除顶点）表示由该边两个顶点所代表的组分组成的一个二元混合物，第三组分组成为零。例如图 8-8 中 *AB* 边上的 *C* 点，表示一个只含 A 和 B 的二元混合物，其中 A 的含量 $x_A=0.60$，B 的含量 $x_B=0.40$，S 的含量 $x_S=0$。

三角形内的任一点代表一个三元混合物，如图 8-8 中 *M* 点表示一个由 A、B、S 三个组分组成的混合物 M，各组分的组成可由过 *M* 点平行于三边的平行线或垂直于三边的垂线获得，其中 $x_A=0.20$，$x_B=0.40$，$x_S=0.40$。

由物料衡算得

$$A+B+S=M$$

$$\frac{A}{M}+\frac{B}{M}+\frac{S}{M}=1$$

即

$$x_A+x_B+x_S=1$$

可知3个组分的含量之和等于1。因此，实际上只要由三角形两直角边读得A和S的组成，就可以由 $x_B=1-x_A-x_S$ 求得B的组成，一般不必由图中直接读出。此外，三角形坐标还有以下性质。

（1）平行于三角形各边直线上的所有各点，所含对应顶点组分的组成均相等。例如图8-8中，过 M 点平行于水平直角边的直线上各点所表示的混合物中，组分A的组成均为0.20。

（2）过三角形某顶点向对边引直线，则该直线上各点表示的混合物中除顶点代表的组分外，其余两组分含量的比例相等。例如图8-8中过顶点 S 到对边 F 点的直线上各点所表示的混合物中，所含组分A和B的组成之比均为

$$\frac{A}{B}=\frac{0.40}{0.60}=\frac{2}{3}$$

可见点的位置从 F 点沿直线 FS 向顶点 S 接近时，相当于向二元混合物F中逐渐加入溶剂S；反之，当沿直线 SF 向 F 点接近时，相当于从三元混合物中不断去除溶剂S。无论哪种情况，混合物中组分A、B的组成变化了，但两者组成的比例都保持不变。

2. 杠杆规则　在萃取操作计算过程中，由一个混合物M分离为两个混合物R和E，或由两个混合物R和E形成一个新混合物M时，经常要确定其质量和组成之间的关系，此时利用杠杆规则非常方便。

杠杆规则可表述为：表示两个混合物组成的 R、E 两点与表示新混合物组成的 M 点在同一条直线上，M 点是 R 点和 E 点的和点，混合物E和混合物R的质量之比等于线段 RM 与 ME 长度之比，即

$$\frac{E}{R}=\frac{\overline{RM}}{\overline{ME}} \tag{8-1}$$

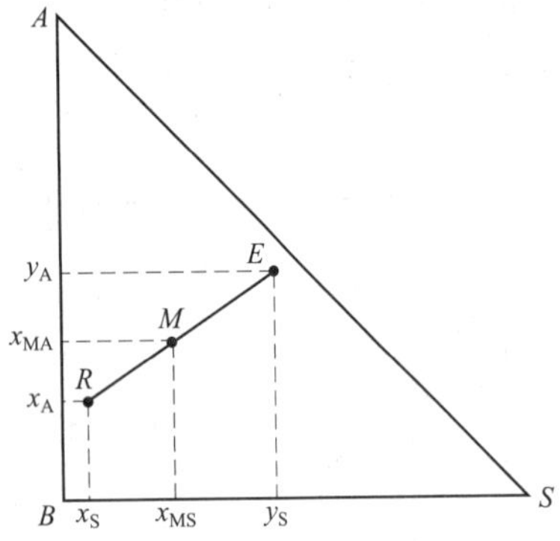

图8-9　杠杆规则

杠杆规则可以通过物料衡算导出，见图8-9。

设一个混合物R，其质量为 Rkg，A、B和S三个组分的含量分别为 x_A、x_B 和 x_S，以 R 点表示；另一个混合物E，其质量为 Ekg，A、B和S三个组分的含量分别为 y_A、y_B 和 y_S，以 E 点表示；混合物M是由混合物R和E混合得到的，其质量为 Mkg，A、B和S三个组分的含量分别为 x_{MA}、x_{MB} 和 x_{MS}，以 M 点表示。由物料衡算可得

$$M=R+E$$

$$Mx_{MA}=Rx_A+Ey_A$$

$$Mx_{MS}=Rx_S+Ey_S$$

联立以上各式并消去 M 可得

$$\frac{E}{R}=\frac{x_{MA}-x_A}{y_A-x_{MA}}$$

$$\frac{E}{R}=\frac{x_{MS}-x_S}{y_S-x_{MS}} \tag{8-2}$$

式（8-2）是物料衡算的计算式，经常用于计算混合物的组成及量。

联立式（8-2）中两式并整理可得

$$\frac{x_{MA}-x_A}{x_{MS}-x_S}=\frac{x_{MA}-y_A}{x_{MS}-y_S} \tag{8-3}$$

式（8-3）为两点式直线方程，说明混合物 M、R 和 S 在同一条直线上。杠杆规则的表示式为

$$\frac{E}{R}=\frac{x_{MA}-x_A}{y_A-x_{MA}}=\frac{\overline{RM}}{\overline{ME}}$$

（二）液-液相平衡与三角形相图

在萃取操作中，将液-液相平衡关系表示在三角形坐标中，就得到三角形相图，因为它表示了相平衡状态下各组分在两相中溶解度的变化关系，故也被称为相平衡曲线或溶解度曲线。

1. 双结点溶解度曲线 以萃取剂 S 与原溶剂 B 部分互溶物系为例，讲述溶解度曲线的实验测定方法。取适量的萃取剂 S 和原溶剂 B，在一混合器中充分搅拌混合，经长时间接触达平衡后，使其静置分层得到互成平衡的萃取相 E_0和萃余相 R_0（常称为共轭相或共轭溶液）。根据实测的两相组成在图 8-10a 中确定 E_0点和 R_0点；将适量的溶质 A_1加入上述混合液中重新搅拌混合，使之达到新的平衡，静置分层后得到一对新的共轭溶液 E_1和 R_1，根据实测的两液相组成可以在图 8-10a 中确定 E_1点和 R_1点；同理，如果继续加入 A_2……，重复以上操作，可确定 E_2点……和 R_2点……，将这些点连接成一条光滑曲线，就是溶解度曲线，也称为双结点溶解度曲线。

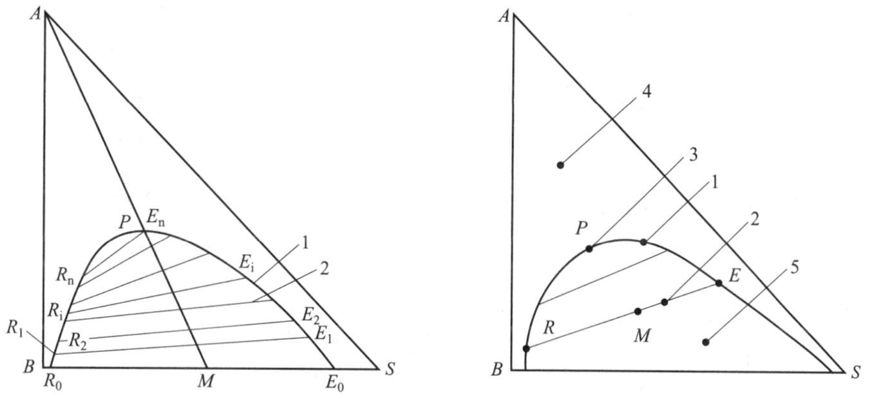

a. 溶解度曲线的实验测定　　b. 溶解度曲线

图 8-10　溶解度曲线

1. 溶解度曲线；2. 结线；3. 临界混溶点；4. 单相区；5. 两相区

溶解度曲线上各对共轭溶液组成点的连接线称为结线或共轭线，如图 8-10a 中，R_0E_0、R_1E_1、R_2E_2，……每条结线的两个端点表示一对互成平衡的萃取相和萃余相的组成。结线一般是倾斜的，但互不平行。有些物系的结线是向右侧倾斜的，如图 8-11 所示。也有些物系的结线是向左侧倾斜的，如图 8-12 所示。但有少数物系结线的倾斜方向会发生变化，如图 8-13 所示。结线的长度由下至上越来越短，当结线缩短成一点时，萃取相和萃余相组成相同，两相区消失，该点称为临界混溶点 P（或褶点）。临界混溶点 P 一般并不在溶解度曲线的最高点（图 8-10b）。

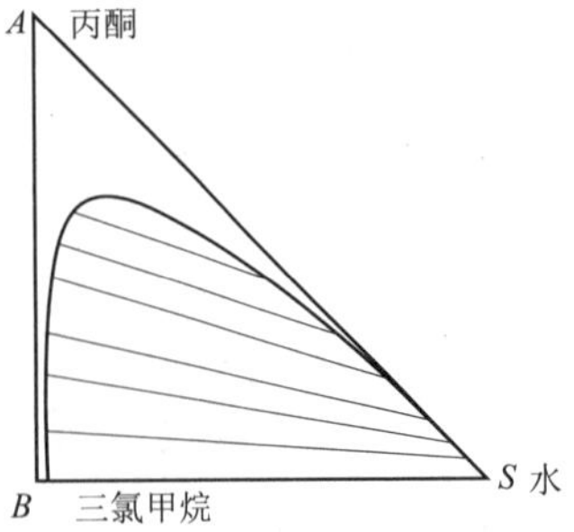

图 8-11 丙酮-三氯甲烷-水系统

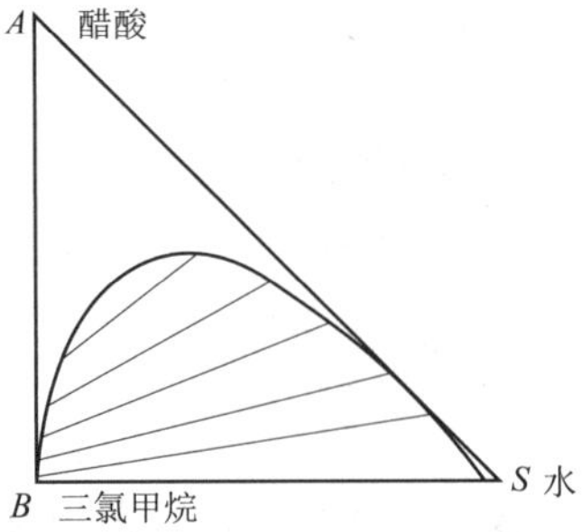

图 8-12 醋酸-三氯甲烷-水系统

溶解度曲线将三角形相图划分成两个区域，如图 8-10b 所示，曲线以内为两相区，曲线以外为单相区。当物系的总组成点在单相区时，三组分相互溶解，不能形成部分互溶的两相，因此不能用萃取的方法进行分离。只有物系的总组成点在两相区，才能形成部分互溶的两相，溶质才会被萃取出来进入萃取相，因此两相区是萃取过程的操作范围。

对于萃取剂 S 与原溶剂 B 完全不互溶的物系，相平衡关系也可以在三角形坐标上表示，其特点是在全部浓度范围内，均为两相区，如图 8-14 所示。对于 B 与 S、A 与 S 均部分互溶的物系，会得到形成两对部分互溶液相的溶解度曲线，如图 8-15a 表示互溶度较小时的相图，图 8-15b 表示互溶度较大时的相图。

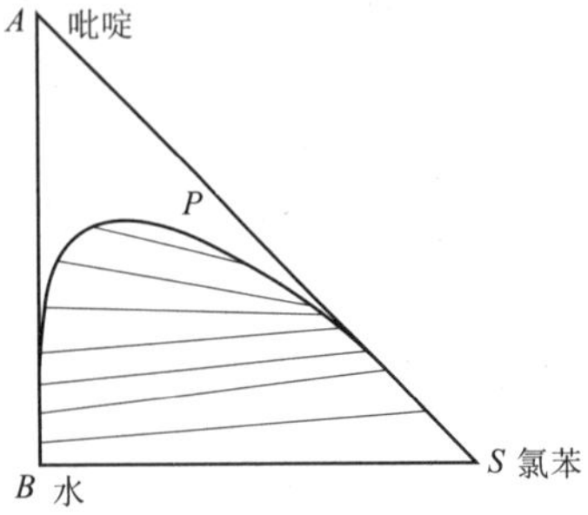

图 8-13 吡啶-水-氯苯系统

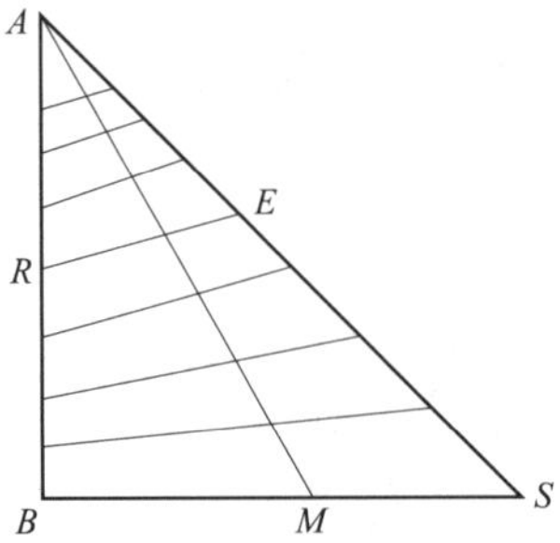

图 8-14 *S* 与 *B* 不互溶系统

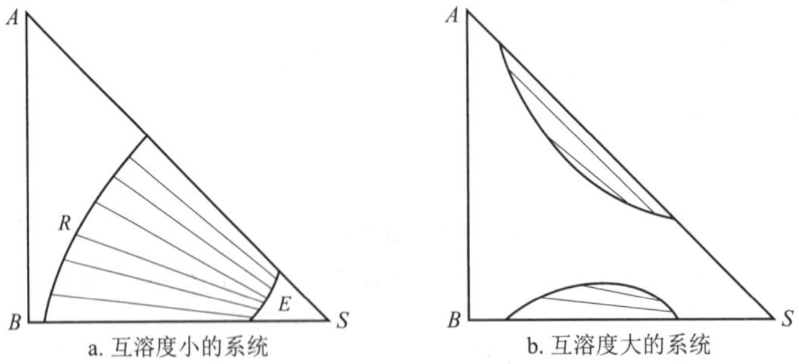

图 8-15 *S* 与 *B* 和 *A* 部分互溶系统

2. 辅助线 在三角形相图中，实验测绘出的结线数目是有限的，若要把表示平衡组成的所有结线都表示出来，或是要得到任一对平衡组成的数据，此时可以借助于辅助线。

辅助线可以由实验获得的有限条结线确定，方法如下：根据平衡数据，在三角形坐标上绘制双结点溶解度曲线及若干条结线，如图 8-16。分别过各条结线的一侧端点 E_1、E_2、E_3，……和另一侧端点 R_1、R_2、R_3，……作三角形坐标相应直角边的平行线，各线分别交于点 C_1、C_2、C_3，……，将这些交点连接成一条平滑曲线即得到辅助线，其与溶解度曲线交于一点，即为临界混溶点 P。

利用辅助线可以求任意一对共轭相组成，或在三角形相图中作出所需要的结线。

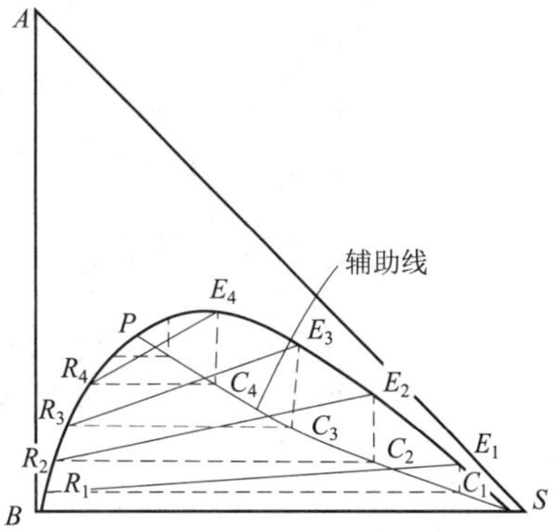

图 8-16 辅助线的确定

3. 分配系数与分配曲线 在萃取过程中，溶质组分在萃取相和萃余相的分配关系是萃取操作的基础。其分配情况可用分配系数和分配曲线表示。

分配系数 k_A 表示一定温度下，溶质在萃取相中的浓度 y_A 与其在萃余相中的浓度 x_A 之比。即

$$k_A=\frac{\text{溶质在萃取相中的浓度}}{\text{溶质在萃余相中的浓度}}=\frac{y_A}{x_A} \quad (8-4)$$

分配系数 k_A（k_A 的下标通常可省略，在需要与其他组分区别时标出即可）表达了溶质在两个平衡液相中的分配关系，k 值愈大，萃取分离的效果愈好，并且 k 值大小可以反映三角形相图中结线的倾斜方向及程度：$k>1$，结线的右端高于左端，表明溶质在萃取相的浓度大于其在萃余相中的浓度；$k<1$，结线的左端高于右端，表明溶质在萃取相的浓度小于其在萃余相中的浓度；$k=1$，结线平行与底边，表明溶质在萃取相的浓度等于其在萃余相中的浓度。

对于温度一定的物系，k 值随浓度而变化，其变化关系可以用分配曲线表示。以溶质在萃取相中的浓度 y 为纵坐标，溶质在萃余相中的浓度 x 为横坐标，在 $x-y$ 直角坐标上作图，即可得到分配曲线，如图 8-17。

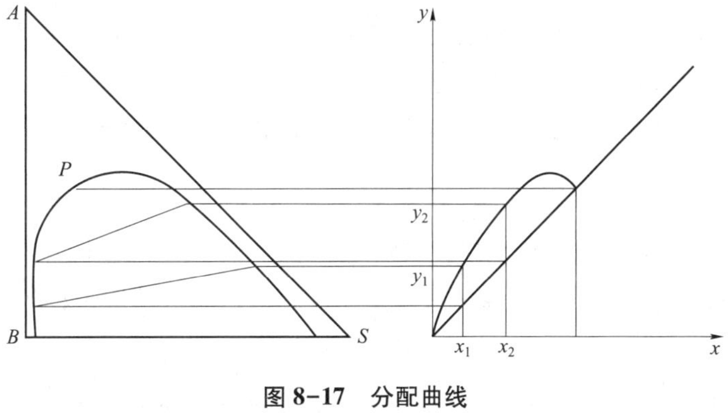

图 8-17 分配曲线

由分配曲线与对角线 $y=x$ 间的相对位置及远近，可以看出溶质在两相的分配情况。对角线以上的点，$k>1$；对角线以下的点，$k<1$；对角线上的点，$k=1$。

分配曲线可由实验测绘。利用分配曲线，可以求任意一对互成平衡两相的溶质组成；借助于分配曲线，也可以很方便地在双结点溶解度曲线上画出结线；在分配曲线上还可以进行萃取过程的图解计算。

4. 温度对溶解度曲线的影响 在大多数情况下，随着温度的升高，萃取剂与原溶剂的互溶度也随之增加，溶解度曲线也会发生相应的变化，见图 8-18。

可见，随着温度的升高，两相区的面积变小，萃取操作的范围缩小，对萃取操作不利。当温度升至 T_C 时，两相区消失，三组分完全互溶，已不能进行萃取操作，温度 T_C 称为萃取操作的临界温度。因此，萃取操作的温度必须低于临界温度 T_C。温度较低时，萃取相和萃余相的浓度差较大，对萃取和分离比较有利，但萃取速率减小。在生产中，应综合考虑，选择适宜的萃取温度。

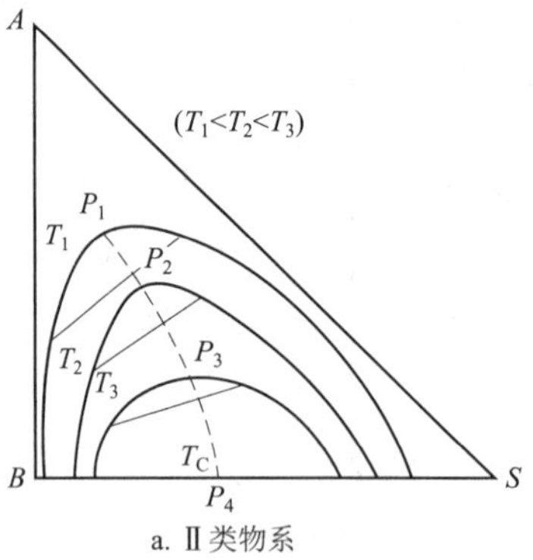

图 8-18　温度对溶解度曲线的影响

思考

4. 分配系数 k 小于或等于 1，是否说明所选择的萃取剂不能进行萃取操作？
5. 温度对萃取分离有何影响？如何选择萃取操作的温度？
6. 什么是临界混溶点？其是否在溶解度曲线的最高点？为什么？

二、液-液萃取过程的速度

液-液相平衡研究的是萃取过程进行的方向和最大限度，着眼于物系达到平衡时的结果，并未考虑萃取过程达到平衡所需要的时间长短，即过程的速度如何。而萃取速度直接影响萃取设备的生产能力和萃取效率，是萃取生产过程中非常关键的问题。

（一）液-液萃取速度方程

液-液萃取过程是溶质由一个液相扩散到另一个液相的过程，属于传质过程，因此气体吸收传质过程的双膜理论和传质速率方程也适用于萃取过程。萃取过程的速率为

$$W=K_yA(y^*-y) \tag{8-5}$$

式中，W 为萃取速度，$kg \cdot s^{-1}$；K_y为以萃取相浓度表示的萃取总传质系数，$kg \cdot m^{-2} \cdot s^{-1}$；$A$ 为两相的传质面积，m^2；y^*-y 为萃取过程的推动力，萃取相的平衡浓度与实际浓度之差。

双膜理论强调在两相之间存在稳定的界面，这与实际萃取过程有较大差距，但其基本理论对分析影响萃取速度的各种因素仍具有指导意义。

（二）影响萃取速度的因素

由萃取速度方程可知，影响萃取速度的因素有传质面积 A、萃取传质系数 K_Y和传质的推动力（y^*-y），下面进行概略分析。

1. 传质面积　在萃取过程中，两液相混合接触时，一个液相是以小液滴的形式分散在另一个连续液相中进行接触传质的，以小液滴形式存在的一相称为分散相，另一相称为连续相。因此传质面积就是分散相液滴的表面积之和，其大小常用比界面积来衡量。比界面积 a 表示单位体积内分散相的表面积，即

$$a=\frac{\text{分散相液滴的总面积}\,A,\mathrm{m}^2}{\text{两液相的总体积}\,V,\mathrm{m}^3} \tag{8-6}$$

则萃取传质面积 $A=aV$。可见，比界面积 a 越大，传质面积 A 越大，萃取速度也越大。比界面积 a 的大小取决于分散相的体积百分数和分散相的分散度。在分散相的体积百分数一定时，分散相的分散度越高，液滴的平均直径越小，比界面积越大。而在分散相的分散度一定时，分散相的体积百分数越大，液滴的数量越多，比界面积越大。所以增大比界面积，必须提高分散相的分散度或提高分散相的体积百分数。

提高分散相的分散度，对于界面张力低的物系，可以使液体以一定速度流过筛板、填料或喷嘴等得到所需的分散度；对于界面张力较高的物系，必须通过搅拌、振动或脉冲等方法对液体施加能量以克服界面张力，达到所需的分散度。需指出是，分散度必须适当。分散度大，对传质有利，但当分散度过大时，可能形成稳定的乳状液，使两相不能分离或分离不完全，从而严重影响萃取过程的进行，降低萃取效率。一般当液滴直径大于 1mm，能够迅速分离，当液滴直径在 1~1.5μm 时，会形成稳定的乳状液。

提高分散相的体积百分数，可以选择流量较大的一相作为分散相，但作为分散相的液体不能润湿填料、筛板塔壁等设备材料，以免分散相在设备材料表面铺展成膜，造成分散不良，使比界面积大大降低。

2. 萃取传质系数 提高萃取传质系数对强化萃取过程具有重要意义。由于其影响因素复杂，理论研究尚不充分，目前还没有普遍适用的物理方程或准数方程用于计算传质系数，但一般而论，萃取传质系数受两相的湍流程度、相界面的更新频率和两相物性的影响。

萃取传质系数随着两相湍流程度的加强而增大，随着界面更新频率的加快而增大。根据传质理论和实验证明，在液滴旧界面破裂、新界面形成时，传质速度是最快的，所以使分散相的小液滴不断地分散和聚并能够促进传质。增大湍流程度能使液滴在运动过程中产生曳力的作用下发生内循环，形成旋涡而降低传质阻力，同时相界面的更新频率也加快了，从而显著提高传质系数。

物系的界面张力越大，液滴越稳定而不易破碎，不利于界面更新；反之界面张力越小，越有利于界面的更新。物系的黏度大，不易形成液体的湍动，传质阻力大，不利于溶质的扩散和界面的更新。两相的密度差小，相对流速小，湍流程度低，不利于传质，同时也会使两相的澄清分离困难。

3. 萃取推动力 采用逆流操作和适当增加萃取剂的用量都可以提高萃取的传质推动力。在逆流萃取设备中，应尽量减少两相在正常流动方向上的倒流，以免破坏设备中正常的逆流流动，使平均推动力降低，不利于传质。

三、萃取剂的选择原则

萃取剂的选择是萃取过程的关键问题之一，它直接关系到萃取操作能否正常进行，萃取操作的设备费用和操作费用的高低，影响萃取生产过程的经济性。优良的萃取剂应该满足分离要求，使萃取过程的每一步都能顺利进行。既能有效地提取被萃取组分，使被萃取组分与其他组分具有良好的分离效果，还应具有良好的理化性质、易于溶剂回收、价廉易得等。因此，为保证萃取剂具有较大的处理能力和较高的传质效率，以降低过程成本，萃取剂的选择主要考虑以下几方面的问题。

（一）与分离程度有关的性质

1. 分配系数 萃取操作中，所选萃取剂应使溶质具有较大的分配系数 k。由图 8-19 可见，在其他条件相同时，分配系数 k 越大，分离程度越高，所得萃取液 E′和萃余液 R′的组成相差越大。

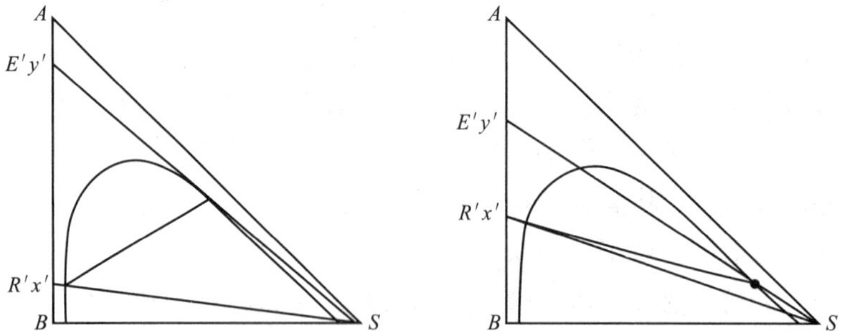

a. 分配系数 $k>1$　　b. 分配系数 $k<1$

图 8-19　分配系数对萃取的影响

另外，分配系数 k 越大，溶质在萃取相浓度的相对值越大，达到同样的分离程度所需的萃取剂量越少。但应指出，在分配系数小于 1 或等于 1 的情况下，仍能进行萃取操作。

前面提到分配系数 k 受温度和浓度的影响。此外，对能解离的物质如生物碱及其盐类，其分配系数还受溶液 pH 值的影响，所以在生产中，根据被萃取物质的性质，常进行酸性或碱性萃取。

2. 选择性系数　分配系数 k 仅反映了溶质 A 在两相中的分配情况，并未反映原溶剂 B 在两相中的分配情况。而原溶剂 B 在两相中的分配情况，对萃取分离也有重要的影响。只有同时考虑 A 和 B 在两相中的分配，才能较全面地反映萃取剂 S 对 A、B 混合物的分离特性。通常用选择性系数 β 表示这一特性。选择性系数定义为

$$\beta=\frac{y_A/y_B}{x_A/x_B}=\frac{y_A/x_A}{y_B/x_B}=\frac{k_A}{k_B} \tag{8-7}$$

式中，y_A，y_B 为溶质 A 和原溶剂 B 在萃取相 E 中的质量分率；x_A，x_B 为溶质 A 和原溶剂 B 在萃余相 R 中的质量分率；k_A，k_B 为溶质 A 和原溶剂 B 的分配系数。

选择性系数反映了萃取剂对原料液中两组分溶解能力的差异，其物理意义与蒸馏中的相对挥发度相似。由式（8-7）可知，当 $k_A=k_B$ 时，$\beta=1$，即

$$\frac{y_A}{x_A}=\frac{y_B}{x_B} \quad 或 \quad \frac{y_A}{y_B}=\frac{x_A}{x_B}$$

表示 A 与 B 在萃取相和萃余相中的浓度之比相等，即萃取剂等比例地萃取了 A 和 B，因此不能用萃取的方法分离 A 和 B。

当 $k_A>k_B$ 时，$\beta>1$，即

$$\frac{y_A}{x_A}>\frac{y_B}{x_B} \quad 或 \quad \frac{y_A}{y_B}>\frac{x_A}{x_B}$$

表示 A 与 B 在萃取相中的浓度比大于其在萃余相的浓度比，即萃取剂选择性地萃取了溶质 A。

当 $k_A<k_B$ 时，$\beta<1$，即

$$\frac{y_A}{x_A}<\frac{y_B}{x_B} \quad 或 \quad \frac{y_A}{y_B}<\frac{x_A}{x_B}$$

表示 A 与 B 在萃取相中的浓度比小于其在萃余相的浓度比，即萃取剂不是选择性地萃取了溶质 A 而是选择性地萃取了原溶剂 B，如果萃取的目标产物是溶质 A 而不是原溶剂 B，

则不符合要求。

综上所述，如果要萃取溶质 A，所选萃取剂对溶质的选择性系数 β 必须大于 1，而在等于或小于 1 时，均不能萃取溶质 A。且选择性系数越大，A 和 B 的分离越容易，完成一定的分离任务，所需的萃取剂用量越少，溶剂回收的能耗也越低。

选择性系数受操作温度、溶质浓度和 S 与 B 互溶度的影响。一般地说，温度升高，溶质浓度增加，S 与 B 的互溶度增加，都会使选择性系数 β 降低。

3. 萃取剂 S 与原溶剂 B 的互溶度 对于萃取剂 S 和原溶剂 B 不互溶的物系，由式（8-7）可知，$y_B=0$，选择性系数 β 将趋于无穷大，显然这是萃取操作最理想的选择。

对于萃取剂 S 和原溶剂 B 形成一对部分互溶的三元物系，两者的互溶度越小，两相区的面积越大，萃取操作的范围越大，见图 8-20。随着原溶剂 B 在萃取剂 S 中的溶解度的降低，y_B 也随之降低，k_B 也降低，其选择性系数 β 相应提高。同时萃取液中溶质的浓度 y' 亦较大。

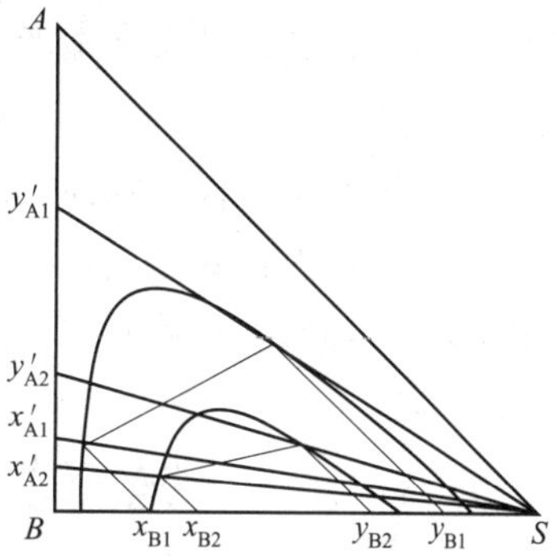

图 8-20 S 与 B 互溶度对萃取的影响

思考

7. 萃取操作时，应使溶质 A 的分配系数大于 1 还是选择性系数大于 1？
8. 萃取操作时，原溶剂 B 的选择性系数大小如何确定？
9. 如何判断用某种溶剂进行萃取分离的难易与可能性？
10. 如果选择性系数 $\beta=\infty$，说明什么问题？

（二）与混合和两相分层有关的性质

1. 界面张力 两液相间的界面张力对萃取操作具有重要影响，所选溶剂的界面张力要适中。界面张力较大，分散相液滴易聚结，有利于两相的分层，但界面张力太大，不易使液体分散，两相很难充分混合，同时使比界面积偏低，不利于界面以较快的频率更新，萃取效率降低；而界面张力太低，分散相的分散度过高而易形成稳定乳状液，使两相难于分离。形成稳定乳状液是工业萃取中最棘手的问题之一，所以选择溶剂时，界面张力不能太小。可根据实践经验，将溶剂与混合液在分液漏斗中充分振荡，然后静置，若能在 5～10min 内澄清分层，可以认为界面张力适宜。若分离时间过长，则不易在工业中采用。

2. 密度差 萃取操作是凭借两相的密度差进行分离的，为使两相能较快分层，萃取剂与混合液应有较大的密度差。密度差越大，两相的分离越迅速，若两相密度完全相等，则不能分离。另外，在以重力差为动力的连续逆流萃取设备中，两相密度差大，可使两相的相对流速加大，有利于增强湍流程度，从而提高传质速度和设备的生产能力。

3. 黏度 溶剂的黏度低，既有利于两相的混合与分离，又有利于传质和流动，并能够减少输送过程的动力消耗。

（三）与溶剂回收有关的性质

溶剂的回收通常采用蒸馏、蒸发等方法，因此溶剂回收的难易也将影响到操作的经济性，所选溶剂应易于回收。如用蒸馏方法回收溶剂，则要求溶剂与被分离的物质间有较大的相对挥发度，不形成共沸物，并且希望混合液中浓度小的组分是易挥发的，这样可减少加热的费用。如果采用蒸发方法回收时，溶剂的气化潜热应较小，节约热能。

（四）其他方面

溶剂应具有良好的热稳定性和化学稳定性，不易燃，不易爆，保证萃取操作的安全。无毒或毒性要低，特别在药品和食品生产中，最终产品不能被有毒性的或有其他药理作用的溶剂所污染，这也是安全生产和环保的需要。另外，对设备的腐蚀要小，价廉易得，能工业批量生产。

在实际生产中，很难找到能同时满足上述所有条件的萃取剂，应根据实际情况，抓住主要矛盾，合理选择满足主要要求的萃取剂。当一种溶剂难于满足萃取要求时，也可以考虑用两种或多种溶剂组成的混合溶剂以获得更好的性能。

扫码“看一看”

第三节　萃取过程的工艺计算

萃取操作可以在分级接触式或连续接触式（也称微分接触式）设备中进行。在分级接触式萃取过程的计算中，无论何种流程，均假设各级为理论级。所谓的理论级是指在任意第 m 级中，来自前一级的萃取相与来自后一级的萃余相达到理想的混合接触，产生一对新的互为平衡的萃取相和萃余相，传质进行到最大限度，并且两相能够完全分离分别进入相应的级，这样的一个萃取级就是一个理论级或平衡级。

实际上，理论级是很难实现的。因为萃取过程中，在实际有限的操作时间内，萃取不可能达到平衡，两相也很难达到完全的澄清分离，所以实际萃取级的分离能力达不到理论级。但萃取的理论级概念与精馏中的理论板类似，表示萃取过程进行的最大限度，被作为衡量实际萃取效果的标准。

本节按照萃取剂和原溶剂部分互溶和不互溶两种情况分别介绍单级萃取、多级错流萃取和多级逆流萃取过程的工艺计算。

一、萃取剂与原溶剂部分互溶物系的萃取工艺计算

由于此类物系的平衡关系一般难以用简单的函数关系表达，且所得萃取相和萃余相均为三元系，即每相中都有 3 个组分，故萃取计算一般宜采用三角形相图进行图解计算。

（一）单级接触式萃取

单级接触式萃取操作是将原料液 F 与萃取剂 S 只进行一次充分混合传质，形成互成平衡的萃取相 E 和萃余相 R，回收溶剂，分离溶质的过程，流程见图 8-2 所示。单级萃取工艺计算常见两种情况：一种是已知待处理原料液量 F 及其溶质组成 x_F，规定了萃取剂用量 S，计算萃取相的量 E 和萃余相的量 R 以及溶质组成 y 和 x；另一种是已知待处理原料液量 F 及其溶质组成 x_F，规定萃余相的溶质组成 x，计算萃取剂用量 S，萃取相的量 E 和萃余相的量 R 及萃取相的溶质组成 y。

1. 已知原料量 F 及组成 x_F、萃取剂用量 S，求 E 和 R 的量及组成 y 和 x

（1）绘制双结点溶解度曲线　根据实验测得的或由手册等查取的相平衡数据，在三角形坐标图中绘制双结点溶解度曲线及辅助线，见图 8-21。

（2）确定混合液的组成点 M　根据待处理原料液的溶质组成 x_F 确定其组成点 F（在 AB 边上），再根据萃取剂的组成确定点 S（若为纯溶剂，则为顶点 S），则混合液的组成点 M 必定在 F 和 S 两点的连线上，具体位置可以通过杠杆规则或对溶质 A 进行物料衡算确定。

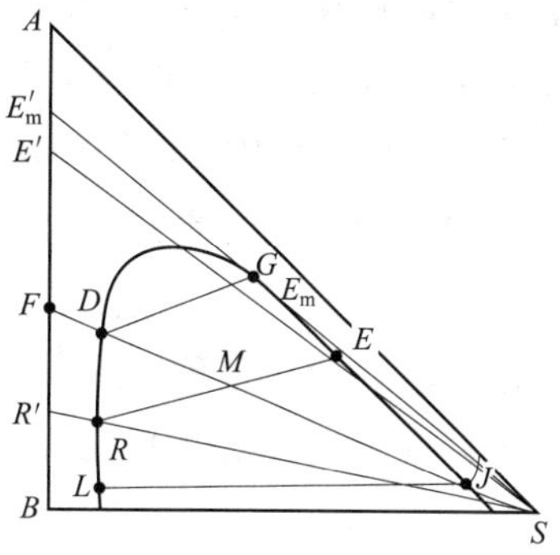

图 8-21　单级萃取图解计算

$$Mx_M = Fx_F$$

$$x_M = \frac{F}{M}x_F = \frac{F}{F+S}x_F \qquad (8-8)$$

（3）求萃取相和萃余相的量及组成

由总物料衡算式

$$F+S=M=E+R$$

可知 M 点既在 FS 的连线上，也在 ER 的连线上，所以确定 M 点之后，借助于辅助线，用尝试作图法作一条过点 M 的结线，该结线与溶解度曲线交于点 E 和点 R，则萃取相和萃余相的组成可以直接由图中读出，而两相的量 E 和 R 可以通过物料衡算或杠杆规则求出。

对溶质 A 进行物料衡算

$$Ey+Rx=Mx_M$$

整理后得

$$E=M\frac{x_M-x}{y-x}=(F+S)\frac{x_M-x}{y-x} \qquad (8-9)$$

$$R=M-E=F+S-E \qquad (8-10)$$

或由杠杆规则得

$$E=R\times\frac{\overline{RM}}{\overline{ME}}$$

（4）求萃取液和萃余液的组成和量　回收去除萃取相 E 和萃余相 R 中的溶剂，就可分别得到萃取液 E′和萃余液 R′，前者是萃取操作的产品，后者是萃取后的废液。其中溶质的组成 y' 和 x' 可分别由线 SE 和线 SR 延长后与 AB 边的交点 E' 和 R' 求得，见图 8-21。同样对溶质 A 进行物料衡算可求出萃取液的量 E' 和萃余液的量 R'。

$$Fx_F=E'y'+R'x'$$

$$E'=F\frac{x_F-x'}{y'-x'} \qquad (8-11)$$

$$R'=F-E' \qquad (8-12)$$

或者根据萃取相和萃余相去除溶剂前后溶质 A 的量不变，可得

$$Ey=E'y'$$

$$E'=E\frac{y}{y'} \qquad (8-13)$$

2. 已知原料量 F 及组成 x_F，萃余相组成 x，求萃取剂量 S，R 和 E 的量及萃取相组成 y　计算方法与第一种情况类同，首先根据原料组成 x_F 确定组成点 F 在 AB 边位置，再根据萃余相组成 x 确定 R 点。然后借助辅助线过 R 点作结线与溶解度曲线交于点 E，该点坐标表示萃取相的组成 y。过 S 点，连接 SE 交 AB 边于 E' 点，连接 SR 交 AB 边于 R' 点，此两点

分别表示萃取相和萃余相去除溶剂后得到的萃取液和萃余液组成点。各物料的组成都可以从图中直接读取，而各物料的量可通过物料衡算或杠杆规则求出。

在单级萃取操作中，当原料液的量及组成一定时，萃取剂 S 的加入量必须使混合液组成点 M 位于两相区内才能进行萃取操作。随着萃取剂用量的增加，M 点沿直线 FS 从 F 点向 S 点移动，由 D 点进入两相区，至 J 点离开两相区，见图 8-21。可见，萃取剂用量存在两个极限，由 D 点可以确定最小萃取剂用量 $S_{\min}$，由 J 点可以决定最大萃取剂用量 $S_{\max}$。

根据杠杆规则可以求出 $S_{\min}$ 和 $S_{\max}$。

$$\frac{S_{\min}}{F}=\frac{\overline{FD}}{\overline{DS}}$$

$$S_{\min}=F\frac{\overline{FD}}{\overline{DS}}=F\frac{x_{\mathrm{F}}-x_{\mathrm{D}}}{x_{\mathrm{D}}} \tag{8-14}$$

$$\frac{S_{\max}}{F}=\frac{\overline{FJ}}{\overline{JS}}$$

$$S_{\max}=F\frac{\overline{FJ}}{\overline{JS}}=F\frac{x_{\mathrm{F}}-x_{\mathrm{J}}}{x_{\mathrm{J}}} \tag{8-15}$$

显然，合适的萃取剂用量应介于二者之间，即

$$S_{\min}<S<S_{\max}$$

过 J 点作结线，与其平衡的萃余相的溶质组成是单级萃取时最低的萃余相溶质组成，实际萃取的要求要高于此值；过 D 点作结线，与其平衡的萃取相溶质组成是单级萃取时最高的萃取相溶质组成，实际萃取的要求要低于此值。

思考

11. 单级（理论）萃取中，在维持进料组成和萃取相浓度不变的条件下，若用含有少量溶质的萃取剂代替纯溶剂，所得萃余相浓度将如何变化？

12. 如何确定单级萃取操作中可能获得的最大萃取液组成及所需加入的萃取剂的量？

13. 为什么实际萃取剂用量 S 应满足 $S_{\min}<S<S_{\max}$，不能取 $S_{\max}$ 或 $S_{\min}$？

14. 实际生产中，因萃取剂是循环使用的，其中会含有少量的溶质 A 和原溶剂 B，同样，萃取液和萃余液中也会含有少量的萃取剂 S，此时，图解计算的原则和方法还适用吗？

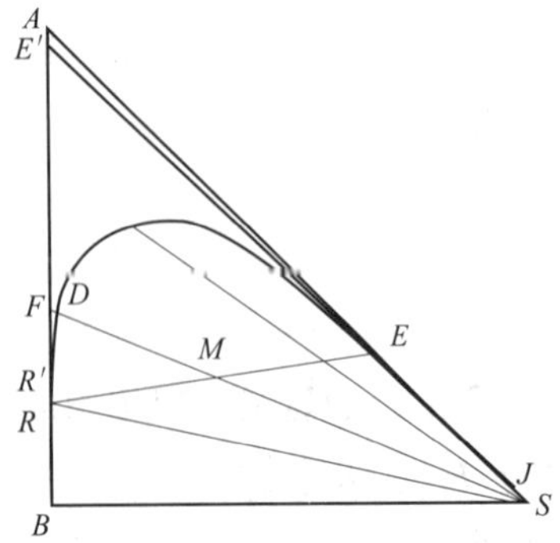

例题 8-1 附图

例题 8-1 以三氯乙烷为萃取剂，在单级萃取器中萃取分离丙酮-水溶液中的丙酮，若处理丙酮含量为 40%（质量分率）的水溶液 1000kg，萃取剂用量为 600kg。求：（1）萃取相和萃余相的组成和量；（2）萃取液的组成和量及萃取溶质的量；（3）最小萃取剂用量 $S_{\min}$ 和最大萃取剂用量 $S_{\max}$。

解：在三角形坐标中绘制丙酮（A）-水（B）-三氯乙烷（S）三元系的相平衡曲线，见例题 8-1 附图。

由物料衡算式（8-8）得

$$x_M=\frac{F}{F+S}x_F=\frac{1000}{1600}\times 0.4=0.25$$

根据混合液的溶质组成 $x_M=0.25$，在 FS 的连线上确定 M 点，过 M 点用尝试法作结线与平衡线交于 E 点和 R 点，分别读出萃取相溶质的组成 $y=0.285$，萃余相溶质的组成 $x=0.21$。

（1）求萃取相和萃余相的组成和量 萃取相的量 E 和萃余相的量 R 分别由式（8-9）和式（8-10）得

$$E=M\frac{x_M-x}{y-x}=1600\times\frac{0.25-0.21}{0.285-0.21}=853.3\text{kg}$$

$$R=M-E=1600-853.3=746.7\text{kg}$$

（2）求萃取液和萃余液的组成 连接点 S 和点 E，并延长与三角形 AB 边相交于点 E'，由 E'点读出萃取液溶质的组成 $y'=0.96$；连接点 S、R 并延长 SR 与 AB 边相交于点 R'，由 R'点读出萃余液溶质的组成 $x'=0.21$。

萃取液的量 E'由式（8-11）得

$$E'=F\frac{x_F-x'}{y'-x'}=1000\times\frac{0.40-0.21}{0.96-0.21}=253.3\text{kg}$$

或由式（8-13）得

$$E'=E\frac{y}{y'}=853.3\times\frac{0.285}{0.96}=253.3\text{kg}$$

萃取出溶质的量 W 为

$$W=Ey=853.3\times 0.285=243.1\text{kg}$$

（3）求最小萃取剂用量 S_{min} 和最大萃取剂用量 S_{max}

①求最小萃取剂用量 S_{min}：由直线 FS 与溶解度曲线的第一个交点 D，读出溶质组成 $x_D=0.39$，则由式（8-14）得

$$S_{min}=F\frac{x_F-x_D}{x_D}=1000\times\frac{0.4-0.39}{0.39}=25.6\text{kg}$$

此时萃取相的量 $E=0\text{kg}$，萃余相的量 $R=F+S_{min}=1025.6\text{kg}$，即混合液全部是萃余相，萃取出溶质量为 0。

②求最大萃取剂用量 S_{max}：由直线 FS 与溶解度曲线的第二个交点 J，读出溶质的组成 $x_J=0.01$，则由式（8-15）得

$$S_{max}=F\frac{x_F-x_J}{x_J}=1000\times\frac{0.4-0.01}{0.01}=39000\text{kg}$$

此时萃余相的量 $R=0\text{kg}$，萃取相的量 $E=F+S_{max}=40000\text{kg}$，即混合液全部是萃取相。

可见当萃取剂用量为 S_{min} 时，溶质 A 和原溶剂 B 全部在萃余相 R 中，没有实现 A 和 B 的分离；当萃取剂用量为 S_{max} 时，溶质 A 和原溶剂 B 全部在萃取相 E 中，也没有实现 A 和 B 的分离。因此实际萃取剂用量 S 应满足 $S_{max}>S>S_{min}$。

（二）多级错流萃取

多级错流萃取流程参见图 8-3。多级错流萃取可视为单级萃取的串联过程，不同的是进入第一级的是原料液 F，而进入其后各级的均是来自于前一级的萃余相，每一级均加入新鲜萃取剂。萃取操作完成后，只得到一个最终萃余相，而每一级均得到一个萃取相，通常

将各级萃取相合并得到一个混合萃取相。多级萃取操作既可按间歇方式亦可按连续方式进行。

多级错流萃取计算常见两种情况：一种是已知原料液量 F 及组成 x_F，各级萃取剂用量 S 及最终萃余相组成 x，计算萃取的理论级数；另一种是已知原料量 F 及组成 x_F，各级萃取剂用量 S 及级数 N_T，计算最终萃余相的组成 x 及量 R_n。

多级错流萃取的计算通常也采用图解法，前面所述的单级接触萃取的计算过程无疑可以用于多级错流萃取的第一级，以后各级的计算也是相同的，只需将原料液的量及组成用前一级萃余相的相应数值代替，下面具体介绍图解计算步骤。

1. 已知原料量 F 及组成 x_F、各级萃取剂用量 S 及最终萃余相组成 x_n，求萃取理论级数 N_T

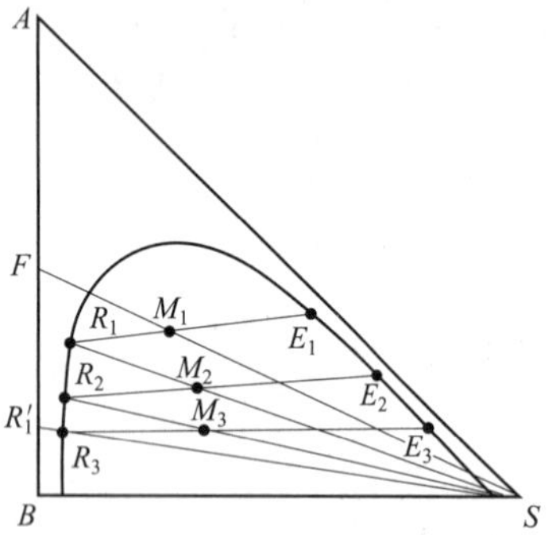

图 8-22　多级错流萃取图解计算

（1）根据相平衡数据在三角形坐标图中绘制双结点溶解度曲线，并根据原料液的组成确定 F 点，见图 8-22。

（2）连接 F、S 两点得直线 FS，则第一级萃取剂 S_1 与原料液 F 混合得混合液组成点 M_1 在 FS 连线上，由式（8-16）物料衡算计算混合液组成 x_{M1}，或由 F、S 的量依据杠杆规则可确定 M_1 点。借助辅助线用尝试法过 M_1 点作结线 E_1R_1，E_1 和 R_1 即为第一级分离的结果。

对任意第 m 级的全部物料进行物料衡算

$$R_{m-1}+S_m=M_m=E_m+R_m$$

对第 m 级的溶质 A 进行物料衡算

$$R_{m-1}x_{m-1}=M_m x_M=E_m y_m+R_m x_m$$

$$x_M=\frac{R_{m-1}}{R_{m-1}+S_m}x_{m-1}=\frac{R_{m-1}}{M_m}x_{m-1} \tag{8-16}$$

可见，根据式（8-16）求出任一级混合液的组成 x_M，即可确定各级混合液的组成点 M_m 的位置。

（3）第二级以 R_1 为原料液，加入新鲜萃取剂 S_2，混合得到的 M_2 点，按与步骤（2）相同的方法得第二级的萃取相 E_2 和萃余相 R_2。

（4）依此类推，直到某级萃余相的溶质组成等于或小于要求的组成 x_n 为止，即为末级，所作的结线根数即为所需萃取理论级的级数 N_T。

如果已知理论级数，也可以求出最终萃余相的组成。

（5）最后计算萃取相的量和萃取出的溶质量。

每一级萃取相的量可以由杠杆规则或物料衡算求出，即

$$E_m=M_m\frac{x_M-x_m}{y_m-x_m}=(R_{m-1}+S_m)\frac{x_M-x_m}{y_m-x_m} \tag{8-17}$$

每一级萃余相的量亦可以由物料衡算求出，即

$$R_m=M_m-E_m \tag{8-18}$$

需要指出在萃取过程中只能得到一个最终萃余相 R_n，而 R_m 只用于确定各级混合液的组成。

最终的混合萃取相 E 为各级萃取相之和，将各级萃取相合并得

$$E=E_1+E_2+E_3+\cdots+E_n=\sum E_m \tag{8-19}$$

萃取出的溶质量 W 为各级萃取的溶质量之和，即

$$W = E_1y_1 + E_2y_2 + E_3y_3 + \cdots + E_ny_n = \sum E_my_m \tag{8-20}$$

2. 已知原料量 F 及组成 x_F、各级萃取剂用量 S 及级数 N_T，求最终萃余相的组成 x_n

图解计算方法与第一种情况类同，简述如下。

（1）绘制双结点溶解度曲线及辅助线。

（2）求每一级混合液 M_m 的溶质含量 x_M，确定 M_m 点，得到每一级的萃取相 E_m 和萃余相 R_m。

（3）由已知级数求最终萃余相的组成 x_n。

（4）求萃取相的量和萃取出的溶质量。

例题 8-2 在例题 8-1 中，若采用三级错流萃取，每一级萃取剂用量均为 200kg。求：（1）最终萃余相的溶质浓度 x_3；（2）萃取出的溶质量 W。

解：在三角形坐标中绘制丙酮（A）-水（B）-三氯乙烷（S）三元系的相平衡曲线，见例题 8-2 附图。

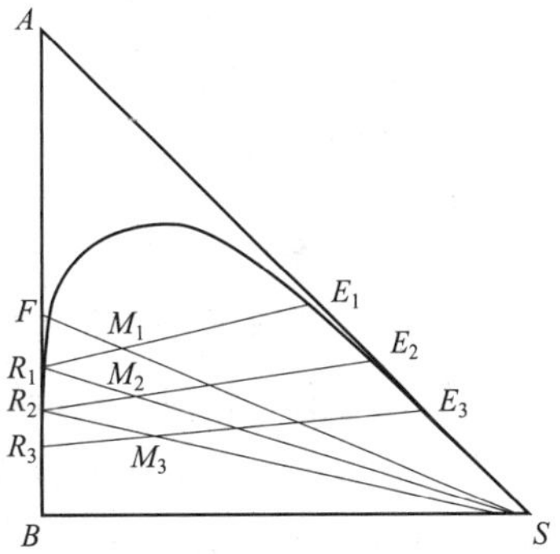

例题 8-2 附图

从第一级开始计算，原料液 F 与萃取剂 S 混合得混合液 M_1 的量为

$$M_1 = F + S_1 = 1000 + 200 = 1200\text{kg}$$

由物料衡算式（8-16）求混合液 M_1 的溶质组成 x_{M1} 为

$$x_{M1} = \frac{F}{M_1}x_F = \frac{1000}{1200} \times 0.4 = 0.333$$

在 FS 的连线上由溶质组成 $x_{M1} = 0.333$，确定 M_1 点，过 M_1 点用尝试法作结线，与平衡线交于 E_1 点和 R_1 点，由 E_1 点读出萃取相溶质的组成 $y_1 = 0.42$，由 R_1 点读出萃余相溶质的组成 $x_1 = 0.30$。

由式（8-17）求萃取相的量 E_1 为

$$E_1 = M_1\frac{x_{M1} - x_1}{y_1 - x_1} = 1200 \times \frac{0.333 - 0.30}{0.42 - 0.30} = 330\text{kg}$$

萃余相的量 R_1 由式（8-18）计算得

$$R_1 = M_1 - E_1 = 1200 - 330 = 870\text{kg}$$

第一级的萃余相 R_1 与萃取剂 S_2 混合得第二级混合液 M_2 的量为

$$M_2 = R_1 + S_2 = 870 + 200 = 1070\text{kg}$$

由物料衡算式（8-16）求混合物 M_2 的溶质组成 x_{M2} 为

$$x_{M2} = \frac{R_1}{M_2}x_1 = \frac{870}{1070} \times 0.3 = 0.244$$

在 R_1S 的连线上由溶质组成 $x_{M2} = 0.244$，确定 M_2 点，过 M_2 点用尝试法作结线，与平衡线交于 E_2 点和 R_2 点，由 E_2 点读出萃取相溶质的组成 $y_2 = 0.30$，由 R_2 点读出萃余相溶质的组成 $x_2 = 0.22$。

由式（8-17）求萃取相的量 E_2 为

$$E_2 = M_2\frac{x_{M2} - x_2}{y_2 - x_2} = 1070 \times \frac{0.244 - 0.22}{0.30 - 0.22} = 321\text{kg}$$

由式（8-18）求萃余相的量 R_2 为

$$R_2=M_2-E_2=1070-321=749\text{kg}$$

以同样方法对第三级进行求解，求得：$M_3=949\text{kg}$，$x_{M3}=0.174$，过 M_3点作结线，读出萃取相和萃余相的溶质组成 $y_3=0.195$，$x_3=0.13$，求出两相的量 $E_3=642.4\text{kg}$，$R_3=306.6\text{kg}$。

混合萃取相 E 为各级萃取相之和，由式（8-19）计算得

$$E=E_1+E_2+E_3=330+321+642.4=1293.4\text{kg}$$

萃取出溶质的量 W 由式（8-20）计算得

$$W=E_1y_1+E_2y_2+E_3y_3=330\times0.42+321\times0.30+642.4\times0.195=360.2\text{kg}$$

萃余相只有一个，即最终萃余相 R_3（$R_3=306.6\text{kg}$，$x_3=0.13$）。

与单级萃取比较可知，用同样的萃取剂量进行多级错流萃取比单级萃取的效果好，萃取出的溶质多（单级 $W=243.1\text{kg}$，多级错流 $W=360.2\text{kg}$），萃余相中溶质的含量低（单级 $x=0.21$，多级错流 $x_3=0.13$）。

（三）多级逆流萃取

多级逆流萃取工艺计算常见有两种情况：一种是萃取剂用量一定，根据原料的组成和要达到的分离要求，通常是最终萃余相的组成 x_n，求所需的理论级数；另一种是只规定了原料的组成和最终萃余相的组成 x_n，求萃取剂用量和所需的理论级数。

1. 萃取剂用量 S 一定，根据原料量 F 及组成 x_F 和最终萃余相的组成 x_n，用三角形坐标图解法求所需的理论级数 N_T

（1）绘制双结点溶解度曲线　由已知萃取相和萃余相的平衡组成在三角形坐标上绘制溶解度曲线，见图 8-23。

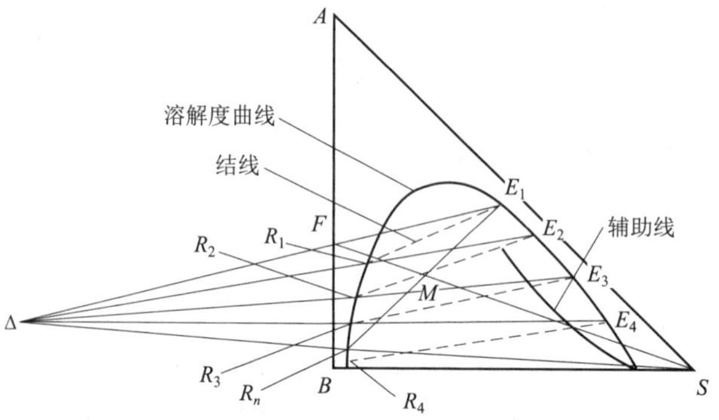

图 8-23　多级逆流萃取图解法

（2）求多级逆流萃取的操作线和操作点　通过对各级进行物料衡算可以得到操作线方程，参见多级逆流萃取流程图 8-4。

对第 1 级进行总物料衡算得

$$F+E_2=R_1+E_1$$
$$F-E_1=R_1-E_2$$

对第 2 级进行总物料衡算得

$$R_1+E_3=R_2+E_2$$
$$R_1-E_2=R_2-E_3$$

对第 n 级进行总物料衡算得

$$R_{n-1}+S=R_n+E_n$$

$$R_{n-1}-E_n=R_n-S$$

将以上各式相加可得

$$F-E_1=R_1-E_2=R_2-E_3=\cdots=R_n-S=\Delta \tag{8-21}$$

式（8-21）即为多级逆流萃取的操作线方程，它表示任意两级的萃取相和萃余相之间的关系，即离开每一级的萃余相流量 R_m 与进入该级的萃取相流量 E_{m+1} 之差为一常数，以 Δ 表示。Δ 为一虚拟量，可以理解为通过每一级的“净流量”。在三角形相图上可以用一个定点 Δ 来表示，称为操作点。

分析 F、E_1 和 Δ 三者之间的关系，可以认为原料液 F 是由 E_1 和 Δ 混合而成。F 点是 E_1 点和 Δ 点的和点，F、E_1 和 Δ 三点共线。同理，R_1 与 E_2、R_2 与 E_3、…、R_{n-1} 与 E_n 和 R_n 与 S 均与 Δ 共线，见图 8-23。即连接任意两级间的萃取相 E_{m+1} 与萃余相 R_m 状态点的直线均通过 Δ 点，所以连接 F 点和 E_1 点作一条操作线，再连接 S 点和 R_n 点作另一条操作线，两条操作线延长线的交点就是操作点 Δ。

操作点 Δ 的位置与 F、E_1、R_n 和 S 这四股物料的量及组成有关，Δ 点可能在三角形的左侧，也可能在三角形的右侧，但无论 Δ 点落在何处，计算方法相同。

（3）求理论级数　理论级数的求法采用图解法，作法如下：过 E_1 点作结线交溶解度曲线于 R_1 点，连接 Δ 和 R_1 点并延长与溶解度曲线交于 E_2 点；过 E_2 点作结线得 R_2 点，连接 Δ 和 R_2 与溶解度曲线交于点 E_3；过 E_3 点作结线得 R_3 点，连接 Δ 和 R_3 与溶解度曲线交于点 E_4；…，这样反复在平衡线与操作线之间作图，直至萃余相的组成小于或等于所要求的最终萃余相 R_n 的组成 x_n 为止，所作结线的根数即为所要求的理论级的级数。

应注意，结线与溶解度曲线的两个交点分别表示从同一级流出的互成平衡的萃取相 E_m 和萃余相 R_m 组成的坐标点；而过 Δ 的操作线与溶解度曲线的两个交点则分别表示相邻两级间逆流流过的萃取相 E_m 和萃余相 R_{m-1} 组成的坐标点。

（4）确定萃取相和萃余相的量　对整个系统作物料衡算得

$$E_1+R_n=F+S=M$$

$$E_1y_1+R_nx_n=Mx_M$$

整理得

$$E_1=M\frac{x_M-x_n}{y_1-x_n} \tag{8-22}$$

$$R_n=M-E_1$$

2. 萃取剂用量 S 一定，根据原料量 F 及组成 x_F 和最终萃余相的组成 x_n，用直角坐标图解法求所需的理论级数 N_T

当多级逆流萃取所需的理论级数较多时，如果采用上述的三角形坐标进行图解计算，线条多而密集，易产生较大误差，此时宜采用直角坐标利用阶梯法进行图解计算，计算步骤如下。

（1）绘制分配曲线　在直角坐标上，根据相平衡数据或相平衡曲线绘制出溶质在两相的分配曲线，见图 8-24。

（2）在直角坐标上作出操作线　在三角形坐标上，连接 F 和 E_1 点作一操作线，连接 S 和 R_n 点作另一操作线，由两操作线的延长线交点得操作点 Δ；过操作点 Δ 引若干条直线，每条线与溶解度曲线交于 R_{m-1} 点和 E_m 点，其组成为 x_{m-1} 和 y_m；根据 x_{m-1} 和 y_m 在直角坐标上作出若干操作点，并将其连接成一曲线，即多级逆流萃取的操作线。

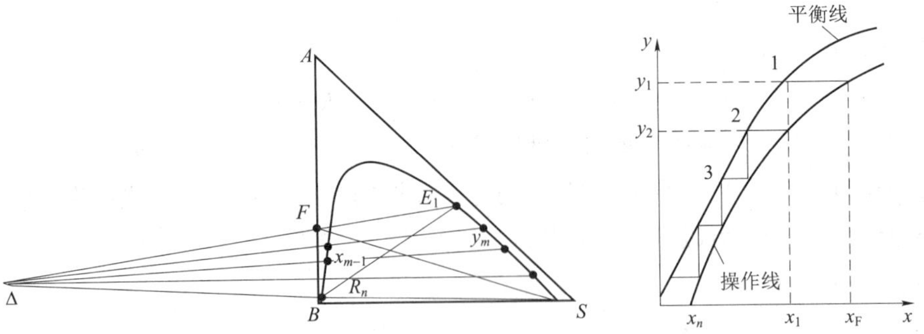

图 8-24　在分配曲线上多级逆流萃取的图解法

（3）求萃取级数　从点（x_F，y_1）开始，在分配曲线与操作线之间画阶梯，直至某一级的萃余相组成小于或等于要求的萃余相组成 x_n 为止，所作的阶梯数即为所要求的理论级数 N_T。

3. 已知原料液组成 x_F 和最终萃余相的组成 x_n，求萃取剂用量 S 和所需的理论级数 N_T

萃取过程中，萃取剂的用量可以在一定范围内变化，并会对萃取过程产生较大的影响，见图 8-25。

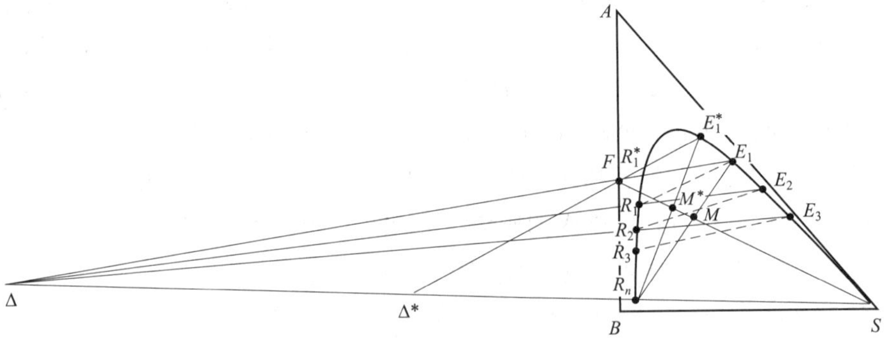

图 8-25　萃取剂用量对萃取操作的影响

可见，当萃取剂用量大时，操作线与平衡线的斜率之差大，达到同样的分离要求所需理论级数少，设备费用低，但溶剂回收所需的设备费用和的操作费用高；反之当萃取剂用量小时，操作线与平衡线的斜率之差小，所需理论级数多，设备费用大，但溶剂回收的费用低。当萃取剂用量小到一定程度时，可能出现某条操作线与平衡线的斜率相等，即操作线与平衡线重合，若要达到分离要求，则所需理论级数无限多，此时的萃取剂用量称为最小萃取剂用量。通常过 F 点引一条与某条结线（$E_1^* R_1^*$）重合的操作线，见图 8-25，此操作线与过 S 点和 R_n 点所作的操作线交于 Δ^*，Δ^* 点即为最小萃取剂用量的操作点。连接 E_1^* 点和 R_n 点，S 点和 F 点，由两线的交点 M^* 即可求出最小萃取剂用量。实际萃取操作的萃取剂用量应大于最小萃取剂用量，具体多少需要根据萃取和溶剂回收两部分的设备费和操作费进行经济核算，以确定适宜的萃取剂用量，通常选取最小萃取剂用量的 1.5~2.0 倍。图解计算步骤介绍如下。

（1）绘制溶解度曲线　在三角形坐标上，由已知的两相相平衡数据绘制溶解度曲线，见图 8-25。

（2）求最小萃取剂用量 S_{min} 和实际萃取剂用量 S　过 F 点引一条与某条结线（$E_1^* R_1^*$）重合的操作线，见图 8-25，此操作线与过 S 点和 R_n 点的操作线交于 Δ^*。连接 E_1^* 点和 R_n

点，S 点和 F 点，由两线交点 M 的组成 x_{M^*}，可求得最小萃取剂用量 S_{min}。

$$\frac{S_{min}}{F}=\frac{x_F-x_{M^*}}{x_{M^*}}$$

$$S_{min}=F\frac{x_F-x_{M^*}}{x_{M^*}} \tag{8-23}$$

而实际萃取剂用量 S 可以按最小萃取剂用量 S_{min}的 1.5~2.0 倍确定。

（3）求理论级数 按前述的方法在三角形坐标上确定操作点 Δ。过 E_1 点作结线得 R_1 点，连接 Δ 和 R_1 与溶解度曲线交于 E_2 点；过 E_2 点作结线得 R_2 点，连接 Δ 和 R_2 与溶解度曲线交于 E_3 点；……，直至所作结线的萃余相的组成小于或等于所要求的组成 x_n 为止，所作结线的根数即为所需理论级的级数。

例题 8-3 在例题 8-1 中，如果采用多级逆流萃取，要求最终萃余相中的溶质浓度 $x_n \leqslant 0.10$（质量分率）。求：（1）最小萃取剂用量 S_{min}；（2）若实际萃取剂用量 $S=300\text{kg}$，用三角坐标图解法求萃取级数，萃取相和萃余相的量；（3）若 $S=300\text{kg}$，用直角坐标图解法求萃取级数。

解：在三角形坐标中绘制丙酮（A）-水（B）-三氯乙烷（S）三元系的溶解度曲线，见例题 8-3 附图 a。

（1）求最小萃取剂用量 S_{min} 由原料液的溶质组成 x_F 确定 F 点；由最终萃余相的组成 x_n 确定 R_n 点；引一条过 F 点的操作线，与溶解度曲线交于点 E^*。连接 FS 为一直线，$R_n E^*$ 为另一直线，两线交于 M^* 点，读出 M^* 的溶质组成 $x_{M^*}=0.32$，由式（8-23）求最小萃取剂用量 S_{min}。

$$S_{min}=F\frac{x_F-x_{M^*}}{x_{M^*}}=1000\times\frac{0.4-0.32}{0.32}=250\text{kg}$$

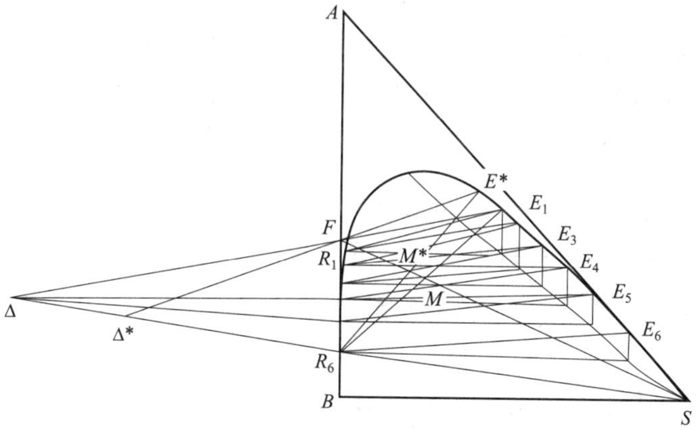

例题 8-3 附图 a

（2）用三角形坐标图解法求理论级数 根据 $S=300\text{kg}$，混合液 $M=F+S=1300\text{kg}$，则可求得其溶质组成 x_M，即

$$x_M=\frac{F}{M}x_F=\frac{1000}{1300}\times0.4=0.308$$

由 M 的组成 x_M 确定 M 点，延长直线 R_nM 并与溶解度曲线交于 E_1 点。读出萃取相的组成 $y_1=0.51$。连接 F 与 E_1 和 S 与 R_n 线并延长，两线交点即为操作点 Δ。由 E_1 点开始，反复作结线与操作线，直至所作结线的萃余相组成等于或小于题中要求的 0.1 为止，所作结线

为6根，即理论级数 $N_T=6$。

根据式（8-22）求萃取相和萃余相的量 E_1 和 R_n。

$$E_1=M\frac{x_M-x_n}{y_1-x_n}=1300\times\frac{0.308-0.01}{0.51-0.01}=774.8\text{kg}$$

$$R_n=M-E_1=1300-774.8=525.2\text{kg}$$

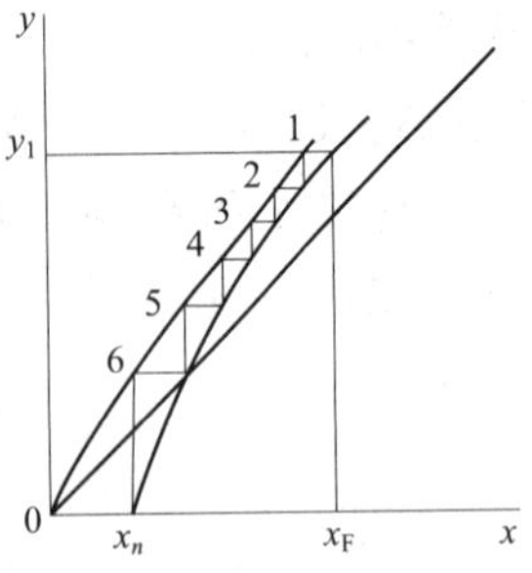

例题 8-3 附图 b

（3）用直角坐标图解法求萃取级数　根据相平衡数据在直角坐标上画出分配曲线；过操作点引数条操作线，并利用这些操作线与溶解度曲线交点的溶质组成在直角坐标上画出操作线，见例 8-3附图 b；从操作线上的点 (x_F, y_1) 开始，在平衡线与操作线之间反复作梯级，直至某级的萃余相组成等于或小于题中要求的0.1为止，所作梯级数为6，即理论级数 $N_T=6$。

二、萃取剂与原溶剂不互溶物系的萃取工艺计算

对于萃取剂S与原溶剂B不互溶的物系，在萃取的过程中，仅有溶质A在两相间的传递，而萃取剂S和原溶剂B分别只存在于萃取相和萃余相中，并且质量的多少均保持不变，所以分别以萃取剂量 S 和原溶剂量 B 为基准表示溶质在两相的浓度更为方便，即以质量比表示浓度。通常

Y——萃取相中溶质与萃取剂的质量比；

X——萃余相中溶质与原溶剂的质量比。

质量比（Y 和 X）与相应的质量分率（y 和 x）的关系为

$$Y=\frac{y}{1-y}\qquad X=\frac{x}{1-x}$$

由于萃取剂与原溶剂不互溶，萃取相和萃余相中均只有两个组分，用直角坐标即可表示出每一相中各组分的含量，因此萃取计算采用直角坐标图解法。

（一）单级萃取

单级萃取的直角坐标图解法计算步骤如下。

1. 绘制相平衡曲线　在直角坐标中，由已知的萃取相和萃余相的平衡组成绘制相平衡曲线，见图 8-26。

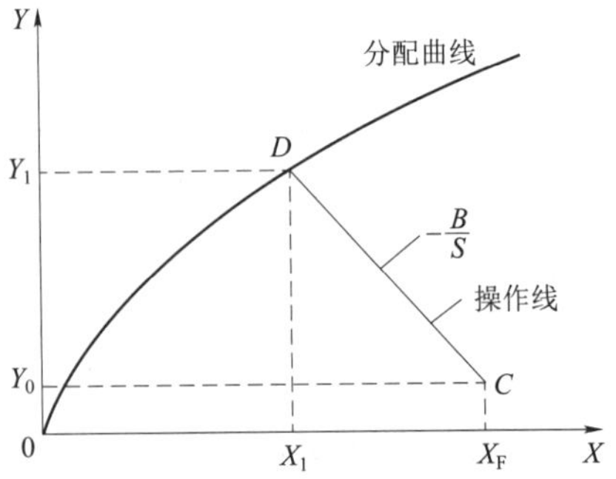

图 8-26　单级萃取图解计算法

2. 作单级萃取的操作线　通过对溶质 A 的物料衡算可得操作线方程。进入萃取级的原料量为 F，溶质浓度为 X_F，原溶剂量为 B，萃取剂的量为 S，溶质浓度为 Y_0，萃取后的萃取相和萃余相的溶质浓度分别为 Y_1 和 X_1，流程参见图 8-2。对溶质A进行物料衡算得

$$BX_F+SY_0=BX_1+SY_1$$

$$Y_1=-\frac{B}{S}(X_1-X_F)+Y_0 \tag{8-24}$$

式（8-24）即为单级萃取的操作线方程。此方程为一直线方程，直线的斜率为 $-B/S$，

且过点(X_F,Y_0)。因此，在直角坐标图中，过点(X_F,Y_0)，作一条斜率为$-B/S$的直线就为所求的操作线，见图8-26。

3. 求萃取相和萃余相的浓度或所需的萃取剂量 操作线与平衡线的交点D即表示经过单级萃取后得到的萃取相和萃余相的浓度。当萃取剂用量已知时，可求萃取后得到的萃取相和萃余相的浓度；或根据萃取所要达到的浓度，求所需的萃取剂量。

例题8-4 以水为萃取剂，从含乙醛6%（质量分率）的乙醛-甲苯混合液中萃取乙醛。可视水与甲苯完全不互溶，相平衡曲线见例题8-4附图。若欲处理的原料量为$120kg \cdot h^{-1}$，求用$120kg \cdot h^{-1}$水进行单级萃取所得的乙醛量W及萃取率ϕ。

解：

$$S=120kg \cdot h^{-1} \qquad B=(1-x_F)F=(1-0.06)\times120=112.8kg \cdot h^{-1}$$

$$\frac{B}{S}=\frac{112.8}{120}=0.94 \qquad X_F=\frac{x_F}{1-x_F}=\frac{0.06}{1-0.06}=0.064$$

在直角坐标上，过F点$(0.064,0)$作斜率为-0.94的直线，与平衡曲线交于点(X_1,Y_1)，由交点得

$$X_1=0.02 \qquad Y_1=0.043$$

萃取出乙醛的量W

$$W=(X_F-X_1)B=(0.064-0.02)\times112.8$$
$$=4.96kg \cdot h^{-1}$$

乙醛的萃取率ϕ

$$\phi=\frac{B(X_F-X_1)}{BX_F}=\frac{X_F-X_1}{X_F}=\frac{0.064-0.02}{0.064}=68.75\%$$

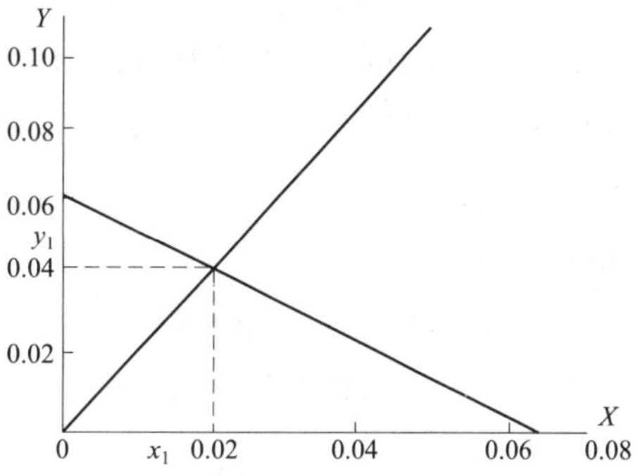

例题8-4附图

（二）多级错流萃取

多级错流萃取的计算亦采用图解法，计算过程与单级萃取基本相同，可以看作是单级萃取的多次重复计算，不同的仅是多级错流萃取中每一级的进料是来自前一级的萃余相R_m。

多级错流萃取的计算常见两种情况：一种是根据要处理的原料液组成以及各级的萃取剂用量，求达到一定分离要求所需的理论级数；另一种是根据要处理的原料液组成以及各级的萃取剂量，求理论级数一定时，所能达到分离程度。计算步骤如下。

1. 绘制相平衡曲线 将萃取相和萃余相的平衡组成换算成质量比，标绘在X-Y坐标上得到相平衡曲线，见图8-27。

2. 作多级错流萃取的操作线 进入第m级的物料量为R_{m-1}，溶质浓度为X_{m-1}，萃取剂的量为S_m，溶质浓度为Y_0，离开该级的萃取相E_m和萃余相R_m的溶质浓度分别为Y_m和X_m，流程参见图8-3。对溶质A进行物料衡算得

$$BX_{m-1}+S_mY_0=BX_m+S_mY_m$$

$$Y_m=-\frac{B}{S_m}(X_m-X_{m-1})+Y_0 \qquad (8-25)$$

式（8-25）即为多级错流萃取中任意级（第m级）的操作线方程。此方程为一直线方程，直线的斜率为$-B/S_m$，且过点(X_{m-1},Y_0)。因此，在直角坐标图中，过点(X_{m-1},Y_0)，作一条斜率为$-B/S_m$的直线就为所求的第m级操作线。

生产中考虑到萃取剂的合理使用，一般使各级的萃取剂用量相等，即 $S_1=S_2=\cdots\cdots=S_m=S$，如果用纯溶剂萃取，即 $Y_0=0$，则操作线方程为

$$Y_m=-\frac{B}{S}(X_m-X_{m-1}) \tag{8-26}$$

该直线过点（X_{m-1}，0），斜率均为 $-B/S$，即操作线间彼此平行，见图 8-27。

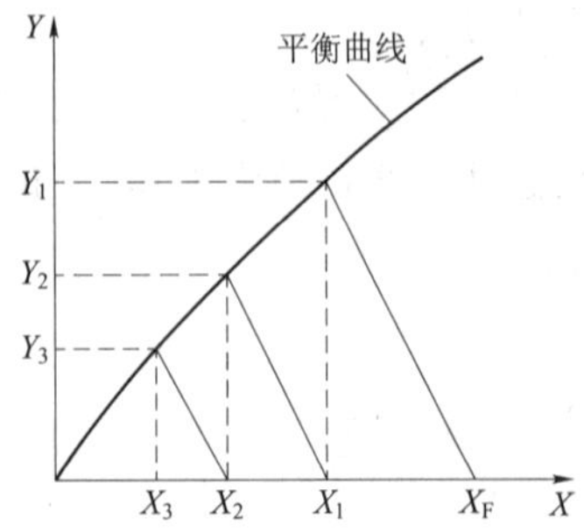

图 8-27　多级错流萃取图解计算法

3. 求萃取级数　过点（X_F，0），作斜率为 $-B/S$ 的直线，与平衡线交与点（X_1，Y_1）；再过点（X_1，0）作斜率为 $-B/S$ 的直线，与平衡线交与点（X_2，Y_2）；再过点（X_2，0）作斜率为 $-B/S$ 的直线，与平衡线交与点（X_3，Y_3）；依此法作图，直至所得萃余相的溶质浓度等于或小于所要求的浓度 X_n 为止。该过程所作的操作线根数即为所需的理论级的级数。

同理也可以根据每一级的萃取剂用量和确定的理论级数，求出最终萃余相的浓度 X_n。

例题 8-5　例题 8-4 中，若采用三级错流萃取，每级水的用量均为 $40\text{kg}\cdot\text{h}^{-1}$，求萃取的乙醛量 W 及萃取率 ϕ。

解：

$$S_1=S_2=S_3=S=40\text{kg}\cdot\text{h}^{-1}$$

$$B=(1-x_F)F=(1-0.06)\times120=112.8\text{kg}\cdot\text{h}^{-1}$$

$$\frac{B}{S}=\frac{112.8}{40}=2.82$$

如例题 8-5 附图，在直角坐标上，过点 F（0.064，0）作斜率为 −2.82 的直线，与平衡曲线交于点（X_1，Y_1），由交点得

$$X_1=0.036 \qquad Y_1=0.078$$

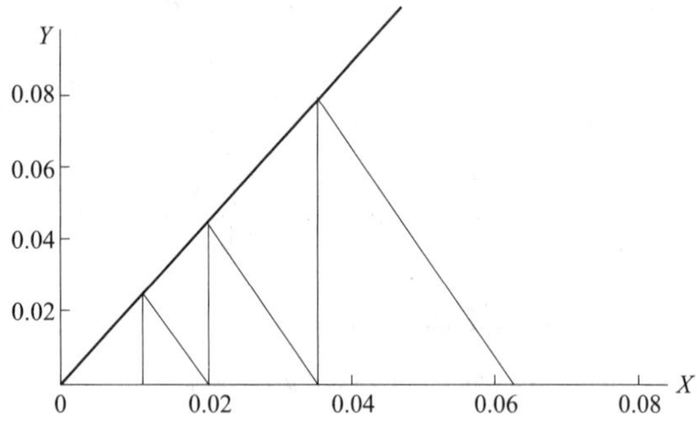

例题 8-5 附图

过点 X_1（0.036，0）作斜率为 −2.82 的直线，与平衡曲线交于点（X_2，Y_2），由交点得

$$X_2=0.021 \qquad Y_2=0.045$$

过点 X_2（0.021，0）作斜率为 −2.82 的直线，与平衡曲线交于点（X_3，Y_3），由交点得

$$X_3=0.013 \qquad Y_3=0.026$$

萃取的乙醛量 W

$$W=(X_F-X_3)B=(0.064-0.013)\times112.8=5.75\text{kg}\cdot\text{h}^{-1}$$

乙醛的萃取率 ϕ

$$\phi=\frac{X_F-X_3}{X_F}=\frac{0.064-0.013}{0.064}=79.69\%$$

（三）多级逆流萃取

与单级萃取和多级错流萃取相比，达到同样的分离程度，多级逆流萃取流程具有溶剂用量少，所需理论板数少的特点。

多级逆流萃取工艺计算常见两种情况：一种是萃取剂用量一定，根据原料的组成和分离要求，通常是最终萃余相的组成 X_n，求所需的理论级数；另一种是只规定了原料的组成和最终萃余相的组成 X_n，求萃取剂用量和所需的理论级数。下面介绍工艺计算图解法步骤。

1. 萃取剂量 S 一定，根据原料的组成和要达到的分离要求 X_n，求所需的理论级数 N_T

（1）绘制相平衡曲线　将萃取相和萃余相的平衡组成换算成质量比，标绘在直角坐标系中，得到相平衡曲线，见图 8-28。

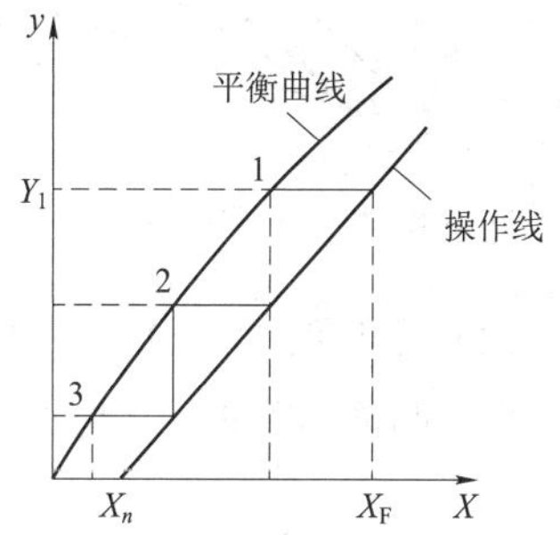

图 8-28　多级逆流萃取图解计算法

（2）作多级逆流萃取的操作线　对多级逆流萃取中的任意级（第 m 级）进行溶质 A 的物料衡算即可得操作线方程，流程参见图 8-4。

在第 1 级与第 m 级之间对溶质 A 进行物料衡算得

$$BX_F+SY_{m+1}=BX_m+SY_1$$
$$Y_{m+1}=\frac{B}{S}X_m+\left(Y_1-\frac{B}{S}X_F\right) \tag{8-27}$$

同理在第 m 级与第 n 级之间对溶质 A 进行物料衡算得

$$BX_n+SY_{m+1}=BX_m+SY_0$$
$$Y_{m+1}=\frac{B}{S}X_m+\left(Y_0-\frac{B}{S}X_n\right) \tag{8-28}$$

式（8-27）和式（8-28）为多级逆流萃取的操作线方程，两方程等效，且均为直线方程。直线的斜率为 B/S，操作线的两个端点分别为点（X_F，Y_1）和点（X_n，Y_0）。当使用纯溶剂时（$Y_0=0$），操作线过点（X_n，0）。因此，在直角坐标图中，作过点（X_F，Y_1）和点（X_n，Y_0）的直线即为所求的操作线；或过点（X_F，Y_1）和点（X_n，Y_0）中的任意一点，作一条斜率为 B/S 的直线亦为所求的操作线，见图 8-28。

（3）求萃取级数 N_T　由点（X_F，Y_1）开始，在操作线与平衡线之间顺次用水平线和垂直线作三角形阶梯，直至所作垂直线跨过点（X_n，Y_0）为止。该过程所作的阶梯数即为所需的理论级的级数 N_T。

2. 已知原料的组成 X_F 和最终萃余相的组成 X_n，求萃取剂用量 S 和所需的理论级数 N_T

在这种情况下，萃取剂的用量可以在一定范围内变化，并会对萃取过程产生较大的影响，见图 8-29。

萃取过程中，当溶剂用量大时，操作线斜率小，操作线与平衡线的距离远，所需理论级数少，设备费用低，但溶剂回收的设备大，溶剂回收消耗的热能多，操作费用高；当溶剂用量小时，操作线斜率大，操作线与平衡线的距离近，所需理论级数多，设备费用大，但溶剂回收的费用低。当萃取剂用量小到一定程度时，在操作范围内操作线与平衡线相交或相切，所需理论级数将无限多，此时的溶剂用量称为最小萃取剂用量。实际萃取操作的萃取剂用量必须大于最小萃取剂用量，通常适宜的萃取剂用量为最小萃取剂用量的 1.5～2.0 倍。萃取图解计算过程如下。

（1）绘制相平衡曲线　将萃取相和萃余相的平衡组成换算成质量比，标绘在直角坐标系上，得到相平衡曲线，见图 8-30。

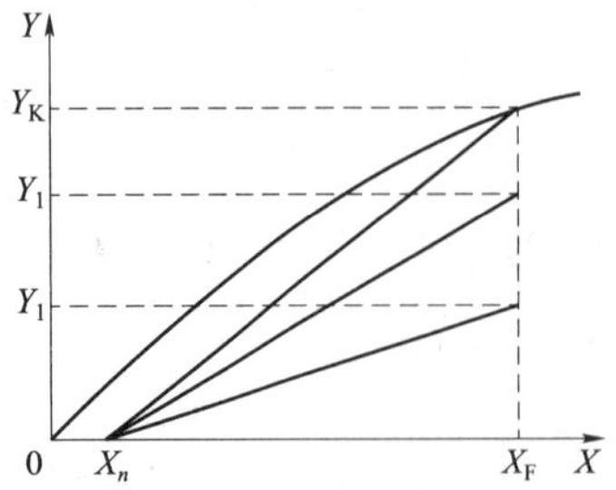

图 8-29　萃取剂用量对萃取的影响

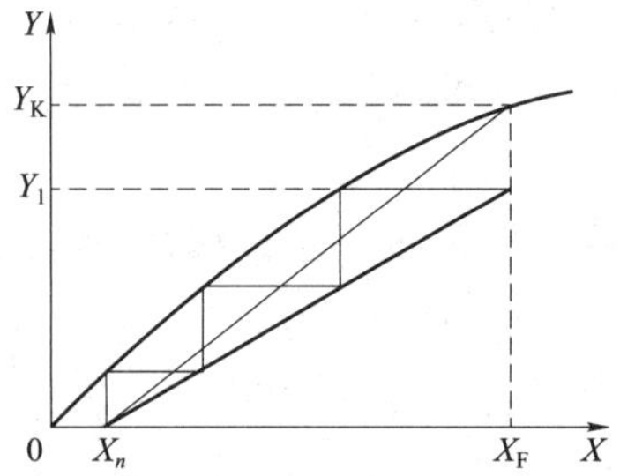

图 8-30　多级逆流萃取图解计算法

（2）求萃取剂用量　过点（X_n，Y_0）作平衡线的切线（当平衡线下凹时）或交线（当平衡线上凸或直线时），与直线 $X=X_F$ 交于点（X_F，Y_K），则操作线的斜率为

$$\frac{B}{S_{min}}=\frac{Y_K-Y_0}{X_F-X_n}$$

整理得最小萃取剂用量 S_{min} 为

$$S_{min}=B\frac{X_F-X_n}{Y_K-Y_0} \tag{8-29}$$

则实际萃取剂用量 S 为

$$S=(1.5\sim2)S_{min} \tag{8-30}$$

（3）作多级错流萃取的操作线　过点（X_F，Y_1），作一条斜率为 B/S 的直线即为所求的操作线。

（4）求萃取级数　从点（X_F，Y_1）开始，在操作线与平衡线之间依次用水平线和垂直线画三角形阶梯，直至所作垂直线跨过点（X_n，Y_0）为止。该过程所作的阶梯数即为所需的理论级的级数 N_T。

例题 8-6　在例题 8-4 中，若采用多级逆流萃取，要求最终萃余相的浓度 $X_n\leqslant0.01$（质量比）。求：（1）最小萃取剂用量 S_{min}；（2）若实际溶剂用量 $S=120\text{kg}\cdot\text{h}^{-1}$，求萃取级数。

解：作直线 $X=X_F$ 与平衡线交于点（X_F，Y_K），由交点得 $Y_K=0.14$，则操作线的斜率为

$$\frac{B}{S_{min}}=\frac{Y_K-Y_0}{X_F-X_n}=\frac{0.14-0}{0.064-0.01}=2.59$$

则最小溶剂用量 S_{min} 为

$$S_{min}=B\frac{X_F-X_n}{Y_K-Y_0}=\frac{B}{2.59}=\frac{112.8}{2.59}=43.55\text{kg}\cdot\text{h}^{-1}$$

当实际萃取剂用量 $S=120\text{kg}\cdot\text{h}^{-1}$时，操作线的斜率为

$$\frac{B}{S}=\frac{Y_1}{X_F-X_n}=\frac{112.8}{120}=0.94$$

整理得

$$Y_1=\frac{B}{S}(X_F-X_n)=0.94\times(0.064-0.01)=0.05$$

连接点（0.01，0）和点（0.064，0.05）得萃取操作线，在平衡线与操作线之间作阶梯得 $N_T=2$，$X_2=0.005$。

萃取的乙醛量 W

$$W=B(X_F-X_2)=112.8\times(0.064-0.005)=6.66\text{kg}\cdot\text{h}^{-1}$$

乙醛萃取率 ϕ

$$\phi=\frac{X_F-X_3}{X_F}=\frac{0.064-0.005}{0.064}=92.19\%$$

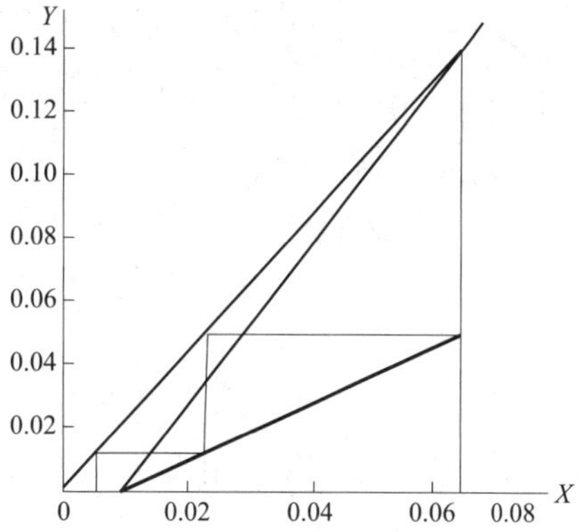

例题 8-6 附图

第四节　液-液萃取设备

一、液-液萃取设备概述

（一）萃取设备的特点

对于同属传质过程的萃取、精馏和吸收，不但传质的机理和遵循的规律相似，而且所用设备和设备的强化方向亦有许多共同之处。因此对蒸馏、吸收所用的筛板塔、填料塔等稍加改动亦可用于萃取过程，但与气-液接触系统相比，萃取的液-液接触系统具有密度差小、界面张力大、黏度大等特性，使得萃取设备具有以下不同于蒸馏和吸收设备的特点。

（1）除低界面张力物系外，萃取操作大多在有搅拌或振动等外加能量的设备内进行。

（2）由于液-液两相的分离比气-液两相的分离困难，所以萃取设备必须考虑两相的澄清分离问题。

（3）连续逆流的萃取设备内，允许的液流相对速度较小。当两液相相对速度较大时，可能发生一相被另一相所带走的现象，即液泛现象。另外，液-液萃取设备易发生返混。

（4）因液体比容比气体小得多，所以按质量计算的处理能力相同时，液-液接触的萃取设备的体积一般比气-液接触设备的体积小。

（二）萃取设备的强化

所谓萃取设备的强化是指提高萃取设备的萃取能力，即提高萃取速度。因此提高萃取速度的措施就是强化萃取过程的方法，主要有以下 3 个方面。

（1）提高分散相的分散度和体积分数，以增加传质面积。

（2）采用逆流操作，并采取各种防止返混的措施，以增大传质推动力。

（3）增强流体的湍动，增加界面的更新频率，以提高传质系数。

（三）萃取设备的效率

萃取设备的效率有不同的表示方法，比较重要的是级效率和总效率。

1. 级效率　级效率表示在某一萃取级中，实际分离能力与平衡分离能力之比。其与精馏中的单板效率的物理意义类同。

图 8-31 表示一任意萃取级 m，进入该级的是分别来自相邻级的萃取相和萃余相，组成分别为 y_{m+1} 和 x_{m-1}，两相在该级中混合，萃取分离后离开该级的萃取相和萃余相的实际浓

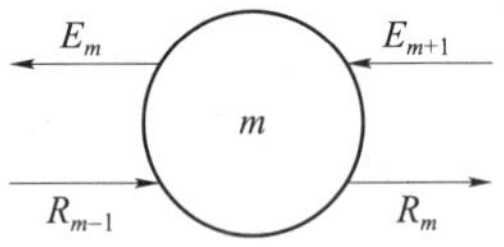

图 8-31 任意萃取级

度分别为 y_m 和 x_m。

则用萃取相浓度表示的级效率为 η_E，计算式为

$$\eta_E = \frac{y_m - y_{m+1}}{y_m^* - y_{m+1}} \tag{8-31}$$

用萃余相浓度表示的级效率为 η_R，计算式为

$$\eta_R = \frac{x_{m-1} - x_m}{x_{m-1} - x_m^*} \tag{8-32}$$

式中，y_m^* 表示与实际萃余相浓度 x_m 平衡的萃取相浓度；x_m^* 表示与实际萃取相浓度 y_m 平衡的萃余相浓度。

2. **总效率** 对于多级萃取设备，常以总效率来表示整个萃取设备的分离特性。

总效率 η_0 表示达到一定分离要求所需要的理论级数与实际级数之比，即

$$\eta_0 = \frac{理论级数}{实际级数} = \frac{N_T}{N_P} \tag{8-33}$$

（四）理论级（平衡级）的当量高度

萃取过程可以在分级接触式和连续接触式设备中进行，前者的分离能力用理论级表示，而对于后者（如填料萃取塔）的分离能力常以理论级当量高度表示。所谓的理论级当量高度是指与一个理论级分离能力相当的填料层高度或设备有效高度，用 He 表示。

$$He = \frac{Z}{N_T} \tag{8-34}$$

式中，Z 为填料层高度或萃取段的有效高度，m；N_T 为与填料层分离能力相当的理论级数；He 为理论级当量高度，m；

（五）液-液萃取设备的分类

目前，工业生产上使用的萃取设备类型很多，而且人们还不断研究开发出新型萃取设备，各具特色，应用于不同场合，也具有多种分类方法。

（1）按是否有外界机械能的输入 分为无外加能量设备和有外加能量设备。对于低界面张力的物系，通过填料、筛板等就可使液相实现满意的分散和聚集，无需外加能量。而对于界面张力较高的物系，则需要外加能量，使用搅拌、振动和脉冲等装置克服界面张力，改善液体的分散状况。

（2）按萃取的操作方式 可分为间歇式操作设备和连续式操作设备。

（3）按两相接触方式 可分为分级接触式设备和连续接触式设备。在分级接触式设备（如混合-澄清器等）中，两相非连续接触，沿着各萃取级两液相组成为阶梯式变化。而连续接触式设备（如填料萃取塔等）中，两液相连续接触传质，故两相组成的变化也是连续的。

（4）按设备的萃取级数 可分为单级萃取设备和多级萃取设备。

（5）按流体流动的推动力类型 可分为重力操作设备（如各种塔设备）和离心力操作设备（如离心萃取机等）。

本节将萃取设备分为有外加能量的和无外加能量的两大类，并依此介绍常见的主要设备。

二、萃取设备的主要类型

（一）无外加能量的萃取设备

此类设备仅适用于低界面张力的物系。

1. 填料萃取塔 填料萃取塔的结构与吸收和精馏所用的填料塔基本相同。图 8-32 表示以轻液（密度小的一相）作为分散相的填料萃取塔。轻液自塔的下部进入，由分布器分散成液滴流过填料层，自顶部排出。而重液（密度大的一相）作为连续相自塔的上部进入，与分散相逆流接触进行传质，自底部排出。

填料的作用不但可以使分散相液滴与其相碰撞，不断发生聚集和再分散，增加表面更新频率，提高传质速度，还可以在一定程度上减少轴向返混。

填料有环形、鞍形和波纹板等多种形式，可以用金属、陶瓷和塑料等材料制造，但注意不应润湿分散相。若分散相与填料润湿，则分散相沿填料表面易形成膜状或小股沟流，不易分散，减小了两相间的传质面积。通常陶瓷填料易为水润湿，炭质和塑料填料（如聚乙烯、聚丙烯、含氟塑料等）易为有机液体所湿润。

填料尺寸应不大于塔径的 1/8，以保证填料层有足够的填充密度，但填料尺寸不应小于某临界值（临界尺寸的计算方法请参看有关萃取专论）。

液体分布器通常要埋入填料层内。如果液体分布器在填料层之外，当填料材料不被分散相所湿润时，分散相液滴将很难进入填料层，结果会造成所谓“过早液泛”。

适宜的液体流速是保证塔类萃取设备正常操作和维持较高效率的重要条件。液体流速通常取液泛速度的 70% ~90%。两液相流动的液泛速度受液面密度差、界面张力、设备结构、填料性质和尺寸等复杂因素的影响。目前仍以试验测求为基础。

填料萃取塔由于结构简单、操作方便，且填料可选用耐腐蚀性材料制成，所以尽管它有传质效率低、处理能力小、不适用于处理含固体的物料等缺点，但仍比较广泛地用于处理量较小的工业生产中。

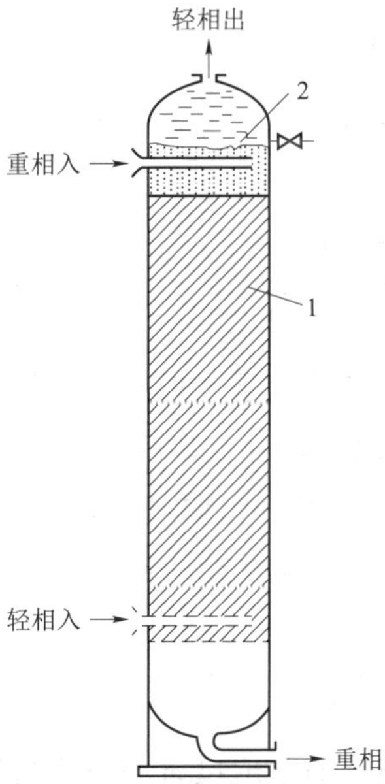

图 8-32 填料萃取塔

1. 填料；2. 液-液相界面

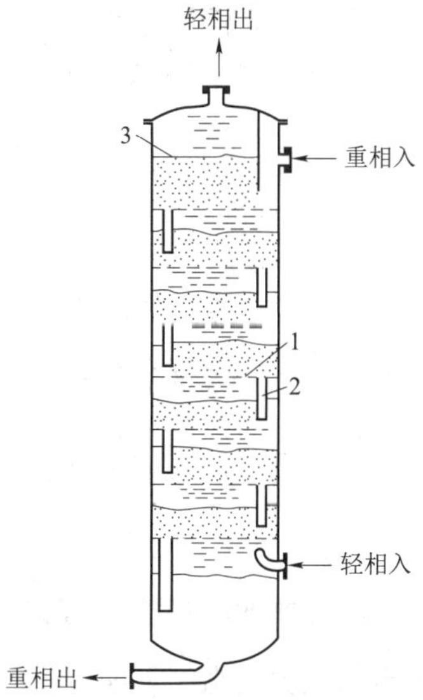

图 8-33 筛板萃取塔

1. 筛板；2. 降液管；3. 相界面

2. 筛板萃取塔 筛板萃取塔是一种分级接触式萃取设备。图 8-33 表示的是以轻液为分散相的筛板萃取塔。筛板和降液管的排列与气-液接触的筛板塔相似，只是不需设溢流堰。轻液自塔的下部引入，经过筛板的筛孔被分散成小液滴，穿过塔板上的连续相（重液）上升，并在上一块塔板的下面聚结为一液层，然后穿过第二块塔板的筛孔，再次被分散成液滴，如此交替地分散和聚结，直至塔顶，分离后引出轻液相。重液自塔的上部引入，沿水平方向依次流过各层筛板，与上升的分散相（轻液）接触并传质，经降液管逐板下降，在塔底分离澄清后，引出重液相。

同样结构的塔，如果将降液管改为升液管，即可用作重液为分散相的筛板塔。重液自上而下，穿过筛孔交替的分散和聚结，而轻液横跨各板，经升液管逐板上升。一般应选不易湿润塔板的一相作为分散相。

装设各层筛板不但可以使分散相通过筛孔时，交替地分散和聚结，使界面不断更新，强化了传质，此外还可以减少整个塔内的轴向返混，使返混限制在相邻两塔板之间。

筛板塔结构简单、生产能力大、可处理腐蚀性料液，具有较高的传质效率和操作弹性，广泛地应用于较低界面张力物系的萃取。

3. 流动混合式萃取器 流动混合式萃取器是利用流体的自身流动，使萃取剂和被分离的混合液混合接触进行萃取的设备，类型很多。

图 8-34a 为机械搅拌式萃取器，其结构简单，通过搅拌，使一相分散成小液滴，两相充分混合接触进行传质。图 8-34b 为喷射式萃取器，其结构和原理与喷射泵相同，一种液体（一般用重液）自喷射泵的喷嘴高速喷射，另一液体（轻液）被吸入喷射泵的吸入室，两相在扩散管内强烈混合和分散，同时发生萃取过程，条件适宜时，级效率接近 100%。

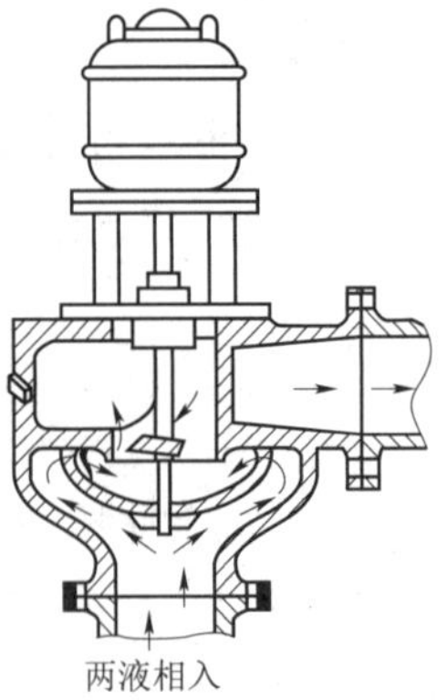

a. 机械搅拌式

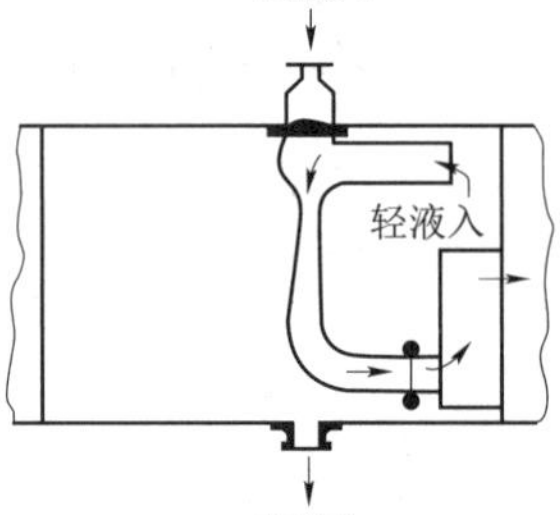

b. 喷嘴式

图 8-34 流动混合式萃取器

这类流动式混合器的作用原理：在泵（或其他动力）的作用下，使两种液体通过混合器的喷嘴或小孔等发生剧烈的湍动和冲击而造成混合和分散。

流动混合萃取器的特点是体积小，液体在设备内的接触和停留时间短，压力降较大，适合于低界面张力，低黏度物系的萃取。通常在混合器之后应配备澄清器（分离器）以分离两相。

（二）引入外加能量的萃取设备

对于界面张力较高、黏度较大的物系，以上无外加能量的萃取设备一般不再适用，此时可根据情况选用引入外加能量的萃取设备，此类设备种类很多，下面主要介绍几种常用的萃取设备。

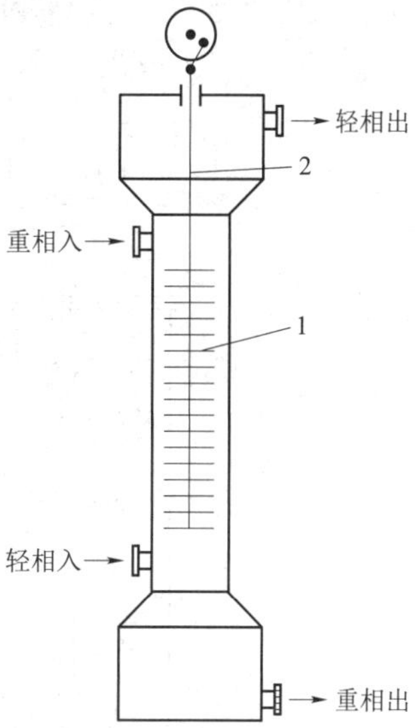

图 8-35　脉冲筛板萃取塔
1. 振动筛板；2. 中心轴

1. 脉冲筛板萃取塔　脉冲筛板塔是依靠外加的脉动力作用使液体分散，以强化萃取过程的塔式设备，其结构如图 8-35 所示。塔两端直径较大的部分分别为上澄清段和下澄清段，中间段为两相传质段，内部装有多块筛板，没有降液管，其结构与气-液传质过程中无降液管的筛板塔相似。在塔的下澄清段装有脉冲管，操作时，由脉冲发生器提供液体的脉冲运动，使塔内液体作上下往复运动，迫使液体经过筛板上的小孔，使分散相以较小的液滴分散在连续相中，并形成强烈的湍动，同时往复的脉冲运动也增加了液体间相互摩擦，从而强化了传质过程。产生脉冲运动的方法有多种型式，如往复泵、隔膜泵，也可用压缩空气驱动。

脉冲筛板塔属于外加能量的萃取设备，输入能量的大小可用脉冲强度表示，即脉冲的振幅与频率的乘积表示。脉冲速度小，液体通过筛板孔的速度小，液滴大，湍动弱，传质效率低；反之脉冲速度大，形成液滴小，湍动强，传质效率高。但如果脉冲速度过大，致使液滴过小，液体轴向返混严重，传质速率反而降低，且易液泛。通常脉冲振幅为 9~50mm，频率为 30~200min^{-1}。

脉冲萃取塔的优点是结构简单，传质效率高（理论级当量高度小），可以处理含有固体粒子的料液。其缺点是液体的允许通过能力小，生产能力低，一般适用于小塔，塔径大时产生脉冲运动比较困难。

2. 往复振动筛板塔　往复振动筛板塔的结构与脉冲筛板塔类似，也是由多层筛板构成，不同的是这些筛板按一定间距固定在可以上下运动的中心轴上，其结构如图 8-36 所示。操作时在塔顶的驱动机械驱动下，筛板随中心轴做上下往复运动。当筛板向上运动时，迫使筛板上面的液体经筛板孔向下喷射，同样当筛板向下运动时，迫使筛板下面液体经筛孔向上喷射，如此随着筛板的上下往复运动，塔内两相接触面积增大了，湍流程度增强，提高了传质效率。

与脉冲筛板塔类似，往复振动筛板塔的传质效率也主要与往复频率和振幅有关。当振幅一定时，效率随频率增大而提高，所以控制操作条件在不发生液泛的前提下，使用较大的频率可以获得较高的效率。一般往复振动的振幅为 3~55mm，频率为 200~1000min^{-1}。

往复振动筛板塔具有结构简单、生产能力较大、流体流动阻力较小、传质效率高、容易放大以及可以处理易乳化和含有固体的物系等特点，目前已广泛用于石油化工、食品、制药和湿法冶金工业。

3. 转盘萃取塔　转盘萃取塔的基本结构如图 8-37 所示。塔体呈圆筒形，内壁上按一定间距装有一系列环形挡板，称为固定环，它将塔内分隔成许多小室。每两固定环间均安装一圆盘，所有圆盘都固定在中心转轴上，转轴由塔顶的电动机驱动。转盘的直径比固定环的内径稍小，以便安装检修。

转盘萃取塔操作时，圆盘随中心轴而高速旋转，液体在剪应力的作用下，产生强烈的涡漩运动使分散相破碎而形成许多小液滴，进而增大了相际接触面积和传质系数。同时固定环的存在，在一定程度上抑制了轴向返混，因而转盘塔的传质效率较高。

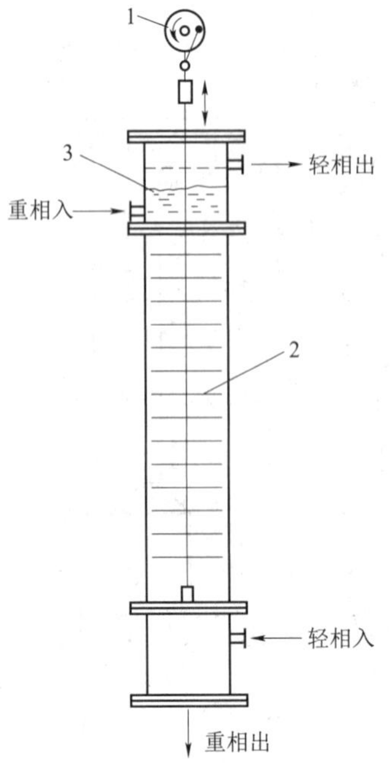

图 8-36　往复振动筛板塔

1. 偏心轮机构；2. 脉动筛板；3. 两相界面

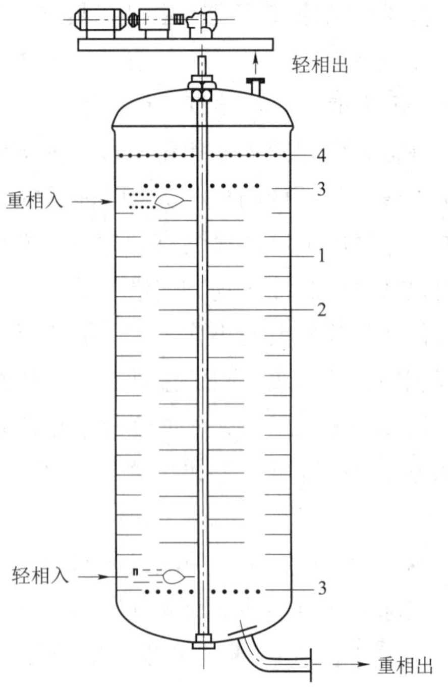

图 8-37　转盘萃取塔

1. 固定环；2. 转盘；3. 栅条；4. 两相界面

转盘的转速是转盘萃取塔的主要操作参数。转速低，输入的能量小，不足以克服界面张力使液体分散。转速过高，液体分散得过细，使塔的通量减小，所以需根据物系的性质和塔径与盘、环等构件的尺寸等具体情况选择适当的转速。

转盘萃取塔结构简单、生产能力大、传质效率高、操作弹性大，因而被广泛应用。

思考

15. 在萃取塔操作中，重相一定是连续相，轻相一定是分散相吗？

16. 在逆流操作萃取塔中，如果用水作为分散相，煤油作为连续相，则两相的分界面在哪里？

17. 什么是液泛和轴向返混？它们对萃取操作有何影响？

4. 离心萃取器　离心萃取器是利用离心力的作用使两相快速充分混合和快速分层的一种萃取设备。特别适用于要求接触时间短、物料存留量少以及密度差小、黏度高、易乳化难分层的物系。例如抗生素的生产、核燃料后处理等要求接触时间短的萃取过程以及高黏度物系的萃取等，都广泛应用离心萃取器。

离心萃取器的类型较多，按两相接触方式不同可分为分级接触式与连续接触式两类。分级接触式萃取器中两相的接触过程与混合澄清器类似，器内两相并流，其最大分离效果为一个理论级。它可以单级使用，也可以将若干台萃取器串联起来进行多级操作；而连续接触式离心萃取器中，两相接触方式与连续逆流萃取塔类似。一台连续接触式萃取器可以与若干个理论级的分离效果相当。

（1）转筒式离心萃取器　转筒式离心萃取器是一种分级接触式萃取器，其结构如图 8-38

所示。重相和轻相从底部的三通管并流进入混合室，在搅拌桨的剧烈搅拌下，两相充分混合并进行相际传质，然后共同进入高速旋转的转筒。转筒中，混合液在离心力作用下，重相被甩向转鼓外缘，而轻相被挤向转鼓的中心。分离的两相分别经轻、重相收集室，并经轻、重相排出口排出。

这种离心萃取器的结构简单、效率高、易于控制，运行可靠。工业规模的转筒式离心萃取器，处理量可达 300~400L · min^{-1}。

（2）波德式离心萃取器　波德式离心萃取器，简称为 POD 离心萃取器，主要由一固定在水平转轴上的圆筒形转鼓以及固定的外壳组成，结构如图 8-39 所示。操作时，轻相从转鼓外缘引入，而重相则由转鼓的中心引入。在转鼓旋转产生的离心力作用下，重相从中心向外流动，轻相则从外缘向中心流动，两相在旋转通道内逆流流动，密切接触，进行传质，最后重相从转鼓外缘的出口通道流出，轻相则由中心的出口通道流出。它适合于处理两相密度差较小或易乳化的物系（如青霉素的萃取）。

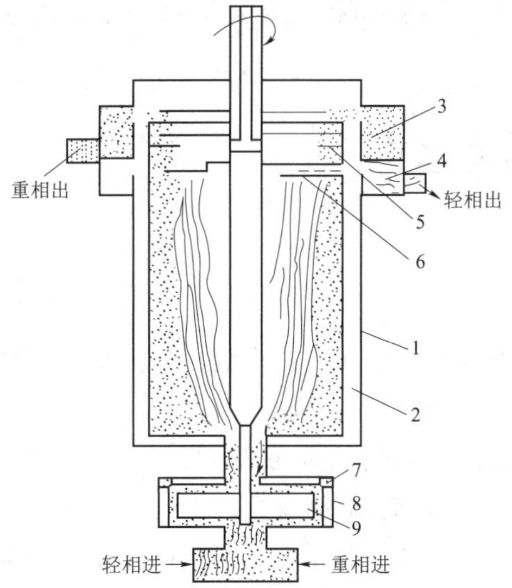

图 8-38　转筒式离心萃取器

1. 套筒；2. 转鼓；3. 重相收集室；4. 轻相收集室；5. 重相堰；6. 轻相堰；7. 导向挡板（四条）；8. 混合挡板（四条）；9. 搅拌桨（四叶）

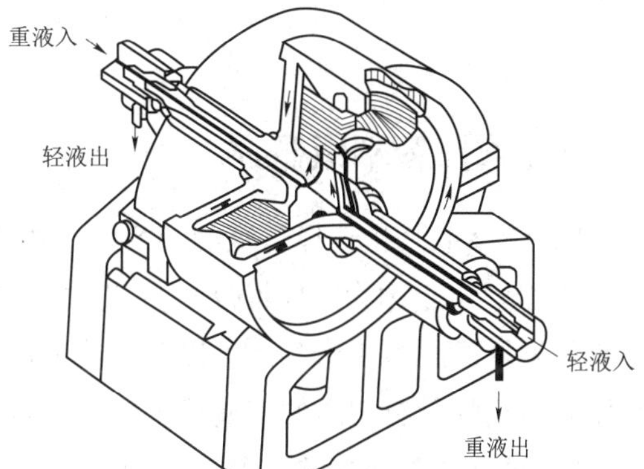

图 8-39　波德式离心萃取器

由于高速旋转产生的离心力远大于重力，提高了设备的分离效果。波德式离心萃取器处理能力大、传质效率高、理论级数较多（一般可达 3~12 级）、结构紧凑、应用广泛。但也因为其结构复杂、能耗大、设备费用和维修费用高而使其应用受到一定的限制。

三、萃取设备的选择

萃取设备的种类较多，也具有各自不同的特性。对于具体的萃取过程，选择适宜的萃取设备以满足工艺条件和生产要求是十分必要的。通常选择萃取设备时可按以下几方面考虑。

1. 理论级数　对某些物系达到一定的分离要求，所需的理论级数较少，如 2~3 级，则各种萃取设备均可满足要求。当所需的理论级数中等（4~5 级），一般可选转盘塔、脉冲塔以及振动筛板塔。如果所需理论级数更多时，则选择离心萃取器或多级混合-澄清式萃取器较为适宜。

2. 生产处理量 生产处理量较小时，可以选用填料塔或脉冲塔；反之，处理量较大时，可考虑选用筛板塔、转盘塔、混合-澄清式萃取器及离心萃取器等。

3. 物系的分散与凝聚特性 物系界面张力和两相密度差直接影响到萃取时液滴的大小及流动状态。若界面张力较大，湍动程度差，需选择有外加能量输入的萃取设备；若物系界面张力较小，密度差较大，则选择重力流动式的设备。对于物系界面张力小，密度差小，易产生乳化不易分层，可选择离心萃取器。

4. 停留时间 对于稳定性较差的物系，要求停留时间尽可能短，选择离心萃取器比较适宜；而对于在萃取过程中伴随有较慢的化学反应的物系，要求有足够的停留时间，则选择混合-澄清式萃取器较为有利。

5. 防腐蚀及防污染要求 对于有腐蚀性的物系，可选择结构简单的填料塔，其填料可选用耐腐蚀的材料制作。对于有污染的物系，为防止外泄污染环境，应选择屏蔽性能较好的设备，如脉冲塔为宜。

6. 适应建筑物要求 从建筑物场地考虑，若空间高度有限，宜选择混合-澄清式萃取器；若占地面积有限，则应选择塔式萃取设备。

第五节 固-液萃取

一、固-液萃取概述

固-液萃取是指选择适宜的溶剂使固体物料中的某些可溶组分进入液相，从而与固体中不溶解部分（或称为惰性组分）分离的操作过程，又称浸出、沥取等。固体物料中能够被溶剂溶解提取的溶质组分，可以固体或液体（如挥发油或植物油）的形式存在于原固体中。操作后得到的含有溶质的溶液称为提取液或浸出液，萃取后的固体称为残渣。

固-液萃取是历史悠久的单元操作之一。在制药工业中，特别是在中药材有效成分的提取过程应用最为广泛。再如制药生产的过滤操作中使用溶剂对滤饼或其他沉淀物的洗涤，除去可溶性的杂质，从而提高固体产品的纯度，实际上这也是固-液萃取的一种形式。

在固-液萃取过程中，溶剂首先进入固体物料中，溶解某些可溶性组分，使固体内的溶液浓度增高，而固体物料外部溶液浓度低，形成传质推动力使可溶性组分从高浓度向低浓度扩散，进行传质。一般固-液萃取由以下几个步骤构成。

（1）润湿、渗透阶段 固体物料与溶剂接触，物料被溶剂润湿，而溶剂通过固体表面，渗透扩散进入到固体物料的内部。此过程中溶剂能否润湿物料并进入组织内部，与溶剂和固体物料的性质及两者的界面情况有关。

（2）溶质溶解阶段 溶剂进入固体的组织细胞后与各组分接触，可溶性组分溶解转移到液相中。

（3）扩散阶段 溶剂溶解溶质后形成的浓溶液具有较高的渗透压，在此推动力作用下，溶质通过微孔扩散到固体表面，并运动到液相主体的稀溶液中。

以上步骤是交错进行的，并且任何一个步骤都可能成为决定整个萃取过程速率的主要控制因素。一般溶质在固体孔隙中的扩散速度是传质过程的主要控制因素，此时可将固体原料粉碎，降低颗粒径，从而缩短溶质扩散到颗粒表面的距离，可以提高萃取速度。若溶质从固体表面向液相主体的扩散为控制因素，增大整个系统的湍动程度，可提高萃取速率。

但一般溶质的溶解都是很快的，对整个过程速率的影响可以忽略。

可见，固-液萃取过程较液-液萃取过程复杂，其理论研究和计算也还很不充分，萃取器尺寸的确定亦常凭经验。

二、影响固-液萃取的因素

由于固-液萃取的机理复杂，固体物料和溶质都很复杂，不确定因素较多，所以固-液传质过程的速率很难用精确的数学方程式表示。但由于固-液传质过程也是以扩散原理为基础的，所以仍可借用传质理论中的扩散公式，研究分析各种因素对萃取的影响趋势。

$$N_A = -DA\frac{dc}{d\delta}$$

式中，N_A 为传质速率，即单位时间内扩散传递的溶质的量，$mol \cdot s^{-1}$；D 为扩散系数，$m^2 \cdot s^{-1}$；A 为相际传质接触面积，m^2；$\frac{dc}{d\delta}$ 为浓度梯度，$mol \cdot m^{-4}$。

影响固-液萃取的主要因素分析如下。

1. 固体物料的粒度 根据扩散理论，固体物料的粉碎程度越高，即粒度越小，与溶剂的接触面积就越大，并且溶质从物料内部扩散至固体表面所通过的距离越短，提取速度提高。但并非物料越细越好，物料粉碎过细反而会出现一些不利于提取的结果。例如植物药材被粉碎得过细，组织细胞破裂，胞内大量不溶物，一些黏液和高分子物质将进入溶液，使杂质增多，黏度增大，扩散速率减慢，造成过滤、分离等操作困难和产品质量降低。

物料要根据物料组织性质的不同和所采用的溶剂，进行适当的粉碎，且一般希望粒度均匀，以使各粒子需要的萃取时间大体相等。若粒子不均匀，细小粒子挤在较大粒子的间隙中，溶剂流动阻力增加甚至难以流动，影响提取。

2. 萃取剂 一般固体物料（如中药材）中的组分非常复杂，能否选择性提取出目标组分，溶剂的选择起关键作用。固-液萃取中，溶剂选择的原则和液-液萃取的基本一致。特别是溶剂应对被提取溶质有良好的选择性和较低的黏度。前者可使被提取组分与其他组分相比有相对较大的溶解度，而后者可使溶质在溶剂中有较大的扩散系数，以增大萃取速度。在中药材提取中，常用的溶剂有水、乙醇、石油醚、乙醚、三氯甲烷等及各种混合溶剂。

此外，溶剂的用量及提取次数也会影响提取效率。在单级萃取过程中，增加溶剂用量，使提取液的浓度降低，从而增大了固体表面上的浓溶液与流体主体中的浓度差，即增大了扩散推动力，可使萃取速度提高。但加大溶剂用量，得到提取液浓度较稀，将增加溶剂回收的费用和时间。在一定量溶剂的条件下，分多次提取优于一次提取，可提高提取效率。对于不同的物料，具体的溶剂用量和提取次数需要通过实验确定。

3. 萃取温度 大多数情况下，温度升高可使物料组织软化，增加被提取溶质的溶解度和扩散速率，有利于萃取。但同时，温度的升高也会增加无用组分的溶解度和提取率，使提取液质量下降，并造成或加大后续分离的困难。另外温度升高会使热敏性组分或易挥发性组分分解被破坏或挥散损失，所以采用升高温度来提高萃取速度有一定的局限性。

4. 萃取时间 一般来说萃取量和萃取时间成正比，即时间的延长有利于萃取。但应注意在扩散未达到平衡以前，延长萃取时间，将增大提取液的浓度，可以提高萃取收率。一旦扩散达到平衡状态后，时间再延长提取液的浓度也不会发生变化，反而因时间延长会增加杂质的溶出量，给其后的分离提纯带来困难。若以水为溶剂，长时间的萃取易使萃取液霉变，影响质量。

5. 搅拌 溶质的扩散是固-液传质速率比较关键的控制因素。如果在操作中进行搅拌或用泵使溶液循环，可以加大对流扩散，促进固体表面的浓溶液向流体主体中运动，扩大固体到溶液的浓度差，增加了传质推动力，有助于提高萃取效率。同时搅拌还可防止粒子沉积器底，使相际界面能有效地被利用。

综上所述，各因素相互影响，比较复杂，应根据被提取对象的特征，通过实验选择最适宜的操作条件。

三、固-液萃取的方法与设备

固-液萃取的方法和设备的选择，应根据被萃取物料的特性和提取工艺要求进行，以中药材的提取为例简介如下。

（一）固-液萃取的方法

固-液萃取的基本方法主要包括浸渍法、煎煮法和渗漉法。

1. 浸渍法 浸渍法是将经过切割或粉碎的药材置于浸取器中，并注入一定量的溶剂，使固液两相接触，待提取组分充分溶解，然后分离药渣和药液，得到浸取的药液（即萃取相），而药渣所吸着的药液可借助于压榨法回收。当药渣吸着有挥发性溶剂时，可在密闭式浸取器内浸提。在常温下的浸取称为冷浸，在加热50~60℃下的浸取称为热浸。

浸渍法简单易行，一般溶剂用量较大，所得药液浓度较稀。适宜于黏性药物、无组织结构药材和易于膨胀药材的提取。但由于萃取效率较低，不适宜贵重的和有效成分含量较低的药材提取，或是制备浓度较高的制剂。

2. 煎煮法 煎煮法是指将溶液加热到沸腾状态下浸取药材的一种方法。一般是将经过一定时间冷浸泡处理的药材，加适量的水煮沸2~3次，收集合并各次煎出液，沉淀分离供使用，或浓缩后再制备成所需的制剂。

煎煮法适用于有效成分能溶于水，且对湿、热较稳定的药材。该法提取的成分范围广，杂质较多，给精制带来不利，且煎出液易霉败变质。但因其符合中医传统用药习惯，且溶剂易得价廉，至今仍被广泛应用。

3. 渗漉法 渗漉法是使溶剂不断流过药材颗粒层进行提取的方法。渗漉时，通常在药材颗粒层的上部添加溶剂，溶剂渗透到药材细胞内溶解溶质后浓度增大，相对密度增加而向下移动，最终自上而下流过固体层，而渗漉液则从渗漉器的底部流出。但有时由于操作上的需要，溶剂亦可自下而上流过颗粒层。渗漉法可在常压或加压下进行。

渗漉过程中，溶剂不断流过药材颗粒层，可造成良好的浓度差，使扩散能较好进行，所以提取比较完全，效率较高，而且操作中可省去分离浸出液的步骤，节省分离时间。

渗漉法的步骤大致如下。

（1）润湿膨胀　将药材粉末置于混合器中，加入药材量60%~80%的溶剂拌均匀，密闭，使药材均匀润湿并充分膨胀。

（2）填装　将已润湿膨胀好的药材分次加入渗漉筒中，每次加入的物料应铺平并均匀挤压，不应存有较大的空隙，以防止溶剂产生沟流、短路等不均匀通过现象。松紧程度视药材和溶剂而定，一般溶剂含醇较高时可压紧些，而含水较多时要压得松些。

（3）浸渍　从上部加入溶剂，打开渗漉器下部旋塞，排除药材层中的空气，关闭底部旋塞。将接收的流出溶剂倒回渗漉筒，并添加溶剂至没过药材表层数厘米，浸渍24~28小时。目的是使溶剂充分渗透扩散，溶质溶解和扩散达到平衡。

（4）渗漉　浸渍足够时间后，打开下部旋塞以一定速度开始渗漉。同时不断补充溶剂，使溶剂液面始终没过药材。溶液的流出速度，以 1000kg 药材计算一般为 $1\sim5ml\cdot min^{-1}$。溶剂用量一般为药材∶溶剂 = 1∶（4~8）。渗漉液根据情况再经澄清、过滤、浓缩等处理，或直接用于制剂或调剂。

此外，制药生产中还常采用重渗漉法。即把最初所得高浓度的渗漉液另器收集，经检验合格后制成成品，而后收集的稀渗漉液重复作为新药材的渗漉溶剂使用，反复多次渗漉以提高渗漉液的浓度和减少溶剂回收的时间和费用。

（二）固-液萃取的设备

固-液萃取的设备种类繁多，按操作方式分为间歇式、半连续式和连续式；按物料的处理方法不同分为固定床、移动床和分散接触式；按固体物料与溶剂接触方式又可分为多级接触式和微分接触式等。

选用浸取设备时，除了要考虑固体物料的特性，提取效率高，经济性好外，还要考虑到中药生产品种经常更换时设备清洗的方便。下面简要介绍一些生产中常用的浸取设备。

1. 搅拌式浸取器　图 8-40 所示为一常用浸取器，将药材置于浸取器内，并注入溶剂，利用器底部的加热盘管加热，泵体和导管可使浸取液循环，强化浸取。此外为了强化浸取，浸取器内还可增设搅拌器。图 8-41 所示为立式搅拌浸取器，图 8-42 所示为卧式搅拌浸取器。浸取器内均安装有机械搅拌，粒状或粉状固体物料被加入浸取器中，固液两相充分接触传质，进行单级间歇浸取操作。但要达到一定分离要求，单级浸取所需溶剂量较大，提取时间较长，且所得溶液大部分是稀溶液，不是很经济。

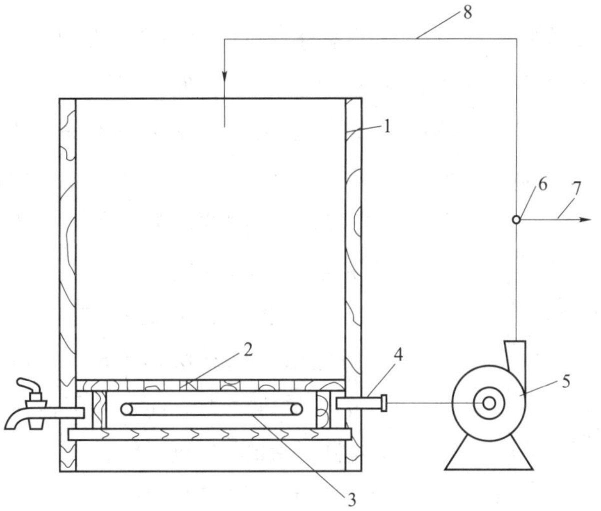

图 8-40　浸取器

1. 浸取器；2. 假底；3. 加热盘管；4. 出口管；5. 泵；6. 三通阀；7，8. 导管

如果将上述多台浸取器串联，就可进行比较经济合理的多级逆流浸取操作。图 8-43 为多级逆流接触浸取流程示意图。

图 8-43 中所表示的是用 6 台浸取器进行的五级逆流浸取。五级浸取器依次排列，新鲜溶剂由第 1 级加入，依次流动，最后自第 5 级流出。固体物料从最后一级进入，与来自前一级的溶液接触传质。溶剂在流经各级时与物料进行多次接触萃取，浓度逐级增高，自末级流出时浓度达到最大。而随着操作的进行各浸取器中物料的溶质含量则均不断降低，自末级到第一级，溶质含量逐级递减。

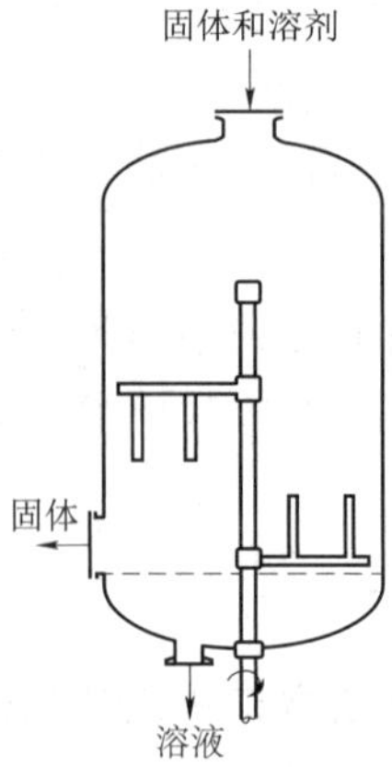

图 8-41　立式带搅拌浸取器

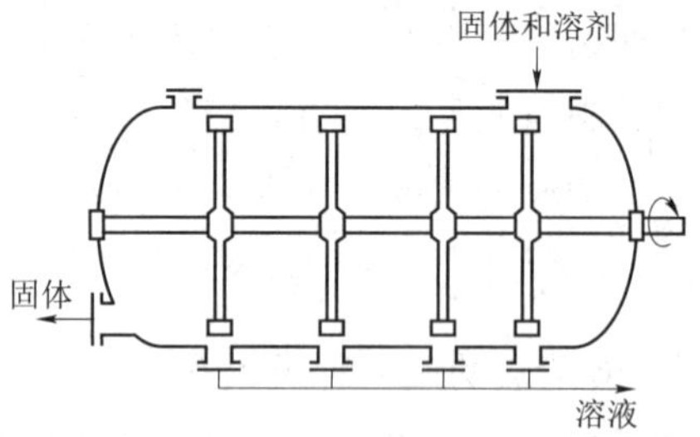

图 8-42　卧式带搅拌浸取器

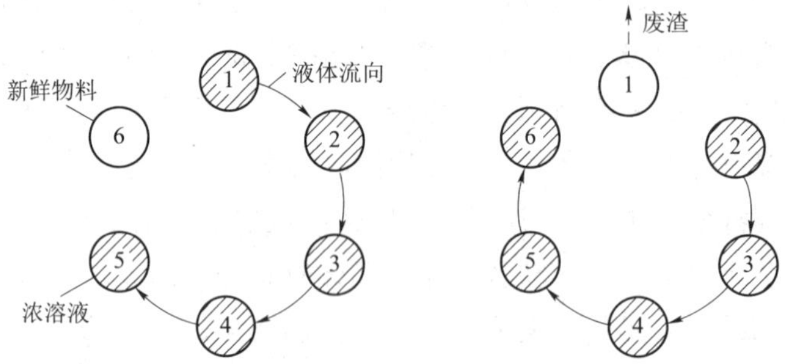

图 8-43　多级逆流接触浸取流程示意图

当第 1 级浸取器中物料溶质首先被提净时，要将原来的第 2 级变为第 1 级，第 3 级变为第 2 级……，将第 6 号装有新鲜物料的浸取器排在末级，继续操作。同时将卸渣后的第 1 号浸取器，重新装上新鲜物料备用。至第 2 号浸取器的溶质被提净后，卸渣、装料备用，而第 3 号浸取器变为第 1 级，装好新鲜物料的第 1 号浸取器即为末级，如此循环操作。操作过程中，固体物料并未从一级流入另一级，只是不断依次移动各级次序。

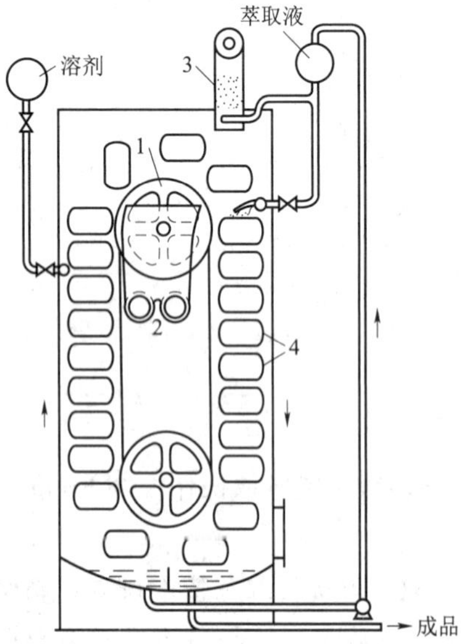

图 8-44　波尔曼连续浸取器

1. 湿料斗；2. 湿料输送器；3. 干料斗；4. 篮筐

在上述多级浸取操作中，尽管第一级物料中溶质浓度很低，但其接触的是加入的新鲜溶剂，仍具有较大的传质推动力。而在末级流出的浸出液是与最新鲜物料接触而得，也可维持较大的传质推动力得到较高浓度的溶液。因此以一定量的溶剂萃取一定量的物料时，多级逆流萃取可达到较大的萃取程度。

2. 移动床式浸取器　图 8-44 所示的波尔曼连续浸取器是一种移动床式浸取器。浸取器内有一可以上下升降的运输带，其上安装了一连串带底孔的篮筐，方式如提升机。当右侧篮筐向下移动时，固体物料自动地加入到顶部篮筐中，并喷淋一定浓度的浸取液。提取液凭其自身重力穿过篮筐的底孔后进入下面的篮筐，最终在浸取器下面得到溶质含量较高的提取液。而当左侧篮筐向上移动时，从上面淋下的新鲜溶剂与固体物料逆向流动，逐筐浸取，浓度不断增加，最后集中于浸取器底部，由泵输送到设备上部，作为右侧下喷的浸取液。当篮筐离开萃取器时，自动卸料而完成一个操作循环。

波尔曼浸取器一般处理能力较大，但提取效率较低，是因设备中并非全部逆流流动，并且有时发生沟流现象。

3. 浸液式浸取器 Hilderbrandt 浸取器和 Bonotto 浸取器是两种常见的浸液式浸取器。图 8-45 所示为 Hilderbrandt 浸取器，又称为 U 形螺旋式浸取器，它由 U 形布置的 3 个螺旋输送器构成。固体物料从右上端加入，借助于螺旋输送器缓慢向下移动，横过中间部分，然后从另一侧上升在顶部卸出。而溶剂则由左端上部加入，通过螺旋表面上的开孔，与物料呈逆流流动。其主要用于轻质、渗透性强的药材浸取。

图 8-46 所示为 Bonotto 浸取器。其主要由一组圆形带槽孔的筛板构成，筛板上下依次排列在浸取器内，且每块筛板都有一个固定于中心轴的耙。操作时，固体物料从设备顶端加入，耙将其分布在顶板上，并通过板上筛孔逐板向下，溶剂则由底部加入与固体物料成逆向流动。最后提取液由顶部排出，残渣由底部排出。

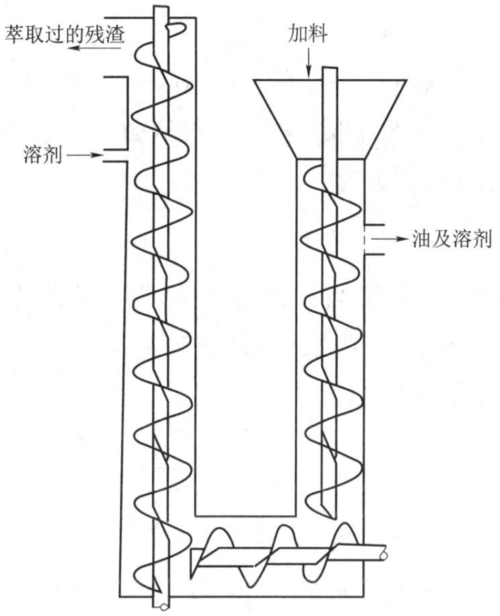

图 8-45 Hilderbrandt 浸取器

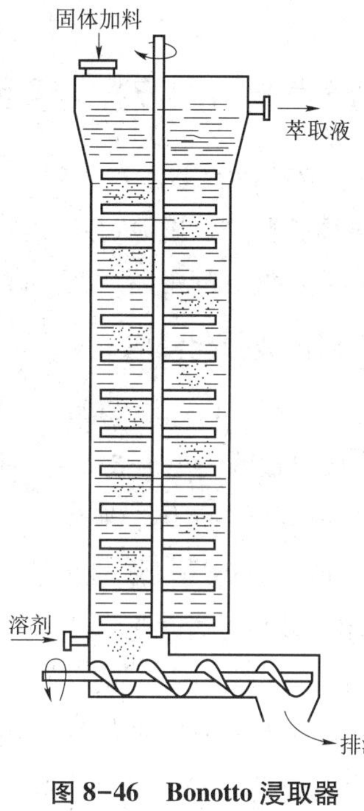

图 8-46 Bonotto 浸取器

4. 固体排出式浸取器 图 8-47 所示的 Kennedy 式逆流浸取器就属于此种型式。器内连续排列了若干弓形槽，呈水平或倾斜，各槽内均有一带叶片可旋转的桨，且桨叶上有筛

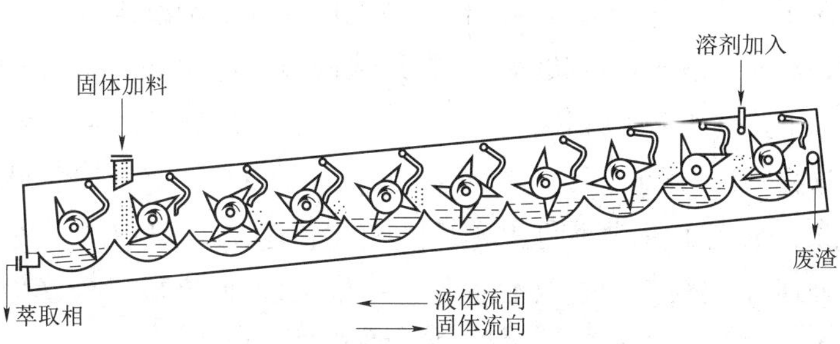

图 8-47 Kennedy 式浸取器

孔。物料从左边加料口加入，通过桨叶旋转将物料自左向右顺序向前推动，当物料每次被推升到两弓形槽之间时，则被刮板刮入到前面的弓形槽内，至最右端卸渣。而溶剂则从右端进入，借萃取器坡度造成的位差从右向左与物料逆流流动，至最左端排出提取液。

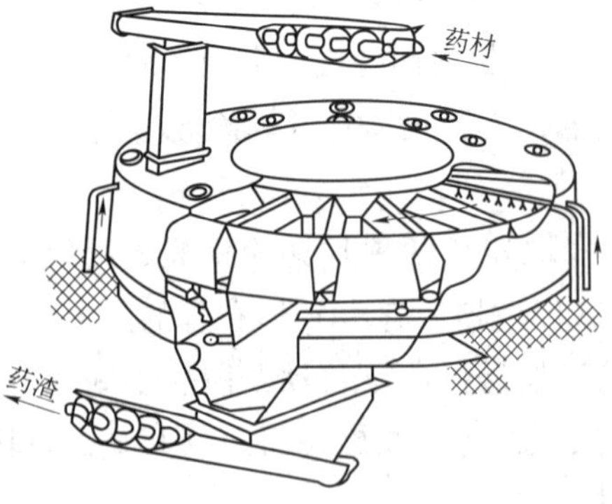

图 8-48　平转式连续浸取器

5. **平转式连续浸取器**　图 8-48 所示为一种平转式连续浸取器。圆形容器内，装有一由若干扇形格构成的水平圆盘，打开每个扇形格的活底，物料即可卸到器底的出渣器上排出。而溶剂在卸料处的邻近扇形格上部喷淋到物料上，由下部收集浸取液，而后被泵以与物料回转相反的方向送至相邻扇形格内的物料上，如此反复逆流浸取。

平转式浸取器的结构简单，占地较小，适用于大量植物药材的提取，在中药生产得到了广泛使用。

四、超声波与微波强化浸取

固-液萃取的传统工艺方法多采用热处理或机械搅拌等加强传质过程。近年来，超声波、电磁振荡、脉冲、微波、超临界等技术不断被应用于浸取，提高了提取效率，缩短提取时间，环境友好。其中超声波与微波协助浸取尤其受到重视。

（一）超声波强化浸取

超声波是指频率高于 20kHz 的声波。其振动频率很高，超出了人耳听觉的上限（20kHz），所以被称为超声波。超声波实质也是一种弹性机械波，具有以下特点。

（1）超声波可在气体、液体、固体、固熔体等介质中传播。

（2）超声波可传递很强的能量。

（3）超声波可产生反射、干涉、叠加和共振现象。

（4）在液体介质中传播时，可在界面上产生强烈的冲击和空化现象。

目前，超声波技术已被广泛应用到机械、医学、清洗、检测、化学处理等方面。近年来采用超声波协助浸取用于中药材有效成分提取的研究也取得一定进展，已发现超声波能显著强化和改善提取过程。一般认为，空化作用、超声波热学机制和超声波机械机制是超声波协助浸取的理论依据。

1. **空化作用**　超声波空化作用是指存在于液体中的微气核在超声波的作用下，发生的振动、生长和崩溃闭合等一系列动力学过程。当超声波作用于液体时，由于液体振动而产生大量的空化泡，这些气泡在超声波纵向传播形成的负压区生长，在正压区迅速闭合，从而在交替正负压强下受到压缩和拉伸。在气泡瞬间闭合时能够产生高达几十兆帕至上百兆帕的瞬间压力，这种巨大的瞬时压力，能使物料细胞瞬间破碎，使细胞容易释放出内含物，进而强化提取效果，缩短了提取时间。例如从丹参中提取丹参皂苷，与常规浸渍法相比，丹参细粉经超声处理 40 分钟后，提取率提高了一倍多，时间缩短了 98.6%，且超声提取的丹参皂苷得到的粗品不但纯度高，提取量也是常规浸渍法的 2 倍。

超声波空化作用造成细胞破碎，同时其产生的振动增加了溶剂的湍动程度，使边界层减薄，增大边界层及相际接触面积，加快了细胞内物质的释放、扩散和溶解过程，进而提高了萃取效率。

空化作用的强弱与声学参数以及液体的物理化学性质等有关。

（1）超声波强度　所谓的超声波强度是指单位面积上的超声功率。对于一般液体，空化作用随超声波强度增大而增加。但强度达到一定值后，空化趋于饱和，再增加超声强度则会产生大量无用气泡，从而增加了散射衰减，空化作用反而降低。

（2）超声波频率　超声空化阈值与超声波的频率有密切关系，频率越高，空化阈越高，也就是超声频率越低，产生空化作用越容易，噪声也越大。在低频情况下，液体受到压缩和稀疏作用的时间间隔长，气泡在崩溃前能生长到较大的尺寸，增强了空化作用。

（3）液体的表面张力与黏度　液体的表面张力越大，越不易于产生空化。液体的黏度大难以产生空化泡，而且传播过程中损失也大，因此同样不易产生空化。

（4）温度　液体的温度越高，对空化的产生越有利，但温度过高，气泡蒸气压增大，使气泡闭合时增强了缓冲作用进而使空化减弱。

此外，系统静压、蒸气压、液体中气体多少等对空化作用也有影响，因此需要在超声波提取实验中选择合适的参数。

2. 热学机制　热学机制是指超声波在媒质中传播时，其振动能量不断被媒质吸收并转变为热能而使媒质温度升高。也就是同其他形式的能一样，超声能也可以转化为热能，而生成热能的多少取决于物料对超声波的吸收。所以当超声波浸取时，溶液内部的温度可以在瞬间被升高，加速有效成分的溶解。

3. 机械机制　超声波的机械作用主要是由辐射压强和超声压强引起的。辐射压强可能会使溶剂和物料间出现摩擦以及微扰效应，提高了溶剂进入固体物料细胞的渗透性，加强了传质过程。

目前，超声强化提取已应用于中药材中生物碱、黄酮、蒽醌和皂苷等有效成分的提取，如生产提取氯化黄连素、岩白菜宁等。与常规提取法相比，超声波提取具有提取时间短、提出率高、低温提取有利于有效成分的保护等优点。随着超声波理论和实际应用研究不断深入，在中药提取领域超声波技术会有广阔的应用前景。

（二）微波强化浸取

微波协助萃取（microwave assisted extraction，MAE）是在传统溶媒提取技术基础上，利用微波能来提高提取效率的一种技术。自从 1986 年 Ganzler 等用微波从土壤、食品、种子中萃取分离各种化合物以来，微波萃取以其选择性高、高效、安全节能、环境友好等优点，被广泛应用于环境、食品、化工，医药等领域。近年来，用微波提取天然产物的萃取速度、回收率，产品品质等均优于传统萃取法，成为中药提取技术开发研究的热点之一，受到人们的关注。

微波是指波长在 1mm～1m，频率在 300～300 000MHz 的电磁波，具有反射、折射、衍射等光学特性，以直线方式传播。不同物质的介电常数、比热容、形状及含水量不同使各种物质吸收微波能的能力不同。物质的极性越大，对微波能吸收的能力越强，升温越快，而非极性物质几乎不吸收微波。

微波萃取的基本原理是在微波作用下，不同物质吸收微波能力的差异使得物料某些组分被选择性加热，运动加快，与基体或体系分离，从而进入微波吸收能力相对差的萃取剂中，达到提取分离。实际上，微波萃取的机制非常复杂，涉及到物质内部分子的极化，离子传导机制等。目前还没有完整统一的理论，但一般认为，微波协助萃取的机制主要有两方面：一方面微波辐射过程就是高频率电磁波穿透萃取介质，最终到达物料内部的过程，微波能被胞内物质尤其是水吸收后，产生的大量热使物料细胞内部的温度迅速升高，细胞内压增加。当胞内压超过细胞壁的承受能力时，细胞膜和细胞壁破裂而形成微小孔洞，进而溶剂容易进入细胞内，溶解并释放出有效成分。另一方面，在萃取过程中，常以极性分子物质作为溶剂，在微波辐射产生的电磁场作用下，强极性分子瞬时被极化，并以非常高的速度做极性变换运动。当极性分子由这种非稳定状态释放能量回到基态时，释放的能量可加速物料和目标组分的热运动，缩短了目标组分由物料内部扩散到溶剂的时间，显著提高了萃取速率。

影响微波萃取的主要因素包括萃取溶剂、微波剂量、物料含水量、温度，萃取时间等。其中溶剂、微波作用时间和温度对萃取效果影响较大。

1. 萃取溶剂 溶剂的选择对萃取的影响最为重要，微波萃取的选择性主要取决于溶剂与目标物质的相似性，所以选择的溶剂首先应对被提取物具有较强的溶解能力，对萃取组分的后续操作干扰较少。再者溶剂要有一定的极性，因为溶剂必须具有一定的极性才能吸收微波能进行内部加热，注意不能选择完全非极性溶剂作为微波萃取的溶剂。如果采用非极性溶剂，要加入一定比例的极性溶剂。可采用的溶剂有甲醇、乙醇、丙酮、甲苯等有机溶剂，盐酸、硝酸、磷酸等无机溶剂以及已烷-甲醇等混合溶剂。

此外，溶剂的用量对微波萃取效果也有影响，溶剂必须能浸没全部的物料。但溶剂用量大，微波在穿透溶剂过程中会衰减，使得能到达物质的微波能减少，不利于萃取。

2. 萃取温度 因微波萃取时存在微波作用下的分子运动，萃取温度应低于溶剂的沸点，且不同的物质最佳萃取温度不同。

微波辅助萃取一般是在封闭系统中进行的，内部压力可高达1MPa以上，所以溶剂沸点比常压下提高了很多，微波萃取可以达到同样溶剂常压下达不到的温度。温度升高，溶剂的渗透和溶解能力增强了，收率提高，同时待提取物也不至于分解。

3. 萃取时间 微波萃取时间与萃取样品的量、溶剂体积和辐射功率有关。与传统提取方法相比，微波萃取的耗时短，一般情况下在10~15分钟。萃取收率随萃取时间延长而有所增加，但增长幅度不大，以致可忽略不计。

4. 微波剂量 微波剂量就是每次微波连续辐射的时间。实验研究表明，总辐射时间相同的条件下，微波剂量越大，提取率越高。但微波连续辐射时间不能太长，否则会使系统的温度升得很高，溶剂剧烈沸腾，造成溶剂的大量损失，带走已溶解在溶剂中的部分溶质，影响提取率。

5. 物料含水量 物质吸收微波的能力主要取决于其介电常数、比热和形状等。水是介电常数较大的物质，是吸收微波最好的介质。任何含水的物质都可有效吸收微波能，促使细胞壁破裂，有利于组分的溶出。所以物料含水量多少对萃取效率的影响很大，对于含水量较低的物料，一般采用增湿方法，使其具有适宜的水分，再进行微波萃取。

目前，利用微波技术可以对中药有效成分多糖、黄酮、蒽醌、有机酸、生物碱等进行有效提取，并已经被用于葛根、银杏等中药的提取生产。与传统萃取方法相比，萃取时间短，可避免长时间高温引起热不稳定物质的降解，溶剂耗量少；与超声提取相比避免了超声波噪声的影响；与超临界流体技术相比，微波提取设备比较简单，适应面较广，较少受被提取物极性的限制。微波协助萃取具有萃取率高、选择性好、重现性好、省时节能、污染小等显著优点。但这种方法也有一定局限性，如仅适用于对热稳定物质，并要求被处理物料具有良好的吸水性等。微波浸取在理论和实践中还存在一定问题，对问题研究的不断深入将会给中药产业的发展带来广阔的发展前景。

第六节 超临界流体萃取

超临界流体萃取（supercritical fluid extraction，SFE）是以高压、高密度的超临界状态下的流体为溶剂，从液体或固体中萃取所需的组分，然后采用升温、降压或二者兼用和吸收（吸附）等手段将溶剂与所萃取的组分分离的一种技术。它兴起于20世纪60年代，目前已被广泛用于食品、医药、香料、石油中多种组分的提取分离，如脱除咖啡豆中咖啡因，鱼油中EPA（二十碳五烯酸）和DHA（二十二碳六烯酸）的提取，从植物中提取药用成分、香精香料等。在我国，超临界流体萃取中药材研究最早是在20世纪80年代后期，比较成功的例子是对丹参酮和青蒿素的提取。此外，超临界流体萃取用于中草药方面还包括提取分离浓缩、脱除有机溶剂、去除重金属和灭菌等，进一步与精馏、吸附等其他分离手段结合，可得到高选择性、高纯度的产物。

一、超临界流体萃取的基本原理

1. 超临界流体及其性质 任何一种物质都存在气、液、固三种相态。三相成平衡态的共存点为三相点。气、液两相成平衡态的点为临界点。当流体的温度和压力都处于它的临界温度和临界压力以上时，称其为超临界流体。常被用作超临界流体的溶剂有CO_2、乙烷、乙烯、丙烯等。其中CO_2因其临界条件容易达到、化学性质稳定、价廉易得、安全无毒等优点，成为超临界流体萃取中被普遍使用的溶剂。

超临界流体兼有气、液体两者的特点，表8-1对超临界流体和常温常压下的气体、液体的性质进行简单比较。可以看出，超临界流体的密度接近液体，黏度接近于气体，而扩散系数介于气体和液体之间，比液体大100倍左右，这也就意味着超临界流体具有与液体溶剂相近的溶解能力，同时超临界流体萃取的传质速率远大于其处于液态下的溶剂萃取速率。

表8-1 超临界流体与气体和液体性质的比较

性 质	相 态		
	气体	超临界流体*	液体
密度/$kg \cdot m^{-3}$	1.0	7.0×10^2	1.0×10^3
黏度/$Pa \cdot s$	$10^{-6}\sim10^{-5}$	10^{-5}	10^{-4}
扩散系数/$m^2 \cdot s^{-1}$	10^{-5}	10^{-7}	10^{-9}

* 32℃，17.38MPa时的二氧化碳。

超临界流体在其临界点附近，压力和温度的微小变化都会导致流体密度相当大的变化，参见图8-49，从而使溶质在流体中的溶解度也产生相当大的变化，所以可通过控制温度和压力改变溶质的溶解度，这就是超临界流体萃取的依据。

2. 超临界流体萃取的基本原理 超临界流体萃取分离过程的实现是利用超临界流体的溶解能力与其密度的关系，即利用压力和温度对超临界流体溶解能力的影响进行的。

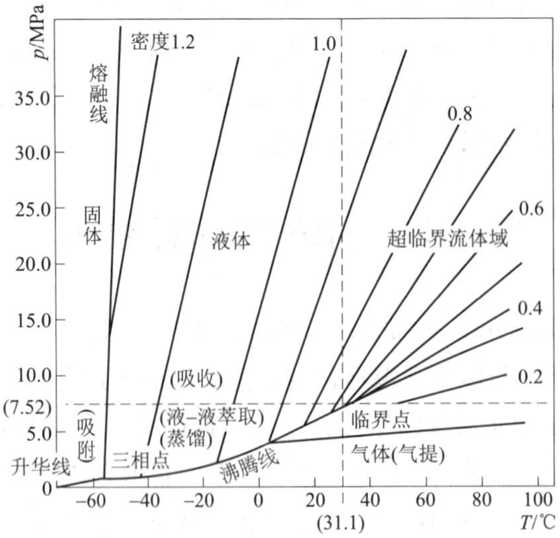

图 8-49　CO_2的压力-温度-密度关系

一般来说，物质的溶解能力与其密度成正比的关系。微小的压力或温度的改变都可以引起超临界流体密度的改变，从低密度的气体状态变化到相当于液体的高密度状态，可以大幅度地改变其溶解能力。也就是说随着压力和温度的改变，流体的溶解能力可发生较大幅度的变化。故可在高压、高密度条件下，溶质在流体中溶解度大，萃取分离所需组分，然后升温或降压引起明显的密度降低，溶质溶解度降低从超临界流体中重新解析出来，使萃取的组分与溶剂分离，实现超临界流体萃取。

二、影响超临界 CO_2流体萃取的主要因素

超临界流体萃取过程中，萃取压力、温度、CO_2流量、操作时间、物料的粒度、夹带剂等都会影响提取结果，具体操作时，需要经过摸索试验才能得到较佳的操作条件。

1. 萃取压力　萃取压力是影响超临界流体萃取的最重要因素。一方面提高压力可以提高流体的密度从而提高对其溶质的溶解度。另一方面压力的提高使得 CO_2流体的极性改变，增强了分子间的相互作用，同样有利于提高超临界流体的萃取能力。但是随着压力的提高，流体的黏度也增加，传质速率下降。再者过高的压力会增加设备的耐高压要求，使生产成本明显提高，同时萃取率增加也有限。所以，需要综合考虑各种因素的影响选择合适的压力。

2. 温度　温度增加，CO_2流体密度降低，对溶质的溶解能力下降。但随着温度的提高，CO_2流体的扩散能力增强，对溶质的溶解能力增大，有利于萃取过程。另外，从物料的角度，提高温度可以提供待萃取组分克服其解离时势垒所必需的热能，并有利于提高其挥发度和扩散能力，有利于提高溶质的溶解度。但同时杂质的溶解度也可能增加，从而降低产品的质量。

3. 操作时间　延长萃取时间，有利于流体与溶质间的溶解平衡，从而提高萃取率。但当萃取达到一定时间后，随着溶质的减少，再延长萃取时间，不但提取率增加缓慢，而且增加了生产中的设备费用和操作费用。

4. 夹带剂　超临界 CO_2流体溶解能力与液态的烷烃相似，适用于低分子量的脂肪烃，低极性的亲脂性化合物的提取，但是对于大多数极性较强的物质，溶解度很小。对此，较普遍和行之有效的解决方法就是向超临界 CO_2流体中添加少量极性溶剂，即夹带剂。一般

来说，夹带剂的加入可以增加目标组分在超临界 CO_2 流体中的溶解度，同时可以提高溶质的选择性。常用的夹带剂有甲醇、乙醇、丙酮、三氯甲烷等有机溶剂，此外水、有机酸、有机碱等也可被用作夹带剂。

三、超临界流体萃取的典型流程

超临界流体萃取过程主要由萃取阶段和分离阶段组成，如图 8-50 所示。在萃取阶段，超临界流体将所需组分从原料中萃取出来；在分离阶段，通过改变某个参数或其他方法，使萃取组分与超临界流体分离，萃取剂循环使用。根据分离方法不同，超临界流体萃取流程可分为等温变压、等压变温和等温等压吸附三种。

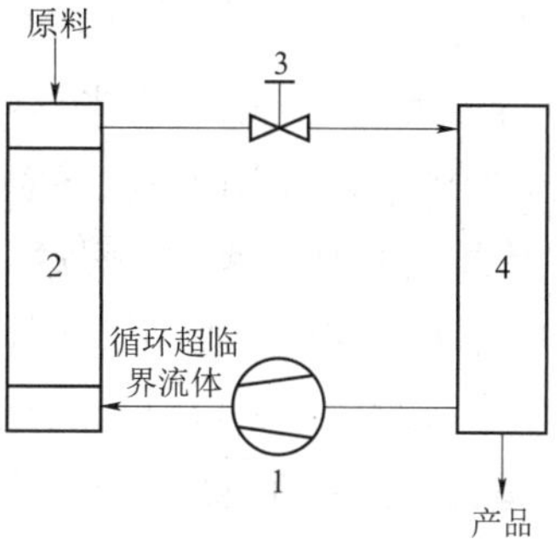

图 8-50 超临界流体萃取的基本过程

1. 压缩机；2. 萃取器；3. 节流阀；4. 分离器

1. 等温变压流程 等温变压流程是利用不同压力下待萃取组分在超临界流体中的溶解度差异，通过改变压力实现组分的萃取和与流体的分离。所谓等温是指在萃取器和分离器中流体的温度基本相同。等温变压流程是最方便的一种流程，如图 8-51a 所示，萃取器中超临界流体与原料接触混合进行萃取，溶解了溶质的超临界流体经减压阀后压力下降，密度降低，溶解能力下降，使溶质在分离器中与溶剂分离，萃取剂经压缩机达到超临界状态并重复上述萃取-分离，达到预定的萃取率为止。

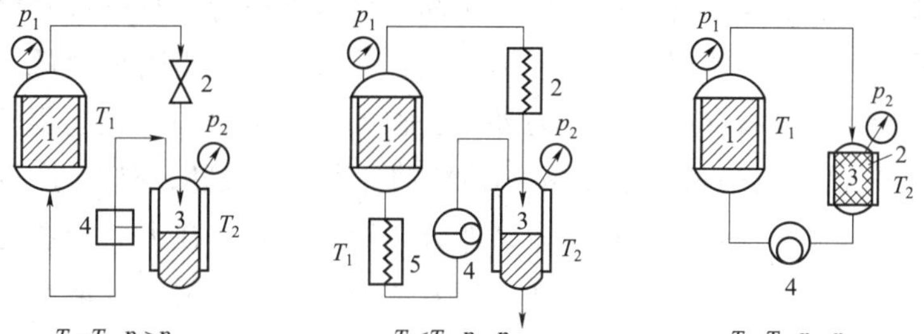

$T_1=T_2, p_1>p_2$　　$T_1<T_2, p_1=p_2$　　$T_1=T_2, p_1=p_2$

a. 等温变压流程　　b. 等压变温流程　　c. 等温等压吸附流程

图 8-51 超临界流体萃取的 3 种基本流程

a：1. 萃取罐；2. 减压阀；3. 分离罐；4. 压缩机

b：1. 萃取罐；2. 加热器；3. 分离罐；4. 泵；5. 冷却器

c：1. 萃取罐；2. 吸收剂，吸附剂；3. 分离罐；4. 泵

2. 等压变温流程 等压变温流程如图 8-51b 所示，在萃取罐和分离罐压力相同情况下，溶质在低温萃取罐中被萃取，在高温的分离罐中与萃取剂分离，萃取剂经压缩和冷却后循环使用。所以该流程是利用超临界流体的溶解能力随温度升高而降低的性质，通过先降温后升温改变溶质溶解度而实现萃取分离的。相反，如果溶质在超临界流体中的溶解度是随着温度升高而增加的，则需要降温才能实现溶质的萃取分离。

3. 等温等压吸附流程 等温等压吸附流程是在分离器中放置仅吸附溶质而不吸附萃取剂的吸附剂，如图 8-51c 所示，溶质在分离器内因被吸附而与萃取剂分离，而萃取剂不被吸附经压缩后循环使用。操作过程中，萃取罐和分离罐中的温度和压力相等，且分离罐中填充的吸附剂需要定期再生。该流程常用于杂质或有害成分的去除。

四、超临界流体萃取的特点

与常规的提取分离方法相比，超临界流体萃取技术具有许多独特的优点，主要表现在以下几方面。

1. 溶解度高 超临界流体具有液体溶剂的高溶解能力，可通过控制压力和温度改变超临界流体的密度，从而改变其溶解能力而实现组分的提取分离。

2. 传质速率高、萃取时间短 超临界流体兼有气、液体的性质，所以具有类似于液体的高溶解能力，同时又保持了气体的传递特性，渗透力强，传质速率高，能更快地达到萃取平衡，大大缩短了萃取时间。

3. 适宜于热敏性物质 超临界流体萃取的操作温度低，系统封闭，排除了遇空气氧化和见光反应的可能性，可避免对热不稳定物质和易氧化成分的破坏。并且在萃取天然产物时能够保持原有的自然香气，这是其他方法无法比拟的。

4. 工艺流程简单、能耗低 通过降压或升温过程溶质就可与萃取剂分离，萃取分离可一步完成，溶剂回收简单方便，节省能源。

5. 无溶剂残留、环保 超临界 CO_2 流体化学性质稳定，无毒，与萃取物分离后不残留在萃取物中，并且可循环使用，几乎不产生新的三废，真正实现生产过程绿色化，特别适合于药物、食品等工业生产。

6. 检测、分离分析方便 能与 GC、IR、MS、GC/MS 等现代分析手段结合起来，高效、快速地进行药物、化学或环境的在线或非在线分析。

超临界流体萃取的缺点主要是设备和操作都在高压下进行，对设备的材质和密封程度要求高，设备的一次性投资费用比较高，折旧大，一般不适合于附加值低、用常规技术就可以很好达到质量和技术指标的产品。另外，超临界流体萃取的研究起步较晚，目前对超临界萃取热力学及传质过程的研究还远不如传统的分离技术成熟，有待进一步的深入研究。

超临界流体萃取技术是一项极具生命力的分离提取技术，在天然产物提取方面显示出强大的优势，尽管其应用大多只停留在重要有效成分或中间原料的提取，处于工业规模的应用也还不是很多，但这一领域的基础研究、应用基础研究和中间规模的实验却异常活跃，显示出了超临界流体萃取技术很大的发展潜力。随着对其研究的不断深入，超临界流体萃取技术将会具有广阔的发展前景和国际市场空间。

思考

18. 除了上述各萃取过程外，你还了解其他萃取过程吗？

重点小结

- 萃取
  - 定义
  - 分类
    - 固-液萃取
    - 液-液萃取
      - 过程
        - 操作步骤
        - 常见物系
        - 主要流程及特点
        - 工业应用
      - 相平衡
        - 三角形坐标及性质
        - 三角形相图（双结点溶解度曲线、辅助线、分配曲线）
      - 过程速率
        - 速率方程
        - 影响因素
        - 萃取剂的选择原则（与分离程度、混合分层、溶剂回收等有关的性质）
      - 工艺计算
        - 萃取剂与溶质完全互溶，与原溶剂不互溶物系
          - 单级萃取流程
          - 多级错流萃取流程
          - 多级逆流萃取流程
        - 萃取剂与溶质完全互溶，与原溶剂部分互溶物系
          - 单级萃取流程
          - 多级错流萃取流程
          - 多级逆流萃取流程
      - 设备
        - 概述（特点、强化、效率及选择）
        - 类型
          - 无外加能量的（填料萃取塔、筛板萃取塔、流动混合式萃取器）
          - 引入外加能量的（脉冲筛板萃取塔、往复振动筛板塔、转盘萃取塔、离心萃取器）

主要符号表

符号	意 义	法定单位
A	溶质或溶质的量	kg 或 $kg \cdot h^{-1}$
a	比界面积	m^{-1}
B	稀释剂或稀释剂的量	kg 或 $kg \cdot h^{-1}$
D	塔径	m
E	萃取相或萃取相的量	kg 或 $kg \cdot h^{-1}$
E'	萃取液或萃取液的量	kg 或 $kg \cdot h^{-1}$
F	原料液或原料液的量	kg 或 $kg \cdot h^{-1}$
H_e	理论级当量高度	m
k	分配系数	无因次
M	混合液或混合液的量	kg 或 $kg \cdot h^{-1}$
N_T	理论级数	无因次
R	萃余相或萃余相的量	kg 或 $kg \cdot h^{-1}$

续表

符号	意　义	法定单位
R'	萃余液或萃余液的量	kg 或 $kg \cdot h^{-1}$
S	萃取剂或萃取剂的量	kg 或 $kg \cdot h^{-1}$
X	组分在萃余相中的质量比	无因次
x	组分在萃余相中的质量分率	无因次
Y	组分在萃取相中的质量比	无因次
y	组分在萃取相中的质量分率	无因次
β	溶剂的选择性系数	无因次
Δ	操作点或净流量	$kg \cdot h^{-1}$
η	萃取效率	无因次
ϕ	溶质的萃取率	无因次

习　题

文字题解

习题解

扫码“练一练”

1. 含 A 组成为 0.4（质量分率，下同）的 A、B 混合液 200kg 与含 C 组成为 0.4 的 A、C 混合液 300kg 进行混合。在三角形坐标中表示：（1）两混合液混合后的总组成点 M_1，并由图中读出其总组成；（2）图解法确定将混合物 M_1 中的 C 组分完全去除所得混合液 M_2 的量和组成。

［答：M_1（$x_A = 0.52$，$x_B = 0.24$，$x_C = 0.24$）；M_2（$x_A = 0.68$，$x_B = 0.32$，$x_C = 0$）380kg］

2. 丙酮-乙酸乙酯-水的三元混合液在 30℃时，其平衡数据如附表所示。

习题 2 附表　丙酮（A）-乙酸乙酯（B）-水（S）在 30℃下的相平衡数据（质量分率）

序号	乙酸乙酯相			水相		
	A	B	S	A	B	S
1	0.00	96.5	3.50	0.00	7.40	92.6
2	4.80	91.0	4.20	3.20	8.30	88.5
3	9.40	85.6	5.00	6.00	8.00	86.0
4	13.50	80.5	6.00	9.50	8.30	82.2
5	16.6	77.2	6.20	12.8	9.20	78.0
6	20.0	73.0	7.00	14.8	9.80	75.4
7	22.4	70.0	7.60	17.5	10.2	72.3
8	26.0	65.0	9.00	19.8	12.2	68.0
9	27.8	62.0	10.2	21.2	11.8	67.0
10	32.6	51.0	13.4	26.4	15.0	58.6

要求：（1）绘制以上三元混合物的三角形相图及辅助线；（2）若将 50kg 含丙酮 0.3，含醋酸乙酯 0.7 的混合液与 100kg 含丙酮 0.1，含水 0.9 的混合液混合，试确定其在相图中的位置并求所得新混合液的总量；（3）以上两种混合液混合后所得两共轭相的组成及质量；

（4）试求该混合液的分配系数和选择性系数。

［答：M（$x_A=0.167$，$x_B=0.233$，$x_S=0.6$）；E（$x_A=0.15$，$x_B=0.1$，$x_S=0.75$）118.1kg；R（$x_A=0.23$，$x_B=0.69$，$x_S=0.08$）　31.9kg；$k_A=0.65$，$\beta=4.5$］

3. 以水为溶剂从丙酮-乙酸乙酯中萃取丙酮，通过单级萃取，使丙酮含量由原料中的0.3降至萃余液中的0.15（均为质量分率）。平衡数据见习题2附表，若原料量为100kg，试求：（1）溶剂水的用量；（2）所获得的萃取相的组成及质量；（3）为获取含丙酮浓度最大的萃取液所需的溶剂用量。

［答：194.1kg；159.6kg，E（$x_A=0.07$，$x_B=0.08$，$x_S=0.85$）；12.3kg］

4. 20℃时醋酸（A）-水（B）-异丙醚（S）的平衡数据如附表所示。

习题4附表　20℃时醋酸-水-异丙醚的平衡数据表（均为质量分率）

序号	水相			有机相		
	醋酸（A）	水（B）	异丙醚（S）	醋酸（A）	水（B）	异丙醚（S）
1	0.69	98.1	1.2	0.18	0.5	99.3
2	1.41	97.1	1.5	0.37	0.7	98.9
3	2.89	95.5	1.6	0.79	0.8	98.4
4	6.42	91.7	1.9	1.9	1.0	97.1
5	13.34	84.4	2.3	4.8	1.9	93.3
6	25.50	71.7	3.4	11.4	3.9	84.7
7	36.7	58.9	4.4	21.6	6.9	71.5
8	44.3	45.1	10.6	31.1	10.8	58.1
9	46.4	37.1	16.5	36.2	15.1	48.7

在三级错流萃取装置中，以纯异丙醚为溶剂从醋酸质量分数为0.3的醋酸-水溶液中提取醋酸。已知原料液的处理量为200kg，每级的异丙醚用量为80kg，操作温度为20℃，求：（1）各级排出萃取相和萃余相的溶质含量及液体量；（2）若用单级萃取达到同样的残液组成，则需要的萃取剂量。

（答：$y_1=0.117$，$x_1=0.258$，$E_1=87.2$kg，$R_1=192.8$kg；
$y_2=0.095$，$x_2=0.227$，$E_2=92.6$kg，$R_2=180.2$kg；
$y_3=0.078$，$x_3=0.2$，　$E_3=91.4$kg，$R_3=168.8$kg；
$S=300$kg）

5. 在多级逆流萃取装置中，以水为溶剂从含丙酮质量分数为0.40的丙酮-乙酸乙酯混合液中提取丙酮。已知原料液的处理量为1000kg·h^{-1}，操作溶剂比（S/F）为0.9，操作温度30℃，要求最终萃余相中丙酮质量分数不大于0.06，试求：（1）所需的理论级数；（2）萃取液的组成；（3）萃取液的流量。

（答：$N_T=5$；$y'=0.62$；　$E'-607$kg·h^{-1}）

6. 在多级错流萃取装置中，以水为溶剂从含乙醛质量分数为0.06的乙醛-甲苯混合液中提取乙醛。已知原料液的处理量为600kg·h^{-1}，要求最终萃余相中乙醛的质量分数不大于0.005。每级水的用量均为125kg·h^{-1}。操作条件下，水和甲苯可视为完全不互溶，以乙醛质量比表示的平衡关系为$Y=2.2X$，试在直角坐标图中用作图法求所需的理论级数。

（答：$N_T=6$）

7. 拟设计一个多级逆流接触的萃取塔，以水为溶剂萃取乙醚与甲苯的混合液，混合液量为 100kg · h^{-1}，组成为含 15% 乙醚和 85% 甲苯（均为质量分数，下同）操作范围内可视水与甲苯视完全不互溶的，平衡关系可用 $Y=2.2X$ 表示，要求萃余相中乙醚的质量分数降为 1%，试求：(1) 最小萃取剂用量；(2) 若实际的溶剂用量 $S=1.5S_{min}$，需要多少理论级数。

（答：$S_{min}=36.5$kg · h^{-1}；$N_T=5$）

第九章　固体干燥

扫码“学一学”

学习目标

1. **掌握**　描述湿空气物理性质的参数及其计算，湿空气的焓湿图及其应用；干燥过程的物料衡算与热量衡算；恒定干燥条件下干燥曲线、干燥速率曲线的测定及干燥时间的计算。
2. **熟悉**　物料中水分的性质及划分方法；临界含水量及其特点；传热、传质过程与干燥速率的关系。
3. **了解**　干燥的分类；干燥过程的传热、传质特点；常用干燥器的结构、特点与适用情况；干燥器的选型与设计的基本要求。

在制药工业里，无论是原料药生产的精烘包环节，还是制剂生产的固体造粒，干燥都被用来实现“在一定时间内将一定量固体物料中的湿分从较高含量降低到规定含量”的工艺目的，是一种不可或缺的单元操作。

实际生产中需要解决的相关问题包括干燥方式的选择、干燥过程中的物料（干燥介质、物料及所去除的水分）衡算、用热与时间的确定以及干燥器的选型与设计等。

以下将分别对这些内容进行探究。

第一节　概　述

干燥是一个借助于热能将物料中的湿分气化并加以排除的过程。干燥的种类很多，通常按如下内容进行分类。

1. 按操作压力分类　干燥按操作压力可分为两种，即常压干燥和真空干燥。利用真空干燥可降低湿分气化温度、提高干燥速度，尤其适用于热敏性、易氧化或终态含水量极低物料的干燥。

2. 按操作方式分类　按操作方式可将干燥分为连续式和间歇式两种。前者适用于大规模连续生产，而后者更适合小批量、多品种的间歇生产，是药品干燥过程经常采用的形式。

3. 按传热方式分类　按热能传给湿物料的不同方式，干燥可分如下四种。

（1）导热干燥（或热传导干燥）　热量经加热壁以热传导方式传给湿物料，使其中的湿分气化，再将产生的蒸气排除，如图 9-1 所示。热效率较高是该法主要优点（70%～80%），但物料容易在加热壁面处因过热而焦化、变质，使用中必须注意。

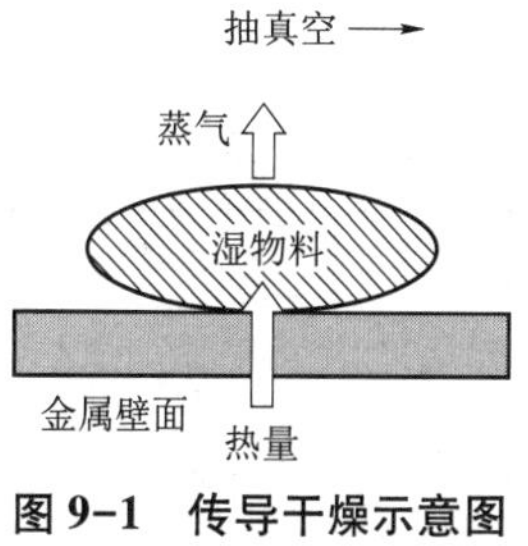

图 9-1　传导干燥示意图

（2）对流干燥　利用载热体以对流传热的方式将热量传递给湿物料，使其中的湿分气化并扩散至载热体中而被带走，如图 9-2 所示。在对流干燥过程中，干燥介质（热空气、烟道气等）既是载热体，又是载湿体。利用此法的优点在于容易调控干燥介质的温度、防止物料过热。缺点是热效率较低（30%～50%），因为有大量的热会随干燥废气排向室外。

（3）辐射干燥　利用辐射装置发射电磁波，湿物料因吸收电磁波而升温发热，致使其中的湿分气化并加以排除，如图 9-3 所示。

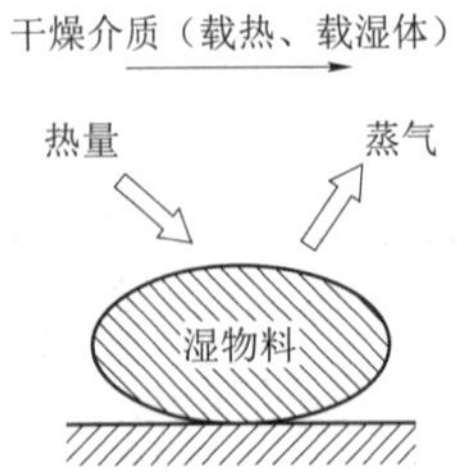

图 9-2　对流干燥示意图

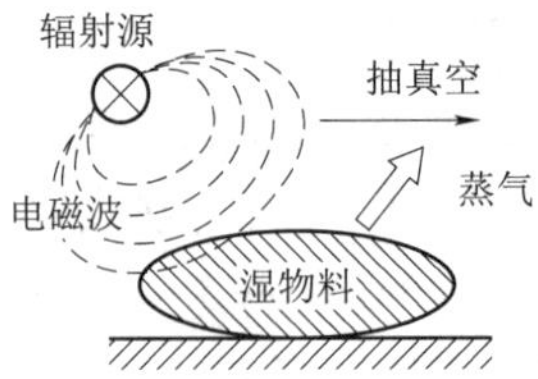

图 9-3　辐射干燥示意图

干燥过程中，由于电磁波将能量直接传递给湿物料，所以传热效率较高。辐射干燥具有干燥速度快、使用灵活等特点，但在干燥过程中，物料摊铺不宜过厚。

以上 3 种方法有一点是共同的，即传热与传质的方向相反。干燥中，热量均由湿物料表面向内部传递，而湿分均由湿物料内部向表面传递。

由于物料的表面温度较高，此处的湿分也将首先气化，并在物料表面形成蒸气层，增大了传热和传质的阻力，所以干燥时间较长。

（4）介电干燥　介电干燥又称为高频干燥。将被干燥物料置于高频电场内，在高频电场的交变作用下，物料内部的极性分子的运动振幅将增大，其振动能量使物料发热，从而使湿分气化而达到干燥的目的。

一般情况下，物料内部的湿含量比表面的高，而水的介电常数比固体的介电常数大，因此，物料内部的吸热量较多，从而使物料内部的温度高于其表面温度。此时，传热与传质的方向一致，干燥速度较快。

通常将电场频率低于 300MHz 的介电加热称为高频加热，在 300MHz～300GHz 之间的介电加热称为超高频加热，又称为微波加热。由于设备投资大，能耗高，故大规模工业化生产应用较少。目前，介电加热常用于科研和日常生活中，如家用微波炉等。

实际生产中，以空气为干燥介质的对流干燥应用最为广泛，而湿物料中被除去的湿分也多为水分。所以，本章将主要讨论干燥介质为空气、湿分为水的常压对流干燥过程。

干燥计算中要掌握的内容包括关于干燥所用的空气、被干燥的物料、干燥过程去除的水分、干燥过程的用热量以及干燥所用时间的计算等。

思考

1. 常用的物料除湿的方法有哪些？
2. 对流干燥的特点是什么？
3. 对流干燥操作中的热能损失主要在哪里？

第二节　湿空气的性质

我们把含有水蒸气的空气称作湿空气，而把湿空气中除水蒸气以外的部分称作干空气。

在干燥的过程中，湿空气里的水气质量不断变化，但干空气质量却不会改变。所以，在干燥计算中，常把干空气作为计算基数。

以下就湿空气的性质进行讨论。

一、水蒸气分压

水蒸气分压（p_w）即湿空气中的水蒸气所产生的压力，单位用 Pa 表示。

实际中，通常利用水蒸气分压来表示湿空气中的水蒸气含量。在一定总压下，水蒸气分压越大，说明湿空气中的水蒸气含量越高。

二、湿度（湿含量）

湿度（H）即 1kg 干空气中所含水蒸气的质量，则湿度的单位为：$kg \cdot kg_{干}^{-1}$。

设：M_w——水蒸气的千摩尔量（$M_w = 18$），$kg \cdot kmol^{-1}$；

M_g——干空气的平均千摩尔量（$M_g = 29$），$kg \cdot kmol^{-1}$；

n_w，n_g——分别为水蒸气及干空气的物质的量，kmol；

p_w，p_g——分别为水蒸气及干空气的分压，kPa；

P——湿空气的总压（$P = p_w + p_g$），kPa；

p_s——水的饱和蒸气压，kPa。

按定义有

$$H = \frac{n_w M_w}{n_g M_g} = \frac{18 n_w}{29 n_g} = 0.622 \frac{n_w}{n_g} \tag{9-1}$$

因常压下的湿空气可视为理想气体混合物，由道尔顿分压定律可知，其各组分的摩尔比应等于分压比，即

$$\frac{n_w}{n_g} = \frac{p_w}{p_g} = \frac{p_w}{P - p_w} \tag{9-2}$$

将式（9-2）代入式（9-1）得

$$H = 0.622 \frac{p_w}{P - p_w} \tag{9-3}$$

当湿空气处于饱和状态时，水蒸气分压与同温度下水的饱和蒸气压相等，$p_w = p_s$。代入式（9-3）得

$$H_s = 0.622 \frac{p_s}{P - p_s} \tag{9-4}$$

由式（9-3）、式（9-4）可知，湿空气的湿度与总压及其中的水蒸气分压有关。当总压一定，水蒸气分压越大，湿度也就越大。湿空气呈饱和状态时，对应的湿度达到最大值 H_s——饱和湿度。

三、相对湿度

相对湿度（φ）即在一定总压下，湿空气中的水蒸气分压与同温度下水的饱和蒸气压

之比的百分数。以下式表示

$$\varphi = \frac{p_w}{p_s} \times 100\% \tag{9-5}$$

相对湿度可以用来衡量湿空气的不饱和程度，当 $p_w = 0$ 时，$\varphi = 0$，表示湿空气中不含水分，此时空气为干空气；当 $p_w = p_s$时，$\varphi = 100\%$，表示空气中的水蒸气分压等于同温度下水的饱和蒸气压，湿空气中水蒸气已达到饱和。

干燥过程中，通常以 φ 值来评估空气容纳水的能力。φ 值愈低，表示该空气偏离饱和程度愈远，空气容纳水的能力越强，越有益于干燥。反之，越不益于干燥。

对饱和空气而言，$\varphi = 100\%$，容纳水的能力为零，不能用于干燥操作。

将式（9-5）、式（9-3）联立得

$$H = 0.622 \frac{\varphi p_s}{P - \varphi p_s} \tag{9-6}$$

由于 p_s是温度的函数，所以上式反映了在一定总压、温度下湿空气 H 与 φ 的关系。知道了空气的相对湿度，就可以求出该总压和温度下的湿度。

根据式（9-5），不难得到这样的结论：因为 p_s随温度的升高而增大，所以对 p_w相同的湿空气而言，温度越高 φ 值就越小，空气容纳水的能力越强。与此相反，在相同的 p_w下温度越低，空气容纳水能力越弱。

可见，生产中把加热后的空气作为干燥介质其实有两个目的：一是为了将热量传递给物料，而另一个则是为了降低 φ，提高空气容纳水的能力。

湿度 H 可作为表示湿空气中水蒸气含量的指标，而相对湿度 φ 则可作为判断湿空气是否能被用作干燥介质及如何处理才能被用作干燥介质的依据。

思考

4. 如何提高湿空气的容水能力，为什么？

四、湿空气的比容

湿空气的比容简称湿比容（ν_H），是指单位质量干空气及所含水蒸气的总体积，以 ν_H 表示，单位为 $m^3 \cdot kg_{干}^{-1}$。

当温度为 t、湿度为 H、总压为 P 时，湿空气的比容即为 1kg 干空气的比容与 Hkg 水蒸气的体积之和。通常情况下，计算湿空气比容时可按理想气体考虑。

按定义，湿比容可由式（9-7）表示。

$$\nu_H = \nu_g + H\nu_v \tag{9-7}$$

式中，ν_H为 1kg 干空气所含水蒸气的体积，$m^3 \cdot kg_{干}^{-1}$；ν_g为干空气的比容（1kg 干空气的体积），$m^3 \cdot kg_{干}^{-1}$；H 为湿空气的湿度，$kg \cdot kg_{干}^{-1}$；ν_v为水蒸气的比容（1kg 水蒸气的体积），$m^3 \cdot kg^{-1}$；

式（9-7）中的 ν_g和 ν_v可用如下方法求得。

对理想气体，根据

$$PV = nRT$$

对标准状态下 1kmol 干空气有：$P=101.33\text{kPa}$，$V=22.4\text{m}^3$，$T=273\text{K}$，$n=1$

代入气态方程得

$$R=\frac{22.4}{273}\times 101.33$$

对压力为 PkPa，温度为 t℃的 Mkg 干空气有：$V=V\text{m}^3$，$T=(273+t)\text{K}$，$n=M/29$。

代入气态方程得

$$PV=\frac{M}{29}R(273+t)$$

整理得

$$\nu_g=\frac{V}{M}=\frac{R(273+t)}{29P}$$

将 $R=22.4\times 101.33/273$ 代入得

$$\nu_g=\frac{22.4\times(273+t)}{29\times 273}\times\frac{101.33}{P}$$

整理得

$$\nu_g=\frac{0.772\times(273+t)}{273}\times\frac{101.33}{P} \tag{9-8}$$

同理，对压力为 PkPa，温度为 t℃的水蒸气可得

$$\nu_v=\frac{1.244\times(273+t)}{273}\times\frac{101.33}{P} \tag{9-9}$$

将式（9-8）、式（9-9）代入（9-7）得

$$\nu_H=\frac{(0.772+1.244H)\times(273+t)}{273}\times\frac{101.33}{P} \tag{9-10}$$

式中，P 为湿空气压力，单位 kPa。对常压湿空气有

$$\nu_H=\frac{(0.772+1.244H)\times(273+t)}{273} \tag{9-11}$$

五、湿空气的比热

湿空气的比热简称湿比热（c_H），是指常压下将 1kg 干空气及所含水蒸气的温度升高 1℃所需要的热量。即

$$c_H=c_g+Hc_v \tag{9-12}$$

式中，c_H为湿空气的比热，$\text{kJ}\cdot\text{kg}_{干}^{-1}\cdot℃^{-1}$；$c_g$为干空气的比热，$\text{kJ}\cdot\text{kg}_{干}^{-1}\cdot℃^{-1}$；$c_v$为水蒸气的比热，$\text{kJ}\cdot\text{kg}^{-1}\cdot℃^{-1}$。

由于常压下 c_g和 c_v在 0~200℃温度范围内变化不大，可视为常数，其值分别为 $1.01\text{kJ}\cdot\text{kg}_{干}^{-1}\cdot℃^{-1}$和 1.88kJ $\text{kJ}\cdot\text{kg}^{-1}\cdot℃^{-1}$。则湿空气的比热为

$$c_H=1.01+1.88H \tag{9-13}$$

六、湿空气的焓

湿空气的焓（I_H）为：1kg 干空气及所含水蒸气的焓之和。即

$$I_H=I_g+HI_v \tag{9-14}$$

式中，I_H 为湿空气的焓，$\text{kJ}\cdot\text{kg}_{干}^{-1}$；$I_g$ 为干空气的焓，$\text{kJ}\cdot\text{kg}_{干}^{-1}$；$I_v$ 为水蒸气的焓，

kJ · kg^{-1}。

在进行工程计算时，为方便起见，通常规定干空气和液态水在 0℃时的焓为零。所以，t℃干空气的焓即 1kg 干空气从 0℃升至 t℃所需的热能

$$I_g = c_g t$$

而 t℃水蒸气的焓则为 1kg 水蒸气从 0℃水变成 t℃水蒸气所需的热能。包括其从 0℃水气化为 0℃蒸气所需的热能，以及从 0℃蒸气升温至 t℃蒸气所需的热能，即

$$I_v = c_v t + \gamma_0$$

式中，γ_0=2490kJ · kg^{-1}，为 1kg 水蒸气在 0℃时的气化潜热。

代入式（9-14）得　　$I_H = c_g t + H(c_v t + \gamma_0) = (c_g + Hc_v)t + H\gamma_0$

整理得

$$I_H = c_H t + H\gamma_0 \tag{9-15}$$

或

$$I_H = (1.01 + 1.88H)t + H\gamma_0 \tag{9-16}$$

七、干球温度与湿球温度

1. 干球温度 t　利用普通温度计测得的湿空气温度，又称湿空气的真实温度。

2. 湿球温度 t_w　由湿纱布包裹感温球的温度计所测得的湿空气温度。

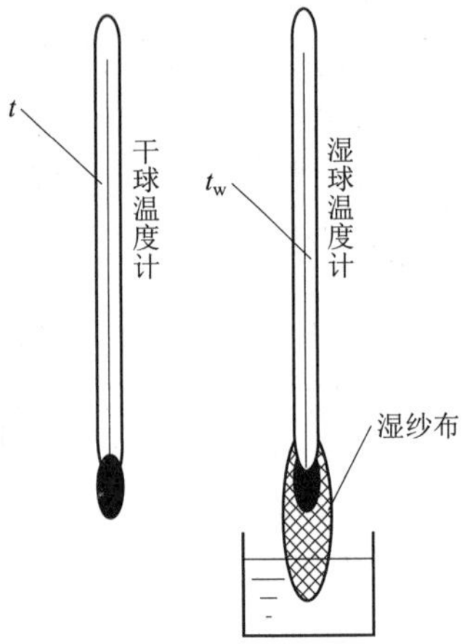

图 9-4　干、湿球温度计

测温装置中的干、湿球温度计如图 9-4 所示，其中的湿球温度计感温球由纱布包裹，而纱布的下端浸于水中，在毛细管作用下，低位水罐中的水会源源不断地向包裹感温球的纱布转移。

湿球温度的形成机制如下。设初状态下水分充足的湿纱布温度与空气温度相同，但表面的水蒸气分压要比空气中的高。当大量温度为 t、湿度为 H 的不饱和湿空气流经湿纱布表面时，其中的水分必然气化，并通过气膜向空气主体扩散，湿纱布也因水分气化吸热而被冷却。当水温下降到低于空气温度时，空气便向湿纱布传递热量，传热的速率与两者温差有关，当空气向湿纱布的传热速率等于湿纱布气化水分所需的传热速率时，湿纱布中的水温保持恒定。此时，湿球温度计所显示的温度就是空气的湿球温度 t_w。

因自湿纱布表面向空气气化的水分及吸收的热量相对大量的湿空气而言，其影响可以忽略不计，故可认为湿空气的 t_w和 H 均不因此发生变化。

应当说明的是，湿球温度是上述热平衡状态下湿纱布中水分的温度，而不是空气的真实温度，更非底罐中水的温度。t_w与湿空气的 t 及 H 有关，当湿空气的温度一定时，湿度愈高，则湿球温度也愈高；当湿空气达到饱和时，则湿球温度和干球温度相等。

若空气的温度为 t，湿球温度为 t_w，则空气向湿纱布表面的传热量为

$$q = \alpha A(t - t_w) \tag{9-17}$$

式中，q 为传热量，kW；α 为空气与湿球间传热系数，W · m^{-2} · ℃$^{-1}$；A 为传热面积，m^2；t 为空气的干球温度,℃；t_w为空气的湿球温度,℃。

与此同时，湿纱布中水分向空气中气化。若空气的湿度为 H，当空气传给湿纱布的热量等于水从湿纱布气化所带走的热量时，与湿纱布表面交界处的空气为水蒸气所饱和，该层空气的湿度为 t_w 温度下的饱和湿度 H_w，则水蒸气向空气的传质速率为

$$N = k_H A(H_w - H) \tag{9-18}$$

而气化水分所需要的热为

$$q = N\gamma_w \tag{9-19}$$

式中，N 为传质速率，$kg \cdot s^{-1}$；k_H 为以湿度差为推动力的传质系数，$kg_{干}^{-1} \cdot s \cdot m^{-2}$；$H_w$ 为 t_w 下湿空气的湿度，$kg \cdot kg_{干}^{-1}$；γ_w 为 t_w 下气化潜热，$kJ \cdot kg^{-1}$。

根据热衡算原理有

空气传给湿纱布的显热=湿纱布中水的气化潜热

将式（9-17）、式（9-18）和式（9-19）代入衡算式并整理得

$$\alpha A(t - t_w) = k_H A(H_w - H)\gamma_w$$

整理得

$$t_w = t - \frac{k_H \gamma_w}{\alpha}(H_w - H) \tag{9-20}$$

上式中的 k_H/α 为同侧气膜传质系数与传热系数之比。

由式（9-20）可知，湿球温度为湿空气的状态函数。当湿空气的温度 t、湿度 H 以及物系常数 k_H 已知——即空气状态已知时，由式（9-20）可求出空气的湿球温度 t_w。由于 k_H 和 H_w 均为湿球温度的函数，所以计算 t_w 时需采用试差法（实际中多直接测得）。

实际的干燥操作中，常采用干、湿球温度计来测量空气的湿度。为减少辐射和热传导的影响，在测量湿球温度时，空气速度要大于 $5m \cdot s^{-1}$，以确保对流效果，使测量结果更为精确。

由式（9-20）可知，空气的 H 越大，则空气的 t_w 越高，当空气达到饱和状态时，$H = H_w$，$(H_w - H) = 0$。即此时湿球温度等于干球温度。

思考

5. 测定湿球温度时，为什么要保证气流速度大于 $5m \cdot s^{-1}$？

八、绝热饱和温度

当湿度为 H、温度为 t 的不饱和湿空气与足量的水在等压绝热饱和器（系统与外界无热交换）中接触，如图 9-5 所示。初时，水分不断地向空气中气化，随着过程的进行，湿空气湿度不断升高而温度则逐渐下降。水分气化所需的潜热完全来自空气降温所放出的显热。对此时的湿空气来说，失去的显热又被气化了的水分以潜热的方式还回，所以焓值保持不变。这一过程被称为绝热（或等焓）增湿过程。

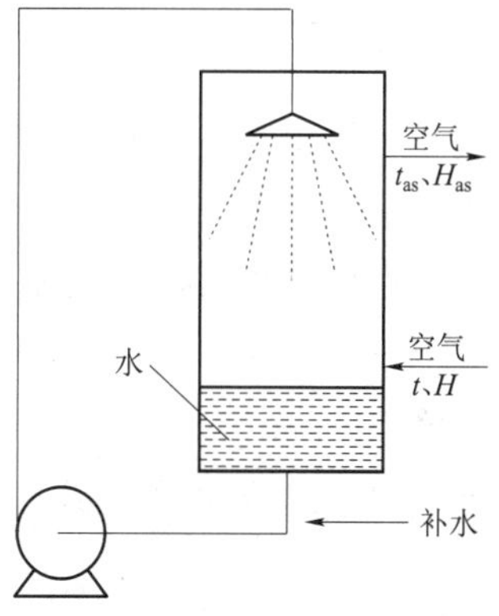

图 9-5　绝热饱和器示意图

当湿空气与水有足够长的接触时间，该湿空气最终

将被气化的水气所饱和（$\varphi=1$），系统达到稳定状态：空气的温度不再下降，且等于循环水的温度。该温度被称作初始状态湿空气的绝热饱和温度，以 t_{as} 表示，相应的湿度也被称作绝热饱和湿度，以 H_{as} 表示。

由式（9-14）可得进入系统的湿空气焓值 I_{H_1} 为

$$I_{H_1}=c_H t+H\gamma_0 \tag{9-21}$$

而湿空气在绝热状态下冷却到 t_{as} 时的焓值 I_{H_2} 可表示为

$$I_{H_2}=c_{as}t_{as}+H_{as}\gamma_0 \tag{9-22}$$

式中，I_{H_1}，I_{H_2} 为湿空气进入、离开系统的焓，$kJ\cdot kg_{干}^{-1}$；γ_0 为 0℃时水的气化潜热，其值约为 $2490kJ\cdot kg^{-1}$；t_{as} 为湿空气的绝热饱和温度，℃；H_{as} 为湿空气在 t_{as} 时的饱和湿度，$kg\cdot kg_{干}^{-1}$。

由于 H 及 $H_{as}<<1$、由式（9-13）得 $c_H\approx c_{as}$，而对等焓过程有 $I_{H_1}=I_{H_2}$。

将式（9-21）、式（9-22）代入等焓式得

$$c_H t+H\gamma_0=c_H t_{as}+H_{as}\gamma_0 \tag{9-23}$$

整理得

$$t_{as}=t-\frac{\gamma_0}{c_H}(H_{as}-H) \tag{9-24}$$

由式（9-24）看出：绝热饱和温度 t_{as} 是湿空气初始温度 t 与湿度 H 的函数，即当 t、H 一定时，t_{as} 也为定值，它是空气在等焓增湿情况下，绝热冷却至饱和时的温度。

可以看出，式（9-24）与式（9-20）在形式上非常相似。实验表明，对空气和水蒸气系统而言，通常情况下 α/k_H 约为 1.09。对有机液蒸气与空气的混合气而言，通常 $\alpha/k_H=1.67\sim2.09$。

即式（9-20）中 α/k_H 的值接近（$1.01+1.88H$），或 $\alpha/k_H\approx c_H$。由于在一般情况下，式（9-20）、式（9-24）两式中有 $\gamma_w\approx\gamma_0$、$H_w\approx H_{as}$。所以，对于空气-水蒸气系统而言，在一定温、湿度下，湿球温度近似于绝热饱和温度，即

$$t_w\approx t_{as} \tag{9-25}$$

对于非水蒸气-空气系统，因 $\alpha/k_H\neq c_H$，故 $t_w\neq t_{as}$。对水蒸气和有机溶剂蒸气的系统，通常认为 $t_w\geqslant t_{as}$。

尽管绝热饱和温度和湿球温度是两个完全不同的概念，但两者均为初始状态下湿空气的温度和湿度的函数。特别对水蒸气-空气系统来说，在数值上两者近似相等，实际中经常利用这一点来简化水蒸气-空气系统的干燥计算。

九、露点

在总压和湿度不变的条件下，使湿空气降温至饱和状态，所对应的温度被称为露点。

露点用 t_d 表示，与之对应的饱和湿度则用 H_d 表示。

露点形成过程的特点是湿空气的 H 为常数。由于温度下降，湿空气的相对湿度会随之升高，当 φ 达到 100%时（达到饱和状态），空气中出现露滴。所以，此时的温度被称为湿空气的露点。

与 t_d 对应的 H_d 可利用式（9-3）求得

$$H_d=0.622\frac{p_{sd}}{P-p_{sd}}$$

式中，H_d为湿空气的饱和湿度（即 t_d下湿空气的湿度），kg · $kg_{干}^{-1}$；P 为湿空气的总压，kPa；p_{sd}为露点温度下水的饱和蒸气压，kPa。

重要结论：对湿空气有 $t>t_w=t_{as}>t_d$；对饱和空气有 $t=t_w=t_{as}=t_d$。

思考

6. 表示湿空气性质的特征温度有哪几种？各自的含义是什么？
7. 湿空气的温度及湿度对绝热饱和温度有何影响？
8. 对于空气-有机溶剂系统，绝热饱和温度与湿球温度是否近似相等？为什么？

例题 9-1　已知湿空气的总压为 101.33kPa，相对湿度为 50%，干球温度为 20℃。试求：（1）水蒸气分压 p_w（kPa）；（2）湿度 H（kg · $kg_{干}^{-1}$）；（3）焓 I_H（kJ · $kg_{干}^{-1}$）；（4）预热器将湿空气从 20℃ 加热到 117℃，并假设其中的干空气流量为每小时 500kg，求所需的热量 Q（kW）；（5）每小时送入预热器的湿空气体积 V_H（$m^3 \cdot h^{-1}$）。

解：（1）求水蒸气分压 p_w

根据
$$p_w = \varphi p_s$$

其中，$\varphi=50\%$

由 $t=20$℃ 查附录一中水的饱和蒸气压得：$p_s=2.34$kPa

代入得
$$p_w = 0.50 \times 2.34 = 1.17\text{kPa}$$

（2）求湿度 H

根据
$$H = 0.622\frac{p_w}{P - p_w}$$

其中，$P=101.33$kPa，$p_w=1.17$kPa

代入得
$$H = 0.622 \times \frac{1.17}{101.33 - 1.17} = 0.0073\text{kg} \cdot \text{kg}_{干}^{-1}$$

（3）求焓 I_H

根据
$$I_H = (1.01 + 1.88H)t + 2490H$$

其中，$H=0.0073$kg · $kg_{干}^{-1}$，$t=20$℃

代入得
$$\begin{aligned} I_H &= (1.01+1.88\times0.0073)\times20+2490\times0.0073 \\ &= 38.65\text{kJ} \cdot \text{kg}_{干}^{-1} \end{aligned}$$

（4）求热量 Q

由
$$Q = Lc_H(t_1 - t_0)$$

其中，$L=500\text{kg}_{干} \cdot h^{-1}$（干空气流量），$c_H=(1.01+1.88H)\text{kJ} \cdot \text{kg}_{干}^{-1} \cdot ℃^{-1}$，$t_0=20$℃，$t_1=117$℃

代入得
$$Q = 500 \times (1.01 + 1.88 \times 0.0073) \times (117 - 20) = 49\,651\text{kJ} \cdot h^{-1} = 13.8\text{kW}$$

（5）求湿空气的体积 V_H

根据
$$V_H = L \cdot \nu_H$$

及
$$\nu_H = \frac{(0.772 + 1.244H)(273 + t)}{273} \times \frac{101.33}{P}$$

其中，$L=500\text{kg}_{干}\cdot\text{h}^{-1}$，$P=101.33\text{kPa}$，$t=20℃$

代入得

$$V_H=500\times\frac{(0.772+1.244\times0.0073)\times(273+20)}{273}\times\frac{101.33}{101.33}$$
$$=500\times0.8383$$
$$=419.2\text{m}^3\cdot\text{h}^{-1}$$

第三节　湿空气的焓湿图

一、焓湿图的绘制原理

在干燥过程的计算中，经常用到湿空气的各项参数（如 H、φ、I_H、t_d等）。这些参数尽管可用前述的公式进行计算，但过程繁琐。工程上往往将各参数之间的关系在平面坐标上绘制成图，以便计算。根据坐标选择参数的不同，图的形式也有所不同。

本章重点介绍湿空气的焓湿图（I_H-H 图），如图 9-6 所示。

湿空气焓湿图中关联了湿空气-水系统的水蒸气分压、湿度、相对湿度、温度及焓等各项参数。利用此图进行干燥过程的相关计算非常方便。

焓湿图中的横轴为湿空气的湿度 H，单位为 $\text{kg}\cdot\text{kg}_{干}^{-1}$；纵轴为湿空气的焓 I_H，单位为 $\text{kJ}\cdot\text{kg}_{干}^{-1}$。为避免图中线条杂乱难读，$I_H$-$H$ 图采用斜角坐标系，两轴间成 135°夹角。为了方便起见，使用中将横轴上 H 的数值投影到与纵轴正交的辅助水平轴上读取。

应当注意，该图是基于总压 $P=101.33\text{kPa}$ 绘制的，图上的任何一点，都代表着特定的湿空气状态。当系统的总压偏离较大时，不能直接使用。

I_H-H 图由 5 种关系线所组成，现分述如下。

1. 等湿度线（等 H 线） 等 H 线为一系列平行于纵轴的直线。在同一条等 H 线上各点的湿度相同，其值在辅助水平轴上读取。

由露点的定义可知，不同状态的湿空气，如湿度相同则露点相同。因此，在同一条等 H 线上，湿空气的 t_d 为一定值。

2. 等焓线（等 I_H 线） 等 I_H 线为一系列平行于斜轴的直线。在同一条等 I_H 线上各点的焓值相同，其值在纵轴上读取。

3. 等温线（等 t 线） 将式（9-16）改写为

$$I_H=1.01t+(1.88t+2490)H \tag{9-26}$$

由式（9-26）可知，当空气的干球温度不变时，I_H 与 H 成直线关系，故在 I_H-H 图中对应不同的 t，可作出许多等温线。

不同温度的等温线均倾斜于水平轴，其斜率为（$1.88t+2490$），且随温度的升高而加大。因此，各等 t 线互相之间并非平行的。在一般情况下，因 $1.88t<<2490$，即斜率随温度的变化不大。所以，作图计算时各等 t 线可视作平行。

4. 等相对湿度线（等 φ 线） 等相对湿度线是一组从坐标原点散发出来的曲线，根据式（9-6）绘制而成。

根据式（9-6）

$$H=0.622\frac{\varphi p_s}{P-\varphi p_s}$$

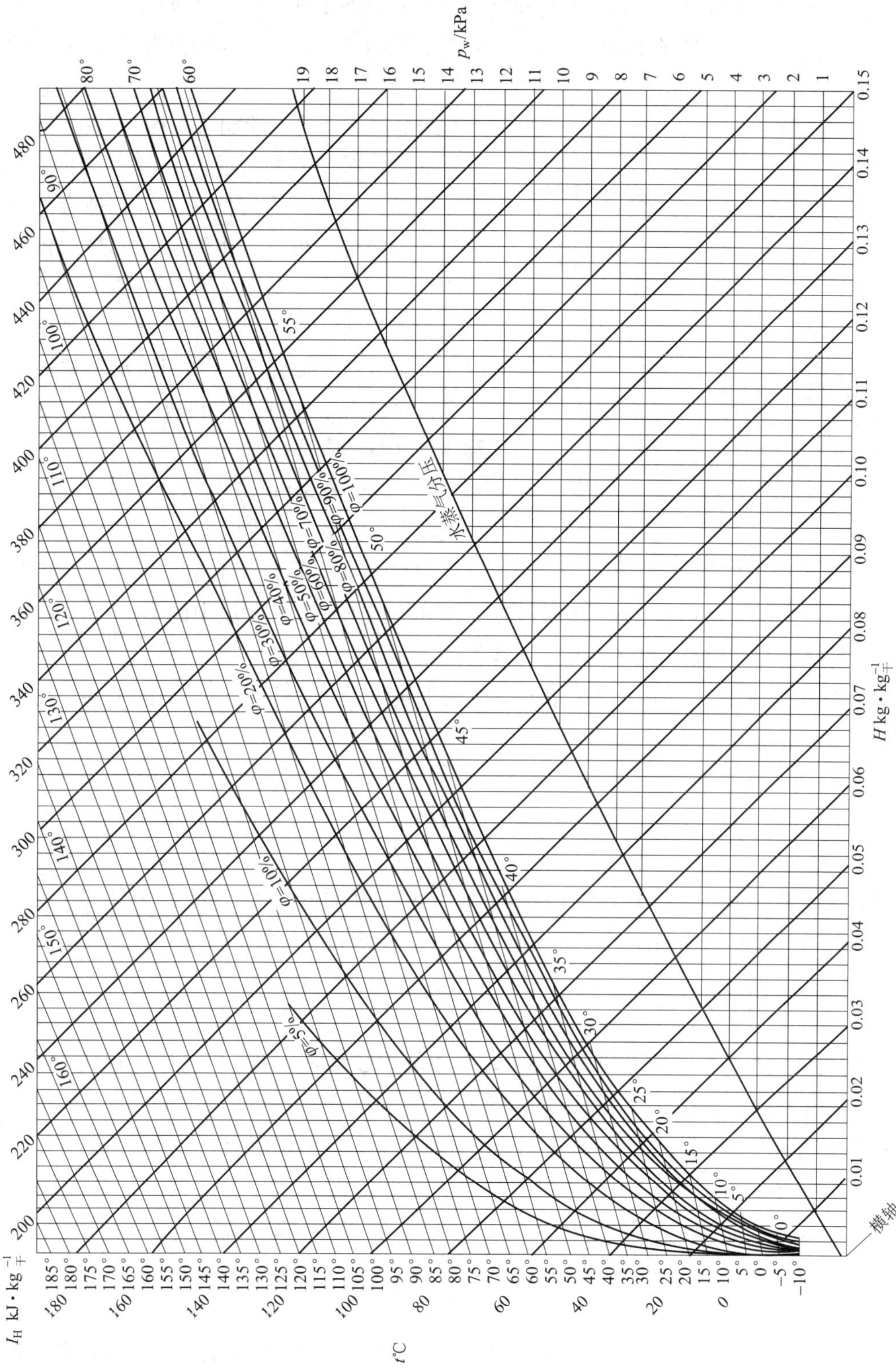

图 9－6　湿空气的焓湿图（I_H－H图）

常压下，上式各物理量的函数关系可简写成 $\varphi=f(H, p_s)$。由于 p_s 仅与湿空气温度 t 有关，所以又可写成 $\varphi=f(H, t)$。

如 φ 值一定，则给出一个温度 t_i 就可查到一个对应的饱和水蒸气压 p_{si}，并可代入上式算出一个对应的 H_i 值。将多个由 (t_i, H_i) 汇聚起来的 A_i 点连接，就可作出该 φ 值下的等相对湿度线，如图 9-7 所示。

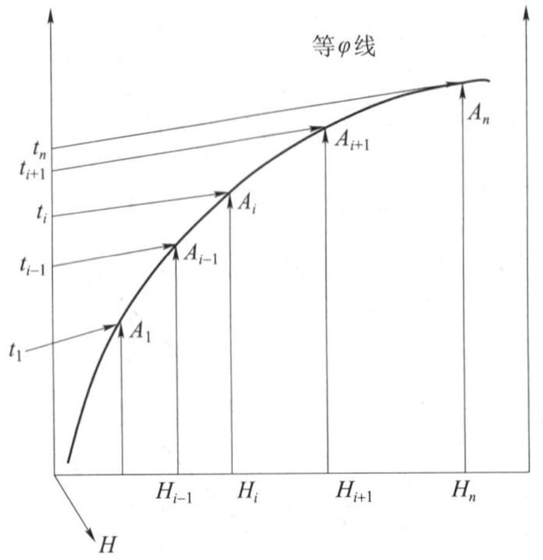

图 9-7 等相对湿度线的绘制

按上述方法，可绘出 $\varphi=5\%\sim100\%$ 的一系列等 φ 线，图 9-6 中所示。

当湿空气的 H 为定值时，其 φ 值会随温度的升高而降低。可见，将湿空气加热后再作为干燥介质，会提高其吸收水气的能力。故在实际生产中，通常先用预热器将湿空气加热，利用这个等湿的升温过程使其相对湿度降低，然后再让它进入干燥器对物料进行干燥，即益于载热，又益于吸湿。

$\varphi=100\%$ 的等相对湿度线被称为湿空气的饱和线。此线上各状态点的空气均被水气所饱和。

饱和线以上部分为不饱和区，此域中的湿空气 $\varphi<100\%$，能作为干燥介质。饱和线以下部分为过饱和区，此域中的湿空气已呈雾状，物料接触后会增湿、返潮，故不可用于干燥操作。

5. 水蒸气分压线 该曲线可表示湿空气的湿度与其水蒸气分压之间的关系，可按式（9-3）作出，方法如下。

先将式（9-3）可改写为

$$p_w=\frac{HP}{0.622+H}$$

由上式可见，当总压 P 不变时，水蒸气分压 p_w 随 H 而变化，当 $H<<0.622$ 时，两者几乎成直线关系，如图 9-6 所示。p_w 可凭借 H 直接在右侧坐标上查读。

二、焓湿图的使用

1. 利用湿空气在焓湿图上的状态点查取对应的状态参数 如图 9-8 中 A 点代表某状态的湿空气，其各状态参数可通过以下方法确定。

（1）干球温度 t　过 A 点向左作等温线与纵轴相交，即可读出干球温度值 t_A。

（2）湿度 H　由 A 点作等湿度线向下与水平辅助轴相交于点，即可读出其湿度值 H_A。

（3）焓值 I_H　过 A 点作等焓线，与纵轴相交即可读出其焓值 I_{HA}。

（4）相对湿度 φ　由 A 点作等相对湿度线，参照上下等 φ 线，即可读出其相对湿度值 φ_A。

（5）水蒸气分压 p_w　过 A 点作等湿度线向下与水蒸气分压线相交，再由交点向右作水平线交于纵轴，即可读出其水蒸气分压值 p_{wA}。

（6）湿球温度 t_w　因为湿球温度与绝热饱和温度近似，所以求解思路也与绝热饱和温度的求解相同：过 A 点作等焓线与饱和线相交 A' 点，由 A' 点向左作等温线交于纵轴，即可读出湿球温度值 t_{wA} 或绝热饱和温度值 t_{asA}。

（7）露点 t_d　过 A 点向下作等湿度线与饱和线（$\varphi=100\%$）相交于 A'' 点，再由 A'' 点向左作等温线与纵轴相交，即可读出露点温度值 t_{dA}。

2. 利用任意两个独立的湿空气状态参数，在焓湿图上确定其状态点　以下通过 4 对相互独立的已知条件，分求 4 个湿空气状态点的例子加以说明。

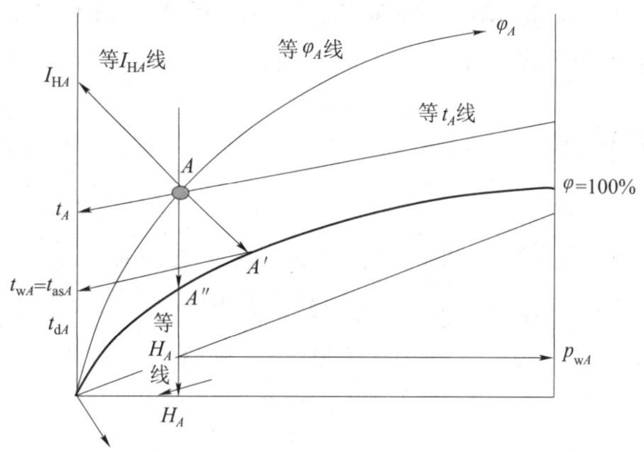

图 9-8　利用湿空气的状态点查取状态参数

（1）已知干球温度 t 和湿球温度 t_w 求 A　这是实际生产中最常用方法。其过程如图 9-9a 所示。①过 t_A 作等 t 线；②过 t_{wA} 作等 t 线交饱和线得 A' 点，过 A' 点作等焓线与等 t_A 线相交即得 A 状态点。

（2）已知干球温度 t_A 和露点 t_{dA} 求 A　其过程见图 9-9b 所示。①过 t_A 作等 t 线；②过 t_{dA} 作等 t 线交 A'' 后，作等 H_A 线交等 t_A 线于 A 点。

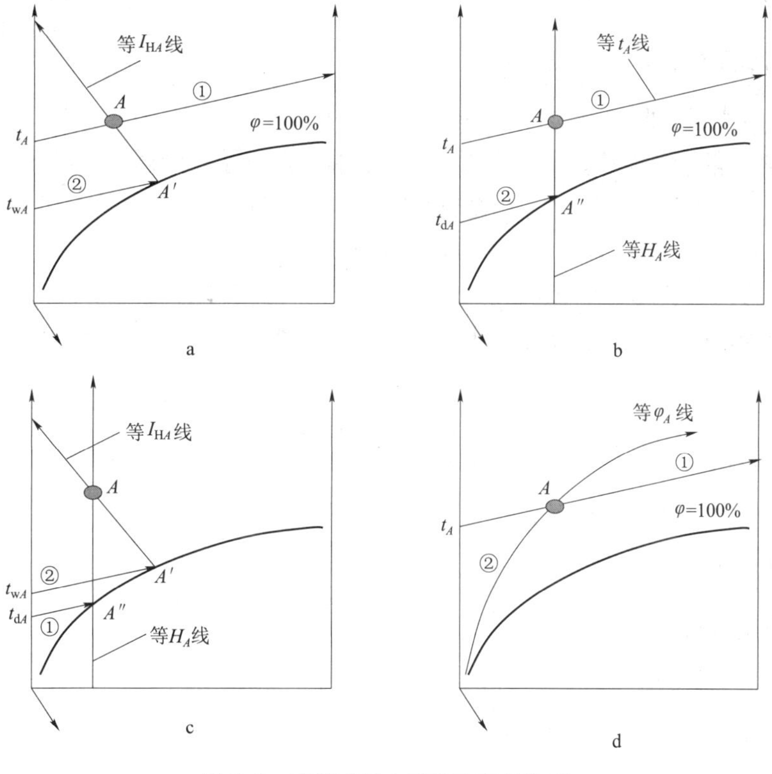

图 9-9　在焓湿图上确定空气状态点

（3）已知湿球温度 t_{wA} 和露点 t_{dA} 求 A　这是较有难点的方法。其过程见图 9-9c 所示。结合（1）、（2）中得到的等焓线（I_{HA} 线）和等湿度线（H_A 线），相交即得 A 状态点。

（4）已知干球温度 t_A 和相对湿度 φ_A 求 A，此过程见图 9-9d 所示。过程同（1），②线为等 φ_A 线。

由上述可知，利用两个湿空气的独立参数及焓湿图，可方便地求出其他参数。

必须指出的是：并非任意一对参数都是独立的，如 t_d 和 H、p_w 和 H、t_d 和 p_w、t_w 和 I_H

等，相互之间就不是独立的。在 I_H-H 图上彼此处在同一条等 H 或等 I_H 线上，因此不能用于确定空气的状态点。

思考

9. 利用焓湿图如何求得某状态下的湿空气的湿球温度？

10. 若湿空气的 t、H 不变，总压减小，湿空气焓湿图上的各种曲线将如何变化？在相同条件下，减小压力对干燥操作是否有利？为什么？

第四节　干燥计算

本节以对流干燥为主，所讨论的内容包括四部分：即物料衡算、热量衡算、干燥器的热效率以及干燥时间的计算。

一、物料衡算

（一）物料的含水量

表示物料含水量有两种方法。

1. 湿基含水量 w　湿基含水量是指 1kg 湿物料中所含水分的质量。即

$$w=\frac{\text{湿物料中水分的质量}}{\text{湿物料的质量}} \tag{9-27}$$

式中，w 为湿基含水量，$kg \cdot kg_{湿}^{-1}$。

2. 干基含水量 X　干基含水量 X 是指 1kg 绝对干燥物料（不含水分的物料）中所含水分的质量。即

$$X=\frac{\text{湿物料中水分的质量}}{\text{绝对干燥物料的质量}} \tag{9-28}$$

式中，X 为干基含水量，$kg \cdot kg_{绝}^{-1}$。

两者的换算关系为

$$w=\frac{X}{1+X} \tag{9-29}$$

或

$$X=\frac{w}{1-w} \tag{9-30}$$

在实际生产中，因测试方便等原因，物料中的含水量通常用湿基含水量表示。但在干燥过程中，由于湿物料的总质量会因失去水分而逐渐减少，而绝干物料的质量却不变，将其作为计算基数十分方便，故在计算时多使用干基含水量。

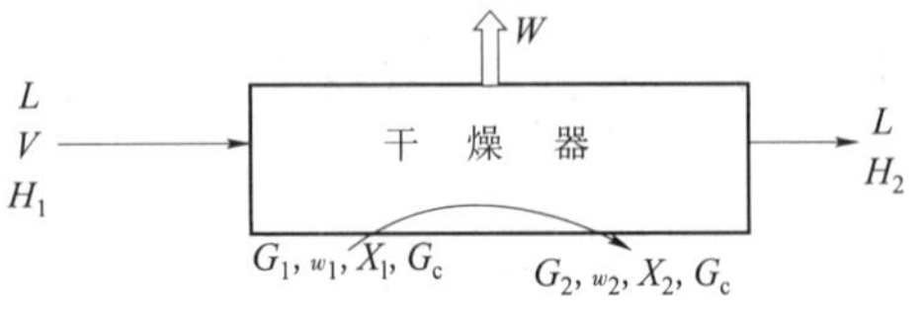

图 9-10　干燥系统

（二）物料衡算

设干燥系统如图 9-10 所示，且图中物理量的含义如下所示。

G_1，G_2——单位时间进、出干燥器的湿物料质量，$kg \cdot s^{-1}$（实际生产中，G_1常被称作干燥器的处理量或物料量，而 G_2常被称作干燥器的产量或生产能力等）；

G_c——绝干物料量，$kg_{绝} \cdot s^{-1}$；

w_1，w_2——干燥前后物料的湿基含水量，$kg \cdot kg_{湿}^{-1}$；

X_1，X_2——干燥前后物料的干基含水量，$kg \cdot kg_{绝}^{-1}$；

L——进、出干燥器的干空气的质量流量，$kg_{干} \cdot s^{-1}$；

H_1，H_2——进、出干燥器的湿空气的湿度，$kg \cdot kg_{干}^{-1}$；

W——单位时间水分气化量，$kg \cdot s^{-1}$；

V——干燥器用湿空气量，$m^3 \cdot s^{-1}$。

1. 干燥器产品量 G_2的计算　假定干燥过程无物料损失，即干燥前后物料中绝干物料的质量不变，则

$$G_c = G_1(1 - w_1) = G_2(1 - w_2) \tag{9-31}$$

由式（9-31）可得

$$G_2 = G_1 \frac{1 - w_1}{1 - w_2} \tag{9-32}$$

2. 气化水分量 W 的计算

由总物料衡算得　　$G_1 = G_2 + W$　或　$W = G_1 - G_2$

则水分气化量为

$$W = G_1 \frac{w_1 - w_2}{1 - w_2} \quad 或 \quad W = G_2 \frac{w_1 - w_2}{1 - w_1} \tag{9-33}$$

若以干基含水量表示，则　　$W = G_c(X_1 - X_2)$　　(9-34)

3. 干空气消耗量 L 的计算　干燥过程中，湿物料中水分的减少量等于空气中水汽的增加量，即

$$W = L(H_2 - H_1)$$

整理得

$$L = \frac{W}{H_2 - H_1} \tag{9-35}$$

4. 湿空气用量 V 的计算

$$V = L\nu_H \tag{9-36}$$

必须注意的是：ν_H为状态函数，随温度 t 和湿度 H 的变化而变化。在 V 的计算时必须说明其所处的位置，如“预热前”、“预热后或干燥器前”以及“干燥器后”等。

如为间歇干燥器，衡算的原则与上述连续干燥器的计算完全相同，以某批物料为衡算基准。

通过物料衡算还可求出湿物料中去除的水分量及空气消耗量等工艺参数，还可为后面的热量衡算奠定基础。

思考

11. 对一定的水分蒸发量及空气的出口湿度，试问应按夏季还是按冬季的大气条件来选择干燥系统的风机?

例题 9-2 某药厂一台连续干燥器，常压操作，处理物料量为 800kg · h^{-1}，要求干燥后物料的含水量由 30%降到 4%（均为湿基）。干燥介质为空气，L 初始温度为 15℃，相对湿度为 50%。经预热器加热到 120℃进入干燥器，出干燥器降温到 45℃相对湿度为 80%，试求：（1）水分气化量 W（kg · h^{-1}）；（2）干燥产品量 G_2（kg · h^{-1}）；（3）干空气消耗量 L（$kg_{干}$ · h^{-1}）；（4）如果鼓风机装在进口处，求风机的送风量 V（m^3 · h^{-1}）。

解：分析如例题 9-2 附图

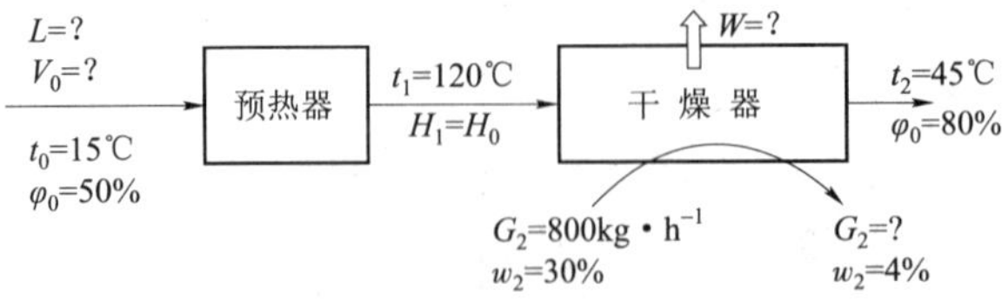

例题 9-2 附图　计算分析

（1）求水分气化量 W

根据
$$W = G_1 \frac{w_1 - w_2}{1 - w_2}$$

其中，$G_1 = 800\text{kg} \cdot \text{h}^{-1}, w_1 = 30\%, w_2 = 4\%$

代入得
$$W = 800 \times \frac{0.30 - 0.04}{1 - 0.04} = 216.7\text{kg} \cdot \text{h}^{-1}$$

（2）求干燥产品量 G_2

根据
$$G_2 = G_1 - W$$

代入得
$$G_2 = 800 - 216.7 = 583.3\text{kg} \cdot \text{h}^{-1}$$

（3）求空气消耗量 L

根据
$$L = \frac{W}{H_2 - H_1}$$

因湿空气的预热过程为等湿升温过程，故 $H_1 = H_0$。

由 $t_0 = 15℃$，$\varphi_0 = 50\%$ 查 I_H-H 图得：$H_1 = H_0 = 0.005\text{kg} \cdot \text{kg}_{干}^{-1}$；

再由 $t_2 = 45℃$，$\varphi_2 = 80\%$ 查 I_H-H 图得：$H_2 = 0.052\text{kg} \cdot \text{kg}_{干}^{-1}$。

代入得
$$L = \frac{216.7}{0.052 - 0.005} = 4610\text{kg}_{干} \cdot \text{h}^{-1}$$

（4）求入口处风机的送风量 V_0

根据
$$V_0 = L\gamma_{H_0}$$

由题意可知，系统为常压操作，则其中

$$\nu_{H_0} = \frac{(0.772 + 1.244H_0) \times (273 + t_0)}{273}$$

即
$$\nu_{H_0} = \frac{(0.772 + 1.244 \times 0.005) \times (273 + 15)}{273} = 0.821\text{m}^3 \cdot \text{kg}_{干}^{-1}$$

代入得
$$V_0 = 4610 \times 0.821 = 3785\text{m}^3 \cdot \text{h}^{-1}$$

二、热量衡算

实际中的对流式干燥系统通常由两部分组成，即预热部分和干燥部分。干燥时，往往通过预热器把 0 状态的湿空气（新空气）加热至 1 状态，然后再送入干燥器对湿物料进行干燥，离开干燥器时变成 2 状态的湿空气（旧空气）。针对上述系统恒定干燥过程的热衡算分析如图 9-11 所示。

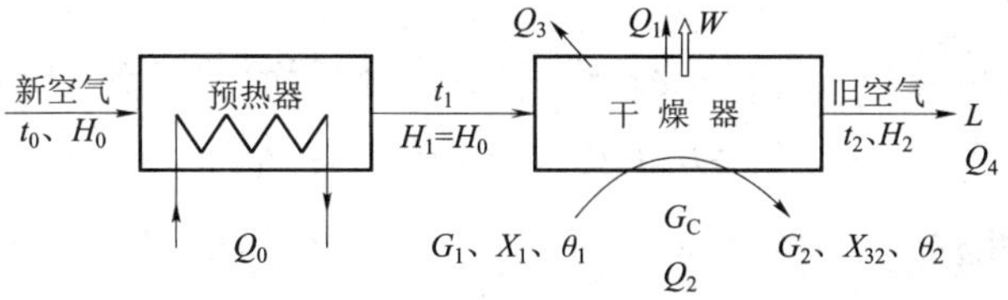

图 9-11　干燥系统热衡算分析

图 9-11 中新定义的物理量有

Q_0——预热器加热新空气的热耗，kW；

Q_1——将 W 水分气化所需热量，kW；

Q_2——升温物料所需热量，kW；

Q_3——干燥器的热损失，kW；

Q_4——旧空气带走的废热，kW；

θ_1，θ_2——湿物料干燥前后的温度，℃。

根据能量守恒原理，对恒定干燥系统有

$$\Sigma \text{加入热量} = \Sigma \text{消耗热量} \tag{9-37}$$

（一）加入热量的计算

系统的加入热量即预热器将流经的新空气从 t_0 加热至 t_1 所消耗的热量。忽略自身的热损失，预热器的热耗 Q_0 可由式（9-38）计算。

$$Q_0 = Lc_{H_0}(t_1 - t_0)$$

或

$$Q_0 = L(1.01 + 1.88H_0)(t_1 - t_0) \tag{9-38}$$

（二）消耗热量的计算

系统消耗热量可分成如下四部分计算。

（1）气化水分所需热 Q_1　Q_1 为将 W 水分从 θ_1 的初态水气化为 t_2 的终态水蒸气所需的热量。即

$$Q_1 = W(I_2 - I_1)$$

式中，I_1，I_2 分别为 W 水分的初、终态焓值，$kJ \cdot kg^{-1}$。

而

$$I_2 = 1.88t_2 + 2490$$

$$I_1 = 4.18\theta_1$$

式中，2490 为 0℃水的气化潜热，$kJ \cdot kg^{-1}$；1.88 和 4.18 分别为水蒸气和水的平均比热，$kJ \cdot kg^{-1} \cdot ℃^{-1}$。

即

$$Q_1 = W(1.88t_2 + 2490 - 4.18\theta_1) \tag{9-39}$$

（2）升温物料所需热 Q_2　Q_2 为将湿物料 G_2 从干燥前的 θ_1 加热至干燥后的 θ_2 所需的热量，即

$$Q_2 = G_c c_m(\theta_2 - \theta_1) \tag{9-40}$$

而

$$c_m = c_s + 4.18X_2$$

式中，c_m 为含水量 X_2 时的物料平均比热，$kJ \cdot kg^{-1} \cdot ℃^{-1}$，$c_s$ 为绝对干燥物料的比热，$kJ \cdot kg_{绝}^{-1} \cdot ℃^{-1}$。

（注：W 水分从 θ_1 升温至 θ_2 所需的热量已包括在 Q_1 中，此处不可再计）

（3）干燥器的热损失 Q_3　Q_3 为热损失，需根据操作现场具体情况按传热相关章节所介绍的方法计算。

（4）旧空气带走废热 Q_4　Q_4 为没起到气化水分作用而被旧空气带走的加入热量，即

$$Q_4 = L(1.01+1.88H_0)(t_2-t_0) \tag{9-41}$$

（三）系统热量衡算

将各热量代入式（9-37）有

$$Q_0 = Q_1 + Q_2 + Q_3 + Q_4 \tag{9-42}$$

将式（9-38）、式（9-41）代入式（9-42）得

$$L(1.01+1.88H_0)(t_1-t_0) = Q_1+Q_2+Q_3+L(1.01+1.88H_0)(t_2-t_0)$$

整理得

$$L(1.01+1.88H_0)(t_1-t_2) = Q_1+Q_2+Q_3 \tag{9-43}$$

因为

$$L = \frac{W}{H_2 - H_1}$$

而

$$H_1 = H_0$$

所以式（9-43）可改写为

$$\frac{t_1 - t_2}{H_2 - H_1} = \frac{Q_1 + Q_2 + Q_3}{W(1.01 + 1.88H_0)} \tag{9-44}$$

式（9-44）表示出恒定干燥条件下，湿空气温、湿度的相互变化关系。

以上的分析过程表明，加入干燥系统的热量被用于加热空气、加热物料、气化水分以及补充干燥系统的热损失等。通过干燥器的热量衡算可以确定物料干燥操作所需要各项热量及分配。为将来设计预热器的传热面积和干燥器尺寸，计算加热介质耗量和干燥热效率等提供了理论依据。

通常情况下，湿空气离开干燥器出口时的状态不易被确定，利用式（9-44）及一个状态参数（如 t_2）求出另一参数（如 H_2），问题就得到解决了。

对理论干燥过程而言，上述情况可直接用焓湿图求解。

所谓理论干燥过程，就是湿空气进出干燥器时焓值不发生变化的干燥过程。湿空气在干燥器内的增湿降温过程在 I_H-H 图上是沿着等焓线进行的，整个过程中湿空气的焓值处处相等，其现象与空气的绝热饱和过程相似。

例如：图 9-12 所示为一理论干燥过程，其中 t_0、H_0 以及 t_1、t_2 均已知。要求用 I_H-H 图来确定其出口状态点。其过程如图 9-13 所示。

图 9-12　理论干燥系统图

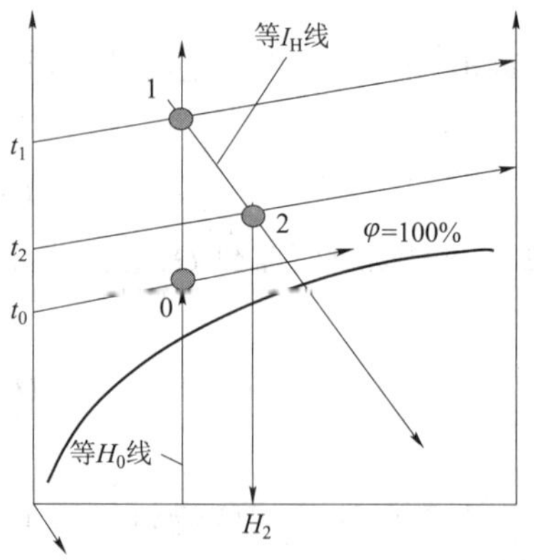

图 9-13　理论干燥湿空气状态的确定

（1）利用 t_0、H_0 在 I_H-H 图做出初状态点“0”。

（2）过“0”点向上作等 H_0 线与等 t_1 线交汇得预热后状态点“1”。

（3）由“1”点向下作等 I_H 线与等 t_2 线交汇即得干燥后状态点“2”。

点 0、1、2 所连成的折线即为上述理论干燥过程中空气状态变化在 I_H-H 图上的表示。

实际生产中的干燥过程都是在非绝热的条件下进行的。只有那些热绝缘良好，且物料进出口温度相近的情况，才可以近似作为理论干燥过程处理。

思考

12. 设空气在干燥器中的状态变化是等焓过程。若湿空气进干燥器的温度 t_1 增大，湿度 H_1 不变，而出干燥器的温度 t_2 不变，空气排出干燥器时的湿度 H_2 将如何变化？空气用量将如何变化？空气带走的热量将如何变化？

例题 9-3　某连续干燥器的生产能力为 4030kg · h^{-1}，干燥前后物料的湿基含水量分别为 1.27%、0.18%。绝对干物料的比热 1.25kJ · kg$_{绝}^{-1}$ · ℃$^{-1}$，物料在干燥器内由 30℃升至 35℃。干燥介质为空气，其初始状态的干球温度为 20℃、湿球温度为 17℃，预热至 110℃后进入干燥器。若离开干燥器的废气温度为 40℃，湿球温度为 32℃。试求：（1）气化的水分量 W（kg · h^{-1}）；（2）干空气用量 L（kg$_干$ · h^{-1}）；（3）干燥器的热损失 Q_3（kW）；（4）若加热蒸气的压力为 196.1kPa，计算预热器的蒸气用量 D（kg · h^{-1}）。

解：分析如例题 9-3 附图所示。

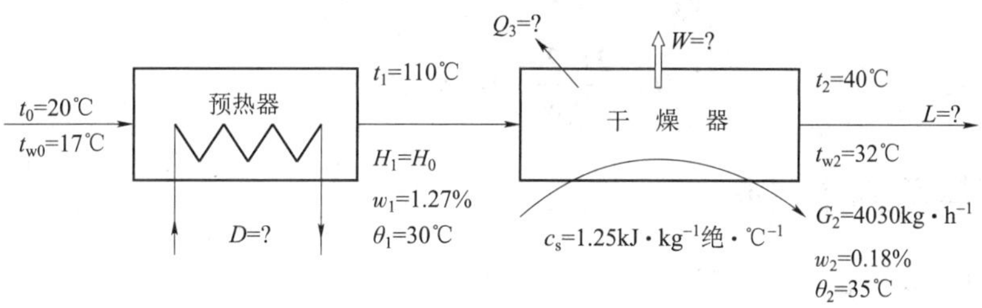

例题 9-3 附图　干燥系统分析

（1）求气化的水分量 W

根据
$$W = G_2 \frac{w_1 - w_2}{1 - w_1}$$

其中，$G_2 = 4030\text{kg} \cdot \text{h}^{-1}$，$w_1 = 1.27\%$，$w_2 = 0.18\%$

代入得
$$W = 4030 \times \frac{0.0127 - 0.0018}{1 - 0.0127} = 44.5\ \text{kg} \cdot \text{h}^{-1}$$

（2）求干空气用量 L

根据
$$L = \frac{W}{H_2 - H_1}$$

因湿空气的预热过程为等湿升温过程，故 $H_1 = H_0$。

由 $t_0 = 20℃$，$t_{w_0} = 17℃$，查 I_H-H 图得：$H_1 = H_0 = 0.011\text{kg} \cdot \text{kg}_{干}^{-1}$；

再由 $t_2 = 40℃$，$t_{w2} = 32℃$，查 I_H-H 图得：$H_2 = 0.03\text{kg} \cdot \text{kg}_{干}^{-1}$。

代入得 $$L=\frac{44.5}{0.03-0.011}=2342\text{kg}_{干}\cdot\text{h}^{-1}$$

（3）求干燥器的热损失 Q_3

根据 $$\frac{t_1-t_2}{H_2-H_1}=\frac{Q_1+Q_2+Q_3}{W(1.01+1.88H_0)}$$

其中，$Q_1=W(1.88t_2+2490-4.18\theta_1)$，$Q_2=G_c(c_s+4.18X_2)(\theta_2+\theta_1)$

而 $t_2=40℃$，$\theta_1=30℃$，$\theta_2=35℃$，$c_s=1.25\text{kJ}\cdot\text{kg}_{绝}^{-1}\cdot℃^{-1}$

$$X_2=\frac{w_2}{1-w_2}=\frac{0.0018}{1-0.0018}=0.0018$$

$$G_c=G_2(1-w_2)=4030\times(1-0.0018)=4023\text{kg}_{绝}\cdot\text{h}^{-1}$$

即 $$Q_1=44.5\times(1.88\times40+2490-4.18\times30)=108571\text{kJ}\cdot\text{h}^{-1}$$

$$Q_2=4023\times(1.25+4.18\times0.0018)\times(35-30)=25295\text{kJ}\cdot\text{h}^{-1}$$

代入得 $$\frac{110-40}{0.03-0.011}=\frac{108571+25295+Q_3}{44.5\times(1.01+1.88\times0.011)}$$

整理得 $$Q_3=168977-108571-25295=35111\text{kJ}\cdot\text{h}^{-1}\approx9.75\text{kW}$$

（4）求预热器的蒸气用量 D

因为 $$Q_0=\text{D}\cdot\gamma$$

其中

$$Q_0=L(1.01+1.88H_2)(t_1-t_0)=2342\times(1.01+1.88\times0.011)(110-20)=217247\text{kJ}\cdot\text{h}^{-1}$$

γ 为水蒸气的冷凝潜热，当压力为 196.1kPa 时，查附录一中水蒸气的物理性质得 $\gamma=2206.4\text{kJ}\cdot/\text{kg}^{-1}$；

代入得 $$D=\frac{217247}{2206.4}\approx98\text{kg}\cdot\text{h}^{-1}$$

三、干燥器的热效率

干燥器的热效率通常定义如下

$$\eta=\frac{Q_w}{\Sigma Q}\times100\% \tag{9-45}$$

式中，Q_w 为气化水分所消耗的热量，kW；ΣQ 为包括预热器和干燥器内中间加热器向干燥系统加入的总热量，kW。

对不采用中间加热器的干燥器而言，比较式（9-38），有

$$\sum Q=Q_0=L(1.01+1.88H_0)(t_1-t_0) \tag{9-46}$$

对气化 W 水分的干燥过程而言，比较式（9-39）有

$$Q_w=Q_1=W(1.88t_2+2490-4.18\theta_1)$$

或 $$Q_w=L(H_2-H_0)(1.88t_2+2490-4.18\theta_1) \tag{9-47}$$

将式（9-46）、式（9-47）代入式（9-45）得

$$\eta=\frac{(H_2-H_0)(1.88t_2+2490-4.18\theta_1)}{(1.01+1.88H_0)(t_1-t_0)}\approx\frac{2490(H_2-H_0)}{(1.01+1.88H_0)(t_1-t_0)} \tag{9-48}$$

由式（9-48）可见，空气离开干燥器时的湿度越高，干燥器的热效率也就越高。但空气湿度过大会减小物料与湿空气间的传质推动力。

由式（9-43）整理得

$$Q_1 = L(1.01 + 1.88H_0)(t_1 - t_2) - (Q_2 + Q_3) \tag{9-49}$$

将式（9-46）、式（9-49）代入式（9-45）得

$$\eta = \frac{L(1.01 + 1.88H_0)(t_1 - t_2) - (Q_2 + Q_3)}{L(1.01 + 1.88H_0)(t_1 - t_0)}$$

或

$$\eta = \frac{t_1 - t_2}{t_1 - t_0} - \frac{Q_2 + Q_3}{L(1.01 + 1.88H_0)(t_1 - t_0)} \tag{9-50}$$

由式（9-50）可见，在忽略物料升温及干燥器热损失影响的情况下，湿空气离开干燥器时的温度越低，干燥器的热效率也就越高。热效率越高，表示干燥系统的热利用率越好。

一般来说，对于吸水性物料的干燥，废气离开干燥器时，温度应高些，而湿度应低些，以确保湿空气拥有较低的相对湿度，益于干燥。通常情况下，空气离开干燥器的温度要比进入干燥器时的绝热饱和温度高20~30℃，以保证干燥系统的后段设备内不会析出液滴并致使产品反潮。

废气中的热量回收对提高干燥器的热效率具有实际意义，生产中常利用部分旧空气再循环的方式来预热冷空气或冷物料，以提高干燥系统的热利用率。此外，注意干燥设备和管路的保温，也会大幅度减少系统的热损失。

思考

13. 干燥过程中热效率低的主要原因是什么？如何有效提高干燥效率？

例题 9-4　试求例题 9-3 中干燥器的热效率。

解：

根据
$$\eta = \frac{Q_w}{\Sigma Q} \times 100\%$$

其中

$$Q_w = Q_1 = W(1.88t_2 + 2490 - 4.18\theta_1)$$
$$= 44.5 \times (1.88 \times 40 + 2490 - 4.18 \times 30) = 108571\text{kJ} \cdot \text{h}^{-1}$$

$$\sum Q = Q_0 = L(1.01 + 1.88H_0)(t_1 - t_0)$$
$$= 2342 \times (1.01 + 1.88 \times 0.011) \times (110 - 20) = 217247\text{kJ} \cdot \text{h}^{-1}$$

代入得
$$\eta = \frac{108571}{217247} \times 100\% \approx 50\%$$

四、干燥时间的计算

（一）物料中水分的性质

固体物料的干燥过程，是其内部水分由内部向表面，再由表面向外部的传递过程。既涉及了物料表面气、固两相间的传热和传质问题，还涉及了物料内部湿分自内部向表面的传递问题。湿分在物料内部所表现出的性质主要与物料的结构及其与湿分的结合方式有关。因此，用干燥方法从物料中去除水分的难易程度因物料结构不同及物料中湿分的性质不同而异。

1. 结合水分和非结合水分 根据水分与物料的结合方式，物料中的水分可分为结合水分与非结合水分。

（1）结合水分 通常是指包括在物料细胞壁内、毛细管中及以结晶水形态存在于固体物料之中的水分等。这种水分是借化学力或物理化学力与固体相结合的，与物料结合力强，其蒸气压低于同温度下纯水的饱和蒸气压，降低了移出水分的传质推动力，所以在干燥过程中较难除去。

（2）非结合水分 通常是指包括在物料表面及颗粒堆积层中空隙里的水分等。这种水分是借机械力与物料相结合的，与物料的结合力弱，其蒸气压与同温度下纯水的饱和蒸气压相同，气化过程与纯水的气化过程相同，所以在干燥过程中较易除去。

直接测定某物料的结合水分与非结合水分是比较困难的，但可根据其特点，利用平衡关系外推得到。

如图 9-14 所示，在一定温度下，由实验测定的某物料的平衡曲线与 $\varphi=100\%$ 的横轴相交，交点左侧的水分即为该物料的结合水分，其蒸气压低于同温度下纯水的饱和蒸气压。交点右侧的水分为非结合水分，非结合水的含量随物料的总含水量而变化。若物料的总含水量为 0.3kg · $kg_{绝}^{-1}$，结合水含量为 0.24kg · $kg_{绝}^{-1}$，则非结合水含量为 0.3-0.24 = 0.06kg · $kg_{绝}^{-1}$。在一定温度下，结合水分与非结合水分的多少与物料性质有关，而与空气状态无关。

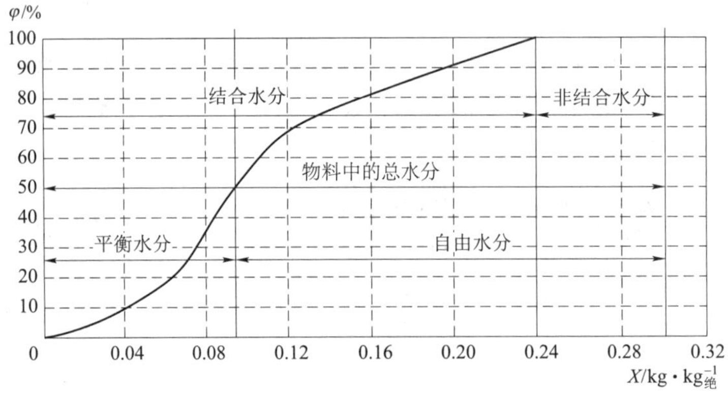

图 9-14 物料中水分的性质

2. 平衡水分和自由水分 根据水分能否被干燥去除，物料中的水分可分为平衡水分与自由水分。

（1）平衡水分 在一定温度下，当湿物料与相对湿度为 φ 的不饱和湿空气接触时，由于其表面的水蒸气压大于空气中的水蒸气分压，所以物料中的水分气化，直到其表面的水蒸气压与空气中的水蒸气分压相等为止。对物料和空气而言，两者中的水分此时已处于动平衡状态，即便再作延时，物料中的水分也不会因与空气的接触而增减。在此状态下，物料中所含的水分被称为该空气状态下的平衡水分。平衡水分是指定空气状态（t，φ）下物料的干燥极限，与物料的种类及空气的状态有关，是干燥过程中无法去除的水分。

对于同一物料，平衡水分会因空气的状态不同而变化。不同物料之间的平衡水分有着很大的差别，某一温度下不同物料的平衡曲线如图 9-15 所示。

（2）自由水分 湿物料中除去平衡水分之外的水分被称为自由水分。自由水分也与物料的种类及空气的状态有关，自由水分存在时，物料表面的水蒸气压始终大于空气中的水蒸气分压。是干燥过程中可以去除的水分。

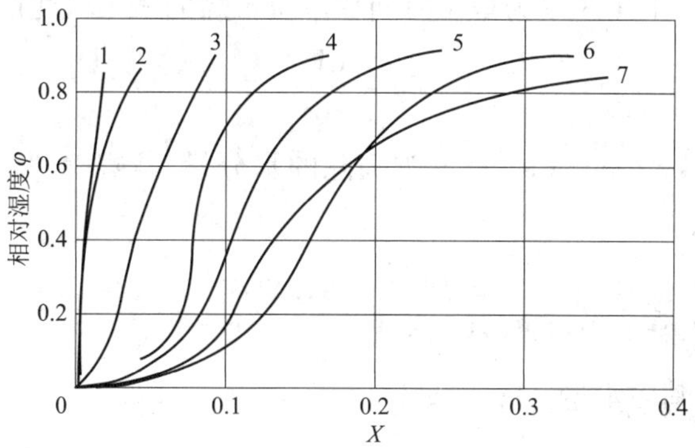

图 9-15 室温下某些物料的平衡含水量与空气相对湿度的关系

1. 石棉纤维板；2. 聚氯乙烯粉；3. 木炭；4. 牛皮纸；5. 黄麻；6. 小麦；7. 土豆

自由水分借助实验测得的平衡水分求得，由已知的物料总含水量 X 减去平衡水分 X^*，即可得该物料的自由水分量。

3. 湿物料中的总水分与各水分的关系 湿物料中所含的总水分按其被去除的难易程度分为结合与非结合水分，按其可否被去除分为自由与平衡水分，即

总水分=结合水分+非结合水分=平衡水分+自由水分

思考

14. 如何区分结合水分和非结合水分？说明理由。

15. 一定的物料，在一定的空气温度下，物料的平衡含水量与空气的相对湿度有何关系？

（二）干燥曲线与干燥速率曲线

干燥计算的内容除了干燥操作及干燥设备参数外，还包括干燥时间。为此必须知道干燥过程的速率——干燥速率。由于干燥机制和干燥过程均比较复杂，干燥速率通常需由实验测得的干燥曲线求取。为了简化影响因素，实验多在恒定干燥条件下进行。所谓恒定干燥，即在干燥过程中系统内干燥介质（热空气）的温度、湿度、流速等状态和操作参数，以及与物料的接触方式等，均保持不变。

1. 干燥曲线 实验中，将湿物料在恒定干燥条件下干燥，随着时间的延续，水分被不断气化，物料的整体质量逐渐减少。将各时间间隔内物料的失重及物料的表面温度记录整理，即得物料含水量 X、物料表面温度 θ 与干燥时间 τ 的关系曲线——干燥曲线，如图 9-16 所示。随着干燥时间的延长，物料中所含水分趋近平衡水分 X^*，自由水分含量趋近于零。

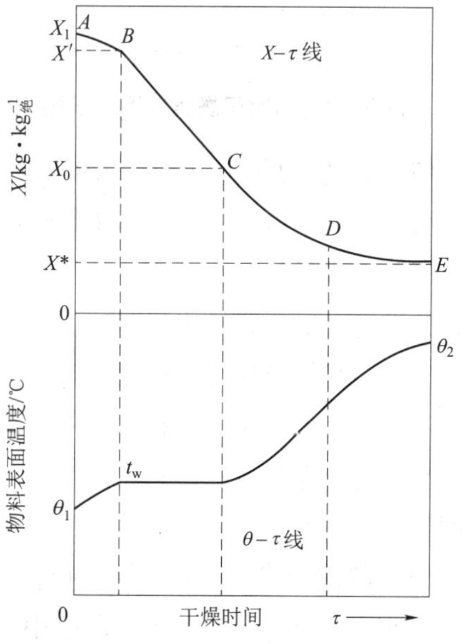

图 9-16 恒定条件下某物料的干燥曲线

2. 干燥速率曲线 干燥速率为单位时间在单位干燥面积上气化的水分量，即

$$u = \frac{dW}{Ad\tau} \tag{9-51}$$

式中，u 为干燥速率，$kg \cdot m^{-2} \cdot s^{-1}$；$W$ 为去除的水分量，kg；A 为干燥面积，m^2；τ 为干燥时间，s。

因为 $dW = -G_c \cdot dX$

G_c——湿物料中绝对干物料量，$kg_{绝}$；

X——湿物料的干基含水量，$kg \cdot kg_{绝}^{-1}$。

代入式（9-51）得

$$u = \frac{-G_c dX}{Ad\tau} \tag{9-52}$$

式（9-52）中的负号表示物料含水量随着干燥时间的增加而减少。

采用实验方法可以测出物料与空气的接触面积 A 和绝干物料的质量 G_c，由干燥曲线如图 9-16 可以求出各点斜率 $dX/d\tau$，再由式（9-52）算出各点处的干燥速率 u，依此可对应图 9-16 的干燥曲线的各点作出图 9-17 的干燥速率曲线。

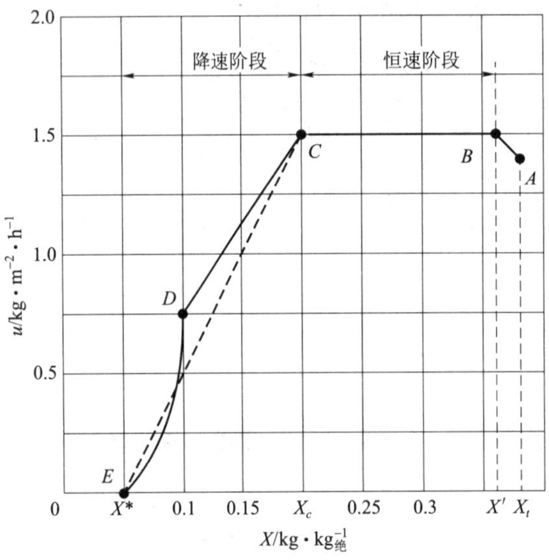

图 9-17 恒定干燥条件下的干燥速率曲线

干燥速率曲线的形状随物料种类的不同而变化，但不论何种干燥速率曲线，通常均可划为三个阶段，即物料的预热阶段、恒速干燥阶段和降速干燥阶段。各阶段在干燥过程中的机制和影响因素各不相同，如图 9-17 所示。

（1）预热阶段 即图中 AB 段。开始时，A 点处的湿物料刚与干燥介质（空气）接触，其温度低于热空气的湿球温度。随着过程的进行，该温度逐渐升高，最后达到湿球温度并维持不变。该段所用时间很短，干燥速率迅速升高至 B 点（含水量为 X'）并保持恒定，此后，干燥过程进入了恒速干燥阶段。

（2）恒速干燥段 即图中 BC 段。在恒速干燥阶段中，初时的物料含水量较高，表面润湿很好，水分由内部迁移到物料表面的速率大于或等于水分从表面向空气中的气化速率，物料表面的状况与湿球温度计的湿纱布表面相似。因此，当物料在恒定干燥条件下被干燥时，如果略去辐射和导热的影响，物料表面的温度 θ 应等于该空气的湿球温度 t_w。物料表面与空气之间的传热传质过程与湿球温度计的机制相同，物料表面蒸气压等于同温度下纯水的蒸气压、干燥速率为相同条件下纯水表面的气化速率。

在恒速干燥阶段中，气化的水分为非结合水分，干燥速率的大小主要取决于空气的性质即物料表面水分的气化速率。所以，恒速干燥段又被称为表面气化控制段。

（3）降速干燥段 随干燥进行，物料中的水分也下降到了一定的程度，干燥速率开始减小，曲线上出现了一折点，即图中的 C 点，该点也被称为临界点，与该点对应的含水量 X_c 被称为物料的临界含水量。换句话说，当物料的含水量低于临界含水量后，干燥速率也

会随物料中水分含量的降低而逐渐减小。

临界含水量通常由实验测定，也可查有关手册。表 9-1 列出了部分物料的 X_c 值。

表 9-1 不同物料临界含水量的范围

有机物料		无机物料		临界含水量 %（干基）
特征	举例	特征	举例	
很粗的纤维	未染过的羊毛	粗核无孔的物料（大于 50 目）	石英	3~5
		晶体的、粒状的、孔隙较少的物料（50~325 目）	食盐、海砂、矿石	5~15
晶体的、粒状的、孔隙较少的物料	麸酸结晶	细晶体有孔物料	硝石、细沙、黏土料、细泥	15~25
粗纤维细粉	粗毛线、醋酸纤维、印刷纸、碳素颜料	细沉淀物、无定形和胶体状态的物料、无机颜料	碳酸钙、细陶土、普鲁士蓝	25~50
细纤维、无定形和均匀状态的压紧物料	淀粉、亚硫酸、纸浆、厚皮革	纸浆、有机物的无机盐	碳酸钙、碳酸镁、二氧化钛、硬脂酸钙	50~100
分散的压紧物料、胶体和凝胶状态的物料	鞣制皮革、糊墙纸、动物胶	有机物的无机盐、触媒、吸附剂	硬脂酸锌、四氯化锡、硅胶、氢氧化铝	100~3000

由图 9-17 可知，降速干燥分为两个阶段，其中的 *CD* 段为第一降速段。由于含水量的下降，物料内部水分向表面的扩散速率此时已小于其表面水分的气化速率，物料表面无法保持全湿润状态，从而形成了干燥区域，此时的实际气化面积已小于物料的表面积，干燥速率也随之下降。

图中的 *DE* 段为第二降速段。由于水分的气化面随着干燥过程的进行逐渐向物料内部迁移，传热、传质的路径和阻力也相应加长、增大。干燥速率随干燥进行不断下降直至 *E* 点，此时，物料的含水量已降至平衡水分 X^*，干燥过程也进行至极限。

降速干燥阶段的干燥速率主要决定于物料本身的结构、形状和大小等，而与空气的性质关系不大。此时，空气传给湿物料的热量大于气化所需的热量，使物料不断升温，最后接近于空气的温度。降速干燥阶段中，干燥速率曲线的形状也随物料结构不同而有所变化，如图 9-18 所示。

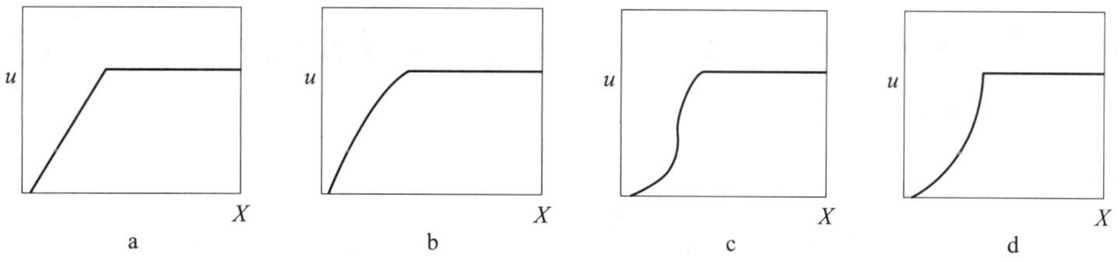

图 9-18 降速干燥阶段干燥速率曲线的种类

由以上讨论可知，在干燥过程中，物料通常要经过预热、恒速干燥和降速干燥 3 个阶段，恒速和降速干燥段是由物料的临界含水量 X_c 来划分的。可见，X_c 是影响物料干燥速率和干燥时间的重要参数。某物料的临界含水量愈大，转入降速干燥段就愈早，在相同的干燥条件下所需的干燥时间也愈长。

临界含水量与物料的性质、厚度和干燥速率有关。在一定干燥速率下，物料愈厚则 X_c 愈高。由物料内水分扩散的理论可以证明，扩散速率与物料厚度的平方成反比，即物料厚度越薄越宜于提高干燥速率。

了解影响 X_c 值的因素，有助于选择强化干燥的措施、开发新型的高效干燥设备、提高干燥速率。

思考

16. 在恒定干燥条件下，对于有恒速干燥阶段和降速干燥阶段的物料，通常采用什么方法缩短干燥时间？

17. 干燥速率对产品物料的性质会有什么影响？

3. 恒定干燥条件下干燥时间的计算 这里所说的干燥时间包括物料的预热时间、恒速和降速干燥的时间，由于预热时间很短，故通常将预热时间与恒速干燥时间合并计算。

（1）恒速干燥阶段的时间 τ_1 设恒速干燥阶段的干燥速率为 u_0（常数），物料的初始含水量为 X_1，由式（9-52）得

$$\tau_1 = \int_0^{\tau_1} d\tau = \int_{X_1}^{X_c} \frac{-G_c dX}{Au_0}$$

积分并整理得

$$\tau_1 = \frac{G_c(X_1 - X_c)}{Au_0} \tag{9-53}$$

式中，τ_1 为恒速阶段干燥时间，s 或 h；A 为干燥面积，m^2；G_c 为绝干物料质量，$kg_{绝}$；X_c 为物料临界含水量，$kg \cdot kg_{绝}^{-1}$。

式中，X_c、u_0 可由干燥速率曲线查得，将两值代入式（9-53）即可求得恒速干燥阶段的干燥时间 τ_1。

例题 9-5 在恒定干燥条件下，测得某物料的干燥速率曲线如图 9-17 所示。若将该物料从初始含水量 $X_1 = 0.38kg \cdot kg_{绝}^{-1}$，干燥至 $X_2 = 0.25kg \cdot kg_{绝}^{-1}$。试求所需的干燥时间（h）。

已知单位面积的绝干物料量为 $21.5kg_{绝}$。

解：由图 9-17 查得，物料的临界含水量为 $0.2kg \cdot kg_{绝}^{-1}$，故本题的干燥过程处于恒速干燥阶段。再由图 9-17 查得恒速干燥速率为 $u_0 = 1.5kg \cdot m^{-2} \cdot h^{-1}$，按题意有 $G_c/A = 21.5kg_{绝} \cdot m^{-2}$。

根据式（9-53）

$$\tau_1 = \frac{G_c(X_1 - X_2)}{Au_0}$$

代入得

$$\tau_1 = \frac{21.5}{1.5}(0.38 - 0.25) = 1.86h$$

（2）降速干燥阶段的时间 τ_2　在降速干燥阶段中，干燥速率 u 随物料含水量的减少而降低或随其自由水分含量（$X-X^*$）的变化而变化。故实验测得的干燥速率曲线可表示成如下的函数形式

$$u=\frac{-G_c\mathrm{d}X}{A\mathrm{d}\tau}=f(X-X^*) \tag{9-54}$$

对式（9-54）积分得 τ_2 为

$$\tau_2=\frac{-G_c}{A}\int_{X_c}^{X_2}\frac{\mathrm{d}X}{X-X^*}=\frac{-G_c}{A}\int_{X_c-X^*}^{X_2-X^*}\frac{\mathrm{d}(X-X^*)}{X-X^*} \tag{9-55}$$

式中，τ_2 为降速阶段干燥时间，s 或 h；X^* 为物料平衡含水量，$kg \cdot kg_{绝}^{-1}$；X_2 为干燥结束时物料含水量，$kg \cdot kg_{绝}^{-1}$。

式（9-55）中的 τ_2 通常可由图解积分法或解析法计算。

①图解积分法　当干燥速率随物料含水量呈非线性变化时，τ_2 应采用图解积分法计算。

如图 9-19 所示，令 $1/f(X-X^*)$ 为纵轴。（$X-X^*$）为横轴，其积分下、上限分别为（X_2-X^*）和（X_c-X^*），所围成的面积（阴影部分）即为积分值。

$$\int_{X_2-X^*}^{X_c-X^*}\frac{\mathrm{d}(X-X^*)}{X-X^*}$$

最后代入式（9-55）求解。

用图解积分法求 τ_2，须事先利用实验获得相应的干燥速率曲线。

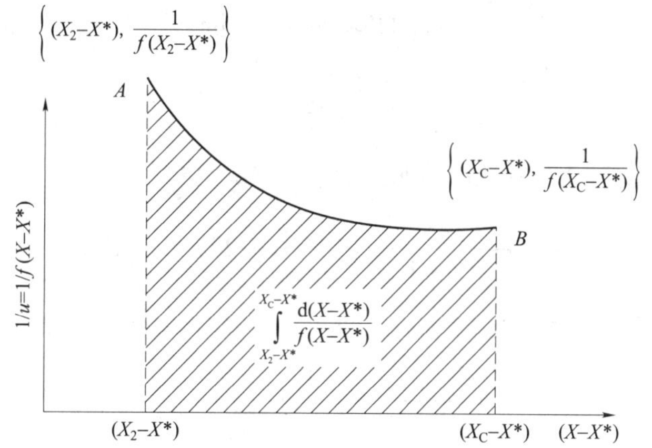

图 9-19　图解积分法计算降速段干燥时间

②解析法　当缺乏物料在降速阶段的相关数据时，可采用近似计算法。先假定在降速阶段中干燥速率 u 与物料中的自由水分量（$X-X^*$）成正比，即将图 9-17 中的 C、E 两点连成直线（图中虚线），以代替降速干燥阶段的干燥速率曲线。即

$$u=K_X(X-X^*) \tag{9-56}$$

式中，K_X 为比例系数（图 9-17 中线的斜率），$kg \cdot m^{-2} \cdot h^{-1} \cdot \Delta X^{-1}$。

当 $X=X_c$，$u=u_0$，代入式（9-56）可得

$$K_X=\frac{u_0}{X_c-X^*} \tag{9-57}$$

将式（9-56）、式（9-57）代入式（9-55）积分并整理得

$$\tau_2 = \frac{G_c(X_c - X^*)}{Au_0}\ln\frac{(X_c - X^*)}{(X_2 - X^*)} \tag{9-58}$$

（3）物料干燥过程所需的总时间　对于连续干燥过程，物料干燥所需的时间为物料在干燥器内的停留时间，即是恒速干燥阶段和降速干燥阶段的时间之和，即

$$\tau = \tau_1 + \tau_2 \tag{9-59}$$

对于间歇干燥过程，还应考虑装卸物料所需的时间 τ'，则每批物料干燥的周期为

$$\tau = \tau_1 + \tau_2 + \tau' \tag{9-60}$$

例题 9-6　某药厂采用间歇操作的方式进行干燥，物料的干燥速率曲线如图 9-17 所示。若将其由含水量从 27% 干燥到 5%（均为湿基），每批湿物料的质量为 200kg，物料干燥表面积为 $0.025\text{m}^2 \cdot \text{kg}_{绝}^{-1}$，装卸时间 1h，试求每批物料的干燥周期（h）。

解：分析由于 $X_2<X_c$，所以该干燥过程包括恒速干燥和降速干燥两个阶段。而每批物料的干燥周期为

$$\tau = \tau_1 + \tau_2 + \tau'$$

（1）求恒速干燥阶段时间 τ_1

根据

$$\tau_1 = \frac{G_c(X_1 - X_c)}{Au_0}$$

其中

$$G_c = G_1(1 - w_1) = 200 \times (1 - 0.27) = 146\text{kg}_{绝}$$

$$A = 0.025 \times 146 = 3.65\text{m}^2$$

$$X_1 = \frac{w_1}{1 - w_1} = \frac{0.27}{1 - 0.27} = 0.37\text{kg} \cdot \text{kg}_{绝}^{-1}$$

由图 9-17 中查得　$X_c = 0.20\text{kg} \cdot \text{kg}_{绝}^{-1}, u_0 = 1.5\text{kg} \cdot \text{m}^{-2} \cdot \text{h}^{-1}$

代入得

$$\tau_1 = \frac{146}{3.65 \times 1.5}(0.37 - 0.20) = 4.53\text{h}$$

（2）求降速干燥阶段时间 τ_2

根据

$$\tau_2 = \frac{G_c(X_c - X^*)}{Au_0}\ln\frac{(X_c - X^*)}{(X_2 - X^*)}$$

其中

$$X_2 = \frac{w_2}{1 - w_2} = \frac{0.05}{1 - 0.05} = 0.053\text{kg} \cdot \text{kg}_{绝}^{-1}$$

$$X_C = 0.20, X^* = 0.05$$

代入得

$$\tau_2 = \frac{146}{3.65 \times 1.5}(0.2 - 0.05)\ln\frac{(0.2 - 0.05)}{(0.053 - 0.05)} = 15.65\text{h}$$

（3）求每批物料的干燥周期 τ

根据

$$\tau = \tau_1 + \tau_2 + \tau'$$

其中

$$\tau' = 1\text{h}$$

代入得

$$\tau = 4.53 + 15.65 + 1 = 21.18\text{h}$$

第五节　干燥器

干燥器的分类方法较多，如按热量传递的方式通常可将其分为以下几类。

（1）对流干燥器　干燥介质（如热空气）以对流方式将热量直接传递给湿物料，使其中的水分气化并加以去除。如厢式干燥器、气流干燥器、流化床干燥器、转筒干燥器和喷雾干燥器等。

（2）传导干燥器　干燥介质（如热空气）通过间壁以热传导方式将热量传递给湿物料，使其中的水分气化并加以去除。如滚筒干燥器、真空耙式干燥器和冷冻干燥器等。

（3）辐射或介电加热干燥器　利用热辐射或电磁波将热量传递给湿物料，使其中的水分气化并加以去除。如红外线辐射干燥、微波干燥器等。

以下对化工、制药生产中几种常用干燥器作重点介绍。

一、厢式干燥器

厢式干燥器（小为烘箱，大为烘房）是一种常压、间歇、对流式干燥器。根据被处理物料的性质、形状和干燥方式，又可将其分成如下几种形式。

扫码“看一看”

（一）厢式（小车式）干燥器

厢式（小车式）干燥器的基本结构如图 9-20 所示，主要由多个长方形的浅盘、箱壳及通风系统（包括风机、分风板和风管等）等组成。干燥时，将物料装入浅盘，料层厚度通常为 10～100mm。新鲜空气由风机吸入，经加热器 5 预热后沿挡板均匀地进入各层挡板 6 之间，在物料上方掠过而起干燥作用；部分废气经排出管排出，余下的循环使用，以提高热利用率。废气循环量可以用吸入口 1 及排出口 2 的挡板进行调节。空气的流速一般为 $1 \sim 10m \cdot s^{-1}$，以物料不被带走为宜。这种干燥器中的料盘被置于可移动的小车盘架 7 上，物料的装卸可在箱外完成，既不占用有效干燥时间，又改善了劳动条件。

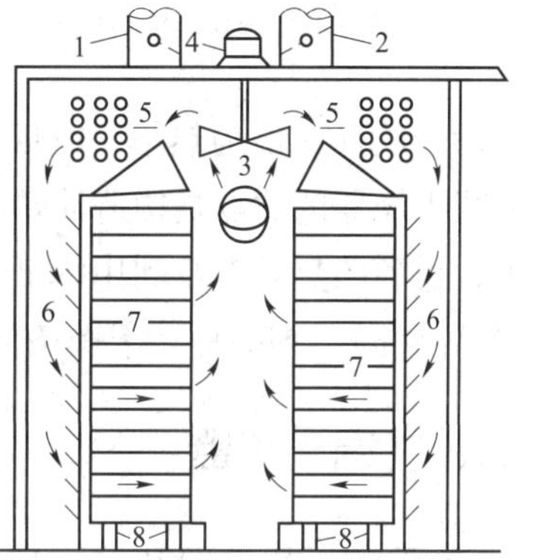

图 9-20　厢式（小车式）干燥器

1. 空气入口；2. 空气出口；3. 风扇；4. 电动机；5. 加热器；6. 挡板；7. 盘架；8. 移动轮

（二）穿流厢式干燥器

该干燥器常用于颗粒状物料的干燥，如图 9-21 所示，将物料装入多孔浅盘（网）1 后铺薄，宜于气流通过物料层，以提高干燥速率。由图 9-21 中可看出，两层物料之间有倾斜的挡板 2，以挡住从一层物料流出的湿空气，使之不会吹入下一层。空气通过网孔的速度一般为 $0.3 \sim 1.2m \cdot s^{-1}$。

（三）厢式真空干燥器

如果被干燥的物料热敏性较强或易氧化、燃烧以及在环保要求需回收干燥尾气的场合，通常采用真空条件下的干燥。在真空下操作的厢式干燥器称为厢式真空干燥器。

厢式真空干燥器的干燥箱是密封的。干燥时，将加热蒸气通入空心结构的浅盘架，借导热方式向浅盘传热并加热物料。操作时利用真空抽出由物料中气化出的蒸气，以维持干燥器中的真空度，确保干燥进行。

（四）洞道式干燥器

将厢式（小车式）干燥器开发为连续或半连续操作，便成为洞道式干燥器，如图 9-22 所示。机体做成狭长的洞道，其中铺设铁轨，一系列载着浅盘或悬挂架的小车 3 连续或间歇地通过洞道，使其中的物料与热空气接触并完成干燥。洞道干燥器容积大，物料在干燥器中可停留较长时间，因此适用于处理量大，干燥时间长的物料。

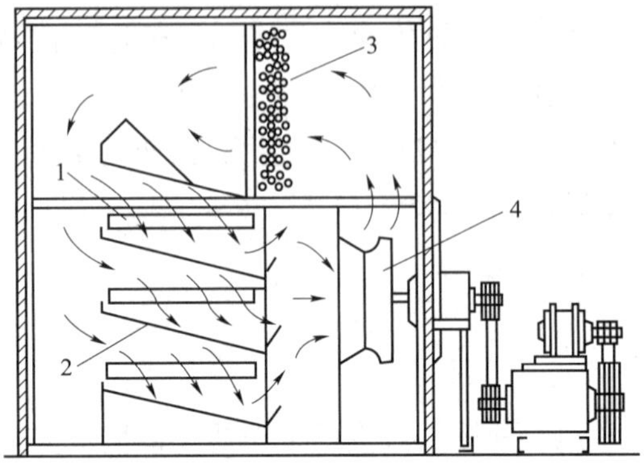

图 9-21　穿流厢式干燥器

1. 多孔浅盘；2. 挡板；3. 加热器；4. 风扇

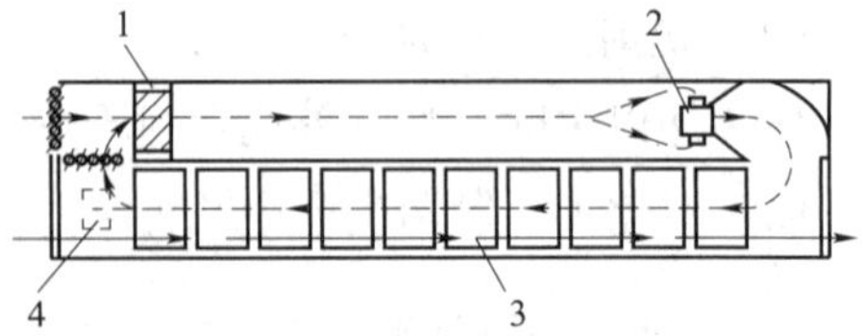

图 9-22　洞道式干燥器

1. 加热器；2. 风扇；3. 装料车；4. 排气口

干燥介质（一般为热空气或烟道气）的气流速度一般要大于 $2m \cdot s^{-1}$。

厢式干燥器的优点是构造简单，设备投资较少，适应性较强。缺点是装卸物料的劳动强度大，设备的热效率及利用率低，产品质量也有不均的现象。通常适用于小规模（洞道式干燥器除外）、多品种、干燥条件变动大及干燥时间长等条件下的干燥操作。

二、气流干燥器

（一）气流干燥装置及其流程

气流干燥是将泥状、粉粒状或块状的湿物料在热气流中分散成粉状，在随热气流做并流运动的过程中同时实现输送和干燥。对于能在气体中自由流动的颗粒状物料，实际中可采用气流干燥方法将其干燥；对于泥状物料需配以粉碎加料装置，将其分散后再送入气流干燥器；而对块状物料则采用装有粉碎机的气流干燥器，其流程如图 9-23 所示。

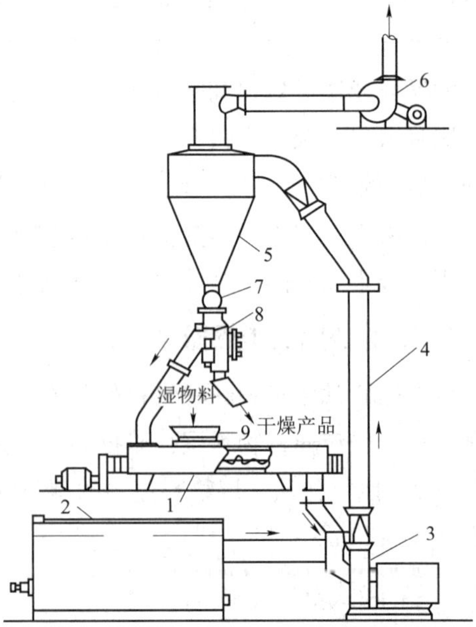

图 9-23　具有粉碎机的气流干燥器

1. 螺旋桨式输送混合器；2. 燃烧炉；3. 球磨粉碎机；4. 气流干燥器；5. 旋风分离器；6. 风机；7. 星式加料阀；8. 固体流动分配器；9. 加料斗

气流干燥器的主体 4 是一根直立的圆筒，湿物料由加料斗 9 加入螺旋输送混合器 1，与一定量的干燥物料混合后进入气流干燥器底部的球磨粉碎机 3。从燃烧炉 2 送出的烟道气（或热空气）同时进入粉碎机，将粉粒状的固体吹入气流干燥器中。高速运动的热气流使物料颗粒分散并悬浮其中，完成与物料间的传热和传质。被干燥的物料随气流进入旋风分离器5后分离并由底部排出。利用固体流动分配器8的作用，可定时排出产品或将其部分送入螺旋混合器以供循环，废气经风机6放空。

气流干燥装置中，加料和卸料操作对于保证连续干燥的稳定操作及干燥产品的质量是十分重要的。图9-24所示的几种常用加料器，均适用于散粒状物料。图9-24中b和d也适用于硬度不大的块状物料，而d还适用于膏糊状物料。

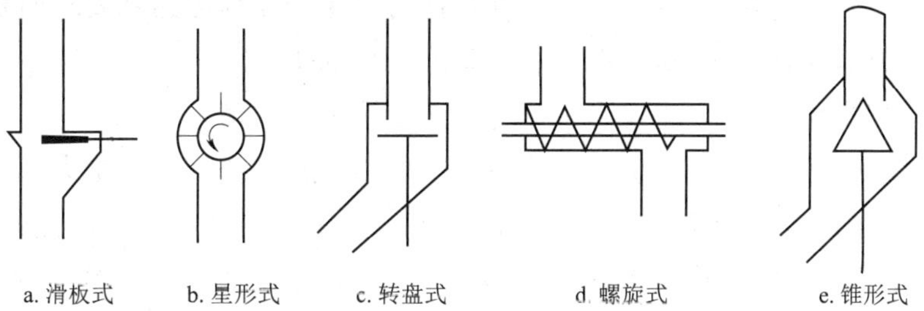

图9-24 气流装置中加料器的形式

（二）气流干燥器的特点

（1）干燥效率高、生产能力强 一方面，气流干燥器中气体的流速较高，通常为20~40m·s^{-1}，被干燥的物料颗粒被高速气流吹起并悬浮其中，因此气固间的传热系数和传热面积都很大。另一方面，由于气流干燥器中的物料被气流吹散，并在干燥过程中被高速气流进一步粉碎，颗粒的直径较小，物料的临界含水量可以降得很低，从而缩短了干燥时间。

对大多数物料而言，在气流干燥器中的停留时间只需0.5~2秒，最长不超过5秒。所以可采用较高的气体温度，以提高气固间的传热温度差。由此可见，气流干燥器的传热速率很高、干燥速率很快，所以干燥器的体积也可小些。

（2）结构简单，造价低 气流干燥器的活动部件少，易于建造和维修，操作稳定且便于控制。

（3）热损失小，热效率高 由于气流干燥器的散热面积较小，热损失低，一般热效率较高，干燥非结合水分时，热效率可达60%左右。

从以上分析可以得出，气流干燥器适于干燥结团不严重又不怕磨损的颗粒状物料，尤其适宜于干燥热敏性物料或临界含水量较低的细粒或粉末状物料。在制药、塑料、食品及染料等工业中应用十分广泛。

气流干燥器也存在着一些缺点和局限。首先，由于气速高以及物料在输送过程中与壁面的碰撞及物料之间的相互摩擦，干燥系统内的流体阻力很大，因此动力消耗较大。其次，干燥器的主体较高，约在10m以上。此外，对粉尘回收装置的要求也较高，且不宜于干燥有毒的物质。

（三）气流干燥器的改进

气流干燥器的干燥管较高，给安装和维修带来了不便。为了降低其高度，已进行了多种改进。

1. 多级气流干燥器 以多段干燥管串联的形式来替代高大的单段式气流干燥器，物料从第一级出口经分离后，投入第二、第三级……，最后从末级出来。干燥管改为多级后，既增加了加速段的数目，又降低了干燥管的总高度，但需增加气体输送及分离设备。目前常用气流干燥设备大多在2~3级。

2. 脉冲式气流干燥器 采用直径交替缩小和扩大的脉冲管代替直管。物料首先进入管径较小的干燥管中，此时气流速度较高，使颗粒产生加速运动。加速运动终了时，干燥管直径突然扩大。由于惯性的作用，该段内的颗粒速度会大于气流速度。当颗粒逐渐减速后，干燥管直径突然缩小，气流又被加速。上述过程交替进行，会保持气体与颗粒间较大的相对速度及传热面积，提高了传热和传质速率。

3. 倒锥形气流干燥器　干燥管呈上大下小的倒锥形，使上升气速逐渐降低，粒度不同的颗粒分别会在管内不同的高度上悬浮并互相撞击，在干燥程度达到要求时被气流带出干燥器。由于颗粒在管内停留时间较长，故可降低干燥管的高度。

4. 旋风式干燥器　气流夹带着物料以切线方向进入旋风气流干燥器时，会产生沿器壁旋转的运动，使颗粒处于悬浮、旋转的状态。在离心加速的作用下，增大了气固两相间的相对速度；颗粒在旋转运动中被粉碎的同时，也增大了干燥面积，从而强化了干燥过程。该干燥器适用于不易磨损的热敏性散粒状物料，但不适于含水量高、黏性大、熔点低、易爆炸及易产生静电效应的物料。目前采用的旋风式干燥器直径多为 300~500mm，最大为 900mm，有时也采用二级串联或与直管气流干燥器串联操作。

三、流化床干燥器

扫码“看一看”

（一）流化床干燥器的工作原理

流化床干燥器又称为沸腾床干燥器，是流态化技术在干燥操作中的应用。图 9-25 所示的为单层圆筒流化床干燥器。湿的散粒状物料由床侧加料器 2 加入，经加热器 4 加热后的热气通过多孔分布板 3 与物料层接触。气体以较低流速通过物料空隙时，颗粒层是静止的，该状态下的颗粒层通常被称为固定床。当气速增加到一定程度后，颗粒开始松动，且会在一定范围变换位置，床层也出现膨胀。当气速进一步增高时，颗粒开始悬浮于上升的气流中，该状态下的颗粒层被称为流化床。由固定床转化为流化床时的气速被称为临界流化气速。只要气流速度保持在临界流化速度与颗粒的带出速度（沉降速度）之间，颗粒即能在床层内形成流化状态。此时的颗粒在热气流中上下翻动并互相混合、碰撞，与热气流进行传热和传质，最终完成干燥。当床层膨胀至一定高度时，床层内的空隙率增大，气流速度开始下降，颗粒重新落回。干燥后的物料由床侧出料口卸出。废气由顶部排出，其中夹带的粉尘在经旋风分离器 6 时得到回收。如果干燥介质（如热空气）的气速升至物料颗粒的自由沉降速度时，颗粒将会被气流从干燥器顶部带出，此时流化床干燥器即变为气流干燥器，相应的气速被称为带出速度。可见，流化床中适宜的气体速度应在临界流化速度与带出速度之间。

（二）流化床干燥器的特点

由于流化床自身具有许多特性，相对其他干燥设备而言也具备许多特点。

优点：①由于床层中的搅动，所以物料表面更新的机会多、与干燥介质接触面积大。流化床拥有很大的体积传热系数（通常可达 2.3~7.0$kW \cdot m^{-3} \cdot K^{-1}$），所以设备传热传质效果好，生产能力高，可以实现小设备大生产的要求；②流化床层内纵向返混激烈，温度分布均匀，对含表面水分的物料，可以使用比较高的热风温度；③流化床的干燥速度大，物料在设备中停留时间短，适用于某些热敏性物料；④在同一个设备中，既可进行连续操作，也可进行间歇操作；⑤物料在干燥器内的停留时间可以调节。对产品含水量要求有变化或物料含水量有波动的场合尤为适用；⑥设备构造简单，投资费用较低，且便于操作和维修。

缺点：①对被干燥的物料颗粒度有一定的限制，通常不小于30μm、不大于6mm；②当物料湿含量高且黏度大时，一般不宜使用；③对黏性大、易结块的物料，设备容易发生结壁和堵床现象；④流化床内物料纵向返混剧烈，易产生物料停留时间不均及未干燥物料随产品一起排出的现象。

（三）流化床干燥器的分类

按被干燥物料的类型，流化床干燥器通常分为三类：粒状物料干燥器、膏状物料干燥器以及流动性物料（如悬浮和溶液等物料）干燥器。这三类流化床干燥器的主要差别在于加料器的不同，其他差别不大。

按干燥操作方式，流化床干燥器通常分为两类：连续式和间歇式。连续操作的干燥器热效率高，生产能力大，适合于大规模生产。但干燥产品易产生湿度不均的现象。间歇操作的干燥器更适用于小批量生产及对产品有湿度均匀要求的情况。但干燥器的热效率低，劳动强度大。

按干燥器的结构和形式，流化床干燥器通常分为以下 7 种：单层圆筒型、多层圆筒型、卧式多室型、喷雾型、惰性粒子型、振动型和气流型。

其中较为常用者有如下三种。

1. 单层圆筒流化床干燥器　该干燥器结构简单，操作方便，生产能力大，基本结构如图 9-25 所示。由于流化床层内物料停留时间不均，所以干燥后所得产品的湿度也不均匀。为避免出现这种情况，须用提高流化层高度的办法来延长颗粒在床内的平均停留时间，但压力损失也随之增大。因此，单层圆筒流化床干燥器更适用于处理量大、较易干燥或干燥程度要求不高的粒状物料。

2. 多层圆筒流化床干燥器　为了改善单层流化床的操作状况，干燥中采用了多层流化床，设备简图及操作流程如图 9-26 所示。湿物料从上层加入，逐渐向下移动，干燥后由下层排出。热气流由底部送入，向上通过各层，从顶部排出。物料与气体逆向流动，层与层之间的颗粒没有混合，但每一层内的颗粒可以互相混合，所以停留时间分布均匀，易于控制产品的质量，可实现物料的均匀干燥。由于气体与物料多次逆流接触，提高了废气中水蒸气的饱和度，所以热利用率较高。

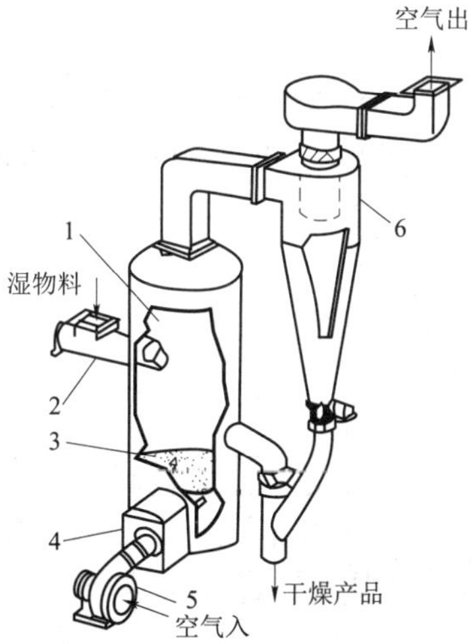

图 9-25　单层圆筒流化床干燥器

1. 流化室；2. 加料器；3. 分布板；4. 加热器；5. 风机；6. 旋风分离器

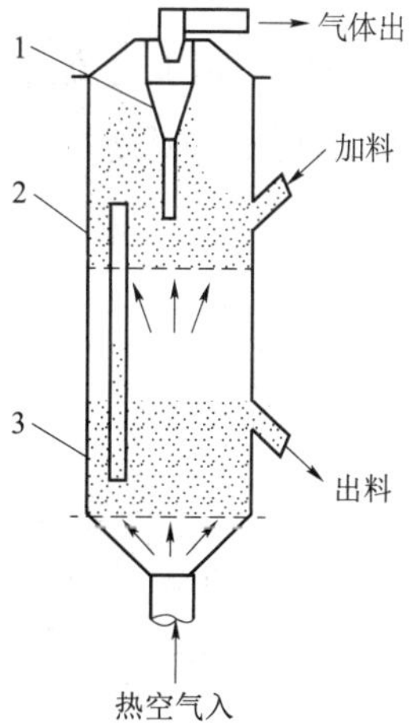

图 9-26　多层圆筒流化床干燥器

1. 床内分离器；2. 第一层；3. 第二层

多层圆筒流化床干燥器适合于对产品含水量及湿度均匀有很高要求的场合。其缺点为：结构复杂，操作中难以保证各层流化床的稳定及定量地将物料送入下层，且床层阻力较大，所以能耗也较高。

3. 卧式多室流化床干燥器 为了克服多层流化床干燥器的缺点，卧式多室流化床干燥器得以广泛采用。此干燥器横截面为长方形，底部为多孔筛板，在筛板上方沿高度方向用垂直隔板将流化床分隔成多个室（通常为 4~8 室），如图 9-27 所示。每一小室的下部有一装有调节气体流量阀门的进气支管。湿物料由进料器 1 连续加入第一室，形成流化状态后依次向其后的各室传递，前一室中处于流化床上层的物料（较干物料）越过隔板向后一室移动，经最后一室干燥后的物料越过溢流堰由卸料器 3 卸出。空气流经过滤器 5 及加热器 4 后成为热气流，分别由各进气支管、多孔板送入各室并对其中的物料进行流化干燥。废气借助风机 8 由干燥室的顶部引出，所夹带的物料粉尘由旋风分离器 6、袋式过滤器 7 回收。

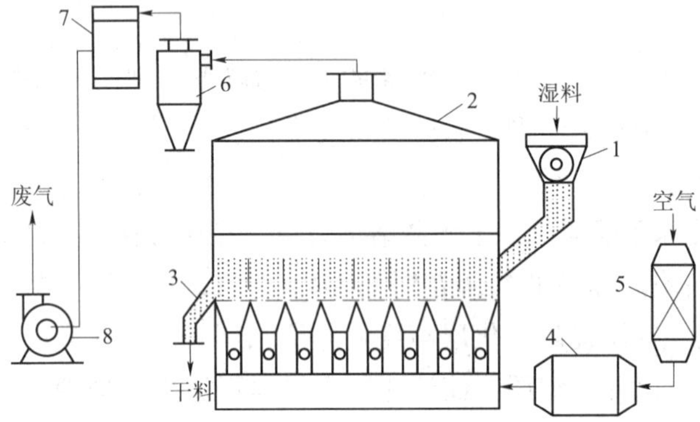

图 9-27 卧式多室流化床干燥器

1. 进料器；2. 干燥器；3. 卸料器；4. 加热器；5. 空气过滤器；
6. 旋风分离器；7. 袋式过滤器；8. 风机

卧式多室流化床干燥器结构简单，操作方便，易于控制，且适应性广。不但可用于各种难以干燥的粒状物料和热敏性物料，也可用于粉状及片状物料的干燥。干燥产品湿度均匀，压力损失也比多层床小。不足的是热效率要比多层床低。

四、转筒干燥器

转筒干燥器也属于对流式干燥器。图 9-28 所示的为热空气直接加热的逆流操作转筒干燥器。干燥器的主要部分为一个与水平线略呈倾斜的旋转圆筒。物料由转筒高端送入，与

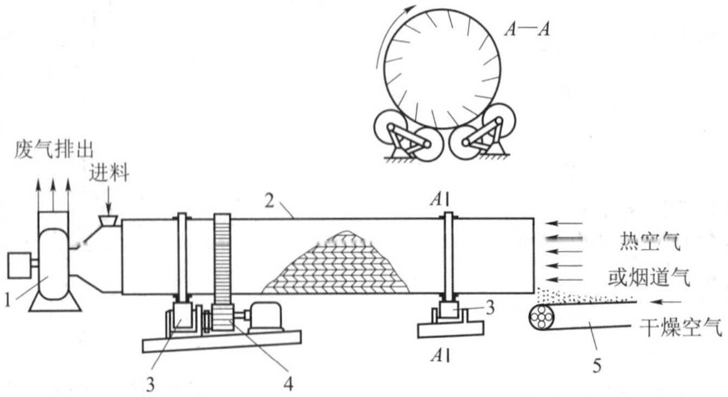

图 9-28 热空气直接加热的逆流操作转筒干燥器

1. 鼓风机；2. 转筒；3. 支撑装置；4. 驱动齿轮；5. 带式输送器

低端进入的热空气逆流接触，随着圆筒的旋转，物料在重力作用下流向较低的一端，直至被干燥完毕送出。圆筒内壁通常装有若干块抄板，不断将物料抄起、洒下，既增大了干燥表面积，也提高了干燥速率，同时还促使物料前行。圆筒每旋转一周，物料被抄起、洒下一次。物料前进的距离等于其落下的高度乘以圆筒的倾斜率。抄板的型式很多，常用的有直立抄板、45°抄板和90°抄板，如图 9-29 所示。其中直立式抄板适用于处理黏性较大或较湿的物料，45°和 90°抄板适用于处理散状或较干的物料。抄板通常纵贯整个圆筒内壁，入口端的抄板可为螺旋形，以促进物料的初始运动并宜于将其导入。

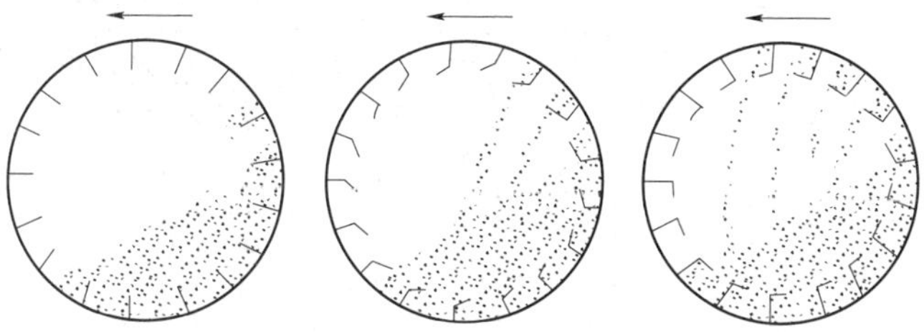

a. 直立抄板　　b. 45° 抄板　　c. 90° 抄板

图 9-29　常用的抄板型式

在转筒干燥器中，空气和物料间可采用逆流、并流或并逆流相结合的流向操作。在处理含水量较高、可快速干燥但不许产生裂纹或焦化现象、不耐高温且吸水性低的各种物料时，通常采用并流；在处理不可快速干燥的耐高温物料时，通常采用逆流干燥。为了减少粉尘的飞扬，转筒干燥器中的气体速度不宜过高，对粒径为 1mm 左右的物料，气速为 $0.3 \sim 1.0m \cdot s^{-1}$；对粒径为 5mm 左右的物料，气速应在 $3m \cdot s^{-1}$以下。

转筒干燥器的优点是机械化程度高、生产能力大、流体阻力小、方便操作控制、产品质量均匀；对物料的适应性较强，不仅适用于处理散状物料，而且适用于处理黏性较大的膏状物料或含水量较高的物料（可掺入部分干燥物料）。其缺点是设备笨重、金属材料耗量多、热效率较低（约 50%）、结构复杂、占地大、传动部件需经常维修等。转筒干燥器的体积传热系数较低，约为 $0.2 \sim 0.5kW \cdot m^{-3} \cdot K^{-1}$。

处理含水量为 3%～50% 的物料，产品含水量可降到 0.5%～0.1%。物料在转筒内的停留时间约为几分钟到 2 小时（一般 1 小时以内）。

对于耐高温且不怕污染的物料，用烟道气作为干燥介质往往可获得较高的干燥速率和热效率。对于怕污染或易引起大量粉尘的物料，可采用间接加热的转筒干燥器。这种干燥器的传热壁面为一个固装在转筒轴心处的同心圆筒，筒内通以烟道气，也可沿转筒内壁装一圈或几圈固定的轴向加热蒸气管。由于间接加热式的传热效率低，只在特殊情况下采用。

此外，为防止转筒中粉尘的外流，还可采用真空操作。

五、喷雾干燥器

（一）工作原理

喷雾干燥器是近年来发展较快的一项干燥技术，在化工及制药工业中得到了广泛的应用。其原理是通过喷雾器将溶液、浆液或悬浮液雾化为 10～60μm 的雾滴，并利用热气流与湿物料以逆流、并流或混合流的方式接触，快速完成热量与质量交换，使湿物料中的水分迅速气化而完成干燥。其产品的粒度一般为 30～50μm。由于喷雾干燥的时间很短（通常为

5~30 秒)，所以特别适用于热敏性物料的干燥。

图 9-30 所示为一种常见喷雾干燥的操作流程，喷雾干燥设备一般由空气过滤器、风机 6、空气加热器（燃烧炉 1）、喷雾器（喷嘴 3）、干燥塔 4、旋风分离器 5 等组成。空气经加热后由塔顶部进入干燥塔内，料液经喷嘴喷洒成细小的雾滴与热空气接触，在液滴未达到干燥塔壁之前完成干燥，产品受重力作用沿塔壁落入塔底。废气夹带着产品一起进入旋风分离器，分离出的产品由其底部出料，废气经风机引风排空。

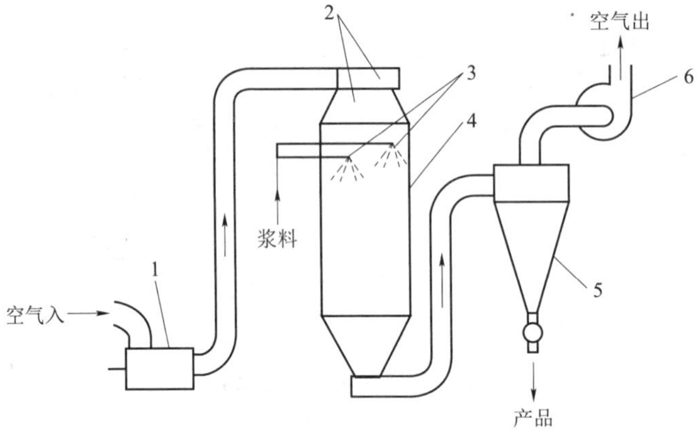

图 9-30 喷雾干燥设备流程

1. 燃烧炉；2. 空气分布器；3. 喷嘴；4. 干燥塔；5. 旋风分离器；6. 风机

（二）喷雾器的类型及其特点

喷雾器是此类干燥器的关键部件。经喷雾器喷出的料液雾滴极小，单位体积的料液表面积很大（每立方米料液具有的蒸发表面积可达 100~600m^2），从而极大地提升了传热、传质速度，大大提高了干燥速率。因此，喷雾器的选择对生产能力、产品质量、干燥器的尺寸以及干燥过程的能量消耗影响很大。

1. 常用的喷雾器

（1）气流式喷雾器　如图 9-31 所示。料液由压力为 100~700kPa（表压）的压缩空气送入喷嘴，并成雾滴喷出。料液液滴从喷嘴的喷出速度并不太快，但压缩空气的流速却是极快，所以两者间的相对流速很大，由此产生的摩擦力将液滴拉成长丝，并在较细处断裂，从而形成更小的雾滴，增加了其颗粒的分散度。该分散度取决于气液比、料液性质、空气喷射速度及喷嘴结构等因素。相对速度和气液比越大，颗粒的分散度也就越大。处理量较低或料液中含有少量固体时，采用气流式喷雾器较为方便。

（2）压力式喷雾器　如图 9-32 所示。压力式喷雾的机制与喷嘴的结构关系较大。料液经高压泵加压后进入喷嘴，喷嘴内有螺旋室，液体在其中高速旋转，然后从出口的小孔处呈雾状喷出。压力式喷雾器具有能耗低、生产能力大等优点，但需使用高压液泵。与其他类型的喷雾器相比，压力式喷雾器的应用更为广泛。

（3）离心式喷雾器　如图 9-33 所示。离心式喷雾器是将料液送到高速旋转的转盘上，在离心力的作用下，将料液拉成薄膜，并从转盘的边缘甩出。在周围空气的摩擦力和料液自身表面张力的作用下形成微小的雾滴。

转盘转速一般为 4000~20000r · min^{-1}，圆周速度为 100~160m · s^{-1}。在处理含有较多固体的物料时，宜采用离心式喷雾器。

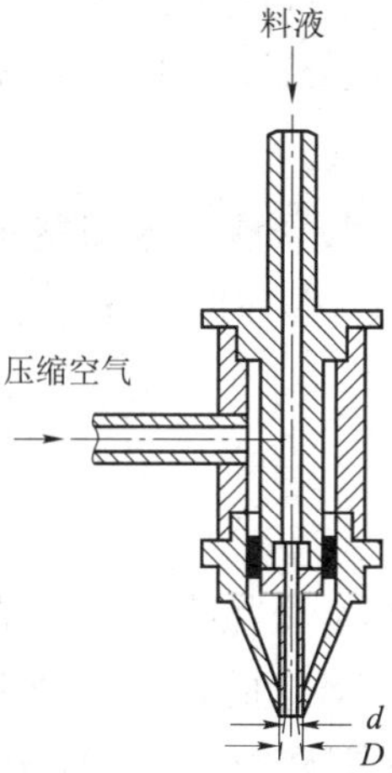

图 9-31　气流式喷雾器

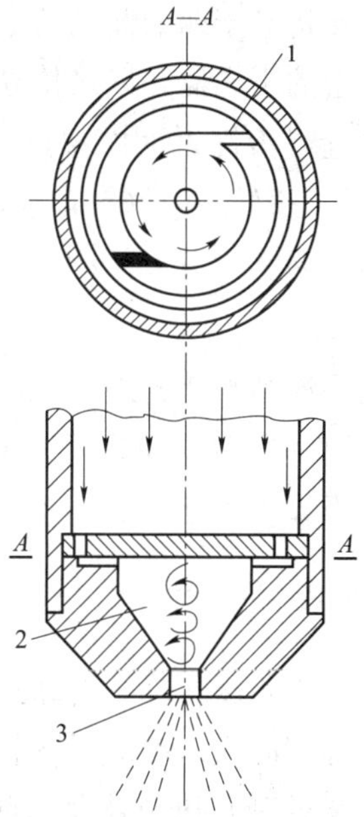

图 9-32　压力式喷雾器

1. 切线入口；2. 旋转室；3. 喷嘴孔

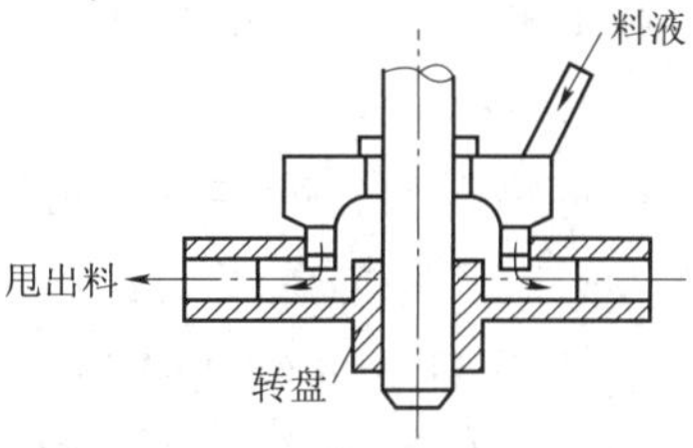

图 9-33　离心式喷雾器

2. 喷雾干燥器的特点　与其他类型干燥器相比，喷雾干燥的优点是：①干燥过程速率快、时间短，尤其适用于热敏性物料；②能干燥其他方法难于进行的低浓度溶液，且可直接获得干燥产品，省去蒸发、结晶、分离及粉碎等操作；③可连续、自动化生产，操作稳定；④产品质量及劳动条件好（干燥过程中无粉尘飞扬）。其缺点是：①由于设备体积传热系数低，故容积较大；②操作弹性较低；③热效率低（约在 40% 以下），所以产品的热量及动力单耗较大。

六、滚筒干燥器

滚筒干燥器是一种连续干燥器，靠热传导间接加热。主要用于溶液、悬浮液、胶体溶液等流动性物料的干燥。

滚筒干燥器分为单滚筒和双滚筒式。图 9-34 所示的为一双滚筒干燥器。工作时，部分表面分别浸在料槽中的两滚筒反向旋转。筒表面露出部分会沾有厚度为 0.3～5mm 的料浆薄层。将加热蒸气通入滚筒 3 内部，通过筒壁的热传导，致使薄层中的水分气化，水汽与其夹带的粉尘由滚筒上方的排气罩 1 排出。滚筒转动 1 周，物料即被干燥，并由滚筒上方的刮刀 2 刮下，再经螺旋输送器 4 送出。对易沉淀的料浆，

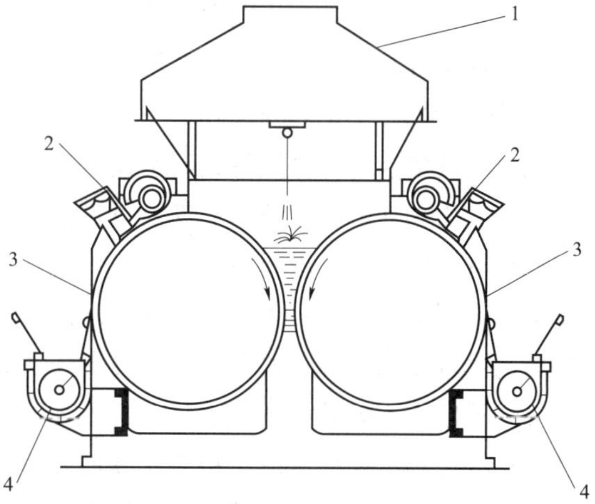

图 9-34　具有中央进料的双滚筒干燥器

1. 排气罩；2. 刮刀；3. 蒸气加热滚筒；4. 输送器

补料时可直接将其于两滚筒间的缝隙处，如图 9-34 所示。

这一类型的干燥器是以热传导方式传热的，湿物料中的水分先被加热到沸点，干料则被加热到接近于滚筒表面的温度。一般情况下，滚筒直径 0.5～1.5m，长度 1～3m，转速 1～3r·min^{-1}。所处理的物料含水量可为 10%～80%，一般可干燥到 0.5%～3% 左右。干燥热效率较高，通常为 70%～90%。加热蒸气单耗为 1.2～1.5kg$_{蒸}$·kg^{-1}，总传热系数为 180～240W·m^{-2}·K^{-1}。

与喷雾干燥器相比，滚筒干燥器具有动力消耗低，投资少，维修费用省，干燥温度和时间容易调节（可改变加热蒸气压强和滚筒转速）等优点，但在生产能力、劳动强度和条件等方面则不如喷雾干燥器。

七、冷冻干燥器

这种干燥先将物料冻结至冰点以下，然后借助高真空，将物料中的结冰水分直接升华为蒸气，并加以除去。冷冻干燥特别适用于热敏性、易氧化的物料（如生物制剂、抗生素等药物的干燥处理）以及蔬菜、食品的保鲜。冷冻干燥器属于热传导式干燥器。

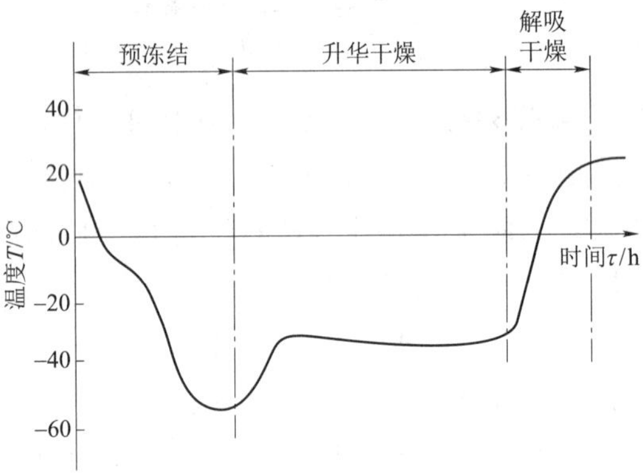

图 9-35　冷冻干燥过程

图 9-35 所示为一典型的冷冻干燥过程。一般分为 3 个阶段，即预冻结段、升华干燥段和解吸干燥段（或减速干燥阶段）。

预冻结是将物料预先冻结，然后进行升华的干燥过程，是冷冻干燥的第一步。物料中的水分只有冻结成冰以后，方能进行升华。物料不在冻结的状态下利用升华除去水分，将失去其自然属性，尤其是形状。

升华干燥是将冻结后的物料置于密闭的真空容器中加热，使冰晶升华成水蒸气、使物料完成脱水干燥。真空容器也称干燥室、干燥箱或干燥仓等。从图 9-35 可以看出，此段干燥速率基本不变，曲线平坦，因而也被称作等速干燥。

解吸干燥又称减速干燥。因为在被干燥物质内的毛细管壁和极性基团上还吸附有未被冻结的水分，所以此干燥表现为物料中的水分气化，而不是冰的升华。由于这些都属结合水，必须有足够的能量，才能将其解吸出来。所以，此阶段干燥温度应在最高允许温度下进行。同时，为了使解吸出的水蒸气足量逸出已干的物料，必须在物料内外创造最大的压差，也就是说，此时的干燥箱内必须保持高真空。

冷冻干燥器的优点是：①冷冻干燥去除的水分是从冰晶状态直接升华的水蒸气，故干燥后物料的物理结构及组分的分子分布变化不大；②干燥在低温真空条件下进行，可确保热敏感性物质能在不失其活性、生物试样性质不变的条件下长时间操作，最终得到稳定的干燥产品；③冷冻干燥后可得原组织不变的多孔性产品，向其添加水分后，可在短时间基本恢复干燥前的状态；④干燥后物料的残存水分很低，经良好防湿包装后，可在常温条件下长期贮存。

冷冻干燥器的缺点是：①物料干燥时间长，生产能力低；②由于冷冻干燥装置包括了制冷、真空、加热和干燥等系统，因而设备投资高、动力消耗大，所以对低值产品通常不宜使用。

八、红外线辐射干燥

红外线辐射干燥是利用红外线辐射器产生的电磁波被物料表面吸收后转变为热量，使物料中的湿分受热气化而干燥的一种方法。

红外辐射加热器的品种较多，就其结构而言，主要由 3 部分组成。一是涂层，其功能是在一定温度下能发射所需的红外辐射线；二是热源，其功能是向涂层提供足够的能量，以保证辐射涂层正常发射辐射线时具有必需的工作温度；三是基体，其作用是安装和固定热源或涂层，多用耐温、绝缘、导热性能良好、具有一定强度的材料制成。从结构上看，红外辐射干燥设备和对流传热干燥设备有很大的相似之处，如果前面所介绍的干燥器加以改造，都可以用于红外加热干燥，区别就在于热源的不同。图 9-36 所示为常见的带式红外线干燥器。红外线干燥的特点是：①结构简单，调控操作灵活，易于自动化，设备投资也较少，维修方便；②干燥速度快，时间短，比普通干燥方法要快 2~3 倍；③干燥过程不需要干燥加热介质，蒸发水分的热能是物料吸收红外线辐射能后直接转变而来，因此能量利用率高；④由于物料内外均能吸收红外线辐射，故适合多种形态物料的干燥，且产品质量好；⑤红外线辐射加热器多使用电能，电能费用较大；⑥由于红外线辐射穿透深度有限，干燥物料的厚度受到限制，只限于薄层物料。

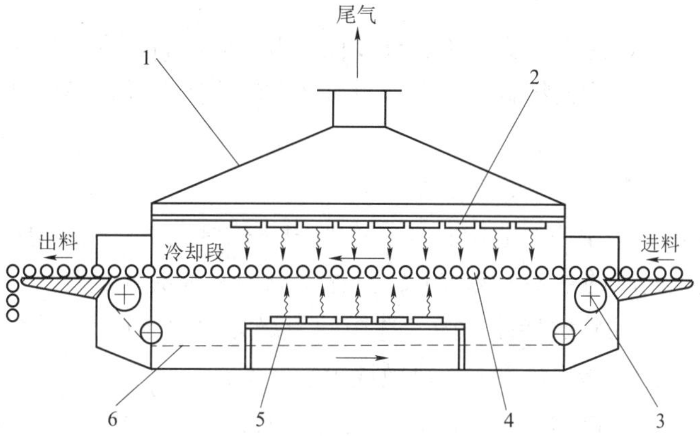

图 9-36 带式红外线干燥器

1. 排风罩；2，5. 红外辐射热器；3. 驱动链轮；4. 物料；6. 网状链带

九、微波干燥

微波干燥属于介电加热干燥。物料中的水分子是一种极性很大的小分子物质，在微波的辐射作用下，极易发生取向转动，分子间产生摩擦。辐射能转化成热能，温度升高，水分气化，物料被干燥。微波干燥设备主要是由直流电源、微波发生器、波导装置、微波干燥器、传动系统、安全保护系统及控制系统组成，常见的有箱式微波干燥器和连续式谐振腔微波干燥器。

图 9-37 为连续式谐振腔微波干燥器的结构示意图。

微波干燥的特点如下。①干燥温度低。尽管物料中水分多的地方温度高，但再高也只有 100℃左右，比其他普通干燥的温度都要低，整个干燥环境的温度也不高，操作过程属于低温干燥。②干燥时间短。微波干燥比普通干燥加热要快数十倍乃至上百倍，而且非常有

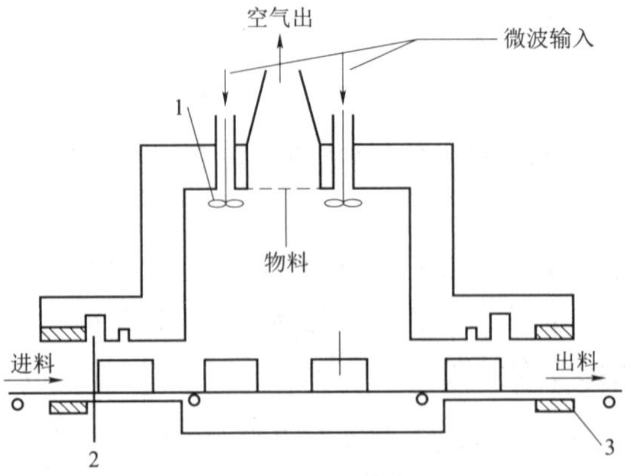

图 9-37　连续式谐振腔微波干燥器

1. 模式搅拌器；2. 抑制器；3. 损耗介质

针对性（量大的地方升温快、温度高），因此能量的有效利用率高，干燥时间短，生产效率大大提高。③产品质地结构好。由于是内外同时加热，结壳现象很少发生，有助于产品质量的提高，特别适用于干燥过程中容易结壳以及内部的水分难以去尽的物料。④具有灭菌功能。微波能抑制或致死物料中的有害菌体，达到杀菌、灭菌的效果。⑤设备体积小。由于生产效率高，能量利用率高，加热系统体积小，因此整个干燥设备体积小，占地面积少。⑥安全可靠。对于易燃易爆及温度控制不好易分解的化工产品，微波干燥较为安全。

不过，微波干燥的设备投入费用较大，微波发射器容易损坏，使得传热传质控制要求比较苛刻，而且微波对人体具有伤害作用，维护要求也比较严格，使它的应用受到了一定的限制。

十、干燥器的选型

干燥操作是一种包含传热、传质的复杂过程，很多问题目前还不能从理论上给予解决，而只能凭借经验。由于被处理物料的种类、性质不同，使用条件各异，所以干燥器的类型也很多。

干燥器选型时，通常需考虑的因素如下。

（1）产品的质量　在制药工业中，许多产品为热敏性药品，且要求无菌。保证产品质量是此时干燥器选型问题的主要思考方向，其他所有因素则退居之后。

（2）物料的特性　物料的特性不同，选用的干燥方法也不同。需要考虑的物料特性包括物料形状、含水量、水分结合方式、热敏性等。

（3）生产能力　生产能力要求不同，选用的干燥方式也不相同。干燥大量浆液时可采用喷雾干燥，而干燥少量浆液时宜选用滚筒干燥。

（4）劳动条件　某些干燥器虽然比较经济，但劳动强度大、条件差，且不能连续生产，在干燥高温、有毒、粉尘多的物料时不宜选用。

（5）经济性　在符合上述要求的条件下。应选用投资和操作费用最低的干燥器，采用最优的干燥方式。

（6）其他要求　干燥设备的制造、维修、操作及设备尺寸是否有所限制等因素在设备选型时也是需要考虑的。

此外，对要求比较特殊的干燥过程，可采用组合式干燥器。例如，在产品含水量要求很高时，可采用气流-沸腾干燥器；而在处理膏状物料时，可采用沸腾-气流干燥器。

思考

18. 评价干燥器技术性能的主要指标有哪些？

第六节　干燥器设计举例

一、干燥操作条件的确定

确定干燥操作条件需考虑许多因素，如干燥器的形式、物料特性、干燥介质的状态以及干燥所要求的工艺条件等，而且这些因素间存在着相互制约的关系。在确定干燥操作条件时必须对上述因素进行综合考虑。干燥过程的最佳操作条件，通常要由实验测定。以下介绍选择工艺条件的一般原则。

（一）选择干燥介质

干燥介质的选择取决于干燥过程的工艺要求及可利用的热源。常用的热源有饱和水蒸气、液态或气态的燃料以及电能。在对流干燥操作中，可在空气、惰性气体、烟道气及过热水蒸气中选择适宜的介质。

当干燥操作温度不太高，且物料不宜被氧化时，可选用热空气。对某些易氧化的物料，或从物料中去除的湿分会产生易燃、易爆气体时，则应选用惰性气体。烟道气适用于高温干燥，但要求被干燥的物料不怕污染、且不与烟气中的 SO_2 和 CO_2 等气体发生作用。烟道气温度很高，可强化干燥过程，缩短干燥时间。

（二）选择流动方式

气体和物料在干燥器中的流动方式，通常分为并流、逆流和错流 3 种。

物料移动和介质流动方向一致的干燥过程，被称为并流干燥。在干燥前段（恒速干燥阶段）中，物料的温度等于空气的湿球温度，故并流时应采用较高的气体初始温度；在气体温度相同时，并流过程的物料出口温度比逆流时低，因而物料带走的热量就要少些。可见，在干燥强度和经济性方面，并流优于逆流。但并流干燥过程中，其推动力沿程逐渐下降，到了干燥后段（降速干燥阶段）将会变得很小，而使干燥速率降低。所以不易获得低水分的干燥产品。

并流操作适用于如下场合：①可进行快速干燥而不产生龟裂或焦化的高含水量物料；②遇高温易发生变色、氧化或分解等变化的物料。

物料移动和介质流动方向相反的干燥过程，被称为逆流干燥。在整个逆流干燥过程中的干燥推动力比较均匀。

逆流操作适用于如下场合：①不宜采用快速干燥的高含水量物料；②可耐高温（干燥后期）的物料；③对含水量要求苛刻的干燥产品。

物料移动与介质流动方向相互垂直的干燥过程，被称为错流干燥。在错流干燥中，各个位置上的物料都与高温、低湿的介质相接触，干燥推动力较大；又因气固接触面积较大，所以可采用较高的气速，干燥速率很高。

错流操作适用于如下场合：①耐高温且无论含水量高低都可进行快速干燥的物料；②因阻力或干燥器构造的要求，不宜采用并流或逆流操作的干燥。

（三）选择干燥介质进口温度

在避免物料发生变色、分解等理化变化的前提下，为了强化干燥过程、提高经济性，干燥介质的进口温度应保持在物料允许的最高范围之内。干燥同种物料，介质进口温度可以不同，随干燥器型式而异。例如在厢式干燥器中，因物料是静止的，所以应选用较低的介质进口温度；在转筒、沸腾、气流等干燥器中，由于物料不断翻动，介质进口温度可以高些。有助于实现干燥均匀、速率快、时间短的目的。

（四）选择干燥介质出口相对湿度和温度

提高干燥介质出口的相对湿度 φ_2，可降低空气的消耗及传热量，降低操作费用；但随 φ_2 的增大，介质中水蒸气分压也会增高，降低了干燥过程的平均推动力。为保持干燥能力不变，必须增大设备尺寸，进而增大了投资费用。可见，最适宜的 φ_2 值须通过经济衡算确定。

干燥同种物料，所选干燥器的类型不同，适宜的 φ_2 值也不相同。例如，对气流干燥器，由于物料在干燥器内的停留时间很短，需较大推动力来提高干燥速率，因此出口气体的水蒸气分压通常要比出口物料的表面水蒸气压低 50%；对转筒干燥器，出口气体中的水蒸气分压则通常是物料表面水蒸气压的 50%~80%。某些干燥器须保证一定的空气速度，可从气量与 φ_2 的关系入手。即为满足气速较大的要求，可使用较多的空气以降低 φ_2。

选择干燥介质出口温度 t_2 时，应与 φ_2 同时考虑。t_2 增高，则热损失增大，干燥热效率降低；若在 φ_2 较高时降低 t_2，湿空气可能会在干燥器后面的设备和管路中析出水滴，破坏了干燥的正常操作。对气流干燥器来说，一般要求 t_2 比物料出口温度高 10~30℃，或比入口气体的绝热饱和温度高 20~50℃。

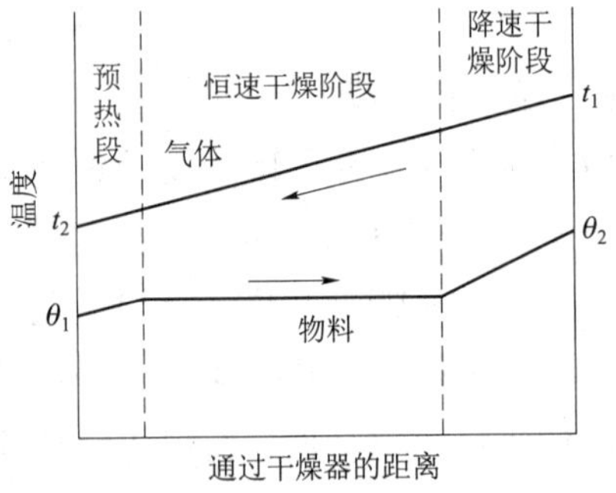

图 9-38　物料和干燥气体在连续逆流干燥器的温度变化

（五）选择物料出口温度

图 9-38 所示是气体和物料在连续逆流操作的干燥器中的温度变化。在恒速干燥段，物料的出口温度等于相接触气体的湿球温度。在降速干燥段，物料温度不断升高，气体传给物料的热量中一部分用于气化物料中的水分，另一部分则用于使通过干燥器的物料升温。物料的出口温度 θ_2 与很多因素有关，其中主要有物料的临界含水量 X_c 及降速干燥段的传质系数。X_c 愈低，物料的 θ_2 也愈低；传质系数愈高，θ_2 值愈低。目前还没有计算 θ_2 的理论公式，设计时可按下述方法取值。

（1）按物料允许的最高温度 θ_{max} 估算

$$\theta_2=\theta_{max}-(5\sim10)$$

式中，θ_2 和 θ_{max} 的单位均为℃。

由于该方法仅考虑物料的允许温度 θ_{max}（实验得），并未考虑降速阶段中物料干燥的特点，因此误差较大。

（2）选用实际数据　如果所设计的干燥器类型及工艺条件与实际生产（或实验）中的干燥装置相似，可依照实际生产（或实验）中的相关数据，估算与物料含水量相对应的出口温度。该法在实际设计中常用。

（3）采用经验公式计算　对于气流干燥器，若 $X_c<0.05\text{kg}\cdot\text{kg}_{绝}^{-1}$ 时，可按下式计算物料出口温度 θ_2。

$$\frac{t_2-\theta_2}{t_2-t_{w2}}=\frac{\gamma_w(X_0-X^*)-c_s(t_2-t_{w2})\left(\frac{X_2-X^*}{X_c-X^*}\right)^{\frac{\gamma_w(X_0-X^*)}{c_s(t_2-t_{w2})}}}{\gamma_w(X_2-X^*)-c_s(t_2-t_{w2})} \tag{9-61}$$

式中，θ_2为出口物料的温度，K；X^*为物料的平衡含水量，$kg\cdot kg_{绝}^{-1}$；X_2为出口物料的含水量，$kg\cdot kg_{绝}^{-1}$；X_c为物料的临界含水量，$kg\cdot kg_{绝}^{-1}$；t_2为气体的出口温度，K；t_{w2}为出口状态下气体的湿球温度，K；γ_{w2}为t_{w2}下水的气化潜热，$kJ\cdot kg^{-1}$；c_s为绝对干燥物料的比热，$kJ\cdot kg_{绝}^{-1}\cdot K^{-1}$。

利用上式求解出口物料的温度时，需要采用试差法。

二、气流干燥器的设计

不同形式干燥器的设计方法差异很大，本章仅介绍气流干燥器的简化设计方法。其主要计算项目为干燥管的直径和高度。

（一）干燥管的直径

干燥管的直径可用下式计算

$$D=\sqrt{\frac{4L\nu_H}{\pi u_g}} \tag{9-62}$$

式中，D为干燥管直径，m；L为干空气管内流量，$kg_{干}\cdot s^{-1}$；u_g为湿空气管内流速，$m\cdot s^{-1}$；ν_H为湿比容，$m^3\cdot kg_{干}^{-1}$。

空气在干燥管内的流速应大于颗粒在管内的沉降速度。干燥器内颗粒的运动分为加速、等速两个阶段。加速段中，气体与颗粒间的相对速度较大，提高了传热系数，强化了传热过程，缩短了干燥时间，从而减小干燥管高度。在等速段中，对流传热系数则与气流的相对速度无关。此时的气速只要能将颗粒带走即可，若采用过高的气速，反而不利于传热，迫使干燥管加长。

（1）当物料的临界含水量不太高，或最终含水量X_2不是很低时，物料易于干燥。此时，取$u_g=10\sim25m\cdot s^{-1}$。

（2）选气体在干燥管出口处的气速为最大颗粒沉降速度u_0的两倍，或比u_0大$3m\cdot s^{-1}$。即取$u_g=2u_0 m\cdot s^{-1}$或$u_g=u_0+3m\cdot s^{-1}$。

（3）当物料临界含水量较高，而最终含水量X_2很低时，物料难于干燥。此时，取加速段、等速段气速分别为$u_g=20\sim40m\cdot s^{-1}$、$u_g=u_0+3m\cdot s^{-1}$。

表面光滑的球形颗粒作自由沉降时，u_0可按下式计算

$$u_0=\sqrt{\frac{4gd_p\rho_s}{3\xi\rho_g}} \tag{9-63}$$

式中，d_p为颗粒的平均直径，m；ρ_s为颗粒密度，$kg\cdot m^{-3}$；ρ_g为空气密度，$kg\cdot m^{-3}$；ξ为阻力系数，无因次。

阻力系数ξ与雷诺准数Re_0有关，如设μ_g为空气的黏度，单位为$Pa\cdot s$；有$Re_0=d_pu_0\rho_s/\mu_g$

（1）当$1\times10^{-4}<Re_0<1$

$$\xi=\frac{24}{Re_0} \tag{9-64}$$

（2）当 $1<Re_0<1\times10^3$　　$\xi=\dfrac{18.5}{Re_0^{0.6}}$　　（9-65）

（3）当 $1\times10^3<Re_0<2\times10^5$　　$\xi=0.44$　　（9-66）

对不规则颗粒，其沉降速度 u_0 用下式修正

$$u_0'=(0.75\sim0.85)u_0 \tag{9-67}$$

（二）干燥管的高度

1. 物料在干燥管中的停留时间　物料在干燥管中的停留时间是计算干燥管高度的主要依据。可按气体和物料间的传热要求利用简化计算求得。根据传热速率方程

$$Q=\alpha A\Delta t_{\mathrm{m}} \tag{9-68}$$

式中，Q 为空气传给物料的总热量，kW；A 为干燥器中物料的总传热面积，$\mathrm{m^2}$；α 为对流传热膜系数，$\mathrm{kW\cdot m^{-2}\cdot K^{-1}}$；$\Delta t_{\mathrm{m}}$ 为对数平均温差，K。

其中总传热面积 A 可用下式计算

$$A=A_{\mathrm{s}}\tau \tag{9-69}$$

式中，A_{s} 为每秒钟物料颗粒给出的传热面积，$\mathrm{m^2\cdot s^{-1}}$；τ 为物料在干燥器中的停留时间，s。

将式（9-69）代入式（9-68）并整理得

$$\tau=\frac{Q}{\alpha A_{\mathrm{s}}\Delta t_{\mathrm{m}}} \tag{9-70}$$

（1）求 Q　总传热量 Q 是恒速干燥段传热量 Q_{c} 和降速干燥段的传热量 Q_{f} 之和。

恒速干燥段（含预热段）传热量 Q_{c}

$$Q_{\mathrm{c}}=G_{\mathrm{c}}[(X_1-X_0)\gamma_{\mathrm{w}}+(c_{\mathrm{s}}+c_{\mathrm{w}}X_1)(t_{\mathrm{w}}-\theta_1)]$$

降速干燥段传热量 Q_{f}

$$Q_{\mathrm{f}}=G_{\mathrm{c}}[(X_0-X_2)\gamma_{\mathrm{w}}+(c_{\mathrm{s}}+c_{\mathrm{w}}X_2)(\theta_2-t_{\mathrm{w}})]$$

合并上二式，得

$$Q=Q_{\mathrm{c}}+Q_{\mathrm{f}}=W\gamma_{\mathrm{w}}+G_{\mathrm{c}}c_{\mathrm{m1}}(t_{\mathrm{w}}-\theta_1)+G_{\mathrm{c}}c_{\mathrm{m2}}(\theta_2-t_{\mathrm{w2}}) \tag{9-71}$$

其中，$W=G_{\mathrm{c}}(X_1-X_2)$，$c_{\mathrm{m1}}=c_{\mathrm{s}}+c_{\mathrm{w}}X_1$，$c_{\mathrm{m2}}=c_{\mathrm{s}}+c_{\mathrm{w}}X_2$

（2）求传热膜系数 α　对于空气-水系统，α 可按下式计算

$$\alpha=(2+0.54\,Re_0^{\frac{1}{2}})\frac{\lambda_{\mathrm{g}}}{d_{\mathrm{p}}} \tag{9-72}$$

式中，λ_{g} 为空气的导热系数，$\mathrm{kW\cdot m^{-1}\cdot K^{-1}}$。

（3）求 A_{s}

$$A_{\mathrm{s}}=n\pi d_{\mathrm{p}}^{\ 2} \tag{9-73}$$

式中，n 为每秒钟通过干燥管的物料颗粒数。

若物料颗粒为球形颗粒，有

$$n=\frac{G_{\mathrm{c}}}{\frac{1}{6}\pi d_{\mathrm{p}}^{\ 3}\rho_{\mathrm{s}}} \tag{9-74}$$

将式（9-74）代入式（9-73）得

$$A_{\mathrm{s}}=\frac{6G_{\mathrm{c}}}{d_{\mathrm{p}}\rho_{\mathrm{s}}} \tag{9-75}$$

（4）求对数平均温差 Δt_m

$$\Delta t_m = \frac{(t_1 - \theta_1) - (t_2 - \theta_2)}{\ln\left(\frac{t_1 - \theta_1}{t_2 - \theta_2}\right)} \tag{9-76}$$

2. 干燥管的高度 Z

$$Z = \tau(u_g - u_0) \tag{9-77}$$

将式（9-70）代入式（9-77）并整理得

$$Z = \frac{Q(u_g - u_0)}{\alpha A_s \Delta t_m} \tag{9-78}$$

将式（9-75）代入式（9-78）并整理得

$$Z = \frac{Q d_p \rho_s (u_g - u_0)}{6\alpha G_c \Delta t_m} \tag{9-79}$$

例题 9-7　已知基本数据如下。

（1）物料部分　湿物料处理量为 $180kg \cdot h^{-1}$；物料初湿含量 $X_1 = 0.2kg \cdot kg_{绝}^{-1}$；出口物料湿含量 $X_2 = 0.002kg \cdot kg_{绝}^{-1}$；物料进出干燥器时的温度分别为 $\theta_1 = 15℃$，$\theta_2 = 50℃$；物料颗粒密度 $\rho_s = 1544kg \cdot m^3$；绝干物料的比热 $c_s = 1.26kJ \cdot kg^{-1} \cdot K^{-1}$；物料颗粒平均直径 $d_p = 0.23 \times 10^{-3}m$。

（2）空气状态参数　进预热器的空气温度 $t_0 = 15℃$，湿度 $H_0 = 0.0075kg \cdot kg_{干}^{-1}$；空气离开预热器的温度 $t_1 = 90℃$；离开干燥器的温度 $t_2 = 65℃$。

（3）干燥器的热损失为有效传热量（用于气化水分的热量）的 10%。

试设计一常压气流干燥器满足上述生产要求。

解：（1）求水分气化量 W（$kg \cdot s^{-1}$）

根据
$$W = G_c(X_1 - X_2)$$

而
$$G_c = G_1/(1 + X_1)$$

其中，$X_1 = 0.2kg \cdot kg_{绝}^{-1}$，$G_1 = 180kg \cdot h^{-1} = 0.05kg \cdot s^{-1}$

即
$$G_c = 0.05/(1+0.2) \approx 0.042kg_{绝} \cdot s^{-1}$$

代入得
$$W = 0.042 \times (0.2 - 0.002) \approx 0.008kg \cdot s^{-1}$$

（2）求空气消耗量 L（$kg_{干} \cdot s^{-1}$）

根据式（9-35）
$$L = \frac{W}{H_2 - H_1}$$

其中，$H_1 = H_0$，H_2需由式（9-44）求得。即

$$\frac{t_1 - t_2}{H_2 - H_1} = \frac{Q_1 + Q_2 + Q_3}{W(1.01 + 1.88H_0)}$$

根据式（9-39）
$$Q_1 = W(1.88t_2 + 2490 - 4.18\theta_1)$$

根据式（9-40）
$$Q_2 = G_c c_m(\theta_2 - \theta_1) 或 Q_2 = G_c(c_s + 4.18X_2)(\theta_2 - \theta_1)$$

按题意有
$$Q_3 = Q_1 \times 10\%$$

以上各式中，$t_1 = 90℃$，$t_2 = 65℃$，$H_1 = H_0 = 0.0075kg \cdot kg_{干}^{-1}$，$X_2 = kg \cdot kg_{绝}^{-1}$，$\theta_1 = 15℃$，$\theta_2 = 50℃$，$c_s = 1.26kJ \cdot kg^{-1} \cdot K^{-1}$

代入数据有

$$Q_1 = 0.008 \times (1.88 \times 65 + 2490 - 4.18 \times 15) = 0.008 \times 2549.5 \approx 20.40kW$$

$$Q_2=0.042\times(1.26+4.18\times0.002)\times(50-15)\approx1.86\text{kW}$$

$$Q_3=20.40\times10\%=2.04\text{kW}$$

代入式（9-44）得

$$\frac{90-65}{H_2-0.0075}=\frac{20.40+1.86+2.04}{0.008\times(1.01+1.88\times0.0075)}$$

整理得 $H_2=0.0159$

代入式（9-35）得 $L=0.008/(0.0159-0.0075)=0.952\text{kg}_{干}\cdot\text{s}^{-1}$

（3）求干燥管的直径 D（m） 干燥器采用等直径干燥管，入口处空气流速取经验值为 $10\text{m}\cdot\text{s}^{-1}$。干燥管直径可由式（9-62）求得

根据 $$D=\sqrt{\frac{4L\nu_H}{\pi u_g}}$$

式中，$u_g=10\text{m}\cdot\text{s}^{-1}$，$\nu_H$可由式（9-10）求得

根据 $$\nu_H=\frac{(0.772+1.244H)\times(273+t)}{273}\times\frac{101.33}{P}$$

对入口处，其中 $t=t_1=90℃$，$H=H_0=0.0075\text{kg}\cdot\text{kg}_{干}^{-1}$，$P=101.33\text{kPa}$

代入得 $$\nu_H=\frac{(0.772+1.244\times0.0075)\times(273+90)}{273}\times\frac{101.33}{101.33}=1.039\text{m}^3\cdot\text{kg}_{干}^{-1}$$

将 ν_H值代入式（9-62）得 $$D=\sqrt{\frac{4L\nu_H}{\pi u_g}}\approx0.355\text{m}$$

（4）求干燥管高度 Z（m）

①求传热量 Q

根据式（9-71）

$$Q=Q_c+Q_f=W\gamma_w+G_cc_{m1}(t_w-\theta_1)+G_cc_{m2}(\theta_2-t_{w2})$$

其中，$c_{m1}=c_s+c_wX_1, c_{m2}=c_s+c_wX_2$

以上各式中，$c_s=1.26\text{kJ}\cdot\text{kg}^{-1}\cdot\text{K}^{-1}$，$c_w=4.18\text{kJ}\cdot\text{kg}^{-1}\cdot\text{K}^{-1}$，由 $t_2=65℃$，$H_2=0.0159$ 查 I_H-H 图得，$t_w=32℃$。

再由水蒸气表查得 $t_w=32℃$时，$\gamma_w=2425\text{kJ}\cdot\text{kg}^{-1}$

代入得

$$c_{m1}=1.26+4.18\times0.20=2.096\text{kJ}\cdot\text{kg}^{-1}\cdot\text{K}^{-1}$$

$$c_{m2}=1.26+4.18\times0.002=1.268\text{kJ}\cdot\text{kg}^{-1}\cdot\text{K}^{-1}$$

$$Q=0.008\times2425+0.042\times2.096\times(32-15)+0.042\times1.268\times(50-32)=21.86\text{kW}$$

②求传热膜系数 α

根据式（9-72）

$$\alpha=(2+0.54\,Re_0^{\frac{1}{2}})\frac{\lambda_g}{d_p}$$

其中，$Re_0=d_pu_o\rho_g/\mu_g$ 或 $Re_0=d_pu_o/v_g$

Re_0计算式中物料颗粒沉降速度 u_0由试差法求出。设Re_0为 1～1000 范围内，选式（9-63）和式（9-65）

$$u_0=\sqrt{\frac{4gd_p\rho_s}{3\xi\rho_g}} \qquad \xi=\frac{18.5}{Re_0^{0.6}}$$

与 $Re_0=d_pu_o/v_g$ 式联立并整理得

$$u_0=\left(\frac{4\rho_s g d_p^{\ 1.6}}{55.5\rho_g v_g^{\ 0.6}}\right)^{\frac{1}{1.4}}$$

由定性温度 $t_m=(90+65)/2=77.5$℃，查得空气各物理性质如下

干空气运动黏度 $v_g=20.82\times10^{-6}\mathrm{m^2\cdot s^{-1}}$，密度 $\rho_g=1.0\mathrm{kg\cdot m^{-3}}$，且已知颗粒密度 $\rho_s=1544\mathrm{kg\cdot m^{-3}}$，颗粒平均直径 $d_p=0.23\times10^{-3}\mathrm{m}$，代入上式得

$$u_0=\left(\frac{4\times1544\times9.81\times(0.23\times10^{-3})^{1.6}}{55.5\times1\times(20.82\times10^{-6})^{0.6}}\right)^{\frac{1}{1.4}}=\left(\frac{0.0914}{0.0862}\right)^{\frac{1}{1.4}}=1.043\mathrm{m\cdot s^{-1}}$$

将 $u_0=1.043\mathrm{m\cdot s^{-1}}$代入 $Re_0=d_pu_0/v_g$ 核算 Re_0，得

$$Re_0=0.23\times10^{-3}\times1.043/(20.82\times10^{-6})=11.52$$

Re_0没有超出范围，公式选用是可行的，所求 $u_0=1.043\mathrm{m\cdot s^{-1}}$成立。

将 u_0及由定性温度 t_m查得的干空气导热系数 $\lambda_g=2.98\times10^{-2}\mathrm{W\cdot m^{-1}\cdot K^{-1}}$，代入式（9-72）得

$$\alpha=(2+0.54Re_0^{\frac{1}{2}})\frac{\lambda_g}{d_p}\approx497\mathrm{W\cdot m^{-2}\cdot K^{-1}}$$

③求 A_s（$\mathrm{m^2\cdot s^{-1}}$）

根据式（9-75）

$$A_s=\frac{6G_c}{d_p\rho_s}=0.71\mathrm{m^2\cdot s^{-1}}$$

④求对数平均温差 Δt_m（℃）

根据式（9-76）

$$\Delta t_m=\frac{(t_1-\theta_1)-(t_2-\theta_2)}{\ln\left(\frac{t_1-\theta_1}{t_2-\theta_2}\right)}=37.28℃$$

⑤干燥管高度 Z（m）

根据式（9-77）　　$Z=\tau(u_g-u_0)$

其中，由式（9-70）得　　$\tau=\frac{Q}{\alpha A_s\Delta t_m}=1.7\mathrm{s}$

将空气速度 u_g折算为 t_m下的流速，即

$$u_g=\frac{10\times(273+77.5)}{273+90}=9.66\mathrm{m\cdot s^{-1}}$$

代入式（9-77）得干燥管高为

$$Z=1.7\times(9.66-1.043)=14.7\mathrm{m}$$

重点小结

- 干燥
  - 干燥的定义及分类
  - 湿空气的性质
  - 湿空气的焓湿图
    - 焓湿图的绘制
    - 焓湿图的使用
  - 工艺计算
    - 物料衡算
      - 干燥器产品量
      - 气化水分量
      - 干空气消耗量
      - 湿空气消耗量
    - 热量衡算
      - 输入热量计算
      - 消耗热量计算
        - 气化水分热
        - 升湿物料热
        - 干燥器热损失
        - 旧空气带走废热
      - 热效率
    - 干燥时间
      - 水分性质
      - 干燥曲线
      - 干燥速度曲线
  - 干燥设备（厢式、气流、流化床、转筒、喷雾、滚筒、热冻、红外、微波）

主要符号表

符　号	意　义	法定单位
A	传热面积	m^2
A_s	每秒钟颗粒提供的表面积	$m^2 \cdot s^{-1}$
c_H	湿空气的比热	$kJ \cdot kg_{干}^{-1} \cdot K^{-1}$、$kJ \cdot kg_{干}^{-1} \cdot ℃^{-1}$
c_g	干空气的比热	$kJ \cdot kg_{干}^{-1} \cdot K^{-1}$、$kJ \cdot kg_{干}^{-1} \cdot ℃^{-1}$
c_m	湿物料的比热	$kJ \cdot kg_{绝}^{-1} \cdot K^{-1}$、$kJ \cdot kg_{绝}^{-1} \cdot ℃^{-1}$
c_s	绝干物料的比热	$kJ \cdot kg_{绝}^{-1} \cdot K^{-1}$、$kJ \cdot kg_{绝}^{-1} \cdot ℃^{-1}$
c_v	水汽的比热	$kJ \cdot kg^{-1} \cdot K^{-1}$、$kJ \cdot kg^{-1} \cdot ℃^{-1}$
c_w	水的比热	$kJ \cdot kg^{-1} \cdot K^{-1}$、$kJ \cdot kg^{-1} \cdot ℃^{-1}$
D	干燥器的直径	m
d_p	颗粒直径	m
G_1、G_2	进出干燥器的物料质量	$kg \cdot s^{-1}$
G_c	绝干物料量	$kg \cdot s^{-1}$
g	重力加速度	$m \cdot s^{-2}$
H	空气的湿度	$kg \cdot kg_{干}^{-1}$
H_{as}	t_{as}时的空气饱和湿度	$kg \cdot kg_{干}^{-1}$
H_s	t_d时空气的饱和湿度	$kg \cdot kg_{干}^{-1}$
H_w	t_w时空气的饱和湿度	$kg \cdot kg_{干}^{-1}$
I_H	湿空气的焓	$kJ \cdot kg_{干}^{-1}$

续表

符　号	意　义	法定单位
I_g	干空气的焓	$kJ \cdot kg_{干}^{-1}$
I_v	水蒸气的焓	$kJ \cdot kg^{-1}$
k_H	以湿度差为推动力的传质系数	$kg \cdot m^{-2} \cdot s^{-1} \cdot \Delta H^{-1}$
L	进、出干燥器的干空气的质量流量	$kg_{干} \cdot s^{-1}$
M_g	干空气的分子量	$kg \cdot kmol^{-1}$
M_w	水蒸气的分子量	$kg \cdot kmol^{-1}$
n_g	干空气的千摩尔数	kmol
n_w	水蒸气的千摩尔数	kmol
P	湿空气的总压	kPa
p_s	在湿空气温度下纯水的饱和蒸气压	kPa
p_w	湿空气中的水蒸气分压	kPa
Q	传热量	W
q	传热量	W
t	湿空气的干球温度	K 或℃
t_w	湿空气的湿球温度	K 或℃
t_d	湿空气的露点温度	K 或℃
t_{as}	湿空气的绝热饱和温度	K 或℃
Δt_m	平均温度差	K 或℃
u	干燥速率	$kg \cdot m^{-2} \cdot s^{-1}$
u_0	恒速干燥阶段的干燥速率	$kg \cdot m^{-2} \cdot s^{-1}$
V	干燥器的体积	m^3
V_i	i 状态下湿空气的体积流量	$m^3 \cdot s^{-1}$
w	湿基含水量	kg · kg-1
W	水分气化量	$kg \cdot s^{-1}$
X_1、X_2	干燥前后物料的干基含水量	$kg \cdot kg_{绝}^{-1}$
X	湿物料的干基含水量	$kg \cdot kg_{绝}^{-1}$
X_c	物料临界含水量	$kg \cdot kg_{绝}^{-1}$
X^*	物料平衡含水量	$kg \cdot kg_{绝}^{-1}$
Z	干燥管的高度	m
α	气流干燥器的对流传热系数	$W \cdot m^{-2} \cdot K^{-1}$或 $W \cdot m^{-2} \cdot ℃^{-1}$
γ_w	t_w时水的气化潜热	$kJ \cdot kg^{-1}$
γ_0	0℃时水的气化潜热	$kJ \cdot kg^{-1}$
η	干燥器的热效率	无因次
θ_1或 θ_2	分别为物料进出干燥器时的温度	K、℃
λ_g	空气的导热系数	$W \cdot m^{-1} \cdot K^{-1}$或 $W \cdot m^{-1} \cdot ℃^{-1}$
ν_g	干空气的比容	$m^3 \cdot kg_{干}^{-1}$
ν_H	湿比容	$m^3 \cdot kg_{干}^{-1}$
ν_v	水蒸气的比容	$m^3 \cdot kg^{-1}$
ξ	阻力系数	无因次
ρ_s	颗粒密度	$kg \cdot m^{-3}$
ρ_g	空气密度	$kg \cdot m^{-3}$
τ	干燥所需的时间	s、h
υ_g	空气的运动黏度	$m^2 \cdot s^{-1}$
φ	空气的相对湿度	无因次

习 题

文字题解

习题解

扫码“练一练”

1. 总压力 $P=101.325\text{kPa}$，温度 $t=20℃$ 的湿空气，测得露点为 10℃。试求此湿空气的：（1）湿度（$\text{kg}\cdot\text{kg}_{干}^{-1}$）；（2）相对湿度；（3）比容（$\text{m}^3\cdot\text{kg}_{干}^{-1}$）；（4）比热（$\text{kJ}\cdot\text{kg}_{干}^{-1}\cdot℃^{-1}$）；（5）焓（$\text{kJ}\cdot\text{kg}_{干}^{-1}$）。

（答：0.00762kg · $\text{kg}_{干}^{-1}$；52.5%；0.839$\text{m}^3\cdot\text{kg}_{干}^{-1}$；1.024$\text{kJ}\cdot\text{kg}_{干}^{-1}\cdot℃^{-1}$；39.5$\text{kJ}\cdot\text{kg}_{干}^{-1}$）

2. 在 101.325kPa 总压下，湿空气的温度为 60℃，湿球温度为 30℃。试求该空气的：（1）湿度（$\text{kg}\cdot\text{kg}_{干}^{-1}$）；（2）露点（℃）。

（答：0.0137$\text{kg}\cdot\text{kg}_{干}^{-1}$；18.4℃）

3．某连续干燥器每小时处理湿物料 1000kg，干燥后，物料的含水量由 10% 降到 2%（均为湿基）。干燥介质为热空气，初始湿度为 0.008$\text{kg}\cdot\text{kg}_{干}^{-1}$，离开干燥器时的湿度为 0.05$\text{kg}\cdot\text{kg}_{干}^{-1}$。假设干燥过程中无物料损失，试求：（1）水分气化量（$\text{kg}\cdot\text{h}^{-1}$）；（2）干空气消耗量（$\text{kg}_{干}\cdot\text{h}^{-1}$）；（3）干燥产品量（$\text{kg}\cdot\text{h}^{-1}$）。

（答：81.6$\text{kg}\cdot\text{h}^{-1}$；1942.8$\text{kg}_{干}\cdot\text{h}^{-1}$；918.37$\text{kg}\cdot\text{h}^{-1}$）

4. 某化工厂将气流干燥器用于晶体物料的干燥。已知干燥器的年生产能力为 2×10^6kg 晶体产品（每年按 300 工作日、每日 3 班连续生产计）。晶体物料比热为 1.25$\text{kJ}\cdot\text{kg}^{-1}\cdot℃^{-1}$，在干燥器内温度由 15℃ 升到 45℃，湿基含水量由 20% 降到 2%。干燥用空气的温度为 15℃，相对湿度为 70%，经预热器升温到 90℃ 后进入干燥器，干燥器内无补充加热。若废气离开干燥器的温度为 65℃，且不计预热器及干燥器中的热损失，试计算：（1）气化水分量（$\text{kg}\cdot\text{h}^{-1}$）；（2）干空气用量（$\text{kg}_{干}\cdot\text{h}^{-1}$）；（3）预热器中绝压为 196.1kPa 的加热蒸气用量（$\text{kg}\cdot\text{h}^{-1}$）。

（答：62.5$\text{kg}\cdot\text{h}^{-1}$；6537.6$\text{kg}_{干}\cdot\text{h}^{-1}$；227.5$\text{kg}\cdot\text{h}^{-1}$）

5. 某物料初始含水量为 $X_1=0.30\text{kg}\cdot\text{kg}_{绝}^{-1}$，要求干燥产品的含水量为 $X_2=0.03\text{kg}\cdot\text{kg}_{绝}^{-1}$，该物料的绝干质量为 500kg，物料的表面积为 0.03$\text{m}^2\cdot\text{kg}_{绝}^{-1}$，在干燥条件下测得物料平衡含水量 $X^*=0.02\text{kg}\cdot\text{kg}_{绝}^{-1}$，临界含水量为 $X_c=0.15\text{kg}\cdot\text{kg}_{绝}^{-1}$，对应的干燥速率 $u_0=1.5\text{kg}\cdot\text{m}^{-2}\cdot\text{h}^{-1}$，求干燥所需的时间。

（答：10.74h）

6. 某湿物料从初始含水量 $X_1=0.30\text{kg}\cdot\text{kg}_{绝}^{-1}$ 干燥至含水量 $X_2=0.08\text{kg}\cdot\text{kg}_{绝}^{-1}$ 需要总的干燥时间 $\tau=6\text{h}$。由于干燥产品质量要求，在相同的干燥条件下需要将物料含水量降至 $X_3=0.04\text{kg}\cdot\text{kg}_{绝}^{-1}$，试求需要增加干燥时间多少？设在干燥条件下，物料的临界含水量 $X_c=0.12\text{kg}\cdot\text{kg}_{绝}^{-1}$，平衡含水量 $X^*=0.03\text{kg}\cdot\text{kg}_{绝}^{-1}$。

（答：3.73h）

附 录

一、各种重要数据

1. 某些液体的重要物理性质

单位：$\times 10^n$

序号	名 称	分子式	分子量	密度（20℃）ρ/kg·m^{-3}	沸点（101.3kPa）t/℃	气化潜热（101.3kPa）γ/kJ·kg^{-1}	热容（20℃）$c_p\times10^{-3}$ /J·kg^{-1}·K^{-1}	黏度（20℃）$\mu\times10^3$ /Pa·s	导热系数（20℃）λ/W·m^{-1}·K^{-1}	体积膨胀系数（20℃）$\beta\times10^{-4}$ /K^{-1}	表面张力（20℃）$\sigma\times10^3$ /N·m^{-1}
1	水	H_2O	18.02	998	100	2258.4	4.183	1.005	0.598	1.82	72.8
2	盐水(25% NaCl)	—	—	1186（25℃）	107	—	3.39	2.3	0.569（30℃）	4.4	
3	盐水(25% $CaCl_2$)	—	—	1228	107	—	2.89	2.5	0.569	3.4	
4	硫酸	H_2SO_4	98.08	1831	340（分解）	—	1.47（98%）	23	0.383	5.7	
5	硝酸	HNO_3	63.02	1513	86	481.1		1.17（10℃）			
6	盐酸（30%）	HCl	36.47	1149			2.55		2（31.5%）	0.418	
7	二硫化碳	CS_2	76.13	1262	46.3	351.7	1.01	0.38	0.163	12.1	32
8	戊烷	C_5H_{12}	72.15	626	36.07	357.5	2.24（15.6℃）	0.229	0.113	15.9	16.2
9	己烷	C_6H_{14}	86.17	659	68.74	335.1	2.31（15.6℃）	0.313	0.119		18.2
10	庚烷	C_7H_{16}	100.20	684	98.43	316.6	2.21（15.6℃）	0.411	0.123		20.1
11	辛烷	C_8H_{18}	114.22	703	125.67	306.4	2.19（15.6℃）	0.540	0.131		21.8
12	三氯甲烷	$CHCl_3$	119.38	1489	61.2	253.7	0.992	0.58	0.138（30℃）	12.6	28.5（10℃）
13	四氯化碳	CCl_4	153.82	1594	76.8	195.1	0.85	1.0	0.116		26.8
14	1，2-二氯乙烷	$C_2H_4Cl_2$	98.96	1253	83.6	324.1	1.26	0.83	0.139（50℃）		30.8

续表

序号	名称	分子式	分子量	密度（20℃）ρ/kg·m^{-3}	沸点（101.3kPa）t/℃	气化潜热（101.3kPa）γ/kJ·kg^{-1}	热容（20℃）$c_p\times10^{-3}$ /J·kg^{-1}·K^{-1}	黏度（20℃）$\mu\times10^3$ /Pa·s	导热系数（20℃）λ/W·m^{-1}·K^{-1}	体积膨胀系数（20℃）$\beta\times10^{-4}$ /K^{-1}	表面张力（20℃）$\sigma\times10^3$ /N·m^{-1}
15	苯	C_6H_6	78.11	879	80.10	393.9	1.704	0.737	0.148	12.4	28.6
16	甲苯	$C_6H_5CH_3$	92.13	867	110.63	363.4	1.7	0.675	0.138	10.9	27.9
17	邻二甲苯	$o-C_6H_4(CH_3)_2$	106.16	880	144.42	346.7	1.742	0.811	0.142		30.2
18	间二甲苯	$m-C_6H_4(CH_3)_2$	106.16	864	139.10	342.9	1.7	0.611	0.167	10.1	29.0
19	对二甲苯	$p-C_6H_4(CH_3)_2$	106.16	861	138.35	340	1.704	0.643	0.129		28.0
20	苯乙烯	$C_6H_5CH=CH_2$	104.1	911（15.6℃）	145.2	（357.1）	1.733	0.72			
21	氯苯	C_6H_5Cl	112.56	1106	131.8	324.9	1.298	0.85	0.139（30℃）		32
22	硝基苯	$C_6H_5NO_2$	123.17	1203	210.9	396.5	1.465	2.1	0.151		41
23	苯胺	$C_6H_5NH_2$	93.13	1022	184.4	448	2.068	4.3	0.174	8.5	42.9
24	苯酚	C_6H_5OH	94.1	1050（50℃）	181.8（m.p. 40.9）	510.8		3.4（50℃）			
25	萘	$C_{10}H_8$	128.17	1145（固体）	217.9（m.p. 80.2）	314	1.805（100℃）	0.59（100℃）			
26	甲醇	CH_3OH	32.04	791	64.7	1101	2.495	0.6	0.212	12.2	22.6
27	乙醇	C_2H_5OH	46.07	789	78.3	845.7	2.395	1.15	0.172	11.6	22.8
28	乙醇（95%）	—	—	804	78.2			1.4			
29	乙二醇	$C_2H_4(OH)_2$	62.05	1113	197.6	799.7	2.349	23			47.7
30	甘油	$C_3H_5(OH)_3$	92.09	1261	290（分解）	—		1499	0.593	5.3	63
31	乙醚	$(C_2H_5)_2O$	74.12	714	34.6	360.1	2.336	0.24	0.139	16.3	18
32	乙醛	CHCHO	44.05	783（18℃）	20.2	573.6	1.884	1.3（18℃）			21.2
33	糠醛	$C_5H_4O_2$	96.09	1160	161.7	452.2	1.591	1.15（50℃）			43.5
34	丙酮	CH_3COCH_3	58.08	792	56.2	523.4	2.349	0.32	0.174		23.7
35	甲酸	HCOOH	46.03	1220	100.7	494	2.169	1.9	0.256		27.8
36	乙酸	CH_3COOH	60.03	1049	118.1	406.1	1.997	1.3	0.174	10.7	23.9
37	乙酸乙酯	$CH_3COOC_2H_5$	88.11	901	77.1	368.4	1.922	0.48	0.139（10℃）		
38	煤油			780~820				3	0.151	10.0	
39	汽油			680~800				0.3~0.8	0.186（30℃）	12.5	

2. 干空气的重要物理性质

温度 t/℃	密度 ρ/kg·m^{-3}	热容 $c_p\times10^{-3}$ /J·kg^{-1}·K^{-1}	导热系数 $\lambda\times10^2$ /W·m^{-1}·K^{-1}	导温系数 $\alpha\times10^5$ /m^2·s^{-1}	黏度 $\mu\times10^5$ /Pa·s	运动黏度 $\upsilon\times10^6$ /m^2·s^{-1}	普兰德数 Pr*
-50	1.584	1.013	2.034	1.27	1.46	9.23	0.727
-40	1.515	1.013	2.115	1.38	1.52	10.04	0.728
-30	1.453	1.013	2.196	1.49	1.57	10.80	0.724
-20	1.395	1.009	2.278	1.62	1.62	11.60	0.177
-10	1.342	1.009	2.359	1.74	1.67	12.43	0.714
0	1.293	1.005	2.440	1.88	1.72	13.28	0.708
10	1.247	1.005	2.510	2.00	1.77	14.16	0.708
20	1.205	1.005	2.519	2.14	1.81	15.06	0.702
30	1.165	1.005	2.673	2.28	1.86	16.00	0.701
40	1.128	1.005	2.754	2.43	1.91	16.96	0.696
50	1.093	1.005	2.824	2.57	1.96	17.95	0.697
60	1.060	1.005	2.893	2.72	2.01	18.97	0.698
70	1.029	1.009	2.963	2.86	2.06	20.02	0.701
80	1.000	1.009	3.044	3.02	2.11	21.09	0.699
90	0.972	1.009	3.126	3.19	2.15	22.10	0.693
100	0.946	1.009	3.207	3.37	2.19	23.13	0.695
120	0.898	1.009	3.335	3.68	2.29	25.45	0.692
140	0.854	1.013	3.486	4.04	2.37	27.80	0.688
160	0.815	1.017	3.637	4.40	2.45	30.09	0.685
180	0.779	1.022	3.777	4.75	2.53	32.39	0.684
200	0.746	1.026	3.928	5.14	2.60	34.85	0.679
250	0.674	1.038	4.265	6.10	2.74	40.61	0.666
300	0.615	1.047	4.602	7.15	2.97	48.33	0.675
350	0.566	1.059	4.904	8.20	3.14	55.46	0.677
400	0.524	1.068	5.206	9.31	3.31	63.69	0.679
500	0.456	1.093	5.740	11.52	3.61	79.38	0.689
600	0.404	1.114	6.217	13.82	3.91	96.89	0.700
700	0.362	1.135	6.70	16.32	4.18	115.4	0.707
800	0.329	1.156	7.170	18.85	4.43	134.8	0.714
900	0.301	1.172	7.623	21.60	4.67	155.1	0.719
1000	0.277	1.185	8.064	24.60	4.90	177.1	0.719
1100	0.257	1.197	8.494	27.60	5.12	199.3	0.721
1200	0.239	1.210	9.145	31.62	5.35	223.7	0.707

*注：$Pr = \dfrac{c_p\mu}{\lambda} = \dfrac{\upsilon}{\alpha}$

3. 某些气体的重要物理性质

名称	化学符号	密度 ρ (0℃, 101.3kPa) /kg·m^{-3}	分子量	气体常数 R /kJ·kmol^{-1}·k^{-1} (Pa·m^3·kmol^{-1}·K^{-1})	热容 c_p (20℃, 101.31kPa) /J·kg^{-1}·K^{-1}×10^{-3}		$k=\frac{c_p}{c_v}$	黏度 μ (0℃, 101.31kPa) /Pa·s×10^6	沸点 t (101.3kPa) /℃	蒸发潜热 γ(101.3kPa) /kJ·kg^{-1}	临界点		导热系数 λ (0℃, 101.3kPa) /W·m^{-1}·K^{-1}
					c_p	c_v					温度 t /K	压力 p /atm	
空气	—	1.293	28.95	8.310	1.009	0.720	1.401	17.3	-195	196.8	132.3	37.2	0.0244
氢	H_2	0.08985	2.016	8.315	14.269	10.132	1.408	8.42	-252.745	454.3	33.2	12.8	0.163
氮	N_2	1.2507	28.02	8.315	1.047	0.754	1.389	17	-195.78	199.21	126	33.5	0.0228
氧	O_2	1.42895	32	8.316	0.913	0.653	1.398	20.3	-182.98	213.2	154.5	50.1	0.0239
氯	Cl_2	3.217	70.91	8.316	0.482	0.355	1.358	12.9（16℃）	-33.8	305.4	417	76	0.0072
硫化氢	H_2S	1.593	34.08	8.322	1.059	0.804	1.318	11.66	-60.2	548.5	373.4	88.9	0.0131
氨	NH_3	0.771	17.03	8.315	2.219	1.675	1.325	9.18	-33.4	1373.3	405.3	111.65	0.0215
一氧化碳	CO	1.250	28.01	8.320	1.047	0.754	1389	16.6	-191.48	211.4	133	34.5	0.0225
二氧化碳	CO_2	1.976	44.01	8.316	0.837	0.653	1.282	13.7	-78.2	573.6	304.1	72.79	0.0137
二氧化氮	NO_2	—	46.01	8.302	0.804	0.616	1.305	—	21.2	711.8	431.2	100.00	0.0400
二氧化硫	SO_2	2.927	64.07	8.319	0.632	0.502	1.259	11.7	-10.8	393.6	430.3	77.78	0.0077
甲烷	CH_4	0.717	16.04	8.322	2.223	1.700	1.308	10.3	-161.58	510.8	190.9	45.36	0.0300
乙烷	C_2H_6	1.357	30.07	8.319	1.729	1.445	1.197	8.5	-88.50	485.7	305	48.2	0.0180
丙烷	C_3H_8	2.020	44.100	8.325	1.863	1.650	1.129	7.95（18℃）	-42.1	427.1	369.8	42	0.0148
正丁烷	C_4H_{10}	2.673	58.12	8.316	1.918	1.733	1.106	8.1	-0.50	386.4	425	37.4	0.0135
正戊烷	C_5H_{12}	—	72.15	8.315	1.717	1.574	1.091	8.74	36.08	360.1	471	33.3	0.0128
乙烯	C_2H_4	1.261	28.05	8.322	1.528	1.223	1.249	9.85	-103.70	481.5	283	50.8	0.0164
丙烯	C_3H_6	1.914	42.08	8.333	1.633	1.436	1.137	8.35（20℃）	-17.7	439.6	364.8	45.6	—
乙炔	C_2H_2	1.717	26.04	8.322	1.683	1.352	1.245	9.35	-83.66（升华）	829	309	61.6	0.0184
氯甲烷	CH_3Cl	2.308	50.49	8.319	0.741	0.582	1.273	9.89	-24.1	405.7	416.2	65.92	0.0085
苯	C_6H_6	—	78.11	8.310	1.252	1.139	1.099	7.2	80.20	393.6	561.5	48.6	0.0088

4. 水的重要物理性质

温度 t /℃	压力 P /atm	密度 ρ /kg · m^{-3}	焓 I_H /kJ · kg^{-1}	热 容 $c_p \times 10^{-3}$ /J · kg^{-1} · K^{-1}	导热系数 $\lambda \times 10^2$ /W · m^{-1} · K^{-1}	导温系数 $\alpha \times 10^7$ /m^2 · s^{-1}	黏 度 $\mu \times 10^5$ /Pa · s	运动黏度 $\upsilon \times 10^6$ /m^2 · s^{-1}	体积膨胀系数 $\beta \times 10^4$ /K^{-1}	表面张力 $\sigma \times 10^3$ /N · m^{-1}	普兰德数 Pr
0	1. 03	999. 9	0	4. 212	55. 08	1. 31	178. 78	1. 789	−0. 63	75. 61	13. 66
10	1. 03	999. 7	43. 04	4. 191	57. 41	1. 37	130. 53	1. 306	+0. 70	74. 14	9. 52
20	1. 03	998. 2	83. 90	4. 183	59. 85	1. 43	100. 42	1. 006	1. 82.	72. 67	7. 02
30	1. 03	995. 7	125. 69	4. 174	61. 71	1. 49	80. 12	0. 805	3. 21	71. 20	5. 42
40	1. 03	992. 2	167. 51	4. 174	63. 33	1. 53	65. 32	0. 659	3. 87	69. 63	4. 30
50	1. 03	988. 1	209. 30	4. 174	64. 73	1. 57	54. 92	0. 556	4. 49	67. 67	3. 54
60	1. 03	983. 2	211. 12	4. 178	65. 89	1. 61	46. 98	0. 478	5. 11	66. 20	2. 98
70	1. 03	977. 8	292. 99	4. 187	66. 70	1. 63	40. 60	0. 415	5. 70	64. 33	2. 53
80	1. 03	971. 8	334. 94	4. 195	67. 40	1. 66	35. 50	0. 365	6. 32	62. 57	2. 21
90	1. 03	965. 3	376. 98	4. 208	67. 98	1. 67	31. 48	0. 326	6. 95	60. 72	1. 95
100	1. 03	958. 4	419. 19	4. 220	68. 21	1. 69	28. 24	0. 295	7. 52	58. 84	1. 75
110	1. 46	951. 0	461. 34	4. 233	68. 44	1. 70	25. 89	0. 272	8. 08	56. 88	1. 60
120	2. 03	943. 1	503. 67	4. 250	68. 56	1. 71	23. 73	0. 252	8. 64	54. 82	1. 47
130	2. 75	934. 8	546. 38	4. 266	68. 56	1. 72	21. 77	0. 233	9. 19	52. 86	1. 35
140	3. 69	926. 1	589. 08	4. 287	68. 44	1. 72	20. 10	0. 217	9. 72	50. 70	1. 26
150	4. 85	917. 0	632. 20	4. 312	68. 33	1. 73	18. 63	0. 203	10. 3	48. 64	1. 18
160	6. 30	907. 4	675. 33	4. 346	68. 21	1. 73	17. 36	0. 191	10. 7	46. 58	1. 11
170	8. 08	897. 3	719. 29	4. 379	67. 86	1. 73	16. 28	0. 181	11. 3	44. 33	1. 05
180	10. 23	886. 9	763. 25	4. 417	67. 40	1. 72	15. 30	0. 173	11. 9	42. 27	1. 00
190	12. 80	876. 0	807. 63	4. 460	66. 93	1. 71	14. 42	0. 165	12. 6	40. 01	0. 96

续表

温度 t /℃	压力 P /atm	密度 ρ /kg·m^{-3}	焓 I_H /kJ·kg^{-1}	热容 $c_p\times10^{-3}$ /J·kg^{-1}·K^{-1}	导热系数 $\lambda\times10^2$ /W·m^{-1}·K^{-1}	导温系数 $\alpha\times10^7$ /m^2·s^{-1}	黏度 $\mu\times10^5$ /Pa·s	运动黏度 $\upsilon\times10^6$ /m^2·s^{-1}	体积膨胀系数 $\beta\times10^4$ /K^{-1}	表面张力 $\sigma\times10^3$ /N·m^{-1}	普兰德数 Pr
200	15. 86	863. 0	852. 43	4. 505	66. 24	1. 70	13. 63	0. 158	13. 3	37. 66	0. 93
210	19. 46	852. 8	897. 65	4. 555	65. 48	1. 68	13. 04	0. 153	14. 1	35. 40	0. 91
220	23. 66	840. 3	943. 71	4. 614	64. 49	1. 66	12. 46	0. 148	14. 8	33. 15	0. 89
230	28. 53	827. 3	990. 18	4. 681	63. 68	1. 64	11. 97	0. 145	15. 9	30. 99	0. 88
240	34. 14	813. 6	1037. 49	4. 756	62. 75	1. 62	11. 47	0. 141	16. 8	28. 54	0. 87
250	40. 56	799. 0	1085. 64	4. 844	61. 71	1. 59	10. 98	0. 137	18. 1	26. 19	0. 86
260	47. 87	784. 0	1135. 04	4. 949	60. 43	1. 56	10. 59	0. 135	19. 7	23. 73	0. 87
270	56. 14	767. 9	1185. 28	5. 070	58. 92	1. 51	10. 20	0. 133	21. 6	21. 48	0. 88
280	65. 46	750. 7	1236. 78	5. 229	57. 41	1. 46	9. 81	0. 131	23. 7	19. 12	0. 89
290	75. 92	723. 3	1289. 95	5. 485	55. 78	1. 39	9. 42	0. 129	26. 2	16. 87	0. 93
300	87. 61	712. 5	1344. 80	5. 736	53. 92	1. 32	9. 12	0. 128	29. 2	14. 42	0. 97
310	100. 64	691. 1	1402. 16	6. 071	52. 29	1. 25	8. 83	0. 128	32. 9	12. 06	1. 02
320	115. 12	667. 1	1462. 03	6. 573	50. 55	1. 15	8. 53	0. 128	38. 2	9. 81	1. 11
330	131. 18	640. 2	1526. 09	7. 243	48. 34	1. 04	8. 14	0. 127	43. 3	7. 67	1. 22
340	148. 96	610. 1	1594. 75	8. 164	45. 67	0. 916	7. 75	0. 127	53. 4	5. 67	1. 38
350	168. 63	574. 4	1671. 37	9. 504	43. 00	0. 790	7. 26	0. 126	66. 8	3. 82	1. 60
360	190，42	528. 0	1761. 39	13. 984	39. 51	0. 536	6. 67	0. 126	109	2. 02	2. 36
370	214. 68	450. 5	1892. 43	40. 319	33. 70	0. 185	5. 69	0. 126	264	0. 47	6. 80

$Pr=\frac{c_p\mu}{\lambda}=\frac{\upsilon}{\alpha}$；　$\alpha=\frac{\lambda}{c_p\rho}$；　$\upsilon=\frac{\mu}{\rho}$

5. 水在不同温度下的黏度

温度 t/℃	黏度 $\mu\times10^3$ /Pa·s	温度 t/℃	黏度 $\mu\times10^3$ /Pa·s	温度 t/℃	黏度 $\mu\times10^3$ /Pa·s	温度 t/℃	黏度 $\mu\times10^3$ /Pa·s	温度 t/℃	黏度 $\mu\times10^3$ /Pa·s	温度 t/℃	黏度 $\mu\times10^3$ /Pa·s	温度 t/℃	黏度 $\mu\times10^3$ /Pa·s
0	1.7921	15	1.1404	29	0.8160	44	0.6097	59	0.4759	74	0.3845	89	0.3202
1	1.7913	16	1.1111	30	0.8007	45	0.5988	60	0.4688	75	0.3799	90	0.3165
2	1.6728	17	1.0828	31	0.7840	46	0.5883	61	0.4618	76	0.3750	91	0.3130
3	1.6191	18	1.0559	32	0.7679	47	0.5782	62	0.4550	77	0.3702	92	0.3095
4	1.5674	19	1.0299	33	0.7523	48	0.5683	63	0.4483	78	0.3655	93	0.3060
5	1.5188	20	1.0050	34	0.7371	49	0.5588	64	0.4418	79	0.3610	94	0.3027
6	1.4728	20.2	1.0000	35	0.7225	50	0.5494	65	0.4355	80	0.3565	95	0.2994
7	1.4284	21	0.9810	36	0.7085	51	0.5404	66	0.4293	81	0.3521	96	0.2962
8	1.3860	22	0.9579	37	0.6947	52	0.5315	67	0.4233	82	0.3478	97	0.2930
9	1.3462	23	0.9358	38	0.6814	53	0.5229	68	0.4174	83	0.3436	98	0.2899
10	1.3077	24	0.9142	39	0.6685	54	0.5146	69	0.4117	84	0.3395	99	0.2868
11	1.2713	25	0.8937	40	0.6560	55	0.5064	70	0.4061	85	0.3355	100	0.2838
12	1.2363	26	0.8737	41	0.6439	56	0.4985	71	0.4006	86	0.3315		
13	1.2028	27	0.8545	42	0.6421	57	0.4907	72	0.3952	87	0.3276		
14	1.1709	28	0.8360	43	0.6207	58	0.4832	73	0.3900	88	0.3239		

6. 水的饱和蒸气压（-2~100℃）

温度 t/℃	压力 P/Pa	温度 t/℃	压力 P/Pa	温度 t/℃	压力 P/Pa	温度 t/℃	压力 P/Pa	温度 t/℃	压力 P/Pa	温度 t/℃	压力 P/Pa	温度 t/℃	压力 P/Pa
-20	102.9	-2	516.8	16	1817	34	5319	52	13612	70	31157	88	64940
-19	113.3	-1	562.1	17	1937	35	5623	53	14292	71	32517	89	67473
-18	124.7	0	610.5	18	2064	36	5941	54	14999	72	33943	90	70100
-17	136.9	1	657.3	19	2197	37	6275	55	15732	73	35423	91	72806
-16	150.4	2	705.3	20	2338	38	6619	56	16505	74	36956	92	75592
-15	165.1	3	758.6	21	2486	39	6991	57	17305	75	38543	93	78472
-14	180.9	4	813.3	22	2646	40	7375	58	18145	76	40183	94	81445
-13	198.1	5	871.9	23	2809	41	7778	59	19011	77	41876	95	84512
-12	216.9	6	934.6	24	2984	42	8199	60	19918	78	43636	96	87671
-11	237.1	7	1001	25	3168	43	8639	61	20850	79	45462	97	90938
-10	259.4	8	1073	26	3361	44	9100	62	21838	80	47342	98	94297
-9	283.3	9	1148	27	3565	45	9583	63	22851	81	49288	99	97750
-8	309.4	10	1228	28	3780	46	10086	64	23904	82	51315	100	101325
-7	337.6	11	1312	29	4005	47	10612	65	24998	83	53408		
-6	368.1	12	1403	30	4242	48	11160	66	26144	84	55568		
-5	401.0	13	1497	31	4493	49	11735	67	27331	85	57808		
-4	436.8	14	1599	32	4754	50	12333	68	28557	86	60114		
-3	475.4	15	1705	33	5030	51	12959	69	29824	87	62220		

7. 饱和水蒸气的物理性质（以温度为准）

温度 t/℃	压力 P		密度 ρ /kg·m^{-3}	比容 v /m^3·kg^{-1}	饱和蒸气压下液体密度 ρ /kg·m^{-3}	I/kJ·kg^{-1}		气化潜热 γ /kJ·kg^{-1}	热容 $c_p\times10^{-3}$ /J·kg^{-1}·K^{-1}	导热系数 $\lambda\times10^2$ /W·m^{-1}·K^{-1}	导温系数 $\alpha\times10^6$ /m^2·s^{-1}	黏度 $\mu\times10^5$ /Pa·s	运动黏度 $\upsilon\times10^6$ /m^2·s^{-1}	普兰德数 Pr
	/kPa	/atm				液体	蒸汽							
0	0. 608	0. 0060	0. 00485	201. 19	1000	0	2491	2491				0. 8238	1699	
10	1. 226	0. 0121	0. 00940	106. 38	1000	41. 87	2510	2468				0. 8532	908	
20	2. 31	0. 0230	0. 01719	58. 17	998. 0	83. 74	2530	2446				0. 8924	519	
30	4. 246	0. 0419	0. 03036	32. 94	996. 0	125. 6	2549	2423				0. 9317	307	
40	7. 377	0. 0728	0. 05114	19. 55	992. 1	167. 5	2569	2402				0. 9707	190	
50	12. 341	0. 1218	0. 0830	12. 05	988. 1	209. 3	2587	2378				1. 0003	121	
60	19. 921	0. 1966	0. 1302	7. 681	983. 3	251. 2	2606	2355				1. 0395	79. 8	
70	31. 168	0. 3076	0. 1979	5. 053	977. 5	293. 1	2624	2331				1. 0788	54. 5	
80	47. 380	0. 4676	0. 2929	3. 414	971. 8	334. 9	2642	2307				1. 1180	38. 0	
90	70. 137	0. 6922	0. 4229	2. 365	966. 2	376. 8	2660	2283				1. 1572	27. 4	
100	101. 325	1. 0000	0. 5970	1. 675	958. 8	418. 7	2677	2258	2. 01	2. 42	20. 08	1. 1965	20. 0	0. 994
110	143. 30	1. 4143	0. 8254	1. 212	950. 6	461. 0	2693	2232	2. 05	2. 59	15. 31	1. 2455	15. 1	0. 986
120	198. 63	1. 9603	1. 120	0. 8929	943. 4	503. 7	2709	2205	2. 09	2. 75	11. 75	1. 2847	11. 5	0. 976
130	270. 13	2. 6660	1. 496	0. 6685	935. 5	546. 4	2724	2178	2. 18	2. 94	9. 01	1. 3239	8. 85	0. 982
140	361. 46	3. 5673	1. 966	0. 5087	926. 8	589. 1	2738	2149	2. 22	3. 08	7. 06	1. 3534	6. 88	0. 975
150	476. 12	4. 6989	2. 547	0. 3926	917. 4	632. 2	2751	2119	2. 30	3. 31	5. 65	1. 3926	5. 47	0. 968
160	618. 14	6. 1006	3. 259	0. 3068	907. 4	675. 8	2763	2087	2. 39	3. 49	4. 48	1. 4318	4. 39	0. 981
170	792. 16	7. 8180	4. 122	0. 2426	896. 9	719. 3	2773	2054	2. 47	3. 69	3. 62	1. 4711	3. 57	0. 985
180	1002. 9	9. 8983	5. 157	0. 1936	887. 4	763. 3	2783	2020	2. 55	3. 84	2. 92	1. 5103	2. 93	1. 003
190	1255. 5	12. 391	6. 395	0. 1564	875. 7	807. 6	2790	1982	2. 72	4. 10	2. 36	1. 4711	2. 30	0. 976
200	1555. 3	15. 350	7. 863	0. 1272	864. 3	852. 0	2796	1944	2. 85	4. 31	1. 92	1. 5985	2. 03	1. 057
210	1908. 5	18. 835	9. 578	0. 1044	851. 8	897. 2	2799	1902	3. 01	4. 51	1. 56	1. 6378	1. 71	1. 093
220	2320. 7	22. 903	11. 62	0. 08606	839. 6	942. 5	2801	1859	3. 18	4. 70	1. 27	1. 6868	1. 45	1. 141
230	2798. 6	27. 620	13. 99	0. 07148	825. 7	988. 5	2800	1812	3. 39	4. 95	1. 04	1. 7358	1. 24	1. 182
240	3348. 7	33. 049	16. 76	0. 05967	811. 7	1035	2797	1762	3. 64	5. 20	0. 852	1. 7751	1. 06	1. 243
250	3978. 4	39. 264	19. 98	0. 05005	797. 5	1082	2790	1708	3. 85	5. 44	0. 707	1. 8241	0. 913	1. 291
260	4694. 5	36. 331	23. 72	0. 04216	781. 4	1129	2781	1652	4. 19	5. 67	0. 571	1. 8829	0. 794	1. 391
270	5506. 7	54. 347	28. 09	0. 03560	765. 7	1177	2768	1591	4. 56	5. 98	0. 467	1. 9320	0. 688	1. 473
280	6420. 9	63. 369	33. 19	0. 03013	749. 6	1226	2752	1526	4. 98	6. 31	0. 382	1. 9908	0. 600	1. 571
290	7446. 9	73. 495	39. 17	0. 02553	730. 5	1275	2732	1457	5. 57	6. 67	0. 306	2. 0595	0. 526	1. 720
300	8593. 5	84. 811	46. 21	0. 02164	710. 2	1326	2708	1382	6. 20	7. 01	0. 245	2. 1281	0. 461	1. 882
310	9871. 6	97. 425	54. 61	0. 01831	687. 8	1379	2680	1301	7. 08	7. 60	0. 197	2. 1968	0. 402	2. 041
320	11293	111. 45	64. 74	0. 01545	662. 3	1436	2648	1212	8. 12	8. 14	0. 155	2. 2850	0. 353	2. 279
330	12867	126. 99	77. 09	0. 01297	636. 5	1497	2611	1114	9. 80	8. 80	0. 116	2. 3929	0. 310	2. 665
340	14611	144. 20	92. 77	0. 01078	607. 5	1563	2569	1006	11. 72	9. 58	0. 0881	2. 5204	0. 272	3. 083
350	16540	163. 24	113. 6	0. 008803	572. 7	1636	2517	881	16. 75	10. 69	0. 562	3. 6577	0. 234	4. 164
360	18678	184. 34	144. 1	0. 006940	527. 4	1729	2443	714	20. 93	12. 32	0. 0408	2. 9127	0. 202	4. 948
370	21057	207. 82	202. 4	0. 004941	454. 6	1888	2302	414	29. 31	15. 34	0. 259	3. 3736	0. 167	6. 446
374	22092	218. 03	277. 0	0. 003610	326. 8	1983	2098	115						

$Pr=\dfrac{\upsilon}{\alpha}=\dfrac{c_p\mu}{\lambda}$；　$\alpha=\dfrac{\lambda}{c_p\rho}$；　$\upsilon=\dfrac{\mu}{\rho}$

8. 饱和水蒸气的物理性质（以压力为准）

压力 P		温度	密度 ρ	比容 v	饱和蒸气压下液体密度 ρ	I/kJ·kg^{-1}		气化潜热 γ	热容 $c_p\times10^{-3}$	导热系数 $\lambda\times10^2$	导温系数 $\alpha\times10^6$	黏度 $\mu\times10^5$	运动黏度 $\nu\times10^6$	普兰德数
/kPa	/atm	t/℃	/kg·m^{-3}	/m^3·kg^{-1}	/kg·m^{-3}	液体	蒸汽	/kJ·kg^{-1}	/J·kg^{-1}·K^{-1}	/W·m^{-1}·K^{-1}	/m^2·s^{-1}	/Pa·s	/m^2·s^{-1}	Pr
1	0. 00987	6. 3	0. 00773	129. 37	1000	26. 48	2503	2477				0. 8424	1090	
1. 5	0. 0148	12. 5	0. 01133	88. 26	999. 5	52. 26	2515	2463				0. 8629	761. 6	
2	0. 0197	17. 0	0. 01486	67. 29	998. 6	71. 21	2524	2453				0. 8807	592. 9	
2. 5	0. 0247	20. 9	0. 01836	54. 47	997. 8	87. 45	2532	2445				0. 8959	488. 0	
3	0. 0296	23. 5	0. 02197	45. 52	997. 3	98. 38	2537	2439				0. 9061	415. 8	
3. 5	0. 0345	26. 1	0. 02523	39. 45	996. 8	109. 3	2542	2433				0. 9164	363. 2	
4	0. 0395	28. 7	0. 0286	34. 88	996. 3	120. 2	2547	2427				0. 9267	323. 2	
4. 5	0. 0444	30. 8	0. 03205	33. 06	995. 7	129. 0	2551	2422				0. 9349	291. 7	
5	0. 0493	32. 4	0. 03537	28. 27	995. 1	135. 7	2554	2418				0. 9411	266. 1	
6	0. 0592	35. 6	0. 04200	23. 81	993. 8	149. 1	2560	2411				0. 9536	227. 1	
7	0. 0691	38. 8	0. 04864	20. 56	992. 6	162. 4	2566	2404				0. 9660	198. 6	
8	0. 0790	41. 3	0. 05514	18. 13	991. 6	172. 7	2571	2398				0. 9744	176. 7	
9	0. 0888	43. 3	0. 06156	16. 24	990. 8	181. 2	2575	2394				0. 9803	159. 2	
10	0. 0987	45. 3	0. 06798	14. 71	990. 0	189. 6	2578	2388				0. 9862	145. 1	
15	0. 148	53. 5	0. 09956	10. 04	986. 4	224. 0	2594	2370				1. 0139	101. 8	
20	0. 197	60. 1	0. 13068	7. 65	983. 3	251. 5	2606	2355				1. 0398	79. 6	
30	0. 296	66. 0	0. 019093	5. 24	978. 1	288. 8	2622	2333				1. 0748	56. 3	
40	0. 395	75. 5	0. 24975	4. 00	974. 4	315. 9	2634	2318				1. 1002	44. 1	
50	0. 493	81. 2	0. 30799	3. 25	971. 1	339. 8	2644	2304				1. 1226	36. 5	
60	0. 592	85. 6	0. 36514	2. 74	968. 7	358. 2	2652	2294				1. 1398	31. 2	
70	0. 691	89. 9	0. 42229	2. 37	966. 2	376. 6	2660	2283				1. 1570	27. 4	
80	0. 799	93. 2	0. 47807	2. 09	963. 9	390. 1	2665	2275				1. 1697	24. 5	
90	0. 888	96. 4	0. 53384	1. 87	961. 5	403. 5	2671	2268				1. 1822	22. 1	
100	0. 987	99. 6	0. 58961	1. 70	959. 1	416. 9	2676	2259				1. 1948	20. 3	
120	1. 184	104. 5	0. 69868	1. 43	955. 2	437. 5	2676	2247	2. 03	2. 50	17. 6	1. 2183	17. 4	0. 989
140	1. 382	109. 2	0. 80758	1. 24	951. 2	457. 7	2684	2234	2. 05	2. 58	15. 6	1. 2417	15. 4	0. 987
160	1. 579	113. 0	0. 82981	1. 21	948. 4	473. 9	2692	2224	2. 06	2. 64	15. 4	1. 2574	15. 2	0. 981
180	1. 776	116. 6	1. 0209	0. 988	945. 8	489. 3	2698	2215	2. 08	2. 70	12. 7	1. 2715	12. 5	0. 980
200	1. 974	120. 2	1. 1273	0. 887	943. 2	504	2709	2205	2. 09	2. 76	11. 7	1. 2847	11. 4	0. 973
250	2. 467	127. 2	1. 3904	0. 719	937. 7	534. 4	2720	2186	2. 15	2. 89	9. 67	1. 3129	9. 44	0. 977

续表

压力 P		温度	密度 ρ	比容 v	饱和蒸气压下液体密度 ρ	I/kJ·kg^{-1}		气化潜热 γ	热容 $c_p\times10^{-3}$	导热系数 $\lambda\times10^2$	导温系数 $\alpha\times10^6$	黏度 $\mu\times10^5$	运动黏度 $\upsilon\times10^6$	普兰德数
/kPa	/atm	t/℃	/kg·m^{-3}	/m^3·kg^{-1}	/kg·m^{-3}	液体	蒸汽	/kJ·kg^{-1}	/J·kg^{-1}·K^{-1}	/W·m^{-1}·K^{-1}	/m^2·s^{-1}	/Pa·s	/m^2·s^{-1}	Pr
300	2.961	133.3	1.6501	0.606	932.6	560.4	2729	2169	2.19	2.99	8.27	1.3336	8.08	0.977
350	3.454	138.8	1.9074	0.524	927.9	583.8	2736	2152	2.22	3.06	7.22	1.3497	7.08	0.979
400	3.948	143.4	2.1618	0.463	925.6	603.6	2742	2138	2.25	3.16	6.50	1.3666	6.32	0.973
450	4.44	147.7	2.4152	0.414	919.5	622.4	2748	2126	2.28	3.26	5.62	1.3837	5.73	0.968
500	4.93	151.7	2.6673	0.375	915.7	639.6	2753	2113	2.32	3.34	5.40	1.3992	5.25	0.972
600	5.92	158.7	3.1686	0.216	908.7	670.2	2761	2091	2.38	3.46	4.59	1.4268	4.50	0.981
700	6.91	164.7	3.6657	0.273	902.5	696.3	2768	2072	2.45	3.58	3.99	1.4503	3.96	0.993
800	7.90	170.4	4.1614	0.240	896.5	721.0	2774	2053	2.47	3.70	3.60	1.4726	3.54	0.983
900	8.88	175.1	4.6525	0.215	892.0	741.8	2778	2036	2.51	3.77	3.23	1.4912	3.21	0.993
1000	9.87	179.9	5.1436	0.194	887.5	762.7	2783	2021	2.55	3.83	2.92	1.5098	2.94	1.005
1100	10.86	180.2	5.6339	0.177	882.9	780.3	2786	2006	2.62	3.94	2.67	1.4952	2.65	0.994
1200	11.84	187.8	6.1241	0.166	878.3	797.9	2789	1991	2.68	4.04	2.46	1.4797	2.42	0.982
1300	12.83	191.5	6.6141	0.151	874.0	814.3	2791	1977	2.74	4.13	2.28	1.4901	2.25	0.089
1400	13.82	194.8	7.1038	0.141	870.2	829.1	2793	1964	2.78	4.20	2.13	1.5326	2.16	1.014
1500	14.80	198.2	7.5935	0.132	866.4	843.9	2795	1951	2.83	4.27	1.99	1.5751	2.07	1.044
1600	15.79	201.3	8.0814	0.124	862.7	857.8	2796	1938	2.87	4.34	1.87	1.6035	1.98	1.060
1700	16.78	204.1	8.5674	0.117	859.2	870.6	2797	1926	2.92	4.39	1.75	1.6146	1.88	1.074
1800	17.76	206.9	9.0533	0.110	855.6	883.4	2798	1915	2.96	4.45	1.66	1.6258	1.80	1.081
1900	18.75	209.8	9.5392	0.105	852.1	896.2	2799	1903	3.01	4.51	1.57	1.6369	1.72	1.092
2000	19.74	212.2	10.03338	0.0997	849.1	907.3	2800	1893	3.05	4.55	1.49	1.6487	1.64	1.105
3000	29.61	233.7	15.0075	0.0666	820.6	1005	2799	1794	3.48	5.04	0.905	1.7502	1.17	1.208
4000	39.48	250.3	20.0969	0.0498	797.0	1083	2790	1707	3.86	5.45	0.703	1.8259	0.909	1.293
5000	49.35	263.8	25.3663	0.0394	775.5	1147	2776	1629	4.33	5.79	0.527	1.9014	0.750	1.422
6000	59.21	275.4	30.8494	0.0324	757.0	1203	2760	1557	4.79	6.16	0.417	1.9638	0.637	1.527
7000	69.08	285.7	36.5744	0.0273	738.8	1253	2741	1488	5.31	6.51	0.335	2.0297	0.555	1.656
8000	79.95	294.8	42.5768	0.0235	720.7	1299	2721	1422	5.87	6.83	0.273	2.0927	0.492	1.794
9000	88.82	303.2	48.8945	0.0205	703.0	1344	2699	1355	6.48	7.20	0.227	2.1501	0.440	1.935
10000	98.69	310.9	55.5407	0.0180	685.5	1348	2677	1293	7.18	7.65	0.192	2.2049	0.397	2.069
12000	118.43	324.5	70.3075	0.0142	650.7	1463	2631	1168	8.88	8.43	0.135	2.3336	0.332	2.458
14000	138.17	336.5	87.3020	0.0115	617.6	1568	2583	1015	11.05	9.27	0.0961	2.4759	0.284	2.951
16000	157.90	347.2	107.8010	0.00927	582.4	1616	2531	915	15.35	10.37	0.0627	2.6195	0.243	3.877
18000	177.64	356.9	134.4813	0.00744	541.7	1700	2466	766	19.61	12.57	0.0477	2.8323	0.211	4.419
20000	197.38	365.6	176.5961	0.00566	486.8	1818	2364	546	25.6	14.00	0.0310	3.1696	0.180	5.796

$Pr=\frac{c_p\mu}{\lambda}=\frac{\upsilon}{\alpha}$；　　$\alpha=\frac{\lambda}{c_p\rho}$；　　$\nu=\frac{\mu}{\rho}$

9. 液体黏度共线图

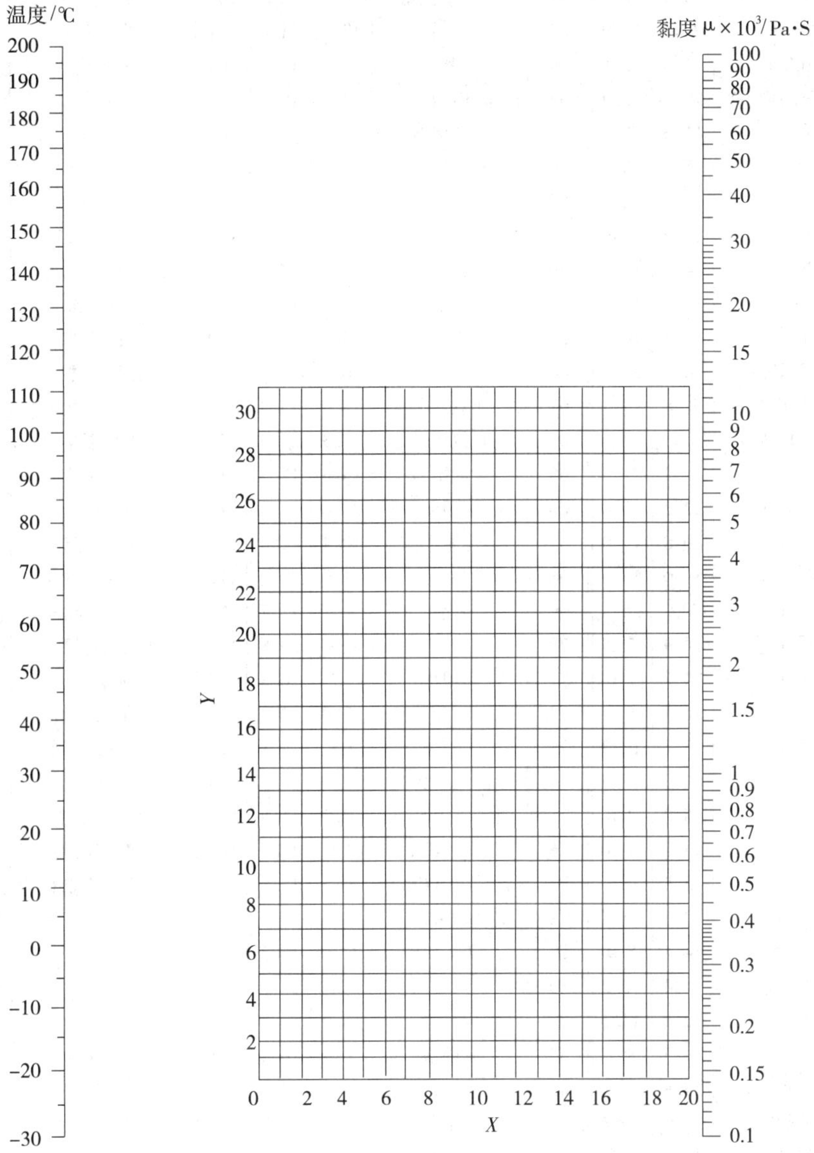
温度/℃
200
190
180
170
160
150
140
130
120
110
100
90
80
70
60
50
40
30
20
10
0
-10
-20
-30
黏度 μ × 10³/Pa·S
100
90
80
70
60
50
40
30
20
15
10
9
8
7
6
5
4
3
2
1.5
1
0.9
0.8
0.7
0.6
0.5
0.4
0.3
0.2
0.15
0.1
Y
30
28
26
24
22
20
18
16
14
12
10
8
6
4
2
X
0 2 4 6 8 10 12 14 16 18 20

液体黏度共线图的 X，Y 值：

序号	名　称	X	Y	序号	名　称	X	Y	序号	名　称	X	Y
1	水	10.2	13.0	50	丙烯碘	14.0	11.7	99	甲酸	10.7	15.8
2	盐水（25% NaCl）	10.2	16.6	51	亚乙基乙氯	14.1	8.7	100	乙酸（100%）	12.1	14.2
3	盐水（25% $CaCl_2$）	6.6	15.9	52	噻吩	13.2	11.0	101	乙酸（70%）	9.5	17.0
4	氨（100%）	12.6	2.0	53	苯	12.5	10.9	102	乙酸酐	12.7	12.8
5	氨水（26%）	10.1	13.9	54	甲苯	13.7	10.4	103	丙酸	12.8	13.8
6	CO_2	11.6	0.3	55	邻二甲苯	13.5	12.1	104	丙烯酸	12.3	13.9
7	SO_2	15.2	7.1	56	间二甲苯	13.9	10.6	105	丁酸	12.1	15.3
8	CS_2	16.1	7.5	57	对二甲苯	13.9	10.9	106	异丁酸	12.2	14.4
9	NO_2	12.9	8.6	58	氟化苯	13.7	10.4	107	甲酸甲酯	14.2	7.5
10	Br_2	14.2	13.2	59	氯化苯	12.3	12.4	108	甲酸乙酯	14.2	8.4
11	Na	16.4	13.9	60	碘化苯	12.8	15.9	109	甲酸丙酯	13.1	9.7
12	Hg	18.4	16.4	61	乙苯	13.2	11.5	110	乙酸甲酯	14.2	8.2
13	H_2SO_4（110%）	7.0	27.4	62	硝基苯	10.6	16.2	111	乙酸乙酯	13.7	9.1
14	H_2SO_4（100%）	8.0	25.1	63	邻氯甲苯	13.0	13.3	112	乙酸丙酯	13.1	10.3
15	H_2SO_4（100%）	7.0	24.8	64	间氯甲苯	13.3	12.5	113	乙酸丁酯	12.3	11.0
16	H_2SO_4（100%）	10.2	21.3	65	对氯甲苯	13.3	12.5	114	乙酸戊酯	11.8	12.5
17	HNO_3（95%）	12.8	13.8	66	溴甲苯	20.0	15.9	115	丙酸甲酯	13.5	9.0
18	HNO_3（60%）	10.8	17.0	67	乙烯基甲苯	13.4	12.0	116	丙酸乙酯	13.2	9.9
19	HCl（31.5%）	13.0	16.6	68	硝基甲苯	11.0	17.0	117	丙烯酸丁酯	11.5	12.6
20	NaOH（50%）	3.2	25.8	69	苯胺	8.1	18.7	118	丁酸甲酯	13.2	10.3
21	戊烷 C_5H_{12}	14.9	5.2	70	苯酚	6.9	20.8	119	异丁酸甲酯	12.3	9.7
22	己烷 C_6H_{14}	14.7	7.0	71	间甲酚	2.5	20.8	120	丙烯酸甲酯	13.0	9.5
23	庚烷 C_7H_{16}	14.1	8.4	72	联苯	12.0	18.3	121	丙烯酸乙酯	12.7	10.4
24	辛烷 C_8H_{18}	13.7	10.0	73	萘	7.9	18.1	122	二乙基丙烯酸丁酯	11.2	14.0
25	环己烷	9.8	12.9	74	甲醇（100%）	12.4	10.5	123	二乙基丙烯酸己酯	9.0	15.0
26	氯甲烷	15.0	3.8	75	甲醇（90%）	12.3	11.8	124	草酸二乙酯	11.0	16.4
27	碘甲烷	14.3	9.3	76	甲醇（40%）	7.8	15.5	125	草酸二丙酯	10.3	17.7
28	硫甲烷	15.3	6.4	77	乙醇（100%）	10.5	13.8	126	乙烯基乙酸酯	14.0	8.8
29	二溴甲烷	12.7	15.8	78	乙醇（95%）	9.8	14.3	127	乙醚	14.5	5.3
30	二氯甲烷	14.6	8.9	79	乙醇（40%）	6.5	16.6	128	乙丙醚	14.0	7.0
31	三氯甲烷	14.4	10.2	80	丙醇	9.1	16.5	129	二丙醚	13.2	8.6
32	CC_4	12.7	13.1	81	丙烯醇	10.2	14.3	130	茴香醚	12.3	13.5
33	溴乙烷	14.5	8.1	82	异丙醇	8.2	16.0	131	三氯化砷	13.9	14.5
34	氯乙烷	14.8	6.0	83	丁醇	8.6	17.2	132	三溴化磷（亚）	13.8	16.7
35	碘乙烷	14.7	10.3	84	异丁醇	7.1	18.0	133	三溴化磷（亚）	16.2	10.9
36	硫乙烷	13.8	8.9	85	戊醇	7.5	18.4	134	四氯化锡	13.5	12.8
37	二氯乙烷	13.2	12.2	86	环己醇	2.9	24.3	135	四氯化钛	14.4	12.3
38	四氯乙烷	11.9	15.7	87	辛醇	6.6	21.2	136	硫酰氯	15.2	12.4
39	五氯乙烷	10.9	17.3	88	乙二醇	6.0	23.6	137	氯磺酸	11.2	18.1
40	溴乙烯	11.9	15.7	89	二甘醇	5.0	24.7	138	乙腈	14.4	7.4
41	氯乙烯	12.7	12.2	90	甘油（100%）	2.0	30.0	139	丁二腈	10.1	20.8
42	三氯乙烯	14.8	10.5	91	甘油（50%）	6.9	19.6	140	氟利昂-11	14.4	9.0
43	氯丙烷	14.4	7.5	92	三甘醇	4.7	24.8	141	氟利昂-12	16.8	15.6
44	溴丙烷	14.5	9.6	93	乙醛	15.2	14.8	142	氟利昂-21	15.7	7.5
45	碘丙烷	14.1	11.6	94	甲乙酮	13.9	8.6	143	氟利昂-22	17.2	4.7
46	异丙基溴	14.1	9.2	95	甲丙酮	14.3	9.5	144	氟利昂-113	12.5	11.4
47	异丙基氯	13.9	7.1	96	二乙酮	13.5	9.2	145	煤油	10.2	16.9
48	异丙基碘	13.7	11.2	97	丙酮（100%）	14.5	7.2	146	亚麻仁油	7.5	27.2
49	丙烯溴	14.4	9.6	98	丙酮（35%）	7.9	15.0	147	松脂精	11.5	14.9

10. 气体黏度共线图

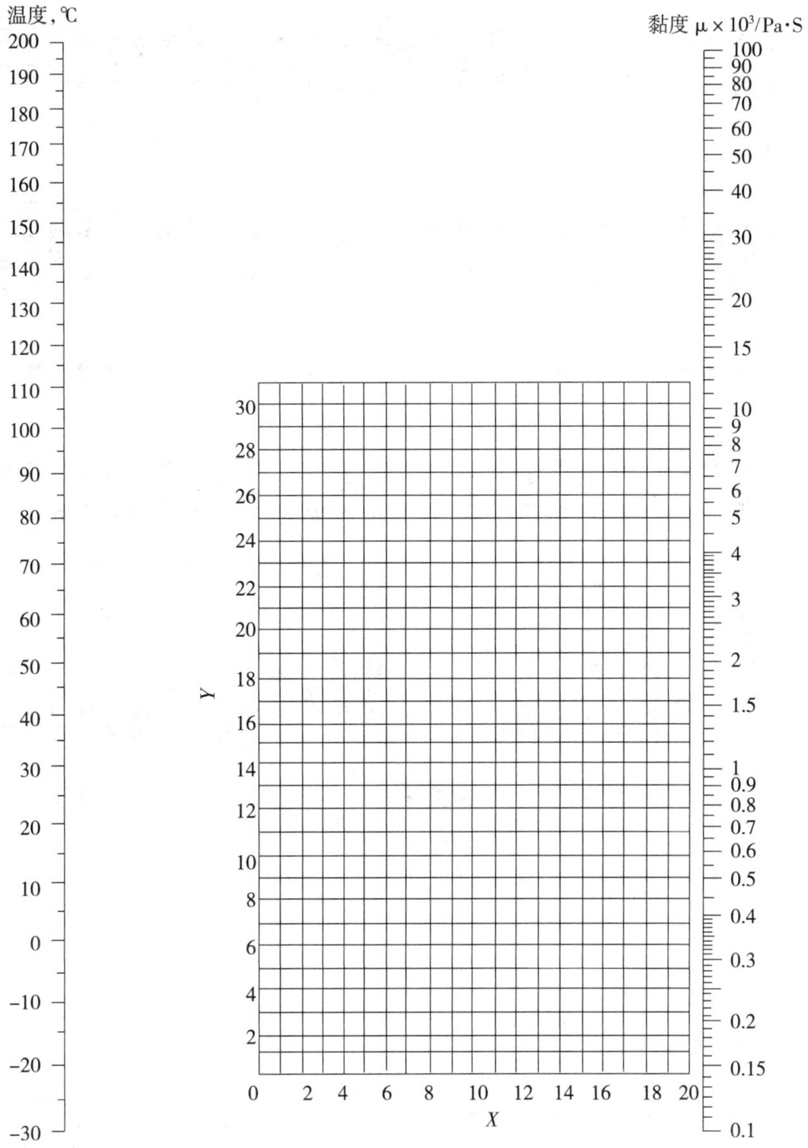

气体黏度共线图坐标值：

序号	名 称	X	Y	序号	名 称	X	Y	序号	名 称	X	Y	序号	名 称	X	Y
1	空气	11.0	20.0	15	二硫化碳	8.0	16.0	29	丙烷	9.7	12.9	43	甲醇	8.5	15.6
2	氧	11.0	21.3	16	一氧化二氮	8.8	19.0	30	丁烷	9.2	13.7	44	乙醇	9.2	14.2
3	氮	10.6	20.0	17	一氧化氮	10.9	20.5	31	戊烷	7.0	12.8	45	丙醇	8.4	13.4
4	氢	11.21	12.4	18	氰	9.2	15.2	32	己烷	8.6	11.8	46	醋酸	7.7	14.3
5	氙	9.3	23.0	19	氰化氢	9.8	14.9	33	乙烯	9.5	15.1	47	丙酮	8.9	13.0
6	氩	10.5	22.4	20	氟	7.3	23.8	34	乙炔	9.8	14.9	48	乙醚	8.9	13.0
7	氦	10.9	20.5	21	氯	9.0	18.4	35	丙烯	9.0	13.8	49	乙酸乙酯	8.5	13.2
8	$3H_2+N_2$	11.2	17.2	22	溴	8.9	19.2	36	丁烯	9.2	13.7	50	氟利昂-11	10.6	15.1
9	水蒸气	8.0	16.0	23	碘	9.0	18.4	37	三氯甲烷	8.9	15.7	51	氟利昂-12	11.1	16.0
10	二氧化碳	9.5	18.7	24	氯化氢	8.8	18.7	38	氯乙烷	8.5	15.6	52	氟利昂-21	10.8	15.3
11	一氧化碳	11.0	20.0	25	溴化氢	8.8	20.9	39	环己烷	9.2	12.0	53	氟利昂-22	10.1	17.0
12	氨	8.4	16.0	26	碘化氢	9.0	21.3	40	2，3，3-三甲基丁烷	9.5	10.5	54	氟利昂-133	11.3	14.0
13	硫化氢	8.6	18.0	27	甲烷	9.9	15.5	41	苯	8.5	13.2	55	汞	5.3	22.9
14	二氧化硫	9.6	17.0	28	乙烷	9.1	14.5	42	甲苯	8.6	12.4	56	亚硝酰氯	8.0	17.6

11. 液体比热共线图

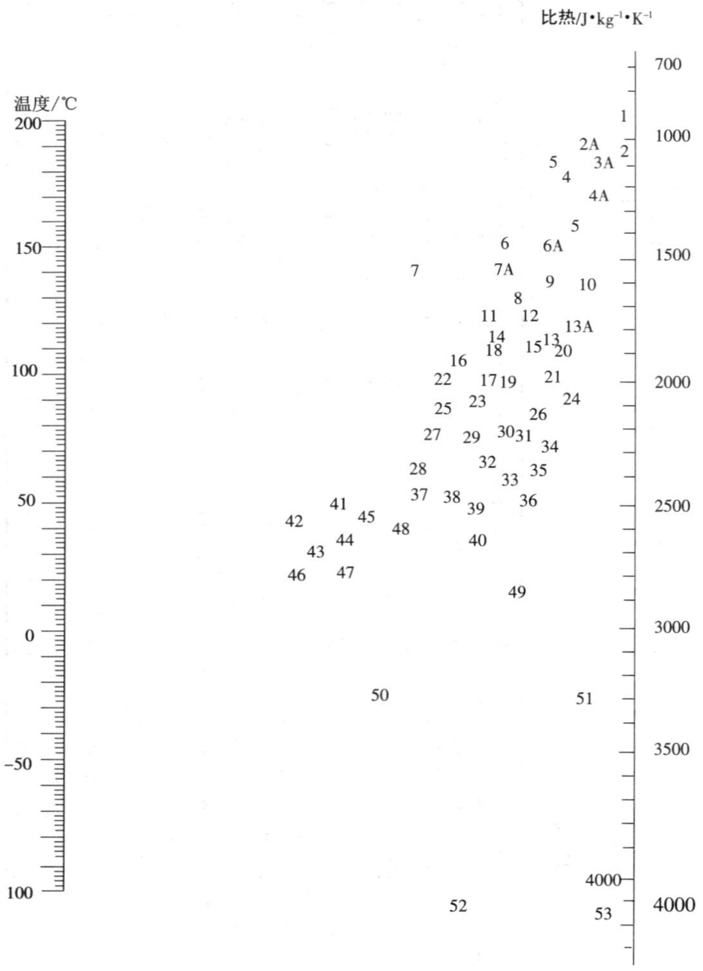

液体比热共线图中的编号：

编号	名称	温度范围/℃	编号	名称	温度范围/℃
53	水	10~200	10	苯甲基氯	-30~30
51	盐水（25% NaCl）	-40~20	25	乙苯	0~100
49	盐水（25% $CaCl_2$）	-40~20	15	联苯	80~120
52	氨	-70~50	16	联苯醚	0~200
11	二氧化硫	-20~100	16	联苯-联苯醚	0~200
2	二硫化碳	-100~25	14	萘	90~200
9	硫酸（98%）	10~45	10	甲醇	-40~20
48	盐酸（30%）	0~100	42	乙醇（100%）	30~80
35	乙烷	-80~20	46	乙醇（95%）	20~80
28	庚烷	0~60	50	乙醇（50%）	20~80
33	辛烷	-50~25	45	丙醇	-20~100
34	壬烷	-50~25	47	异丙醇	20~50
21	癸烷	-80~25	44	丁醇	0~100
13A	氯甲烷	-80~20	43	异丁醇	0~100
5	二氯甲烷	-40~50	37	戊醇	-50~25
4	三氯甲烷	0~50	41	异戊醇	10~100
22	二苯基甲烷	30~100	39	乙二醇	-40~200
3	四氯化碳	10~60	38	甘油	-40~20
13	氯乙烷	-30~40	27	苯甲基醇	-20~30
1	溴乙烷	5~25	36	乙醚	-100~25
7	碘乙烷	0~100	31	异丙醚	-80~200
6A	二氯乙烷	-30~60	32	丙酮	20~50
3	过氯乙烯	-30~140	29	乙酸	0~80
23	苯	10~80	24	乙酸乙酯	-50~25
23	甲苯	0~60	26	乙酸戊酯	0~100
17	对二甲苯	0~100	20	吡啶	-50~25
18	间二甲苯	0~100	2A	氟利昂-11	-20~70
19	邻二甲苯	0~100	6	氟利昂-12	-40~15
8	氯苯	0~100	4A	氟利昂-21	-20~70
12	硝基苯	0~100	7A	氟利昂-22	-20~60
30	苯胺	0~130	3A	氟利昂-113	-20~70

12. 气体比热共线图（常压下用）

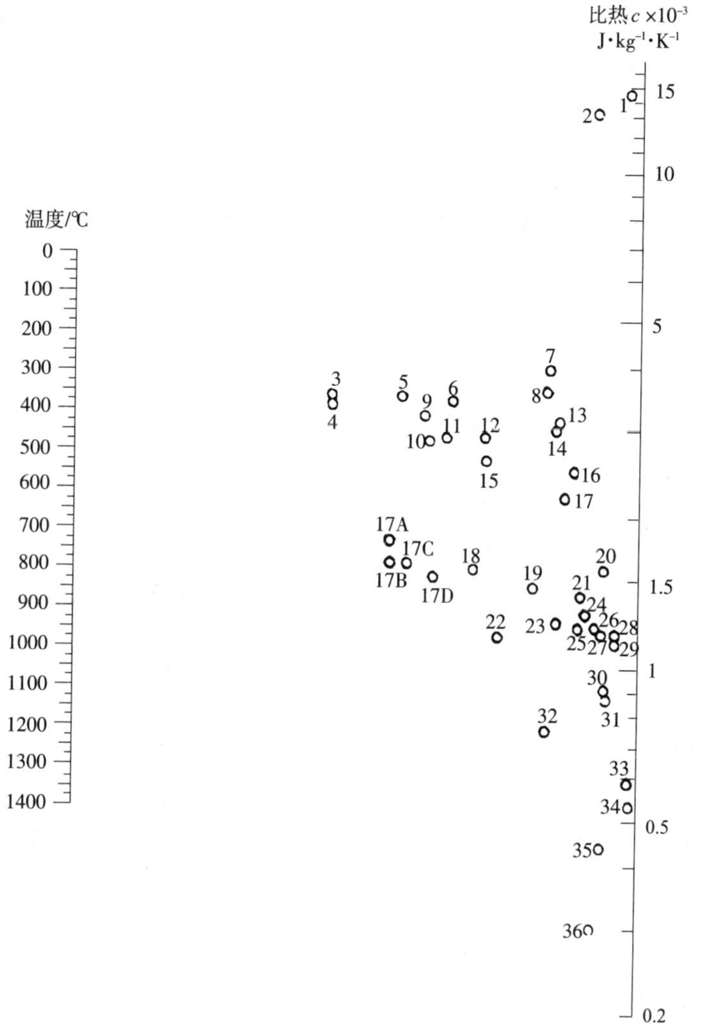

气体比热共线图中的编号：

编号	名称	温度范围/℃	编号	名　称	温度范围℃	编号	名　称	温度范围/℃	编号	名　称	温度范围/℃
27	空气	0~1400	14	氨	600~1400	20	氟化氢	0~1400	4	乙烯	0~200
23	氧	0~500	25	一氧化氮	0~700	30	氯化氢	0~1400	11	乙烯	200~600
29	氧	500~1400	28	一氧化氮	700~1400	35	溴化氢	0~1400	13	乙烯	600~1400
26	氮	0~1400	18	二氧化碳	0~400	36	碘化氢	0~1400	10	乙炔	0~200
1	氢	0~600	24	二氧化碳	400~1400	5	甲烷	0~300	15	乙炔	200~400
2	氢	600~1400	22	二氧化硫	0~400	6	甲烷	300~700	16	乙炔	400~1400
32	氯	0~200	31	二氧化硫	400~1400	7	甲烷	700~1400	17B	氟利昂-11	0~150
34	氯	200~1400	17	水蒸气	0~1400	3	乙烷	0~200	17C	氟利昂-21	0~150
33	硫	300~1400	19	硫化氢	0~700	9	乙烷	200~600	17A	氟利昂-22	0~150
12	氨	0~600	21	硫化氢	700~1400	8	乙烷	600~1400	17D	氟利昂-113	0~150

13. 液体气化潜热共线图

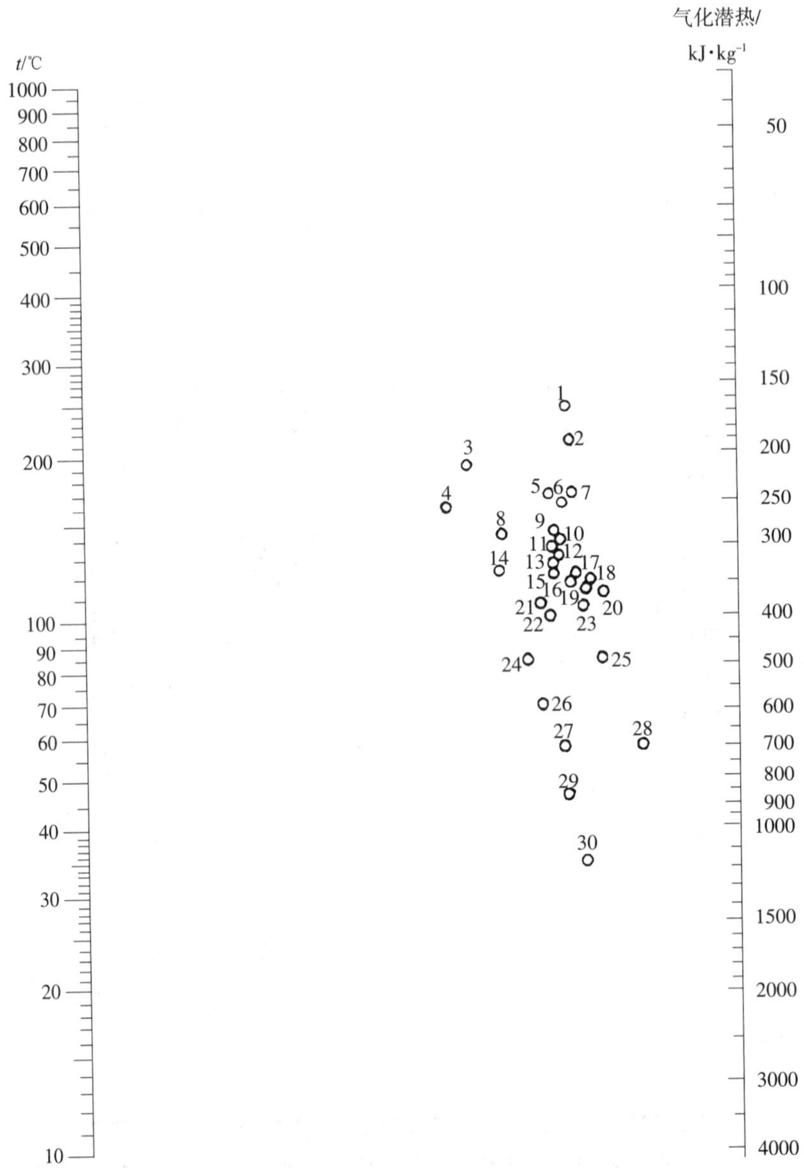

液体气化潜热共线图的编号：

编号	名称	t_c/℃	t_c-t/℃	编号	名称	t_c/℃	t_c-t/℃	编号	名称	t_c/℃	t_c-t/℃	编号	名称	t_c/℃	t_c-t/℃
30	水	374	100~500	15	异丁烷	134	80~200	17	氯乙烷	187	100~250	18	乙酸	321	100~225
29	氨	133	50~200	12	戊烷	197	20~200	13	苯	289	10~400	2	氟利昂-11	198	70~250
19	一氧化氮	36	20~150	11	己烷	235	50~225	3	联苯	527	175~400	2	氟利昂-12	111	40~200
21	二氧化碳	31	10~100	10	庚烷	267	20~300	27	甲醇	240	40~250	5	氟利昂-21	178	70~250
4	二硫化碳	273	140~275	9	辛烷	296	30~300	26	乙醇	243	21~40	6	氟利昂-22	96	50~170
14	二氧化硫	157	90~160	20	一氯甲烷	143	70~250	28	乙醇	243	140~300	1	氟利昂-113	214	90~250
25	乙烷	32	25~150	8	二氯甲烷	216	150~250	24	丙醇	264	20~200				
23	丙烷	96	40~200	7	三氯甲烷	263	40~275	13	乙醚	194	10~400				
16	丁烷	153	90~200	2	四氯化碳	283	30~250	22	丙酮	235	120~210				

14. 某些液体的导热系数λ（$W \cdot m^{-1} \cdot K^{-1}$）

液体名称	温度/℃						
	0	25	50	75	100	125	150
丙　烷	0. 109	0. 099	0. 088				
丁　烷	0. 117	0. 107	0. 098	0. 088			
异丁烷	0. 104	0. 091	0. 084	0. 078			
戊　烷	0. 120	0. 111	0. 102	0. 093	0. 085	0. 079	0. 072
异戊烷	0. 116	0. 105	0. 095	0. 089			
己　烷	0. 126	0. 117	0. 107	0. 098	0. 091	0. 084	0. 076
异己烷	0. 122	0. 111					
庚　烷	0. 130	0. 122	0. 114	0. 106	0. 097	0. 090	0. 082
辛　烷	0. 137	0. 130	0. 112	0. 113	0. 106	0. 099	0. 091
二甲基己烷	0. 135	0. 122	0. 112	0. 102	0. 095	0. 087	0. 081
二甲基庚烷	0. 135	0. 122	0. 112	0. 102	0. 095	0. 087	0. 081
甲　醇	0. 214	0. 211	0. 207	0. 205			
乙　醇	0. 189	0. 183	0. 177	0. 172			
丙　醇	0. 167	0. 161	0. 154	0. 147	0. 139	0. 132	0. 124
异丙醇	0. 145	0. 139	0. 132	0. 130	0. 129	0. 127	0. 126
丙烯醇	0. 170	0. 165	0. 162	0. 160	0. 160	0. 159	0. 159
丁　醇	0. 164	0. 155	0. 146	0. 137	0. 129	0. 120	0. 111
异丁醇	0. 152	0. 144	0. 137	0. 133	0. 131	0. 130	0. 130
仲丁醇	0. 148	0. 141	0. 136	0. 132	0. 130	0. 130	0. 129
叔丁醇	0. 116	0. 112	0. 109	0. 106	0. 103	0. 099	0. 096
戊　醇	0. 157	0. 154	0. 151	0. 150	0. 148	0. 147	0. 146
己　醇	0. 135	0. 134	0. 132	0. 130	0. 129	0. 128	0. 128
庚　醇	0. 136	0. 132	0. 130	0. 129	0. 127	0. 124	0. 122
甲　酸	0. 260	0. 256	0. 252	0. 247			
乙　酸	0. 177	0. 172	0. 166	0. 162			
丙　酮	0. 174	0. 169	0. 163	0. 157	0. 151		
苯	0. 151	0. 146	0. 137	0. 129	0. 122	0. 114	0. 106
甲　苯	0. 143	0. 137	0. 129	0. 122	0. 114	0. 107	0. 101
乙　苯	0. 139	0. 134	0. 124	0. 117	0. 109	0. 101	0. 093
丙　苯	0. 149	0. 137	0. 126	0. 116	0. 107	0. 099	0. 092
异丙苯	0. 136	0. 124	0. 119	0. 114	0. 109	0. 104	0. 098
邻二甲苯	0. 151	0. 139	0. 129	0. 121	0. 113	0. 105	0. 098
对二甲苯	0. 139	0. 127	0. 119	0. 110	0. 102	0. 095	0. 089
间二甲苯		0. 131	0. 122	0. 114	0. 107	0. 102	0. 095
硝基苯	0. 155	0. 150	0. 147	0. 143	0. 139	0. 136	

15. 某些水溶液的导热系数

溶质	浓度 %(重量)	温度 /℃	λ /W·m^{-1}·K^{-1}	溶质	浓度 %(重量)	温度 /℃	λ /W·m^{-1}·K^{-1}	溶质	浓度 %(重量)	温度 /℃	λ /W·m^{-1}·K^{-1}	溶质	浓度 %(重量)	温度 /℃	λ /W·m^{-1}·K^{-1}
NH_3	26	18	0.452		30	20	0.561	$MgSO_4$	2	32	0.594		30	20	0.644
$BaCl_2$	21	32	0.580		40	20	0.547	$MgCl_2$	11	32	0.580		40	20	0.644
$CaCl_2$	5	20	0.594	KBr	40	32	0.500		29	32	0.522	Na_2CO_3	10	32	0.580
	10	20	0.586	KOH	21	32	0.580	$CuSO_4$	18	32	0.580	NaCl	12.5	20	0.586
	12.5	20	0.583		42	32	0.547	NaBr	20	32	0.569		20	20	0.577
	15	20	0.580	K_2SO_4	10	32	0.605		40	32	0.536	HCl	12.5	32	0.522
	17.5	20	0.578	KCl	15	32	0.580	NaOH	10	20	0.627		25	32	0.477
	25	20	0.566		30	32	0.558		20	20	0.638		38	32	0.441
H_2SO_4	5	20	0.588		90	29	0.369		40	20	0.497	CH_3COOH	90	29	0.450
	10	20	0.580		95	29	0.336	H_3PO_4	5	20	0.586	C_2H_5OH	50	25	0.361
	20	20	0.558		5	20	0.586		10	20	0.580		10	12	0.522
	30	20	0.536	HNO_3	10	20	0.575		20	20	0.558		30	12	0.419
	40	20	0.505		15	20	0.563		30	20	0.536		50	13	0.314
	50	20	0.438		20	20	0.550		50	29	0.525		70	14	0.244
	60	29	0.455		25	20	0.536		60	29	0.477		90	15	0.186
	70	29	0.430		30	20	0.522		70	29	0.464				
	80	29	0.411		35	20	0.519		80	29	0.455				

16. 常用金属的导热系数

导热系数/$W \cdot m^{-1} \cdot ℃^{-1}$ \ 温度/℃		100	200	300	400
铝	227.95	227.95	227.95	227.95	227.95
铜	383.79	379.14	372.16	367.51	362.86
铁	73.27	67.45	61.64	54.66	48.85
铅	35.12	33.33	31.40	29.77	—
镁	172.12	167.47	162.82	158.17	—
镍	93.04	82.57	73.27	63.97	59.31
银	414.03	409.38	373.32	361.69	359.37
锌	112.81	109.90	105.83	101.18	93.04
碳钢	52.34	48.85	44.19	41.87	34.89
不锈钢	16.28	17.45	17.45	18.49	—

17. 常用非金属材料的导热系数

材 料	温度/℃	导热系数/$W \cdot m^{-1} \cdot ℃^{-1}$
软 水	90	0.04303
玻璃棉	—	0.03489~0.06978
保温灰	—	0.06978
锯 屑	20	0.04652~0.05815
棉 花	100	0.06978
厚 纸	20	0.1396~0.3489
玻 璃	30	1.0932
	-20	0.7560
搪 瓷	—	0.8723~1.163
云 母	50	0.4303
泥 云	20	0.6798~0.9304
冰		0.2.326
软橡胶	—	0.1291~0.1593
硬橡胶	0	0.1500
聚四氟乙烯	—	0.2419
泡沫玻璃	-15	0.004885
	-80	0.003489
泡沫塑料	—	0.04652
木材（横向）	—	0.1396~0.1745
（纵向）	—	0.3838
耐火砖	230	0.8723
	1200	1.6398
混凝土	—	1.2793
绒毛毡	—	0.0465
85%氧碳镁粉	C~100	0.06978
聚氯乙烯	—	0.1163~0.1745
酚醛加玻璃纤维	—	0.2593
酚醛加石棉纤维	—	0.2942
酚醛加玻璃纤维	—	0.2594
聚碳酸酯	—	0.1907
聚苯乙烯泡沫	25	0.04187
	-150	0.001745
聚乙烯	—	0.3291
石 墨	—	139.56

18. 某些液体的气化潜热（$kJ \cdot kg^{-1}$）

液体	在大气压下的沸点/℃	温度/℃				
		0	20	60	100	140
水	100	2491.1	2445.1	2424.2	2256.7	2147.8
HN_3	-33	1264.4	1189.1			
CO_2	-78	234.9	155.3			
CS_2	46	374.3	366.8	344.2	316.1	282.2
Cl_2	-34	266.3	252.9	221.9	176.7	71.2
CCl_4	77	218.1	213.5	201.8	185.5	167.9
氟利昂 $12CC_2F_2$	-30	154.9	144.9	132.3		
三氯甲烷	61	271.3	262.9	247.4	231.1	
二氯乙烷		376.8	356.3	344.6	326.6	313.6
一甲胺		820.6	778.7	699.2	586.1	351.7
二甲胺		598.7	577.8	519.2	427.1	293.1
三甲胺		393.6	376.8	334.9	272.1	167.5
甲　醇	65	1197.4	1172.3	1109.5	1013.2	891.8
乙　醇	78	921.1	912.7	879.2	812.2	711.8
丙　醇	98	812.2	791.3	745.3	682.4	594.5
丁　醇	117	703.4	686.6	653.1	611.3	561.0
戊　醇			502.4			
异丙醇		785	766.2	709.7	646.9	552.7
异丁醇		690.8	665.7	628	565.2	521.3
乙　醚	34.5	387.3	366.3	326.2	282.2	228.2
丙　酮	56.5	565.2	552.7	519.2	473.1	402.8
甲乙酮		476.0	470.6	452.2	429.1	368.4
蚁　酸			502.4			
乙　酸	118				406.1（118℃）	395.2
乙酸乙酯	77	427.1	411.1	385.6	355.5	316.9
苯	80	448	435.4	408.2	378.9	345.8
甲　苯	110	414.5	407.4	388.5	368.4	343.7
乙　苯		406.1	397.7	376.8	360.1	339.1
丙　苯						
异丙苯		(376.38)	(368.4)	(355.9)	(339.1)	(318.2)
氯甲苯	132	375.6	369.3	354.2	337.9	320.3
对（间）二甲苯		(418.7)	(408.2)	(387.3)	(370.5)	(345.4)
苯　酚		556.8	544.3	523.4	502.4	481.4
邻甲苯			481.5（40℃）	470.2	448	425
间甲苯			498.2（40℃）	489.9	466.8	443.8
对甲苯			498.2（40℃）	489.9	466.8	443.8
苯　胺	184					435.4（184℃）
硝基苯	211		331.6			331.6（211℃）
糠　醛		556.8	544.3	523.4	494	468.9

19. 液体表面张力共线图

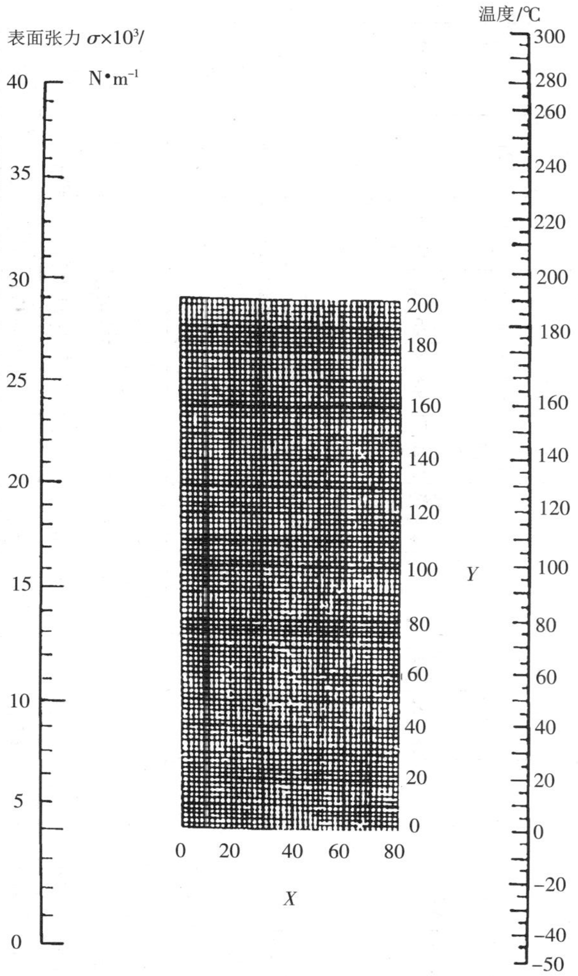

液体表面张力共线图中的 X、Y 值；

名称	X	Y	名称	X	Y	名称	X	Y
水(查出之数乘 2)	12	162	乙　醚	27.5	64	环乙烷	42	86.7
氯	45.5	59.2	丙　酮	28	91	吡　啶	34	138.2
氨	56.2	63.5	丁　酮	23.6	97	六氢吡啶	24.7	120
氧化亚氮	62.5	0.5	戊酮-3	20	101	噻　吩	35	121
氰化氢	30.6	66	氯甲烷	45.8	53.2	苯	30	110
亚硝酰氯	38.5	93	三氯甲烷	32	101.3	甲　苯	24	113
磷酰氯	26	125.2	二氯乙烷	32	120	乙　苯	22	118
二硫化碳	35.8	117.2	溴乙烷	31.6	90.2	氯　苯	23.5	132.5
四氯化碳	26	104.5	碘乙烷	28	113.2	溴　苯	23.5	145.5
硫酸二甲酯	23.5	158	硝基甲烷	30	139	苯　酚	20	168
硫酸二乙酯	19.5	139.5	硝基乙烷	25.4	126.1	苯　胺	22.9	171.8
己　烷	22.7	72.2	乙　酸	17.1	116.5	硝基苯	23	173
辛　烷	17.7	90	乙酸酐	25	129	间二甲苯	20.5	118
甲　胺	42	58	丙　酸	17	112	对二甲苯	19	117
乙　胺	11.2	83	丁　酸	14.5	115	1，3，5-三甲苯	17	119.8
丙　胺	25.5	87.2	异丁酸	14.8	107.4	对异丙基甲苯	12.8	121.2
二甲胺	16	66	甲酸甲酯	38.5	88	(对甲氧基苯)丙烯	13	158.1
三甲胺	21	57.6	甲酸乙酯	30.5	88.5	间甲酚	13	161.2
三乙胺	20.1	83.9	甲酸丙酯	24	97	对甲酚	11.5	160.5
乙　腈	33.5	111	乙酸甲酯	34	90	邻甲酚	20	161
丙　腈	23	108.6	乙酸乙酯	27.5	92.4	对氯溴苯	14	162
丁　腈	20.3	113	乙酸丙酯	23	97	对氯甲苯	18.7	134
甲　醇	17	93	乙酸异丁酯	16	97.2	苯　腈	19.5	159
乙　醇	10	97	乙酸异戊酯	16.4	103.1	苯乙酮	18	163
丙　醇	8.2	105.2	丙酸甲酯	29	95	苯乙醚	20	134.2
丙烯（2）醇（1）	12	111.5	丙酸乙酯	22.6	97	苯甲醚	24.4	138.9
丁　醇	9.6	107.5	丁酸甲酯	25	88	苯甲胺	25	156
异丁醇	5	103	异丁酸甲酯	24	93.8	苯二甲胺	20	149
异戊醇	6	106.8	丁酸乙酯	17.5	102	苯二乙胺	17	142.6
乙硫酸	35	81	异丁酸乙酯	20.5	93.5	苯甲酸乙酯	14.8	151
乙　醛	33	78	草酸二乙酯	20.5	130.8	三苯甲烷	12.5	182.7
三聚乙醛	22.3	103.8	乙酰胺	17	192.5	萘	22.5	165
三氯乙醛	30	113	乙酰乙酸乙酯	21	132	苯并吡啶	19.5	183
乙醛肟	23.5	127	二乙酸缩乙醛	19	88	(氮杂萘)		
二甲醚	44	37	环氧乙烷	42	83			

20. 某些水溶液的表面张力（N·m^{-1}×10^{2}）

溶 质	温 度/℃	浓度%（质量）			
		5	10	20	50
H_2SO_4	18	—	7.41	7.52	7.73
HNO_3	20	—	7.27	7.11	6.54
NaOH	20	7.46	7.73	8.58	—
NaCl	18	7.40	7.55	—	—
NaCl	18	7.38	7.52	—	—
$NaNO_3$	30	7.21	7.28	7.44	7.58
KCl	18	7.36	7.48	7.73	—
KNO_3	18	7.30	7.36	7.50	—
K_2CO_3	10	7.58	7.70	7.92	10.64
NH_4OH	18	6.65	6.35	5.93	—
NH_4Cl	18	7.33	7.45	—	—
NH_4NO_3	100	5.92	6.01	6.11	6.75
$MgCl_2$	18	7.38	—	—	—
$CaCl_2$	18	7.37	—	—	—

21. 有机高温载热体的物理性质

名 称	联苯 DP			联苯醚 DPE			热导姆 DT			联甲苯甲烷		
分子式	$C_6H_5—C_6H_5$			$C_6H_5—O—C_6H_5$			DP26.5%+DPE73.5%			$(CH_3C_6H_4)_2CH_2$		
分子量	154			170			165.8			196		
沸点/℃	255.6			258.5			258			296		
熔点/℃	69.5			27			12.3			-33		
临界温度/K	803			805			801			850		
	250℃	300℃	350℃	250℃	300℃	350℃	250℃	300℃	350℃	250℃	300℃	350℃
液相密度 ρ_L/kg·m^{-3}	846	800	749	884	831	779	871	825	772	796	735	700
饱和蒸汽密度 ρ_v/kg·m^{-3}	—	9.1	21.0	—	9.9	22.1	3.2	8.7	20	—	3.57	6.77
饱和蒸汽压/kPa（kN·m^{-2}）	90.8	246	563	83.2	228	514	84.3	233	521	53.9	101	221
液相比热 c_p×10^{-3}/J·kg^{-1}·K^{-1}	—	2.931	2.931	—	2.721	2.847	2.596	2.763	2.889	2.219	2.345	—
气化潜热 ΔH_v/kJ·kg^{-1}	—	280.52	249.11	—	255.39	232.37	290.98	263.77	236.55	—	334.94	322.38
液相黏度 μ×10^{5}/Pa·s	—	—	—	56.979	26.969	—	29.715	22.752	18.241	13.926	9.807	—
导热系数 λ/W·m^{-1}·K^{-1}							0.1035	0.0965	0.0896	0.0951	0.089（293℃）	—
Pr 数（液）							7.45	6.51	5.88	3.25	2.57	
稳定性（按再生前的使用天数计） 320℃	—			数 年			数 年					
350℃	—			275 天			1350~1380 天					
370℃	145 天			180 天			750~1100 天					
400℃	65 天			85 天			90~120 天					

22. 气体与蒸汽在气体在空气中的扩散系数（T_0=273K，P_0=101.3kPa）

名 称	$D_0\times10^6$/ $m^2\cdot s^{-1}$	名 称	$D_0\times10^6$/ $m^2\cdot s^{-1}$	名 称	$D_0\times10^6$/ $m^2\cdot s^{-1}$	名 称	$D_0\times10^6$/ $m^2\cdot s^{-1}$
O_2	17.78	$CHCl_3$	9.1	iCH_7COOH	6.77	$C_3H_7COOC_3H_7$	5.3
N_2	20.2	$ClCN$	11.1	C_4H_9COOH	5	$C_3H_7COOiC_4H_9$	4.66
H_2	61.1	$C_2H_5-O-C_2H_5$	7.78	iC_4H_9COOH	5.45	$iC_3H_7COOiC_4H_9$	4.58
CO_2	13.8	C_3H_7Br	3.5	$C_5H_{11}COOH$	5	$C_4H_9COOCH_3$	5.7
SC_2	10.28	iC_3H_7Br	9.02	$iC_5H_{11}COOH$	5.14	$C_4H_9COOC_3H_5$	5.11
SO_3	9.45	C_3H_7I	7.89	$HCOOCH_3$	8.72	$C_4H_9COOC_3H_7$	4.66
HCl	12.97	iC_3H_7I	8.02	$HCOOC_2H_5$	8.35	$C_4H_9COOiC_4H_9$	4.25
HCN	17.3	$(C_2H_5)_2NH$	8.83	$HCOOC_3H_7$	7.11	C_6H_6	7.7
NH_3	19.85	$C_4H_9NH_2$	8.22	$HCOOiC_4H_9$	7.05	$C_6H_5CH_3$	7.6
H_2S	15.1	$iC_4H_9NH_2$	8.52	$HCOOC_5H_{11}$	5.41	$C_6H_5C_2H_5$	6.58
H_2O_2	18.8	CH_3OH	13，18	$HCOOiC_5H_{11}$	5.8	$C_6H_5C_3H_7$	4.8
H_2O	22.0	C_2H_5OH	10.2	CH_3COOCH_3	8.38	$C_6H_5iC_3H_7$	4.89
CS_2	8.91	nC_3H_7OH	8.5	$CH_3COOC_2H_5$	7.14	$C_6H_5NH_2$	6.1
$COCl_2$	8.28	iC_3H_7OH	8.17	$CH_3COOC_3H_7$	6.7	C_6H_5Cl	7.5
Cl_2	10.8	nC_4H_9OH	7.02	$CH_3COOC_4H_9$	5.8	$C_6H_5CH_2Cl$	6.61
Br_2	8.6	iC_4H_9OH	7.28	$CH_3COOiC_4H_9$	6.11	$m-C_6HClCH_3$	5.39
I_2	7.0	$nC_5H_{11}OH$	5.90	$C_2H_5COOCH_3$	7.36	$c-C_6HClCH_3$	5.89
Hg	11.2	$nC_6H_{13}OH$	5.0	$C_2H_5COOC_2H_5$	6.8	$p-C_6HClCH_3$	5.11
CH_4	22.3	$HCOOH$	13.1	$C_2H_5COOC_3H_7$	5.7	$1,3,5-C_6H_3(CH_3)_3$	5.61
C_2H_4	15.2	CH_3COOH	10.62	$C_2H_5COOiC_4H_9$	5.28	$NH_2-C_6H_4-C_6H_4-NH_2$	2.97
C_8H_{18}	5.06	C_2H_5COOH	8.27	$C_3H_7COOCH_3$	6.33	$C_6H_5-C_6H_5$	6.1
$CH_3-CO-CH_3$	10.89	C_3H_7COOH	6.7	$C_3H_7COOC_2H_5$	5.78	$C_{10}H_{10}$（萘）	5.14

在其他温度和压力下：$D = D_o \frac{P_0}{P}\left(\frac{T}{T_0}\right)^{\frac{3}{2}}$

23. 298K，101.3kPa 下气体与蒸气在空气中的扩散系数

名 称	$D\times10^6$ $m^2\cdot s^{-1}$	$\mu/\rho D$	名 称	$D\times10^6$ $m^2\cdot s^{-1}$	$\mu/\rho D$	名 称	$D\times10^6$ $m^2\cdot s^{-1}$	$\mu/\rho D$
NH_3	23.6	0.66	$C_6H_{13}OH$	5.9	2.60	C_3H_7Br	10.5	1.47
CO_2	16.4	0.94	$HCOOH$	15.9	0.97	C_3H_7I	9.6	16.1
H_2	41.0	0.22	CH_3COOH	13.3	1.16	C_6H_6	8.8	1.76
O_2	20.6	0.74	C_2H_5COOH	9.9	1.56	$C_6H_5CH_3$	8.4	1.84
H_2O	25.6	0.60	iC_3H_7COOH	8.1	1.91	$C_6H_4(CH_3)_2$	7.1	2.18
CS_2	10.7	1.45	C_4H_9COOH	6.7	2.31	$C_6H_5C_2H_5$	7.7	2.01
$C_2H_5-O-C_2H_5$	9.3	1.66	$C_5H_{11}COOH$	6.0	2.58	$C_6H_5C_3H_7$	5.9	2.62
CH_3OH	15.9	0.97	$(C_2H_5)_2NH$	10.5	1.47	$C_6H_5-C_6H_5$	6.8	2.28
C_2H_5OH	11.9	1.30	$C_4H_9NH_2$	10.1	1.53	C_8H_{18}	6.0	2.58
C_3H_7OH	10.0	1.55	$C_6H_5NH_2$	7.2	2.14	1，3，5 $-C_6H_3(CH_3)_3$	6.7	2.31
C_4H_9OH	9.0	1.72	C_6H_5Cl	7.3	2.12			
$C_6H_{11}OH$	7.0	2.21	$C_6H_4ClCH_3$	6.6	2.38			

注：上表中的 $\mu/\rho D$ 数群大部分是由空气组成的混合物求出的。

24. 293K 时，扩散入液体中的扩散系数

溶　质	溶　剂	$D_L\times10^9$ $/m^2\cdot s^{-1}$	$\mu/\rho D_L^*$	溶　质	溶　剂	$D_L\times10^9$ $/m^2\cdot s^{-1}$	$\mu/\rho D_L^*$
O_2	H_2O	1.80	558	乌洛托品	H_2O	0.67	1500
H_2	H_2O	5.13	196	咖啡因	H_2O	0.63	1595
N_2	H_2O	1.64	613	尿　素	H_2O	1.06	948
CO	H_2O	1.9	529	酒石酸	H_2O	0.8	1256
CO_2	H_2O	1.5	670	氨基甲酸乙酯	H_2O	0.92	1092
N_2O	H_2O	1.51	666	甘露醇	H_2O	0.58	1733
NH_3	H_2O	1.76	571	乳　糖	H_2O	0.43	2337
HCN	H_2O	1.66	605	麦芽糖	H_2O	0.43	2337
SO_2	H_2O	1.47	684	葡萄糖	H_2O	0.60	1675
H_2S	H_2O	1.41	713	棉籽糖	H_2O	0.37	2716
Cl_2	H_2O	1.22	824	蔗　糖	H_2O	0.45	2233
Br_2	H_2O	1.24	811	CO_2	C_2H_5OH	3.40	444
HCl	H_2O	2.64	381	I_2	C_2H_5OH	1.3	1162
H_2SO_4	H_2O	1.73	581	CCl_4	C_2H_5OH	1.5	1007
HNO_3	H_2O	2.60	387	$CHCl_3$	C_2H_5OH	1.23	1228
NaOH	H_2O	1.51	666	$CHBr_3$	C_2H_5OH	1.08	1399
NaCl	H_2O	1.35	744	$CH_2=CHCH_2OH$	C_2H_5OH	1.06	1425
CH_4	H_2O	2.06	488	$iC_5H_{11}OH$	C_2H_5OH	0.87	1737
C_2H_4	H_2O	1.59	632	CH_3CONH_2	C_2H_5OH	0.68	2222
C_2H_2	H_2O	1.56	644	Cl_3CCHO	C_2H_5OH	0.68	2222
CH_3CN	H_2O	1.66	605	$CH_3CH(OC_2H_5)_2$	C_2H_5OH	1.25	1209
CH_3OH	H_2O	1.28	785	C_6H_5OH	C_2H_5OH	0.84	1799
C_2H_5OH	H_2O	1.00	1005	C_6H_5I	C_2H_5OH	1.09	1386
nC_3H_7OH	H_2O	0.87	1155	$m-C_6H_4(OH)_2$	C_2H_5OH	0.46	3285
nC_4H_9OH	H_2O	0.77	1310	对苯二醌	C_2H_5OH	0.53	2851
$iC_5H_{11}OH$	H_2O	1.00	1005	吡　啶	C_2H_5OH	1.24	1219
$CH_2=CHCH_2OH$	H_2O	0.93	1081	尿　素	C_2H_5OH	0.73	2070
HCOOH	H_2O	1.37	734	甘　油	C_2H_5OH	0.56	2698
CH_3COOH	H_2O	0.88	1142	硬脂酸	C_2H_5OH	0.65	2325
$C_2H_5OC_2H_5$	H_2O	0.85	1182	Br_2	C_6H_6	2.7	273
CH_3CONH_2	H_2O	1.19	845	I_2	C_6H_6	1.98	372
$NH_2C(=NH)NHCN$	H_2O	1.18	852	CCl_4	C_6H_6	2.04	361
$(COOH)_2$	H_2O	1.61	624	$CHCl_3$	C_6H_6	2.11	349
C_6H_5OH	H_2O	0.84	1196	$C_2H_5OC_2H_5$	C_6H_6	2.73	270
对苯二醌	H_2O	0，88	1142	HCOOH	C_6H_6	2.28	323
$m-C_6H_4(OH)_2$	H_2O	0.80	1256	CH_3COOH	C_6H_6	1.92	384
$p-C_6H_4(OH)_2$	H_2O	0.77	1305	$ClCH_2CH_2Cl$	C_6H_6	2.45	301
焦性没食子酸	H_2O	0.70	1436	C_6H_5OH	C_6H_6	1.54	479
水和三氯乙醛	H_2O	0.77	1305	C_6H_5Cl	C_6H_6	2.66	277
甘　油	H_2O	0.72	1396	C_6H_5Br	C_6H_6	2.30	320
烟　碱	H_2O	0.60	1675	肉桂酸	C_6H_6	1.12	658
吡　啶	H_2O	0.76	1322				

* 以水的 $\mu/\rho=1.005\times10^{-6}m^2\cdot s^{-1}$，苯等于 0.737×10^{-6}，乙醇等于 1.511×10^{-6} 为根据，只适用于稀溶液。

二、管内各种流体常用流速

流体的类别及情况	流速范围/m·s^{-1}	流体的类别及情况	流速范围/m·s^{-1}
自来水 3atm（表压）以下	1~1.5	气氨<6 大气压	10~20
水及其他黏度小的液体：1~10atm	1.5~3	<20 大气压	3~8
200~300atm	2~4	液氨 真空	0.05~0.3
过热水	2	< 6 大气压	0.3~0.5
1~2atm 冷凝水	0.8~1.5	< 20 大气压	0.5~1
黏度较大的液体（盐类溶液等）	0.5~1	20% 氨水	1~2
一般气体（常压）	10~20	氢气	10~15
压缩性气体：1~2atm	8~20	氧气<6 大气压	7~8
70atm	9~15	<10 大气压	4~6
150atm	6~12	<20 大气压	4.5
200~300atm	8~12	<30 大气压	3~4
真空管道	< 10	乙炔	10~15
排气管	25~50	甲醇、乙醇	0.8~1
烟道气（烟道内）	3~6	各种硫酸	0.5~0.8
煤气	8~12(常用 12~15)	冷冻管 压缩机冷凝器段	12~18
半水煤气	10~15	压缩机冷凝蒸发器段	0.7~15
饱和水蒸气：30atm 以上	80	蒸发器压缩机段	0~12
8atm 以上	40~60	鼓风机 吸入管	10~15
3atm 以上	20~40	压出管	15~20
过热蒸气	30~50	往复泵 吸入管(水类液体)	0.75~1
低压空气	12~15	压出管(水类液体)	1~2
高压空气	20~25	离心泵 吸入管(水类液体)	1.5~2
气氨：真空	15~25	压出管(水类液体)	2.5~3

三、管子规格（摘录）

1. 有缝钢管（即水、煤气管）规格（摘自 YB234—63）

公称口径		外径/mm	普通管		加厚管	
mm	in		壁厚/mm	理论重量/kg·m^{-1}	壁厚/mm	理论重量/kg·m^{-1}
6	1/8	10.00	2.00	0.39	2.50	0.46
8	1/4	13.50	2.25	0.62	2.75	0.73
10	3/8	17.00	2.25	0.82	2.75	0.97
15	1/2	21.25	2.75	1.25	3.25	1.44
20	3/4	26.75	2.75	1.63	3.50	2.01
25	1	33.50	3.25	2.42	4.00	2.91
32	$1^1/4$	42.25	3.25	3.13	4.00	3.77
40	$1^1/2$	48.00	3.50	3.84	4.25	4.58
50	2	60.00	3.50	4.88	4.50	6.16
70	$2^1/2$	75.50	3.75	6.64	4.50	7.88
80	3	88.50	4.00	8.34	4.75	9.81
100	4	114.00	4.00	10.85	5.00	13.44
125	5	140.00	4.50	15.04	5.50	18.24
150	6	165.00	4.50	17.81	5.50	21.63

注：1. 公称口径是钢管的规格称呼，它不一定等于钢管外径减 2 倍壁厚之差；

2. 钢管分：不镀锌钢管（黑管）和镀锌钢管；带螺纹钢管和不带螺纹钢管；

3. 钢管长度：不带螺纹的黑管，4~12m；带螺纹的黑管和镀锌管，4~9m。

2. 普通无缝钢管

(1) 热轧无缝钢管（摘自 YB231—64）

外径/mm	壁厚/mm		外径/mm	壁厚/mm	
	从	到		从	到
32	2.5	8	140	4.5	36
38	2.5	8	152	4.5	36
45	2.5	10	159	4.5	36
57	3.0	(13)	168	5.0	(45)
60	3.0	14	180	5.0	(45)
63.5	3.0	14	194	5.0	(45)
68	3.0	16	203	6.0	50
70	3.0	16	219	6.0	50
73	3.0	(19)	245	(6.5)	50
76	3.0	(19)	273	(6.5)	50
83	3.5	(24)	299	(7.5)	75
89	3.5	(24)	325	8.0	75
95	3.5	(24)	377	9.0	75
102	3.5	28	426	9.0	75
108	4.0	28	480	9.0	75
114	4.0	28	530	9.0	75
121	4.0	30	560	9.0	75
127	4.0	32	600	9.0	75
133	4.0	32	630	9.0	75

注：(1) 壁厚有 2.4、2.8、3、3.5、4、4.5、5、5.5、6、(6.5)、7、(7.5)、8、(8.5)、9、(9.5)、10、11、12、(13)、14、(15)、16、(17)、18、(19)、20、22、(24)、25、(26)、28、30、32、(34)、(35)、36、(38)、40、(42)、(45)、(48)、50、56、60、63、(65)、70、75mm。

(2) 括号内的尺寸不推荐使用。

(3) 钢管长度为 4~12.5m。

(2) 冷拔（冷轧）无缝钢管（摘自 YB231—64）

外径/mm	壁厚/mm		外径/mm	壁厚/mm	
	从	到		从	到
5	0.25	1.6	63	1.0	12
8	0.25	2.5	70	1.0	14
10	0.25	3.5	75	1.0	12
16	0.25	5.0	85	1.4	12
20	0.25	6.0	95	1.4	12
25	0.40	7.0	100	1.4	12
28	0.40	7.0	110	1.4	12
32	0.40	8.0	120	(1.5)	12
38	0.40	9.0	130	3.0	12
44.5	1.0	9.0	140	3.0	12
50	1.0	12	150	3.0	12
56	1.0	12			

注：(1) 壁厚有 0.25、0.30、0.4、0.5、0.6、0.8、1.0、1.2、1.4、(1.5)、1.6、1.8、2.0、2.2、2.5、2.8、3.0、3.2、3.5、4.0、4.5、5.0、5.5、6.0、6.5、7.0、7.5、8.0、8.5、9.0、9.5、10、12、(13)、14mm

(2) 钢管长度：壁厚≤1mm，长度为 1.5~7m；

壁厚>1mm，长度为 1.5~9m。

（3）热交换器用普通无缝钢管（摘自 YB231—70）

外径/mm	壁厚/mm
19	2
25	2
	2.5
33	2.5
57	2.5
	3.5
（51）	3.5

注：（1）括号内尺寸不推荐使用。
（2）管长有 1000、1500、2000、2500、3000、4000、6000mm。

3. 承插式铸铁管（摘自 YB428—64）

公称直径/mm	内径/mm	壁厚/mm	有效长度/mm
75	75	9	3000
100	100	9	3000
125	125	9	4000
150	151	9	4000
200	201.2	9.4	4000
250	252	9.6	4000
300	302.4	10.2	4000
（350）	352.8	10.6	4000
400	403.6	11	4000
450	453.8	11.5	4000
500	504	12	4000
600	604.8	13	4000
（700）	705.4	13.8	4000
800	806.4	14.8	4000
（900）	908	15.5	4000

注：括号内尺寸不推荐使用。

四、壁面污垢的热阻（污垢系数）

1. 冷却水

单位：$m^2 \cdot ℃ \cdot W^{-1}$

加热液体的温度/℃	115 以下		115~205	
水的温度/℃	25 以下		25 以上	
水的流速/$m \cdot s^{-1}$	1 以上	1 以上	1 以下	1 以下
海　水	0.8598×10^{-4}	0.8598×10^{-4}	1.7197×10^{-4}	1.7197×10^{-4}
自来水、井水、湖水、软化锅炉水	1.7197×10^{-4}	1.7197×10^{-4}	3.4394×10^{-4}	3.4394×10^{-4}
蒸馏水	0.8598×10^{-4}	0.8598×10^{-4}	0.8598×10^{-4}	0.8598×10^{-4}
硬　水	5.1590×10^{-4}	5.1590×10^{-4}	8.598×10^{-4}	8.598×10^{-4}
河　水	5.1590×10^{-4}	3.4394×10^{-4}	6.8788×10^{-4}	5.1590×10^{-4}

2. 工业用气体

气体名称	热阻/$m^2 \cdot ℃ \cdot W^{-1}$
有机化合物	0.8598×10^{-4}
水蒸气	0.8598×10^{-4}
空　气	3.4394×10^{-4}
溶剂蒸气	1.7197×10^{-4}
天然气	1.7197×10^{-4}
焦炉气	1.7197×10^{-4}

3. 工业用液体

液体名称	热阻/$m^2 \cdot ℃ \cdot W^{-1}$
有机化合物	1.7197×10^{-4}
盐　水	1.7197×10^{-4}
熔　盐	0.8598×10^{-4}
植物油	5.1590×10^{-4}

4. 石油分馏出物

馏出物名称	热阻/$m^2 \cdot ℃ \cdot W^{-1}$
原　油	$3.4394 \times 10^{-4} \sim 12.098 \times 10^{-4}$
汽　油	1.7197×10^{-4}
石脑油	1.7197×10^{-4}
煤　油	1.7197×10^{-4}
柴　油	$3.4394 \times 10^{-4} \sim 5.1590 \times 10^{-4}$
重　油	5.598×10^{-4}
沥青油	17.197×10^{-4}

五、标准筛目

泰勒标准筛				美国标准筛 ASTME-11		英国标准筛 BS-410		日本 JIS 标准筛		德国标准筛 DIN		
目数（每英寸）	孔目大小 mm	孔目大小 in	网线径 mm	目数（每英寸）	孔目大小 mm	目数（每英寸）	孔目大小 mm	孔目大小 mm	网线径 mm	目数（每厘米）	孔目大小 mm	网线径 mm
2½	7.925	0.312	2.235	2½	7.925			7.93	2.0			
3	6.680	0.263	1.778	3	6.680			6.73	1.8			
3½	5.613	0.221	1.651	3½	5.66			5.66	1.6			
4	4.699	0.185	1.651	4	4.76			4.76	1.29	1	6.0	
5	3.962	0.156	1.118	5	4.00			4.00	1.08			
6	3.327	0.131	0.914	6	3.36	5	3.353	3.36	0.87			
7	2.794	0.110	0.833	7	2.83	6	2.812	2.83	0.80	2	3.0	
8	2.362	0.093	0.813	8	2.38	7	2.411	2.38	0.80			
9	1.981	0.078	0.738	10	2.0	8	2.057	2.0	0.76	2½	2.40	
10	1.651	0.065	0.689	12	1.68	10	1.676	1.68	0.74	3	2.0	
12	1.397	0.055	0.711	14	1.41	12	1.405	1.41	0.71	4	1.50	1.0
14	1.168	0.046	0.635	16	1.19	14	1.204	1.19	0.62			
16	0.991	0.0390	0.597	18	1.00	16	1.003	1.00	0.59	5	1.20	0.8
20	0.833	0.0328	0.437	20	0.84	18	0.853	0.84	0.43	6	1.02	0.65
24	0.701	0.0276	0.358	25	0.71	22	0.699	0.71	0.35			
28	0.589	0.0232	0.318	30	0.59	25	0.599	0.59	0.32	8	0.75	0.50
										10	0.60	0.40
										11	0.54	0.37
32	0.495	0.0195	0.300	35	0.50	30	0.50	0.50	0.29	12	0.49	0.34
35	0.417	0.0164	0.310	40	0.42	36	0.422	0.42	0.29	14	0.43	0.28
42	0.315	0.0138	0.254	45	0.35	44	0.353	0.35	0.26	16	0.385	0.24
48	0.295	0.0116	0.234	50	0.297	52	0.295	0.297	0.232	20	0.310	0.20
60	0.246	0.0097	0.178	60	0.250	60	0.251	0.250	0.212	24	0.250	0.17
65	0.208	0.0082	0.183	70	0.210	72	0.211	0.210	0.181	30	0.200	0.13
80	0.175	0.0069	0.142	80	0.177	85	0.178	0.177	0.141			
100	0.147	0.0058	0.107	100	0.149	100	0.152	0.149	0.105	40	0.150	0.10
115	0.124	0.0049	0.097	120	0.125	120	0.124	0.125	0.087	50	0.120	0.08
150	0.104	0.0041	0.066	140	0.105	150	0.104	0.105	0.070	60	0.102	0.065
170	0.088	0.0035	0.061	170	0.088	170	0.089	0.088	0.061	70	0.088	0.055
200	0.074	0.0029	0.053	200	0.074	200	0.076	0.074	0.053	80	0.075	0.050
250	0.061	0.0024	0.041	230	0.062	240	0.066	0.062	0.048	100	0.060	0.040
270	0.053	0.0021	0.041	270	0.053	300	0.053	0.053	0.038			
325	0.043	0.0017	0.036	325	0.044			0.044	0.034			
400	0.038	0.0015	0.025	400	0.039							

六、泵规格（摘录）

1. B型水泵性能

泵型号	流量/$m^3 \cdot h^{-1}$	扬程/m	转数/$r \cdot min^{-1}$	功率/kW		效率/%	允许吸上真空度/m	叶轮直径/mm	泵的净质量/kg	与BA型对照
				轴	电机					
2B31	10 20 30	34.5 30.8 24	2900	1.87 2.60 3.07	4 (4.5)	50.6 64 63.5	8.7 7.2 5.7	162	35	2BA-6
2B31A	10 20 30	28.5 25.2 20	2900	1.45 2.06 2.54	3 (2.8)	54.5 65.6 64.1	6.7 7.2 5.7	148	35	2BA-6A
2B31B	10 20 25	22 18.8 16.3	2900	1.10 1.56 1.73	2.2 (2.8)	54.9 65 64	8.7 7.2 6.6	132	35	2BA-6B
2B19	11 17 22	21 18.5 16	2900	1.10 1.47 1.66	2.2 (2.8)	56 68 66	8.0 6.8 6.0	127	36	2BA-9
2B19A	10 17 22	16.8 15 13	2900	0.85 1.06 1.23	1.5 (1.7)	54 65 63	8.1 7.3 6.5	117	36	2BA-9A
2B19B	10 15 20	13 12 10.3	2900	0.66 0.82 0.91	1.5 (1.7)	51 60 62	8.1 7.6 6.8	106	36	2BA-9B
8B57	30 45 60 70	62 57 50 44.5	2900	9.3 11 12.3 13.7	17 (20)	54.4 63.5 66.3 64	7.7 6.7 5.6 4.4	218	116	3PA-3
3B57A	30 40 50 60	45 41.6 37.5 30	2900	6.65 7.30 7.98 8.80	10 (14)	55 62 64 59	7.5 7.1 6.4	192	116	3BA-6A
3B33	30 45 55	35.6 32.6 28.8	2900	4.60 5.56 6.25	7.5 (7.0)	62.5 71.5 68.2	70.0 5.0 3.0	168	50	3BA-9
3B33A	25 35 45	26.2 25 22.5	2900	2.83 3.35 3.87	5.5 (4.5)	63.7 70.8 71.2	7.0 6.4 5.0	145	50	3BA-9A
3B19	32.4 45 52.5	21.5 18.8 15.6	2900	2.5 2.88 2.96	4 (4.5)	76 80 75	6.5 5.5 5.0	132	41	3BA-13
3B19A	29.5 39.6 48.6	17.4 15 12	2900	1.86 2.02 2.15	0.3 (2.8)	75 80 74	6.0 5.0 4.5	120	41	3BA-13A
3B19B	28.0 34.2 41.5	13.5 12.0 9.5	2900	1.57 1.63 1.72	2.2 (2.8)	63 65 62	5.5 5.1 4.0	110	41	3BA-13B

续表

泵型号	流量/$m^3 \cdot h^{-1}$	扬程/m	转数/$r \cdot min^{-1}$	功率/kW		效率/%	允许吸上真空度/m	叶轮直径/mm	泵的净质量/kg	与 BA 型对照
				轴	电机					
4B91	65 90 115	98 91 81	2900	27.6 32.8 37.1	55	63 63 68.5	7.1 6.2 5.1	272	130	4BA-6
4B91A	65 86 105	82 79 69.5	2900	22.9 26.1 29.1	40	63.2 67.5 68.5	7.1 6.4 5.5	250	138	4BA-6A
4B54	70 90 109 120	59 54.2 47.8 43	2900	17.5 19.3 20.6 21.4	30 (28)	64.5 69 69 66	5.0 4.5 3.8 3.5	218	116	4BA-8
4B54A	70 90 100	48 43 36.8	2900	13.6 15.6 16.8	20 (22)	67 69 65	5.0 4.5 3.8	200	116	4BA-8A
4B35	65 90 120	37.7 34.6 28	2900	9.25 10.8 12.3	17 (14)	72 78 74.5	6.7 5.8 3.3	178	108	4BA-12
4B35A	60 85 110	31.6 28.6 23.3	2900	7.4 8.4 9.5	13 (14)	70 76 73.5	6.9 0 4.5	163	108	4BA-12A
4B20	65 90 110	22.6 20 17.1	2900	5.32 6.36 6.93	10	75 78 74	5	143	59	4BA-18
4B2A	6 80 95	17.2 15.2 13.2	2900	3.80 4.35 4.80	5.5 (7)	74 76 71.1	5	130	59	4BA-18A
4B15	54 79 99	17.6 14.8 10	2900	3.69 4.10 4.00	5.5 (4.5)	70 78 67	5	123	44	4BA-25
4B15A	59 72 86	14 11 8.5	2900	2.8 2.87 2.78	4 (4.5)	68.5 75 72	5	114	44	4BA-25A

注：括号内数字是 JO 型的电动机

2. Y 型离心油泵性能表

型 号	流量/$m^3 \cdot h^{-1}$	扬程/m	转速/$r \cdot min^{-1}$	功率/kW		效率/%	气蚀余量/m	泵壳许用应力/Pa	结构形式	备注
				轴	电机					
50Y-60	12.5	60	2950	5.95	11	35	2.3	1570/2550	单级悬臂	
50Y-60A	11.2	49	2950	4.27	8			1570/2550	单级悬臂	
50Y-60B	9.9	38	2950	2.39	5.5	35		1570/2550	单级悬臂	
50Y-60×2	12.5	120	2950	11.7	15	35	2.3	2158/3138	两级悬臂	
50Y-60×2A	11.7	105	2950	9.55	15			2158/3138	两级悬臂	
50Y-60×2B	10.8	90	2950	7.65	11			2158/3138	两级悬臂	
65Y-60×2C	9.9	5	2950	5.9	8			2158/3138	两级悬臂	

续表

型 号	流量/ $m^3 \cdot h^{-1}$	扬程/m	转速/ $r \cdot min^{-1}$	功率/kW		效率/%	气蚀余量/m	泵壳许用应力/Pa	结构形式	备注
				轴	电机					
65Y-60	25	60	2950	7.5	11	55	2.6	1570/2550	单级悬臂	泵壳许用应力内的分子表示第一类材料相应的许用应力数；分母表示Ⅱ、Ⅲ类材料相应的许用应力数
65Y-60A	22.5	49	2950	5.5	8			1570/2550	单级悬臂	
65Y-60B	19.8	38	2950	3.75	5.5			1570/2550	单级悬臂	
65Y-100	25	100	2950	17.0	32	40	2.6	1570/2550	单级悬臂	
65Y-100A	23	85	2950	13.3	20			1570/2550	单级悬臂	
65Y-100B	21	70	2950	10.0	15			1570/2550	单级悬臂	
65Y-100×2	25	200	2950	34	55	40	2.6	2942/3923	两级悬臂	
65Y-100×2A	23..3	175	2950	27.8	40			2942/3923	两级悬臂	
65Y-100×2B	21.6	150	2950	22.0	32			2942/3923	两级悬臂	
65Y-100×2C	19.8	125	2950	16.8	20			2942/3923	两级悬臂	
80Y-60	50	60	2950	12.8	15	64	3.0	1570/2550	单级悬臂	
80Y-60A	45	49	2950	9.4	11			1570/2550	单级悬臂	
80Y-60B	39.5	33	2950	6.5	8			1570/2550	单级悬臂	
80Y-100	50	100	2950	22.7	32	60	3.0	1961/2942	单级悬臂	
80Y-100A	45	85	2950	18.0	25			1961/2942	单级悬臂	
80Y-100B	39.5	70	2950	12.6	20			1961/2942	单级悬臂	
80Y-100×2	50	200	2950	45.4	75	60	3.0	2942/3923	单级悬臂	
80Y-100×2A	46.6	175	2950	37.0	55	60	3.0	2942/3923	两级悬臂	
80Y-100×2B	43.2	150	2950	29.5	40				两级悬臂	
80Y-100×2C	39.6	125	2950	22.7	32				两级悬臂	

注：与介质接触的及受温度影响的零件，根据介质的性质需要采用不同的材料，所以分为 3 种材料，但泵的结构相同。第Ⅰ类材料不耐硫腐蚀，操作温度在-20~200℃；第Ⅱ类材料不耐硫腐蚀，温度在-45~400℃之间；第Ⅲ类材料耐硫腐蚀，温度在-45~200℃之间。

3. F 型耐腐蚀泵性能表

泵型号	流量/ $m^3 \cdot h^{-1}$	扬程/m	转数/ $r \cdot min^{-1}$	功率/kW		效率/%	允许吸上真空度/m	叶轮外径/mm
				轴	电机			
25F-16	3.6	16.0	2960	0.38	0.8	41	6	130
25F-16A	3.27	12.5	2960	0.27	0.8	41	6	118
40F-26	7.20	25.5	2960	1.14	2.2	44	6	148
40F-26A	6.55	20.5	2960	0.83	1.1	44	6	135
50F-40	14.4	40	2960	3.41	5.5	46	6	190
50F-40A	13.10	32.5	2960	2.54	4.0	46	6	178
50F-16	14.4	15.7	2960	0.96	1.5	64	6	123
50F-16A	13.1	12.0	2960	0.70	1.1	62	6	112
65F-16	28.8	15.7	2960	1.74	4.0	71	6	122
65F-16A	26.2	12.0	2960	1.24	2.2	69	6	112
100F-92	100.8	92.0	2960	37.1	55.0	68	4	274
100F-92A	94.3	80.0	2960	31.0	40.0	68	4	256
100F-92B	88.6	70..5	2960	25.4	40.0	67	4	241
150F-56	190.8	55.5	1480	40.1	55.0	72	4	425
150F-56A	178.2	48.0	1480	33.0	40.0	72	4	397
150F-56B	167.8	42.5	1480	27.3	40.0	71	4	374
150F-22	190.8	22.0	1480	14.3	30.0	80	4	284
150F-22A	173.5	17.5	1480	10.6	17.0	78	4	257

七、4－72－11 型离心通风机规格（摘录）

机 号	转数/r·min^{-1}	全压系数	全压/Pa	流量系数	流量/m^{3}·h^{-1}	效率/%	所需功率/kW
6C	2240	0.411	2432.1	0.220	15800	91	14.1
	2000	0.411	1941.8	0.220	14100	91	10.0
	1800	0.411	1569.1	0.220	12700	91	7.3
	1250	0.411	755.1	0.220	8800	91	2.53
	1000	0.411	480.5	0.220	7030	91	1.39
	800	0.411	294.2	0.220	5610	91	0.73
8C	1800	0.411	2.95	0.220	29900	91	30.8
	1250	0.411	1343.6	0.220	20800	91	10.3
	1000	0.411	863.0	0.220	16600	91	5.52
	630	0.411	343.2	0.220	10480	91	1.51
10C	1250	0.434	2226.2	0.2218	41300	94.3	32.7
	1000	0.434	1422.0	0.2218	32700	94.3	16.5
	300	0.434	912.1	0.2218	26130	94.3	8.5
	500	0.434	353.1	0.2218	16390	94.3	2.3
6D	1450	0.411	1020	0.220	10200	91	4
	960	0.411	441.3	0.220	6720	91	1.32
8D	1450	0.44	1961.4	0.184	20130	89.5	14.2
	730	0.44	490.4	0.184	10150	89.5	2.06
16B	900	0.434	2942.1	0.2218	121000	94.3	127
20B	710	0.434	2844.0	0.2218	186300	94.3	190

为了执行国务院 1984 年 2 月 27 日颁发的“关于在我国统一实行法定计量单位的命令”，编者在原来的 4－72－11 型离心通风机规格中加入以 Pa 表示的全风压。

八、管板式热交换器系列标准（摘录）

1. 固定管板式（代号 G）

公称直径/mm		159			273					400				600		800			
公称压强	$kgf\cdot cm^{-2}$	25			25					16，25				10，16，25		6，10，16，25			
	kPa*	2.45×10^3			2.45×10^3					1.57×10^3 2.45×10^3				0.981×10^3 1.57×10^3 2.45×10^3		0.588×10^3 0.981×10^3 1.57×10^3 2.45×10^3			
公称面积/m^2		1	2	3	3	4		5	7	10		20	40	60	120	100		222	300
管长/m		1.5	2	3	1.5	1.5	2	2	3	1.5		3	6	3	6	3		6	6
管子总数		13	13	13	32	38	32	38	32	102	86	86	86	269	254	456	444	444	501
管程数		1	1	1	2	1	2	1	2	2	4	4	4	1	2	4	6	6	1
壳程数		1	1	1	1	1	1	1	1	1	1	1	1	1	1	1	1	1	1
管子尺寸/mm	碳钢	$\phi25\times2.5$			$\phi25\times2.5$					$\phi25\times2.5$				$\phi25\times2.5$		$\phi25\times2.5$			
	不锈钢	$\phi25\times2$			$\phi25\times2$					$\phi25\times2$				$\phi25\times2$		$\phi25\times2$			
管子排列法		Δ**			Δ					Δ						Δ			

* 以 kPa 表示的公称压强为编者按原系列标准中的工程制单位 $kgf\cdot cm^{-2}$ 换算来的；

** Δ 表示管子为正三角形排列。

2. 浮头式（代号 F）

（1）F_A 系列

公称直径/mm		325	400	500	600	700	800
公称压强	$kgf\cdot cm^{-2}$	40	40	16，25，40	16.，25，40	16，25，40	25
	kPa*	3.92×10^3	3.92×10^3	1.57×10^3 2.45×10^3 3.92×10^3	1.57×10^3 2.45×10^3 3.92×10^3	1.57×10^3 2.45×10^3 3.92×10^3	2.45×10^3
公称面积/m^2		10	25	80	130	185	245
管长/m		3	3	6	6	6	6
管子尺寸/mm		$\phi19\times2$	$\phi19\times2$	$\phi19\times2$	$\phi19\times2$	$\phi19\times2$	$\phi19\times2$
管子总数		76	138	228（224）**	372（368）	528（528）	700（696）
管程数		2	2	2（4）	2（4）	2（4）	2（4）
实际面积/m^2		13.2	24	79	131	186	245
管子排列方法		Δ***	Δ	Δ	Δ	Δ	Δ

* 以 kPa 表示的公称压强为编者按原系列标准中的工程制单位 $kgf\cdot cm^{-2}$ 换算来的；

** 括号内的数据为四管程的总管数；

*** Δ 表示管子为正三角形排列，管子中心距为 25mm。

（2）F_a 系列

公称直径/mm		325	400	500	600	700	800
公称压强	kgf·cm^{-2}	40	40	16，25，40	16.，25，40	16，25，40	16，25，40
	kPa*	3.92×10^3	3.92×10^3	1.57×10^3 2.45×10^3 3.92×10^3	1.57×10^3 2.45×10^3 3.92×10^3	1.57×10^3 2.45×10^3 3.92×10^3	0.981×10^3 0.57×10^3 2.45×10^3
公称面积/m^2		10	15	65	95	135	190
管长/m		3	3	6	6	6	6
管子尺寸/mm		ϕ25×2.5	ϕ25×2.5	ϕ25×2.5	ϕ25×2.5	ϕ25×2.5	ϕ25×2.5
管子总数		36	72	124（120）**	208（192）	292（292）	388（384）
管程数		2	2	2（4）	2（4）	2（4）	2（4）
实际面积/m^2		10.1	16.5	65	97	135	182
管子排列方法		◇***	◇	◇	◇	◇	◇

* 以 kPa 表示的公称压强为编者按原系列标准中的工程制单位 kgf·cm^{-2}换算来的；

**括号内的数据为四管程的总管数；

***：◇表示管子为正方形斜转 45°排列，管子中心距为 32mm。

参考文献

[1] 王志祥. 制药化工原理［M］. 北京：化学工业出版社，2018.

[2] 何潮洪，刘永忠，窦梅，等. 化工原理［M］. 北京：科学出版社，2017.

[3] 天津大学化工原理教研室. 化工原理［M］. 天津：天津科技出版社，2005.

[4] 梁忠英. 化工原理［M］. 北京：中国医药科技出版社，2002.

[5] 谭天恩，窦梅等. 化工原理［M］. 北京：化学工业出版社，2013.

[6] 陈敏恒，丛德滋，方图南，等. 化工原理［M］. 北京：化学工业出版社，2015.

[7] 姚玉英，陈常贵，柴诚敬. 化工原理［M］. 天津：天津科学技术出版社，2010.

[8] 武汉大学. 化工工程基础［M］. 北京：高等教育出版社，2016.

[9] 李淑芬，白鹏. 高等制药分离工程［M］. 北京：化学工业出版社，2009.

[10] 陈欢林. 新型分离技术［M］. 北京：化学工业出版社，2013.

[11] 朱屯，李洲，等. 溶剂萃取［M］. 北京：化学工业出版社，2008.

[12] 夏清，贾绍义. 化工原理［M］. 北京：天津大学出版社，2018.

[13] 大连理工大学. 化工原理［M］. 北京：高等教育出版社，2015.

[14] 柴诚敬，贾绍义. 化工原理［M］. 北京：高等教育出版社，2016.

[15] 王志魁. 化工原理［M］. 北京：化学工业出版社，2018.

[16] 祁存谦，丁楠，吕树申. 化工原理［M］. 北京：化学工业出版社，2009.

[17] Warren L. Mccabe. Julian C. Smith Peter Harriott. 化学工程单元操作［M］. 北京：化学工业出版社，2008.

[18] 柴诚敬，贾绍义. 化工原理学习指南［M］. 北京：高等教育出版社，2016.

[19] 柴诚敬，贾绍义. 化工原理学习指导［M］. 北京：高等教育出版社，2016.